人力資源管理
——取得競爭優勢之利器

Human Resource Management
A Tool for Competitive Advantage

Lawrence S. Kleiman／著

劉秀娟、湯志安／譯

張火燦博士／校閱

Human Resource Management
A Tool for Competitive Advantage

Lawrence S. Kleiman

SOUTH-WESTERN

Copyright © 1997 by **SOUTH-WESTERN**
A Division of International Thomson
Publishing Inc.

Chinese edition copyright © 1998
by Yang-Chih Book Co., Ltd
Printed in Taipei, Taiwan, R.O.C.

ISBN:957-8446-96-9

作 者

Lawrence S. Kleiman

　　Lawrence S. Kleiman 是 Tennessee 大學 Chattanooga 分校之企管學院的一位管理學教授。他於一九七八年在該校的 Knoxville 分校獲得工業／組織心理學的博士學位。在進入 Chattanooga 分校之前，他曾服務於 Washington, D. C.的市立警察局（Metropolitan Police Department）處理人力資源事宜，以及美國農業部（U.S. Department of Agriculture）（職掌科學與教育方面的行政工作）和 New Jersey 政府的文職部門。

　　發表之文章已經超過三十五篇，散見於《人事心理學》（Personnel Psychology）、《美國心理學期刊》（American Psychologist）、《人力資源管理雜誌》（HRMagazine）、《人事期刊》（Personnel Journal）、《企業與心理學期刊》（Journal of Business and Psychology）、《今日之合格會計師》（Today's CPA）、《應用人力資源管理研究》（Applied HRM Research）、《公共人事管理》（Public Personnel Management）、《社會心理學期刊》（Journal of Social Psychology）、《社會工作》（Social Work）、《國際管理學期刊》（International Journal of Management），以及《國際機會均等》（Equal Opportunity International）等刊物。

　　他曾獲頒「教學成果傑出教授」（Distinguished Teaching Professor）之榮銜，並被選為 UTC（University of Tennessee at Chattannoga）的學會（Council Scholars）成員之一。Kleiman 教授曾指導過許多組織團體，包括沙特公司（Sathers Corporation）、田納西谷地機構（Tennessee Valley Authority）、麥基食品公司（McKee Foods）、莎蘭地毯公司（Salem Carpet）、統一碳化鈣公司（Union Carbide），與美國電信電報公司（AT&T）等。

校　閱

張火燦博士

學歷：美國俄亥俄州立大學博士

現職：國立彰化師範大學工教系教授

　　　東海大學企管研究所兼任教授

　　　中華民國企業人力資源發展學會理事

翻　譯

劉秀娟（主譯序言、第一章至第十章、經理人上網指南）

學歷：台灣師範大學教育學院家政教育學系博士班

　　　中國文化大學兒童福利研究所法學碩士

現職：實踐大學生活應用科學系兼任講師

　　　中國文化大學社會福利學系兼任講師

湯志安（主譯第十一章至第十五章）

學歷：中國文化大學兒童福利研究所法學碩士

現職：實踐大學生活應用科學系兼任講師

　　　淡江大學學生輔導組兼任輔導老師

序　言

　　本書彰顯了一般管理科系的學生，有修習人力資源管理概論課程的教育需求。因為這些人未來可能會成為經理人，需要解決企業上的重要問題，而這些問題多半涉及人力資源管理所重視的議題。然而，傳統的人力資源管理入門書籍多將重點放在討論管理方面的主要需求，因而忽略了這些經理人本身的需要。

　　本書的主題在於彰顯有效的人力資源管理，就如同有效的管理所有的其他的組織資源一般重要，並且能將公司引領上競爭優勢之路。因此本書明顯地為人力資源管理的重要性做更適切的澄清與說明，並且針對其有助於公司形成競爭優勢的潛在貢獻加以討論。

本書內容架構

　　在第一章中，我們將介紹競爭優勢的概念。本章除了定義此一概念以外，並且具體呈現施行人力資源管理與競爭優勢之間的關聯性，同時提出能夠解釋此一關聯性的模式。其餘的章節則圍繞著此模式深入探討，並且有助於讀者進一步釐清其相互影響的程度。

　　此外，第一篇至第四篇的各章節的架構，也都分為三個部分來討論：(1)取得競爭優勢；(2)人力資源管理問題與實務；(3)經理人指南，

以便使讀者清楚比較與連貫。

取得競爭優勢

此部分以一個實際的例子作爲開端。內文詳述一家公司所面臨的人力資源管理問題,再說明此公司的解決之道,並解釋這個解決方案如何能夠使得此公司增進其競爭優勢。書中呈現的真實案例,具有吸引讀者注意力的功能,既能夠使得學生對接下來的訊息更加敏銳地吸收,也能夠增加學生將此知識運用在其他類似情況中的能力。

在這個案例之後,緊接著就此章所提及的人力資源管理施行計畫如何能被用來加強競爭優勢作進一步的探討。舉例來說,第八章中討論到有效的評鑑系統如何能夠用來改進工作表現、幫助雇主作出正確的加薪與晉昇決策、確保符合法律規定,並將工作不滿意度及離職率降到最低,進而增強公司整體的競爭優勢。

人力資源管理問題與實務

此部分描述了各種人力資源管理的施行步驟(如工作分析、徵募人員、甄試申請者,以及評鑑員工的工作表現等),和這些步驟如何被發展及施行,以達到競爭優勢。雖然這個部分涵蓋了在其他書籍中也可發現的「傳統」人力資源管理主題,但這些主題卻都以非傳統的方式來呈現。傳統的人力資源管理書籍不是採取「從微處著手的方式」(micro approach)(呈現出數量驚人的技術方面細節),就是採取「從大處著眼的方式」(macro approach)(含括了大量的主題,但都只是觸及皮毛而已)。本書試著找出這兩種方式的中間地帶,其前提是身爲未來的經理人才,學生需要對重要的人力資源管理課題與施行有概念上的瞭解,而不只是知道技術上的細節(主修人力資源管理的學生,能夠在修習高級人力資源管理課程時進一步瞭解這方面的細節)。舉例來說,在討論合理性這個主題時,本書會提出一個非技術面的敘述,強調出合理性的重要,與一家公司的人力資源管理專業

人員與經理階級人士如何能在甄選雇員時達到合理性。

　　因爲本書的內容避免談及許多範圍過大的主題，所以在所需的章數部分，並未依例遵循其他相關書籍的架構脈絡。舉例來說，用三章的長度來討論津貼制度和用兩章的長度來討論工會都是沒有必要的，因此本書能夠更容易地在一個學期中研習完畢：在十五個星期中讀完十五章。

經理人指南

　　此部分是設計來協助學生瞭解經理在人力資源管理過程中所扮演的角色，以及存在於經理與人力資源管理專業人士之間的關係。這一節是由三個部分所組成，第一個部分檢視了經理在人力資源管理方面的責任。第二個部分的標題爲「人力資源管理部門能提供何種協助」，此處探討了人力資源管理部門所扮演的角色，與人力資源管理專業人士如何能幫助經理實行他們在人力資源管理方面的職責。在第三個部分中，該章所論及的人力資源管理施行步驟被加以強調，成爲一份能提供經理實際操作方式的詳細指南。此部分的目的在於教導學生實行經理之人力資源管理職責時的必要技巧。舉例來說，第六章的經理人指南部分就提供了如何面試甄選員工的原則。

教學上的工具

　　本書囊括了許多教學上的工具，來幫助教師創造出一個富有彈性的學習環境，能夠適切符合本身與學生的需求。接下來我們就對本書所提供的學習工具做一番簡介。

寫作上的風格

　　本書是專爲大學部初級課程之使用所設計的，因此寫作風格也就是以這個階層的讀者作爲基準。本書以非技術性的對話式口吻所寫成，文體簡潔明晰、切中主旨，也不會因次要主題而模糊了焦點。書

中並列舉了許多案例來說明重點。

強調合法性

因為在人力資源管理領域中合法性的觀念與執行極為重要，所以學生們必須充分瞭解有關雇用員工方面的法律，以及它們如何被運用在人力資源管理與一般管理。因此，本書具有非常強烈的法律導向。工作機會平等與肯定行動的基礎，在第二章中將會加以探討。對員工權益有影響的工作場所公正法令（如性騷擾、不當的解雇情形，與職員的隱私權等），也會在第十一章中談到。其他各章中在切合主題的考量下，也會提到有關人力資源管理的法規。舉例來說，在第六章中就談到了甄選職員時的合法性。

本章綱要與目的

每一章都以該章所涵蓋的主題概要作為開端，接下來則列出該章的目的。這種作法能使讀者對全章的內容有一個整體的概念。

回顧全章主旨

全章的主旨在章末又再次被敘述一遍，標明出本章討論的各個相關主題。

關鍵字彙與概念

所有的關鍵字彙與概念都以粗體字加以識別，其定義則提供在該頁頁緣空白處。

以專欄方式標示的特別報導

每一章都包括了兩種不同型態的特別報導。「邁向競爭優勢之路」的特別報導提供了實例，說明公司實際上是如何實行人力資源管理來獲得競爭優勢。「深入探討」的部分則提供學生對某些主題更為詳細的敘述，如此的設計是為了避免打斷內文的流暢性。

重點問題回顧

　　每一章的最後大概都列出了十個回顧式的問題，用來檢視學生對該章重點的瞭解程度。

實際演練與個案探討

　　每一章（除了第一章與第十五章）都包含了一個或多個與該章主題有關的實際演練問題以及個案探討。

致謝辭

　　撰寫本書爲一項艱鉅的工作，幸運的是我獲得了許多幫助。我非常幸運地得到了三位同僚允諾代爲撰寫部分章節，這些專業人士都在其研究領域中學有專精並且享譽國際。在此特別要感謝 Michael Gordon 撰寫關於工會（第十二章）的章節，Mark Mendenhall 撰寫關於國際化的人力資源管理（第十四章）的章節，以及 Marilyn Helms 撰寫關於規劃人力資源（第三章）的章節。

　　另外還要感謝下列檢閱者所花費的時間與辛勞。他們的建議使原稿增加了可貴的閱讀性：

Harch Bedrosian, Stern School of Business

J. Philip Craiger, University of Nebraska-Omaha

Satish Deshpande, Western Michigan University

James Dick, Jamestown College

Dennis Dossett, University of Missouri

Don Eskew, Otterbein College

Dale Feinauer, University of Wisconsin-Oshkosh

Hubert Field, Auburn University

David Harris, Rhode Island College

Robert Heneman, Ohio State University

Richard Jette, Northeastern University

Avis Johnson, University of Akron

Eileen Kaplan, Montclair State University

Gundars Kaupins, Boise State University

Timothy Keaveny, Marquette University

Russell Kent, Georgia Southern University

Albert King, Northern Illinois University

Brian Klaas, University of South Carolina

Ellen Kossek, Michigan State University

Elaine LeMay, Colorado State University

Mark Lengnick-Hall, Wichita State University

John Lust, Illinois State University

Patricia Madison-Manninen, North Shore Community College

Jonathan Monat, California State University Long Beach

Jeff Miles, University of Pacific

Sharron Noone, Portland State University

Pamela Perrewe, Florida State University

Alex Pomichowski, Ferris State University

Franklin Ramsoomair, Wilfrid Laurier University

Joel Rudin, University of Central Oklahoma

Donald Spangler, S.U.N.Y. at Binghamton

Charles Vance, Loyola Marymount

Philip Weatherford, Glenwood, FL

Jason Weiss, University of Nebraska-Omaha

Ann Wendt, Wright State University

Kenneth York, Oakland University

此外，還要感謝 David Denton 和 Sandra Poi 兩人對原稿提供評論的寶貴協助，以及對個案探討與實際演練部分所作的建議。更要特別感謝編輯小組的成員教導我如何去撰寫一本書：Rich Wohl 幫助我運用本身的「視野」來檢視、呈現我的想法和知識；Carol Alper、Trish Taylor 與 Sandra Gangelhoff 在編輯方面給予我珍貴的輔助；以及 Alex von Rosenberg 對我的信任並幫助我完成整個出書計畫。我同時要感謝我的朋友、同事與系主任 Larry Ettkin，因為他的支持、諒解與寶貴的指導，才使我能走出出書過程中不時遭遇到的困境。最後，但肯定不是最微不足道的，我要感謝我的內人 April，她幫助我保持清楚的心智！

目　錄

序　言　i

簡　介

第一章　人力資源管理與競爭優勢　3

人力資源管理　4

　人力資源管理之實務　5

　由誰來負責發展及實施人力資源管理計畫？　12

取得競爭優勢　15

　競爭優勢之定義　15

　成本領導　16

　產品差異化　17

競爭優勢與人力資源管理　17

　人力資源管理與競爭優勢互相連結之證明　18

　人力資源管理與競爭優勢互相連結之模式　19

　實行人力資源管理並維持競爭優勢　31

第二章　瞭解人力資源管理的法令及環境　37

工作場合的相關法令　38

　公平就業機會　39

　肯定行動　52

工作場合的環境問題　57

　工作場合的文化差異　57

　變動不定的工作本質　65

　購併與接管　67

　公司裁員　68

　全面品質管理　71

第一部　人力資源管理實施人才甄選前之步驟

第三章　人力資源規劃　85

取得競爭優勢　86

　個案討論：取得優勢競爭力之 AT&T 公司　86

　將人力資源規劃與競爭優勢加以連結　88

人力資源管理問題與實務　91

　策略性規劃　91

　人力資源規劃　95

　人力資源規劃過程之成果　100

　人力資源資訊系統　104

經理人指南　108

　人力資源規劃與經理的職責　108

　人力資源管理部門能提供何種協助　109

　增進經理人之人力資源管理技巧　111

第四章　工作分析 121

取得競爭優勢 122

　　個案討論：取得優勢競爭力之 Armco 公司 122

　　將工作分析與競爭優勢加以連結 124

人力資源管理問題與實務 128

　　確定欲蒐集資料的種類 128

　　決定蒐集資料的方式 132

　　決定工作分析資訊以何種方式記錄下來 137

經理人指南 150

　　工作分析與經理之職責 150

　　人力資源管理部門能提供何種協助 152

　　增進經理人之人力資源管理技巧 153

第二部　人力資源管理之人才甄選實施步驟

第五章　招募人員 169

取得競爭優勢 170

　　個案討論：取得優勢競爭力之 Kentucky 大學教學醫院 170

　　將招募人員活動與競爭優勢加以連結 171

人力資源管理問題與實務 178

　　招募人員計畫 178

　　內部招募人員法 186

　　外部招募人員法 191

經理人指南 201

　　招募人力資源與經理之職責 201

　　人力資源管理部門能提供何種協助 202

增進經理人之人力資源管理技巧　203

第六章　甄選申請者　215

取得競爭優勢　216

個案討論：取得優勢競爭力之西南航空公司　216

將人才甄選實施步驟與競爭優勢加以連結　218

人力資源管理問題與實務　220

實施人才甄選之技術性標準　220

甄選員工過程之法律限制　230

甄選人才方式　240

經理人指南　257

甄選員工與經理之職責　257

人力資源管理部門能提供何種協助　259

增進經理人之人力資源管理技巧　260

附錄：政府之美國身心障礙者法案（ADA）摘要　280

第三部　人力資源管理實施人才甄選後之步驟

第七章　訓練與發展員工　287

取得競爭優勢　288

個案討論：取得優勢競爭力之 Xerox 公司　288

將訓練和發展計畫與競爭優勢加以連結　289

人力資源管理問題與實務　293

教學過程　293

管理發展　314

經理人指南　321

　　訓練和發展與經理之職責　321

　　人力資源管理部門能提供何種協助　323

　　增進經理人之人力資源管理技巧　324

第八章　評估員工績效　337

　取得競爭優勢　338

　　個案討論：取得優勢競爭力之 Corning 玻璃製品公司　338

　　將績效評估與競爭優勢加以連結　340

　人力資源管理問題與實務　343

　　有效之績效評估系統所應符合的標準　343

　　評估工具的種類　351

　　設計一套評估系統　362

　經理人指南　368

　　績效評估與經理之職責　368

　　人力資源管理部門能提供何種協助　369

　　增進經理人之人力資源管理技巧　371

第九章　確立薪資及福利　385

　取得競爭優勢　386

　　個案討論：取得優勢競爭力之 Manor Care 公司　386

　　將薪資和利益與公司的競爭優勢加以連結　388

　人力資源管理問題與實務　390

　　薪酬多寡對員工之態度與行為的影響　390

　　建立薪資水準　393

　　有關薪資給付制度的法律限制　408

　　員工利潤的項目　412

　　利潤管理　418

經理人指南 421

　　薪酬制度與經理之職責 421

　　人力資源管理部門能提供何種協助 423

　　增進經理人之人力資源管理技巧 424

第十章　提高生產力方案 437

取得競爭優勢 438

　　個案討論：取得優勢競爭力之 Lincoln 電子公司 438

　　將提高生產力計畫與競爭優勢加以連結 440

人力資源管理問題與實務 443

　　依績效給付薪資方案 443

　　員工使能計畫 466

經理人指南 477

　　提高生產力計畫與經理之職責 477

　　人力資源管理部門能提供何種協助 479

　　增進經理人之人力資源管理技巧 480

第四部　施行人力資源管理時受外在因素影響之狀況

第十一章　遵行維護工作場所公平性的相關法令 497

取得競爭優勢 498

　　個案討論：取得優勢競爭力的 Marriott 企業 498

　　將工作場所的公平性與競爭優勢加以連結 499

人力資源管理問題與實務 502

　　工作場所的公平性與聘雇歧視 502

　　員工的隱私權 516

　　　非法解僱與任意聘僱條款　526

　　經理人指南　530

　　　維護工作場所的公平性與經理人的任務　530

　　　人力資源管理部門能提供何種協助　531

　　　增進經理人之人力資源管理技巧　533

第十二章　瞭解工會和工會對人力資源管理的影響　551

　　取得競爭優勢　552

　　　個案討論：取得優勢競爭力的 Saturn 汽車公司　552

　　　工會與競爭優勢的統合　554

　　人力資源管理問題與實務　557

　　　今日的工會　557

　　　勞工法　560

　　　成為工會會員　563

　　　團體協商協約　568

　　　工會與會員的關係　577

　　經理人指南　579

　　　工會與經理人的工作　579

　　　人力資源管理部門能提供何種協助　580

　　　增進經理人之人力資源管理技巧　581

　　附錄：美國的勞工組織運動　597

第十三章　滿足員工在安全及健康方面的需求　603

　　取得競爭優勢　604

　　　個案討論：取得優勢競爭力的 Charles D. Burnes 公司　604

　　　將員工安全及健康與競爭優勢加以連結　605

　　人力資源管理問題與實務　608

工作場所安全與健康實務的法規 608

員工安全：意外與意外的防止 614

員工健康問題及組織的介入 618

經理人指南 634

員工的安全衛生與經理人的職責 634

人力資源管理部門能提供何種協助 635

增進經理人之人力資源管理技巧 636

第十四章　國際化的人力資源管理 647

取得競爭優勢 648

個案討論：失去優勢競爭力的奇異電氣（GE） 648

將國際化人力資源管理與競爭優勢加以連結 650

人力資源管理問題與實務 651

瞭解文化差異 652

使用海外派遣人員 656

在駐在國發展人力資源管理制度 667

經理人指南 671

國際化人力資源管理問題以及經理人的工作 671

人力資源管理部門能提供何種協助 672

增進經理人之人力資源管理技巧 672

結　論

第十五章　人力資源管理的專業領域 685

從事於人力資源管理專業領域 686

人力資源管理的生涯選擇 687

生涯進入點和成長　688

今日的人力資源專家所要面對的挑戰　697

與人力資源管理相關的組織倫理　697

人力資源專家的組織運用　699

經理人上網指南　711
名詞索引　787

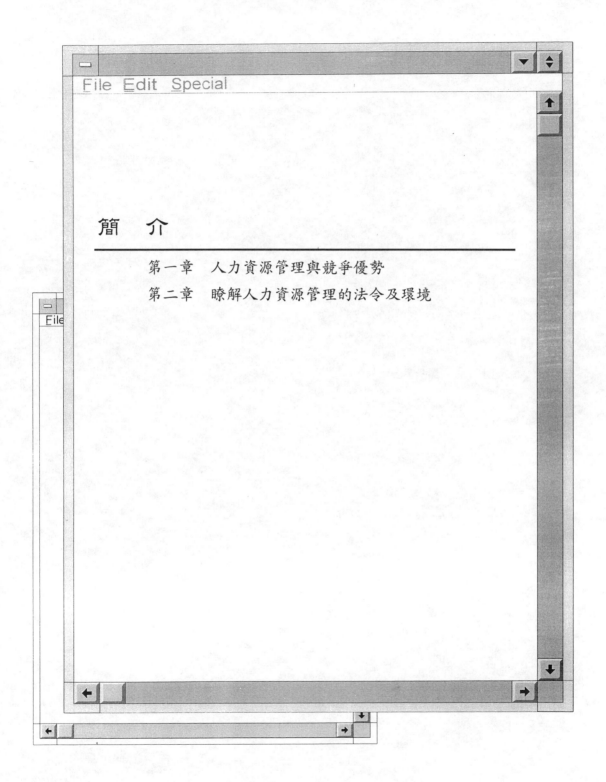

簡　介

第一章　　人力資源管理與競爭優勢

第二章　　瞭解人力資源管理的法令及環境

第一章
人力資源管理與競爭優勢

本章綱要

人力資源管理

　人力資源管理之實務

　由誰來負責發展及實施人力資源管理計畫？

取得競爭優勢

　競爭優勢之定義

　成本領導

　產品差異化

競爭優勢與人力資源管理

　人力資源管理與競爭優勢互相連結之證明

　人力資源管理與競爭優勢互相連結之模式

　實行人力資源管理並維持競爭優勢

本章目的

閱畢本章後，您將會瞭解：

1. 公司人力資源管理計畫的本質
2. 部門經理及人力資源專業人士在人力資源管理過程中所扮演的角色
3. 什麼是競爭優勢以及公司如何能達到競爭優勢
4. 公司如何能經由實行人力資源管理而幫助公司獲得競爭優勢
5. 為什麼經由實行人力資源管理所得到的競爭優勢能持久而不衰

　　無疑地，任何組織的成功皆取決於它處理本身資源的方式。一家公司所擁有的資源能驅使此公司邁向預定的目標，如同一具引擎能驅動一輛汽車駛向目的地。

　　組織內的資源有許多是與人無關的，例如土地、資金，以及設備等。雖然對於此類資源的管理非常重要，但是如果不能同時適切地兼顧到與人相關之資源（如公司內部人員）的管理，企業經營也難以成功。汽車如果沒有懂得開車的人來駕駛，就無法有效地運作（或甚至根本無法開動），同樣地，組織如果沒有能力強者來「駕駛」，也無法成功地運作。人們是確定組織目標者，組織目標也是經由人的運作始能達成。

人力資源管理

人力資源管理
此為一項組織性功能，由各個不同的步驟所組成，這些步驟能夠幫助組織在工作週期各階段有效地應付其職員需求。

　　一個組織的**人力資源管理**（human resource management, HRM）功能，著重於與人相關方面的管理。人力資源管理包含了在工作週期中的各階段，例如：人才甄選前、人才甄選中、人才甄選後等各階段，幫助組織有效地應付其員工需求的步驟。

人力資源管理之實務

實施人才甄選前的階段需要籌備各項預備措施。組織必須預估在即將來臨的階段中有哪些類型的職位會出現空缺，以及擔任這些工作的人需要具備哪些資格。在甄選人員的階段中，組織才得以挑選所需要的員工。甄選過程包括招募申請者、評審申請人的資格，以及最後挑選出被認為最符合資格的適合人選。

在實施人才甄選後的階段，組織即應發展出一套能有效管理已「跨入門檻」之獲聘者的人力資源管理。這些措施以提供公司員工勝任工作的必要知識、技巧，和創造出能激發、指引及協助員工達成組織目標的環境等方式，來促使員工作出最佳表現，並且提高其對公司之滿意度。

我們將會在貫穿此書的提示文中，討論這些人力資源管理實務。在接下來的段落中，我們將簡短地敘述每一個人力資源管理的施行步驟，並指出這些步驟會在哪些章節出現，以提供一段對未來趨勢的展望。

人力資源管理人才甄選前之步驟

人力資源管理實施人才甄選前之步驟（pre-selection practices），即人力資源規劃和工作分析，為其他人力資源管理之基礎。換句話說，公司必須在他們能實行其餘的人力資源管理之前，先行分析並計劃對待員工之道。

人力資源規劃（第三章）　**人力資源規劃**（human resource planning）有助於管理者先行預期並配合與獲得、配置和善用員工相關的變動需要[2]。組織首先勾勒出整體的計畫（稱為策略性計畫，strategic plan），然後藉著稱為供需預測（demand and supply forecasting）的程序，估計所需要的員工的數量和類型，以成功地施行的其整體計畫。這些資

人力資源規劃
此為人力資源管理的步驟之一，能夠協助經理們預期並滿足與新聘、佈署及運用人員有關之不斷變化的需求。

訊可使公司得以計劃其人才的招募、甄選和訓練策略。舉例來說，假設有個公司的人力資源計畫估計在明年將會需要額外的十五位工程師，那個公司便可雇請剛畢業的工程學科畢業生以補足這些職位。而因爲公司迫切需要這些科班出身的員工，於是公司決定在學年一開始，即開始在校園招募人才，以便在其他的公司之前「抓住」那些最好的人。

在第三章，我們會描述規劃人力資源的步驟，並討論人力資源資訊系統在規劃過程中的重要性。

工作分析
此爲一對特定工作進行蒐集、分析及整理資訊之系統化程序。

工作分析（第四章）　　**工作分析**（job analysis）就是蒐集、分析、記錄特定工作有關資訊的系統化程序。分析是針對每位工作人員做些什麼、工作條件，和要成功地執行工作所需的工作人員資格。工作分析資訊，則是用來計劃和協調人力資源管理的實施，例如這些：

1.決定招募人員的工作資格。
2.選擇最適當的甄選技巧。
3.發展訓練規劃。
4.發展績效評估表格。
5.有助於決定薪資水準。
6.設定生產力改進計畫的績效標準。

舉例來說，因爲工作分析顯示機械的性向是重要的工作技術，所以組織可能決定進行機械的性向測驗以篩選申請者。或者，公司可能會增加某位員工的薪資，因爲工作分析顯示其最近已經改變工作性質，而且現在的工作更吃力。

在第四章，我們將描述在工作分析時所能收集到的資訊類型，和該如何使用這些資訊，然後我們將討論收集和記錄資訊的方法。

人力資源管理中人才甄選之實務

人力資源管理中人才甄選（HRM selection practices）意指組織任用員工所使用的策略和程序。我們現在簡要地描述這些項目。

招募人員（第五章）　組織使用**招募人員**（recruitment）為特定職位尋找並吸引工作申請者。組織招募的候選人可能在內部（也就是招募現有而尋求更高層或改變工作的工作人員）或外部。招募人才的目標是快速、有效、合法地找出一群適當的申請者。

在第五章，我們將描述在內部和外部招募申請者之規劃和方法的有關事項。

人才甄選（第六章）　**人才甄選**（selection）包括對工作申請人的評定和選擇。有效的人才甄選程序應適當（例如：精確）並合乎法律。

在第六章，我們首先檢視建立並判斷人才甄選程序之有效性的標準，然後檢視和工作人員甄選有關的法律限制，並描述在人才甄選程序時所用的各種不同方法。

人力資源管理人才甄選後之步驟

公司運用人才甄選後之步驟（post-selection practices），以維持或改進他們工作人員的工作績效水準。

訓練和發展（第七章）　**訓練**（training）和**發展**（development）是經過規劃的學習經驗，教導工作人員該如何有效地執行他們目前或將來的工作。訓練著重於現在的工作上，而發展則是為工作人員可能的將來工作做準備。訓練和發展的實施，是設計來加強員工的知識和技術水準，以增進組織的績效。

在第七章，我們將討論公司如何決定它的訓練需求，並選擇／發展訓練課程以符合這些需求。我們也將討論訓練結果的轉移事項（例

招募人員
此為一項人力資源管理之施行步驟，專為找出及吸引特定工作的應徵者設計而成。

人才甄選
一項人力資源管理的措施，公司在工作候選人之中評估並從中選擇。

訓練
此為有計畫之學習過程，教導職員如何有效地執行目前的工作。

發展
此為有計劃之學習過程，使職員們預先準備有效地執行未來可能面臨的工作。

如：使員工運用他們在工作上所學到的事物）和訓練課程評鑑。我們也將討論管理發展（例如：該如何為將要擔任管理職位的員工作準備）。

績效評估程序
此為公司所採用來衡量其員工是否稱職的方法，並就這些評估結果與員工進行溝通。

績效評估（第八章） 藉著**績效評估程序**（performance appraisal process），組織得以測量員工績效的適當性，並和他們溝通這些評估結果。評估系統的目標之一是刺激員工繼續保持適當的行為，並且修正不適當的的行為。管理也可能使用績效評估為工具，以進行和人力資源管理相關的決策，例如晉級、降級、解雇和加薪。

在第八章，我們將描述判斷績效評估系統有效性的標準，和各種不同類型的評估工具，然後我們會列舉在發展有效的績效評估系統時，應該包括那些步驟。

薪酬
包含薪資和員工從公司獲得的福利。

薪資
員工賺得的報酬或薪水。

利益
提供給員工在薪資之外的薪水或津貼的一種福利形式，例如健康保險或員工折扣價。

薪酬（第九章） **薪酬**（compensation）指薪資和福利。**薪資**（pay）即報酬（wage）或員工賺得的薪水（salary）；**利益**（benefits）是薪水及津貼的一種形態，即薪資之外再額外提供給員工者，例如：健康保險或員工折扣。薪酬的目標，是幫助組織在可負擔的代價下，建立並維持有能力且忠誠的組織工作力。

在第九章，我們將討論公司的薪資是如何影響其員工的態度和行為，薪資水準如何決定，和加諸於薪資的法律限制。然後我們將檢視福利事項，討論各種不同的福利選項，和如何管理福利計畫。

提高生產力計畫
經過設計的人力資源管理，使工作績效和報酬結合，以改善積極度和生產力。

提高生產力計畫（第十章） **提高生產力計畫**（productivity improvement programs）連繫著工作行為和報酬。報酬可能是財務上的（例如：紅利、加薪）或非財務的（例如：增加工作滿意度）。這些計畫的目標是激勵員工表現適當的工作行為。

在第十章，我們將討論各種不同類型的提高生產力計畫。我們將描述每個計畫的優點和缺點，和其最適合被使用的背景。

影響人力資源管理的外在因素

在組織裡面的人力資源管理部門，正如組織自己本身一樣，並非與外界隔絕的獨立狀態。即使在工作環境以外的事件均能對人力資源管理有很大的影響。在下列的段落我們將描述一些事件，並指出這些事件是如何影響人力資源管理。

法令（legal）及環境（environmental）之內涵（第二章）　在最近三十年，聯邦、州和地方性的法律中規範工作地點行為的法令，在人力資源管理部分已經幾乎完全改變。這些法律是設計來保障員工（和潛在性員工）的權利，以使其獲得公平和安全的待遇，同時也影響到許多人力資源管理實施的方式。

想想看，舉例來說，反歧視法律對公司實行雇請人才所造成的衝擊。在這些法律通過之前，許多公司可以任意地雇用人。申請者常因為他們和公司有良好關係，或是畢業於雇主的母校而被雇用。今天，如此任意實行卻會被指控為製造歧視。舉例來說，若有女人因為沒有良好關係而被拒絕雇用的結果，是她可能會控告該公司有性別歧視。

為了要保護公司免於受到如此的指控，雇主必須以「照章行事」的方式實施人才甄選。這表示他們得小心地決定工作所需要的資格，並選擇能正確地測出那些資格的甄選方法。

社會、經濟和科技事件也會強烈地影響人力資源管理。這些事件包括：

■工作場所的文化差異。
■兼職、臨時雇員的任用逐漸增加。
■更加強調品質和團隊作業。
■購併和接管的產生。
■裁減員工和臨時解僱的情況。

■技術迅速提昇。

■品質持續不斷地提升。

■在工作力中有高比率的文盲。

這些事件會如何影響人力資源管理？讓我們來看一些例子：

■有些公司正嘗試藉由提供某些好處，例如產假、育嬰假、托兒服務、彈性工作時間，以及工作分享等，以符合員工家庭的需要。

■有些公司正嘗試藉由設計提昇技術和訓練，幫助員工接受新技術，以符合較年長工人的需求[3]。

■有些公司正在教育他們的員工，做一些關於基本的閱讀、書寫和計算技巧的訓練，以便讓他們能學習快速地趕上較新的技術。

在第二章，我們從討論法律開始，重點放在雇用歧視的爭論上。我們將描述各種不同的反歧視法律，以及這些法律如何被解釋（在後面的章節中，我們會在特定的人力資源管理上應用這些法律），然後我們將描述有助於大多數公司塑造人力資源管理的社會、經濟和科技事件。

工作場所法規
一種以公平、無差別的方式對待員工的觀念。

工作場所法規（第十一章）　**工作場所法規**（workplace justice）規範了員工權利的問題。為了要有合理的工作場所，組織必須遵從賦與工作人員不受歧視待遇權利的法律。工作場所法規強迫雇主施行工作場所規則、懲戒和解雇程序，以及影響員工隱私的策略，如監視。

在第十一章中，我們將檢視員工歧視處理、員工隱私，以及不正當解雇的各種不同法律。

工會
一個代表公司中部分或全部工作人員利害的組織。

工會的影響（第十二章）　**工會**（unions）常會影響公司人力資源管

理。有組成工會的公司必須遵從每家公司和它的工會之間經商議後的書面合約。與工會的合約管理著許多人力資源管理的施行，例如懲戒、晉級、抱怨程序，以及超時工作的分派。對於沒有組成工會的公司來說，其人力資源管理施行則可能受到工會的威脅和影響。舉例來說，一些公司的作爲已經使他們的人力資源管理更爲公平（也就是說，他們更公平地對待他們的員工），目的是爲了將員工尋求工會協助的可能性減到最少[4]。

在第十二章中，我們將提供簡短的勞工運動史，並描述工會目前的結構和影響工會——經營者之間關係的法律。我們也將透過協商和管理的觀點，檢視他們如何透過溝通協商方式訂定團體協商協約，和員工對工會的態度（例如：當其他員工接觸工會時，一些員工爲什麼會參加工會，和爲什麼員工不參加工會）。

安全及衛生（第十三章）　法律、社會和政治上的壓力，使組織須確保其員工的衛生和安全，已對人力資源管理造成巨大的衝擊。組織對這些壓力的回應包含有制定意外事件防止計畫，和經設計以確保員工衛生和心智的計畫，如衛生和員工協助計畫。

在第十三章，我們首先描述被設計來確保員工的衛生和安全的聯邦法律，然後討論員工的安全問題（例如：工作場所意外事件的原因，並設計人力資源管理的施行以避免事件發生）和衛生問題（例如：員工的衛生問題，並設計讓組織介入以減輕這些問題）。

國際化的影響（第十四章）　今日全球的經濟仍影響著一些人力資源管理的形態。許多公司瞭解他們必須進入外國市場，以和全球相互連接的商業市場競爭，並成爲其中的部份。從人力資源管理遠景看來，組織必須培養並發展更國際化的經理人才：瞭解外國語言、文化和外國市場動態的人才。這些公司也必須處理一些與外派員工、改變工作所在地點所需成本、人才的甄選、薪酬，和訓練等問題。

在第十四章，我們將檢視其他國家有關人力資源管理運作的制定問題。這一章的重點放在三個議題上：(1)需考慮文化的差異；(2)外派人員的僱用；(3)人力資源管理在國外的發展。

由誰來負責發展及實施人力資源管理計畫？

大多數的公司都有人力資源管理部門。然而，這個部門並非公司中唯一負責實施人力資源管理者。人力資源專業人員和經理（line managers）均有責任。而若誤解只有人力資源專業人員負此一責任，便有可能會導致嚴重的問題。想想看下列各項舉例：

在 Roy Rogers 餐廳，全公司全年的工作人員離職率（turnover）在百分之八十到九十之間，組織因而每年要多花費三百萬美元以上。人力資源管理部門便在各領域的經理之間實施調查，以瞭解他們對這個問題的看法。那些經理們將工作人員離職率高歸因於幾個人為問題，如人員招募、薪資、訓練、工作績效的回饋，和昇遷機會均不足。有趣的是，在自己的單位裡工作人員離職率較高的餐廳經理，比較傾向於認為人力資源管理部門應負責解決這些問題；他們不認為這些問題何以與他們自己的行為有關。另一方面，工作人員離職率較少的經理，則認為他們應自己解決這些問題。有效率的經理嘗試著再以下列方式解決這個問題：

- 在開始的時候，就為人員甄選的決定提供意見。
- 試著以創造團隊感覺的方法督導工作人員。
- 提供教育和訓練。
- 為員工事業的前瞻性創造機會。
- 提供學生和其他兼職人員彈性的工作時間表。

事實上，唯有經理和人力資源專業人員之間互相合作，才能導致有效的人力資源管理。舉例來說，由績效評估的角度來看，一個公司績效評估系統的成功，要靠兩個系統內的團體正確地完成他們工作的能力而定。人力資源專業人員發展系統，而經理則提供實際的績效評估。

本文中還會討論每個人力資源管理領域裡的部門經理（line managers）和人力資源專業人員扮演的特定角色。我們將藉由描述那些在傳統上已經是由兩派人馬扮演的角色，對這個主題提供一般的概觀。然而，當我們正在討論第十五章的時候，人力資源專業人員所扮演的角色和各經理之間的區別正變得越來越不清楚了。

我們也必須承認這些角色的性質在每個公司都不一樣，主要是依組織的大小而定。我們的討論是假定在一家有著相當大的人力資源部門的大公司。而在沒有大的人力資源管理部門的小公司中，各經理在實施有效的人力資源管理時，應扮演更吃重的角色。

人力資源專業人員的角色

人力資源專業人員的典型責任包含下列四個區域：

1.建立人力資源管理程序。

2.發展／選擇人力資源管理的方法。

3.監督／評估人力資源管理的實施。

4.指導／協助經理處理和人力資源管理相關的事件。

建立人力資源管理程序　在實施人力資源管理的時候，通常是由人力資源專業人員決定（受上層管理階層同意的管制）要遵循的程序。舉例來說，人力資源專業人員可能會決定人才甄選程序應包括要所有的候選人：(1)完成空白申請書表格；(2)進行雇用測試；(3)和人力資源專業人員及各經理面談。

發展／選擇人力資源管理方式　通常人力資源專業人員會發展或選擇特定的方式以實施公司的人力資源管理。舉例來說，人力資源專業人員可能會構思出空白申請書表格，發展有組織的面談指引，或選擇雇用考試。

督導／評估人力資源管理的實施　人力資源專業人員必須確定公司人力資源管理的實施有被適當地實行。這責任包括評估和監督。舉例來說，人力資源專業人員可能會評估雇用考試的有效度，教育計畫的成功度，和人力資源管理之結果的成本效益，例如人才甄選、人員離職率（turnover）、人才招募等等。他們也可能會監督記錄，以確定績效評估已經被適當地完成。

指導／協助經理處理和人力資源管理相關的事件　這或許是大多數的公司裡人力資源專業人員的主要責任區域[5]。人力資源專業人員可做為許多人力資源管理相關問題的顧問。他們可能藉由提供下列主題的正式訓練計畫進行協助，主題的內容有：人才甄選和法律、如何引導雇用面談、如何評估員工工作績效，或如何有效地訓練員工等。在人力資源專業人員所提供的協助中，也可能是給各經理有關特定的人力資源管理相關問題的忠告，比如說，如何處理「問題員工」等。

部門經理的角色

部門經理督導員工的每日工作。以人力資源管理的展望看來，部門經理是主要負責人力資源管理實施的人，並對人力資源專業人員提供必要的資源與督導。

人力資源管理的實施　經理執行許多由人力資源專業人員策劃的程序和方法。舉例來說，各經理可能要執行這些任務：

■和工作申請者面談。

- 提供職前講習、訓練和在職訓練。
- 提供和溝通績效評估。
- 建議加薪。
- 實行懲戒程序。
- 調查意外事件。
- 處理申訴事件。

提供人力資源專業人員所需要的協助 人力資源管理的程序和方法的發展時常需要來自各經理的協助。舉例來說，在指導工作分析的時候，人力資源專業人員時常尋求來自經理的工作資訊，並要經理重新探討最終的書面報告成果。當人力資源專業人員決定組織所需要的訓練時，經理常可提議所需要訓練的類型，特別是誰需要訓練。

取得競爭優勢

正如本章開始時所引述的內容，公司能在競爭者間，藉由有效的管理人力資源而取得競爭優勢。在本文中，我們將討論每次人力資源管理的實施，是怎樣能幫助公司取得如此的優勢。

在這段中，我們將介紹競爭優勢的觀念，然後討論公司如何能藉著有效的人力資源管理實施，而達成並維持競爭優勢。

競爭優勢之定義

為了要成功，組織必須在競爭者間取得並維持優勢，也就是說，公司必須發展**競爭優勢**（competitive advantage）或較競爭者優越的市場 [6]。公司能以下列兩種方式之一達成這個目標：成本領導或產品差異化 [7]。

競爭優勢
當公司獲得較其競爭者優越的市場地位的狀態。

成本領導

成本領導策略
公司藉由提供和競爭者相同的服務或產品，但以較低代價生產，而獲得競爭優勢的策略。

在**成本領導策略**（cost leadership strategy）之下，公司提供和競爭者相同的服務或產品，但是生產成本卻較低。藉此，組織得以其在資本和人力資源上的投資，賺得較高的利潤[8]。舉例來說，A 餐廳和 B 餐廳以相同的價格賣出相同數量的漢堡。不過，如果 A 餐廳能夠減少每個單位的成本，便能較 B 餐廳獲得競爭上的優勢（例如：其投資獲得較高的利潤），也就是說，可以較低的成本生產每個漢堡。

每個單位的成本就是生產每一個單位產品或服務的成本。在總成本不變，而增加生產更多單位時，便可減少每個單位的成本。公司可藉由增加下列比例的值，而減少每個單位的成本：

生產的單位數量／製造的總成本

分子增加或分母減少都能增加這個比例的值。舉例來說，有一個鈕扣的製造業者能以一百美元的成本生產一千個鈕扣，則生產一個鈕扣的成本是 0.1 美元。要減少每個單位成本的一個方法，便是在不增加總成本的情況下使分子的值增加（也就是，生產更多的鈕扣）。舉例來說，公司若能以一百美元的成本生產兩千個鈕扣，則可將其每個單位的成本降至 0.05 美元。另一個減少每個單位的成本的方法，便是在不減少生產單位數量的情況下減少分母（也就是降低總生產成本）。舉例來說，若以五十美元生產一千個鈕扣，則每個單位的成本可降至 0.05 美元。

而主要的問題就是「公司如何能夠完成這種目標」，有許多可能的方法，舉例來說，使用新技術或設計比較有效率的工作方法，便能夠增加生產力，而減少經常性的花費亦能減少製造成本。

產品差異化

產品差異化（product differentiation）發生於當買主較偏好某公司生產的產品或服務時。公司能以下列方式達成這種目標[9]：

- 創造品質較競爭者好的產品或服務。
- 提供創新的產品或競爭者並未提供的服務。
- 選擇良好的地點——客戶較容易接近的地點。
- 將產品促銷或加以包裝，以創造較高品質的質感。

只要公司的客戶樂意支付足以涵蓋任何額外製造成本的費用，產品差異化將可創造出競爭優勢[10]。舉例來說，A 餐廳藉由在食譜內加入額外的成分，而設計製造出使漢堡口味更好的的方法。如果因為這個行動而增加銷售量，且增加的收入足以彌補因生產口味較好的漢堡所增加的成本，那麼這家餐廳便可獲得競爭優勢。

在**邁向競爭優勢之路 1-1** 中已描述 Marriott 公司的策略，並提供一個公司如何藉著提供競爭者並未提供的服務，而達成競爭優勢的例證。因為 Marriott 是在工業界裡唯一提供這些創新服務的公司，所以 Marriott 的策略創造了競爭優勢，客戶也因此較喜歡與他們做生意。

產品差異化
藉由生產買主較喜歡的產品或服務，而得到競爭上的優勢。

競爭優勢與人力資源管理

組織中人力資源管理的實施，可能是競爭優勢的重要來源。正如我們待會兒將看見的，有效的人力資源管理，能藉由創造成本領導和產品差異化而提高公司的競爭優勢。在下面幾段中，我們將以研究證據和專家的意見證明這個主張。然後我們會提供一個模式以試著解釋，為何人力資源管理的實施，能對競爭優勢有如此戲劇性的衝擊。

MARRIOTT 如何獲得競爭優勢

Marriott 是世界上最成功的公司之一，銷售和利潤每年均維持百分之二十的成長。下面是他們如何做到的：

Marriott 已經進入飲食和旅館業界，並且已經成為這兩個業界的「主要玩家」。它是藉由產品差異性而得到競爭優勢——它提供客戶高品質的服務，以符合客戶不同的需求。舉例來說，在飲食業，Marriott 提供消費性飲食（Roy Rogers 餐廳、Big Boy 餐廳和 Travel Plaza 餐廳）和團體飲食（供應給醫院、航空公司、學校，和商業用途）兩種。在旅館業，Marriott 提供的產品從豪華住宿（如 Marriott Suites）、傳統式的房間（如 Marriott）、家庭渡假旅館（如 Residence Inn）、商務旅館（如 Courtyard），到經濟旅館（如 Fairfield Inn）。此外，Marriott 還更進一步地將自己和競爭者區分開來：

■提供週末價格以提高住房率，否則在星期五和星期六晚上住房率均較低。
■傍晚客房服務時在床上放早餐食譜及點用單，以增加餐廳的使用率。
■開始許多的「與客戶為友」方案，例如管理員服務、以影像退房、經常飛行的點數累計，以及客戶滿意卡。

人力資源管理與競爭優勢互相連結之證明

愈來愈多以研究為基礎的證據顯示出公司的人力資源管理，能對競爭優勢產生強烈的衝擊。本文的重點即為人力資源管理與競爭優勢

互相連結之研究。我們會報告二項檢視各不同公司實施人力資源管理後的衝擊之研究結果。

其中一項研究檢視的內容包含三十五種工業共九百六十八個公司的人力資源管理和生產力之水準。每個公司的人力資源管理品質，是以一些事物的存在情況為評估基礎的，這些事物包括了獎金計畫、員工申訴系統、正式的績效評估系統，以及工作人員對公司決策的參與程度。這項研究顯示出人力資源管理品質的複雜性和生產力的水準之間有強烈的相互關係——換句話說，人力資源管理評估結果較高的公司，在生產力上明顯地勝過那些評估結果較低的公司，特別是當人力資源管理之複雜度之一個標準差相當於生產力差異的百分之五的時候。實際上，這個發現就表示若公司的評估結果較平均值為佳（例如：第八十六個百分點，其生產力便勝過「平均一般」的公司百分之五）。

同樣地，在一九九三年做的一項研究發現，人力資源管理實施健全良好的組織（例如：「適當地」測試和面談工作申請者，並評估人才招募以及甄選的有效性），會較實施較差者有較高的年度獲利、獲利成長和整體表現。

史丹福大學(Stanford University)教授 Jeffrey Pfeffer 在他名為《以人為本的競爭優勢》（ *Competitive Advantage Through People* ）的書中已描述人力資源管理實施對競爭優勢的潛在衝擊。這本書以「大量閱讀通俗和學術性文學，並訪談在多種工業界各公司中的許多人，和申請工作的常識」為基礎，Pfeffer 認為有十六種人力資源管理的實施，確能提高公司的競爭優勢。這些實施列在**深入探討 1-1** 中，列出來的內容大部分將在本文中詳細描述。

人力資源管理與競爭優勢互相連結之模式

雖然上述證明只能顯示有效的人力資源管理之實施，能強烈地提

十六個可以提高競爭優勢的人力資源管理實施

1. 工作保障（employment security）：一項雇用的保證，使員工不會因沒有工作而被解雇。

   組織對員工提供長期任用的訊息。這種實施可使員工產生忠貞、信賴感，並自發性地為組織的利益而付出額外的努力。

2. 招募人才的選擇性(selectivity in recruiting)：小心地以正確的方式選擇適合的員工。

   一般說來，資歷較高的員工的生產力是資歷較差者的兩倍。此外，在實施招募人才的選擇時，組織可提供訊息給申請者，表示他們正將加入一個優秀的組織，如此也表示它對員工的績效有較高的期待。

3. 高薪（high wages）：薪水較市場所需要更高（也就是說，比競爭者支付得更高）。

   高薪比較容易吸引資格較高的申請者，降低人員離職率，同時表示公司對員工的評價與認可。

4. 激勵性薪資（incentive pay）：使員工對提高績效和收益感到有責任，並得以分享利益。

   員工會覺得這樣的實施是公平且無私的。如果因員工的努力而產生的增益，都只留在高層管理人員，員工會覺得這種情形不公平，而變得氣餒，並放棄努力。

5. 員工所有權（employment ownership）：組織給予員工股份所有權，例如提供公司的股票和利潤分享計畫。

   員工所有權，如果能適當地實施，能以成為股東而引起員工的興趣，如此員工便會以長遠的眼光來看組織、組織的策略，和組織的投資政策。

6. 資訊分享（information sharing）：提供關於運作、生產力和利

潤的資訊給員工。

為員工提供基礎資訊,以讓他們知道自己的重要性,並和公司息息相關,而且如此提供了他們所需要的訊息,讓他們知道要成功需要做什麼。

7. 參與和使能(participation and empowerment):鼓勵將下決策的權力分散,並有較多的工作人員參與和使能,以控制他們自己的工作。組織應該從階層控制和協調活動的系統,轉變為讓較低階層的員工也可以做一些事,以提高績效。

研究顯示參與感可增加員工的滿意度和生產力。

8. 團隊和工作重新設計(teams and job redesign):採用各科分設小團隊的方式,以相互協調並督導他們自己的工作。

團隊工作可藉由設定適當的工作量和品質基準,對個人發揮相當有力的影響力。在當團隊努力後有報酬,或團隊工作的工作環境可自治和控制時,以及當團隊工作被組織認真對待時,團隊工作影響力會有更正面結果。

9. 訓練和技術發展(training and skill development):提供工作人員他們必須的工作技術。

訓練不但可確使員工職員和經理能更有能力地執行他們的工作,而且也顯示出公司對員工的委任。

10. 跨部門工作和跨部門訓練(cross-utilization and cross-training):訓練員工執行幾種不同的工作。

讓員工接觸並從事各種各樣的工作,能使工作更有趣,而且也讓經理在安排工作計畫時更有彈性。舉例來說,當工作人員缺席期間,能替換上已經過訓練執行那些工作的人員。

11. 象徵性的平等主義(symbolic egalitarianism):平等地對待員工,例如去除高層員工專用餐廳和保留停車位。

社會階層數的減少,可減少員工對「他們」和「我們」的想法,並提供每個人工作目標一致的感覺。

12. 減少薪資差異（wage compression）：減少員工之間薪資不同的差異。

當工作需要相互依賴以及合作才能完成時，減少薪水差異可減少員工間的競爭，並加強合作關係，而使生產力增加。

13. 從內部晉昇（promotion from within）：有工作空缺時，拔擢較低階層的員工晉昇。

晉級可增加訓練和技術發展，提供員工要做得更好的動機，並能在工作場所提供公平感和正義感。

14. 長期的遠景（long-term perspective）：組織必須瞭解要達成競爭優勢，必須藉由工作力花時間才能夠完成，因此需要長期的遠景。

在短期間之內，解雇員工或許會比試著維持雇用安全較為有利，刪減訓練也是維持短期利潤的快速方法。但是當達成以後，這些以實施人力資源管理所帶來的競爭優勢，會比較可能持久。

15. 實施成效評估（measurement of practices）：組織應該評估這些事物，例如員工態度、各種不同方案的成功度，以及員工績效程度。

評估能藉由指出「評估標準」以規範員工行為，並能對公司和員工提供回饋，以瞭解他們的表現相對於評估標準有多好。

16. 拱形哲學（Overarching philosophy）：擁有基本的管理哲學，連結各種不同的實施，而成為互相密合的整體。

列在第 1 到 15 項各實施的成功，均多少要靠以成功為基礎價值觀和信念的系統，以及如何管理人員。舉例來說，在高等微裝置（Advanced Micro Devices）的拱形哲學是「連續的快速進步；使能；組織完整而無階級界線；高度的期待；和優秀的技術」。

高公司的競爭優勢，但卻無法說明這些實施為什麼具有如此影響力的原因。在下一段中，我們將描述一種模式，以試著解釋這種現象。**示例 1-1** 中將舉例說明這個模式，箭頭指出二條從人力資源管理之實施到競爭優勢的路徑：直接路徑和間接路徑。直接路徑指在人力資源管理被實行後，其本身對競爭優勢上有立即的衝擊。間接路徑則指人力資源管理之實施能藉著引起某種結果，而創造出競爭優勢。現在我們仔細觀察這個模式。

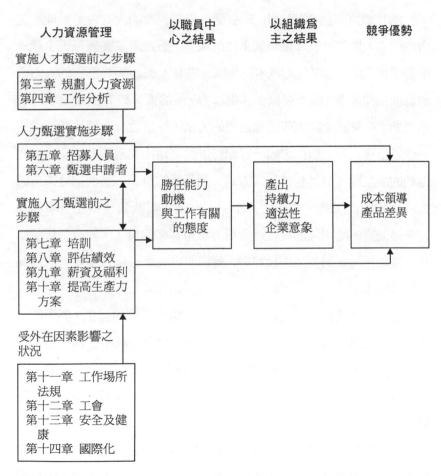

示例1-1　將人力資源管理之實行與競爭優勢互相連結的模式

人力資源管理之實施對競爭優勢的直接衝擊

在一些例子中，公司能藉著有效的人力資源管理而達成成本領導。和人力資源管理相關的成本包括人員的招募、甄選、教育訓練、薪資等等，為公司開支的一個重要部分。這些成本在和服務相關的業界中特別高，這些公司的預算中大約有百分之七十是花費在薪資的總成本上。這些和人力資源管理相關的成本在各競爭者間差異極大。而在各競爭者間人力資源管理做得最好的，便可獲得超越他們競爭者的財務優勢。

讓我們再回到 A 餐廳和 B 餐廳，以舉例說明人力資源管理所包含的成本，是如何能降低每個單位的成本。假定兩家餐廳每天生產一千個漢堡，且每個單位的成本均相同。如果 A 餐廳能降低它的人力資源管理相關成本，而不會減少其生產力，便能獲得較 B 餐廳為多的成本優勢。A 餐廳能夠完成這種目標的方法，便是設計一種比較不貴的方法以招募人員。舉例來說，餐廳可以試著藉由要求現有員工，以在他們的朋友間「口耳相傳」的方式，招募新的員工。這個招募人員的方法比起他們以前曾經用的方法——在當地報紙刊登徵才啟事的廣告來得便宜。而如果那些以這個新方法招募來的員工，執行工作和以刊登廣告招募來的員工一樣好時，餐廳便可在沒有犧牲生產力的情況下降低成本。

要注意的重點是，這些以新的招募策略而得到的員工，如果能力較那些以較早的方式得到的員工差的話，公司也可能不會獲得競爭優勢。記得，當生產的單位數目除總生產成本的比值增加時，才能達到成本主導。如果雇用了較沒有能力的申請者，則生產量會減少，而和減少的成本抵銷。

不幸的是，公司不會考慮到這個動作對生產量上的衝擊，而時常刪減人力資源管理的成本。舉例來說，當面臨經濟上的困境時，公司

時常會刪去或縮減一些和人力資源管理相關的活動,例如教育訓練。他們通常無法瞭解,就因為那些未經訓練的員工在工作上的表現可能較差,而造成生產量上的損失。

人力資源管理對競爭優勢的間接衝擊

公司的人力資源管理,也能以間接的方式影響競爭優勢。

以模式舉例說明時,這條路徑包括下列各項連結:

人力資源管理之實施──→以員工為中心的結果

以員工為中心的結果──→以組織為中心的結果

以組織為中心的結果──→競爭優勢

我們現在來檢視每一個連結模式。**示例 1-2** 中有個別的舉例說明。

人力資源管理之實施──→*以員工為中心的結果* 我們先檢視以員工為中心的結果之性質,然後描述有效的人力資源管理實施以後如何導致這種結果。以員工為中心的結果和公司員工的能力、動機和工作態度有關,其定義如下:

- ■能力(competence):員工所持有他們工作需要的知識、技術和能力。
- ■動機(motivation):員工樂意發揮必須的努力,以便把他們的工作執行得很好。
- ■工作態度(work-related attitudes):員工對他們的工作感到滿意,信賴他們的組織,行為如同組織中的良好居民。

讓我們來仔細看看工作態度。**工作滿足**(job satisfaction)與員工對工作的態度有關。員工在下列情況較容易感到滿意;(1)喜愛他們的工作;(2)在公司裏有實際的機會向上發展;(3)喜歡與他們交涉或處

工作滿足
員工樂於傾向自己工作的態度。

示例 1-2　人力資源管理實施範例——和競爭優勢的連結

人力資源管理之實施──→以員工為中心的結果

■因為公司的績效評估練習太過主觀且不需要任何證明，管理者能給他們「喜歡的事物」不適當的高評估，並給他們「不喜歡的事物」不適當的低評估。這對很有能力的員工不利，因為他們會因受到不公平的評分而喪失晉級，而如此便會使他對工作感覺不滿。

■一所大學的數學系在篩選教授工作的申請者時，需要他們進行課程教學示範，並由現職教授充當「學生」。然後他們只雇請那些在示範時能清楚地解釋抽象數學觀念的應徵者。因為這個甄選過程，所有被雇用的教授對教室中的教學活動已經相當精熟。

■有家公司採用激勵系統，以品質和輸出量為基礎來獎賞員工。結果員工工作時間加長，且工作得更努力，以爭取最大的薪資。

以員工為中心的結果──→以組織為中心的結果

■因為代理商聰明且有說服力（工作人員能勝任），長距離電話服務在過去一年使它的客戶基礎（產出量）增加了百分之二十。

■Mary Smith，公司最好的經理，拒絕來自競爭者的高薪挖角，因為她信賴她現在的雇主。

以組織為中心的結果──→競爭優勢

■有家銀行的許多客戶之所以和這家銀行打交道，是因為他們喜歡 Betty Smith——過去五年以來的銀行經理。因為 Betty 提供的傑出服務，這些客戶認為這家銀行是城裡最好的一家。如果銀行失去 Betty，當然生意將會遭受影響。幸運的是，因為 Betty 喜愛她的工作並信賴這家銀行，所以她沒有意圖離開。因此，如果她離開銀行，則銀行要準備更換貝蒂的代價成本，和損失一些生意。

以組織為中心的結果──→產品差異化

■一家製造捕鼠器的公司，在發明「更好的捕鼠器」後，增加它的市場占有率。它之所以能完成這個目標，是藉由鼓勵它的工作團隊創新、冒險，而且保證有長期的遠景。在經過許多次的試用和錯誤，這個工作團隊最後終於成功。

理的人；(4)喜歡並尊敬他們的管理者；(5)相信他們的薪資是公平合理的。

　　組織承諾（organizational commitment）則與「在特定組織中，對一個個體的認同感和參與感之相對強度」有關。當他們信賴他們的組織時，員工便會對公司有參與感，並願意效忠。

　　組織榮譽感（organizational citizenship）意指員工的行為會自動自發地幫助組織達成它的目標。這些行為包括以與工作有關的活動，幫助共同工作人員，自發性地接受指示，對暫時性的工作負擔具有耐性且不會感到困擾，願意為公司的利益而犧牲，比如說，在必須的時候樂意加班。這些工作行為對組織的目標有助益，但是通常不包含在工作人員的工作內容內，而是因為他們自願性地進行這些行為。

　　我們現在來檢視人力資源管理的實施，是如何導致這些結果。組織的人才招募、甄選、訓練、績效評估，以及薪資的施放，對員工的工作能力有強烈的影響力。在此舉例說明：

■人才招募／甄選（recruitment / selection）：如果公司能成功地被認同、吸引，並且選擇最能幹的申請者，則整體的工作力便會更強。

■訓練（training）：如果職員被訓練良好以適當地執行他們的工作，則整體工作力便會更強。

■工作績效評估（performance appraisal）：採用績效評估，可以識別出因為員工不稱職而造成的任何績效缺失。這一類缺失被識別出時，通常可以諮商、訓練或教育加以補救。

■薪酬（compensation）：公司通常能藉由提供薪酬，和較他們的競爭者更吸引人的利益，而增加它整體工作力的稱職度。這方面的施行能使公司具有吸引力，並保有最具能力的人。

　　員工的工作動機受幾項人力資源管理之實施所影響，這幾項中最

組織承諾
個人對特定組織之認同感和參與感的相對強度。

組織榮譽感
員工具有自動自發的行為，以幫助組織達成其目標。

主要的是人才甄選和生產力提升計畫。讓我們仔細看看這些環結：

■人才甄選（selection）：人才甄選之實施能以二種方式影響員工的動機。首先，公司可以試著找出具有高度積極動機，並具有良好工作習慣的申請者。有效的人才甄選實施，也可藉由對公司的薪資施放回應良好的申請者，而增加整體工作力的積極度。舉例來說，有些公司以工作績效為薪資基礎，而有些公司以年資為基礎。在甄選申請者時，公司應記錄下申請者偏好的方式——較喜歡以績效為薪資基礎的申請者，待在以年資為基礎的公司可能會很不快樂（或很不積極）。

■生產力提升計畫（productivity improvement programs）：這個計畫的主要目標，就是增加員工的積極度。積極度會以下列二種方式之一而增加：(1)在達到某種績效標準時，提供財務上的報酬；(2)授與權力給員工以作出工作上重要的決定，可使工作更具滿足感。

工作態度受公平性的影響，而這又和人力資源管理的實行有關。當員工被公平地對待時，他們比較可能對工作感到滿意，並對組織忠誠而信賴組織，且通常會比較有認同組織的榮譽感。

以員工為中心的結果──→以組織為中心的結果　正如模式所舉例說明的，當以員工為中心的結果導致以組織為中心的結果時，有效的人力資源管理之實施便能提高競爭優勢。我們先來看看這些以組織為中心的結果，再來看看它們是如何受到以員工為中心的結果所影響。

以組織為中心的結果包括產出、員工留任、法律上的承諾，以及公司的名譽和形象等。產出則指公司所提供的產品或服務的質與量，以及創新度。

員工留任率反映出公司所經歷的員工轉換量。一個組織的員工離

職率，通常以每年離職員工數，除總工作力的大小。舉例來說，公司的一千位員工中，失去了其中的一百位，則其員工離職率為百分之十（100／1000）。

法律上的承諾與公司的人力資源管理之實施，是否符合各種不同的勞工雇用法的要求。當員工（或申請者）認為公司人力資源管理之實施和法律上的要求不一致時，他們可以向地方或聯邦法院申訴。

最後一項以組織為中心的結果是公司名譽。這和「旁觀者」——潛在的申請者和客戶對組織的觀點和看法有關。

現在讓我們來討論以員工為中心的結果，是如何導致有利的以組織為中心的結果。當以員工為中心的結果是有利的時候，員工會有正面的工作態度，而且能幹又積極。而因為他們有能力和欲望去好好地執行工作，所以這樣的人通常是非常多產的（包括品質和量）。

同時這樣的員工也比較不會離職。舉個最近的研究為例，研究中發現，工作人員是否願意留任在他們的組織中，很重要的因素是視他們對組織的信賴度，和工作滿足度而定。

以員工為中心的結果也能減少和人力資源管理相關的訴訟紛爭。正如我們在本書中將會一再提到的，雇主通常能藉由設立公平的人力資源管理，並且符合雇用法。然而，如果員工對他們的工作感到不滿，或缺乏對組織的信賴，他們還是有可能會依法質疑人力資源管理的實施，甚至即使人力資源管理的實施本身是公平的。當員工的工作態度變差，那麼便可能是他或她對人力資源管理的實施感到不公平。舉例來說，當員工被拒絕升職而感覺不滿時，即使升職與否的決定是正確的，他仍可能會咒罵。不幸的是，雇主有時會因為沒有適當地證明自己的決定，並因此不能夠說服法庭說他們的行動是適當，所以會在此類訴訟中敗訴。另一方面，感到滿意和忠誠的員工則較少向他們公司的人力資源管理提出法律上的質疑。

以員工為中心的結果也能影響公司的形象或名聲。對工作感到滿

意並信賴公司的員工可能會「四處傳話」，說他們的公司是工作的好地方。而且，當職員能力強，並以正面而友善的態度和客戶交易，客戶的態度便會對公司較為有利。

以組織為中心的結果──→競爭優勢　當以組織為中心的結果較為有利時，便可獲得競爭優勢。我們首先看看這些結果對成本領導的衝擊，然後再看看在產品差異化上的成本領導。

　　正如前面提到的，成本領導能藉由增加下列比值的大小而達成：

生產的單位數量／製造的總成本

　　當公司能藉著有效地實施人力資源管理而增加他們的生產量時，他們每單位的成本便降低了。舉例來說，在某一年中，一位製造工人生產一千單位的時候，可掙得兩萬美元。其勞動成本為每單位二十美元（$20,000／1000）。如果公司能刺激這個工人，使他或她的生產力增加到一千五百單位，每單位的製造成本將會從二十美元被減少到 13.33 美元（$20,000／1500）。

　　將人員離職率減到最少，也能避免不必要的成本，而提高成本領導功效。當發生人員更換的時候，不但組織可能會損失一位具生產能力的成員，而且還必須面對更換這個人的成本。更換人員的成本包括招募、甄選和教育新的員工，而且他們通常可能會要求相當高的薪水，大約是該離職員工月薪的二到三倍，在某些個案中還可能會高很多。舉例來說，有家公司花費了四十一萬八千美元以替換一位單身的行政主管。

　　當組織能夠避免因員工不服從而產生的法律訴訟時，相對地也能提高成本領導的功效。訴訟的代價可能會很大，包括律師費用、上法院的費用、延聘專家證人，和負責主管以及支持公司的員工所花費在參加出庭、做證，和調查公司記錄的文件等支援公司的動作的時間成

本上。而且，萬一公司敗訴的話，解決代價更可能高達數百萬美元。舉 Shoney 餐廳（Shoney's Restaurant）的例子來說，他們最近在一場種族歧視的訴訟中，同意將一億零五百萬美元分配給一萬名黑人。

藉由實施有效的人力資源管理而造成以組織為中心的結果，也可藉著產品的差異化而提高競爭優勢。如前面所述，建立產品差異化的二個方法，是生產品質或服務較競爭者優越的產品，或者生產競爭者不提供的產品或服務。

產品或服務的品質或獨一性，是視生產者的動作而定。要生產品質良好的服務或產品，為公司工作的人必須妥善地執行他們的工作。舉例來說，在**邁向競爭優勢之路 1-1** 的 Marriott 例子中，那些對公司應提供週末比率、管理員服務堅持的員工，他們的工作表現的確是相當優異的，儘管他們本應堅持這些改革理念而有所表現，但他們良好的工作績效則是來自於組織有效地實施雇請和管理的結果所致，而那也正培育出他們改革的精神的基礎。

實行人力資源管理並維持競爭優勢

創造競爭優勢是一件事，長時間地維持競爭優勢又是另一件事。許多用以獲得競爭優勢的策略，卻很難去維持它，因為這些策略可能很容易被倣效，所以維持競爭優勢是困難的。舉例來說，A 超級市場能藉由提供特賣來創造競爭優勢。然而，如果這個策略成功，競爭者便有可能會模仿它，而它很快地便會喪失最初的優勢。

然而人力資源的管理，卻較少受到模仿的影響，因此，藉著人力資源管理的實施而達成的競爭優勢，會比以其他方法達成的競爭優勢容易維持。Jeffrey Pfeffer 解釋其原因：

1.競爭者很少能接觸到其他公司所實施的人力資源管理；也就是說，這些措施不容易被旁觀者見到，也因此不容易被倣效。

邁向競爭優勢之路 1-2

再訪 MARRIOTT

　　一九八〇年代晚期，Marriott 瞭解它需要新的方案以維持競爭優勢——它必須讓每位員工建立提供傑出的客戶服務的責任感。員工行為很重要，因為客戶評斷 Marriott 的服務主要便是以員工所創造的印象。Marriott 瞭解如此才能繼續成功，因此努力吸引並保有高品質員工。

　　組織也因此在員工間展開大規模的調查，以瞭解什麼樣的事物會激勵、煩擾員工，或具有挑戰性。Marriott 開始提供員工訓練計畫和事業機會，並開始嘗試以不同的方式設計工作，並賦予員工所有權和參與感，以對他們的工作範圍負責。

2.即使這些措施被看到了，競爭者採用這些措施所造成的衝擊也不一定有利。人力資源管理的實施代表其相關的系統。一個特定的人力資源管理可能只在和其他的人力資源管理併用時才會成功。舉例來說，獎勵性的薪資系統可能只在和雇用冒險偏好者的人員甄選實施併用時才有用。因此，當只做效單一的人力資源管理措施時，便不一定會有相同的衝擊，因為它已成為另一套不同的人力資源管理系統中的部分。

　　Marriott（描述於**邁向競爭優勢之路 1-1**）所獲得的競爭優勢，是由於它是率先實施那些創舉的第一個組織。然而，他們也自此而成為業界的標準。在一九八〇年代晚期，Marriott 瞭解到要維持它的競爭優勢，便必須把重心集中在人力資源管理的實施上。它面對這個問題的方式描述於**邁向競爭優勢之路 1-2**。

回顧全章主旨

1.瞭解公司的人力資源管理的性質：

　■人力資源管理人才甄選前之步驟：規劃人力資源和工作分析。

　■人力資源管理中人才甄選：招募人才和人才甄選。

　■人力資源管理人才甄選後之步驟：訓練、績效評價、薪資及福
　　利，以及提高生產力計畫。

　■外在因素對人力資源管理實施的衝擊：包括法令及環境的因
　　子、工作場所法規、工會的影響、安全及衛生，以及國際化的
　　影響。

2.瞭解各經理和人力資源專業人員在人力資源管理過程中所扮演的角
　色：

　■人力資源專業人員：建立人力資源管理程序、發展／選擇人力
　　資源管理的方法、監督／評估人力資源管理的實施、指導／協
　　助經理處理和人力資源管理相關的事件。

　■各經理的角色：實施人力資源管理，並對人力資源專業人員提
　　供協助。

3.瞭解競爭優勢是什麼，以及公司如何獲得它：

　■當公司發展出較競爭者優越的市場，便可獲得競爭優勢。

　■公司能藉由成本領導（降低和產值相對的生產成本）和產品差
　　異化（買主較偏好的產品或服務）達成競爭優勢。

4.瞭解公司的人力資源管理之實施是如何幫助它獲得競爭優勢：

　■直接增加生產的單位數量和製造的總成本的比值。

　■間接產生以員工為中心的結果，再引發以組織為中心的結果，
　　最後創造出競爭優勢。

5.瞭解為什麼藉由實施人力資源管理所獲得的競爭優勢較能維持長
　久：

- ■競爭者無法看到人力資源管理。
- ■即使看到了，在不同的組織中使用該套人力資源管理也不一定有利。

關鍵字彙

利益（benefits）

薪酬（compensaiton）

競爭優勢（competitive advantage）

成本領導策略（cost leadership strategy）

發展（development）

人力資源管理（human resource management）

人力資源規劃（human resource planning）

工作分析（job analysis）

工作滿足（job satisfaction）

組織榮譽感（organizational citizenship）

組織承諾（organizational commitment）

薪資（pay）

績效評估程序（performance appraisal process）

產品差異化（product differentiation）

提高生產力計畫（productivity improvement programs）

招募人員（recruitment）

人才甄選（selection）

訓練（training）

工會（unions）

工作場所法規（workplace justice）

重點問題回顧

1.定義人力資源管理。

2.爲什麼人力資源規劃和工作分析要先考慮人力資源管理的實施？

3.影響人力資源管理實施的外部因素是什麼？選擇一個外部因素並解釋它是如何影響人力資源管理。

4.以人力資源管理爲著眼點，描述公司中人力資源專業人才所扮演的角色。

5.各經理在人力資源管理中的角色是什麼？

6.定義下列的字彙：競爭優勢、成本領導、產品差異化。描述成本領導和產品差異化是如何創造競爭優勢。

7.描述有效的人力資源管理是如何能確保產生能幹的工作力。

8.選擇二種包含於模式中以組織爲中心的結果，並指出其各是如何受到以員工爲中心的結果影響。

9.本章說明受人力資源管理衝擊的競爭優勢較有可能維持，請解釋。

參考書目

1. Lado, A.A., and Wilson, M. C. (1994). Human resource management and sustained competitive advantage: A competency-based perspective. *Academy of Management Review, 19* (4), 699–727.
2. Walker, J.W. (1980). *Human Resource Planning.* New York: McGraw-Hill.
3. Ibid.
4. Porter, A.A., and Murman, K.F. (1983). A survey of employer union-avoidance practices. *Personnel Administrator,* November, 66–71.
5. Dessler, G. (1991). *Personnel/Human Resource Management* (5th ed.). Englewood Cliffs, NJ: Prentice Hall.
6. Reed, R., and Defillippi, R.J. (1990). Causal ambiguity, barriers to imitation, and sustainable competitive advantage. *Academy of Management Review, 15* (1), 88–102.
7. Ibid.
8. Steffy, B.D., and Maurer, S.D. (1988). Conceptualizing and measuring the economic effectiveness of human resource activities. *Academy of Management Review, 13* (2), 271–286.
9. McConnell, C.R., and Brue, S.L. (1993). *Economics: Principles, Problems, and Policies* (12th ed.). New York: McGraw-Hill.

10. Porter, M.E. (1985). *Competitive Advantage: Creating and Sustaining Superior Performance*. New York: The Free Press.
11. Huselid, M.A. (1994). Documenting HR's effect on company performance. *HRMagazine*, January, 79–85.
12. Terpstra, D.E., and Rozelle, E.J. (1993). The relationship of staffing practices to organizational level measures of performance. *Personnel Psychology, 46* (1), 27–48.
13. Pfeffer, J. (1994). *Competitive Advantage Through People*. Boston: Harvard Business School Press.
14. Steers, R.M., and Porter, L.W. (1983). *Motivation & Work Behavior*. New York: McGraw-Hill.
15. Gatewood, R.D., and Field, H.S. (1994). *Human Resource Selection* (3rd ed.). Fort Worth, TX: Dryden.
16. Iverson, R.D., and Roy, P. (1994). A causal model of behavioral commitment: Evidence from a study of Australian blue-collar employees. *Journal of Management, 20* (1), 15–41.
17. Sherman, A.W., and Bohlander, G.W. (1992). *Managing Human Resources* (9th ed.). Cincinnati, OH: South-Western.
18. Cascio, W.F. (1987). *Costing Human Resources: The Financial Impact of Behavior in Organizations* (2nd ed.). Boston: PWS-Kent.
19. Eyres, P.S. (1989). Legally defensible performance appraisal systems. *Personnel Journal, 68,* 58–62.
20. Pfeffer, *Competitive Advantage*.

第二章
瞭解人力資源管理
的法令及環境

本章綱要

工作場合的相關法令

公平就業機會

肯定行動

工作場合的環境問題

工作場合的文化差異

變動不定的工作本質

購併與接管

公司裁員

全面品質管理

本章目的

閱畢本章後，您將能夠：

1.瞭解公平就業機會法之本質及其法律上之解釋。
2.瞭解肯定行動計畫之本質與實施方法。
3.敘述文化差異對組織團體的影響及如何加以有效管理。
4.解釋工作的變動不定性及其對實行人力資源的影響。
5.敘述購併及接管對於實行人力資源管理所造成的影響。
6.瞭解造成裁員之原因、潛在的陷阱，以及裁員措施應如何實行。
7.瞭解全面品質管理運動之本質及其對實行人力資源管理的影響。

　　如第一章所述，法令及環境兩層面對於人力資源管理的實施有極大影響。以下就這兩點及其如何影響人力資源管理做更深入的解釋。

工作場合的相關法令

　　幾乎人力資源管理的各個層面都有相關的約束法令，從最初的員工招募、員工甄選，到開除員工、退休或解雇等。法令牽涉範圍之廣與內容之複雜，令許多幾乎每天都必須得面對這些法令的工廠主管和人力資源管理專家不禁嘆道：「要把這些法令都加以瞭解，你得是個律師才行！」有時候，有一些人力資源管理問題需要有律師的協助，不過大部分的問題都可以透過一般的工廠主管和人力資源管理專業人員來解決，因此，他們對人力資源管理上的各種法令必須有相當清楚的認識。

　　人力資源管理法中提到各種不同的問題，有些是屬於說明工作執行上的，如測謊考試的管理、提供醫療協助或家庭假等規定。其他則

是更廣泛的問題，如工作歧視、安全、隱私，以及員工應享的權利等。

　　有關這些項目對於實施人力資源管理的影響，在本書的內文中都會提到，例如在第十三章中探討的是關於安全方面的法律問題，在第十一章則是關於隱私的法律問題。本章的重點將放在工作歧視這一方面的法律來討論。歧視在本書中有詳細的討論（雇用員工時的歧視陳述於第六章，薪資上的歧視則陳述於第九章，對按日計酬之員工的歧視在第十一章討論），由於歧視這個議題相當廣泛，其法律上的解釋又非常的複雜，所以我們必須先研究並瞭解一些「基本概念」（basics），如歧視法的目的與意義，然後我們將針對兩個有關歧視的題目做討論：公平就業機會及肯定行動。

公平就業機會

　　一九六○年代，Lyndon Johnson 有意創造一個「美好的社會」（Great Society），而促使國會通過一連串的立法以保障人民享有平等的**公平就業機會**（equal employment opportunity, EEO）。這些法令設立的宗旨在根除工作場合上常見的歧視問題，例如：種族歧視、人種歧視、性別歧視、宗教歧視、國籍歧視、年齡歧視及能力歧視等。這些在工作平等法保護之下的類別，我們稱之為**被保護類別**（protected classification），而在保護類別下獲得保護的人，我們則稱之為**被保護族群**（protected groups）。舉例來說，男性和女性是「性別」保護類別下的被保護族群。

　　公平就業機會法保障的是所有被保護類別下的所有被保護族群，而並非少數的弱勢團體。也就是說，男性遭受到歧視，跟女性遭受到歧視是一樣不合法的。唯一的例外是，公平就業機會法下的肯定行動計畫。肯定行動允許雇主在某些特別情況下，對某些族群提供特別的優惠待遇。這一點在本章中將會討論到。

公平就業機會
提供所有求職者與員工相等的待遇，不論其種族、膚色、性別、宗教、國籍、年齡及能力為何。

被保護類別
在工作平等法保護之下的類別（如種族與性別），使人們在工作場合免於被歧視。

被保護族群
在每個被保護類別下的次級類別（如男性與女性是性別下的次級類別）。

示例 2-1　公平就業機會法

一九六四年公民權利法案（第七號）

禁止對種族、人種、宗教、性別和國籍在工作方面有歧視的行為。員工人數
十五人或十五人以上的雇主必須遵守。

一九九一年公民權利法案

一九六四年公民權利法案的修定版本，加強彌補申訴對象的嚴重損失。對成
立歧視案件所需的證據有更詳細的說明。

一九七八年懷孕歧視法案

由一九六四年公民權利法案修改而來，法案中禁止對婦女因懷孕而有歧視。

一九八六年移民改革和控制法案

禁止雇主任用非法外籍人士、歧視不同之國籍人士和外國公民。

一九六七年工作年齡歧視法案

禁止對年紀長者的歧視行為。保護四十歲以上的勞動者，適用於員工人數達
二十人以上的公司。

一九九〇年美國身心障礙者法案

禁止對身心障礙人士的歧視行為，適用員工人數十五或十五人以上的公司。

公平就業機會法

　　公平就業機會法的重點概述於**示例 2-1** 中，所有條文是以禁止對被保護類別的歧視為基礎，針對特定的保護類別分別訂定有不同的法令規範。

一九六四年公民權利法案
禁止根據種族、人種、宗教、國籍和性別而有任何工作方面的歧視。

一九六四年公民權利法案（第七號）　在一九六四年公民權利法案（Civil Rights Act of 1964）（第七號）中，只要是員工人數在十五人以上，員工在一年中至少工作二十週的員工和公司，均為規範的對象，即法律禁止對此範圍中工作的種族、人種、宗教、國籍和性別有任何歧視。文中特別指出：

雇主不得因種族、人種、宗教、性別或國籍等原因，而拒絕錄用或解僱他人，或者因此而對該人之薪資、工作狀況、工作權利等有不平等待遇。

一九六四年公民權利法案可說是員工預防在工作場合中遭受歧視行為的最好利器，因為此法令所涵蓋的被保護類別最多，在法庭上如果法官判定歧視之控訴屬實，受害者一方不但不需要付法律費用，更可以得到雇主的費用補償（雇員因遭歧視而蒙損失的收入）。舉例來說，一名婦女向法院指控某雇主非法將女性排除於從事建築工作的考慮之外，拒絕她申請一個年薪兩萬五千美元的建築工作，這件訴訟花了兩年的時間才結束。最後的結果是院方判定女方勝訴。為了彌補女方所遭受不平等之待遇，法院要求雇主償付女方的訴訟費用，以及彌補費用五萬美元（兩年的薪水）。

由此可見此法案影響當時公司的人力資源管理層面甚鉅。例如，它迫使公司以更審慎的態度去審理對員工的任用、升遷、加薪、懲處等。在經由自我審查的機會當中，許多公司改變舊有的慣例，使其系統化、客觀化。好比現在大部分的組織都會要求主管提供遭受懲罰對象的詳細文件，以公平裁決其懲罰行為之公正性，許多公司也很小心使用一些可能會對特定被保護族群設限的任用考試。

一九九一年公民權利法案　一九九〇年代來臨後，一九六四年公民權利法案影響漸減。因此在一九八〇年中期到末期的時候，高等法院的一些判定，使得宣判歧視的成立更加困難。為了使此法案更加嚴謹，國會制定了**一九九一年公民權利法案**（Civil Rights Act of 1991），其主要條款列在**示例 2-2** 中。

一九九一年公民權利法案增列了雇主應對歧視對象的補償項目。雇主一旦涉及歧視行為，其損失將比以往更甚，除了原有的訴訟費及彌補費外，也許還需付懲罰金及賠償員工之損失金（未來的經濟

一九九一年公民權利法案
為一九六四年公民權利法案的修正案，使得歧視的判定更加容易。

示例 2-2　一九九一年公民權利法案之主要條文摘要

Ⅰ.目的
　A.提供蓄意歧視行為和工作場合之非法騷擾的合適解決法
　B.逐條列舉「業務需要」及「工作相關」的概念。
　C.提供了一九六四年公民權利法案（CRA of 1964）第七條，做為判定差異結果的明確指南。
　D.擴大人權規章之範圍，以提供歧視受害人足夠的保護。
Ⅱ.蓄意歧視案件中引發之傷害
　A.復原之權利
　　1.被告引述一九六四年公民法案、職業恢復法及美國殘障者法案，這三條法案申告雇主蓄意歧視（差別待遇）的行動，可能獲得雇主處罰金及補償金。
　　2.如果雇主的歧視是出自惡意，或者不顧法律賦予受害者之權利時，將有科處罰金的可能。
　　　a.如果是有關 VHA 或者是美國殘障者法案的案例，雇主又提供有對殘障人士有調適的計畫時，可以免處罰款。
　B.限制
　　1.補償金的目的在補償被害人未來的經濟損失、情緒傷害、心理傷害、困擾損失、精神損失，以及生活樂趣之損失。
　　2.處罰的方式以科處罰金來實行。
　　3.罰款總金額
　　　──員工人數在 15 到 100 人的公司，5 萬美元以下
　　　──員工人數在 101 到 200 人的公司，10 萬美元以下
　　　──員工人數在 201 到 500 人的公司，20 萬美元以下
　　　──員工人數在 500 人以上的公司，30 萬美元以下
　C.陪審團的審判　陪審團會對被告與原告雙方分別做審判，以決定適當的補償金或處罰金。
Ⅲ.差異結果案之證明職責
　A.以下任何情況發生時，差異結果的歧視便成立
　　1.當公司使用特殊的雇用策略時，不但造成差別，結果的產生也不能證明策略的應用與工作的相關性業務的必須性是一致的。
　　2.原告建議使用另一種策略（產生歧異結果率較低的一種）但被雇主拒絕。
　B.雇主若能證明其雇用策略的應用不會引起歧異的結果時，就不需要提出與工作的相關性及業務需要的證明。
　C.被告的一方必須能夠證明雇主使用的策略的確會造成差異的結果。唯一的例外是當被告可以說明雇主的決定程序是無法分開分析時，這時就可以將整個程序做一體的分析。
　D.對於差別待遇的案件，雇主不得以業務需要來當辯詞。
　E.除非雇主的目的是在對人種、種族、宗教、性別或國籍的歧視，否則都可以不錄用使用或擁有違禁品的人。

（續）示例 2-2　一九九一年公民權利法案之主要條文摘要

IV.禁止利用測試分數來作為歧視的工具

雇主如果基於申請工作者之種族、膚色、宗教、性別或國籍，而調整分數、使用不同的分數標準，或是改變就業考試的結果，將是違法的行為。

V.混合型的差別待遇動機

A.雇用員工的動機中，如果證實有對人種、膚色、宗教、性別或國籍的歧視成份的話，是不合法的，即使雇用的動機另有其他。

B.雇主若能證明即使沒有上述不被允許的動機，其決定仍是不變的時候，法庭不會處以罰款，或命令雇主給予被告復職、任用、升職或支付費用，但雇主可能要付律師費和分擔訴訟費用。

損失、情緒上傷害之損失、心靈折磨之損失、帶來不便之損失、精神苦惱之損失，以及生活樂趣之損失等）。賠償金的金額在五萬到三十萬美元之間，視組織規模大小而定。員工則在雇主蓄意或罔顧受害一方（也就是說資方很清楚地知道會引發嚴重之違法行為，卻不予理會）之法律權益，而造成不公平對待之事實時，有權利要求雇主支付前述的費用。

另外，一九九一年的公民法案比一九六四年的多了一些條文，使得提出歧視行為控告的一方（原告）需要提供更詳盡的證據資料，來證明歧視行為之屬實，也使得歧視的判定更加容易並可具體求償。此項條款在本章末會有更詳細的介紹。

一九九一年的公民權利法案與一九六四年的公民權利法還有一點不同的是，一九九一年公民權利法案提出**混合動機案**（mixed-motives cases）。所謂的混合動機，就是當雇方在決定雇用某人或實行升遷時的動機，一半參雜著合法動機，另一半卻參雜著歧視的行為。例如，某一公司拒絕一位行為舉止非傳統女性化的求職者，因為「她粗魯得不像個女人、不化妝，並且像個男人一樣地說粗話」，公司的考量是在她可能會使客戶不悅。這考量的動機是混合的，公司深恐她會引起客戶的不悅這一部分，是合法的動機，但公司對女性應如

混合動機案
是工作歧視案件中的一種形式，意指雇方在決定雇用某人或實行升遷時，一半參雜著合法動機，另一半卻參雜著歧視的行為。

何得體表現女性等的傳統觀點，卻是一種不合法的動機。

一九七八年懷孕歧視法
案
針對一九六四年公民權
利法案，特別禁止對正
在懷孕、待產或接受相
關醫療情況的婦女的歧
視行為。

一九七八年懷孕歧視法案　一九七八年懷孕歧視法案（Pregnancy Discrimination Act of 1978）基於一九六四年公民權利法案的精神，特別禁止對正在懷孕、待產或接受相關醫療情況的婦女有歧視行為。法案中明白規定雇主對待因懷孕而不能執行工作的婦女，要如同對待其他原因不能工作的員工一般。

一九八六年移民改革及
控制法案
禁止對國籍及公民的歧
視行為。

一九八六年移民改革及控制法案　一九八六年移民改革及控制法案（Immigration Reform and Control Act of 1986）其主要精神在於禁止對國籍及公民的歧視行為。法案特別指出，擁有四位以上員工之雇主，不得因員工個人國籍或公民權的關係（非法移民除外）而有歧視的行為，然而雇主傾向任用美國國籍人士多於合法外國人士，則是被允許的。

　　此法案除了是一個反歧視法案，它也使任用非法移民成為不合法的行為。在雇主有任用行為時，必須具備文件證明此一被任用員工是一合法外籍人士才行。

一九六七年工作年齡歧
視法案
旨在保護「年紀稍大的
工作者」（亦即四十歲
以上者）免於在工作場
合受到歧視。

一九六七年工作年齡歧視法案　一九六七年工作年齡歧視法案（Age Discrimination in Employment Act of 1967），旨在保護「年紀稍大的工作者」(四十歲以上）免於受到工作歧視。此法案適用於擁有二十位或以上員工之雇主，鼓勵任用年紀長者基於其能力而非年紀[1]。

　　值得注意的是，此法案只保護「年紀較長」的個人免於被歧視，四十歲以下的個人是不在被保護之列。此法案也在防止雇主對於四十歲以下或更年長者給予優惠。舉例來說，雇主不得因優惠四十歲之個人而對五十歲之個人的工作權益造成歧視之行為。

一九九○年美國身心障
礙者法案
目的在去除對身心障礙
人士之歧視行為。

一九九○年美國身心障礙者法案（第一條）　一九九○年美國身心障礙者法案（Americans with Disabilities Act of 1990）所提供的是一個既

清楚又健全的國際公法，目的在去除對身心障礙人士之歧視行為。此法案在第一條（私人機構）與第二條（公立機構）的描述，幾乎影響全部人數十五人以上的組織。根據此法案，身心障礙是一個人的身體或心理受到損傷，而嚴重限制一項或更多項主要生活活動能力（或自理能力），如行動、視覺、聽覺、呼吸、學習能力和獲得或保持工作的能力。

為了消除抱怨，一位因為身心障礙而求職被拒的人，必須說服別人，讓別人相信在雇主適當的配合（如果有需要）之下，自己能夠執行工作中需要的活動。雇主若採反對立場，必須證明即使給予此一求職者適當的配合，他仍然無法符合要求的執行工作，或者證明此一適當的配合將是很困難的。美國身心障礙者法案中所定義的「過度困難」（undue hardship）來看，是指雇主難以提供身心障礙者所需的配合，或者雇主的配合將會需要花費一筆龐大的費用。

美國身心障礙人士法案案例之一，一位員工因某種身心障礙原因經常請假而被炒魷魚。員工可能會辯稱雇主沒有提供適當的配合，像是給予兼差性質的職位。另一方面，雇主的可能說詞則是提供出兼職的職位是很困難的，而且費用太高。關於美國身心障礙者法案在第六章及第十三章將有更詳細的說明。

公平就業機會法的剖析

由上述的討論我們可以很清楚地一瞭解，雇主不可以因個人屬於被保護族群而有歧視行為。但是到底我們如何判定怎樣的行為算是歧視呢？來看看下面的例子：

個案一：一位女性申請警察的職位被拒，是因為她沒有通過體能考試。在過去的幾年裏，這個考試、淘汰的女性申請者占了所有女性申請者的百分之九十，同樣的淘汰率在男性申請者中則是百分之三十。

個案二：一位女性申請者被建築公司拒絕，因為她的身高體重不符合公司的要求：身高五呎八吋以上，體重一百六十磅以上。在過去幾年內，因為此限制而沒被錄取的男性占了所有男性申請者的百分之二十，女性則占了所有女性申請者的百分之七十。

個案三：一位工作表現堪稱良好的女性被公司辭退，公司老闆聲稱她違反了公司的政策，因為她在別的公司兼差，而且這位老闆曾說：「反正女人不是做會計的料。」

個案四：一位男性老闆辭退了他的女秘書，原因是她太醜了，他想換一個他認為比較美麗的女秘書。

我們知道一九六四年公民權利法案明令禁止性別歧視，但對於以上案例的情況，法律中卻沒有明確的指示可供判定。知道歧視行為是不合法，但是如何以法律證明歧視的事實呢？這是值得深思的問題，例如，法案中並沒有指出到底雇主的意圖占有多大重要性，雇主的決定產生的結果又占多大的重要性。前面兩個例子中，雇主的考量似乎很正確，但是產生的結果卻很明顯地是對女性不利的。在第三個例子中雇主的考量似乎值得質疑，但是，以結果來看算得上是公正的，因為畢竟是雇員違反了公司政策。第四個例子中的雇主意圖卑劣，並且充滿對女性的不尊重與歧視，但是如果以他雇用的員工還是女性的現象來看，並沒有出現不利女性的結果。

要判定行為有無違反公平就業機會法，必須瞭解法庭對歧視（discrimination）是如何定義的。實際上之判定規準有二：一為差別待遇，另一為差別影響。

差別待遇
是工作歧視中的一種類型，其定義為因個人屬於被保護族群而有遭到不平等的對待。

差別待遇　**差別待遇**（disparate treatment）為一種蓄意歧視。其定義為因個人屬於被保護族群而遭到不平等的對待 [2]。在個案三中，如果主管將女會計辭職的理由，是因為他對女性會計的厭惡的話，這便是

差別待遇的一個例子（假使男性也兼差卻沒被辭職）。然而在個案一及個案二中，雇主的行為不算是差別待遇，因為沒有明顯的歧視意圖。雖然差別待遇通常是由於雇主對某一特別族群的厭惡或偏見所產生，但是也有可能是為了保護其利益所引起。例如上述有位雇主為了保護女性的安全，拒絕其應徵危險的工作。雖然他的用意很好，但是所他犯的錯誤跟其他意圖不良的雇主是沒什麼兩樣的，因為他們同樣歧視了女性並且剝奪了她們的工作權利。

在被辭退的女秘書這個案例中，雇主有沒有觸犯了性別歧視呢？如果雇主呈現厭惡，是針對她的容貌而非她的性別時，答案是沒有，因為容貌不在被保護類別之下；如果雇主對容貌的標準是針對女性，對男性並不會以外表來決定其去留時，答案則是肯定的，即具有性別歧視。

差別影響　　**差別影響**（disparate impact）是一種「非蓄意」（unintentional）的歧視，其定義為無商業判定的行為，卻衍生出對不同被保護族群有不公的結果[3]。差別影響之歧視會因一些隨意甄選計畫（如非關工作考試）結果錄取少數不成比例的女性或黑人而產生。

在這裏要特別注意的是「隨意甄選計畫」（arbitrary selection practice）。如果考試目的在於挑選符合工作性質的員工，不管這個考試是不是隨意的，即使在錄取率上產生不成比例的結果，雇主都是合法的，例如個案一和個案二中被錄取的女性都是少數，若雇主的考試內容（力量、身高、體重）是針對工作需要的話，這是合法的。稍後我們將討論法庭會如何做判斷。按道理來說，力量的考量會比身高、體重跟工作較有關聯，所以個案一之雇主勝訴的機會比個案二大。

工作上之歧視及法庭訴訟案件

最後決定雇主的行為是否合法者是法院，因此雇主必須瞭解法院判決的程序，才能知道人力資源管理的合法性標準為何。

差別影響
是工作歧視中的一種類型，其定義為無商業判定的行為，卻衍生出對不同被保護族群有不公的結果。

案件第一審
原告要成立案件的第一
審，必須舉出例證證明
雇主的行為一看就是很
明顯的歧視行為，使得
法院同意繼續深入調查
此案。

在歧視案件的聽證會上，法庭會要求原告（員工或提出歧視申告
之申請人）舉證成立**案件第一審**（prima facie case）。"prima facie"
的拉丁文意思是「第一個臉」（first face）。原告要成立案件的第一
審，必須舉出例證證明雇主的行為一看就是很明顯的歧視行為。第一
審的案件成立並不代表雇主已被判有罪，而是代表被告擁有充份的證
據，使得法院同意繼續深入調查此案。第一審案件成立後，雇主便得
提出證據證明其行為是公平的、未歧視的來駁回告訴。

案件第一審　案件第一審（prima facie）的方法有很多種。最常見的
幾種將陳述在以下幾段文章中。所採取的方法必須視案件的性質和提
出告訴的種類是差別待遇還是差別影響而定。原告若能提出一種以上
的證據會更有力。

公司政策　原告員工如果能夠證明雇主的公司政策將某一被保護族
群全部排除在外，案件在第一審便會自動成立。例如，一個警察單位
聲明不錄用三十五歲以上的人士時，就是自動成立了案件第一審，因
為四十歲以上的被保護族群，都被公司排除在工作錄取考量之外。

歧視言論　原告員工若能提出雇主（口頭或書面上）對正在上訴的被
保護族群有偏見的言論時，都可以使這個案件的第一審立即有效成
立。以下這個面試甄選主管對一位女性應徵者所說的話就是一個例
子：「女人不夠果斷（或強壯），所以沒辦法做這樣的工作。」

McDonnell-Douglas 測試　然而原告不見得都擁有明顯充分的證據，
或者有任何蛛絲馬跡可以證明雇主歧視的意圖的線索。例如，一位五
十二歲的男士應徵工作被拒，他認為是由於他年紀的關係，但公司並
沒有拒絕雇用年長人士的政策，也沒有毀謗年長者的言論。這時候他
如何成立案件第一審呢？最高法院（在審理 McDonnell-Douglas 對
Green 的訴訟案中）發展出一種叫做 McDonnell-Douglas **考試**

（McDonnell-Douglas test）來做判斷，在沒有蛛絲馬跡可尋時，用來推斷是否有歧視意圖的存在。先決條件指出，原告必須是：

1. 屬於訴訴所指的被保護族群。
2. 應徵過工作、資格符合雇主要尋找對象的條件。
3. 應徵被拒。
4. 被拒絕後，工作機會仍是開放的，或者公司另外錄取一位不屬於原告所屬之被保護族群的員工。

這位五十二歲的男士如果符合工作要求，但工作機會卻還是開放給別人，或者已經錄取一位較年輕的員工，顯而易見地（at first glance）這就是一個歧視行為，案件第一審即可成立。

五分之四法則　**五分之四法則**（four-fifths rule）通常是用在差別影響上的指控。我們曾經提過，差別待遇是發生在某一中立的標準，將一大部份的特定被保護族群摒除在外。舉例來說，身高和體重（如果所有人用同一種方式測量，符合的標準也不變，算是價值中立的）的限制對女性比男性造成更大的影響。所以一般來說，女性是屬於弱勢的性別，其錄取率較低。

法院藉四分之五法則來看不同族群通過標準的人數多寡，而決定歧視的成份。計算方式是將不占優勢的一方（提出指控的一方）之通過人數，除以占優勢的一方（如果占優勢的族群不只一組，以通過人數最多的一組為基準）。比例如果小於五分之四，即可成立案件第一審。例如女性被錄取人數是四十人，男性被錄取的人數是八十人，比例是二分之一（很明顯的小於五分之四），案件第一審就可以成立。

駁回案件第一審　如果原告成功地成立案件第一審，雇主就得負責尋找證據駁回此案。搜集證據的種類要視案件第一審的本質而定。

五分之四法則
一種法院用來評估第一審特質的測試，計算方式是將不占優勢的一方（disadvantaged）之通過人數，與占優勢的一方（advantaged）加以比較。

真實工作資格辯詞
使用「真實工作資格辯詞」時，雇主必須舉證他是蓄意全面排除某一被保護族群的。

公司政策　若公司政策將某一被保護族群排除在外，雇主唯一可以使用方法便是使用**真實工作資格辯詞**（BFOQ defense）來反駁。「真實工作資格辯詞」一詞指的是 bona fide occupational qualification。使用「真實工作資格辯詞」時，雇主必須舉出下列四點中的任何一點，以證明他是蓄意全面排除某一被保護族群的：

1. 全部或幾乎全部的裁量法：全部或幾乎全部被排除考慮的成員都無法勝任工作。
2. 名副其實的裁量法：例如：「道地的」（authentic）日本餐廳只錄用日本人當服務生；只錄用女性展示女性服裝。
3. 適當性：只聘請男性服務員在男廁服務。
4. 安全性：工作性質對此被保護族群是危險的。

曾經有一段時間，雇主都用第一點的全部或幾乎全部法來解釋不採用女性來做傳統男性工作的原則，例如像是需要中等體能的工作（警察、消防員、建築工人），女性常不被考慮在內，原因是一般來說女性體能較男性弱。但是法院不太贊成這樣的理由。法院要求雇主對求職者，要視其個別能力來評量其資格。以前面的例子來說，法院會要求雇主對女性求職者做個別的力量考試。

「真實工作資格辯詞」最常用在年齡歧視的案子中，雇主可以用來證明聘用年紀大的人會危害公共安全（例如，聘請一個六十歲的飛行員可能會危害乘客安全）[4]。這一點在第六章會有更進一步的討論。

歧視言論　前面提過，一九九一年公民權利法案中規定，雇主因其對被保護族群的偏見而影響其選人決定時，即使其摻雜有再多的合法因素，仍是不合法的。歧視言論被視為是證明偏見之強而有力的證據。原告若提出雇主有歧視的言論時，雇主只有兩種選擇：(1)證明沒發表過歧視言論；(2)歧視言論與決定人選毫無關聯。也就是說，即使雇主

沒有偏見的意識存在，人選的決定也不會改變。 無疑地，在個案三中辭退女會計的雇主，一定會用第二個方法來為自己辯解。然而不幸的是，雇主只要被發現存有偏見時，是很難證明其人選與其偏見是無關的。例如，一個說過「女人對會計一竅不通」的主管，很難說服法官他的甄選決定完全沒有偏見的成分。

McDonnell-Douglas 考試　當案件第一審的成立是用 McDonnell-Douglas 考試時，雇主所應做的事是證明錄取員工的決定是合法的，同時沒有任何歧視的成分。例如，雇主可以解釋原告之所以沒被錄用，是因為後來的應徵者資格更好的緣故。

　　即使雇主可以說服法院其決定是合法的，原告仍有可能打贏官司。原告只要證明雇主以上的解釋都是藉口，其真正的理由還是歧視的行為就行了。例如，假使一位雇主將一位黑人解雇，因為他有一次無故請假。雇主的做法似乎合理，但是黑人只要證明有許多白人也無故請假，但是卻沒被解雇，雇主的做法就只是個藉口了。

五分之四法則　當公司違反了五分之四法則的時候，可以提出其做法是因公事需要。提出公事需要的答辯方法，在本書第六章會有討論。現在我們引述高等法院在 Watson v. Fort Worth Bank 案 [5] 中所說的話，來說明公事需要的定義：

　　　　員工的雇用標準必須跟工作表現有間接或至少有關聯……標準是在於能否呈現良好的工作表現，能證明工作表現的有：做過有效的研究、專業證明、以往的成功經驗等。

　　這裏的一個重點是，在定義挑選員工的條件必須是跟工作相關的。問題是如果選擇條件決定出差別結果時，雇主要對其所有選擇條件逐一地加以證明，還是只針對引起差別影響的部分？

　　根據一九九一年公民權利法案的規定，如果在選擇員工時所用的

方法有數種，雇主只需對引起差別影響的那一種方法做解釋即可。例如所有的應徵者都要接受筆試和面試。女性在筆試方面的成績與男性平分秋色，但是在面試方面就比較不理想。在這個例子當中，雇主只需爲面試這一項目以工作上的需要爲解釋即可。

唯一的例外是，當被告的決定程序難以分開分析時，整個流程可以視爲一個整體來分析。例如，當雇主結合應徵者的履歷、面試和基本資料主觀地做總體等級分級時。體重或其他項目的重要性是不能做單一的詳述。雇主必須對每一項他用來選擇員工的方法做解釋。

肯定行動

肯定行動的目的在於補救過去和現在的歧視行爲。這樣說來，**肯定行動**（affirmative action）似乎與公平就業機會法（提前爲防範被保護族群免於歧視）無異。這二者不同的地方在於達到目的的方式。公平就業機會法就好比是「色盲的」（color-blind，聘用人時是不考慮膚色、一視同仁的）膚色中立立場，而肯定行動是一種「有色意識的」（color-conscious，根據膚色來決定聘用人數的比例）。

肯定行動為被保護族群制定一些特別的招募、訓練、留住、晉升或給與一些福利。在這一方面，肯定行動實際上也許是對給予個人特別的優待採取支持的態度，但是為了盡到使工作機會均等的義務，雇主可以不用對被保護族群有任何的優待行動的[6]。

肯定行動是法律規定必須強制執行的嗎？

在某些情況下，法律上肯定行動是雇主必須制定的。在 Lyndon Johnson 所發布的第一一二四六號總統命令（Executive Order 11246）中，就規定聯邦政府的承辦人都要強制執行肯定行動。肯定行動也可做爲法院判決雇主對員工歧視的彌補方式之一。例如高等法院就規定 Alabama 州要讓一位黑人做白人單位的州警。這個規定是爲了改正長

肯定行動
是消除工作歧視的一種方法，防範被保護族群免於遭受歧視。

久以來對黑人粗暴的歧視行為。

有很多公司是在沒有法律約束之下，出於自願來實施肯定行動，因為他們相信這樣做對公司的意義很大。他們相信在實施這個活動之後，他們可以：(1)吸引和留住更多更好的人才；(2)預防歧視的控訴事件；(3)增進公司在社區和客戶中的聲望。

如何實施肯定行動

肯定行動的實施方法分為兩個步驟。首先，公司組織透過分析找出每種工作類別下（行政管理、專業人才、服務部門、銷售部門）有哪些被保護族群的使用率是過低的，再來就是要對這些使用率過低的族群建立起補救的措施。

聘用率分析　　**聘用率分析**（utilization analysis）是用統計數字的方法比較公司每種工作中被保護族群的聘用百分比，與現有勞工市場狀況的百分比。如果公司中的被保護族群百分比比現有市場百分比少，我們將其歸類為「低聘用率族群」（under-utilized）。

例如，公司（organization）中的女性專業人才的百分比，要與女性占現有市場（available labor）的百分比相比較，如果發現女性專業人才占公司專業人才的百分之五，但市場上的女性專業人才占所有專業人才的五分之一時，公司的女性就要被歸類為低聘用率族群。

肯定行動計畫　　實施肯定行動的第二步是對低聘用率族群發展出**肯定行動計畫**（affirmative action plan, AAP）。肯定行動計畫是書面上的聲明，詳述欲對目標族群增加聘用率的計畫。肯定行動計畫通常包括三大要素：目標、時間表和行動步驟。

行動計畫目標敘述的是對保護族群欲增加的百分比，時間表上敘述的是在什麼時間內要完成計畫目標，若以上述的例子做一個行動計畫，內容可能是這樣：「本公司計劃在未來的五年內，將女性專業人

聘用率分析
是用統計數字的方法比較公司每種工作中被保護族群的使用百分比，與現有勞工市場狀況的百分比。

肯定行動計畫
是書面上的聲明，詳述欲對目標族群增加使用率的計畫。

優惠待遇之種類

1.招募工作

公司特意尋找、吸引低使用率的族群成為公司的一份子。例如在他們常接觸的地方，像是在女性大學或少數民族的專業組織內刊登工作廣告。

這個方式是合法的。

2.一比一任用

少數民族的任用人數與非少數民族的任用人數為一比一。

這個方式在某些情況下是合法的。

3.優惠解雇

在公司裁員的時侯，許多公司的政策是後進公司的先裁。這種方式通常處罰到的人是低使用率族群，因為他們是經過肯定行動錄取的，所以都是近年來才被雇用的。當公司使用優惠解雇的時侯，公司的裁員政策會保護這些人，也就是跳過這些人不裁，而從其他擁有較長年資的非低使用率群的人員開始。

才由百分之五的比例，調高至百分之二十。」

行動計畫的步驟所敘述的是公司如何計劃達到目標和時間表。傳統的行動步驟不外加快招募行動、免去亂數選擇測試、除去工作場合的偏見行為，以及增加員工晉升和進修的機會。以下是完整的行動計畫步驟：

■和少數民族、女性員工面談，詢問他們的看法與建議。

如果違反集合優待條款時這種方式就不合法。同樣地，在某種情況下，它也可能是合法的。

4. 雇用時之額外考量

這個方式是公司對低聘用率族群優先給予工作的方法。在人員資格完全一致時，公司會優先考慮聘用率低的族群。例如一位男性和女性，兩位擁有相等的資格時，女性會是被錄取的一方。目前這個方式是合法的，但是雇主要能夠證明兩者的應徵條件與資格是相等的。

5. 差別標準

這個方法是用不同的標準應付不同的被保護族群。例如，對於需要力氣的工作，女性做十個伏地挺身就可通過，男性則最少要二十個。這個方式是一九九一年人權法中所不允許的，所以是不合法的。

6. 少數民族職位

當有某個職位空缺時，公司以此名目只考慮以低使用率族群來補缺。例如，公司發佈 Mary 的空缺將由某位女性來彌補。

這個方式是不合法的。

■ 檢視現有的甄選制度和晉升方法，以決定工作之相關性。

■ 為專業能力較不足的員工設計和舉辦專業諮詢活動，鼓勵和幫助他們對職業和事業目標做規劃。

■ 建立一個新的、較客觀的績效評估制度。

肯定行動，優惠待遇與相關法規

肯定行動最引起爭議的部份是**優惠待遇**(preferential treatment)，

優惠待遇
是指在工作上給予低度使用族群較其他人好的待遇。

示例 2-3　優惠待遇的合法情形

1. 必須是有彌補的作用的（例如改正以往雇主的歧視行為，或以往發生的差異結果）。
2. 必須不能完成肯定行動計畫設定的目標和時間表。
3. 一個人的被保護族群屬性不能只是雇用的唯一考量。
4. 肯定行動的必須是暫時性的，當目標達成後就終止。
5. 錄用的人數必須是合理的（一般來說不能超過一半）。
6. 不能造成非少數族群的不合理負擔。也就是說，肯定行動不能自動排除使用非低使用率族群的人。
7. 被肯定行動錄取的人必須符合工作資格下限。

或是在工作上給予低度聘用族群較其他人好的利益。優惠待遇的形式有很多種，分別列在**深入探討 2-1** 中。

　　雖然優惠待遇不一定是肯定行計畫的一部分，但是大部份的計畫都多少包含一些優惠待遇的形式在內。直到最近才有些法律當局開始質疑肯定計畫的合法性，認為它違反公平就業機會法要求「色盲」（color-blindness，即忽略人種膚色的因素）的膚色中立的規定。然而，高等法院在八〇年代做出一些決定，使得以上的疑慮化為烏有。這些決定載明了優惠待遇若是符合「真實工作資格」的一部份時是合法的。要使優惠待遇真實無欺，肯定行動計畫（AAP）必須符合**示例 2-3** 所列之條件。雇主在給予某人優惠待遇時，要非常謹慎免得觸犯不合法之條件。如同**深入探討 2-1** 中的記載，許多優惠待遇的形式現在已經很明顯是不合法的了，因此一般來說：

　　　　自願實施肯定行動計畫的雇主，最好是依問題大小及需要程度來選擇策略[7]。

工作場合的環境問題

　　如第一章所說的，一個組織所處的環境對其管理人力資源的方式有很大的影響，影響人力資源管理（如工作環境公平法、工會、安全與衛生需求，以及業務國際化）最大的環境因素在第四章會談到。在本章我們要討論的是其他與人力資源管理有關聯的環境潮流。

工作場合的文化差異

　　公平就業機會法及肯定行動的來臨，使得以往受到工作歧視的被保護族群得到新的工作機會。漸漸地，工作場合的人口開始變得多樣化，現在有許多在職場工作的人口都不是白人、男人，和英語系國家的人。

當前文化多元化的趨勢

　　對大多數的人來說，目前所感受到的文化多元化的衝擊與風貌僅是「冰山之一角」（tip of the iceberg）。由 Hudson 協會（Hudson Institute）及美國勞工局（U.S. Department of Labor） 於一九九七年合編發行的《西元二○○○年之勞動力》（*Workforce 2000*）一書中就提出較明顯的勞工人口趨勢，並從中得知工作市場上急速文化多元化的現象。其中幾項重要的發現列於**示例 2-4** 中。這些發現突顯目前工作者年齡日趨老化，以及工作環境受文化多元化的影響是愈來愈強的。除了這些改變外，工作者中屬雙薪家庭（許多已有小孩）、單親家庭，以及有長輩需要奉養的人數也急遽增加[8]。

面對文化多元化現象

　　有關文化多元化的現象與問題若能適當處理，即可成為商場上關

示例 2-4　《西元二〇〇〇年之勞動力》一書之研究發現

到西元二〇〇〇年時

1. 男性白人工作的人數將減少至全部工作人口的百分之四十以下。
2. 男性白人只獲得百分之十五的新工作機會（相較於一九八五年之百分之四十）。
3. 非白人且主要語言為西班牙文的工作人口將獲得百分之二十九的新工作機會。
4. 在美之亞洲後裔將佔有百分之十一的新工作機會。
5. 中年工作者的人數將增至全工作人口的百分之四十（相較於一九七〇年的百分之二十八）。
6. 全部工作人口中有百分之五十一的工作者的年齡將提高至三十五歲及五十四歲之間。

鍵性的戰術優勢。公司組織若接受員工的多元化，就能吸引更多且能力強的人來加入工作行列 [9]。新進人員能提供內心最真的想法及主意給公司，公司也因此愈趨多元化，並提升競爭力 [10]。反之，一旦公司對文化多元化的現象處理不慎，將會導致許多問題，例如，新進女性員工和少數民族不斷流動、工作士氣低迷，以及內部組織衝突事件不斷發生 [11]。

　　為了妥善處理文化多元化現象，公司組織必須敏捷地感應出這些新進員工的需求，以及找出處理的過程中所產生的障礙，並予以排除。Rohm & Hass 公司和惠普公司（Hewlett-Packard）在**邁向競爭優勢之路 2-1** 和**邁向競爭優勢之路 2-2** 中，即提供了有關這方面觀念的說明。

訓練多元化觀念　　訓練多元化觀念須先讓員工明瞭自己對少數民族的偏見及刻板印象，並學習如何克服對這些天天見面的少數民族所產生的偏見。在**深入探討 2-2** 中即提供了這一類的多元化訓練。

　　這類訓練員工多元化觀念的公司數量正急遽增加當中。例如，提

Rohm ＆ Haas 公司之員工多元化訓練課程

　　Rohm ＆ Haas 是一家位於休士頓的化學公司，雇用的員工中有百分之四十是少數民族。此公司採取不同種族的員工混合同組工作的方式，利用多元化訓練強調不同種族的重要性，灌輸員工一種觀念：雖然相同種族的人想法相近且能想出既快又便利的處理方法，但如果同組人員若各有不同的想法時，卻可蘊釀新穎並且多元的解決方法。

　　員工一致認為此項訓練受益良多。他們瞭解到當兩個人發覺相同的解決方式時，即使過程相異，但結果可能殊途同歸般解決問題。員工也開始明瞭若工作要有所改善，必須認識共同合作夥伴的不同文化背景所造成的觀點歧異，同時也要能瞭解彼此在協調或說服時的可能現象，並且願意真誠接納彼此。

供這些訓練的公司在一九九一年佔全國公司企業的百分之四十七，而至一九九二年時已佔全部的百分之七十五 [12]。不過要注意的是，這些訓練項目雖有成效，然而在使用這些項目時有一項重要的危機：員工處理自我偏見的申明或許會用來對抗公平就業機會（EEO）的案件。這種情況發生於加州境內的一家雜貨連鎖商店「幸福商店」（Lucky Stores）（事實上訓練的結果已不再有幸福可言）。這家連鎖店被控告因未給少數民族員工晉升機會，而被冠上種族歧視的罪名。法院判此家連鎖店有罪，並聲稱這家連鎖店的經營者所持有的偏見觀念，就含有種族歧視的意味在內。

打破「玻璃天花板」效應　雖然女性及少數民族進入工作市場已有

許多先例，但職位晉升的熱誠卻仍受壓抑。其中有許多女性是已在晉升的門口等候或屬於中級的管理階級。請參考下列統計數字：

- 在主管職位中，女性僅佔百分之二[13]。
- 《財富雜誌》（*Fortune*）對名列前五百名的企業進行調查，發現近一半的公司沒有女性的主管[14]。
- 過去十年來，排除公平就業機會和肯定女性及少數民族活動項目外，全美排行前一千名的大企業中，主管階級屬女性及少數民族者，僅佔百分之二[15]。

　　女性及少數族群無法爬上最高主管階級，是由於其中有許多人才剛獲得晉升的資格；他們還需要時間才能爬上高階層。然而，這種說

深入探討 2-2

員工多元化訓練計畫實例

練習名稱：資產認同訓練

練習目標：雇用不同種族的員工解決問題對公司是有利的，因為不同種人對問題有不同的看法，以至於可產生多種的解決之道。不過，由於文化背景不同，某員工的看法也許不受不同種族的員工的認同，導致此方式無法順利進行。資產認同訓練是為了揭發員工對不同種族的偏見及敵意，並協助員工瞭解種族的不同事實上可成為公司的資產之一。

資產認同訓練如何執行：此訓練包含下列步驟：

1. 員工列出已有的經驗，如特別工作經驗、小時玩過的遊戲、嗜好、特殊興趣，以及志願。

2. 之後員工分享自己的資料給小組人員。

3. 最後小組組員將資料列出適合每個人可達成的目標。

此訓練如何提供幫助：舉例來說，某工作小組的組員是一位女秘書，從她是非洲後裔，可看出她有參加教會唱詩班。經過小組討論後發現她的此項訓練改善了她的呼吸、發音的控制、聲音響亮度、發音的準確度，以及富戲劇性的表達。此小組人員認為她所擁有的技巧適用於展示商品給顧客上——對她而言是一項與以往截然不同的工作。一年後，她已固定地從事此一工作。

示例 2-5　女性遭玻璃天花板阻隔的因素

男性主管對於女性的刻板印象如下：

　　女性缺乏組織能力，較關心家庭及雙親的需求。
　　女性沒有管理主管所須的主要特徵，如進取心及強烈的競爭力。

女性缺乏與其他主管及執行者相聯繫的機會，例如：

　　女性時常拒絕參與男性員工的高爾夫球聚或加入下班後的酒吧聚會。

公司中職位遷升程序的主觀觀念。昇遷的員工並非靠真正對職位所須的實力競爭獲得，公司決策的方式是主觀且常持偏見的。

　　主管人員經常選定與他們最相類似的男性員工。

玻璃天花板
女性及少數民族的工作遷升問題，常因許多公司組織結構中隱形但卻真實的阻力受挫。這種阻力稱為「玻璃天花板」。

法仍無法描繪偏見問題的重心。這些弱勢個人在工作升遷問題上常因許多公司組織結構中隱形但卻真實存在的阻力受挫。這種阻力稱為**玻璃天花板**（glass ceiling）。**示例 2-5** 中顯示出女性遭受「玻璃天花板」阻擋之情形的原因。

　　要如何打破這層玻璃天花板？當然有效率的多元化訓練有助於這項舉動，因為此訓練能使決策者克服偏見。不過，光是訓練員工多元化的觀念是不夠的。公司組織還需協助女性及少數民族完成他（她）們的工作目標，譬如提供在職訓練、生涯規劃輔導，以及隨時在旁指導。另外，公司組織需提供他(她)們平等的晉升機會──保證員工晉升乃是依實力來評定。如何達成此項目標請參閱第三章、第七章和第八章。

滿足年長員工的需求　前面曾提及，在職工作者的年齡有老化的趨向，而大量使用年紀大的員工對公司較有利。年紀大的員工一般而言工作表現較穩定，且比年輕的工作者經驗老道，因此可成為公司組織重要的資產 [16]。

　　不過，管理老員工會出現一些獨特的問題。例如，年輕的主管在

帶領足以當他們父母親或祖父母的員工時常感到不自在[17]。再者，年長的員工在某特定的工作能力也許已減弱，特別是他們的專業技術隨著年齡增長而跟不上時代的進步。這些因年長而消退的技術如活動速度及正確度、說明及活動的理解力、問題解決能力、領悟力、聽力和視力[18]。

公司組織可採取一些步驟來解決這些問題。譬如，多元化訓練中，可包括員工年齡老化的項目，以協助年輕經理體會並處理這種「不自在」（uncomfortable）的感覺[19]。再者，公司可協助年長員工彌補他們逐漸遲鈍的技術。譬如，公司可利用擴音器或燈光幫助這些正面臨聽力或視力退化的員工[20]。或者，公司也可安排年長員工做非勞力、但是能發揮他們做事圓熟及豐富經驗的工作。

實施工作及家庭兼顧計畫　現今工作者對工作和家庭無法兼顧的問題感到極度的苦惱，因為太多人屬於單親或雙薪家庭，沒有辦法在工作時抽空料理家庭[21]。許多員工除了要照顧小孩外（例如小孩生病或學校家長親師會），還要奉養雙親[22]。

因此，一些公司已開始實施工作及家庭得以兼顧的政策，以協助員工解決這些問題，請參考**示例 2-6** 的例子。除了**示例 2-6** 的例子外，許多公司組織目前也提供下列非傳統式工作表及安排，以協助員工完成自身及家庭的責任：在家工作、彈性上班，以及與人分攤工作。

所謂**電訊通勤**（telecommuting），是指員工在家中的與公司相似的辦公室中工作，內有電腦、影印機、傳真機、電話。透過電訊通勤的工作方式，應徵新進人員的人數就會增加，而且員工的離職大量減低，因為許多員工偏愛這種工作安排；員工可在無工作時節省時間及金錢、妥善協調工作與自己的生活，以及減少照顧小孩的費用[23]。缺點是公司無法監督員工的工作態度。因此這項政策成功與否須有賴於員工的自律。另一潛在的缺點是採取電訊通勤工作的員工無法參與公

電訊通勤
是指一種非傳統性的工作安排方式，使員工可在家裡工作。

示例 2-6　工作及家庭兼顧計畫

洛杉機水電局（LOS ANGELES DEPARTMENT OF WATER AND POWER）

減少照顧小孩費用
照顧生病的小孩
提供親職教育的課程與諮商
提供準父母訓練計畫
使用呼叫器（當員工家庭發生事情時可向公司借用員工呼叫器以方便聯絡）

RJR NABISCO 公司

准許請假（員工可在小孩第一天上學或學校親師會時請假陪小孩參加）

STRIDE RITE 公司

公司附設托育中心（照顧員工小孩或老人的設施）

聖彼德堡雜誌

補助員工照顧小孩及小孩醫療的費用
彈性工作時間表
家務假
工作分攤
資源及諮詢服務

彈性上班
指的是設定一份彈性的工作表，員工一天仍須工作八小時，不同的是自己選定上班及下班的時間。

司會議、接待顧客等等，因而這項政策並不適用於一些特定工作。

　　彈性上班（flextime）指的是設定一份彈性的工作表，員工一天仍須工作八小時，不同的是自己選定上班及下班的時間。譬如，員工或許早上六時三十分上班至下午二時下班，或早上十時至下午六時。彈性上班讓員工自己設定工作的時間表。例如，職業婦女若在下午三點前完成一天工作時數，即可自由地下班接小孩放學。有些員工或許設定自己的工作時間表，以避開交通尖峰時期。

　　大約百分之二十的聯邦政府員工及百分之十三的私人公司員工享有此項權益[24]。實施彈性工作，雇主必須確定公司內要有固定的工作人數；換句話說，辦公室內要有足夠的員工處理事務。

工作分享
是員工安排工作行程的另一項選擇，是指一份工作由兩個員工分攤處理。

　　工作分享（job sharing）是員工安排工作行程的另一項選擇，指

一份工作由兩個員工共同處理。此種型式有下列幾種實行方法[25]：

- 每位員工每天工作半天，一星期五天。
- 每位員工一星期工作二至三天。
- 每位員工隔週上班。
- 每位員工隔月或隔季上班。

工作分享的好處之一是公司能繼續雇用重要的員工，而這些員工因個人因素無法再上全天候的班。另外也可減少婦女產後休假及當其中一位員工休假或生病時確保有人代替（另一位工作夥伴即可暫代）[26]。一般而言，每位員工領取一半薪資及享有一半的公司福利。實行此方式時，公司必須確定工作分享適用於這些職位的員工；換句話說，有效率的工作分享安排才不會致造混亂。雇主也必須確定一起工作的員工是相處融洽的。

這類的工作及家庭兼顧計畫才能使公司營業增加。協助員工兼顧工作與家庭的責任，公司就能提昇生產力、減少曠職率，以及慰留對公司有價值的員工[27]。例如，洛杉磯水電局（請見**示例 2-6**）提出幫助員工工作及家庭兼顧計畫，因而減少員工人數並提昇應徵者的品質。這使公司每在計畫中投資一美元，就得到十美元的回報。

變動不定的工作本質

影響人力資源管理的另一股潮流是現今許多公司組織的工作性質改變。這改變是受到科技變化及工作型態從製造業轉換成經濟服務業的刺激而產生。我們先認識這些新趨勢後，再探討這些趨勢帶給人力資源管理實務方面的影響。

工作性質如何改變

工業界相當受到過去二十年來科技進步的影響。科技的進步如電

腦、電腦輔助設計、文書處理等等，所需的技術須推陳出新[28]。例如，傳統的縫紉技術遭淘汰而改由設定好的電腦操作製造；又如傳統的烘烤技術如今已由高科技烤爐代替[29]。

除科技改變的影響外，現今的工作環境正面臨工作型態的極大轉變——由製造業變為服務業。譬如一九八○年代，如鋼鐵業、重金屬建造業、鐵路業、機械製造業，以及金屬製造業等行業中，有將近五百萬份藍領階級的工作被淘汰，組裝生產線員工已被機器人取而代之。同時，大約二千萬份白領階級的工作在諸多事業如餐廳界、私人代理商、電腦業、飯店業、法律顧問公司、會計、通訊儀器公司等中產生[30]。

工作性質改變對人力資源管理實務所造成的影響

以上所提的工作環境轉變，代表員工需要專業技術訓練，以應付科技或服務導向的工作。例如，訓練課程是為教導員工如何操作新機器、如何使用電腦，以及如何更有效率地進行溝通[31]。譬如，許多公司在更換組裝線上的員工時，可訓練這些員工較高科技的工作，如修理機械。然而，許多員工由於缺乏基本技術，所以在學習較專業的技術時容易產生困難。例如，美國有將近三千萬的成人是文盲；換句話說，他們缺乏基本的學習技巧，如閱讀、書寫及計算等能力[32]。這些人在精通更專業的技術前必須彌補這些缺憾。某家公司在新建一座製造及統計電腦化的工廠時遭遇類似情況，發覺許多的員工無法理解操作新機器的方法[33]。

為了解決這個問題，許多公司正提供員工訓練基本學習技巧的課程[34]。例如，RJR Nabisco 公司訓練員工基本的學習技巧，以確保員工不會因為缺乏這些技巧而無法升遷或調職。RJR Nabisco 基本學習技巧包括計算、閱讀理解、基本電腦使用技術，以及溝通技巧（包含口語表達及書寫）[35]。

購併與接管

　　企業購併與或接管也是影響公司組織及其人力資源管理實務的因素之一。「企業購併熱」（merger mania）的現象在一九八〇年代早期開始橫掃美國市場。許多企業並非選擇性地購併，而是被其他企業不擇手段地惡意接收——有些企業為獲取較迅速的利潤而減少公司數量或拍賣資產時，被這些「接收藝術家」（takeover artists）趁機會接收。例如，Irwin Jacobs（Irv the Liquidator 的別名）利用此種方式接收一家大零售商 W. T. Grant 公司（W. T. Grant & Co.）。

　　企業購併或接管會造成公司許多困擾，如**示例 2-7** 所示。譬如，在一家製造商的例子中，被購併或接收前的祕密協商，引起了員工及主管單位之間的不信任感。員工工作士氣降低，並且開始向工會代表抱怨[36]。

　　在許多與其他企業購併或被接收的公司中，忠心耿耿或年資久的員工（難以接受地）獲知他們的工作不再有保障。因此，一九八〇年

示例 2-7　購併及接管對公司的影響

阻礙公司達成自定的財務及營業目標。
無法達成工作表的最後目標。
傷害工作士氣。
減低生產力和/或品質。
經理或許並沒有企業合併的必要資訊；或許他們無法清楚地告知員工購併或接收會有什麼變化。
工作指派及通報關係也許不明確。
員工或許不懂新的政策及工作程序。
員工或許無法獲得需要的資源及設備。
員工或許不曉得如何獲取所需資訊。
公司內部團隊關係也許受到損害。

代的企業購併熱或許已改變許多員工對雇主的看法，且不再對雇主忠心。

這種趨勢的影響之一是，許多原本對雇主忠心的員工從中接收公司當老闆。另一種影響是組織內部產生衝突，因為員工為了要維護自己的工作權益。人力資源管理實務協助員工恢復對公司的忠心，也因此公司對員工的允諾也日趨重要。

公司裁員

裁員
公司大量地解雇員工，以減低勞動力規模的一種管理行動。

在過去的十年間，很多公司開始減低勞動力規模，這種過程稱為**裁員**（downsizing）。裁員形式通常是大量解雇。例如在一九八七年到一九九一年間，在一千家大型公司當中，就有超過百分之八十五的公司進行大規模的裁員行動[37]。在一九九三年的前半年中，被解雇的員工就超過了三十五萬三千人。進行裁員的公司包括 IBM、Procter & Gamble、AT&T、Merck、Johnson & Johnson 和 Sprint 等[38]。

為何有這麼多公司進行裁員？

這種裁員潮流源於三項因素。第一，很多公司發現減少勞動力是必須的，因為公司出現衰退與危機的現象。例如經濟不景氣、產品與服務的需求量減少、國際競爭提高[39]。

第二，科技的提升使得少數人力便能生產大量產品。例如今日電腦運用較少的零組件，所以不需要如以往般那麼多的勞工。如果電腦製造者不削減一些勞力，將會導致生產過剩[40]。

公司重整
指公司改變其架構，變得階級較少。

第三，**公司重整**（organizational restructuring）。公司進行組織重整，藉此減少中間組織的勞力消耗[41]。

因裁員而衍生之問題

裁員所產生的問題常和它所解決的問題一樣多[42]。其中一個最大的問題是員工的態度。當員工看到同事們離開公司後，他們會開始擔

示例 2-8　解雇員工的方法

停止招募活動
限制加班時間
重新訓練員工／重新佈署員工
轉向雇用臨時員工
轉向分工的方式
轉向使用顧問的方式
員工休假不予支薪
減少工作週數
減少員工薪資
讓員工休假一年
實施提早退休計畫

心自己工作的保障，因此整個公司的士氣會大爲低落。此外，公司所
預期達到的經濟效益，通常也不能具體地達成。例如，一項研究發現
四分之三曾經裁員過的公司，到最後都營運狀況不佳[43]。同樣地，另
一項研究也發現裁員所預計要達成的目標通常無法達成[44]：

■百分之九十的公司期望減低成本，但只有百分之六十一的公司
　　做到。

■百分之八十五的公司尋求更高的利率，百分之四十六的公司做
　　到了。

■百分之五十八的公司期望高的生產力，百分之三十四的公司做
　　到了。

■百分之六十一的公司希望改進公司的服務品質，百分之三十一
　　的公司做到了。

■在大公司的獲利情形方面，發現在裁員後下降得比以前更快。

■受訪的公司中，超過一半在裁員的一年內又再招募員工填補該
　　職缺。

決定裁員之時機與方式

當一個公司決定裁員的時候，解雇員工只是許多做法中的其中之一。解雇的方式有很多，而當決定要裁減大量的員工之時，使用何種方法需要經過考慮。有些方法臚列在**示例 2-8** 中。

當大量的裁員是唯一可行的選擇時，公司必須對此項裁員行動謹慎處理。其中一項棘手的工作便是在解雇之後重振員工的士氣及工作的動機。處理小組應該草擬一個新的公司任務聲明，而此聲明需要把公司最新的理想及目標以樂觀的方式表達出來，即是鼓勵員工放心地把自己交給公司[45]。此類任務聲明的範例述於**邁向競爭優勢之路 2-3**。

為了幫助那些剛失去工作的員工，雇主可提供一些服務，例如在解除職務以前予以安排新職位、在重新安排時予以協助，以及人事兼

Sky Chef 公司裁員計畫要點

1. 優厚離職計畫（此計畫是為自願離開公司者所提供的，讓這些
   自願離職者離開公司時，得到與被公司解雇者一樣的待遇）。
2. 在過渡期的服務包括：

   財務諮詢。

   心理諮詢。

   工作訓練。

   消費性貸款諮詢。
3. 生涯規劃中心提供：

   生涯轉換的諮詢。

   網路上的工作站。

   協助準備履歷表。

   面談的訓練。

   設立一個資源中心以幫助處於過渡期的員工們找到新的工作。

家庭的諮詢者[46]。Sky Chef 公司為一家飛行公司，它在解雇人員方面
所主動採取的關懷行動，在**邁向競爭優勢之路 2-4** 之中將會提及。

全面品質管理

　　企業總是想著如何去取悅他們的顧客，因此他們會提供給顧客高
品質的商品及服務。傳統上用來確保品質的方法是經過檢驗的步驟。
例如，許多廠商會雇用品管人員在商品送出之前檢查出商品的劣質
處。

　　然而在七○年代到八○年代這段期間，許多美國公司開始在全球

標榜更高品質的產品及產品服務的行銷市場上喪失了競爭力。因此，數位市場經營方面的專家開始對以傳統的方法來確保品質的可行性產生了疑問。市場經營專家 Robert Cardy 及 Gregory Dobbins 認為這種方法是不恰當的，因為 [47]：

- 有太多逃過檢驗的劣質品或產品服務會到達顧客那邊。
- 檢驗過程的成本效益太高。這些成本包括了製造出劣質品也需要成本、產品的服務，還有改善問題的成本。

全面品質管理
是一種管理上的方法，強調錯誤的預防，並試著在設計商品、生產商品、運送商品及商品服務等所有的方面，都做到全面的品質把關。

由於有這些方面的考量，所以產生了**全面品質管理**（total quality management，TQM）運動 [48]。「全面品質管理」強調錯誤的預防，這比檢驗好多了，因為它是相信在剛開始的時候，最好就要做對。採用這種方法的公司試著在設計商品、生產商品、運送商品及商品服務等所有的方面，都做到全面的品質把關。這些公司授與他們的員工權力，根據產品的基本原因而追蹤出產品及服務的問題，進而重新設計產品。這種方法可以排除他們運用各種解決問題及統計學上技術的方法（例如，統計學程序控制的方法）。授與工作者權力的這種型式是來自顧問團、由專家組成的特別委員會，及具有多項功能的小組。

不少公司已經實行「全面品質管理」，而且非常地成功。例如「全面品質管理」在 Xerox 公司實行的結果是，顧客的抱怨信函已減少了百分之三十八。而在 Motorola 公司則是產品的瑕疵率降了百分之八十。支持「全面品質管理」的人士認為它之所以會成功，是因為它以顧客為中心，而且提倡類似以小組工作的管理方式，不斷地學習並且不斷地改進。

但是，嘗試實行「全面品質管理」（TQM）的公司並不總是成功的 [49]。在一九九二年所進行的一項問卷顯示，只有百分之三十六使用「全面品質管理」的公司相信提昇了競爭力 [50]，而且在一九九四年的研究顯示，有百分之七十五的失敗率 [51]。市場經營教授 David Boje

把這些失敗歸因於員工的態度——有許多的員工討厭「全面品質管理」這些計畫，他們把這些視為是一些無用的計畫，只是一種管理的策略，從少數的員工中要求較多[52]。

　　員工必須要承擔愈來愈多的責任，但是薪水卻愈來愈少。員工必須要自己管理自己，因為公司省下了監督者的薪水。員工必須要做三人份量的工作，而公司卻省下了裁員掉工作人數的這些人事費用。

儘管「全面品質管理」（TQM）在成功的案例中仍有這些缺點，但是很多公司還是跳上這一輛列車。在一九九一年的一項研究顯示，百分之九十三的製造廠商以及百分之六十九的服務業都已經實施了這一些管理的技巧，其中最受歡迎的就是「自我管理工作小組」（self-managed work teams）[53]。例如，在聯邦快遞公司（Federal Express）有四千組「品質行動小組」（Quality Action Teams），在Motorola 公司則有兩千兩百組的「完全滿意顧客小組」(Total Customer Satisfaction Teams)，而西屋家電公司（Westinghouse）有兩百組的「自我管理的問題解決小組」（self-managed problem-solving teams）[54]。如果這種趨勢持續下去的話，在二十一世紀時，美國的員工將會有百分之五十屬於所謂的自我管理工作小組的這種性質[55]。

轉而使用「全面品質管理」（TQM）這種方法的公司必須要改變他們傳統的人力資源管理政策。舉例來說，使用自我管理工作小組必須要有新的甄選、訓練、評鑑及獎勵策略等種種步驟。實施「全面品質管理」的公司必須挑選而且創造（透過訓練）出好的組員，同時必須根據小組的表現進行評估及獎勵，而非根據個人的表現。我們將會在第九章及第十章討論到這個議題。

本章摘要

1.瞭解公平就業機會法的本質，以及法院是如何詮釋的。

■公平就業機會（EEO）法律條文包括：一九六四年及一九九一
年的「公民權利法案」（Civil Rights Acts of 1964 and 1991）、
一九七八年的「懷孕歧視法案」（Pregnancy Discrimination Act
of 1978）、一九八六年的「移民控制法案」（Immigration and
Control Act of 1986）、一九六七年的「年齡與工作歧視法案」
（Age Discrimination and Employment Act of 1967），及一九九
〇年的「美國身心障礙者法案」（Americans with Disabilities Act
of 1990）。

■這些法律主要在界定保護各種的範圍。總而言之，以下所界定
的範圍是用以保護因種族、人種、性別、宗教、出生地、年齡
（四十與四十歲以上）和身心障礙等因素而遭受歧視。

■歧視的合法定義有兩種形式：受到差別的待遇（刻意的歧視），
以及受到差別的影響（非刻意的歧視）。

■法院要求原告必須首先成立第一審案件（prima facie case），而
被告則必須要反駁這個情況。

2.瞭解「肯定行動計畫」（affirmative action programs）的本質並且知
道它們應如何去實行。

■「肯定行動計畫」首先藉著成立「膚色意識」（color-conscious）
來消弭歧視。

■「肯定行動計畫」有時候是合法的要求，但是通常是在基於自
願的情況下實行。

■「肯定行動計畫」包括了兩個步驟：使用率分析及行動計畫。

■「肯定行動計畫」有時候允許給予個人優惠待遇。這個計畫的
實施如果是在一個真正的肯定行動之下進行的話是合法的。

3.敘述多元化的文化對公司的影響,以及如何成功地處理多元化的文化。

　　■勞動力的年齡層會老化,而且文化會趨於多元化。

　　■管理上的措施包括多元化的訓練、採取打破「玻璃天花板效應」(glass ceiling)的行動、滿足年齡較高之年齡層的需要,和實行工作與家庭兼顧的計畫。

4.解釋工作本質的變化以及這些現象如何影響人力資源管理的實行。

　　■科技的進步和工作呈現的轉變,產生了對一連串新技術的需求。

　　■這些趨勢代表了需要訓練的課程(包括課堂的訓練)。

5.描述公司購併或接管的出現對人力資源管理所造成的影響。

　　■這些問題的出現會減低員工的忠誠度、士氣,相反地增加了自願跳槽率和公司之內的衝突。

6.瞭解裁員的原因、其潛在的陷阱,以及應該如何處理裁員。

　　■裁員是由於公司營業的衰退、技術上的進步以及公司需要再重新調整。

　　■裁員通常無法達到經濟的目標,而且也會減低員工的工作士氣。

　　■公司應該考慮解雇員工的各種方法。

　　■當決定要實行解雇員工時,公司應該試著去重建員工的工作士氣,而且要試著去幫助那些剛失去工作的員工。

7.瞭解全面品質管理的本質以及它對人力資源管理的影響。

　　■全面品質的管理強調事前預防,而不是事後的檢驗。

　　■實施「全面品質管理」(TQM)的公司,授權給其員工去根據基本的原因來追蹤產品或服務品質,之後再來重新設計產品。

　　■「全面品質管理」的方法被稱為是一種新的方式。它需要採取甄選、訓練、評估以及獎勵員工的措施。

關鍵字彙

肯定行動（affirmative action）

肯定行動計畫（affirmative action plan）

一九六七年工作年齡歧視法案（Age Discrimination in Employment Act of 1967）

一九九〇年美國身心障礙者法案（Americans with Disabilities Act of 1990）

真實工作資格辯詞（BFOQ defense）

一九六四年公民權利法案（Civil Rights Act of 1964）

一九九一年公民權利法案（Civil Rights Act of 1991）

差別影響（disparate impact）

差別待遇（disparate treatment)

裁員（downsizing）

公平就業機會（equal employment opportunity）

彈性上班（flextime）

五分之四法則（four-fifths rule）

玻璃天花板（glass ceiling）

一九八六年移民改革及控制法案（Immigration Reform and Control Act of 1986）

工作分享（job sharing）

McDonnell-Douglas 考試（McDonnell-Douglas test）

混合動機案（mixed-motives cases）

公司重整（organizational restructuring）

優惠待遇（preferential treatment）

一九七八年懷孕歧視法案（Pregnancy Discrimination Act of 1978）

案件第一審（prima facie case）

被保護類別（protected classifications）

被保護族群（protected groups）

電訊通勤（telecommuting）

全面品質管理（total quality management）

聘用率分析（utilization analysis）

重點問題回顧

工作場合中的法律議題

1. 定義被保護類別（protected classification）與被保護族群（protected group）這兩個名詞。

2. 一九九一年與一九六四年的公民權利法案有什麼不同？

3. 給以下法令的重要範圍做概要的介紹：一九七八年懷孕歧視法案（Pregnancy Discrimination Act of 1978）、一九六七年工作年齡歧視法案（Age Discrimination in Employment Act of 1967），以及一九九〇年美國身心障礙者法案（Americans with Disabilities Act of 1990）。

4. 描述在一個工作歧視案件中，原告可以用來成立第一審的四種方案。

5. 在下列各個情況之下，說出原告可能採取的第一審形式（例如差別待遇與差別影響）。如果一個第一審案件成立的話，雇主應如何在這種情況之下為自己辯護？

   a. 市立警察局使用了一項筆試來甄選警察。這項筆試是由教授所編製的。百分之八十年輕的應徵者通過這項測驗，但是只有百分之十的年長應試者通過。

   b. 一位老闆看著他的女秘書並且對她說：「妳被炒魷魚了，因為妳泡的咖啡太差勁了。」然後他雇用另外一位女性來代替她的位置。

c.一個外籍勞工已經錯過了升級到經理位置的機會，因爲他從他的老闆那邊得到極少的推薦。他表現的評鑑通常是很好的。在過去的十五年之中，有十五個經理的空缺已被填滿，但是二十七位有能力得到這種升級的機會的外籍勞工中，卻沒有一個得到這個機會。

6.描述有關於實施一個正面行動方案的兩個步驟。

工作場合中有關環境的議題

7.「玻璃天花板」（glass ceiling）指的是什麼？公司必須要採取什麼步驟才能打破「玻璃天花板」？

8.工作的本質爲何會改變？這個趨勢會如何影響人力資源管理實務？

9.近來公司購併與接管的風潮，會產生什麼樣的問題？

10.說出三個爲什麼這麼多的公司開始裁員的原因？

11.公司對於它的裁員應該如何管理？

實際演練

肯定行動的辯論

概　論

全班會依照下列的預設立場來進行一場辯論：

要替少數的團體及婦女達成公平就業機會，肯定行動是個公平的方法。

步　驟

1.每位坐在教室左邊的學生是贊成的一方，而那些坐在右邊是持反對態度的一方。

2.四或五人分成一組，並且把支持自己立場所要陳述的論點列出來。

3.正方和反方應該把可以支持他們立場的論點列在主要論點單
　（master list）上。在每組經過討論及比較之後推出一位代表完成這
　張單子。將會有兩張主要論點單：正方及反方。

4.兩方各小組的代表將會成爲辯論的組別。

5.辯論進行的方式應遵循下列的程序：

第一回合

每組有十分鐘去表達自己的立場。所有的辯論者都應參與。正方先
開始。

第二回合

每組有五分鐘對於另一方所提出的論點提出反駁，然後必須再重新
建立自己的立場。反駁的內容必須針對另一方所提出的論點。它的
目的是在對於這些論點提出質疑。由反方開始。（注意：在第一回
合的時候提出論點，在第二回合的時候才開始反駁）。

第三回合

班級的其他成員（如聽眾）有十分鐘的時間來質詢每一組，然後再
進行表決看哪一方獲勝。

個案探討：棘手難題

　　Peabody's 餐廳駐東南地區的七十四個分店一直維持以穿制服來
打扮自己的政策。餐廳經理及員工不准留鬍鬚，鬢毛也要修剪整齊。
Peabody's 餐廳自從一九七二年就開始強制執行這項措施。而
Peabody's 餐廳的這項政策在飯店界是很普遍的。Peabody's 餐廳覺得
這項措施可以反映出他們的公共形象，就好比家庭的食物是強調衛生
第一一樣地重視飲食衛生與安全。

　　Shandeet Singh 是 Sikh 宗教的成員，他因爲宗教上的禁忌而留了
鬍鬚。Sikhism 教禁止成員把鬍鬚剃掉或加以修剪。在 Singh 先生填
寫應徵 Peabody's 餐廳經理一職的申請表時，就被告知留鬍鬚是違反

公司政策的。他面臨的抉擇是不是要刮掉鬍鬚，就是要放棄這個工作，即使是因為宗教的因素，也沒有例外。因為 Singh 先生拒絕理掉鬍子，所以即使他是應徵者當中最具有能力的，但他也被拒絕了。為此 Singh 先生提出了宗教歧視的控訴。

1.Singh 先生如何為這件歧視提出案件第一審（prima facie）？

2.如果案件第一審成立的話，那雇主又如何為自己辯護？

3.如果你是法官，你如何裁決？理由為何？

參考書目

1. *Final Interpretations: Age Discrimination in Employment Act* (1981). Code of Federal Regulations, Part 1625.
2. Ledvinka, J., and Scarpello, V.G. (1991). *Federal Regulation of Personnel and Human Resource Management* (2nd ed.). Boston: PWS-Kent.
3. Ibid.
4. Faley, R.H., Kleiman, L.S., and Lengnick-Hall, M.L. (1984). Age discrimination and personnel psychology: A review and synthesis of the legal literature with implications for future research. *Personnel Psychology, 37*, 327–350.
5. *Watson v. Fort Worth Bank* (1988). 487 U.S. 977.
6. Panaro, G.P. (1990). *Employment Law Manual*. Boston: Warren, Gorham & Lamont.
7. Kleiman, L.S., and Faley, R.H. (1988). Voluntary affirmative action and preferential treatment: Legal and research implications. *Personnel Psychology, 41* (3), 481–496.
8. Frone, M.R., Russell, M., and Cooper, M.L. (1992). Antecedents and outcomes of work–family conflict: Testing a model of the work–family interface. *Journal of Applied Psychology, 77* (1), 65–78.
9. Parry, L.E. (1993). Work force America! Managing employee diversity as a vital resource. In J.L. Pierce and J.W. Newstrom (Eds.), *The Manager's Bookshelf* (pp. 194–200). New York: HarperCollins.
10. Staff. (1993, Spring/Summer). Managing diversity helps employers attain top performance. *BNAC Communicator*, 14.
11. Parry, Work force America!
12. Ibid.
13. Stuart, P. (1992). What does the glass ceiling cost you? *Personnel Journal,* November, 70–80.
14. Staff. (1992, May 31). The workplace. *Dallas Morning News*, p. 11.
15. Dominguez, C.M. (1990). A crack in the glass ceiling. *HRMagazine*, December 65–66.
16. Winning with diversity. *Nation's Business*, 80(9), U.S. Chamber of Commerce, 1615 H. Street NW, Washington, DC 20062.
17. Fyock, C.D. (1994). Finding the gold in the graying of America. *HRMagazine*, February, 74–76.
18. Rhodes, S.R. (1983). Age-related differences in work attitudes and behaviors: A review and conceptual analysis. *Psychological Bulletin, 93* (2), 328–367.
19. Fyock, Finding the gold.
20. Faley et al., Age discrimination.

21. Morrison, P.A. (1990). HRM: Its growing scope and future direction. *The Futurist,* March/April, 9–15.
22. Sit, M. (1989). Family and work collide. *Boston Globe.* pp. 25–26.
23. McGee, L.F. (1988). Setting up work at home. *Personnel Administrator,* December 58–62.
24. Buckley, M.R., Fedor, D.B., and Kicza, D.C. (1988). Work patterns altered by new lifestyles. *Personnel Administrator,* December, 40–43.
25. Cacti, W.G. (1988). Part-year vs. part-time employment. *Personnel Administrator,* May, 60–63.
26. Solomon, C.M. (1994). Job sharing: One job, double headache? *Personnel Journal,* September, 88–96.
27. Morrison, HRM: Its growing scope.
28. Kravetz, D.J. (1991). Increase finances through progressive management. *HRMagazine,* February, 57–62.
29. Overman, S. (1993). Retraining our workforce. *HRMagazine,* October, 40–44.
30. Kravetz, Increase finances.
31. Hines, A. (1993). Transferable skills land future jobs. *HRMagazine,* April, 55–56.
32. Zalman, R.G. (1991). The "basics" of in-house skills training. *HRMagazine,* February, 74–78.
33. Hitt, M.A., Hoskisson, R.E., and Harrison, J.S. (1991). Strategic competitiveness in the 1990s: Challenges and opportunities for U.S. executives. *Academy of Management Executive, 5* (2), 7–22.
34. Ibid.
35. Santora, J.E. (1992). Nabisco tackles tomorrow's skills gap. *Personnel Journal,* September, 47–50.
36. Marks, M.L., and Mirvis, P.H. (1992). Track the impact of mergers and acquisitions. *Personnel Journal,* April, 70–79.
37. Vollman, T., and Brazas, M. (1993). Downsizing. *European Management Journal, 11* (1), 18–29.
38. Strauss, G. (1993, August 31). Bargain prices have a price: Job cuts. *USA Today,* p. B1.
39. Ibid.
40. Vollman and Brazas, Downsizing.
41. Floyd, S.W., and Wooldridge, B. (1994). Dinosaurs or dynamos? Recognizing middle management's strategic role. *Academy of Management Executive, 8* (4), 47–57.
42. Fuchsberg, G. (1993, October 1). Why shake-ups work for some, not for others. *The Wall Street Journal,* pp. B1–2.
43. Keidel, R.W. (1994). Rethinking organizational design. *Academy of Management Executive, 8* (4), 12–27.
44. Ibid.
45. Weinstein, H., and Leibman, M. (1991).Corporate scale down, what comes next? *HRMagazine,* 36(8), 33–37.
46. Vollman and Brazas, Downsizing.
47. Cardy, R.L., and Dobbins, G.H. (1996). Human resource management in a total quality organizational environment: Shifting from a traditional to a TQHRM approach. *Journal of Quality Management, 1* (1), 5–20.
48. Stone, D.L., and Eddy, E.R. (1996). A model of individual and organizational factors affecting quality-related outcomes. *Journal of Quality Management, 1* (1), 21–48.
49. Church, A.H. (1995). Total quality management: Something old or something new? *The Industrial Psychologist, 32* (4), 55–63.
50. Ernst & Young 7 American Quality Foundation (1992). *International quality study: Best Practices Report.* New York: American Quality Foundation.
51. Spector, B., and Beer, M. (1994). Beyond TQM programmes. *Journal of Organizational Change Management, 7* (2), 63–70.

52. Cited in Church, Total quality management: Something old or something new?
53. Cited in Masterson, S.S. and Taylor, M.S. (1996). Total quality management and performance appraisal: An integrative perspective. *Journal of Quality Management, 1* (1), 67–89.
54. Blackburn, R., and Rosen, B. (1993). Total quality and human resources management: Lessons learned from Baldrige award-winning companies. *Academy of Management Executive, 7* (3), 49–66.
55. Carson, K.P. and Steward, G.L. (1996). Job analysis and the sociotechnical approach to quality: A critical examination. *Journal of Quality Management, 1* (1), 49–65.

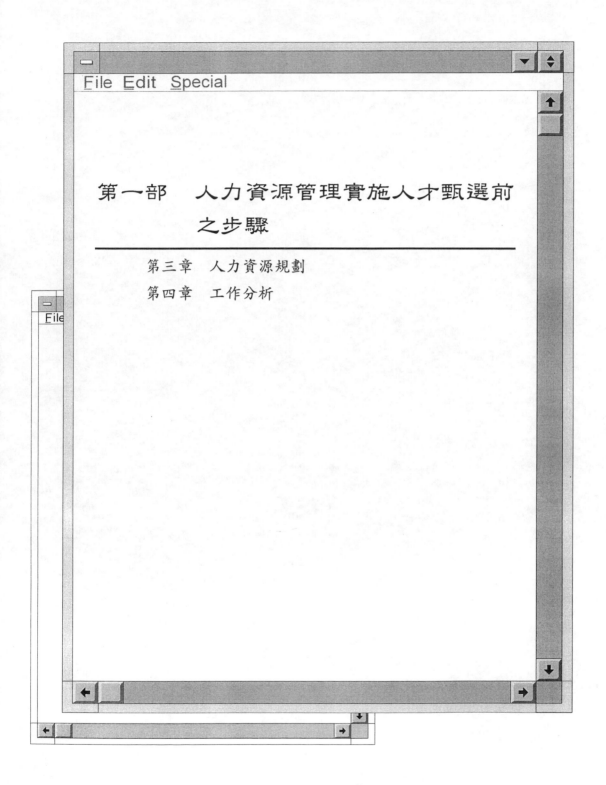

File Edit Special

第一部　人力資源管理實施人才甄選前之步驟

第三章　人力資源規劃

第四章　工作分析

第三章
人力資源規劃

本章綱要

取得競爭優勢

　個案討論：取得優勢競爭力之 AT&T 公司

　將人力資源規劃與競爭優勢加以連結

人力資源管理問題與實務

　策略性規劃

　人力資源規劃

　人力資源規劃過程之成果

　人力資源資訊系統

經理人指南

　人力資源規劃與經理的職責

　人力資源管理部門能提供何種協助

　增進經理人之人力資源管理技巧

本章目的

閱畢本章後，您將能夠：

1. 瞭解人力資源規劃工作如何能提昇公司的競爭優勢。
2. 說明公司為何要進行策略性規劃工作，以及應如何來進行。
3. 說明為何要進行人力資源規劃工作，以及應如何進行。
4. 說明為因應人力資源計畫，而發展的人力資源管理措施的方法。
5. 瞭解人力資源資訊系統在規劃上，以及在其他人力資源管理施行中所扮演的角色。

取得競爭優勢

個案討論：取得優勢競爭力之 AT&T 公司 [1]

問題：新企劃案使得指派重要領導人職位時困難重重

AT&T 公司在一九八二年遭逢巨大的變革，被迫被剝奪電話公司的經營權，AT&T 公司不能再像過去一百年一樣地穩定獨佔電話市場，勢必要成為具有競爭力的企業，在全球市場上提供多樣化的產品和服務，而且勢必要和新的客戶與供應商打交道。另外由於有多項的購併和收購，現在還得和新的生意夥伴合作。

因為業務的本質改變了，AT&T 公司必須重新檢視過去的許多人力資源管理作法。最重要的是，AT&T 公司被迫得配合其新的企劃案，重新調整指派人員的作法。此種需求對於高階管理階層尤其重要。公司將需要「新血」經理人——亦即對於公司產品和服務有豐富的知識、有掌管購併與收購的能力，並能在不確定的環境中有效發揮功能者。

解決方案：發展出一套電腦化之生涯晉升系統

　　AT&T 公司解決管理階層人員指派的方法，是發展出一套職位晉升系統並付諸實施。本系統有雙重的目的：(1)找出公司新的全球性企劃案所需之管理技能；(2)追蹤目前渴望晉升頂級管理階層職位之所有經理人的技能程度。這樣的系統讓 AT&T 公司能進行「儲備」（groom），並於有空缺的時候選擇任用適才適所的人。

　　AT&T 公司發展的是一套電腦化的系統，儲存大量有關 AT&T 人員與職位的資料。例如「人員檔案」（people file）中有每一位經理人的資料，諸如就業歷史、教育程度、能力與弱點、領導才能發展需求、發展計畫（已接受過及準備進行之）訓練，以及特殊才能（例如外語流利）等。至於列為目標的各項高級管理職位，「職位檔案」（position file）中則有工作職稱、職位（目前與未來的）技能需求，以及該職位的可能繼任人選等資料。

生涯晉升系統如何能增強競爭優勢？

　　採用本系統有助於確保 AT&A 公司的領導階層不虞中斷，特別是本系統能讓 AT&A 找出：

- 各種不同高階職位所需的領導技術。
- 符合晉升特定職位之資格者有哪些人。
- 有哪些職位欠缺足夠的「本地」內部人選。
- 每一位人選所需要的發展活動。

　　這些資料一應俱全之後，AT&T 公司在全世界就有許許多多符合資格的內部人選，當高階職位出缺時，就可以從中挑選出佼佼者。此外，本系統亦頗具彈性，讓公司可以迅速反應快速變化的需求。例如，當巴黎的某一高階職位因購併而出缺時，系統就能迅速地找出法語流利的合格人選。

將人力資源規劃與競爭優勢加以連結

　　從 AT&T 公司的案例中可以知道（並請參考第二章的討論內容），美國公司現在必須在快速變化的商業環境中經營。這些變化對於人力資源管理實行有重要的意涵。如果要確保管理計畫能支援經營需求，企業即必須持續地掌握不斷改變的環境狀況，並設計人力資源管理策略加以因應。將人力資源事宜與企業經營需求緊密結合的程序，即稱之為**人力資源規劃**（human resource planning 或 HR planning）。

人力資源規劃
是一段公司確認未來人力資源管理需求，以及如何滿足這些需求的過程。

　　人力資源規劃的定義是「找出『企業需求』，並加以因應的程序……訂定新的政策、系統及方案，俾能在不斷改變的狀況下，確實有效地管理人力資源」[2]，於是人力資源規劃的目的是：(1)讓企業能預先瞭解其人力資源管理的需求；(2)找出能有助於滿足這些需求的作為。

　　有效的人力資源規劃能強化競爭優勢業經證實，研究發現採用人力資源規劃的公司，其表現往往勝過未施行人力資源規劃的公司[3]。問題的重點在於人力資源規劃的實行，如何能強化競爭優勢。

示例 3-1　將人力資源管理計畫與組織目標緊密結合：實例一則

策略目標：改善管理品質及受薪人員的表現。

人力資源管理計畫：
1. 解僱表現不佳者：訓練經理人能夠作出正確的績效評鑑。
2. 激勵表現優秀者：制定「依績效給付薪資計畫」。
3. 提昇管理能力：改良管理階層招募程序，並提供所有經理人更多的訓練。
4. 鼓勵表現不佳者退休：實施提前退休辦法。

將人力資源管理與公司策略相連結的 Ford 汽車公司

一九七〇年代時期,以生產高品質汽車著稱的福特公司,聲譽跌入谷底。一九七九年,福特公司擬訂新的任務聲明「以低成本製造高品質的產品」,企圖扭轉頹勢。為了達成公司的任務,福特公司瞭解必須改變其人力資源管理的作法,才能讓員工更加投入,並提昇員工的士氣。福特的一名管理者曾說:「如果不鼓舞員工士氣並關懷他們,我們就無法按照需要,儘可能地降低公司的成本,而且也不能獲得我們需要的高品質產品。」福特公司的作法包括訂定各項改善工作環境品質的計畫、進行企業重整,並且授權給低階員工,讓他們也能參與制定重要決策。

連結人力資源管理與組織目標

管理專家 Susan Jackson 與 Randall Schuler 認為,人力資源規劃是「與其他人力資源相關作為全部鎖合在一起的螺絲,並將人力資源計畫與公司的其他計畫整合在一起」[4]。**示例 3-1** 顯示的是公司的人力資源管理計畫能與企業目標整合在一起的例證。

整合的程序在**邁向競爭優勢之路 3-1** 中有進一步的詮釋,其中顯示福特汽車公司於一九七〇年代後期制定新的策略,並為因應策略而修正其人力資源管理重點後,命運逆轉的過程。

成為未來人力資源管理之礎石

如第一章所述,人力資源規劃是人力資源管理的主要礎石。也就是說,實施本書中所提及的許多人力資源管理計畫,其成功與否,端

協助規劃工作的指派。

幫助因應人員指派條件上的變動。

找出人員招募上的需求。

提供下列事宜的相關資料：

- ■企業的目標對於雇用、訓練，以及留住員工會有何影響。
- ■某些部門的人員是否有短缺或過剩之虞。
- ■開發員工以滿足未來需求的計畫是否妥當。
- ■業務的變化是否將影響人力資源需求。

賴是否精心進行人力資源規劃工作。在進行人力資源規劃的過程當中，企業可以瞭解未來將會需要的技能，繼而根據這些資料去規劃人員招募、選用人才，以及訓練和發展等事宜，一如「個案討論」中AT&T 公司的做法。舉例來說，人力資源規劃在訓練與發展程序中所扮演的重要角色，正如管理顧問 L. James Harvey 在下面所說的一段話[5]：

> 有一點是無庸置疑的：如果企業不能有效地進行策略規劃工作，並將人力資源開發規劃與策略規劃緊密地結合……人力資源發展工作，將無法發揮公司的最大潛力。

人力資源規劃失敗所導致的相關後果

示例 3-2 列舉的是人力資源規劃所衍生的一些好處。從此表中可以發現，利用人力資源規劃可以未雨綢繆，因此讓公司能掌控自己的未來。也就是說，公司能預期改變，並擬定妥適的因應之道。如果公司能利用未來的變化，公司的未來必然能獲得改善。

此一契機的重要性不亞於人力資源規劃，許多公司卻加以忽視。有些公司認為以人力資源規劃公司是困難重重、挫折感十足的，有些公司則不知道人力資源規劃的功用。有一位作家說過[6]：

儘管目前的趨勢是將人力資源規劃與策略規劃相互整合，許多企業人對此理念仍然只是「掛在嘴上說說而已」（lip service）。鮮少有公司一如取得與利用資源一般，對人力資源的取得與利用，進行縝密地分析。管理者似乎深具信心，不論需要何種人員，都能在市場上招募得到。種種證據顯示，這樣的想法必然導致愚蠢且無法預知的後果。

　　比方說，如果未能正確地規劃人力資源，員工即被迫在事情發生後才能反應，而非事前因應。也就是說，員工變成事後處理，而非事先預防。如果發生這樣的結果，企業即無法正確地預期未來增加人手的需求。這樣的公司最萬幸的結果，是被迫於最後一分鐘招募人員，並可能因而找不到最佳的人選；最差的結果則是公司將嚴重地缺少人員。

　　如果一家公司長期缺乏人員，最後可能將承受許多的後遺症。例如現有的員工將因為公司缺人，而在缺乏適當資源與協助的情形下，為了達成公司的額外要求，而承受極大的壓力。而且如果必要的工作無法完成，公司最後即必須面對退單增加的命運、客戶對於公司的商譽失去信心、競爭壓力益形增加，市場佔有率勢必流失。

人力資源管理問題與實務

策略性規劃

　　如果連目的地在哪裡都不知道，又如何能達到目的地呢？企業必須透過**策略性規劃**（strategic planning）的程序，才能決定目的地究竟在哪裡。企業在制訂策略計畫的時候，應明訂企業的整體目的和目標，並明定達成的方法。策略性規劃程序通常都得進行下列的工作[7]：

策略性規劃
是一段公司確立整體目標和目的，並指出達成方法的過程。

Columbia 瓦斯公司體系任務聲明

Columbia 瓦斯公司（Columbia Gas System）和其分公司一向積極尋求契機，在天然氣業及相關的資源開發方面發展。Columbia 公司的三星標誌，顯示個別經營的公司在共同努力之下，將因：股東投資具有競爭力的營收——使公司的股東受惠；有效、安全、可靠的服務——使客戶受惠；以及具有挑戰性及報酬可觀的事業——使員工受惠。

1.訂定企業的任務。

2.審視企業的環境。

3.制定策略目標。

4.擬定策略計畫，其中包括解決人力資源需求的部分。

步驟一：確定組織任務

使命聲明
就是企業整體目的的宣言。

策略規劃程序中的第一步驟就是訂出**使命聲明**（mission statement），使命聲明就是企業整體目的的宣言。使命聲明中明訂基本的營業範圍與作業，藉以和其他性質相似的其他企業加以區分 [8]。使命聲明是探討「我們企業為何存在？」以及「我們企業有何獨特貢獻？」這兩個問題的答案 [9]。在**邁向競爭優勢之路 3-2** 中有使命聲明的範例。

步驟二：檢視組織環境

企業的規劃人員接下來必須審視公司的外在與內在環境，以便能找出內外在環境的威脅和契機。審視外在環境的目的是找出如第二章曾提及的政治、法律、經濟、社會，以及科技等各方面的挑戰（例如

法令要求日趨嚴格、科技日新月異等）。規劃人員還必須審視其業界環境，俾能知道自己競爭對手的動向、有哪些新公司將進入市場，以及有哪些替代性的產品和服務會出現。

規劃人員在審視內在環境的時候，應評估公司的能力與弱點，因為應將公司的策略目標設計成能夠利用自身的能力，並且掩蓋其弱點。應考量的重要內部因素有企業文化、結構、當前的任務、過去的沿革歷史、管理階層的層級數量、管理階層的控制範圍、人力資源的技能、領導階層與權力，以及部門的數量。例如第二章曾經提到，現在有許多公司希望能減少管理階級的層級數目，並授權給低階的員工，藉以消弭因階級制度所產生的弱點。

如何取得必要的環境資料　雖然大部分的策略決策都是由公司的執行長（CEO）所核准，不過蒐集擬定策略所需資料的工作，則應由所有的經理人和員工負責。例如，功能部門的副主任通常即針對有關公司新策略方向的決策提供意見。如果按照階級制度來分，那麼越低階的人就越偏重專門性並且狹窄的領域。

示例 3-3 顯示提供資料給整體策略計畫的各個功能部門。由於計畫有其重要性，因此公司應鼓勵所有的經理人和員工都踴躍地提供意見。為了鼓勵全員參與，公司可以授權代表各部門之經理與員工所組成的委員會，來蒐集資料。

步驟三：訂定策略性目標

策略性規劃程序的第二步是制定**策略性目標**（strategic goals），策略性目標中明訂的是，如果公司要完成其任務，即必須要達成理想的結果。策略性目標應明確、具有挑戰性，並可以加以衡量。目標應涵蓋市場地位、革新、生產力、實質與財務資源、獲利能力、經理人員之表現與發展、工人的表現與態度，以及公共責任等各方面 [10]。制訂目標的程序將會在第八章中詳加討論。

策略性目標
是指公司要完成其任務所必須要達成理想的結果。

示例 3-3　（各功能部門）經理為策略計畫之投入部分

部門規劃意見	規劃意見
行　銷	產品預估 經濟情況 競爭對手的習性 新產品驗收 廣告與促銷活動 客戶行為問題 購買／使用習慣
製　造	機器的能力 製造過程的改善 整體產品品質資料 員工生產力 新設備計畫
財　務	成本資料 負債情形 公司的財務狀況 財務表現上的資料
人力資源	勞動市場的情況 訓練計畫 任用的能力 人力資源的能力 政府法律與任用規則
工　程	新產品開發 勞工與機器的標準 計畫與產品的改變 設計上的修改
採　購	原料的取得能力 庫存狀況 儲存與倉儲能力 供應商與賣主的能力

步驟四：訂定策略性計畫

策略性計畫
是一種明定公司為達成策略目標而必須採取之措施的計畫。

　　審視過內在的環境並制定目標之後，企業應擬定其**策略性計畫**（strategic plan）。策略性計畫中明訂公司為達成策略目標而必須採取的措施。擬定策略計畫的方法是，將企業的目標詮釋成比較小的功

能性目標或部門目標，然後制定達成這些目標的策略。通常都是針對財務、行銷、管理、生產與作業、會計、資訊系統，以及人力資源來制定策略性計畫。我們將在下列各節中說明人力資源部門應如何擬定並且實施公司的策略性計畫。

人力資源規劃

前面曾經說過，人力資源規劃工作是要將公司的人力資源管理計畫和公司的策略經營需求連結在一起，而該需求則已利用策略規劃程序加以明訂[11]。人力資源規劃可以按照短期或長期（三年以上）的時程來進行，其目標是希望在企業需要用人和時間時，這些人都能具備適當的特質和技能[12]。企業經由人力資源規劃程序可以獲得：(1)未來人力資源需求清單（亦即未來的職位空缺，以及填補這些空缺所需要的用人類別）；(2)滿足這些需求的計畫。

企業在探討其本身的人力資源需求時，首先要預估對人力資源的需求（亦即在未來某些時機中，執行企業工作時所需用人的類別和數量），然後再預估其供給（亦即預期將能填補的職位）。這兩項預估之間的落差，就是公司人力資源的需求。例如某家公司預估在下一會計年度中，將「需求」（demand）十二名會計，並預期屆時可「供給」（supply）九名公司現有人員，則其人力資源需求即為再雇用三名會計。

接下來我們將詳細說明公司應如何決定其人力資源需求，以及擬定滿足這些需求的方法。

需求預測

需求預測（demand forecasting）的工作是預測未來某些時刻，企業需要用人的數量和類別，一般常用的需求預估方法有兩種：統計法與判斷法。

需求預測
是一段使用在人力資源規劃上的過程，其工作是預測未來某些時刻，企業需要用人的數量和類別。

示例 **3-4**　對某製造公司所進行的人力資源趨勢分析

年	1993	1994	1995	1996	1997*
銷售額（千元美元）	10,200	8700	7800	9500	10,000
員工人數	240	200	165	215	?

*銷售額係預估值

業務因素
是企業的屬性，諸如銷
售量或市場佔有率等，
與需要的勞動力數量有
密切的關係。

統計法　　如果採用統計學的方法，則企業是根據某些**業務因素**（business factors），來預估需要用人的規模。業務因素則是與需用人力密切相關的業務屬性，諸如銷售量或市場佔有率等。例如，醫院可以利用既定病患容量之業務因素，來預估未來某些時刻將會需要的護士人數。

　　如果企業是在穩定的環境中經營，因為可以用某種程度的確定性預測確實的業務因素，因此通常會採用統計法進行需求預估工作。例如，人口成長率低地區的醫院即適合使用統計法。如果是在比較不穩定的環境中經營之企業（例如位於成長及變化迅速地區中的醫院），就比較適合仰賴判斷法。

趨勢分析
是一段使用在人力資源
規劃上的過程，其中未
來的人力資源需求，係
依照某項業務因素的過
去業務趨勢進行計畫。

比率分析
是一段使用在人力資源
規劃上的過程，是藉著
計算某一業務因素與需
用員工人數之間的精確
比例，來判斷未來人力
資源的需求。

　　最常用來進行需求預估的統計法，有趨勢分析、比率分析，以及迴歸分析。就**趨勢分析**（trend analysis）而言，未來的人力資源需求係依照某項業務因素的過去業務趨勢進行計畫。**示例 3-4** 中有趨勢分析的範例，藉以詮釋某一業務因素（例如銷售量）與員工人數之間的關係。例如，從圖表中可以得知，如果公司預估一九九七年的銷售額是一千萬美元，則員工人數就必須增加到大於二百四十人的規模，此乃該公司一九九三年銷售額為一千零二十萬美元時的員工人數。

　　比率分析（ratio analysis）是判斷未來人力資源需求的程序，其方法是計算某一業務因素與需用員工人數之間的精確比率，如此即可

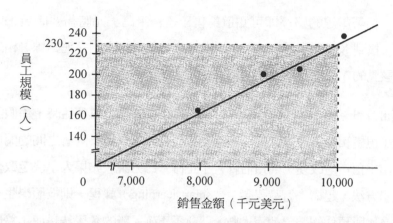

員工規模（人）

240
230
220
200
180
160
140

0　7,000　8,000　9,000　10,000

銷售金額（千元美元）

示例3-5　以銷售量與員工規模間之關係所製作的迴歸線

獲得比趨勢分析更爲精準的預估值。例如，可以依據學生－教職員比，來預估某大學需求的教授人數。比方說，假設某大學有一萬名學生和五百名教授，因此教授與學生的師生比是 10,000：500，亦即 20：1。依此比率，該大學每二十名學生中，就需要一位教授。如果該大學預期明年註冊的學生會增加一千名，就需要在增聘五十名教授（假定目前的五百名教授在明年之前無人離職）。

　　迴歸分析（regression analysis）幾近於趨勢分析和比率分析，因爲其預估都是依據業務因素和員工規模之間的關係，不過迴歸分析法就統計學而言，比較完備。企業應先繪製方格圖，詮釋業務因素和員工規模之間的關係，然後計算出一條迴歸線——穿越方格圖上各點中央的一條直線（迴歸線是以數學的方法定義，大部分的統計學教科書中都有其計算公式）。檢視迴歸線，即可知道業務因素各個數值所對應的需用員工人數。

　　示例 3-5 中有利用迴歸分析法預估人力資源需求的範例。在本例中（**示例 3-4**），用於趨勢分析的數據，現在以方格圖的形式加以詮釋。穿越方格圖上各點中央的線，即是迴歸線。

迴歸分析
是使用在人力資源規劃上的一種統計工具，用來確定公司未來某一時刻所需要的員工人數。

沿著虛線的路徑即可知道銷售額達一千萬美元時需要的員工人數，找到 X 軸讀數「10,000」的點之後，垂直向上到達迴歸線，相對於該點的 Y 軸值（即 230），即是需要的人力規模。

使用統計法時所需注意的事項　以統計法進行需求預估時，係假設員工規模和業務因素之間的關係一直維持不變。如果兩者之間的關係會出乎預料地改變，則預估就會不正確。比方說，如果大學決定改變教學方法，建構「智慧學習」（smart learning）課程，則按照學生一教員比所預估的需要教授人數，就會不正確。新的教學法是使用錄影設備，可將教授的教學活動傳播到不同的地點，因此可以讓更多的學生上課。因此，師生比二十比一的比例將不再適用，因為該大學的教授人數雖然減少，良好的教學活動依然能夠正常地運作。

需求預估之判斷法　顧名思義，以判斷法進行需求預估是運用人類的判斷能力，而非處理數字。最常使用的判斷技巧有團體腦力激盪法和銷售人員預估法。

以**團體腦力激盪法**（group brainstorming）的技巧進行需求預估時，是借助一組「專家」（即企業中瞭解市場、業界，以及科技發展對人力資源管理需求之意涵的人）。這些專家的職責是以腦力激盪的程序產生預估的結果。腦力激盪的技巧有很多，大部分都是團體成員之間面對面地討論，期待能達成共識。

利用團體腦力激盪的技巧對人力資源進行預估時，參與者必須對未來做某些假設。也就是說，專家們必須檢視公司有關開發新產品或服務、拓展新市場等等的策略性計畫，然後再預估[13]：

■市場對企業之產品和服務的未來需求。

■企業將服務的市場比例。

■新科技的性質和取得能力，且該新科技可能會影響所供應之產

團體腦力激盪法
一種進行需求預估的技巧，藉助一組「專家」來合作預測。

品的數量和種類等。

預估結果的準確性，就是依賴這些假設的正確性而定。當然，要預測未來是極為困難的，因為未來有許許多多的不確定性。因此企業就必須按照所有無可預期的變化，持續不斷地掌控企業的需求預估。

銷售人員預估法（sales force estimates）則是預估人力資源需求的另外一種判斷法。因為推出新產品而需要增加人手時，最適合使用這個方法，新產品上市時，銷售人員的職責就是依據他們對於顧客的需求及興趣等知識，預估對於產品的需求（即預期的銷售量）。然後企業再利用這些資料預估要滿足此需求，將會需要多少的員工。這個方法的缺點是有產生偏見的可能性。也就是說，有些銷售人員可能會故意地低估產品需求，以使得他們自己的銷售額超過預估值時，看起來比較有成就感。另外一些銷售人員則可能高估需求，因為他們對自己銷售的能力太過於樂觀。

供給預估

需求預估決定之後，企業即相當清楚在某一時間進行工作時，將會需要的職位性質和數量，然後再預估這些職位當中，有哪些職位、何時需要填補。這樣的預估程序稱為**供給預估**（supply forecasting）。

進行供給預估的步驟 供給預估是一種兩個步驟的程序。第一個步驟，企業依職稱、職掌及責任的程序，將所有的職位集中。整組的職位應反映員工想要晉升的階層。例如，人力資源管理組可能包括的工作職位就有人力資源助理、人力資源經理，以及人力資源督導等。秘書組可能包括秘書職員、重要秘書、資深秘書，以及行政助理等。

供給預估的第二個步驟是預估在每個工作組中，有多少現任的員工在規劃期間會繼續留任，有多少人會調到其他的職位（例如調職、晉升、降級），以及有多少人會離開本公司。這些預測有部份是依據

銷售人員預估法
一種進行需求預估的技巧，銷售人員據他們對於顧客的需求及興趣等知識，被要求去預估一項新產品的需求量。

供給預估
一段企業用來預估哪些職位在未來的某一時刻必須被填補的過程。

過去的異動趨勢（例如離職率及晉升率）。企業另外還應該將任何有關購併、取得、單位或部門的裁併、解雇、縮編與縮小規模，甚至具有敵意的接收等計畫，列入考量。

企業在進行供給預估時，也應該注意某些特定的人，例如有些人可能已經宣布將在年底退休、秋天時將回學校繼續進修，或是準備結婚、正計畫於六月份搬遷他處等。

市面上的電腦統計軟體，可用來協助預估企業中員工異動的情形。如果是穩定的情況，則這些軟體所產生的預估值將會相當精準[14]。如果環境不穩定，這些預估值當然就不可靠。例如有家企業可能是根據去年的離職率來進行評估，而過去五年中，每年的離職率大約是百分之十。如果離職率劇烈變動（由於對工作不滿意、公司縮編等因素），則企業即會嚴重地低估其未來的人員安置需求。

評估未來人力資源需求

對各項工作進行供給和需求預估之後，將其結果綜合起來，就是明確的人員安置需求。例如，假設有一家公司目前聘用了二十五名祕書人員，進行供給預估之後，該公司預測到了規劃期間終了時（因為退休及升遷等原因），這些祕書職位中將會有五個空缺。該公司的需求預估預測在即將來臨的期間，將（因為對公司的產品增加需求）需要增加三個新的祕書職位。綜合這兩項預估值之後，現在公司知道其必須聘雇八名新的祕書人員（五名用以填補空缺，三名則用以填補新增的職位）。

人力資源規劃過程之成果

完成人力資源規劃程序之後，公司必須訂定及實施人力資源管理計畫，藉以滿足該公司的人力資源需求。事實上，在本書接下來的章節中，如果談到策略規劃及人力資源規劃，都將會說明實施特定人力

資源管理計畫的詳細情形。不過在本章接下來的各節中，將會先簡單地對此主題做概略的說明，重點將放在預期人員將會供應過剩或供應不足時，設計用來協助企業處理的人力資源管理計畫。

人員過剩之處理

在前面的第二章中曾經提過，目前企業重整的趨勢通常會導致人力規模的縮小。因此如果企業的策略性計畫要求進行重整，則人力資源管理方面採取的因應之道之一，通常是縮小規模。另外在第二章中還曾經提到，縮小規模通常是指裁員。由於裁員通常會有負面效果，因此鼓勵員工採取其他的替代方式，例如聘雇凍結、提前退休、限制加班、工作分享和減薪之類的措施。

人員不足之處理

如果需求與供給預估的結果，預測未來的某一時刻會有人員供給不足的情況，則企業就必須決定解決此一問題的方法。有許多解決的方法可供選擇，我們現在來加以探討。

增聘員工　如果人力資源計畫顯示員工供應不足，公司即可為預期的空缺招募員工。第一個步驟是進行工作分析，以決定各個空缺的必備資格。有關工作分析的詳細情形，請見第四章的說明。

接下來的步驟是決定到何處以及如何招募需要的人才。舉例來說，公司必須決定對外（即從外面的勞動市場）或對內（即從自己公司的現有人員中）尋找人才填補空缺。做成決定時所應考量的因素，將會在第五章中說明。

如果要對外招募人員，企業首先應評量其在潛在工作候選人眼中的吸引力；如果雇主「不具吸引力」（unattractive），就會產生應徵者不夠踴躍的窘境。這些雇主應該設法增加對其企業有興趣的人數，如此才會有人有意前往公司應徵。為了達到這個目標，企業可以增加

Barden 公司解決招募人員問題之方法

　　Barden 公司（Barden's Corporation）面對需要增加計時員工一百二十五人的難題。儘管本部勞動市場的失業率僅有百分之二點五，但是 Barden 公司仍能招募到足額的人數。該公司將招募工作的目標瞄準失業率高的外籍移民。由於他們的英語不流利，因此需要接受英語教育，所以 Barden 公司為他們提供了十五天的密集英語課程。

起薪的基準，或者改善福利方案。另外一個方法是從某些受保護的團體中尋找，這些團體的成員可能是本地勞動市場中未充分就業者，諸如老年人、殘障者或是外籍人士。**邁向競爭優勢之路 3-3** 中，對企業選擇這個方法的作法有所說明。

　　如果採用類似於「個案討論」中 AT&T 公司所用之事業發展計畫，則對內招募人員的工作就可以獲得改善。在設計這樣的系統時，企業應收集有關每位員工之工作歷史與科技水準的資料。這些資料應包括年齡、教育程度、訓練、特殊技能（例如外語能力），以及晉升記錄等。這些資料可以和 AT&T 公司的作法一樣，儲存在電腦中。本章稍後將會說明電腦在本程序中的功能。

　　這些員工資料可供企業判斷哪些員工符合資格，可以承擔責任層次更高的工作。例如，部門如果缺乏經驗豐富的經理人，即可製作出一張管理階層替換表，列出現任的經理人員、擬議的未來替換人選，並預估何時應訓練替換人選，以及何時將能填補空缺。本主題名為管理人員繼承計畫，將會在第七章中說明。

增加人員的其他方法　除了聘用新的員工以解決增加的需求之外，企業也可以藉由更多的訓練去改善現有員工的生產力。其他的方法還有加班、增加換班次數、重新調派工作，或是聘用臨時員工（第五章中將會說明）等。

另外一個方法是改善留職率。如果留職率能獲得改善，則公司待填補的空缺就會減少。本書以後的內容將提及許多的人力資源管理計畫，實施之後將可增加員工的留職率，接下來並會以範例加以說明。

人員剛被聘任的時期，就可以因雇主／員工關係的開啟，而改善留職率。如第五章所述，假使讓求職者預先知道他們工作的實際情況（不論好壞），而非對該工作加以大肆吹噓，則留任率即可能會獲得改善。

員工都希望能被自己的企業所珍惜和需要。在第二章中曾經提過，當下購併、取得，以及裁員的風潮，使得許多的員工都對自己的工作覺得非常不安定。有這種感覺的員工通常就會開始注意別的工作機會。如果實施人力資源計畫訓練員工，並讓員工交互訓練執行各種工作，就可以平息這種不安，並因而能讓員工確實擁有必要的技能，繼續對公司作出貢獻。

就此而言，管理階層的訓練工作也非常重要。企業必須訓練經理人成為優秀的監督者。「人的管理」（people management）不良是員工自願離職的主因。各階層的經理人均應知道自己該如何做好人的管理，而非只知道管理預算 [15]。**邁向競爭優勢之路 3-4** 中，說明了英國科技公司 ICL 公司對此議題的解決方法。

公司另外也可以營造一個工作環境，鼓勵員工積極地參與並享有公司的整體福利規劃，藉以改善留職率 [16]。員工希望對企業發展的貢獻被認可，但是必須針對員工的個別需求，設計認可的方式。有些員工會因金錢獎勵而士氣大振，有些則希望獲得其他方式的獎勵，例如同僚和經理的認可、有成就感，或是對工作感到滿意等。在第十章中

為發展經理人之人際溝通技巧所設計的訓練課程

ICL 公司堅信，公司要經營成功，必須仰賴公司對待員工的方式。ICL 公司的執行長及其所率領的一個小組，最近實施了一個管理階層發展計畫，藉以將公司的文化改變成以人為本的管理文化，並且挹注大量的投資，以訓練經理人訂定績效目標、評量工作表現，並提供員工事業諮詢服務。

將會說明企業訂定最佳獎勵／肯定計畫的方法。

在第二章中曾經提過，員工現在希望有比較具有彈性的工作時程表，才能最符合自己的生活型態。企業可以實施配合這些需求計畫，譬如分享工作、縮短工作周數，以及借助電腦和數據機通訊等，以改善留職率。

公司另外還可以提供吸引人的福利優惠政策來改善留職率，例如，優厚的退休方案、配發股票、健康保險、員工折扣優惠等等[17]。第九章將會說明現在有許多公司提供「自助餐方案」（cafeteria plan）福利計畫，這個方案就是針對公司員工個別的需求而制定。

人力資源資訊系統

如前所述，大部分企業的人力資源規劃工作，都仰賴電腦儲存及處理必要的資料。此種人力資源規劃機能通常是大型電腦系統的一部分，稱為**人力資源資訊系統**（human resource information system, HRIS）。人力資源資訊系統是電腦化的資訊統合系統，其能力可以不斷擴充，幫忙管理階層記錄、儲存、處理，以及溝通全球各地的訊息

人力資源資訊系統
是電腦化的資訊統合系統，其能力可以不斷擴充，幫忙管理階層記錄、儲存、處理，以及傳送資料給使用者。

資料，並可供許多的使用者擷取利用 [18]。有些企業將其資料儲存在與個人電腦相連的大型主機中，有些企業則在不同的部門配置工作站，利用小型電腦建立分散式的網路系統 [19]。

這些系統使用的目的，除了規劃人力資源外，還有許多的功能。我們將在下面的各節中介紹「人力資源資訊系統」（HRIS）所儲存的各類資料，以及這些資料的用途，最後並將說明敏感資料的機密性，以及保全這些資料的程序。

人力資源資訊系統中所涵括的資訊種類

從前面 AT&T 公司的案例中可以得知，「人力資源資訊系統」所儲存的是有關於公司職位與員工的資料。職位檔案通常記錄為了達成企業的策略性目標，因而需要的職位類別及其數量，各項工作需要的職位類別及其數量，各項工作需要的人數，以及執行各項工作所需的資格（依據的則是工作分析的資料，請參閱第四章）。

員工檔案記錄的是每位員工的公平就業機會（EEO）類別、起用日期、薪資歷史、績效評比等。「人力資源資訊系統」資料庫中通常所記載的各種資料，詳列於**示例 3-6** 中。

公司的人力資源專家通常負責收集資料，並輸入「人力資源資訊系統」中，同時在員工的記錄改變時，負責將這些改變輸入系統中。不過有許多公司也允許人力資源管理部門以外的人增添資料。

人力資源資訊系統所達到的目的

「人力資源資訊系統」內所含的資料可用於多種用途。「人力資源資訊系統」可以處理人力資源專家的大部分資料記錄工作，使人力資源專家更易於追蹤報酬、薪資、福利、保險、升遷，以及就職歷史等記錄。原本以人工進行的工作自動化之後，「人力資源資訊系統」可以減少書面作業，並降低行政成本。例如 NCR 公司以電腦處理該公司的年金繳納紀錄、不僅刪除了數項紙筆輸入和人工計算工作，而

示例 3-6　「人力資源資訊系統」通常會含括的資料

工作資料

職位職稱	薪資範圍
目前職缺數量	替換人選
需要的資格	離職率
在事業中晉升的位置	

員工資料

個人背景資料	事業興趣／目標
公平就業機會（EEO）類別	特殊技能
教育程度	榮譽與獎勵
起用日期	享有的福利
在公司中擔任的職位	持有的證照
薪資歷史	薪資資料
表現評量結果	考勤資料
接受過的訓練	扣稅資料
先前的工作經歷	年金繳納資料
發展需求	離職率

且有助於降低行政成本，另外還可增加年金支出預估值的準確性約九成[20]。

此外，人力資源管理部門以外的企業員工，還可以更方便地使用這些資料，由於取得容易，因此人力資源管理部門的行政機能即可以更加分散。例如辦公家具供應商 Thomas W. Ruff 公司（Thomas W. Ruff Company）使用「人力資源資訊系統」來追蹤三家店面的薪資和人事資料。因為系統能將人力資源和薪資的機能合併，因此能削減人力成本，而且因為能更有效率地掌控薪資、績效評估、服務年資，以及技能等資料，因此能改善與員工之間的溝通[21]。

就人力資源規劃方面來說，「人力資源資訊系統」檔案中的資料，對於空缺的填補相當重要。我們從「個案討論」中可以得知，由於電腦中可以搜尋員工紀錄，從中找出填補職缺所需員工應具備的技能、經驗、訓練和興趣來遴選，因此「人力資源資訊系統」即可作為員工

示例 3-7　「人力資源資訊系統」除人力資源規劃外的其他功能

進行與預算相關的計算

「人力資源資訊系統」可以計算加班費，以及不同年齡的員工年金給付。另外也可用以比較目前的薪資水準與預算之間的關係。

供部門報告轉業率

許多的系統都可供登錄自願及非自願解約的原因，因此可使用 HRIS 製作月報表，藉以顯示有多少人離職，及其離職的原因。

掌握外部的人選

「人力資源資訊系統」能擷取許多有關應徵者及其就業需求的非常詳細資料。

掌握員工應分攤的福利

「人力資源資訊系統」能讓公司計算員工支付及員工分攤的金額。

掌握休假與病假的天數

「人力資源資訊系統」能掌握每位員工休假及病假的天數，以及剩餘可休假的天數。

個人職業生涯晉升系統的良好管道。

確保人力資源資訊系統資料的機密性

因為「人力資源資訊系統」中有許多高度敏感的資料，因此企業就必須確保使用者取得的是有限度的相關資料。一般的原則是，只有人力資源管理部門或特定人員才能存取敏感和機密的紀錄（第十一章中將討論有關員工隱私權的法令上的問題）。

另一個保護敏感資料之完整性及機密性的方法，是訂定強而有力的書面政策，落實企業保障員工隱私權的意圖。政策中應明訂未經授權存取資料，或將資料用於非原訂目的的下場。違反本政策的處罰將會十分嚴厲[22]。

其他的保全措施詳列於**示例 3-8** 中。

示例 3-8　保護敏感「人力資源資訊系統」資料機密性的保全措施

確定所有的使用者離開個人電腦之前，即使是短暫的離開，也務必輸入指令
　　離開系統。

提醒使用者勿將密碼告訴別人。

經常變更密碼。

確實正確地管制現有的及備份的資料、資料檔案、軟體，以及列印資料，俾
　　使唯有經過授權者，才能取得這些資料。

監督程序，確定個人電腦使用者均保有有效的安全層級。

將原始資料譯成暗碼，使其對無權使用者無任何意義。

製作詳細的稽查紀錄，確定詳細的交易檔案中，載有資料的所有作業。

經理人指南

人力資源規劃與經理的職責

　　人力資源規劃是所有部門經理的重要職責，因此部門經理必須確保其單位內所執行的工作，能與企業的策略性目標互相配合。為了達成此一目標，部門經理必須擬定其單位的目標，訂定達成這些目標的策略，並且擬定單獨的表現目標（通常與單位內的每位員工共同合作，詳見第八章）。

安置職員

　　部門經理最重要的職責之一，就是確保其工作單位一直都能正確地配置人員。為了完成此一職責，經理人必須能正確地預估未來期間應完成的工作量，然後訂定工作時程表，確保有能力並且按照時程表完成工作。經理人在進行本程序時，必須排定加班、休假等時程，並且調整「緊急」狀況時的工作時程。如果預估顯示工作量將會大到目前的員工無法負荷，經理人必須請求授權增添人手。

留住職員

部門經理人在留住員工方面也扮演著重要的角色，因為他們的管理風格對下屬是否決定繼續留在公司有重大的影響。經理人除了應關心員工的福祉之外，還必須以公平且一貫的方式對待員工，才能和員工建立良好的關係。經理人另外還必須是有效的老師、鼓舞士氣者，以及溝通的橋樑。這些「待人的技巧」（people skills）在現在這樣的環境中，經理人必須面對管理多樣且新近被授權的員工的挑戰。

人力資源管理部門能提供何種協助

很明顯地，人力資源管理部門扮演的主要角色，是制定並實施公司的人力計畫，不過人力資源管理部門還可以在其他方面協助進行人力資源規劃的程序。事實上，人力資源專家目前經常會參與所有的規劃工作。

人力資源專業人士在策劃時所扮演的角色

企業通常都不會將人力資源專業人員納入策略規劃程序中，直到最近才有轉變。策略規劃工作通常都是高層的執行者，他們視員工為企業的負擔，而非能讓公司達成其任務的資產或資源。這些規劃人員通常無法理解公司必須善加運用其人力資源，才能追求最佳的契機[23]。因為他們不是一直都能瞭解其決策中有關人的因素，因此企業在規劃未來時，往往都不會先去瞭解這些決策中有關人力資源的涵意。

企業現在已經瞭解，公司經營目標中有許多都與人力資源相關，如果能有較佳的人力資源管理，即可獲得競爭優勢，因此必須借助人力資源專業人員制定，而非僅止於實施整體經營策略。例如，最瞭解勞動力變動本質的就是人力資源專業人員，而且也比較清楚某些勞工市場中的技能短缺情形，以及其他技能供應過剩等情形，這些都是不可或缺的重要資料。例如，假設某家醫院正在考慮增設新的癌症部

門，則人力資源專業人員即可對本決策的可行性提供意見。比方說，當地的勞動市場如果護理人員嚴重短缺，則人力資源專業人員就可以將醫院為新部門配置人員的困難性，告訴其他的規劃人員。

人力資源專業人員現在在策略規劃程序中的地位逐漸備受重視。舉例來說，最近對醫院所做的調查發現，大部分醫院的策略性規劃小組中，都有人力資源專業人員[24]。這表示人力資源專業人員就和財務、作業，以及行銷等方面的專業人員一樣，在策略規劃程序進行的時候，通常都被認為應完全參與其事。

發展及實施人力資源計畫

人力資源專業人員的計畫必須與企業策略計畫刺激而成的變化相互配合，這些變化有：工作場所需要較大的彈性、訓練必須更加嚴格、管理階層應加重責任、員工應擴大參與，以及不同類別的員工都需要工作表現獎勵等[25]。為了能滿足這些需求，人力資源專業人員就必須擬定計畫，俾能實施管理階層的革新計畫，例如工作小組與員工參與、改變獎勵系統、修改福利優惠，以及協助企業進行再設計等。

當他們實施這一類的計畫時，人力資源專業人員必須考慮公司的文化。**公司文化**（corporate culture）是共享的價值觀、習俗與習性，藉此才能與業界的其他公司相互區分。新的策略和人力資源計畫如果想要成功，就必須和管理階層合作，才能在實施人力資源管理計畫之前，先改變公司的文化。例如，公司在實施員工參與計畫之前，可能得先營造一個更開放而且相互信賴的環境。我們將在第十章中，深入探討這個主題。

公司文化
是共享的價值觀、習俗與習性，藉此才能與業界的其他公司相互區分。

人力資源計畫之評估

人力資源管理部門的作業計畫唯有經過評鑑之後，企業才能知道人力資源策略是否有效。對人力資源管理部門的工作應持續不斷地加以分析和評估。人力資源管理部門的政策、規則和標準，都必須融入

示例 3-9　評估人力資源部門之規劃程序的重要問題

> 1.公司是否採行策略性規劃的概念？
> 2.人力資源部門是否參與企劃的整體策略規劃工作？
> 3.公司的目標和標的是否適當，並且和企業中的每一個人良好溝通過？
> 4.經理人是否按照策略性計畫將權力授予給各部門？
> 5.所有階層的經理人是否均有效而且持續地進行規劃工作？
> 6.企業的組織結構是否能讓所有的部門都參與策略性規劃程序？
> 7.員工在精神上是否支持？
> 8.工作職責、形式，以及說明是否清楚？
> 9.員工的離職率與曠職率是否很低？
> 10.企業的獎勵和控管機制是否有效，而且和整體策略性目標及標的緊密地結合？
> 11.所有的單位、部門、員工、經理人等，是否均朝相同且一致的目標努力？

企業的整體控制系統中，其中包括與目標訂定、評估，以及工作表現的掌控相關之工作在內。**示例 3-9** 是人力資源管理部門可運用的一些問題，藉以評鑑人力資源管理部門對成功推動人力資源規劃程序所做的整體貢獻。

特定的人力資源管理計畫也必須加以評估。比方說，公司的遴選作業是否能找出最佳的人選？績效評估系統是否能有效地鼓舞員工的士氣？本書中如果談到這些特定的人力資源管理計畫，即會說明這些計畫的評估作業，例如在第六章中將會說明有關甄選程序的評估。

增進經理人之人力資源管理技巧

估計未來人力資源需求

我們應將人力資源計畫視為必要且重要的文件，該計畫需要所有功能部門的經理人，持續不斷地提供意見。各單位之未來需求與人力需求的相關資料，可讓人力資源管理部門更有能力去協助尋找、甄選，以及訓練目前在職員工與具公司未來需求的員工。因為並非所有的部門都對人力資源有相同的需求，因此功能部門的經理人，必須共

同合作，研擬一套完善的計畫。

取得這些資料最直接的方法，就是經常地會晤人力資源專業人員、高級經理人，以及其他的部門經理，最少應半年一次。這些會議的形式應如下：

1. 請高級管理階層明確說明企業的策略性計畫，並說明預期該計畫對各部門將可能造成的影響。
2. 指定未來將用以填補職缺的人員。探討目前的人選是否可經訓練或準備來承擔新的職責。
3. 審視外在的業界趨勢，研判這些變化應如何詮釋為員工需求。
4. 腦力激盪出公司未來職位的幾種長期與短期的因應對策，討論這些對策將會如何改變人員安置的需求。如有任何重大的改變會影響自己的單位，即務必要提報。
5. 研擬計畫鼓勵員工參加專業會議與研討會，俾能跟上其專業知識領域的潮流和變化。
6. 列出員工將會需要的所有訓練，並詳細說明需要多少及何種的訓練。譬如，現在許多人都需要性騷擾訓練、有關營業道德的指示、如何遵循「美國身心障礙者保護法案」（Americans with Disabilities Act），以及如何在文化分歧的環境中有效工作的訓練等。
7. 既然是一個團隊，因此應籌備本計畫後提報高級管理階層，並應提交人力資源管理部門。為各種需求訂定精確的時間表，並將需求分為立即、短期，以及長期類。資料越精確，人力資源管理部門就越能支援這些業務計畫。
8. 討論功能部門應如何以及能如何與人力資源管理部門合作。人力資源管理部門應以何種方法幫助其他功能部門？功能部門應將何種資料提供給人力資源管理部門？功能部門與人力資

源管理部門之間應如何溝通？

　　有關企業和公司的成長預估應實際，並且將本單位中能以人力資源計畫解決的所有問題揭露出來。規劃未來需求的關鍵在於，所有的部門之間應主動積極地溝通。如果公司的狀況波動劇烈，就應該更加經常地聚會，並製造出更多的機會，以便能為人力資源管理計畫提供建言。

回顧全章主旨

1.瞭解人力資源規劃工作如何能提昇公司的競爭優勢。
- ■藉著將人力資源管理作為與企業目標連結在一起。
- ■藉著協助公司擬訂其未來的招募、甄選，以及訓練和發展計劃。
- ■藉著協助公司主動積極而非被動消極的運作，以避免問題的發生。

2.說明公司為何要以及應如何進行策略性規劃工作。
- ■策略性規劃工作的目的，是要擬定整體業務計畫，並明定達成計畫的方法。
- ■實施策略性計畫可分為四個階段：
  - ●訂定企業的使命。
  - ●審視企業的環境。
  - ●制定策略性的目標。
  - ●擬定策略性的計畫。

3.說明為何要以及應如何進行人力資源規劃工作。
- ■人力資源規劃工作的目的是要確保企業在未來需要用人時，都能獲得具備適當特色和技術的人。
- ■人力資源規劃的工作有：

(1)需求預估，即預估企業在未來某時間需要用人的種類和人數。

(2)供給預估，即預估規劃期間將填補的空缺數量。

■企業的各個工作群組決定需求與供給預估結果之後，即據以擬訂人力資源計畫。

4.說明人力資源管理實行措施要如何發展，才能回應人力資源計畫。

■如果預估供給過剩，企業即必須縮小規模，或實施替代方案以縮小規模，例如雇用凍結或提前退休等。

■如果預估供給不足，企業即必須招募或雇用其他的員工，或是尋求替代方案，譬如加班、臨時性的員工，或是改善留職率等。

5.瞭解人力資源資訊系統在規劃及其他人力資源管理計畫中所扮演的角色。

■人力資源資訊系統（HRIS）是電腦化的資訊整合系統，其能力可以不斷擴充，幫管理階層記錄、儲存、處理，以及傳送資料給使用者。

■人力資源資訊系統中有公司的工作與員工等相關資料，並有下列用途：

●作為公司的職位晉升系統。

●減少文書工作，並降低行政成本。

●讓人力資源管理部門以外的企業成員便於利用員工紀錄。

關鍵字彙

業務因素（business factors）

公司文化（corporate culture）

需求預測（demand forecasting）

團體腦力激盪法（group brainstorming）

人力資源資訊系統（human resource information system, HRIS）

人力資源規劃（human resource planning）

使命聲明（mission statement）

比率分析（ratio analysis）

迴歸分析（regression analysis）

銷售人員預估法（sales force estimates）

策略性目標（strategic goals）

策略性計畫（strategic plan）

策略性規劃（strategic planning）

供給預估（supply forecasting）

趨勢分析（trend analysis）

重點問題回顧

取得競爭優勢

1.說明有效的人力資源規劃可強化公司之競爭優勢。

2.為何有些公司會規避人力資源規劃工作？如果不做人力資源規劃
工作，會有什麼後果？

人力資源管理問題與實務

3.說明企業審視其環境的方法。為何審視環境是重要的程序？

4.解釋名詞：使命聲明、策略性目標及策略性計畫。

5.需求預估之目的為何？簡述需求預估的各種方法。

6.什麼是「過去的異動趨勢」？過去的異動趨勢和供給預估有何關
係？

7.企業在處理預期的職位空缺時有哪些選擇？

8.說明哪三種方法可使企業提昇員工的留職率？

9.說明「人力資源資訊系統」（HRIS）中有哪兩種資料？

10.說明「人力資源資訊系統」與人工系統比較之下有哪些優點？

11.說明「人力資源資訊系統」的三種用途。

經理人指南

12.就人力資源規劃而言,說明經理人扮演的角色。

13.就人力資源規劃而言,說明人力資源專業人員扮演的角色。

實際演練

預估安裝人員的人力資源需求

　　美國東南部有一家大型的櫥櫃與用品經銷商,預期未來十年的年度銷售額將會從一百五十萬美元成長到二百二十五萬美元。該公司審視其外在環境之後,注意到本地的環境正不斷地改變中:

■許多新的員工已經進入市場。

■人口正逐漸老化;現在有許多正值「空巢期」(empty-nest)的夫婦,他們的子女都已搬離家中。這些人正在重新整修他們的房子,而且希望有比較大也比較貴的廚具。

■許多新的家庭搬來本區居住,他們小心謹慎地控制預算,希望廚具能符合他們的價位。

■建築物的成本維持穩定。

　　廚具經銷商的人力資源規劃人員希望能預估未來十年期間所需要的安裝人員數目。由於安裝人員除了課堂上的訓練之外,還需要八個月的在職訓練,因此必須精確地預估。公司的執行長希望未來能用自己公司的安裝人員,而非仰賴比較貴的轉包商。人力資源規劃人員 Rodriguez 先生決定依照經銷商的銷售額與需求安裝人員之間的關係,來預估人力資源需求。他和美國幾家規模各異的經銷商聯絡,獲得以下的資料:

以百萬美元計的銷售額	安裝人員的人數
4	1.0
7	1.5
9	2.0
15	2.5
17	3.0

1. 將這些數據繪於一張方格紙上，約略畫出一條迴歸線，也就是從點和點的中心畫出一條直線（使線和點之間的距離縮到最小）。

2. 以此圖估算當預估銷售額達二百二十五萬美元時，需要的安裝人員數目。

3. 基於前述的趨勢和業界的性質，還有哪些建議可以提供給人力資源規劃人員？爲何光使用繪圖資料會有其風險性？Rodriguez 先生還應該考慮哪些因素？爲什麼？

個案探討：Federal Express 公司之人員承接計畫

一九九三年六月三日，空運業龍頭聯邦快遞公司（Federal Express Corporation）在《Memphis 商業取向雜誌》（*Memphis Commercial Appeal*）上的一篇專文中，宣布該公司的兩名高級主管突然宣布辭職的消息。聯邦快遞全球客戶事業部的副總裁 Thomas R. Oliver 的辭職生效日期是一九九三年六月二十一日，轉任 VoiceCom 系統公司（VoiceCom System Inc.）的總裁兼執行長。

負責行銷與公司通訊的資深副總裁 Carole A. Presley 的辭職生效日則是一九九三年九月一日。她計劃遷居 Florida 州，從事寫作，並開始兼營諮詢顧問業務。她的辭職是出於自願的，但是實在突然。

聯邦快遞公司任命 William Razzouk 接任 Oliver 的職缺。他是前任的銷售與客戶服務部的資深副總裁。Presley 小姐的空缺和 Razzouk 先生升任後所遺留的職缺都沒有人繼任。

這兩起重要的辭職案，都是在聯邦快遞公司提報國際虧損及公司營收衰退時所發生的。據說 Oliver 之前已經對國際事業部進行改善，不過該事業部目前仍未獲利。

在兩起辭職案發生之後，聯邦快遞公司的股價下跌，一家證券經紀公司將聯邦快遞的股票從建議購買的名單中剔除，另外一家證券公司則對該公司的評量從「建議購買」改成「略具吸引力」，這些都是市場對兩位高層主管辭職事件的反應。六月三日星期四收盤時的公司股價是每股 45.50 美元，每股下跌 4.375 美元，當日紐約證券交易所的交易量是 764,100 股（量放大），而平常的平均日交易量則為 165,000 股。由於賣盤高於買盤，股票市場在一開盤時甚至不見交易達成而延遲了該公司的股票交易。Lehman 兄弟公司（Lehman Brothers）的一名分析師坦承她對該公司一直折損管理人才而感到憂心。Morgan Stanley 公司的另外一位分析師則認為人事的變更可不是個好現象。

問 題

1. 你認為他們為什麼辭職？
2. 如果要避免再發生這樣的風波，企業應採行怎樣的計畫？
3. 公司對於長期與短期未來的整體策略性規劃會受到這些辭職事件怎樣的影響？

參考書目

1. Bush, V.J., and Nardoni, R. (1992). Integrated data supports AT&T's succession planning. *Personnel Journal*, September, 103–109.
2. Walker, J.W. (1980). *Human Resource Planning*. New York: McGraw-Hill.
3. Bommer, M., and DeLaPorte, R. (1992). A context for envisioning the future. *National Productivity Review*, 11 (4), 549–552.
4. Jackson, S.E., and Schuler, R.S. (1990). Human resource planning: Challenges for industrial/organizational psychologists. *American Psychologist*, 45 (2), 223–239.
5. Harvey, L.J. (1983). Effective planning for human resource development. *Personnel Administrator*, 28 (10), 45–54.
6. EEI/INPO Task Force. (1978). *A human resource management system for the nuclear power industry: System implementation manual*. Unpublished manuscript.
7. Wilson, I. (1986). The strategic management technology: Corporate fad of strategic necessity. Long-Range Planning, 19 (2), 21–22.

8. David, F. (1987). Corporate mission statements: the bottom line. *Academy of Management Executive, 1* (2), 109–116.
9. Walker, *Human Resource Planning.*
10. Drucker, P.F. (1954). *The Practice of Management,* New York: Harper and Brothers.
11. Schuler, R.S., Fulkerson, J.R., and Dowling, P.J. (1991). Strategic performance measurement and management in multinational corporations. *Human Resource Management, 30* (3), 365–392.
12. Jackson and Schuler, *Human Resource Planning.*
13. Ibid.
14. Ibid.
15. Sheehan, W. (1992). A CEO's strategic plan for training. *Training, 29* (11), 86.
16. Charof, E. (1991). Staffing during a recession. *HRMagazine,* 36 (8), 86–88.
17. Ahrens, R. (1992). Financial Planning for growing your business. *Inc.,* September, 61–65.
18. Broderick, R., and Boudreau, J.W. (1992). Human resource management, information technology, and competitive edge. *Academy of Management Executive, 6* (2), 7–17.
19. Grensing, L. (1992). Computers revolutionize human resources industry. *Office Systems,* 9 (3), 12–14.
20. Broderick and Boudreau, Human resource management.
21. Fox, M. (1992). Furniture dealer links payroll with human resources. *Office Technology Management,* January, 56–58.
22. Leonard, B. (1991). Open and shut HRIS. *Personnel Journal,* July, 59–62.
23. Oswald, S., Scott, C., and Woerner, W. (1991). Strategic management of human resources: The American Steel and Wire Company. *Business Horizons,* May–June, 77–81.
24. Scott, L. (1992). The personnel touch in mapping strategies. *Modern Healthcare, 22* (45), 28–32.
25. Saborido, I., Florez, R., and Castro, M. (1992). Human resource management in Spain. *Employee Relations, 14* (5), 39–61.
26. McKenzie, K. (1993). Distribution: Two Fed Ex executives resign. *The Memphis Commercial Appeal,* June 3, B4–5; and McKenzie, K. (1993). Air Express: Fed Ex stock drops after resignations, rating shift. *The Memphis Commercial Appeal,* June 5, B3.

第四章
工作分析

本章綱要

取得競爭優勢

　個案討論：取得優勢競爭力之 Armco 公司

　將工作分析與競爭優勢加以連結

人力資源管理問題與實務

　確定欲蒐集資料的種類

　決定蒐集資料的方式

　決定工作分析資訊以何種方式記錄下來

經理人指南

　工作分析與經理之職責

　人力資源管理部門能提供何種協助

　增進經理人之人力資源管理技巧

本章目的

閱畢本章後，您將能夠：

1. 探討工作分析如何能夠為人力資源管理的施行奠下根基，並且導向優勢競爭力。
2. 解釋一個組織如何來進行工作分析。
3. 敘述一個組織如何來記錄工作分析後的結果。

取得競爭優勢

個案討論：取得優勢競爭力之 Armco 公司 [1]

問題：不知道新進人員是否能勝任第一份指派的工作

　　當 Armco 公司雇用新的鋼鐵工人，在一開始進入時通常會將他們安置在一般的勞工群（general labor pool）中，在進入永久性的職位前，先給予其暫時性的職務。這份暫時性的職務也許會與他們將來永久性的職位極不相同。因為新雇用的鋼鐵工人可能會被安插在一般勞工群的任何一個工作中，所以每一個求職者在被雇用時都必須通過各種工作的要求。

　　這種情況為 Armco 公司形成了一個問題，因為它並不曉得一般勞工群中每一項工作的特定資格為何，所以也就無法評估申請者是否能充分符合第一份暫時性職務的專業要求。如果一個不合格的工人擔任了一份職務，Armco 公司就可能會經歷到生產力下滑與工作意外風險的增加。或者一件意外因而發生，Armco 公司就會因可能產生的訴訟事件、醫療費用、工人賠償的要求，以及替換受傷員工的費用，而面臨生產成本的增加。

解決方案：發展出以工作分析爲基礎的職能測試

　　爲了要解決這個問題，Armco 公司於是設定了一般勞工群中每一項工作所需要的必備資格，然後再對所有的申請工作者就這些資格來施行篩選。只有那些通過每一項考試的申請者，才會被視爲完全合格，且因其能夠適任而被雇用。

　　工作分析在這個過程中扮演了一個關鍵性的角色。每一項在一般勞工群中的工作都要經由公司裡的人力資源專業人員分析過，目的在於確認出與每一項工作有關的活動與任務，以便決定完成這些工作需要何種技巧（例如力氣、平衡感、靈活度等）。人力資源專業人員藉由觀察工人執行其工作，以及訪問其監督者來獲得這些資訊，然後再選出該施行哪些測驗來測量這些工作技巧。

如何使用以分析爲基礎的職能考試來增進競爭優勢

　　爲了要確定與使用這些考試有關的價值或結果，Armco 公司先對原有的員工施行，然後再將高分者的工作績效與低分者的績效互相比較。Armco 公司發現在考試中表現良好的人，其實際的工作表現比起考試成績差勁的人好了許多。成績高者可以完成成績低者的兩倍份量工作。

　　這個發現讓 Armco 公司能夠從考試過程中評估申請者未來能夠獲得的生產力。而這個生產力後來證實每個員工每年可增加的價值爲四千九百美元。也就是說，一個經由這些考試所挑選出來的人，可以預期能比沒有經過考試的人多生產出每年四千九百美元的產品。因爲這家公司每年雇用將近兩千名新進鋼鐵工人，所以整體來說，它每年所獲得的生產值，因使用了這些考試而增加了近一千萬美元。

　　這項考試計畫所帶來的成功，要歸功於這些考試中測量了一些重要的工作技能。工作分析藉由確認出這些技能而爲這個計畫奠下了根基。

將工作分析與競爭優勢加以連結

　　如同任何一個園丁所知，如果鏟土的工作沒做好，就會造成一個劣質的花園。這一點小智慧也與人力資源管理的實行有關：「鏟土」（spadework）就是工作分析，「花園」（garden）就是人力資源管理計畫。就像一粒種子無法開成一朵花，除非花床已經過適當的準備，許多人力資源管理計畫也無法「開花」成優勢競爭力，除非已事先進行了充分的工作分析作為根基。如同第一章所述，成功的人力資源管理計畫能夠引導向創造競爭優勢的結果。如果適當地進行工作分析，也能促進這些人力資源管理計畫的成功。

　　深入探討4-1顯示出工作分析的資訊如何能應用在各種不同的人力資源管理計畫中，因為每一個申請者的資料都將會在後文中更加詳盡地敘述，所以我們接下來先簡短地看看部分的案例，好讓讀者能夠開始對人力資源專業人員在工作分析中所扮演的角色有一些認識。

為招募及甄選人才奠下基礎

　　一項徵募和甄選職員的計畫，目的在找出並聘用最合適的應徵者。工作分析的訊息能夠藉著確認出甄選的標準（如成功執行工作所需要的知識、技巧與能力），來幫助職員達成這個目的。一家公司的經理與人力資源專業人員在經過工作分析之後，就能夠使用這些訊息來選擇或發展出適當的甄選工具（也就是面試問題與考試等）。舉例來說，在「個案討論」中，顯示出工作分析的訊息如何能夠被用來當成預備工作考試的基礎。

　　另外一個以工作分析的資訊為徵募及甄選人員過程奠下基礎的原因，是一個法律上的原因。如同我們在第二章所討論過，一位雇主在面臨工作歧視的訴訟官司時，將會被要求向法庭提出證據，說明甄選過程的標準與工作有關。為了要支持這個工作關連性的說法，此公

深入探討 4-1

公司如何使用工作分析

招募／甄選過程

　　甄選標準

　　甄選方式

訓練與發展

　　新進及原有員工的訓練需求

　　訓練計畫的內容

　　訓練成果的評鑑

績效評估

　　判斷績效的標準

　　評估的形式

　　與員工們溝通工作表現的期望

給付薪資

　　判斷工作的價值

　　薪資調整

績效改進計畫

　　績效標準

員工紀律

　　規劃出工作職責與權限

　　預防／解決申訴事件

工作安全與健康

　　生理上與醫療上的條件

　　潛藏的工作危險來源

司必須證明被質疑的甄選過程是以工作分析的資訊為基礎而發展出來的。正如一位法官在一場工作歧視的審訊中所指出，沒有工作分析為基礎的甄選過程，讓雇主「在黑暗中尋找目標，而且只希望藉著盲目中的好運來達到與工作的相關性」[2]。

以工作分析的資訊作為甄選標準之基礎的需要，近來益發顯出其重要性，因為隨著第二章中「美國身心障礙者法案」（Americans with Disabilities Act）的通過，此法明文規定有關雇用身心障礙者的決定，必須以其對所申請職務之必要功能（essential functions）的執行能力為準。舉例來說，如果「閱讀報告」是一項工作的必要功能，那麼申請者因殘疾而無法勝任閱讀的工作，就能被合法地否決其聘用機會（假設沒有其他的方法能夠解決這個問題）。然而，如果「閱讀報告」不是一項必要功能，無法閱讀就不能當作一項否定聘用權利的法律基礎。因此確定工作功能是否必要，是在工作分析階段所作成的決定。

為培訓計畫奠下基礎

公司使用工作分析的資訊來評量訓練的需求，並且用來發展及評估訓練計畫工作分析能夠辨認出員工必須執行的任務。那麼透過績效評估的過程，監督工作者就能夠確認出哪些工作已被適當地完成，哪些工作被不適當地完成。之後監督者才能確定，以不適當的方式完成的工作，是否能夠經由訓練來矯正，這些過程我們將會在第七章中看到。

人力資源專業人士也運用工作分析的資訊來發展相關的訓練計畫。工作分析逐項指出了每一項工作被執行的方式，然後人力資源專業人員就發展出訓練的資料，來教導施行訓練者如何進行每個步驟。要評估一項訓練計畫的有效性，組織必須首先指明訓練的目標，或是施行訓練者在課程結束時所預期的員工表現程度。一項訓練計畫的成功，必須從這些工作表現的層次被達成的程度來判斷。預期中的工作

表現層次通常是在工作分析中被確定的。

爲績效評估之形式奠下基礎

從工作表現中所獲得的資訊，可以被用來發展績效評估的形式。一項工作分析形式的例子就是，列出一張所有工作職務或行爲的清單，並指明每一項職務被預期的表現程度爲何。

在這裡，工作分析的角色是很重要的。沒有了工作分析的資訊，公司往往會使用一個單一的、概括性的形式來評估所有的員工，其所根據的基礎是一系列所有工作都需要的通用特質（如個人的外表、合作性、依賴性與領導力）。如我們將在第八章中所作的說明，基於工作分析所作成的評估形式，較優於概括性的形式，因爲它們較能夠傳達預期的工作表現，也能夠爲回饋測試結果和作人力資源的決策時提供一個較好的基礎。

爲薪酬決策奠下基礎

大多數的公司在評定底薪時，部份是根據每一項工作對公司的相對價值或重要性來做決定。如同我們在第九章所述，工作價值往往是藉由評估或評分來決定，而這些評估過程是以幾項重要的因素爲基礎，如技能層次、努力程度、責任感、工作狀況等。一項工作分析中所提供的資訊，可以當作工作價值評估的基礎。

爲提高生產力計畫奠下基礎

工作分析也在促進生產力計畫的發展上，扮演一個重要的角色。如同我們在第十章所述，各種根據績效的給薪制度計畫，爲工作表現在預期中或超乎預期的員工們提供了獎賞。工作分析被使用在確認績效的程度上。

爲職員紀律政策奠下基礎

如我們在第十一章與第十二章所述，經理們有時必須使用紀律來

懲戒員工在工作上的失職。舉例來說，工人們也許會因拒絕執行他們認為不在其工作範圍內的職務。如果一份工作的職責與權限已在工作分析中陳述過，這項資訊也許可以用來幫助解決這類問題。

為安全及健康計畫奠下基礎

從安全與健康的角度來看，工作分析資訊也可能十分有用。在實施一項工作分析時，雇主可能會暴露出工作中的潛在危險或風險。工作分析也可能會辨認出不夠安全的計畫——某些工作的執行方式可能會造成傷害[3]。

人力資源管理問題與實務

我們現在正式來討論工作分析的實際實施過程。當執行一項工作分析時，公司必須決定：(1)要蒐集的資料類型；(2)蒐集資料的方式；(3)如何記錄或保存。

確定欲蒐集資料的種類

在工作分析的過程中，也許能夠搜集到一份豐富的資訊。我們首先來敘述這項資訊的本質，然後討論雇主們如何決定要搜集何種資訊。

工作分析所需資訊一覽表

工作分析的資訊也許可以分為三大類：工作內容、工作情境，以及員工必備條件。

工作內容（job content）指的是員工職務中的活動——員工在工作中實際作的事。**工作情境**（job context）指的是進行工作的環境與該工作賦予員工的要求。**員工必備條件**（worker requirement）指的則

工作內容
指的是員工職務中的活動——員工在工作中實際作的事。

工作情境
指的是進行工作的環境與該工作賦予員工的要求。

員工必備條件
指的是員工為成功執行一項特定工作而必須具備的資格。

是員工為成功執行工作而必須具備的資格。

　　上述各類別中的明確訊息詳述如下：

工作內容（job content）　工作內容可以用幾個方式來描述，端視個人的特殊需求而定。工作內容的不同型態在**深入探討 4-2**中會加以說明。

　　當蒐集了有關工作上的資訊時，工作分析就會試著確定員工在工作過程中要作的事，行動的目的為何，需要哪些工具、設備或是機器。如果新近員工有任何需要，使其能夠令人滿意地執行其工作，分析家可能也可蒐集到工作以外的資訊，如工作的相對重要性、預期的工作表現程度，以及訓練的種類等。

工作情境（job context）　指的是進行工作的環境與該工作對員工的要求。明確的工作性質訊息常常在工作分析中被辨認出來，如**深入探討 4-3**所示。

員工必備條件（worker requirement）　員工必備條件指的是有效工作所需要的知識、技巧、能力、個人特質與學經歷。這些名詞都定義如下：

- 知識（knowledge）：為執行一項工作而需要具備的資訊。
- 技巧（skill）：執行一項機械性工作所需要的能力，例如操作推高機的技巧與文書處理的技巧。
- 能力（ability）：為執行一項非機械性工作所需要的能力，例如溝通能力、計算能力、推論能力或解決問題的能力。
- 個人特質（personal characteristics）：個人的特色（如機智、決斷力、關懷他人、客觀性、工作倫理）或是個人適應環境中不同情境的意志／能力（如忍受工作枯燥乏味的能力、超時工作的意願、願意誠懇待人）。

不同類別之工作內容資訊

廣義層級

功能或職責

定義：執行工作者的主要職責所在。

例子：一位教授的功能是教學、研究，並為大學／社區服務。

中等層級

任務

定義：員工在實踐其工作的功能時所做的事；是一項會產生特定產品或服務的活動。

例子：教學的功能需要教授實行幾項任務才能完成，如授課、考試、評分與學生會談等等。

工作行為

定義：此重要的活動並非與特定職務有關；此類的行為在執行各種不同的職務時都會表現出來。

例子：「溝通」——一位教授在執行幾項任務時會從事此項行為，如授課、與學生會談時。

特定層級

次任務

定義：為完成一項工作所需實行的步驟。

例子：提供授課的任務是由幾項步驟所組成的，如閱讀教材和其他相關材料、決定要傳達的訊息，並確定要如何以一種既清楚又有趣的方式來傳達此訊息。

關鍵事件

定義：以一些特定的活動來區分有效的和沒有效的工作表現。

例子：「教授在解釋一項難懂概念時，使用例子作為說明輔助。」

深入探討 4-3

不同類別之工作性質資訊

報告工作關係

　　工作位於公司的何種層級中。

接受督導

　　工作被督導的密切程度。

判斷

　　員工在決定執行其工作的方式時,有多少判別能力。

職權

　　員工在關於雇用、開除、懲處、決定預算與花費資本在基礎設
　　備等方面,有多少權利。

個人的接觸

　　員工與哪一類型的人有所接觸,以及接觸的性質為何。

工作狀況

　　工作環境內會造成不適或危險的因素。不適因素包括了如極端
　　溫度的出現、通風不良與過度的噪音等事情。危險則包括了如
　　在高處工作或暴露在毒性化學製品中。

生理上的要求

　　工作中對身體形成負擔的各方面,如需要跑、爬高、匍匐而行、
　　長時間站立、伸手、舉高,以及長時間督導生產過程等。

對個人的要求

　　可能造成緊張的各項因素,如完成命令、持續性的干擾、難纏
　　的顧客、枯燥感、工作職掌間的衝突或模稜兩可的工作職責,
　　與被要求加班。

■學經歷（credentials）：個人擁有特定能力的證明或書面文件，例如文憑、檢定証照或執照。

表中選取工作分析資訊

　　光是從工作分析中所能發現的資訊，其實數量也是大得驚人的，但是去蒐集「所有」可能的資料一般來說是沒有必要的。進行工作分析的目的或預期得到的用處，已經指明要搜集的特定資訊類別。因此，分析者必須在決定尋找何種資料之前，確定如何來使用工作分析。

　　舉例來說，如果一份工作分析要被用來發展一項訓練新進員工的科技計畫，分析者就應該將注意力放在有關的次任務層（subtasks，執行工作的各步驟敘述）的資訊上，以及個人欲正確實行其工作所需要的知識（knowledge）、技巧（skills）與能力（abilities）（KSAs）。如果工作分析的目標是用來發展一項工作筆試，以評量申請者對於工作的知識，分析者則應該將焦點針對在工作中的特定職務，與執行每一項職務時所必備的知識上（例如為了能將各項職務以令人滿意的方式執行，個人所必須知道的實際狀況、理論、原則等等）。

決定蒐集資料的方式

　　工作分析的資訊通常是由人力資源專業人員所蒐集的，但因為這些人缺少被分析之工作的足夠經驗，所以他們必須從現職者及其督導身上獲得協助，以蒐集資訊並適切地詮釋該資訊。

　　工作分析的訊息也許能夠經由與這些人的面試、觀察其實際工作情況，與／或要求他們完成工作分析問卷來獲得。每項方法的適當程度皆多少視要尋找的資料類型而定。每一種不同方式中最容易獲得的資訊，請見**示例 4-1**。

示例 **4-1** 　從不同工作分析法中獲得的人力資源資訊

人力資源資訊	面試	工作分析法觀察	問卷
工作內容			
功能	X	X	
職務	X	X	X
重要性	X		X
標準	X		
訓練	X		
工作行為	X	X	X
工作分層	X	X	
關鍵事件	X		X
工作性質			
報告工作關係	X		
接受督導	X		
判斷	X		
職權	X		
工作狀況	X		
生理上的要求	X	X	
對個人的要求	X		
員工必備條件			
知識	X		X
技巧	X	X	X
能力	X		X
個人特質	X		X
學經歷	X		

工作分析面談

　　工作分析面談是工作分析者與一位或多位與工作主題相關的專
家，在面談時的完整架構對話。面談通常會與現職者與其督導進行。
和現職者的面談傾向將重心放在工作內容與工作性質的資訊上。也就
是說，現職者會被要求去敘述他們所作的工作、如何去作，以及他們
執行其工作時身處在何種狀況之下。督導的典型角色是檢查並證實現
職者工作責任的正確性，並提供進一步有關其職務重要性的資訊、預
期中的工作表現、新進人員的需求，以及員工的必備條件。

優點　最常被使用的工作分析法是面談，因為它提供了潛在性的豐富資訊。如同**示例 4-1** 所示，面談可被用來搜集「所有」不同種類的工作分析資訊，而且是能蒐集某些資料的「唯一」方法。

缺點　正因為面談可以是一種有效的工作分析工具，然而它也有其缺點。其中一個缺點就是被面談者可能會企圖去誇大這一項工作的重要性 [4]。這個偏見通常會在員工擔心分析結果被用來當成不利於他們繼續留守職位的理由時發生，譬如裁員或減薪。因此，分析者必須在每一次面談的一開始，就清楚地解釋此分析的目的（請見「經理人指南」）。

此外，一項面談也許只會顯示出被分析之工作的表面看法。一位分析者可能要透過實際的觀察，才能得到一個較為真實、有深度的工作全貌。舉例來說，考慮一下一位工作分析者僅經由面試的方式，來試圖分析一位警察的工作，他可能會遭遇到的困境。沒有實際觀察現職者的「行動」（in action），分析者也許無法深入瞭解警察在逮捕罪犯時實際經歷的情形。因此在類似的例子中，面試應該與觀察法一起使用才是較為理想的。

另一個面談的缺點是太費時，一項面試通常耗時一至八小時，時間長短全憑要找的資料多寡及深度而定。因此，面談會消耗不少時間，尤其是在分析者必須面談好幾個人的時候。

當人力資源管理部門缺少時間與進行個人面談的必要資源時，最好的替代方案就是舉行一個團體面談，可以同時面談好幾位與工作主題相關的專業人士。

工作分析觀察

如同此名稱所示，觀察指的是觀看現職者執行其工作。雖然這個方法通常被用來做為面談的補充資料，人力資源專業人員有時也會僅

以觀察的結果作為工作分析的基礎。從觀察中所獲得的資料是否足夠用來分析，得看要搜集的資訊種類為何。舉例來說，要辨認出常態性或重複性工作的工作分層時，觀察就是一個絕佳的方法，例如生產作業的裝配線工作。

優點　專家們在將觀察法與面談法相比較之後，歸納出下列有關觀察法的優點[5]：

■藉由觀察工作的進行，分析者能夠確定實際花費在工作上的時間，而不是估計中的時間。
■觀察不容易受到自我報告的偏見或誤解的影響。
■利用觀察法，分析者可以經由交換意見來檢查分析結果是否一致。

缺點　使用觀察法來做為工作分析的單一資料來源，有其運用上的限制。運用上的限制主要在兩大方面：第一，當某些職務只是不定期地被執行時，可能要花上一段相當可觀的時間來觀察「全程」。第二，並不是所有的工作都可以觀察。舉例來說，一個人無法「看」出經理如何計劃一項活動，因為計畫中涉及了無法觀察的行為——思考。

除了這些運用上的限制以外，另一個與觀察有關的缺點是，因為員工察覺到他們正在被觀察，所以他們的行為也許會與往常不同。舉例來說，他們也許會加快工作的速度，來使觀察者留下深刻印象，或者他們也可能會減緩一項工作的過程，來努力顯示出其工作有多麼困難。

工作分析問卷

工作分析問卷要求與分析主題有關的專家——員工與其監督者——以書面方式記錄下工作資訊。工作分析問卷包含了開放式與封閉式的問題，開放式的問題要求受訪者提供自己對問題的答案，封閉

示例 4-2　警官任務清單的一部分

職　務	重要性	花費時間
1.檢查人員外貌	——	——
2.檢查設備與汽車	——	——
3.觀察警員出勤狀況	——	——
4.調查警車意外事件	——	——
5.撰寫紀律報告	——	——
6.諮詢部屬有關工作上的問題	——	——
7.撰寫讚賞信	——	——
8.評估部屬表現	——	——
9.在部屬處理問題時給予建議	——	——
10.審核書面報告	——	——
11.監督團隊運作	——	——
12.懲戒部屬	——	——
13.在犯罪現場指揮	——	——

式問題則要求受訪者從問卷上所列舉的項目中選擇一個答案。封閉式問題較常被使用，因為它們提供了較大的答案統一性，而且也比較容易計分[6]。

工作分析清單
一份只包含了封閉式問題的工作分析問卷。

任務清單
一份包含了職務敘述表的清單。

能力清單
一份包含了員工必備能力表的清單。

一份只包含了封閉性問題的工作分析問卷，稱為**工作分析清單**（job analysis inventory）；一份包含了任務敘述表的清單，稱為**任務清單**（task inventory）；一份包含了員工必備能力表的清單，稱為**能力清單**（ability inventory）。工作分析清單要求受訪者對工作的每個項目的重要性評分。任務清單也要求作答者寫下與每項職務被執行之頻率或所花費之時間有關的訊息。**示例 4-2** 中顯示了一項任務清單的實例。

優點　在需要從好幾個人身上獲得資訊時（例如，有許多人的職稱都相同時），工作分析清單是最適合的一種工具。與面談相比，以這種方式能更快速地搜集到資訊。不過，問卷必須以適當的方式（亦即在

標準化的情況下）來執行，以確保所有的清單都被正確地填寫並繳回。

　　人力資源專業人員將工作分析清單的答案使用在分組的工作上。分組（grouping）指的是基於任務的相似性或所需的技巧，將工作予以分類；一個組會由所有執行類似工作或需要相似技能的員工所組成。一旦組別確立了，公司就能決定甄選的標準、訓練的需求，以及可以運用在同一組中所有工作的評估標準[7]。

　　雇主們也使用工作分析清單來確定員工訓練上的需要。受訪者列舉了一連串的任務或能力表，並被要求指出哪些是訓練中所需要的。一份評量範圍從「極為需要」到「不需要」的五點評量表是此類問卷中的典型。

缺點　　與工作分析清單有關的最大缺點是在運用上的限制。如**示例 4-1** 所示，許多工作分析資訊的類型都無法從此法中獲得。偏見的產生也是一個可能出現的問題。員工們可能會誇大其等級，以使得他們的工作顯得更為重要或困難。

決定工作分析資訊以何種方式記錄下來

　　一旦人力資源專業人員蒐集到工作分析的資訊，就必須以系統化的方式記錄下來。當然，在某些例子中，蒐集與記錄資訊的程序是同時進行的。一家公司可以選擇任何一種記錄的方法，其中的一些可能的方式敘述如下：

工作說明書

　　工作說明書（job description）是一種簡短的（一或二頁）工作分析發現之書面摘要。其中所包含的特殊資訊各有不同之處，須視公司的喜好與希望使用此工具的方法而定。一份典型的工作說明書包含了下列幾個部分：工作類別、工作摘要、基本功能，以及工作特性（也

工作說明書
是一種簡短的（一或二頁）工作分析發現之書面摘要。

示例 4-3　一項工作說明書的實例

工作名稱		**服務暨安全督察員**	

類別：　　　　　塑膠類　　　　　　D.O.T. CODE:889.133-010
部門：　　　　　生產部　　　　　　EEO-1/AAP CATEGORIES:1/2
資料來源：　　　John Doe　　　　　薪資類別：免稅
工作分析者：　　John Smith　　　　確認者：Bill Johnson
分析日期：　　　5/26/95　　　　　確認日期：6/5/95

工作摘要

服務暨安全督察員（Service and Safety Supervisor）在灌注與製板經理（Impregnating & Laminating Manager）的指導下工作：爲勞動集用區的員工安排工作；督導園丁、清潔工、廢棄物處理人員與工廠安全人員的工作；協調安全計畫；維持每日人事、設備與廢棄物處理的紀錄。

基本工作功能

1.爲勞動集用區的員工安排工作，以提供所有生產部門人事上的紓解：準備工作行程表，並指派人手到常態性和有特殊需求的工作部門，以維持整個工廠有充足的人力水平；通知工業關係部門（Industrial Relations Department）有關勞動集用區員工因休假與暫時解僱而造成的契約上爭議，以及其他與員工有關的發展事宜。
2.督導園丁、清潔工、廢棄物處理人員與工廠安全人員的工作；根據每週的需要，計劃庭園、清潔與安全方面的活動；每日爲員工指派工作與職掌範圍；督導指派職務的過程或狀況；如有必要，根據勞動合約來懲戒員工。
3.協調安全計畫；教導安全人員、監督員以及指導人員基本急救程序，以維持醫療緊急事故發生時的充足救護人力；訓練員工救火及處理危險物質的程序；確定工廠符合新的或經過改變的職業安全與健康法案（Occupational Safety and Health Act, OSHA）之規定；在公司招開安全計畫與會議時，代表其部門參加。
4.維持每日人事、設備與廢棄物處理的紀錄：向成本會計部門報告廢棄物的數量；在有必要時，更新人事紀錄。
5.執行其他各項被指派的任務。

工作要求

1.應用督導之基本原則與技巧的能力。
　a.具備督導之原則與技巧的知識。
　b.具有計畫與組織其他活動的能力。
　c.具有使別人接納本身意見，並指導團體或個人完成其職務的能力。
　d.具有修正領導風格和管理方式，以達成目的的能力。

2.以書面或口頭溝通的方式，清楚表達本身意見的能力。
3.具備目前紅十字會（Red Cross）的急救程序的知識。
4.當職業安全與健康法案（OSHA）影響到工廠的運作時，能具備相關規定的知識。
5.具備勞動集用區的工作、公司政策，與勞動合約的知識。

資格下限

曾接受十二年基本教育或同等學力，和一年督導方面的經驗，以及急救指導人員的證明；或以四十五小時的督導訓練課程取代一年的督導經驗。

工作特性

1.知識：具備督導原則/技巧的知識；具備足夠的急救程序知識以教導他人；熟悉聯邦安全法規。
2.心智上的運用能力：能有效地運用督導原則來指導並啟發員工。
3.應負的責任：直接督導數目多達二十五位員工與安全人員的工作。

就是員工須必備的條件）。**示例 4-3** 展示了一份工作說明書的實例。

優點　　大部分的公司都認為工作說明書是一種人力資源管理的重要工具，因此，它們代表了記錄工作分析資訊最普遍的方法。工作說明書能夠被用在許多目的上，如向員工溝通工作的職責，以及說明工作要求的最低標準。舉例來說，在面談一位申請工作者之前，經理可以拿出一份工作說明書來回顧該工作的基本功能與工作要求。

缺點　　一份工作說明書只提供了一段工作分析資訊的簡短摘要，缺少了能夠運用在某些人力資源管理個案中的充足細節。舉例來說，在**示例 4-3** 中所呈現的工作說明書，就沒能指出工作分層、工作標準，以及工作性質。工作分層的資訊也許可以作為發展訓練計畫的基礎；工作標準也許可以當成發展特定績效評估形式的根據；而工作性質則可能作為製作績效評估表的基礎，以因應建立薪資標準的需求。

　　因此，人力資源管理部門可以使用其他的方法來記錄工作資訊，

示例 **4-4**　來自一位社工之工作的功能性工作分析（FJA）任務分析
作業記錄表（task analysis work-sheet）

資料	人	事物	資料	人	事物		推論	計算	語言	
員工功能層次			員工功能傾向			基本教育發展程度				職務＃
38	2	1A	45%	50%	5%	3	3	2	4	S.D.2

目的：	目標：

職務：與客戶面談時，爲了告知客戶有關特定公司服務的事宜，而予概括性
的解釋，並根據在公司的知識與經驗來回答有關程序上與政策上的問題，

工作表現標準	訓練內容
敘述性： ＊ 以徹底、清楚、正確和簡潔的方式來解釋。 ＊ 員工對客戶表現出耐心與興趣。 數字性： ＊ 不到 X%的客戶在 X 期間抱怨獲得的資訊不夠清楚或份量不足，或是抱怨員工的態度不佳。	功能性： ＊ 如何對一位特定的對象解釋或形容一項訊息。 ＊ 如何與客戶建立默契。 特定性： ＊ 具備有關特定計畫的知識。

以取代工作說明書，或是增加在工作說明書之外。在過去的二十年中，各種人力資源管理專家已發展出這些方法。工作說明書與其他方法的主要不同點，在於他們所涵括的細節數量。額外衍生出來的方法和工作說明書比起來，通常都只包含了少數的主題，但是所涵蓋的主題都經過較為深入的分析。一些較常使用的方法敘述如下：

功能性工作分析

一項**功能性工作分析**（functional job analysis, FJA）主要針對的是記錄工作內容的資訊[8]。如同**示例 4-4** 的功能性工作分析（FJA）的任務分析作業記錄表（task analysis work-sheet）所示，每一項任務都分別地被分析。作業記錄表上的資訊包括任務敘述（詳細說明員工的工作、執行工作的方法，以及員工製作出最後成品的結果）、與該任務有關的工作表現標準和訓練需求，以及七項評分表。其中三項稱之為員工功能量表（worker function scales），指的是員工與資料、人，以及事物（見**深入探討 4-4**）的密切程度。其他的四項量表則指的是在推理、計算、語言與依指示行事等四方面所需要的能力。

優點　功能性工作分析提供了一個非常徹底的工作內容敘述，而且能夠因此對某些人力資源管理方面的目標極為有用，例如訓練與績效評估等。

缺點　功能性工作分析需要對每一項任務都十分詳細地分析，因此撰寫起來才頗為費力和費時。許多運用人力資源管理的情況並不需要這麼多細節。此外，功能性工作分析並不會將有關工作性質的資訊記錄下來，而四項能力量表也不會呈現出一個完整的資料，顯示出所有可能的員工要求。

必備能力取向

必備能力取向（ability requirements approach, ARA）假設執行一

功能性工作分析
是一種記錄工作分析資訊的系統性方法，能夠列舉職務敘述、工作表現標準、訓練需求、功能性的層次，以及員工所需要的能力。

必備能力取向
是一種記錄工作分析資訊的系統性方法，工作分析者能夠以此法說明執行一項工作時，所有可能需要具備的能力。

功能性工作分析量表

資料

　　0. 綜合

　　1. 協調

　　2. 分析

　　3. 編輯

　　4. 計算

　　5. 抄寫

　　6. 比較

人

　　0. 引導

　　1. 協商

　　2. 指導

　　3. 監督

　　4. 轉移

　　5. 説服

　　6. 談話、示意

　　7. 接受命令、協助

事物

　　0. 安排

　　1. 精確工作

　　2. 運作、控制

　　3. 駕駛、操作

　　4. 掌控

　　5. 看顧

　　6. 供給、替換

　　7. 處理

項工作所需的技巧，都能夠以更多的基本能力來加以敘述。舉例來說，打棒球所需要的技巧，就能夠以基本的能力來形容，如反應時間、腕力，以及手眼協調等等。

　　必備能力取向為工作分析者展現出任何工作中所有可能需要的能力項目[9]。這份項目表如**深入探討 4-5** 所示，是從耗時數年的研究中所得來的。它包含了分為五大類的五十二項能力。

　　一份工作的必備能力是由相關主題專家利用一種特別發展出來的評分量表，來測試要適當執行一份工作時所需的能力程度為何，所獲得的結果。此量表上的選項，是經由該職務實際所代表的能力多

所有已知能力中之必備能力取向類別

心智能力（mental ability）：會話理解力、閱讀理解力、口語表達力、書面表達力、思考流暢度、創意、記憶力、對問題之敏感度、數學推理能力、對數字的熟悉度、演繹力、歸納力、整理資訊的能力，以及分類的靈活性。

知覺能力（perception ability）：終止速率、終止靈活度、空間感、視覺想像力、知覺速度。

運動神經能力（psychomotor abilities）：控制精確度、四肢協調度、反應定位力、頻率控制、反應時間、手臂與手的穩定度、手動靈活度、手指靈敏度手腕與手指的速度、四肢移動速度、選擇性注意力、時間支配力。

身體能力（physical ability）：靜止力、爆發力、活動力、軀幹力量、伸展彈性、動態彈性、全身整體協調度、全身整體平衡度和耐力。

感覺能力（sensory ability）：近距離視力、遠距離視力、辨色力、深度觀察力、光感靈敏度、一般聽力、聽覺專注力、聲音辨位力、談話時的聽力、口語表達清晰度。

寡來定義的。**示例 4-5** 中顯示了評分量表中「語文理解」能力（verbal comprehension）的一項例子。如果一份工作需要員工瞭解如抵押契約這般困難的資料，它就會在這項能力中獲得高分。

優點　必備能力取向（ARA）常被用來挑選員工，特別是在申請者剛進入一份新工作，而不被預期具有特殊「技能」的例子中。舉例來說，

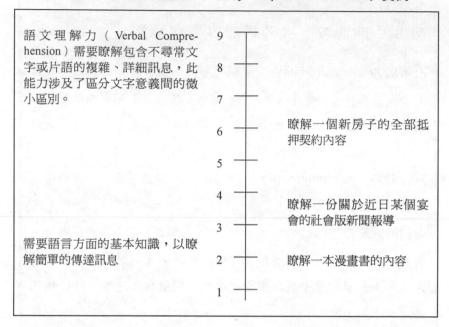

示例 4-5　必備能力量表（Ability Requirement Scare）實例

| 語文理解力（Verbal Compre-hension）需要瞭解包含不尋常文字或片語的複雜、詳細訊息，此能力涉及了區分文字意義間的微小區別。 | 9
8
7
6
5
4
3 | 瞭解一個新房子的全部抵押契約內容

瞭解一份關於近日某個宴會的社會版新聞報導 |
| 需要語言方面的基本知識，以瞭解簡單的傳達訊息 | 2
1 | 瞭解一本漫畫書的內容 |

申請者在申請一項警察的基層職位時，並不會被預期能夠使用一把連發手槍。與其測試申請工作者這方面的技巧，可以測試他們需要「獲得」（acquire）這項技巧的能力，就像必備能力取向中所確認出的能力[10]。

必備能力取向（ARA）可以被用來設定工作的醫療標準，如此能夠幫助醫生們決定申請者的身體狀況是否適合某份工作。舉例來說，如果必備能力取向顯示某一份工作需要過人的體力，那麼如果患有貧血（anemia）或嚴重高血壓（hypertension）等的心臟血管疾病（cardiovascular disease），就會被視爲一項不合格的因素了[11]。因此，必備能力取向對確保能夠符合「美國身心障礙者法案」（Americans with Disabilities Act）的規定，而發揮了極有用的功能。

因爲必備能力取向提供了一份全面性的、以研究爲基礎的一覽

表，列舉出所有人類可能有的能力，人力資源專業人員才不需要在每次實施工作分析時，重新製作出一份能力表，並在進行時推論並定義這些能力。有了必備能力取向，所有的能力與其定義都已經有了根據，在面試與觀察過員工的工作之後，分析者則必須將工作放在每一項能力量表的適當項目上來測試。

缺點 必備能力取向的主要限制，就是所蒐集的資料在範圍上有其限制。舉例來說，它所提供的資訊，與任務和工作性質並無關連，而且它無法說明一份工作所需要的特定知識與技能。因此，在需要這類資訊的時候，必備能力取向一定要連同其他工作分析形式一起使用才行。

職位分析問卷

職位分析問卷（position analysis questionnaire, PAQ）是以「在人類工作的領域中，有某些被強調的行為架構或順序」[12] 這個概念為前提，而且用來形容工作領域的特質有其一定的限制 [13]。從每個工作的特質看來，每項工作彼此各不相同。由職位分析問卷（PAQ）所測量出來的特質與要素，請見**深入探討 4-6**。分析者藉著與數位現職者的面談來評估這些特質，然後再就標準化問卷中的一百九十四個項目來對工作進行評分。基於這些評分表，每個工作被給予十三個分數（每個方面一個分數）。

優點 職位分析問卷（PAQ）對建立薪資基準特別有用。一項統計上的公式已經被確立，可以用來將一項工作要素的分數與適當的評分加以結合 [14]。

職位分析問卷的分數也可以被用來將各項工作歸類成不同的「家族」（families），也就是說，工作各方面的分數相似者，可以歸成一類，並且在各種人力資源運用過程中，可以用類似的方法來處理。

職位分析問卷
是一種記錄工作分析資訊的系統性方法，此法能夠區分工作中的各項行為要素。

職位分析問卷整體上所包含的工作各層面

1. 作決定、溝通與一般性的責任。

2. 操作機器與設備。

3. 執行書記的或相關的活動。

4. 執行技術性的或相關的活動。

5. 執行服務性的或相關的活動。

6. 常態性的工作與其他的工作行程。

7. 執行慣例性或重複性的活動。

8. 注意工作環境。

9. 從事身體上的活動。

10. 督導／指導／評估。

11. 與大眾、顧客或其他相關人士接觸。

12. 在一個令人不快的／危險的／要求過多的環境下工作。

13. 其他。

　　如同必備能力取向（ARA）一樣，職位分析問卷（PAQ）並不需要分析者每次都自行創造出一項工作分析，工作分析中的項目都是以極為一般性的層次所撰寫，主要把重心放在如決策或溝通等的工作行為上。因為就任務、知識、技能等角度來看，這些項目都沒有針對特定的工作，所以這項工具可以被用在所有類型的工作上，也因此頗具自由性。

缺點　雖然自由性在某些例子中是一個優點，但有時它也會成為一項缺點，舉例來說，如果分析者想要確定甄選的條件或訓練的需求，職

位分析問卷就不是工作分類的一個好基礎。因為職位分析問卷上的項目是一般性的，所以在執行特殊任務或必備的技能等方面，這項工具並不會察覺到不同工作間的差異。根據職位分析問卷而被分在同一個類別的工作，也因此會有頗大的歧異，而且並不適用同樣的甄選標準或訓練計畫。舉例來說，在一個十分有趣的應用個案中，管家的「工作」就是以工作分析問卷來分析的。各方面的分數顯示出，這份工作花在排解紛爭與處理緊急事故等項目的比例很高，而因此被劃分在與警察及消防隊員同一類的工作中[15]。不過，大部份的人都會同意一個好的管家並不一定就能成為一名好警察，而且這兩種團體的訓練需求也當然會極為不同。

關鍵事件技巧

關鍵事件技巧（Critical Incident Technique, CIT）是第二次世界大戰期間，在軍隊中所發展出來的，它是一種用來辨認人類在各種軍事情況中，其表現之關鍵因素的方法。此一技巧的理論基礎是由 John Flanagan 所提出的，在下一段中會加以描述：

> 工作分析程序的主要目標，應該是決定關鍵性的必備條件。這些要件在許多案例中，已經證實能影響被指派的工作是否成功。工作必備條件的單子上，往往只列出所有人類希望擁有的特質。這些對挑選、分類或訓練人員來執行特定的工作，實際上毫無幫助[16]。

如先前所述，一項關鍵性事件是一種特殊的工作行為，它能夠決定一份被指定的工作能否成功地執行。關鍵事件技巧需要工作分析者從熟悉工作者的身上搜集關鍵性的事件，這些事件通常是以故事或軼聞等形式被蒐集，它們描繪了成功的與不成功的工作行為。然後這些故事就被濃縮成能夠「捕捉住故事精髓」（captures the essence）的單

關鍵事件技巧
是一種記錄工作分析資訊的系統性方法，能夠決定一份被指定的工作能否成功地執行。

邁向競爭優勢之路 4-1

涉及核電廠操作員之不負責行為的關鍵事件

　　一家核電機構因許多工人都「不可靠」而遭遇到困境，也就是說，他們的行為有許多方面會導致運作失敗，或者更糟的是，會引起嚴重的意外。此一機構企圖要解決這個問題，部份是藉著確認出這些不負責任的行為，然後採取管理上的行動來遏止或預防這些行為的產生。關鍵事件技巧被用來辨認出這些員工的行為。因此而找到的發現列舉如下：

不負責行為的定義

　　不負責任的行為包括工作時的惡作劇、不把工作當成一回事、拒絕遵守規定，以及明顯不顧後果的衝動行為。

例子

- 不加思考的行動。
- 表現出因一時衝動而作出的可疑判斷。
- 時常惡作劇。
- 輕忽公司的紀律、對錯誤或申誡一笑置之。
- 時常遲到或曠職。
- 否認錯誤。
- 操作設備時不小心。
- 常常做事草率或是無法完成工作。
- 忽略時間上的限制或是忽略工作上的程序。
- 當對工作感到厭煩時，就製造出一些刺激。
- 涉及偷竊或蓄意破壞、說謊或欺騙等行為。
- 當被詢問時，提供不實或不正確的訊息。

一敘述句。關鍵事件敘述的例子呈現在**邁向競爭優勢之路 4-1**中，它們是從有關核電廠操作員不可靠行為的故事中所得來的。

優點　關鍵事件技巧（CIT）有許多地方可以運用在人力資源管理上。舉例來說，它是辨認甄選標準與訓練需求，以及發展績效評估表的一個好工具。後文將要談到的某些人力資源管理技巧，是從關鍵事件技巧（CIT）的資訊所發展出來的。舉例來說，第六章將探討行為描述面試法（behavior description interviews），而第八章則會討論行為定錨評鑑量表（behaviorally anchored rating scales）與行為觀察量表（behavior observation scales）。

缺點　從負面的角度來看，關鍵事件技巧並不能提供一個完整的工作說明書。舉例來說，它無法描寫出工作的任務、性質與最低要求。除此之外，因為需要花費在搜集一定數量資料上的時間長短不一（有時必須搜集的事件有數百種之多），關鍵事件技巧並不總是能夠被施行。

多元化工作分析

多元化工作分析（Versatile Job Analysis, VERJAS）也許是最完整的工作分析法，此法幾乎囊括了本章稍早所敘述過的所有訊息。特別是它涵蓋了功能（任務）、職務、工作性質與員工必備條件（基本及特殊能力）。如同其研發者 Stephen Bemis 與其同僚所說：

> 多元化工作分析是將其他工作分析法所使用的程序，融入一個能符合管理上整體工作分析需求的單一系統中所形成的。此系統為一種工作分析法之來源與運用的大熔爐[17]。

因為多元化工作分析特別適合於多種人力資源管理應用的情況，我們就暫緩對此的討論，而留到本章中的「經理人指南」來探討，

多元化工作分析
是一種記錄工作分析資訊的系統性方法，涵蓋了功能、任務、工作性質與員工必備條件（基本和特殊能力）等資訊。

在該節中，我們會描述一位經理如何將多元化工作分析的工具加以組合。

記錄工作分析的訊息：選擇最佳方式

有如此多的工作分析法可供選擇，一位人力資源專業人員要如何決定使用哪一種呢？如前文所述，工作分析的目標或預期中的用法，都會指明其所需要搜集的特殊訊息。分析者應該選擇一種能夠提供所需訊息的方法。一項研究的結論認定工作分析者應該[18]：

> 選擇在研究環境中能夠引出「最佳」結果的方法……在這些方法中，沒有一種是最好的，每一種都有其優點及限制，而沒有一種是既簡單又不會出錯的。

但是有哪些方法是適合各種不同目的的呢？不幸地，這個議題尚未經過充分的研究，所以我們必須主要依據邏輯與嘗試來判斷。不過，某項研究發現提供了一些幫助，在此研究中，九十三位經驗豐富的工作分析者對各種方法就其益處與實用性方面進行評分，在此所討論到的方法中，分析者認為功能性工作分析（FJA）為最有益者，而職位分析問卷（PAQ）與必備能力取向（ARA）則是最為實用者[19]。多元化工作分析(VERJAS)與工作說明書都不在此研究的評分之列。大部分參與此研究的分析者，都贊成多種方法一起使用。

經理人指南

工作分析與經理之職責

經理們身兼兩個主要的工作分析角色，其一是協助完成工作分析，其二是將工作分析的結果，在每日的管理活動中施行。

完成工作分析

經理們幾乎總是會要求在工作分析完成時，能夠為分析成果加入一些自己的意見，不過，公司和公司間所加入工作分析的內容，其本質與程度各不相同。在某些較極端的例子中，經理也許要為整件事負責，例如某些經理就被要求為其督導的每份工作撰寫工作說明書。在其他的例子中，工作分析則是由人力資源專業人員所執行。經理則是為人力資源專業人員提供一些額外的資訊。舉例來說，經理們也許會被要求去列舉績效的標準，或是每項工作中所需要的員工必備條件；或者他們會被要求提供關鍵事件的說明。

經理們可能也會審核工作說明書，並維持其正確性。當工作內容、性質或員工資格了大幅改變時，經理則必須通知人力資源管理部門，並下令對此工作重新分析。

落實工作分析之結果

我們已經討論過一家公司可能會使用工作分析資訊的各種方式，經理們最常使用工作分析來幫助他們決定甄選員工的標準，並幫助他們向員工溝通其工作責任。

甄選申請工作者 當經理們評估申請工作者時，他們應該仔細地審視被申請之工作的內容、性質與員工必備資格等資訊，以勾勒出一幅清楚的藍圖，找出最適合該工作的申請者。如同我們在第六章所述，這些資訊能為適當的面試問題與詢問參考人的問題，提供一個發展發展的基礎。

傳播工作責任 從傳播的角度來看，工作分析的成果應該能夠為新進職員提供一個適應的過程。為了要傳達工作上的責任，經理們應該與新進員工們一起審視工作說明書。一旦員工們接受過訓練，經理就應該常常與員工們溝通其績效標準，好讓他們能持續地瞭解公司賦予他

們的期望。

人力資源管理部門能提供何種協助

人力資源管理部門在有關工作分析的方面,擔任了兩種角色:(1)獲得管理高層的支持;(2)籌備並實施工作分析計畫。

獲得高層管理人士支持

不幸地,並不是所有的高層經理人都能瞭解工作分析在達成競爭優勢方面的重要性。某些人認為在工作分析上下功夫並不值得;其他的人則相信舉行工作分析實際上會造成反效果。持後者觀點的員工,顯然認為將工作訊息以書面的方式記錄下來,多多少少會對他們造成束縛,也會剝奪了他們在管理方面的自由[20]。

因為某些員工對工作分析並沒有充分的瞭解,所以即使有執行工作分析,常常也只是作作表面工夫。抱持這種無所謂態度的員工,結果最後都是以直覺與推測來完成人力資源管理的計畫,這種情形下產生的工作說明書,既沒有用,也不具法律上的說服性。

為了避免與此法有關的負面影響,人力資源管理專業人員必須獲得高層管理人士對工作分析的支持。他們可以用強制的方式,並持續強調用徹底而正確的方式來執行工作分析的重要性,來達成這個目的。他們也必須強調定期更新工作分析資訊的必要性。

規劃並實施工作分析計畫

在大多數的公司中,計畫與執行工作分析的主要責任落在人力資源管理專業人員的身上,他們必須完成下列的任務[21]:

- ■確定目標。
- ■選擇搜集與記錄工作分析資訊的方式。
- ■挑選與主題相關的專家。

■收集資料。

■建立計畫行程表。

■整理資料。

■傳播資訊。

■進行研究。

增進經理人之人力資源管理技巧

在某些公司中,是由經理而不是人力資源專業人員,來執行工作分析。實際上,在許多工作需要被分析時,這是一種較有效率的方法,因為工作分析由每個部門的經理來完成,要比起由一位人力資源專業人員來執行,快了許多。

下列展示的資料,可以在你被要求分析你所督導的工作時,作為指導的方針。首先,我們先討論如何收集必須的資訊,然後再探討這些資料如何能夠根據多元化工作分析的方法來加以整理與記錄。

蒐集工作分析資訊

經理要為他們所督導的工作,負起執行工作分析的責任,他們通常使用面談法來蒐集資訊。當為了特定目的而面試你的員工時,請遵守下列的指導原則[22]:

1.說明面試的目的　員工們必須充分瞭解面談的原因,如此他們才不會將此面談當工作成績效評鑑或是薪資審核程序。大多數的員工都對這些資料如何被使用等細節毫無興趣,因此你可以很簡潔地陳述面談之目標:「我將要詢問有關你的工作的事宜,這樣我們才能撰寫工作說明書。」

2.建立起面談的架構　一項面談可以用數種方式來建立其架構,但是所有的方法首先都要把重點放在工作內容上,然後是工作性質,最後

才是關於員工的必要條件。關於員工必備條件的資訊留到最後才搜集，因爲此資訊是從工作內容與性質的資訊中所推斷而來的。建構面談來決定工作內容的幾種方式敘述如下：

■請員工敘述其工作的主要功能。在將工作依功能而加以分類後，請員工敘述出與每一項功能有關的任務或步驟。

■如果此工作是在不同的工作崗位上被執行的，你也許會將此面試根據其工作場所來加以架構。舉例來說，你可能會請員工敘述他／她在一號機器上所執行的工作，然後是二號機器，依此類推。

■如果工作的功能依季節而有所不同，就依照季節來建構整個面談。譬如你也許會問：「你在聖誕季節期間所作的工作爲何？在夏天又做些什麼工作呢？」

■如果工作隨著某個計畫而變動，就可以藉著發展一張計畫表來建立面談的架構，並探討每一項計畫中所涉及的任務。

3.掌控面談的過程　請員工以自己的話來敘述本身的工作；堅持對每一項活動都做詳盡的敘述。詢問你所不瞭解的詞彙，並請員工讓你參觀你不熟悉的工作型態或設備。你應該堅守下列的原則：

■控制面談的時間與主題。如果員工偏離了主題，藉著概述關於該主題的資訊，將主題重新導正回來。

■表現出對所談話題的懇切興趣，要有眼神上的接觸。

■時常重述並歸納你認爲該員工說過的重點。

■不要對員工曾做過的陳述爭論。

■不要挑剔或企圖對員工工作的方式，或者是做出任何建議或暗示其有改進的必要。

4.記錄面談內容　當獲得資訊時，你應該將它們記錄下來。做筆記也

代表了一種方法，作筆記時請遵循這些原則：

■在聽取員工談話的時侯作筆記。

■使用某種速記的方式來記錄整理。

■在面談後立刻重新整理筆記。

使用錄音機也許可以取代或補充作筆記，它能紓解你在面談中必須記下所有訊息的壓力，如果你的筆記並不完整，你可以從錄音帶中重新獲得需要的資訊。這可以讓你在面談時將注意力放在聆聽、提出問題與眼神接觸上，以強化溝通的重點。

5.結束面談　將從員工身上獲得的資訊概括地論述一番，指出其主要執行的活動，以及與各項任務有關的細節，並且以友善的態度為面談作總結。

統整工作分析資訊

我們稍早曾提到，多元化工作分析是一種綜合性的方法；也就是說在多元化工作分析中，其他工作分析法的程序都被整合成一個單一的系統。因為如此，多元化工作分析才能提供適用於許多目標的豐富資訊。使用此法時，請遵守以下原則[23]：

1.確認出職責所在　多元化工作分析的第一步就是確認出工作的職責或功能，大多數的工作都有三到七個職責。舉例來說，一家百貨公司的收銀員組長就可能身負下列五項職責：訓練收銀員、協助顧客解決問題、處理買賣交易、為收銀員排定工作行程並監督其工作，以及維持工作場所的正常運作。

2.確認出任務所在　下一個步驟是確認出與各項有關的任務。任務的定義是「員工為了製造出一個產品或提供一項服務時所涉及的活動，他們或其他人也會運用此活動來執行另一項任務」。任務的敘述應該

包括：

1.行動。

2.行動的主體。

3.此行動的目標或預期中的成果。

4.機器、工具、設備、工作手冊、法律、規定，以及其他用來完成此活動的工作輔助物。

任務敘述的另一個例子是：

使用電腦和一本關於組織形式的手冊（機器、工具等等）／為信件、備忘錄與報告（行動的主體）／打字（行動）／以產生最後的文件（目標或預期中的成果）。

3.評鑑任務　每一項任務敘述都必須接受四種量表的評鑑（見**示例4-6**）：初期表現、訓練模式、重要性層次，與為重要性／關鍵性評分的理由。

4.評鑑工作性質　下一個步驟是藉由完成如**示例 4-6** 所示的適當部份，來分析工作的性質。

5.評鑑工作能力（員工必備條件）　多元化工作分析的最後一個步驟，是記錄下員工所需的能力，能力有兩種：基本的與特殊的。

■基本能力是那些員工需要在最低被接受的程度上來執行工作所需要的能力。舉例來說，「每分鐘至少打四十個字的能力」也許是一項祕書工作的基本能力。

■特殊能力是指那些為了達成工作優異表現所需要的能力。這些能力只有最佳員工才具備。舉例來說，「注意細節的能力」是許多工作都需要的特殊能力，因為這是能將優良員工與一般員工加以

示例 4-6　多元化工作分析（VERJAS）工作清單（Worksheet）

工作內容評分表：請使用以下的量表為各項職務評分：

1.是工作初期需要執行的職務嗎？
_____　是
_____　不是

2.訓練模式（請在符合的所有項目前打勾）
_____　簡短的新環境適應活動
　　　　如果有的話，請說明時間長短 _____
_____　在職訓練
　　　　如果有的話，請說明時間長短_____
_____　教室訓練課程
　　　　如果有的話，請說明時間長短_____

3.重要性程度（請選擇一項）
_____　不重要
_____　重要
_____　極為重要

4.進行重要性／關鍵性評估的理由（請在符合的所有項目前打勾）
_____　花費時間比例　　　　　_____　頻率
_____　困難程度　　　　　　　_____　其他（請說明）
_____　產生錯誤的影響　　　　_____

工作情境評分表：請對下列工作性質的特色加以評分：

接受監督的部份：
接近性：
_____可直接觀看到　_____不在同一個工作場所　_____不在同一地區
頻率：
_____常常　_____每小時　_____每天　_____每星期　_____很少
摘要：_____
_____
_____

必須遵循的原則：
_____不適用　_____適用
摘要：_____
_____
需要運用到此因素的任務：_____
_____

（續）示例 4-6　多元化工作分析（VERJAS）工作清單（Worksheet）

進行研究／分析／報告：
_____不適用　_____適用
摘要：_____
_____
_____

需要運用到此因素的任務：_____
_____

可靠性／受到錯誤的影響度：
_____不適用　_____適用
種類：
_____生活　_____傷害　_____金錢　_____財產　_____不便
摘要：_____
_____
_____

需要運用到此因素的任務：_____
_____

個人所接觸的人物：
_____不適用　_____適用
摘要（在公司內部所接觸的人物）：_____
_____

摘要（在公司以外所接觸的人物）：_____
_____
_____

需要運用到此因素的任務：_____
_____

監督的執行：
_____不適用　_____適用
監督的人數：
_____技能性／半技能性　　　　　　_____書記性
_____專業性／技術性　　　　　　　_____其他

職掌範圍（請在符合的所有項目前打勾）：
_____聘用／解僱　_____訓練　_____指派工作　_____檢查工作
_____評估績效
摘要：_____
_____
_____

（續）示例 4-6　多元化工作分析（VERJAS）工作清單（Worksheet）

需要運用到此因素的任務：_____

_____

生理上的條件：

_____適用　　_____不適用

舉重：

____10 磅　　____20 磅　　____50 磅　　____100 磅　　____100 磅以上

活動力：

_____站　　_____走　　_____坐　　_____彎腰　　_____伸手

_____屈膝　　_____蹲伏　　_____爬行　　_____攀爬

摘要：_____

_____

需要運用到此因素的任務：_____

_____

工作危險：

_____不適用　　_____適用

危險種類：

_____機械　　_____電器　　_____火　　_____化學物品

_____爆炸　　_____輻射　　_____氣壓　　_____高度

摘要：_____

_____

需要運用到此因素的任務：_____

_____

個人受到的要求／壓力：

_____不適用　　_____適用

來源：

_____加班　　_____輪值　　_____上班時間不連續　　_____氣候

_____壓力　　_____重複性的操作

摘要：_____

_____

需要運用到此因素的任務：_____

_____

區分的特質。關鍵事件技巧將會是能找出特殊能力的有用方法。

我們應該將能力仔細定義，如此才能清楚地瞭解到該能力在執行工作時的應用性如何。在記錄一項能力時，以下列片語的其中之一作為開頭：

……的能力（Ability to……）

……的技能（Skill to……）

……的知識（Knowledge to……）

……的意願 （Willingness to……）

接著把實際的能力置於其後，最後加上該能力的層次。此層次是藉著在該能力之後插入「足以」（sufficient to）或「如……所示」（as demonstrated by）等片語來說明。一項基本能力的例子是：

足以瞭解科學期刊文章的／閱讀／能力（ability to／read／sufficient to understand scientific journal articles）

回顧全章主旨

1.討論工作分析如何為人力資源管理計畫奠下基礎，進而達到競爭優勢。

■為招募、甄選員工、訓練、績效評估、給薪制度、改進生產力計畫、員工紀律，與安全及健康計畫奠下基礎。

2.解釋一家公司如何執行工作分析。

■可能需要蒐集的資訊：

●工作內容：指員工工作上的活動。

●工作性質：指工作是在何種情況下被執行，以及賦予員工的要求。

●員工必備條件：指一位員工要成功地執行工作所需要的能力。

■搜集資料的方法：

●面試員工及其監督員有關該工作的事宜。

●實際觀察員工執行工作的情形。

●請員工和／或其監督者完成一份工作分析清單。

3.形容一家公司如何記錄工作分析的最後結果。

■工作說明書：關於工作分析發現的簡短摘要。

■功能性工作分析（functional job analysis）：是一種記錄工作分析
　資訊的系統性方法，能夠列舉職務敘述、工作表現標準、訓練需
　求、功能性的層次，以及員工所需要的能力。

■必備能力取向（ability requirements approach）：是一種記錄工作
　分析資訊的系統性方法，工作分析者能夠以此法說明執行一項工
　作時，所有可能需要具備的能力。

■職位分析問卷（position analysis questionnaire）：是一種記錄工作
　分析資訊的系統性方法，此法能夠區分工作中的各項行為要素。

■關鍵事件技巧（critical incident technique）：是一種記錄工作分析
　資訊的系統性方法，能夠決定一份被指定的工作能否成功地執
　行。

■多元化工作分析（versatile job analysis）：是一種記錄工作分析資
　訊的系統性方法，涵蓋了功能、任務、工作性質與員工必備條件
　（基本及特殊能力）等資訊。

關鍵字彙

能力清單（ability inventory）

必備能力取向（ability requirements approach）

關鍵事件技巧（critical incident technique）

功能性工作分析（functional job analysis）

工作分析清單（job analysis inventory）

工作內容（job content）

工作情境（job context）

工作說明書（job description）

職位分析問卷（position analysis questionnaire）

任務清單（task inventory）

多元化工作分析（versatile job analysis）

員工必備條件（worker requirements）

重點問題回顧

取得競爭優勢

1.敘述工作分析的結果如何使三項人力資源計畫能有效執行。

人力資源管理問題與實務

2.定義工作內容、工作性質，以及員工必備條件。為你的工作的這三方面各舉一個例子。

3.定義功能（function）、任務（task）、次任務（步驟）（subtask）、工作行為（work behavior），以及關鍵事件（critical incident）。

4.為什麼在選擇工作分析方式之前，有必要確定其目標？

5.與工作分析面試有關的優缺點有哪些？

6.僅使用工作說明書來記錄工作分析資訊，有哪些弊端？

7.本文中認為功能性工作分析（FJA）對於訓練方面的目標很有用處，你同意嗎？請解釋。

8.請舉一個例子，說明如何能使用必備能力取向（ARA）來發展出一份工作的甄選標準。

9.寫下兩件關鍵事件，來形容一位教授在教室的行為。一項應該是有效行為，另外一項則是無效行為。用關鍵事件的敘述方式來簡要說明這兩個事件。

經理人指南

10.為什麼一位部門經理應該具備關於工作分析主題的知識？

11.為什麼要高層管理人士接受工作分析應該以貫徹的方式來執行是一件困難的事？人力資源專業人員要怎麼作才能獲得高層管理人士的支持？

實際演練

為美國總統的工作執行一項工作分析

五人組成一組，每一組都必須討論下列的問題，並提出一個解決方案。選出一位代表來向全班說明該組的解決方案。在所有的解決方案都已呈現之後，全班將試圖達成一個共識。

問題

國會已指派你為美國總統的工作進行分析，以確認出該工作的必備條件。這項訊息將會傳達給選民，然後他們才有一個比較候選人的健全基礎。假設你在這項計畫中沒有時間與資源的限制，你會使用哪一種工作分析法？為什麼？

實施多元化工作分析（VERJAS）

每三人組成一組，每一組都應該有一個現職工作者，也就是說其中一人目前正被雇用（或是某人已被雇用了一段時間）。其他兩位組員必須向現職工作者面試關於其工作的資訊，並且使用多元化工作分析的格式來記錄結果。

在此計畫完結時，準備討論你大致學到的有關工作分析的東西，以及你特別在多元化工作分析上所學到的東西。

個案探討：此次工作分析的執行過程妥當嗎？

幾位黑人求職者，因為無法通過為消防員所舉行的筆試，所以向

Jacksonville 消防部提出一項種族歧視訴訟案。在筆試中的挫敗使得他們無法採取進一步成為消防隊員的步驟。這些申請者辯稱,他們筆試不及格,完全是因為種族歧視的緣故,而且筆試與執行消防工作所必須具備的技巧,並沒有關聯。

在法庭上提到的關鍵問題之一,是這次考試是否以適當的工作分析為基礎,也就是說,工作分析中有辨認出適切的員工必備條件,然後用來設計出這份測驗嗎?

以下是工作分析執行的情形:

1. 消防部現職人員委員會的人員,經由長官指派而擔任相關主題專員,此委員會是由四位消防隊員、兩位消防隊代理隊長,以及一位消防隊長所組成的。消防隊員與代理隊長中各有一位黑人;其他所有的人則都是白人。

2. 此委員會首先使用團體腦力激盪的技巧,為消防隊員執行勤務時所使用到的基本工作行為加以定義。

3. 每一個工作行為的關鍵性都是以運用此行為所花費的時間、出現的次數,以及此行為對整體工作表現的重要性為基準來評分的。

4. 如果一項工作行為是在工作中習得的,或者不是在一份工作剛開始時就必須執行的,那麼就不加以考慮。

5. 有四項工作行為是被視為較有份量的:

■研讀工作手冊與工作程序,以熟悉基本的消防過程:重要性:40%。

■研讀工作程序或工作手冊,以熟悉消防的工具與設備:重要性:30%。

■研讀手冊與程序,以熟悉急救的過程:重要性:20%。

■研讀手冊,以熟悉基本操作程序:重要性:10%。

6. 這些工作行為都被加以分析,以確定組成此職務的分子。每一項基

本的工作行為都包含了一項基本職務。舉例來說，第一項工作行為是「研讀工作手冊與工作程序，以熟悉在緊急事故的現場運用這些程序的方法」。

7. 每一項任務都被加以分析，以確定哪一些知識、技能與能力（KSAs）是成功執行此任務的必備條件。

8. 每一項知識、技巧與能力（KSA）都根據其對工作表現的相對重要性，被詳細地定義與評估。

9. 每一項知識、技巧與能力（KSA）的最後重要性則是由其相對重要性乘以其工作行為的重要性而得來的。

討論問題

1. 如果你是法官，你會認為這項工作分析有經過適當執行嗎？請解釋。

2. 在本章所討論過的工作分析記錄法中，哪一種是最適用於這個情況的？請解釋。

參考書目

1. Arnold, J.D., Rauschenberger, J.M., Soubel, W.G., and Guion, R.M. (1982). Validation and utility of a strength test for selecting steelworkers. *Journal of Applied Psychology, 67* (5), 588–604.
2. *Kirkland v. Department of Correctional Services,* 7 FEP 694.
3. Bemis, S.E., and Belenky, A.H., and Soder, D.A. (1983). *Job Analysis: An Effective Management Tool.* Washington, D.C.: Bureau of National Affairs.
4. Mathis, R.L., and Jackson, J.H. (1991). *Personnel/Human Resource Management* (6th ed.). St. Paul, MN: West.
5. Jenkins, G.D., Nadler, D.A., Lawler, E.E., and Cammann, C. (1975). Standardized observations: An approach to measuring the nature of jobs. *Journal of Applied Psychology, 60* (2), 171–181.
6. Babbie, E. (1983). *The Practice of Social Research* (3rd ed.), Belmont, CA: Wadsworth.
7. Stutzman, T. M. (1983). Within classification job differences. *Personnel Psychology, 36* (3), 503–516.
8. Fine, S.A. (1974). Functional job analysis: An approach to a technology for manpower planning. *Personnel Journal,* November, 813–818.
9. Fleishman, E.A., and Mumford, M.D. (1991). Evaluating classifications of job behavior: A construct validation of the ability requirement scales. *Personnel Psychology, 44* (3), 523–575.

10. Fleishman, E.A. (1982). Evaluating physical abilities required by jobs. In H.G. Heneman III and D.P. Schwab (Eds.). *Perspectives on Personnel/Human Resource Management* (pp. 49–62). Homewood, IL: Richard D. Irwin.
11. Fleischman E. A. (1988). Some new frontiers in personnel selection research. *Personnel Psychology, 41* (4), 679–701.
12. McCormick, E.J., Jeanneret, P.R., and Mecham, R.C. (1972). A study of job characteristics and job dimensions as based on the Position Analysis Questionnaire (PAQ). *Journal of Applied Psychology, 56* 347–368.
13. Harvey, R.J., Friedman, L., Hakel, M.D., and Cornelius, E.T. (1988). Dimensionality of the job element inventory, a simplified worker-oriented job analysis questionnaire. *Journal of Applied Psychology, 73* (4), 639–646.
14. Ibid.
15. Arvey, R.D., and Begalla, M.E. (1975). Analyzing the homemaker job using the position analysis questionnaire (PAQ). *Journal of Applied Psychology, 60* (4), 513–517.
16. Flanagan, J.C. (1954). The critical incident technique. *Psychological Bulletin, 51* 327–358.
17. Bemis. et al., Job analysis.
18. Ghorpade, J., and Atchison, T.J. (1980). The concept of job analysis: A review and some suggestions. *Public Personnel Management, 9* (3), 134–144.
19. Levine, E.L., Ash, R.A., Hardy, H., and Sistrunk, F. (1983). Evaluation of job analysis methods by experienced job analysts. *Academy of Management Journal, 26* (2), 339–348.
20. Mathis and Jackson, *Personnel/Human Resource Management.*
21. Bemis et al., Job analysis.
22. Adapted from Bemis et al., Job analysis.
23. Ibid.
24. Adapted from *Corley v. City of Jacksonville* (1981), 28 FEP Cases 110.

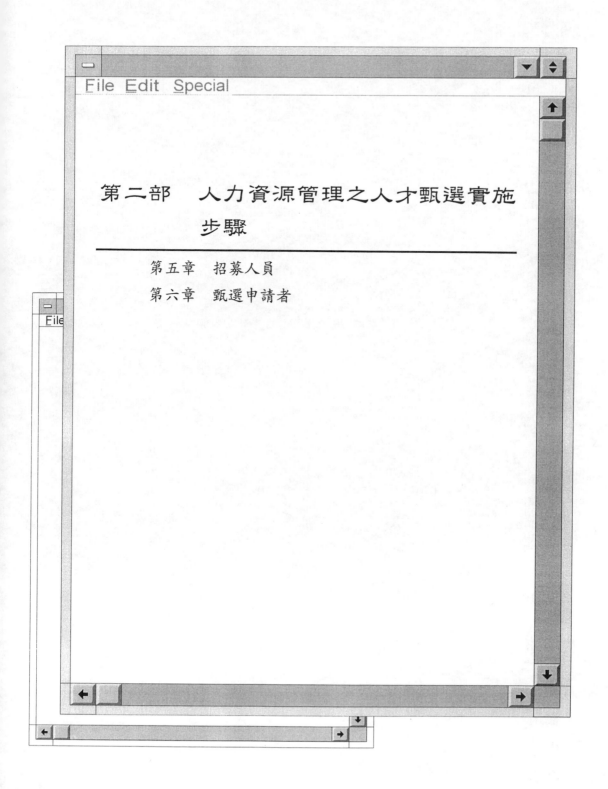

第二部　人力資源管理之人才甄選實施步驟

第五章　招募人員
第六章　甄選申請者

第五章
招募人員

本章綱要

取得競爭優勢

　個案討論：取得優勢競爭力之 Kentucky 大學教學醫院

　將招募人員活動與競爭優勢加以連結

人力資源管理問題與實務

　招募人員計畫

　內部招募人員法

　外部招募人員法

經理人指南

　招募人力資源與經理之職責

　人力資源管理部門能提供何種協助

　增進經理人之人力資源管理技巧

本章目的

閱畢本章後,您將能夠:

1.瞭解一家公司的招募人員計畫如何能導致競爭優勢。

2.解釋與計劃招募人員策略有關的選擇。

3.討論各種不同的招募人員法。

取得競爭優勢

個案討論:取得優勢競爭力之 Kentucky 大學教學醫院[1]

問題:為因應護理人員嚴重短缺而招募新進人員

    Kentucky 大學教學醫院(The University of Kentucky Hospital)正值員工短缺的時期,在一九九〇年的前四個月,因面臨醫院擴張與嚴重護士荒,此醫院需要雇用兩百名護士。它要如何才能在已經競爭這麼激烈的市場中,招募到這麼多護士呢?

解決方案:員工薦舉運動

    此醫院為了此任務,組成一個特別委員會來研究這個問題,並且提出解決方案。這個特別委員會發展出一項名為 "Kentucky Blue" 員工薦舉運動,將頒發獎品給招募到新人的員工。獎品的範圍從海灘毛巾與免費晚餐,到可至世界上任何島嶼旅遊的豪華假期等大獎都有。首獎獲得者將由抽籤的方式選出。

    為了宣傳這個計畫,此醫院設計出了一個以海豚群在清澈藍色海水中嬉戲為圖案的標誌,並將此圖像印在鈕釦、小冊子與海報上。在醫院的餐廳中舉行了一項宣布活動開始的宴會,員工們在聆聽此計畫的同時,獲得了防曬乳液、具各島嶼特色的開胃菜,以及一份免費的

午餐。

員工薦舉運動如何能增進競爭優勢？

根據此醫院人力資源主任的說法，這個方式是「目前我們所辦過的招募人員活動中，最有效的一種」。此醫院達到了員工數量上的需求，因此也就更能照顧到病患的需要。這個活動的成本效益也頗佳，之前所辦的招募活動在每雇用一個員工上，要花費兩千四百美元的成本，"Kentucky Blue" 活動在雇用每個職員上，只花了八百三十七美元，總共省下超過六萬七千美元的費用。因為這個計畫是如此成功，該醫院決定次年繼續沿用。

將招募人員活動與競爭優勢加以連結

在第一章中，招募（recruitment）的定義是，公司為了填補職務上的空缺，而使用來尋找並吸引申請工作者的一段過程。如同在「個案討論」中所描述，一個招募人員的有效方法，能夠幫助一家公司以有限的人力資源來與其他公司競爭。為了要獲得最大的競爭優勢，公司必須選擇一種招募法，能夠既快速又符合工作效益地產生最佳工作候選人。這樣的招募計畫因之具有下列五項目標[2]：

1.達到成本效益。
2.吸引高度符合標準的應徵者。
3.幫助公司確保被雇用的人不會離職。
4.協助公司盡力符合反歧視法律。
5.幫助公司創造出一個在文化上更為多元性的勞動力。

我們現在分別來仔細看看這些目標，並且討論它們與優勢競爭力的連結性。

達到成本效益

身爲所有人力資源管理部門的一項主要功能，招募所代表的是一筆重大的開支。基本上，每聘用一位員工所花費的招募成本，相當於一位新進員工年收入的三分之一 [3]。招募人員期間的開銷包括廣告費、主持招募活動者與工作候選人的交通費、可能獲聘之推薦獎金或就職獎金、職業介紹所或協尋員工公司的費用、招募者的酬勞與紅利，以及經理所花費的時間。招募的總開支可能會十分龐大。舉例來說，根據報導，六百一十四家接受調查的公司樣本中，在一九八六年至一九八八年間，就花費了三十四億美元在招募的事務上 [4]。

如第一章所述，競爭優勢可經由壓低成本並同時維持一定生產力來獲得。如果一家公司能找到限制招募支出而又不會降低生產力的方法，就能夠增進競爭優勢。如我們在「個案討論」中所見，Kentucky 大學教學醫院透過提供其員工「服從公司」（do the company's bidding）的誘因，來達成這個目的。此醫院將其招募每個員工的成本從兩千四百美元降到八百三十七美元，同時也在競爭激烈的就業市場中達到其招募員工的需求。在**邁向競爭優勢之路 5-1** 中，紐約 Dime 儲蓄銀行所使用之招募策略，提供了另一個達成此目的方法的實例。

吸引條件優秀之應試者

公司爲了吸引合格候選人來填補工作空缺所做的努力，在近幾年來已變得越來越艱難，因爲在勞工方面的需求已開始超過市場上的供應量。如同一群作家所述 [5]：

> 一九九〇年代許多公司的進展，將會受到技術性與非技術性人員嚴重短缺的考驗。就業部經理已經看到每雇用一位員工時，在開支上的增加，以及聘請資格不甚符合的人，擔任需要具備特殊條件之職位等的現實情況。豐沛、高品質人力的時代已逐漸遠去。

紐約 Dime 儲蓄銀行所使用之招募策略

　　工作熱線（The Jobline）是一種電腦語音留言系統，能讓求職者藉著打適當的電話號碼，來瞭解有哪些工作機會以及其相關事宜。打電話者要是顯然符合某個空缺的資格，就會被安排會談，裝置此電話系統的費用是一千五百美元，但不需再負擔其他招募人員的費用（除了用在取得訊息、每星期錄下新的工作機會表，以及面試可能的候選人等等所花費的時間以外），因此投資報酬率在百分之二千四以上。

　　這股合格候選人的短缺潮，部分是由於需要年輕求職者擔任的基層職位逐漸減少的緣故。到西元兩千年時，美國介於十六到二十四歲的年輕人，將會比一九七九年少三百萬人。為了要保持競爭優勢，公司必須在招募方面多下工夫，才能在擁有合格基層工作候選人方面，成功地與其他公司競爭[6]。人力資源管理部門尤其應該確保他們在招募人才時，能夠招募到人數足夠的合格求職者，並需要採取行動來增進最佳求職者接受工作的可能性。

工作空缺通知（notification of job openings）　合格的人如果不知道現有的工作機會為何，就無法成為該公司的一員。因此確保有足夠合格候選人的一個方法，就是找出這些人，並且通知他們有哪些工作機會。此類通知應該要能抓住求職者的注意力，並且要能引起他們進一步申請該工作的的興趣。有時候要達成此目標，需要求才者方面採取

IOMEGA 公司所使用之創新招募策略

IOMEGA 是一家位於 Utah 州 Ogden 市的磁碟機製造商,曾遭遇到缺乏工程及其他高科技人才的困境。它的目標是吸引加州 San Jose 市的人才,但問題是許多人認為搬到 Ogden 市去工作「比被派到西伯利亞(Siberia)去工作還糟」。IOMEGA 因此採取了一個招募的策略,將重點放在吸引那些受夠了 San Jose 市快節奏生活方式的人。它的廣告主題為宣傳 Ogden 市的高品質生活,並列出使得 Ogden 市成為適宜人居之地的二十四項特點(例如鄰居友善、街道安全、住屋價格合理、時常舉行音樂會、有高爾夫球場等)。結果如何呢?超過兩百五十位合格的求職者對該廣告作出回應。

一些革新措施,如同**邁向競爭優勢之路 5-2** 所述。

影響接受工作的決定(influencing job acceptance decisions) 吸引合格求職者也需要公司採取步驟來增加最佳候選人接受工作機會的可能性。不可否認地,一個人接受工作的決定是由許多與招募計畫非直接相關的因素所影響。列在**示例 5-1** 的這些因素,包括了公司與工作之吸引力等諸如此類的事項[7]。

雖然其他因素的確會影響到候選人的意願,但公司招募的方式仍然很重要。當工作本身的性質不好不壞時,公司招募的步驟尤其重要。在這些條件之下,候選人對工作吸引力的感受性,強烈被公司所提供之訊息、提供資訊的方式,以及求職者被對待的態度所左右[8]。

示例 **5-1**　　影響求職者接受一份工作與否的因素

工作機會的選擇性

　機會的數目
　機會的吸引力

公司的吸引力

　薪水
　福利
　晉升機會
　工作地點的好處
　公司的聲望

工作的吸引力

　工作的本質
　工作的行程
　同事的友善程度
　工作督導的本質

招募計畫

　傳達給求職者的訊息內容
　招募員工的形式

　　因此招募在吸引求職者方面扮演了一個重要的角色。招募行爲常被視爲是公司「人格」的延伸。結果求職者會把招募的行爲當作該公司內人際關係的特質，或是監督關係的本質[9]。舉例來說，在面試中被無禮地對待，就會被視爲是整個公司內無禮態度的象徵。或者對一位女性求職者不尊重，可能會被視爲男性沙文主義環境中的跡象[10]。

以切合實際之工作內容介紹來改善員工的留職率

　　在大多數的公司中，離職的情形最常發生在新進員工——那些工作不超過六個月者——的身上發生[11]。這種離職的情形有一大部分要歸咎於熱心過頭的招募，藉著製造出不切實際的高度期望來「傾銷」（oversell）其工作。被過度推銷的求職者在他們的高度期盼無法達成

時，很快地就會對他們的工作感到幻滅，而可能因此離開該公司[12]。
筆者在此愉快地回想起在海軍基本訓練營中的日子，以及當時不斷在
耳邊響起的新進同僚的話：「等我逮到招募海軍者，我一定給他好
看」。不過最讓他們懊惱不已的是，海軍新兵除非服完任期，否則不
得離開海軍的行列。

為求職者提供**實際工作預覽**（realistic job previews, RJPs），可以
藉著給予求職者有關工作與公司更實際的資訊（好的一面與不好的一
面），進而降低離職率。當求職者被告知有關此工作的負面情形後，
他們可以作出一個是否接受工作的更周全的決定[13]。

一旦他們看到了工作的實際面貌，某些求職者在甄選過程時會退
縮不前，因為他們的需求與該工作的要求不相符合[14]。舉例來說，當
求職者被告知「包裹工」（package handler）在裝卸貨物碼頭的工作
有多麼吃力時，有些人可能會收回他們的申請書，因為他們不想要這
麼困難的工作。不過仍然對該工作有興趣的人，被雇用了之後就很可
能會待在該公司，因為他們一開始就已經知道這份工作有多麼辛苦。
有些人也許會先做好心理建設，來使他們更能應付這些工作的負面因
素[15]。舉例來說，當接受了包裹工這項工作時，一位求職者可能會這
麼想：「這份工作雖然不輕鬆，但可以使我變得更強壯。」

減低離職率可以省下可觀的費用，尤其是在公司經歷新進員工高
額離職率的時候。舉例來說，一項研究證明了此類公司中的實際工作
預覽（RJPs），能夠預期降低百分之二十四的離職率，也因此平均每
年省下了二十七萬多美元[16]。在「經理人指南」中提供了關於公司為
求職者進行實際工作預覽的時機與方式的原則。

達到法律規定的標準（achieving legal compliance）

一家公司的招募計畫，也會影響公司在達到第二章中各種反歧視
法律與肯定行動要求上的成效。藉著將招募的努力轉移到被低度聘用

示例 5-2　招募被保護之特定族群的來源

非裔美籍人士的招募來源

　晨曦雜誌（Dawn Magazine）
　黑人企業（Black Enterprise）
　黑人職業與教育雜誌（Black Employment and Education Magazine）
　黑人大學生（Black Collegian）
　美裔黑人通訊（Black Americans Information Directory）

西班牙人士招募來源

　在美服務志願隊（Volunteers in Service to America, Vista)
　西班牙企業（Hispanic Business）
　西班牙時代雜誌（Hispanic Times Magazine）
　西裔美籍人士資訊／通訊（Hispanic Americans Information /Directory）
　SER/為進步而工作（SER/Jobs for Progress）

身心障礙人士招募來源

　半身麻痺患者消息（Paraplegia News）
　獨立生活（Independent Living）
　生活中的重音（Accent on Living）
　生涯與身心障礙者（Careers and the Disabled）

的群體中，公司能夠幫助預防關於工作歧視之訴訟案件之發生；亦即藉著向過去因工作場合聘用計畫而處於弱勢的團體成員（如黑人、女性、西班牙人、老人與身心障礙者）伸出觸角，來達到這個目的。舉例來說，公司可以將廣告刊登在**示例 5-2** 所列的刊物中，來把雇用人員的目標放在黑人、西班牙人或身心障礙者身上。

創造出在文化上較為多樣化的勞動力組織

　　將招募的目標層面擴展到弱勢團體上，可以創造出的利益不僅在於合乎法律規定，還能創造出在文化上較為多樣化的勞動力。瞭解到這項目標的達成必須歸因於曾在第二章中所討論過的競爭優勢，許多公司已經開始將招募人員的目標鎖定這些群體[17]。舉例來說，美國有

將近兩百家的公司正將它們招募人員的努力目標放在老年人身上[18]，這些公司中實施正式計畫來吸引老年員工的有旅行家保險公司（The Travelers）、銀行家人壽意外保險公司（Banker's Life and Casualty）、Honeywell 電子公司、Motorola 電訊公司、Grumman 飛機公司（Grumman Aircraft），以及一些速食公司，如德州炸雞（KFC）和麥當勞（McDonald's）等等。如同一位經理所言：「速食業已經發現老年員工既具有生產力又符合成本效益，年長的員工為公司帶來了一股穩定的力量與良好的工作倫理精神。」[19]

一些其他的雇主則開始將尋才的觸角伸向身心障礙的合格工作者。其中的一家公司是 Kreonite，這是一家底片製造商。在增加了殘障員工的數目之後，Kreonite 公司的年度離職率由百分之三十二降低到百分之十至十二之間[20]。

一家公司吸引低度聘用團體成員的成敗，大部分仰賴於招募過程中，該公司對待這些工作候選人的態度。不幸地，許多公司因為主持招募的主管的行為被形容成「無禮、令人厭煩、可憎、自大、無能、無知以及愚笨」，所以失去了這些（以及其他）的求職者[21]。舉例來說，一項研究中發現，女性求職者時常在招募過程中卻步，因為她們受到了一些不恰當的對待，例如受到了針對其外貌上的不當評論、被要求到某位男士在旅館的房間中面試，或是感覺到該公司是以「傳統男性組織網」（old boy's network）的方式來經營[22]。

人力資源管理問題與實務

招募人員計畫

有效的招募人員計畫需要極度詳盡的規劃。**示例 5-3** 顯示出到達

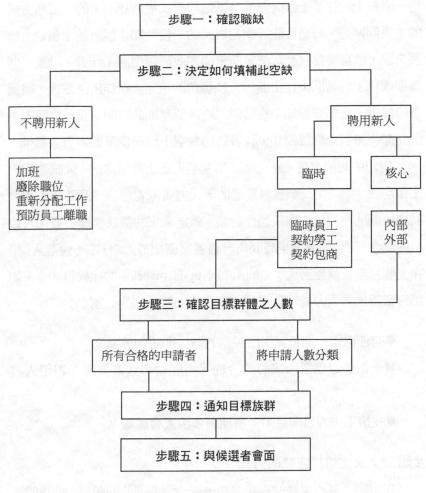

示例**5-3** 　招募計畫過程的步驟

有效計畫過程的途徑是由許多步驟所組成的，其中還包括了幾項重要的決策點。我們現在來檢視這些步驟，並探討在每個決策點上所浮現的問題。

步驟一：確認空缺之職位

　　這個步驟其實很簡單——只要等到一位職員呈上辭職通知即

可。事實上，許多工作機會都是以這種方式被確認出來的。這種方式的主要問題是，公司可能需要花很長的一段時間才能填補上職缺。舉例來說，通常需要六至八個星期來通知並篩選申請工作者，以及一個星期或以上的時間來作出關於一項職位的決定。在作出決定後，被選上的候選人必須要通知（通常要大約兩個星期的時間）前一位雇主。因此即使整個過程很順利，該職缺仍會空上好幾個星期才有人遞補。

理想中的情況是，公司應該早在某人遞上辭呈之前，就試著找出工作空缺。如同第三章曾討論過的，人力資源管理部門應該為將來長期或短期間會出現的職缺預作計劃。確定未來的職缺能提供公司大致上的概念，瞭解需要多少時間來計畫並實施招募策略，才不會落入「早在上個星期就該雇到人」（must-hire-by-last-week）的症候群中 [23]。如第三章所述，人力資源計畫應該至少能回答下列的問題 [24]：

■ 有任何新一期預算中所規劃的職位即將開放嗎？
■ 一個經過協議所簽訂的合約，可能會導致需要額外聘用人員嗎？
■ 在接下來的幾個月中，預期有多少人會離職？

步驟二：決定填補空缺的方式

在確定了某項空缺的存在之後，第一個要問的問題是：「我們需要找一個人來填補這項空缺嗎？」有的時候為空缺尋找職員是不必要的，因為公司能夠以其他的方式解決。舉例來說，為現有員工提供加班的機會來完成該工作，是一較為謹慎的做法。其他的選擇包括了廢除該職位，並且重新分配工作（亦即將空缺的職務合併至現有的其他職位中）。如果公司決定要填補該職位，必須要認清下列兩個問題：(1)要以核心人員或臨時人員來填補這個職位；(2)如果決定使用核心人員，要從公司內部還是外部來招募。

核心人員對臨時人員　許多公司已經開始採取同時招募**核心人員**（core personnel）與**臨時人員**（contingency personnel）的策略。核心人員是由以「傳統」方式所聘用的員工所組成；也就是說，他們被登錄在公司的薪資名冊上，而且被視為「永久員工」。臨時人員雖然為公司執行工作，但卻沒有被包括在薪資名冊上。更確切地說，他們是由員工供應機構所雇用，並且以一份固定的費用，臨時「出借」（loaned）給一家公司來使用。這類員工的薪水是由供應機構提供的。

員工供應機構可分為三種：**契約勞工機構**（labor leasors）、**臨時僱員機構**（temporary employment agencies），以及**獨立契約包商**（independent contractors）。契約工與臨時員工通常和核心人員共同完成同一件工作，契約工與臨時工的不同處，主要在於他們被雇用的時間長短；契約工所簽的合約通常比較長一些。從另一方面來說，獨立契約工與其他臨時人員的不同處，在於他們是被挑選來執行一項完整的功能的。舉例來說，許多公司常常與特殊技術工作者簽約，來承包整個公司的維護工作[25]。

使用臨時人員的情形正在快速增加之中，正如一群專家所述[26]：

> 如果當前的趨勢持續下去，未來典型的大型公司，也許會由一群相對上來說較少的核心人員，再加上為了特殊或暫時性職務所雇用的員工所組成。

臨時員工的使用可導致三項好處，其一是這種計畫為管理層面提供了掌控固定員工成本的靈活性[27]，與核心員工不同的是，臨時員工的數目能夠根據企業的營運狀況而輕易地增減[28]。

另一個好處是，使用此類員工能紓解公司在人力資源管理許多方面的負擔。供應員工者處理了與發放薪資、保險與福利等方面有關的行政工作。供應者也同時負責了篩選與雇用員工的事宜。

第三個好處是成本方面的節省。臨時員工比核心人員的成本低，

核心人員
是由以「傳統」方式所聘用的員工所組成；也就是說，他們被登錄在公司的薪資名冊上，而且被視為「永久員工」。

臨時人員
是由員工供應機構所雇用，並且以一份固定的費用，臨時「出借」（loaned）給一家公司來使用。

契約勞工機構
為一家供應員工機構，為公司提供根據契約工作的臨時員工。

臨時僱員機構
為一家供應員工機構，為公司提供短期暫時性質的臨時員工。

獨立契約包商
為一家供應員工機構，為公司們提供完整的工作功能的臨時員工。

因為員工供應者已代為支付了一些如薪資與保險方面的費用[29]。舉例來說，Noel 冰塊公司（Noel Ice Company）就是藉著運用契約員工，來將每月醫療保險成本從每個員工一百一十二美元降到八十七美元。

然而使用臨時員工也不是沒有其缺點的。當臨時員工剛開始在一家公司工作時，他們可能會需要相當多的調適與訓練，來熟悉公司的程序與政策。這也就引發了有關此法在成本效益方面的問題[30]。

另一個問題是與核心員工相比，臨時員工可能對公司的忠誠度較低，或者會對「原聘任公司」（host organization）效忠。使用臨時員工可能也會因為他們的薪水比執行相同工作的核心員工優厚而導致一些問題。這種不平等性會造成核心員工心中的怨懟[31]。

大致上來說，公司應該在下列這些情況中來使用臨時員工：

■需要某些非常難得的專長。

■公司試著為新辦公室招募員工，但其所在的地理位置與總公司相距甚遠。

■公司試著為某些計畫的工作招募員工，但是該計畫的風險極高，也許會危及公司現有員工的薪資比例。

內部招募對外部招募（internal versus external recruiting）　在一家公司聘用核心人員時，它必須決定是要從內部招募還是從外部招募。也就是說，此公司必須決定它要以現有員工或是來自公司外部的申請者來填補空缺。

大多數採取外部招募方式的公司，都將招募的目標限於基層的工作上。基層以上的工作通常都是以晉升現有員工的方式來填補。晉升的機會常能增進工作的士氣與動機，因為它們給了員工一個在公司裡發展其事業的機會。舉例來說，一項研究發現，晉升的機會能導致離職率的降低、工作滿意度的提高，以及更佳的工作表現[32]。

其他內部招募勝過外部招募的優點如下[33]：

■雇主已熟知公司內部候選人的資格。

■內部招募的花費較少。

■從內部招募人員可較快填補職缺。

■內部的候選人較熟悉公司的政策與計畫，因此所需的調適與訓
　練較少。

　　不過內部招募也會導致一些問題。當一項職位空下來的時候，許
多員工也許都在考慮轉換至該職位工作，但理所當然地，大部分的員
工都會被拒絕，而其中某些人就會因此心生不滿。舉例來說，根據某
項研究的報告發現顯示，被拒絕晉升的員工會感到較大的不平等感，
而且比起他們被升遷的對手來，曠職率要高出許多[34]。

　　另一個與內在招募相關連的潛在性的問題，會在員工被升級到原
工作崗位的督導職務時發生。這些人必定會在過去的同事間擔任一個
新的角色，過去的朋友變成部屬時，困難往往因此而生。

　　姑且不論與內在招募有關的潛在風險有多少，大部分的工作都是
以此種方式來填補的。經由外部來招募基層以上的員工，通常限於以
下的情況[35]：

■需要一位外來者爲公司帶來新意與改革。

■公司內部沒有合格的員工申請職缺。

■公司需要增加特定低度聘用族群的員工比例。

步驟三：確定目標族群

　　此刻公司必須回答這個問題：「我們正在尋找哪一種人來填補這
個空缺？」爲了要闡明這個問題，公司需要定義出招募的目標族群。
在這裡會出現兩個問題：(1)列舉員工的必備條件；(2)決定要鎖定全
體申請工作者的哪一個部分。

列舉員工必備條件（specifying worker requirements） 一個公司必須確認出這份工作的特定必備條件，如任務、關係、雇用的薪資範圍，以及新進人員必須具備的才幹（如教育、經驗、知識、技能與能力等）[36]。理想上，這些資訊的大部分可以經由工作分析來取得（請見第四章），並因此會被含括在工作敘述中。如果情形並非如此，那麼招募就應該向負責聘用員工的經理取得這些資料。

決定要鎖定全體申請工作者的哪一個部分 一家公司在此時必須決定要將重心放在所有的申請者身上，還是只針對合格申請者中的某一部分。

從內部招募人員時，所要注重的問題是：公司是否應該公佈職缺，好讓所有合格的員工都有被考慮到的機會，或者公司應該只挑選某些有「高度潛能」的員工，並從中薦舉適合該職位者？

從外部招募人員時，公司必須決定是否要通知所有具有可能性的申請者，或是只鎖定某些類型的人。如同先前所述，公司也許在將招募的目標針對某些特定低度聘用團體的成員時獲得好處[37]。另一個策略是將目標放在特定學校的畢業生身上，此類學校在該工作所著重的領域方面，有特別加強訓練的計畫[38]。此外，某些公司會將招募人員的目標鎖定在其他公司中表現卓越的職員上。不過要徵得此類人員也會引起一些特殊的問題。這些人也許不容易爭取到，因為他們並沒有在積極地尋找新工作。更何況「掠奪」其他公司的員工會引起某些嚴重的道德問題。

步驟四：將訊息傳達至目標族群中

一旦鎖定了一群申請工作者，公司就必須確定要如何知會這些人該項職缺正在招募人才。有各種不同的招募方式也許可以用來傳達工作空缺的消息，例如公佈在海報、報紙廣告、校園求才等地方，本章稍後會再加以介紹。在這一節中，我們要討論公司在通知的過程中可

以採取什麼措施，來將申請者的數量控制在一個易於處理的大小。

因為經濟情況的影響（請見第二章），就業市場上常常起伏很大。當失業率高漲時，市場上求職者充斥，某些曾經歷大幅裁員的行業尤其如此。舉例來說，光是一九九三年的前九個月，就有四十五萬人被解雇[39]，這些被解雇的人大多是按工作時數計薪的勞工，但其中也包括了督導、中層管理階級，以及專業性質的職位[40]。例如一家醫療器材製造商 Smith & Newphew DonJoy 公司在一九九三年內所收到的求職信就多達五年前的五倍[41]。

因此，在這個規劃的階段，公司有時必須藉由計畫上的設計，才能縮小申請者的數量，並吸引到真正符合資格的求職者。為了避免過度花費時間在淘汰不合格的求職者上，除了最合適的人選以外，公司們必須使所有其他的求職者打消申請的念頭。使不合格者打消念頭的最好方法，就是在職缺通知上清楚地說明該工作的必備資格。不過公司在說明要求的資格時必須謹慎處理；某些像高中文憑、身高或體重等的要求，可能會招致法律上的問題，因為它們傾向於排除某些被保護族群中的少數人[42]。我們在第二章中曾談到，不均衡的雇用比例可以被當成是歧視他族的一個充分表面證據（prima facie evidence）。因此這一類的資格只有在與工作相關的時候才能被使用。

步驟五：與應試者面談

最後，最符合資格的候選人被安排接受面談以及其他的評估程序。這些程序能達到甄選與招募的目的。從甄選的角度來看，這些程序給了公司一個機會來進一步評估候選人的資格（我們在第六章中會討論這個部分）。從招募的角度來看，它們提供了候選人一個學習更多有關該工作之訊息的機會。候選人應該獲得有關公司與工作的訊息（關於此訊息的描述，請見「經理人指南」）。要是無法提供充足的資訊，可能會對招募的過程有害。舉例來說，它可能會被工作候選人

解釋為公司企圖迴避討論工作上的負面特性，或者可能會被視為是招募者對他們並沒有興趣的表示[43]。缺少了明確的訊息，求職者也許會在不瞭解那些會影響長期工作滿意度的層面下，而接受了一份工作，或者他們也許會在不瞭解該工作的正面特質下，而拒絕了這個機會[44]。

內部招募人員法（Methods of Internal Recruitment）

內部招募最常見的一種方法，在下列的章節中會加以討論。

電腦化之生涯升遷系統

我們曾在第三章的「個案討論」中討論了一種內部招募的方法，那就是 AT&T 公司所使用的電腦化職位升遷系統(computerized career progression systems)。稍後在第三章中，我們也探討了有關每位員工工作技能的資訊，要如何儲存在人力資源資訊系統（HRIS）中。當一項工作產生空缺時，電腦就會搜尋該工作的技能檔案，以便找出哪些員工已具備了符合該職缺的要件。

優點　利用這種方法可以很快地找出工作候選人，公司也可以此方法確認出範圍較廣的求職者，而不會將範圍只侷限在職缺所在部門工作的候選人身上。

缺點　在電腦資料庫裡的技能清單中，只包含了客觀上或實際上的資訊，例如教育程度、特殊技能證明、曾接受的訓練課程，以及語言能力等。較為主觀的資訊（如人際間的技巧、判斷力、整合力等）則被排除在外。但對於許多工作而言，這一類的資訊是極具關鍵性的。

公司督導者之推薦

被聘請的督導者在被要求提出一至數位可供考慮的人選時，也可以辨認出公司內部的候選人。督導者通常會提名他們已熟知其工作能

力的人。

優點　可以想見的是，這個方法在監督者中運用的程度很普遍，他們喜歡使用這個方法的原因是，它能給予自己自由來選擇會向自己回報工作狀況的人。除此之外，督導者通常都具有瞭解潛在候選人能力的優勢，尤其是那些已經爲他們工作了一段時間並正在尋求升遷機會的人。

缺點　督導者的推薦通常十分主觀，因此有偏見或歧視的可疑性[45]。此外，某些合格的員工可能會被忽略掉，也就是說，督導者也許會爲了讓他們「鍾愛的」（favorites）員工升級，而忽視了一些優良的候選人，或者他們可能只是沒有察覺到某些人所具有的能力罷了[46]。

法院並不贊成這種內部招募法，因爲斷定此法有偏頗之嫌，能夠因此爲歧視的行爲提供一個現成運用的機制。法院較傾向於使用能夠讓所有合格的內部候選人都被通知到升遷機會的制度，他們才有平等的申請機會。

公佈職缺

公佈職缺（job posting）是內部招募所最常用的方法，至少在非管理階層的工作是如此。在一項典型的職缺公佈系統中，一份職缺的通知會被公佈在所有員工都能看到的地方。這份通知會敍述該工作的薪資、時程表，以及必要的員工資格。所有具備這些條件的員工都可以申請或是「爭取」（bid）這份工作，然後人力資源管理部門和／或負責聘用員工的經理再從爭取者中加以篩選。最符合資格的申請者是經由面試中挑選出來的。

發展出一套公佈職缺系統並非易事，人力資源管理專業人員必須決定許多關於如何以最佳方式來實施此系統的事宜，如**深入探討 5-1**所示。從員工的觀點來看，公佈系統中最重要的特質就是他們在面試

公佈職缺
是內部招募的一種方法，一份職缺的通知會被公佈出來，而且所有符合資格的員工都可以爭取這份工作。

發展職缺公佈系統時所需考慮的問題

為成功而規劃

1. 確定可行性。

2. 確保員工被接受性。

3. 考慮法律方面的標準。

確定適任之條件

1. 在公司服務的最低期限（通常為一年）。

2. 擔任現職的最低期限（通常是六個月到一年）。

3. 一年准許申請的次數（通常為二至三個）。

4. 允許同時申請的職位數（通常是兩個）。

5. 是否准許稍後再次轉換職位（通常不贊同）。

6. 在公司的表現（通常需要在最近的工作評估中獲得大部分令人滿意的評分、擁有良好的出勤記錄，同時必須不在試用期間）。

確定要公佈的工作種類

1. 大約有百分之八十的公司公佈勞工階級的工作。

2. 大約有百分之五十的公司公佈專業性質的工作。

確定要公佈訊息的內容

1. 職稱與部門。

2. 特殊職務表。

3. 必備的資格。

4. 薪資範圍。

5. 申請該工作的方式。

6. 工作行程。

7. 肯定行動的說明。

確定公佈職缺的地點

1. 位於所有人都可接近的公告欄，以及易被看到的地方。

2. 指定的公佈中心。

3.員工的通訊刊物。

4.「職務異動消息」的傳單。

確定時間上的限制

　　1.公佈的時間長短（通常是公佈一個星期）。

　　2.通知申請者最後決定的時限（通常為三個星期）。

　　3.接受新職與離開前職之間所允許的時間（從三十天到六個星期不等）。

確定何時通知現有的督導者有關其部屬申請職缺的事宜

　　1.在員工申請之前通知督導者。

　　2.在申請者已成為公司慎重考慮候選人時才通知督導者。

　　3.在員工已經接受新職之後再通知督導者。

建立審核申請者的程序

　　1.申請者首先由人力資源部門篩選。

　　2.與聘用督導者面談。

　　3.作出聘用的決定（通常是以如過去工作表現評估、考勤、在公司服務的時間長短、督導者的推薦，以及面談的結果等因素為基礎）。

提供回饋給申請者

　　1.記錄下決定；為每一位未能獲得工作的候選人填寫一份表格，說明未錄取之原因。

　　2.盡快以書面通知所有申請人有關該職缺的決定。

　　3.提供生涯諮商，內容包括：

　　　　a.沒有被接受的原因。

　　　　b.補救性措施，如接受訓練以符合更佳職位的要求。

　　　　c.關於求職過程的訊息（如爭取工作的方式、在面試中要如何舉止等）。

建立申訴程序

　　1.改善員工對此系統的信任度。

　　2.協助對抗甄選過程的不公的訴訟。

當中會被如何地對待，以及他們能從中獲得多少關於生涯上的諮商意見[47]。

優點 　職缺公佈系統有許多好處。此法成功地點明了法律上的顧慮，也就是所有適任的候選人都能得到職缺的通知。此外，公佈工作有下列幾項優點：

- ■增加公司內最符合資格之候選人被納入考量的可能性。
- ■給員工一個機會爲本身的事業發展負起責任。許多人也許會企圖改進其工作技能與表現，因爲他們體認到這方面的努力可以爲他們帶來更大的晉升機會。
- ■使得員工能夠離開一個「惡劣」的工作環境。同樣地，它能激勵現有的監督者更有效地管理其員工，以打消他們「跳槽」（jumping ship）的念頭。

缺點 　這裡是一些與公佈職缺有關的缺點：

- ■這個職位也許仍會空缺很長的一段時間，因爲這種方法很耗時。
- ■這個系統也許會阻礙督導者雇用他們心目中的理想人選。這種情形會引發攪亂戰術（gamesmanship，一種爲贏得比賽而採取雖不犯規但不光明的手段）──亦即試著「打垮系統」（beat the system)的監督策略。
- ■有些員工也許會在不清楚本身方向的情況下而去爭取一份工作。
- ■被拒絕的員工也許會公司產生疏離感。

生涯發展系統

生涯發展系統（career development systems）代表了另一個從公

生涯發展系統
是內部招募的一種方法，公司可以爲一些「快速掘起」或具有高度潛力的員工預鋪一條途徑，使他們能爲一些特定目標的工作接受訓練。

司內部填補職缺的方式。與其鼓勵所有的員工都來爭取一份工作，公司可以爲一些「晉升快速」（fast-track）或具有高度潛力的員工鋪路，使他們能爲一些特定目標的工作接受訓練。第七章中詳述了經理的生涯發展法。

　　施行生涯發展系統的一項關鍵議題就是要如何來辨別出最合適的候選人。甄選員工的程序必須符合第二章與第六章中所述的專業及合法方針。必須避免主觀督導者的提名。

優點　生涯發展系統往往是因下列原因而有效果：

- 公司表現最優異的員工（也就是那些在這個計畫中挑選出來的人）最有可能留在此公司。
- 這樣的系統有助於確保某一項職位出缺的時候，總是可以找到能夠填補的人。

缺點　與生涯發展系統（career development systems）有關的主要缺點有下列幾項：

- 沒有被選上接受訓練的員工可能會覺得對公司的希望破滅，進而離開公司，即使他們是表現不錯而且腳踏實地的員工——只不過不是頂尖的而已。
- 如果因爲目標中的職位一直沒有空下來，而使得預期中的升遷機會無法被具體，被選上的員工可能會因此而感到挫折感。

外部招募人員法

　　有各種不同的方法可被運用在外部招募人員上，接下來我們將討論其中的幾種。

員工薦舉法

員工薦舉法
是外部招募的一種方法，亦即公司會請員工們勸誘合格的朋友或同事來申請職位。

當一項職位空下來之後，公司通常會使用**員工薦舉法**（employee referrals）來填補這項職位。也就是說，人力資源專業人員或部門經理會請員工們勸誘合格的朋友或同事來申請。在某些例子中，公司會提供誘因，如紅利或獎品等，給每個實際被雇用者的推薦人。「個案討論」中的 Kentucky 大學教學醫院就是使用此法。

優點　因為很多公司都覺得這個方法很有效，因此頗受歡迎。在典型的例子中，一家公司大約可經由薦舉法招募到總勞動力的百分之十五[48]。被員工推薦者傾向有較好的表現，並比經由其他方式所招募進公司的人，留在公司的時間更長[49]。員工常是好的招募者，因為他們對出缺的工作以及被推薦者瞭解甚詳，因此能夠正確地判斷這兩者是否「適合」（fit）。此外，員工因為相信他們的信譽也在被考量之列，所以會盡其所能地推薦最符合資格的人選，這也是他們能夠成為好的招募者的原因[50]。

缺點　員工薦舉也許會成為公平就業機會的屏障。因為員工大多可能推薦與他們本身最相似的人，如相同種族、性別等，這可能會引起公平就業機會的問題。所以假使公司的成員主要是由白種男性組成，那麼女性與少數民族也許就無可避免地會被排除在考慮之外。

毛遂自荐者之招募

毛遂自荐者的招募
是外部招募的一種方法，亦即公司收到對公司有興趣者不請自來的申請書或履歷表。

公司常常會收到對公司有興趣者不請自來的申請書或履歷表，如此「積極」（active）的應徵行為並非總是必要的。某些公司因為在薪酬、工作環境、員工關係，和／或社區活動參與度等方面都享有良好名聲，而被公認是個工作的好地方，**毛遂自荐者的招募**（application-initiated recruitment）方式在這類公司中因而特別盛行。

許多公司現在都將這些自發性的履歷表登錄在人力資源資訊系

MCI 電話公司追蹤自發性應徵者履歷表之電腦化系統

MCI 電話公司所使用的方法包含了下列幾個步驟：

1. 收到一份郵寄來的履歷表時，先由一位員工以電腦掃描過。

2. 當負責聘用員工的經理需要填補一項職缺時，他就通知招募者該職缺所需要的資格。

3. 招募者以關鍵字來搜尋資料庫。

4. 電腦展示出符合資格之履歷表的數量。如果數目過多或是過少，招募者就會增加或減少關鍵字的數目，以產生一個數目較為適中的候選人名單。

5. 之後招募者可以在銀幕上檢閱這些履歷表，並除去不適合的人選。

6. 最後則將這些最佳履歷表經由電子郵件或傳真的方式送至負責聘用的經理作決策。

統（HRIS）中，**邁向競爭優勢之路 5-3** 中有一項實例。

優點　這個招募法既有效又所費不多，此外，候選人極有可能被引發對此工作的高度興趣，因為他們已經花了時間來瞭解這家公司[51]。

缺點　從這些自發性的申請者中來挑選員工可能會有時間上的問題，因為申請書與履歷表也許已在「檔案」中保留了一段時間，當工作空缺產生時，這些人當中可能已經有許多人已找到了其他的工作。

徵人廣告

徵人廣告
是外部招募的一種方
法，公司將關於一項職
缺的廣告刊登在合適的
媒體上（如報紙、雜誌
等）。

也許通知求職者有工作機會的最廣為人知的方法就是**徵人廣告**（help wanted advertisements）。刊登廣告的適當媒體主要得看招募的地區為何。當尋找的對象是在本地時，公司可能就會在當地的報紙上刊登廣告、在電視或電台上宣傳，或是在佈告欄上張貼公告。搜尋的地理區域範圍較廣時，可能就可以將廣告刊登在全國性的報紙（如〈華爾街日報〉、〈今日美國〉）、雜誌、專業／貿易期刊，或是網際網路上。

優點　徵人廣告可以讓雇主在短時間內接觸到較廣的群眾。事實上，這樣的廣告已經幾乎被所有的公司所使用[52]。這種方式不只是能幫助確保擁有廣大的申請者，還能夠幫助確保所有被保護族群的成員得到申請工作的機會。

缺點　多少令人感到驚訝的是，徵人廣告常常沒有效果。舉例來說，一些研究發現，經由報紙廣告被雇用的人，比起那些經由其他招募方式而被雇用的人，工作表現較差而且曠職的情形也較頻繁[53]。廣告無效也許是因為它們無法觸及最適合的人選——那些事業成功者，目前並沒有正在尋覓新職。此外，其他的招募方式，如員工薦舉，可能還較能吸引最符合資格的人選——一位朋友可以比一個廣告更具說服力[54]。

徵人廣告能夠觸及廣大的群眾，但如果太多人回覆某一個廣告，這一點很快地也會變成一項缺點。如同先前在此章所提到的，篩選數量龐大之候選人，常會成為行政工作上的一大夢魘。

要得到效果的話，徵人廣告就必須要能阻止不合格的人申請工作。在此同時，廣告的內容必須要能抓住合格人選的注意力，並且讓他們對工作產生興趣。撰寫有效廣告的祕訣展示在**深入探討 5-2** 中。

撰寫有效徵才廣告之訣竅

1. 將廣告設計得能夠抓住讀者的目光,並想再一探究竟。使用有助於向求職者推銷該工作的標題,不要只是列出職稱而已。不過廣告內容也不應該過於高深或花招百出。
2. 不要信口開河,作出無法實現的承諾。詳實敘述有關該工作的晉升機會、挑戰性、職責所在等等問題。
3. 明確指出工作要求與必備資格(即教育、經歷,以及個人特質)。
4. 形容為此公司服務的優點。
5. 精打細算地運用廣告的版面,廣告的大小應該與職位的重要性以及尋求的人選數目成比例。
6. 確定廣告容易閱讀並合乎文法,字體也應該吸引人並容易辨認。
7. 提供讀者進一步的資料來源(亦即地址或電話號碼)。

職業介紹所及獵人公司

　　職業介紹所(employment agencies)與獵人公司(executive search firms)代表了另一個外部徵募人員的選擇。在此方法中,一位雇主藉著聯繫適當的介紹所或公司,並通知他們該職缺的必備條件,來開始招募的過程。介紹所或公司承擔起招募與甄選求職者的任務,然後再將最佳人選轉薦給雇主們來進一步審核。職業仲介機構有三種類型——公立職業介紹所、私立職業介紹所,以及獵人公司,這三類機構在過去的十年中已經經歷了顯著的成長,接下來我們就對各機構加以討論。

公立職業介紹所　**公立職業介紹所**(Public employment agencies)是

公立職業介紹所
是由美國就業服務協會(USES)贊助之下由每一州所各自經營的。這些介紹所為人們所提供的大多是文書或藍領階級的工作。

由美國就業服務協會（U.S. Employment Service, USES）贊助之下由每一州所各自經營的。在聯邦法律之下，每個領取失業救濟金的人都必須在其所在的州立職業介紹所登記求職。

公立介紹所為人們所提供的大多是文書或藍領階級的工作。使用公立職業介紹所來為這些類型的工作尋找員工，是一種既經濟又有效率的方法。成本低是因為這種機構不會向雇主們索取費用，有效率是因為這類工作能快速找到人來填補——有可能獲得工作的申請者都已在州立機構中註冊登記了，同時因為他們都正在失業中，所以能夠立即開始工作。從負面的角度來看，一些雇主們都很關切這些求職者的工作動機有多高——他們也許只是為了保有他們領取失業救助金，才去申請工作，而且可能實際上對工作機會一點興趣也沒有。

私立職業介紹所
會為其服務索取費用，能夠提供公司文書、藍領階級與低層管理階級的工作。

私立職業介紹所　**私立職業介紹所**（Private employment agencies）在三個重要的方面與公立介紹所不同：

1. 私立介紹所的資源可以填補的職位範圍較廣，除了提供文書與藍領階級的人員之外，私立介紹所也能用來尋找科技的與低層管理階級的工作。

2. 求職者是自動來介紹所登記的，因此也許會比公立介紹所的人更有意願去接受一份工作。

3. 當介紹所為公司找到的人員職位較高時，它會為其服務向該公司索取費用，文書工作與藍領階級的候選人則必須自己付費。

因為私立職業介紹所為公司紓解了行政上尋找、聯繫與事先篩選求職者的重擔，當許多求職者都希望獲得工作或者當合格人選難尋時，這類機構尤其有用。

獵人公司
為一種職業介紹所，其專長在於招募薪水範圍一般高於六萬美元（年薪）的中高級經理人才。

獵人公司　**獵人公司**（executive search firms）較廣為人知的名稱為「獵頭者」（headhunters），它們的專長在於招募薪水範圍一般高於六萬

示例 5-4　獵人公司尋才過程的步驟

---

1. 尋才公司與客戶的公司共同研究出候選人的資格。
2. 尋才公司為搜尋程序要如何執行準備出一套策略。
3. 尋才公司為尋找可能人選作出具體努力。申請者是經由下列資源中所找到的：
   - 履歷表的資料庫。
   - 工作中所接觸到的人。
   - 前一次搜尋中所留下來的檔案。
   - 分門別類的通訊錄。
   - 私人的電話。
   - 同事。
   - 自發性的履歷表。
4. 尋才公司在面試、推薦人比對，以及標準化的考試中，對每一個有可能的候選人進行背景、資格的審查。公司就一些因素進行檢視，如與客戶的適合度、工作經歷、推薦人、個人特質、專門技術，以及教育背景等。
5. 尋才公司為客戶的公司提出一份一至五位人選的名單，以供進一步的篩選。

美元（年薪）的中高級經理人才。獵人公司會向雇主們索取較高的費用。事實上，即使介紹給公司的人選實際上沒有被雇用，還是要付費給此機構。獵人公司尋才過程的步驟如**示例 5-4** 所示。

　　獵人公司被運用的程度非常普遍。這些公司每年接觸超過四百萬個有希望的工作應徵者，其中大約有八萬名被雇用[55]。獵人公司能夠找出在其他地方工作的成功主管人才——那些並沒有積極尋找新職的人。

　　然而，搜尋主管人才的結果也可能並不成功。在所有的搜尋個案中，只有百分之五十至六十找到最初指明要尋找的類型[56]。為了要將搜尋過程的效果發揮到極限，雇主們應該遵循**深入探討 5-3** 中所列的方針。

如何有效地與獵人公司合作

1. 找對公司：這家公司應該有哪些明確的經驗？此公司接受這項任務的動機為何？

2. 在搜尋開始時就曉得自己要的是什麼：你絕對有權在招募過程開始前去要求公司為你詳細規劃出你的需求。在你簽字同意公司所列出的必備條件時，你應該曉得你希望面試的人是屬於哪一種類型。

3. 不要將工作必備條件變成一種搖擺不定的目標：如果你原先的需求有了改變，就取消搜尋過程並將費用付清，不要期望只付一項費用但進行兩項搜尋，要從頭開始。

4. 誠實：告訴搜尋顧問他需要知道的每一項細節，坦白地告訴他你心目中的候選人是否存在，你究竟能不能負擔這樣一位候選人所預期的薪水，以及這樣理想的人選會不會對提出的職位有興趣。

5. 溝通：與搜尋顧問維持一個積極的對話管道，讓他／她與所有接受甄選的人選會面。

6. 盡快作出聘用的決定：你要是花了太多的時間在評估一位候選人上，就會增加搜尋顧問的負擔，因為他不能讓此人選在不確定中等待。

7. 不要期望無止境的尋找：一旦公司接觸了超過五十到一百名有希望的人選，並呈現出一份三到五人的名單時，就應該盡快就名單上的人選進行面試。在大多數的案例中，如果公司盡到責任，最後人選中應該會有一名得到工作。

示例 5-5　校園徵才過程的步驟

1. 主持一項招募分析：公司執行一項招募分析來評估分別在長期與短期內所需要的新能力條件。
2. 預備一份職位必要條件書：每一項職位都需要一份格式化的必備條件書，內容敘述工作的職責，以及此工作所需的技巧與能力。
3. 挑選學校：選好預定前往招募人才的學校，在夏天時訂定招募行程。
4. 舉行校園面試：招募者在秋天與春天時進行面試。
5. 篩選候選人：招募者邀請最佳候選人參加現場面試。
6. 評估招募過程：由人力資源管理部門評估招募的過程，來確定職缺是否仍存在、新雇用者的素質，以及此計畫的成本效益如何。

校園徵才

校園徵才（campus recruiting）需要公司的招募者拜訪各大專院校，來為需要具備大學學位之職務招募人才。校園徵才的過程在**示例 5-5** 中有詳細的敘述。

在校園所進行的面試中，通常在最後的二十到三十分鐘裡，招募者與學生們會彼此作出決定，招募者會對學生對工作的適合程度作出初步的評估，學生則會對此公司的吸引力作出初步評估。

一名學生對為一家特定公司工作的興趣，大部分取決於面試中招募者的行為與態度[57]。如果招募者被認為表現惡劣（因為他們並沒有看學生的履歷表或是對工作的瞭解甚少），學生也許就會很快地對該公司感到失望[58]。同時，如果招募者的態度很冷漠或疏遠，學生也許就會假定此公司也是如此。

優點　校園徵才被用來填補如工程、金融、會計、電腦科學、法律，以及監督管理等領域中的基層職位[59]。事實上，在所有的經理與專業人員中，大約有一半工作經驗不到三年的人，是從校園中所徵募到的[60]。一項對《財富》（*Fortune*）雜誌上所列的前一千大公司所作的調查中顯示，校園徵才活動平均佔了一家公司之人力資源管理預算的百

示例 5-6　外部招募法的比較

招募法	工作種類	速度	地理上的位置	成本	符合公平就業機會原則的程度
員工薦舉	全部	快速	全部	低	低
毛遂自荐	全部	快速	全部	低	低
徵才廣告	全部	快速／中等	全部	中等	高
公立介紹所	書記性質 藍領階級	中等	本地	低	高
私立介紹所	業務 書記性質 技術性 低層管理	中等	本地	中等	中
獵人公司	主管	低	地方／全國	高	中
校園徵才	大學畢業生	低	地方／全國	中／高	高

分之十六 [61]。

缺點　校園徵才既成本高又耗時。每聘用一人的花費在一千五百至六千美元之間 [62]。此外，招募過程也可能較為緩慢：公司在九到十一個月前就必須確定它們招募上的需要，而且正常來說，必須等到畢業才能開始聘用。

選擇正確的方式

關於外部招募法的選擇，大部分決定於與聘用有關的情況上。下列的因素最為相關：

■被填補之職位類型。

■此職位需要多快被填補。

■招募的地理區域。

■實施招募法的成本。

■從工作機會平等的角度來看，此法是否能夠吸引到組合正確的
人選。

示例 5-6 根據這些因素來比較各種不同的外部招募法。

在法律上，員工必須確保他們在招募方面所作的努力涵蓋到女性
及其他少數族群，尤其是當公司內的某些族群被低度利用時。過度倚
賴員工薦舉及申請者自發性的招募法，可能會將雇主置於違反公平就
業機會法的風險中，因爲這些方法並無法保證適當混和各種族群的人
選會來申請工作。從另一方面來說，徵才廣告就有更大的潛力能夠成
功地接觸到這些不同族群的人。

經理人指南

招募人力資源與經理之職責

部門經理在招募的過程中，扮演了三種關鍵性的角色。

確認徵才需求

部門經理通常能夠確認其所在的單位的需求，這些需求也許會被
下列情況中的任何一項所啓發：

■一位即將卸任的現職者必須被取代。

■爲了回應工作量的增加，必須額外增加職位。

■新工作的產生。

與人力資源管理部門就徵才需求交換意見

第二，部門經理必須向人力資源專業人員（亦即招募者）傳達

特定的訊息：

- ■此工作所需的技能／資格。
- ■此工作吸引人的特質。
- ■此工作不吸引人的特質。
- ■招募者應該如何與候選人討論這些不吸引人的特質[63]。

與應徵者之互動

第三，部門經理與應徵者的互動。這個角色尤其重要，因為如我們前面所述，經理的行動對申請工作者的認知上有很重要的意義。經理的舉止為申請人傳達出強烈的訊息，讓他們知道如果接受了這份工作，實際的情況會是如何[64]。為了確保這份訊息是帶有正面意義的，經理應該遵循下列原則[65]：

- ■在招募過程中，讓申請者瞭解他們正處於招募中的哪一個階段。如果有任何的延誤產生，立即讓申請者知道，因為他們可能正在期待進一步的資訊和行動。
- ■依據申請者的方便性來安排面談。
- ■讓申請者與他們未來的同事談話。如此可使他們有機會去問一些他們不會向經理問起的問題，並且讓他們感受一下在此公司中工作的實際情形。

人力資源管理部門能提供何種協助

雖然部門經理在招募過程中扮演了一項重要的角色，但實際上大部分的工作都是由人力資源專業人員所完成的。

規劃徵才過程

人力資源專業人員的任務在他們接到部門經理的要求時即展開。在與經理商談過有關確認特定需求等事宜後，人力資源專業人員

就必須計劃招募的過程。也就是說,他們要如何找到申請者,並且要以何種方式來吸引他們。

實施徵才程序

之後人力資源專業人員必須將招募過程付諸實行(例如撰寫廣告內容、選擇職業介紹所、舉行校園面試等)。當候選人都被邀請到現場來參觀時,人力資源管理專業人員通常會協調這些拜會行程。這項活動包括了下列工作[66]:

- ■安排旅行相關事宜。
- ■排定候選人面試時間。
- ■全程監督候選人在招募過程中的狀況。
- ■儘快完成處理候選人的相關事宜(如撰寫拒絕或接受申請之信函)。

評估徵才過程

人力資源專業人員所扮演的最後角色,是關於評估的角色。評估包含了下列幾項活動[67]:

- ■計算從每一項招募法中所能產生的申請人數、聘用人數,以及能夠成功執行工作的被聘者人數。
- ■確定每一項招募法的成本效益。
- ■控制工作機會平等方面的雇用統計人數,以確保符合法律標準。

增進經理人之人力資源管理技巧

我們現在來討論經理們要成功實行其招募職責所需的特殊技巧。

對應徵者應提供哪些資料

　　你應該花二十分鐘來告訴申請者有關工作與公司的事宜。如同我們在第六章所作的解釋，你應該在面試結束時提供應試者此類訊息。關於面試的這個部分應該依下列的方向來架構[68]：

1. 敘述公司的營運狀況，提供充分的資訊，好讓求職者能夠瞭解此企業的本質、它提供了何種產品或服務，以及它的產品或服務如何與其競爭者有所不同。

2. 呈現相關的事實與數字，敘述有多少人受雇於本公司、公司內有多少部門，以及公司到目前為止的獲利狀況如何。

3. 敘述公司的歷史，何時成立？成功的祕訣為何？公司的哲學為何？

4. 敘述公司創始之初擁有的部門，他們的工作為何？由多少人組成？現在正在進行的計畫為何？工作氣氛如何？

5. 敘述工作本身有哪些任務？此工作的正面與負面情形為何？

6. 將自己形容成一位經理，你的管理與領導風格如何？哪一類型的員工會讓你印象深刻？哪一類的員工讓你覺得很困擾？

7. 形容工作的環境。這位員工將來會有一間私人的辦公室嗎？會有私人的祕書嗎？帶領這位申請者參觀一下工作的場合。

8. 討論薪資。如果薪水的多寡沒有商量的餘地，就將這一點告訴申請者，否則應該指出與此工作有關的薪資範圍。

9. 敘述一星期的工作行程與給付薪資的時間，說明午休時間、工作時數的長短、加班的必要性，以及第一次薪資會在何時收到。同時敘述請假的幾項選擇（病假、事假、休假等等），以及隨著年資的增加，假期的份量會不會也跟著增加。

10. 敘述事業上的機會，這家公司有內部升遷管道嗎？要求升級是否有正式化的程序，例如公佈職缺？討論績效評估與薪水

加級的預定表。此員工何時可預期獲得第一次加薪？之後加薪的頻率為何？

11. 敘述員工們最喜歡公司的哪個方面，他們下班後會從事社交性的活動嗎？有沒有公司所組成的運動隊伍？這份工作具有挑戰性嗎？高層管理階級會與員工接觸並且切中實際嗎？

12. 鼓勵員工提出問題。有哪些事項是申請者想要澄清的嗎？只有在申請者問題發問完畢之後，才能結束面試。

如何提供資訊

在面試期間，你需要給候選人一個好的印象。除了要充分提供資訊以外，你也應該表現出能幹的一面與良好的風度[69]。要建立能幹的形象，須避免表現得防衛性太強以及過於自滿，避免討論無關緊要的話題，要順著求職者所提出的問題，給予滿意的解答[70]。要表現出良好的風度，你應該展現出溫和的神態、對申請者在外所從事的活動表現出興趣，並且顯現出對公司的熱忱[71]。

提供實際工作內容介紹

傳統的招募法有時只藉著強調工作的正面特質來「推銷」（sell）這個公司；經理們故意保留有關工作將來須面對之問題與困難的部分資訊，期待正面的方式能夠吸引更多的申請者。

如稍早所述，當雇主確實地傳達工作的實際情形時（指對實際工作預覽，realistic job previews），留職率通常都會有提升[72]。不過因為有實際工作預覽(RJPs)的施行，有時會減低某些人對工作的興趣，所以它們並非適合所有的情況。當下列情況存在時，才是使用實際工作預覽的最佳時機：

- 離職率與個別相關的成本很高。
- 有些工作的負面因素申請者並不知道，而這些因素也許是強烈

影響他們事後辭職的主因。

■符合的求職者很多。

實際工作預覽（RJPs）應該在申請者接受一份工作前進行，它應該提供該工作一幅均衡的全貌，並且應該包括此工作讓員工們最滿意與最不滿意的重要層面。當提供一項實際工作預覽時，你應該[73]：

■囊括說明性的資訊（起薪、平均晉升時間、工作時數等）以及判斷性的資訊（將使員工滿意或不滿意的方面）。比方說，你可能會告訴申請者你對員工的監控非常嚴密。

■避免將所有可能的訊息都告訴申請者。將你所陳述的負面因素侷限在過去曾經導致離職情形的範圍內來討論，如工作危險性、工作場所之男女差別待遇、在工作時間遊戲、必要性的加班、缺乏讚美、部門的重要性快速轉移，以及厭煩等。當你決定要說明哪一些負面的訊息時，有兩個必須提出的基本的問題是：「求職者對這些議題有不正確的期待嗎？」，以及「這項議題有重要到會影響員工的去留決定嗎？」。

■你所賦予這些正面與負面因素的相對重要性，應該會反映出這些正反因素在實際環境中的平衡度。換言之，如果正面的因素與負面的因素相等，那麼就應該各花一半的時間來分別討論。

回顧全章主旨

1.瞭解一家公司招募計畫的實施，如何能將其引向競爭優勢：

■增加成本效益。

■吸引高資格／高生產力的應微者。

■經由實際工作預覽（RJPs）提高留職率。

■修正合法性的問題。

■協助創造出一個文化上較為多元性的工作場所。

2.解釋與規劃招募策略有關的選擇。

　　■確認出職缺所在。選擇：

　　　●等待某人辭職。

　　　●人力資源規劃。

　　■決定如何填補一項職缺。選擇：

　　　●將其填補或不予理會。

　　　●使用核心或臨時員工。

　　　●從內部招募或從外部招募。

　　■確認出目標族群。選擇：

　　　●內部：確認出是全部的或是已經挑選過的員工。

　　　●外部：確認出是全部的或是將焦點放在申請者所屬的特定族
　　　　群中。

　　■通知目標族群

　　　●如有必要，縮小申請者的數目。

　　■與申請者會面

　　　●提供資訊。

　　　●為申請者留下好印象。

3.討論各種不同的招募法

　　■內部招募：

　　　●監督者的推薦：由負責聘用的督導來選擇候選人。

　　　●公佈職缺：公佈一項職缺的通告，而所有的合格員工皆可爭
　　　　取。

　　　●將生涯晉升系統電腦化：為「晉升快速」（fast-track）或具
　　　　有高度潛力的員工鋪路，使他們能為一些特定目標的工作接
　　　　受訓練。

　　■外部招募：

　　　●員工薦舉：公司要求其員工推薦合格的朋友或同事來申請職

缺。

- 毛遂自荐者的招募法：公司接受對公司有興趣者之自發性的申請書或履歷表。
- 徵才廣告：公司將關於一份職缺的廣告刊登在適當的媒體上。
- 公立職業介紹所：是由美國就業服務協會（U.S. Employment Service, USES）贊助之下由每一州所各自經營的。這些介紹所為人們所提供的大多是文書或藍領階級的工作。
- 私立職業介紹所：會為其服務索取費用，能夠提供公司文書、藍領階級與低層管理階級的工作。
- 獵人公司：為一種職業介紹所，其專長在於招募薪水範圍一般高於六萬美元（年薪）的中高級經理人才。
- 校園徵才：為一種招募方法之一，公司的招募者拜訪各大專院校，來為需要具備大學學位之職務招募人才。

關鍵字彙

毛遂自荐者的招募（application-initiated recruitment）

校園徵才（campus recruiting）

生涯發展系統（career development systems）

臨時人員（contingency personnel）

核心人員（core personnel）

員工薦舉法（employee referrals）

獵人公司（executive search firms）

徵人廣告（help-wanted advertisements）

獨立契約包商（independent contractors）

公佈職缺（job posting）

契約勞工機構（labor leasors）

私立職業介紹所（private employment agencies）

公立職業介紹所（public employment agencies）

實際工作預覽（realistic job previews）

臨時僱員機構（temporary employment agencies）

重點問題回顧

取得競爭優勢

1.敘述三種能幫助公司獲得競爭優勢的有效招募法。

2.哪一種解釋曾被用來說明使用實際工作預覽（RJPs）能幫助改善留職率？

3.解釋招募者行為會對招募結果成功與否所造成的衝擊。

人力資源管理問題與實務

4.當一項工作產生了空缺時，並不一定總是需要將其填補起來。列出三項其他的可行性。

5.區分核心人員與臨時人員的差別，討論與這兩者有關的優缺點。

6.為什麼大部分的公司通常都經由內部招募來填補較高的職位？

7.在什麼情況下會建議使用外部招募法？

8.當通知目標族群有一職缺開放時，公司有什麼方法能夠限制不合格的求職者人數？

9.本文建議公司在從內部招募時，應該避免使用監督者的推薦。監督者的推薦有些什麼潛在的問題？

10.比較並對照三種類型的職業介紹所。

經理人指南

11.敘述經理在招募過程中所扮演的角色。

12.一位公司的經理如何能在面試中給招募者一個好印象？

13.在什麼情況之下，最適合使用實際工作預覽（RJP）？請解釋。

實際演練

WHAT ATTRIBUTES DOES A CAMPUS RECRUITER SEEK？

1.五人一組。

2.每一組都應該列出一張表，說明在面試一位申請基層管理職位的學生時，什麼樣的特色與素質是一位校園招募者所希求的。

3.就表中所列的每一項特質，說明招募者判斷的基礎為何。比方說，如果你的表上包括了「領導者技巧」，就說明這項特質要從何來判斷（例如，在校園組織中所成立的辦公室裡、學生對某些面試問題的答案中，如……）。

4.每一組的發言人應該代表全組回答。

5.全班應該討論要如何才能在校園面試中，讓一位招募者產生深刻的印象。

舉行一項實際工作預覽（RJP）

1.五人一組。

2.假設你的組被要求對有興趣主修管理科系的大一新生，提供一項實際工作預覽。

3.使用「經理人指南」中的資訊，為這些學生建構出一場實際工作預覽。

4.每一組都應該在全班面前呈現其實際工作預覽。

5.班上應該針對這些實際工作預覽的有用性進行討論。也就是說，使用這些實際工作預覽對學校有利嗎？什麼樣的學生會因此而打消了主修管理學的念頭？還是這些學生會因為實際工作預覽而更堅定其主修的信念？你認為學校應該實施這個方法嗎？

個案探討：徵才之地域性：應如何畫出界線？

Bristle 公司是一家位於離 Atlanta 市約二十五哩之郊區的藥品與化妝品製造商，購買其產品皆不須醫師的處方，是名列《財富雜誌》（*Fortune*）上前五百名的大公司。Bristle 公司雇用了四百二十名全職員工，而且年收入超過一億美元。

Jim Green 是一名人力資源經理，它負責主持該公司的招募活動。當需要招募一個基層單位的文書工作時，Jim 就使用一家當地的私人職業介紹所。這家介紹所受到嚴格的要求，只准招募距離該公司 15 哩以內的人。住在 Atlanta 市的人被排除在外，因為 Jim 偏好具有鄉村工作倫理精神的人。他相信使用這個策略，能夠大大地減少高離職率、曠職率，以及怠惰態度的可能性。他也相信那些從鄰近區域所雇用的人，將會增進工作團隊的凝聚力。

討論問題

1. 你同意 Jim 的招募策略嗎？
2. 從這個策略中，將會引發哪些可能的法律問題？
3. 如果你身處 Jim 的職位，你會採取什麼方法（記住，你希望提高團隊的凝聚力，並降低曠職率、離職率和怠惰性）？

參考書目

1. Laabs, J.J. (1991). A prize referral program. *Personnel Journal*, May, 95–97.
2. Herring, J.J. (1986). Establishing an integrated employee recruiting system. *Personnel*, July, 47–56.
3. Ibid.
4. Grossman, M.E., and Magnus, M. (1989). Hire spending. *Personnel Journal*, February, 73–76.
5. Bargerstock, A.S., and Swanson, G. (1991). Four ways to build cooperative recruitment alliances. *HRMagazine*, March, 49–51, 79.
6. Spring, J.E. (1990). HRIS topic. *Employment Relations Today*, Summer, 157–160.
7. Taylor, M.S., and Bergmann, T.J. (1987). Organizational recruitment activities and applicant's reactions at different stages of the recruitment process. *Personnel Psychology*, 40, 261–285; Macan, T.H., and Dipboye, R.L. (1990). The relationship of interviewers'

preinterview impressions to selection and recruitment outcomes. *Personnel Psychology,* 43 (4), 745–768.

8. Rynes, S.L., and Miller, H.E. (1983). Recruiter and job influences on candidates for employment. *Journal of Applied Psychology, 68* (1), 147–154.

9. Ibid.

10. Taylor and Bergmann, Organizational recruitment activities.

11. Wanous, J.P. (1980). Tell it like it is at realistic job previews. In Kendrith M. Roland, Manual London, Gerald R. Ferris, and Jay L. Sherman (Eds.). *Current Issues in Personnel Management.* Boston: Allyn & Bacon.

12. Ibid.

13. Ibid.

14. Meglino, B.M., Denisi, A.S., and Ravlin, E.C. (1993). Effects of previous job exposure and subsequent job status on the functioning of a realistic job preview. *Personnel Psychology, 46* (4), 803–822.

15. Ibid.

16. Premack, S.L., and Wanous, J.P. (1985). A meta-analysis of realistic job preview experiments. *Journal of Applied Psychology, 70* (4), 706–719.

17. Goya, D. (1990). How should we view affirmative action? *HRMagazine,* May, 160.

18. Lewis, D.V. (1990). Make way for the older worker. *HRMagazine,* May, 75–77.

19. Ibid.

20. Schmitt, N. (1993). *Personnel Selection in Organizations.* San Francisco: Jossey-Bass.

21. Rynes, S.L., Bretz, R.D., and Gerhart, B. (1991). The importance of recruitment in job choice: A different way of looking. *Personnel Psychology, 44* (3), 487–521.

22. Ibid.

23. Edwards, C. (1986). Aggressive recruitment: The lessons of high tech hiring. *Personnel Journal,* January, 40–48.

24. Ibid.

25. Ross, J. (1991). Effective ways to hire contingency personnel. *HRMagazine,* February, 52–54.

26. Sunoo, B.P., and Laabs, J.J. (1994). Winning strategies for outsourcing contracts. *Personnel Journal,* March, 69–78.

27. Maniscalco, R. (1992). High-tech temps in supply and demand. *HRMagazine,* March, 66–67.

28. Ross, Effective ways to hire.

29. Bargerstock and Swanson, Four ways to build.

30. Sturve, J.E. (1991). Making the most of temporary workers. *Personnel Journal,* November, 43–46.

31. Driskell, P.C. (1986). Recruitment: A manager's checklist for labor leasing. *Personnel Journal,* October, 108–112.

32. Noe, R.A., Steffy, B.D., and Barber, A.E. (1988). An investigation of the factors influencing employees' willingness to accept mobility opportunities. *Personnel Psychology, 41,* (3), 559–580.

33. Breaugh, J.A. (1992). *Recruitment: Science and Practice.* Boston: PWS-Kent.

34. Schwarzwald, J., Koslowsky, M., and Shalit, B. (1992). A field study of employees' attitudes and behaviors after promotion decisions. *Journal of Applied Psychology, 77* (4), 511–514.

35. Breaugh, Recruitment.

36. Edwards, Aggressive recruitment.

37. Herring, Establishing an integrated employee recruiting cycle.

38. Bargerstock, A.S. (1989). Establish a direct mail recruitment program. *Recruitment Today,* Summer, 52–56.

39. Anfuso, D. (1993). Recruitment by the numbers. *Personnel Journal,* December, 68–74.

40. Ibid.

41. Ibid.

42. Meritt-Haston, R., and Wexley, K.N. (1983). Educational requirements: Legality and validity. *Personnel Psychology, 36* (4), 743–753.

43. Rynes and Miller, Recruiter and job influences.

44. Berger, L. (1989). What applicants should be told. *Recruitment Today.* Summer, 14–19.

45. *Rowe v. General Motors* (1984). 457 F.2d 348.

46. *Baxter v. Savannah Sugar Refining Corp.* (1984). 350 F. Supp. 139.

47. Kleiman, L.S., and Clark, K. (1984). User's satisfaction with job posting: Some hard data. *Personnel Administrator, 29* (9), 104–110.

48. Robin, L.B. (1988). Troubleshoot recruitment problems. *Personnel Journal,* September, 94–96.

49. Kirnan, J.P., Farley, J.A., and Geisinger, K.F. (1989). The relationship between recruiting source, applicant quality, and hire performance: An analysis by sex, ethnicity, and age. *Personnel Psychology, 42* (2), 293–308.

50. Ibid.

51. Ibid.

52. Grossman and Magnus, Hire spending.

53. Breaugh, Recruitment.

54. Swaroff, P.G., Barclay, L.A., and Bass, A.R. (1985). Recruiting sources: Another look. *Journal of Applied Psychology, 70* (4), 720–728.

55. Ibid.

56. Hutton, T.J. (1987). Increasing the odds for successful searches. *Personnel Journal,* September, 140–152.

57. Turban, D.B., and Dougherty, T. W. (1992). Influence of campus recruiting on applicant attraction to firms. *Academy of Management Journal, 35* (4), 739–765.

58. Gilmore, D.C., and Ferris, G.R. (1983). The recruitment interview. In Kendrith M. Rowland, Gerald R. Ferris, and Jay L. Sherman (Eds.). *Current Issues in Personnel Management.* Boston: Allyn & Bacon.

59. Kolenko, T.A. (1988). College recruiting: Models, myths, and management. In Gerald R. Ferris and Kendrith M. Rowland (Eds.). *Human Resource Management: Perspectives and Issues.* Boston: Allyn & Bacon.

60. Rynes, S.L., and Boudreau, J.W. (1986). College recruiting in large organizations: Practice, evaluation, and research implications. *Personnel Psychology, 39* (4) 729–758.

61. Kolenko, College recruiting.

62. Ibid.

63. Robin, Troubleshoot recruitment problems.

64. Rynes et al., The importance of recruitment.

65. Robin, Troubleshoot recruitment problems.

66. Algar, B.S. (1986). How to hire in a hurry: Meet increased demands for personnel. *Personnel Journal,* September, 86–94.

67. Anthony, P. (1990). Track applicants, track costs. *Personnel Journal,* April, 75–81.

68. Rynes, S.L. (1989). The employment interview as a recruitment device. In R. W. Eder and G.R. Ferris (Eds.), *The Employment Interview: Theory, Research, and Practice* (pp. 127–141). Newbury Park, CA: Sage Publications.

69. Linden, R.C., and Parsons, C.K. (1986). A field study of job applicant interview perceptions, alternative opportunities, and demographic characteristics. *Personnel Psychology, 39* (1), 109–122.

70. Ibid.

71. Ibid.

72. Meglino, B.M., DeNisi, A.S., Youngblood, S.A., and Williams, K.J. (1988). Effects of realistic job previews: A comparison using an enhancement and a reduction preview. *Journal of Applied Psychology, 73* (2), 259–266.

73. Wanous, J.P. (1989). Installing a realistic job preview. *Personnel Psychology, 42* (1), 117–134.

第六章
甄選申請者

本章綱要

取得競爭優勢
　　個案討論：取得優勢競爭力之西南航空公司
　　將人才甄選實施步驟與競爭優勢加以連結
人力資源管理問題與實務
　　實施人才甄選之技術性標準
　　甄選員工過程之法律限制
　　甄選人才方式
經理人指南
　　甄選員工與經理之職責
　　人力資源管理部門能提供何種協助
　　增進經理人之人力資源管理技巧

本章目的

閱畢本章後，您將能夠：

1. 說明「效度」（validity）一詞運用於員工甄選時所蘊涵的意義，以及公司如何達到效度並以文件證明。
2. 瞭解公平就業機會委員會（EEOC）之指導原則內所規定的法律限制，及公司在甄選員工時會面臨的法令或侵權行為。
3. 解釋公司所採用的各種甄選方法。

取得競爭優勢

個案討論：取得優勢競爭力之西南航空公司 [1]

問題：如何從眾多應徵者中甄選出最佳員工

　　從候選者中挑選出最佳錄取者實非易事，尤其是在僧多粥少時。公司必須從許多申請人中挑選出唯一職位適任者，更是困難重重。西南航空公司（SWA）每年需對數千個工作申請案做篩選工作，即常常面臨此種困境。例如，在一九九四年西南航空公司針對空服員、駕駛員、訂位經紀人以及技師等共計四千五百個職缺，就受理了超過十二萬六千個申請案，僅在剛開始兩個月即雇用了一千兩百名職員。

解決方案：實施目標式甄選法

　　值得慶幸的是，西南航空公司找出了一套有系統的方式，能對全部的申請人做出正確的評估。該公司採用的甄選制度稱為目標式甄選法，是由國際開發方位機構（Developmental Dimensions

International）所研發出來的。

　　■嚴明指出職位所要求的資格條件。
　　■將人才甄選要素規劃入整個制度之中。
　　■利用過去的行為來預測未來的行為。
　　■應用有效的面談技巧。
　　■數名甄選委員參與討論，有組織地互相交換資訊。
　　■將人才面談的範圍，擴大成行為模擬的觀察。

　　西南航空公司的人才甄選過程是以工作分析開始的，藉以確認
出要成功地執行工作所需要的特定「行為、知識，以及工作動
機」。然後經理人才可以開始擬定出面談題目，來判斷這些特質。
這些問題皆假設過去的行為是未來行為的指標——如果某人以前在
處理各種情形時都表現良好，他／她將來也會有同樣表現的機會就
比較大。因此，面談的問題就是設計來找出申請工作者在以往的經
驗中，如何展現出這些必要的能力。
　　以下的幾個例子，是西南航空公司針對某些特定職務所尋求的
特質，以及他們用來評估這些特質的問題：

　　■判斷力（judgement）：「在您前任工作中最難做出的決定為
　　　何？描述一下您是在什麼樣的環境下做出該項決定，您所做
　　　的決定為何，及該決定所造成的後果。」
　　■團隊精神（teamwork）：「請告訴我，關於您在以前的工作
　　　中，能夠或無法協助同事的經驗」或「請告訴我有關您和同
　　　事曾有過之衝突的經驗」。

　　西南航空公司相信此種甄選方法比傳統方式更為客觀。以往的
作法都是採理論上的問題來評鑑申請人，瞭解他們將會（would）如
何做或他們認為應該（should）如何做。西南航空公司將重心放在

申請者過去實際上（actually）的作法，且能更客觀地從中獲知他們的能力。

目標式甄選法如何能增加競爭優勢？

雇用最好的員工是取得競爭優勢的主要關鍵，依據西南航空公司人事主管 Sherry Phelps 的說法：

> 我們的機票價格可以和其他公司匹敵，飛機和航線可以和其他公司對抗，但是在客戶服務方面我們卻引以為傲。這也就是為什麼我們尋找的候選人必須是熱誠開朗者的原因。有效的雇用方式讓我們為公司省下金錢，並在生產力和客戶服務方面成就斐然。

西南航空公司已相當成功地達到競爭優勢，這部份要歸功於人才甄選計畫的實行。例如，在一九九四年航空業正面臨虧損時，西南航空公司卻賺進十七億九百萬美元，而且其每英哩百分之七的營運成本是同業中最低的。自一九九二年至一九九四年，西南航空公司獲得美國交通部頒發「三冠王」（Triple Crown）之殊榮，以嘉勉其班機準時、行李管理優良，以及極少客戶抱怨的佳績。

將人才甄選實施步驟與競爭優勢加以連結

在聘用或者**甄選**（selection）過程中，公司得決定由哪一位應試者擔任該項職務，公司有效的甄選計劃在某些方面可以影響該組織的競爭優勢。讓我們對此來進行探討。

甄選
是一種人力資源管理的措施，指公司從應徵工作者中評估並選出適任者。

增進生產力

當公司能確認並雇用最適合的人選時，公司的生產力將會增加，因為該名員工通常會成為極具生產力的員工。健全的人才甄選演練對公司生產力的潛在影響，詳述於下列的假設範例中：

假定某一汽車經銷商需要雇用推銷員銷售新車。假設在目前的工作人員中，最優的推銷員每月總收入為二十萬美元，而最劣者為十二萬美元。因此最佳的和最差的銷售員兩者之間的業績差距每月即為八萬美元。如果車商所雇用的人，後來成為最佳推銷員，而非表現差勁者，則公司的每月生產力就會多增加八萬元，而每年總計高達九十六萬元之多。如果車商該年雇用了十名優秀的推銷員，該年因實行有效之甄選計劃而獲得的銷售總收入則為九十六萬美元的十倍，或是接近一千萬美元！

如上例所示，健全的人才甄選計畫大幅地影響了公司的獲利率。許多研究顯示，在此方面有所改進的公司，其利益均增至百萬美元，這就證明了此一觀點[2]。例如，美國聯邦政府不滿意政府內某些程式設計師的能力，決定變更人才甄選策略。先前僅以面試方式來聘用設計師，然而甄選委員無法正確衡量應試者學習撰寫程式的能力，於是該機關將考試列入甄選的評鑑範圍。採此考試方式所錄取的設計師表現則優於以往。這些新進人員在政府機構的第一年中，即將生產力提昇至五百萬美元之多[3]。

達到法律規定的標準

公司在甄選人才過程中，某些人難免遭到淘汰，即使程序公平，申請人本身卻會感到受騙或不滿而興訟。尤其是申請人認為甄選過程不公時，不平感就更為強烈。當他們堅信在應試過程中受到不公正的評估時，會有更大的情緒反彈（例如，雇主只問一些無關緊要的私人問題，或者施行和工作不相干的測試），此情形會導致費力耗時的爭訟事件。

從另一方面來看，申請人若認為他們是在徹底且正確的評估過程中遭到淘汰，則較不會產生怨懟，訴諸法律的可能性亦降低。不過一旦興訟，公司可以出示有效力或有關職務的甄選程序做為辯

護。如同我們在第二章所提及，公司必須提出證據證明其甄選過程均與職務相關或均「合法且無工作歧視」（legitimate and nondiscriminatory），作為對表面上證據確鑿的（prima facie）案件的反駁依據。

降低訓練成本

當公司未能採用有效的程序來甄選人才時，新進人員通常缺乏職務上應具備的某些知識或技能。為改善此一缺點，他們或多或少需要接受訓練。因此，精確的甄選過程可幫助公司組織減少或廢除某些訓練（因而降低訓練成本），幫助公司挑出適任的工作人選。

例如，公司聘用第一線督導（first-line supervisors）常常僅以其專長為挑選基礎。比方說，欲將工程師拔擢為督導者時，最具生產力的工程師理當受到青睞。可惜的是，這些人才可能缺乏身為優良督導者所需具備的非技術性特質（例如人際互動、領導能力和溝通技巧），公司因此必須提供訓練。如果公司在甄選過程中能將這些非技術性的技能列入評估中，即可省略訓練。

人力資源管理問題與實務

實施人才甄選之技術性標準

到目前為止，我們已就一般觀點討論了甄選實務的「有效性」（effectiveness）。在下面幾節中，我們將對此一定義給予更精確的描述，並討論該如何達成以及用文件予以證明。

效度之定義

經理在評估申請工作者時，乃是根據資料來推論該申請人未來

工作表現，因此有效性係指這些推論的適當性、意義及有用性。**效度**（validity）因此是「有效性」的專業用語。在甄選過程中根據推論來評估求職者是否能真正達到所預期的工作表現[4]。申請人的實際工作表現如果愈能符合預期理想，表示甄選過程的推論愈有效力。

達到效度

經理人如何確保對衡量申請人的工作能力具有效度，以便做出正確的任用決策呢？該經理人必須對職務的資格要求具有清楚的概念，並且能可靠精確地採用甄選方法評估資格條件。

評估及證明其效度　工作資格指的是雇主在尋找人選來填補職缺時，所希望該人選擁有的個人特質。此類的資格條件已明列於**示例 6-1** 的「專長表」（master list）中。某些資格條件，如技術方面的知識，技巧及能力（knowledge, skills, and abilities，KSAs），以及非專業技能均是職務的特點——每一職務均有其獨特的分項組合。另列於**示例 6-1** 的其他資格條件則是雇主認為一般除了職務要求以外，必須列入衡量的重要資格條件。也就是說，雇主希望未來員工是主動自發且有良好的工作習性。

經理在規範出某一職務的特定資格條件時，應仰賴工作分析所提供的訊息。如第四章所述，工作分析表應載明 KSAs 所要求的每一重要工作應備的執行能力。公司採用工作分析的資料來評定資格條件，可以確保這些條件符合職務要求。

工作分析也可做為法律依據。在工作歧視的訴訟中，法庭通常依據甄選實務中的職務關聯性，來判斷甄選標準是否根據工作分析中所提供的資料。例如，當某人興訟抱怨所參加的考試是特別偏坦特定族群而有差別待遇時，法庭即會：(1)確定該考試所評定的資格是否依據工作分析而來；(2)審查工作分析報告本身，以決定是否經過適當的執行[5]。

示例 6-1　爲成功執行工作所必須具備的可能特質表

A.專業的 KASs 或學習此一專業的能力
B.非專業技術,例如:
　1.溝通能力
　2.人際互動
　3.推理能力
　4.壓力承受度
　5.說服力
C.工作習性
　1.認真性
　2.自發性
　3.對公司的認同感
　4.主動性
　5.自我戒律
D.沒有不良行爲,諸如:
　1.濫用公用物資
　2.竊盜
　3.暴力傾向
E.工作與人員的適合度——該名申請人
　1.受到公司獎懲制度的激勵
　2.符合公司內部文化如關於冒險犯難及創新的精神
　3.工作勝任愉快
　4.有爭取公司任何晉昇機會的企圖心

信度
是每位人選在各個評分
項目中所表現的自我一
致性程度。

甄選人才方法的選用　效度的達成端賴特定甄選技巧是否被妥當地使用,公司應採用正確可靠的甄選方法衡量所要求的資格條件。

　　衡量方法的**信度**(reliability)指的是衡量本身的一致性,其定義爲「每位人選在各個評分項目中所表現的自我一致性程度」[6]。可靠的評估需要人爲及時間來證明。換句話說,兩人對同一候選人做出相同的評分,同時在不同時段該候選人也一樣有相同的評分,則可信度亦隨之增大。如果甄選評分信度低,則其效度就會降低。某些影響甄選方法信度的因素述於**深入探討 6-1** 中。

　　深入探討 6-1 中提供了一系列資料,建議經理人提高甄選實務

影響甄選方法效度之因素

行政因素

■求職者心理及生理狀況：如果求職者在評估過程中表現特別緊張，則信度受質疑。

■與主試人缺乏默契：如果求職者被面談者排拒，則無法在面談中展示才能。

■應對技巧的知識不足：如果求職者對問題的回答含糊或不清楚，則信度受質疑。

技術因素

■應試者的個別差異：如果該特質篩選方法的評分範圍或其等級愈大，則此方法較值得用來區別不同的人。

■問題困難度：問題具適當的困難度可獲致最可靠的評估。如果太簡單，許多申請者均能正確回答，則個別差異性相對縮小。如果太過困難，則只有少數人能夠回答，同樣地，減低了個別差異性。

■評估觸及的深度：評估觸及的程度越深，信度也會增加。例如，面談者提出較多的問題，較之僅問一兩個問題，更能衡量出申請者人際互動技巧的能力。

信度的做法：

■和申請者建立良好的互信，使他們放鬆心情。

■所提的詢問必須明確。

■所提的詢問難度必須適中。

■主掌許多方法用以評估每一重要的知識、技巧和能力 KSA
（例如針對每一資格的評估而提出各種面試問題）。

除了提供可信的評估方式，公司的評估範圍應準確地衡量出該
名員工所應具備的條件。下一章提供我們許多評估求職者的甄選技
巧，而公司又應該採用什麼方法呢？

行爲一致性模式
此模式顯示在相同的處
境下過去的行爲表現，
乃是未來工作行爲的最
佳預測指標。

在做評估決策時有一特別有效的方法或模式可遵循，稱爲**行爲
一致性模式**（behavior consistency model）[7]。此模式顯示在相同的處
境下過去的行爲表現，乃是未來工作行爲的最佳預測指標。本模式
指出，最具效力的甄選程序乃著重於候選人在面對相似的職務領域
中，其過去或現在所表現的行爲。甄選程序愈符合實際工作行爲，
其合理性越大。回想一下在「個案討論」中的西南航空公司是如何
遵循此法的[8]。

雇主可以依據下列步驟來運用行爲一致模式：

1. 徹底評估每位申請者的工作資歷，作爲判定該候選人是否在
   過去具有類似行爲的根據。
2. 如果找到了此類行爲，經理人應依據申請者過去的每一成就仔
   細地加以評分。
3. 如果申請者以往沒有類似此種表現的機會，雇主應採用各式評
   估方法預估出其未來此種行爲表現的可能性爲何。評估結果
   越接近職務行爲表現，則預測越準確。

經理人如何運用行爲一致模式的例子，展示在**深入探討 6-2**
中。

評估及以文件證明效度

公司組織如何評估甄選過程的效度並以文件予以證明？可採用

如何應用行為常模：實例一則

　　ABC 公司雇用五十名維護技師（管理員之類），其主要工作包括清潔辦公室及大樓的其他區域。這個工作沒有困難度，任何人皆可勝任。問題癥結在於許多受雇員工並不可靠，這些員工會因明知故犯而踰越下列情事：

■他們不會隨時在崗位上待命。

■他們沒有徹底執行辦公室的清潔工作。

■他們休息時間過長，並時常早退。

　　ABC 預計在下一年度中雇用二十名維護技師。公司有意做好甄選工作，以便從申請人之中篩選出有擔當者。

藉由行為一致模式（behavioral consistency model），公司可以在類似的情境下，斷定申請人以往的可靠性如何。雇主可以從詢問有關申請者過去的工作行為中瞭解，例如對申請人面談或向前任雇主做推薦函的查證，藉以搜集這方面的資訊。比方說，可以向前任雇主詢問該名員工是否常常休息、做事不夠徹底，或無法按時報到上班。

三種策略：

1.內容取向策略（content-oriented strategy）：此策略指出甄選方式的發展和使用均遵照「適當」（proper）的程序進行。

2.與效標相關策略（criterion-related strategy）：提出證明顯示申請者獲得的評定分數和往後工作表現程度間的相關性。

法院所要求的「工作內容取向」證明表

1. 採用的工具必須根據適切的工作分析。

2. 為方便篩選而將職務分類，則需建立健全的工作分類。例如，同一類型的工作應予要求相近的技能。

3. 篩選過程的組合輕重應予妥當地衡量。換言之，許多技能同時接受評估時，應以職務的相關性來劃分輕重。

4. 應試項目（例如考試題目、口試）應予妥當出題，如此才可正確地衡量該項目所要求的特質。

5. 應試項目的難易度應與職務本身相符。

6. 應試項目必須妥當取題，以便儘可能涵蓋全部項目。

7. 給分方面應恰當合宜。

3. 效度類推策略（validity generalization strategy）：指出甄選過程的效度已經過其他公司的證明。

現在我們來詳細檢視這些策略。

內容取向策略
這是一個為效度收集證據的方法，重點在於專家們所據以判斷的甄選過程，是否經過適當的設計，並且能正確評估出員工的資格條件。

內容取向策略　使用**內容取向策略**（content-oriented strategy）來以文件證明效度，公司可以依照適當的程序來發展甄選方式，做為證明的依據。該證明可以顯示出甄選方式業經妥當擬定，並且能正確評估出員工的資格條件。法庭在歧視案件中所需要證明效度的「內容取向策略」根據，列於**深入探討 6-3** 中。

最重要的是，雇主必需說明這些甄選方式是根據可接受的工作分析中挑選出來的，並且是以 KSA 指定的代表性範例作為參考。舉

例來說，一家公司為人力資源專業人員所進行的工作分析中，應說明候選人必須具備涵蓋於本書中專業知識的所有觀念。在評估候選人有關人力資源管理的知識時，公司應嘗試以代表性範例（representative sample）來評估申請者這些概念。

相關效標策略　僅運用內容取向策略來證明效度，是最適合直接評估工作表現的甄選方式。例如，候選人在打字測試表現良好，即可以放心地認定他能勝任打字工作，因為該項考試已直接衡量出職務所要求的實際行為。

　　然而，當甄選方法和工作表現兩者越不直接相關時，僅憑內容取向的證據是不夠的。例如，試回答警官公職考試中的一項問題，題目為：「在北半球，水溝中水的流向為何？」問題的主要目的是要衡量優良警官應該具備的重要特質——「警戒心」（mental alertness）。但是，即使有能力正確回答此問題，豈能真的評斷其警戒心嗎？也許可以，不過也未免推理得太遠了（inferential leap）。

　　當雇主必須做出這麼遠的推論時，內容取向策略的本身，尚不足以用文件來證明其合理性，所以需要用到其他的策略。**相關效標策略**（criterion-related strategy）於是乎派上用場。當公司採用此一策略時，試著用數據來證明，經甄選工具考試後表現良好的人，比甄選表現差的人，更有可能成為一位優良的員工。

　　為了收集相關效標策略的證據，人力資源專業人員必須對每個人蒐集二項資料：預測分數和效標分數（predictor score and criterion score）：

- 預測分數代表了個人在甄選過程所獲得的評分（可經由考試分數、口試評分等等，或是整體甄選分數得知）。
- 效標分數代表個人的工作表現，通常是以督導者的評估為根據。

相關效標策略
這是一個為效度收集證據的方法，公司採用此一策略時，試著用數據來證明，經甄選工具測試後表現良好的人，比甄選表現差的人，更有可能成為一位優良的員工。

效度係數
是相關效標效應的一個
指標，反映了甄選分數
與效標分數之間的相關
性。

效度是經由預估分數和標準分數二者在統計上的相關性所計算出來的（計算此相關性的統計公式，可見於大部分的統計學入門教材中）。此種相關係數稱為**效度係數**（validity coefficient）。為求得效度，該係數必須在統計的觀點上足夠顯著（significant），而其大小必須大到足夠當成實際數值。當得到了一個合適的相關係數時（ r＞.3，大概值），公司就可以推斷甄選過程中所做的推理結論是正確的；也就是說，公司大體上可以斷定在甄選過程中獲得高分的求職者，將來會有良好的工作表現，那些獲得低分者，將來則會表現不良。

預測效度研究
是一種相關效標策略，
其中申請工作者的甄選
分數，與他們獲聘後的
工作表現分數，呈現關
連性。

同時效度研究
一種相關效標策略，其
中同時工作的現職者獲
聘時的甄選分數，與他
們目前工作表現的分
數，呈現關連性。

一項相關效標效度的研究，可以經由下列兩種方法之一來進行：**預測效度研究**（preditive validation study）或**同時效度研究**（concurrent validation study）。此兩種方法主要不同處在於被評量的人是不同的。在「預測效度研究」中，所蒐集的資料是關於求職者的實際工作經驗。在「同時效度研究」中，則運用到一起工作的員工。**深入探討 6-4** 中分別列出了兩種方法的步驟。

同時效度評估比預測效度評估較常被採用，因為能夠較快被執行——被評估的人均已在職，因此而能較快獲得工作表現的評估（在預測效度研究中，效標分數必須在求職者獲聘用後的數月之後才能取得）。雖然同時效度研究比起預測效度研究，有某些缺點，但現有的研究顯示，二者似乎都會獲得大致上相同的結果[9]。

效度類推策略
是以文件證明甄選過程
效度的一種方法，其效
度可以經由展示一段甄
選過程已在許多相似的
情形中都被證實，來加
以建立。

效度類推策略　到目前為止，我們的討論中已假設了雇主需要逐一證明甄選過程的合理性。但如果雇主所採用的甄選方式業經別家公司所採用，並已適當地證明了其效度呢？是否就可以接受其效度的證據，而避免執行自己的研究呢？

答案是肯定的。採用**效度類推策略**（validity generalization strategy）即可達到此目的。效度類推可以經由展示一段甄選過程已

「預測效度研究」或「同時效度研究」之步驟

預測效度研究

1. 執行工作分析，來確認工作所需要的能力。

2. 發展或選擇出一種可以評估工作必備能力的甄選程序。

3. 對一群求職者進行甄選程序。

4. 不論甄選評分如何，隨機選出申請者或採用所有的申請者。

5. 在申請者被雇用了一段夠長的時間後，對他進行績效評估。對大部分的工作來說，在六個月至一年之後可以進行評估。

6. 將該組人選的工作表現評分與他們在篩選過程中所獲得的評分作比較。

同時效度研究

1.2. 這兩個步驟與預測性效度研究相同。

3. 對具代表性的現職者進行甄選程序。

4. 從經過第三步驟評估過的現職者同時工作表現中，取得評估的結果。

5. 此步驟與預測性效度研究中的步驟 6 相同。

在許多相似的情形中，被證實其效度，來加以建立。有極多數的證據指出，許多特殊的方式都具有效度類推的功能[10]。舉例來說，某些性向測驗已被發現對幾乎所有的工作，都可以加以效度的預測，因此可以不用另外執行新的研究來證實該測驗與工作的相關性[11]。

欲採用效度類推的證據，公司必須提出下列資料[12]：

■某一甄選過程已在其他環境相似工作中證實其效度的研究。

■能夠顯示出已證實過效度的工作，與處於新環境的工作之間相似性的資料。

■能夠顯示出在其他研究中能證實效度的甄選方式，與新工作環境中所使用方法間之相似性的資料。

甄選員工過程之法律限制

除了要求技術方面的健全及合理外，公司的甄選程序必須合乎法律標準。下列情節描繪出經理人 Jane Smith 一天的典型生活，以及部門經理在甄選人才過程中常會面臨的「法律情形」（legal situations）。

在審閱過幾份應徵函之後，Jane 決定 Mary Jone 看來應是最合格的申請者。然而在面談中，她得知 Mary 已懷有七個月身孕，Jane 擔心 Mary 可能因為她的「狀況」（condition）而疏忽了工作，且在生產過後不會再選擇回到工作崗位。Jane 開始猶豫是否能合法地拒絕她的申請。

Jane 必須找人填補星期六也要值班的空缺。Bill Cooper 是最合格的申請者，不過 Bill 聲明他的信仰不許在星期六工作。雖然 Jane 可以另雇兼職人員接替他在星期六的空缺，但是她寧可不這麼做。Jane 想知道，如果她拒絕了 Bill 的工作申請，有什麼法律條文可以援用。

Bill George 是一位人力資源專業人員，公司就在附近，打電話給 Jane，詢問有關一位求職者 Kate Johnson 是否是位好員工。Kate 在過去兩年中，曾經為 Jane 工作。Jane 覺得 Kate 的「態度有問題」（attitude problem），總是愛頂撞也不在乎上級的命令。她猶豫不決，不曉得是否該向 Bill 表達這些想法。

Jane 擔心如果她這麼做的話，Kate 若控告她，可能會勝訴。

在做出這方面的決定之前，經理人必須瞭解法律及其解釋。若要詮釋法律，則需熟悉適當政府的方針，這些方針均有書面記錄，或者在某些例子中可以「命令」（dictate）經理應該如何合法地施行管理計劃。現在我們就來檢視一下政府指導方針中，有關工作歧視法的部份。

公平就業機會委員會在工作歧視方面的指導方針

當議會通過某一法案時，一個政府的機構就會被指派（或創立）去執行它。被指派去主持工作歧視法令的機構，稱為**公平就業機會委員會**（Equal Employment Opportunity Commission, EEOC），它提供了兩項服務功能：執行法令及詮釋法令。若有人控告違法，公平就業機會委員會（EEOC）所扮演角色是調查此類訴件並予以執行。經理人指南的部份，會敘述這類的調查該如何進行。

公平就業機會委員會的另一個功能是為法令釋義。工作歧視法所記載的多為一般的情形，並未對工作中可能出現的特殊情況多作解釋。為了解決此一問題，公平就業機會委員會已研磋出許多套書面指導原則，可以用來解釋這些法令。我們現在來討論關於甄選員工部份的指導原則。

公平就業機會委員會
是一個政府的機構，其職責是執行及詮釋聯邦反歧視法令。

統一指導原則　「員工甄選程序的統一指導原則」（Uniform Guidelines on Employee Selection Procedures）於一九七八年發布，適用於員工雇用人數為十五人或十五人以上的公司機關[13]。此原則之目的是協助機構瞭解「公民權利法案第七條」（Title VII of Civil Rights Act）中所規定的抱怨案件構成要件，主要是關於工作歧視的申訴案件。

「統一指導原則」（uniform guidelines）規定若聘用員工的決策

（例如甄選、昇遷、調職、留任等）導致公司與員工產生衝突，公司必須採取下列二種行動之一：(1)除去會導致衝突的甄選方式；(2)出示甄選方式之效度的證明。雖然原則中沒有指明偏好何種證實效度的策略，但是此原則的確指出了，當衡量申請者特質的甄選方式需要使用較遠的推論時，僅使用內容取向的證據來證明效度是不妥當的。如同我們稍早所述：

> 內容取向策略不適合用來證實甄選程序的效度，因其旨在評估個人特質及架構，諸如智力、性向、性格、常識、判斷力、領導力，以及應對能力等。

展示出一項適當的工作分析，對於證明效度是極為重要的。當沒有任何特定的工作分析方法可以提出的時候，統一指導原則列出了工作分析中應當納入的特質，請見**深入探討 6-5**。

國籍歧視指導原則（national origin discrimination guidelines） 根據「公平就業機會委員會」（EEOC）的國籍指導原則，如果被拒的理由是根據下列因素中的任何一個，員工就有在法律上為自己平反的正當理由 [14]：

■國籍。

■祖籍。

■異國通婚。

■身為追求國家族群利益的組織成員。

遭受國籍歧視的型式有很多種，例如，外籍求職者可能因為他們的外國口音、長相、穿著或接受國外教育而不公平地遭拒。指導原則內明文規定，若有此種性質的申訴案件，「公平就業機會委員會」（EEOC）將詳細審查該公司的行為。例如，假使公司因求職者

深入探討 6-5

統一指導原則所強制要求的工作分析要件

1. 應明確界定知識、技能及工作能力（KSAs）為可以觀察到的工作表現。

   不應採用光是名稱上的特質（如認真度、自主性），因為這些名稱有許多不同的詮釋法，因此不適合列入評估之中。

2. 知識、技巧及工作能力（KSAs）應被視為重要工作表現的首要條件，而每一項 KSA 與工作行為之間的關係應該適當加以說明。藉著說明兩者間的關係，KSA 為何是此項工作的必備條件就變得顯而易見了。因此 KSAs 與工作的關連性可以用文件予以證明。

3. KSAs 所列項目不應被當成求職者被雇用時所需具備的要件。

   可以從工作上習得的 KSAs 則應予以排除。

的口音太重而將其拒絕，「公平就業機會委員會」會要求公司提出證據，證明該人的口音使自已無法在重要職務上有得體的表現。

此外，此原則亦規定雇主不得以員工之國籍為原因，對求職者進行騷擾，例如種族誹謗或其他在言語或身體上對個人國籍的騷擾行為。

性騷擾指導原則（sexual harassment guidelines）　有關性騷擾方面的爭訟多半出自在職員工受到的騷擾，因此將在第十一章與其他的工作場所法令爭議一併討論。有關對求職者的性騷擾，指導原則有下列規定：

雇主須對下列非法的性別歧視負責，如果：(1)候選人必須屈服於雇主的性要求才能獲得工作機會；(2)候選人因拒絕服從雇主的性要求而使工作機會遭到打壓 [15]。

懷孕歧視指導原則（pregnancy discrimination guidelines）　根據公平就業機會委員會的懷孕歧視指導原則規定 [16]，女性求職者因為懷孕關係暫時無法負擔某些職務上的功能時，雇主必須將此情形視同其他求職者一樣暫時無法發揮工作能力來處理。因此，如果她是最合適的工作候選人，她就應該被聘用，並且應被賦予經過調整的工作、有選擇性地指派職務（如較輕鬆的工作），以及允許無行為能力的休假，使她與受到其他臨時無法發揮工作能力者相等的待遇。因此，如果女性求職者是最合格的人選，雇用她時可以給予臨時權宜的事務，或另指派任務（例如輕鬆的職務），允許病假等等。

　　另外，對於同事、客戶或顧客的偏頗，不能作為拒絕候選人的合法、非歧視證據。舉例來說，經理人不該因為某些客戶可能會產生反感（turn-off），而拒絕讓懷孕員工擔任接待員的工作。

　　經理人在甄選員工的面談過程中，應避免詢及任何有關懷孕的問題，比如觸及有關求職者是否已懷孕或計劃懷孕的話題。若求職者已明顯懷孕，經理人也應該避免類情形。

年齡歧視指導原則（age discrimination guidelines）　「公平就業機會委員會」（EEOC）有關年齡歧視的指導原則中，禁止對年屆四十或四十歲以上的求職者予以差別待遇。換言之，雇主對年齡低於四十歲之求職者的待遇，不得優於四十或四十歲以上者。舉例來說，公司不可以刊登只歡迎年輕員工的徵才廣告，亦不得以年紀大之員工所佔用之雇用成本較高為理由加以拒絕 [17]。

　　公司如果因年齡歧視而遭起訴，必須拿出證據證明公司並非以年齡來做聘用的考量，而是依據其他「非關年齡」的合理因素，如

缺乏技能等。如果雇主欲引用一項政策來限定特定職務拒絕某年齡層以上的人從事，則必須證明該職缺的年齡符合「真實工作資格」（bona fide occupational qualifications，BFOQ）的標準。如第二章所指出，此種辯護最適用於牽涉公共安全的職務，例如警官、消防隊員、航空駕駛，以及公車司機。以「真實工作資格」（BFOQ）為年齡的限制依據比其他辯護理由較易成立。如同下面之判決所述[18]：

> 雇主如欲基於第三關係人的安全考量來成立「真實工作資格」（BFOQ），就必須提出能夠徹底審慎選擇年齡限制的標準，若有任何差錯，則須以保護人身安全為優先。

欲使年齡限制符合「真實工作資格」的標準，雇主必須證明下列幾點[19]：

1.公司因本身業務性質的需求，而合理地要求「真實工作資格」。
2.公司有合理的理由去相信那些幾乎所有受到年齡保護的族群，無法安全地或有效率地執行工作。
3.公司不可能也無法實際地正確判斷出求職者個人的真正工作能力；也就是說，沒有一個既簡單又安全的方法，可以預測出某人是否能安全地執行工作。

比方說，公車業規定應徵公車司機之職務者，其年齡不得超過五十五歲。若有人提出異議，公司可憑下列理由作為辯護：

1.安全駕駛能力是該行業本質的必要合理要求。
2.超過五十五歲的人較易造成事故（公司必須出示證明支持這項論點）。
3.根本沒有安全的測試可以確定年齡超過五十五歲的人具備有安

全駕駛公車的必要技能，亦即年齡是最佳的指標。

年齡歧視指導原則並且規定，公司對於受到年齡歧視工作法案（Age Discrimination Employment Act）保護的族群有差別待遇是不合法的，除非公司以業務需要作爲辯護。例如，如果公司爲裁員而不適當地解雇年老員工，公司就必須出示有力證據作爲解雇依據。例如，公司可以辯稱解僱的理由，是以員工過去的工作表現評分爲基礎。或者公司可以辯稱其解雇的決定，完全是基於該職務對於公司的重要性。

宗教歧視指導原則（religious discrimination guidelines） 政府的指導原則中，定義宗教信仰是指那些關於個人對道德或倫理的信念，以及傳統宗教觀點中，有關對或錯或被真誠信奉的力量[20]。宗教因此不受傳統教派的限制；不屬於任何正式宗教的人亦應受到保護。宗教信仰保護範圍也應該延伸至人們的「不信仰的自由」（freedom not to believe），因此對於無神論者的歧視也應予以禁止[21]。

因宗教信仰的認同差異會干擾公司經營目標（例如猶太教徒星期六不上班）而拒用候選人之前，公司經理人必須先考慮是否能做到**合理權宜措施**（reasonable accommodation)，比如重新調整工作或允許與志願者交換工作行程。

權宜措施若是合理，應不致造成雇主業務營運上的**過度負擔**（undue hardship）。當審理有過度負擔的申訴案件時，法庭採用一種稱爲關於最低限度（de minimis）的原則爲標準。基本上，該原則規定，若要主張有過度負擔之實，工作權宜措施的成本必須超過最低限度。要確定是否「超過最低限度」（more than minimal），必須視此行業的規模與性質、雇主所需要的權宜措施類型是否能合理地告知員工，以及所涉及的費用而定[22]。例如，財務困窘的公司可以

合理權宜措施
這是一種法律上的概念，應用在個人因宗教或無行爲能力等因素而無法成功地執行工作等情形時。雇主必須考量可行性的策略，來幫助這些人克服這些困難。

過度負擔
是一種合法的辯詞，說明一項權益措施並不合理，因爲該措施可能會造成員工過度的負擔。

申訴其小額的費用已構成過度負擔，例如另行支付加班費用給代班者。

　　該指導方針又進一步規定，雇主必須告知候選人工作時數，並詢問他們是否能夠接受。只有在候選人因宗教理由而不能在某些時段上班時，雇主才可以問及有關宗教的問題。

工作能力身心障礙歧視指導原則（disability discrimination guidelines）　如第二章所述，美國身心障礙者法案（Americans with Disability Act，ADA）將「身心障礙」（disability）一詞定義為心理及生理方面不健全，導至個人主要生活活動上受到某種限制。此定義範圍甚廣，因此包含了許多身體功能失調的類型，例如[23]：

- 疾病（例如愛滋病、癌症、糖尿病）。
- 殘疾（例如失去肢體、失明、失聰，以及學習障礙和智能不足）。
- 情緒心理方面疾病（如躁鬱症、癲癇症和精神分裂）。
- 癮性復發（例如酒癮及毒癮重新發作）。

　　美國身心障礙者法案（ADA）指導原則的概要請見本章附錄。這些指導原則詳述了公司欲考慮雇用身心障礙求職者時，它們可以（或必須）作的事項。「權宜措施」與「過度負擔」的概念，雖然原先是拿來運用在宗教歧視的案件中，也可應用在此處。然而，依照附錄資料顯示，雇主在「美國身心障礙者法案」案件中提供權宜措施所造成的負擔，比在宗教歧視的案件中要高出許多。

　　一家公司可以因應不同的障礙形式而作出各種權宜措施，比如安裝語音式電腦、可以回應聲音指令的電腦、可展現特大功能的軟體，以及可經電腦程式設定的輪椅[24]。其他的權宜措施包括在桌子或書桌下放置木塊，以方便輪椅工作者做事，或者調整放置公司用

Hughes 飛機公司為因應美國身心障礙者法案所制定的權宜措施

為了彌補一位喪失聽力及部份視力的員工，該公司購入一套新的助聽器及協助弱視者的裝備，好讓這位員工能夠獲得更佳的聽力和視力。該公司並為一位肢體麻痺者購買了一套聲控系統，為一位失明的員工買了語音終端機，並且為一位雙腳失去功能的員工買了一台電動輪椅。

品的櫃架或抽屜，以便利輪椅工作者或獨臂者之取用 [25]。由 Hughes 飛機公司（Hughes Aircraft）所擬出的權宜措施，述於**邁向競爭優勢之路 6-1** 中。

憲法上有關甄選人才的限制

甄選候選人也受到美國憲法的約束，尤其是第四、五、十四修正案。這些修正案的目的，是在與美國公民交涉時，約束美國政府的行為，因此只有政府單位或公共部門才須遵守這些修正案。

第四修正案
是美國憲法中設計來保護個人隱私權的修正案。

美國憲法第四修正案　**第四修正案**（Fourth Amendment）是關於個人的隱私權——保障工作候選人及員工免於雇主（例如政府機關）的不合理的侵犯。

該修正案是以一連串涉及工作場所的案例為基礎，這些案例皆有關於某種生理上的篩檢措施，比如尿液和血液檢驗（用於檢測毒癮及愛滋病的狀況）。該修正案也強制限定雇主可以合法蒐集的求職者資料型態有哪些。例如，過度侵犯性或無禮地向求職者詢問其婚姻、家庭、性生活等情況，都會受到法律上的質疑。

美國憲法第五及第十四修正案　第五修正案（The Fifth Amendments）及第十四修正案（The Fourteenth Amendments）規定在法律之下，全體人民受到相等的保護。第五修正案適用於聯邦受雇員工，第十四修正案則適用於全國受雇員工。這些修正案中的限制，與公平就業機會法的各種法令限制相似，這些修正案與公平就業機會法最主要的不同處，在於前者不限定用於受保護的族群類別。這些修正案視任何形式的不公平的歧視為非法行為。例如，同性戀權利並不受修正案第七條的保護，但受到第五及第十四修正案的保護。

在甄選人員方面的侵權法限制

侵權法（Tort law）屬於民法，用於遏止個人強迫他人承受不合理風險，並用於補償那些因從事不合理危險行為而受傷的人。對員工最具影響力的侵權法包括兩種範圍：雇用失當及誹謗。

雇用失當　雇用失當（negligent hiring）所指的情況是雇主採用一名不適任的工作人選，並且因其不適任而造成他人的傷害。在雇用失當的案例中，如果某人缺乏必要的訓練及經驗、身心不健全、常酒醉、常健忘、喜愛惡作劇、冒失無禮或是不友善，就會被視為不適任者[26]。

如果雇主無法對求職者進行背景調查，以事先得知此人是否會造成具傷害性之問題等資訊，該雇主可能會因雇用失當而被判有罪。舉例來說，Avis 因為一位女性員工被同事強暴而被控以雇用失當的罪名，這位同事已有暴力行為的前科，但是 Avis 未曾嘗試過去調查此一事實[27]。結果該名女性員工獲得七十五萬美元的賠償。

雇主詢問或查詢某人是否適任的義務各有不同，端視職缺的工作性質而定。職缺如被歸類為「特殊看管職務」（special duty of care）時，工作的責任性最重，例如可隨時進出他人門口（如公寓管

第五修正案
是美國憲法中用來提供聯邦政府員工均等受到法律保護的修正案。

第十四修正案
是美國憲法中用來提供全國受雇員工均等受到法律保護的修正案。

侵權法
屬於民法，用於遏止個人強迫他人承受不合理風險，並用於補償那些因從事不合理危險行為而受傷的人。

雇用失當
指的是雇主採用一名不適任的工作人選，並且因其不適任而造成對他人的傷害。

理員、旅館侍者），能接近第三者的設備、商品和現金者（如銀行出納），以及涉及公共安全的工作（如警察）等。對於這些類型的工作，雇主必須對求職者的背景，包括任何犯罪記錄，進行徹底的調查[28]。

　　雇主調查求職者有無不適任的背景之責任，在沒有被分類為「特殊看管職務」的工作中，責任較輕，然而還是有某些責任存在。如前面提及 Avis 個案，並未涉及「特殊看管職務」，最低限度，雇主應該在面試及查證推薦函的過程中，詢問求職者的過去。這個責任需要雇主在做職前詢問時，必須走在「法律的繩索上」（legal tightrope），意思是說，在詢問候選人背景資料時，他們必須避免觸及會引起歧視的問題，或是侵犯個人隱私。在本章稍後，我們將探討此類詢問在法律上，哪些是可行的，哪些是不可行的。

誹謗　**誹謗**（defamation）也是一種侵權行為，其定義為「未經授權卻對外公開不實的言論或書面聲明，而損害他人的聲譽」。提供推薦函資料時，常會引起誹謗訴訟案件。向他人傳播有關求職者的不實負面訊息，或是傳播雖為真實卻無從證明的訊息，都是違法的。惡意地向非「利害關係人」（interested party，即沒有知的權利者）提供類似誹謗也是違法的。沒有參與進行甄選過程的同事或部屬們，也應當被視為非利害關係人，因此，也不應向他們傳播類似的誹謗。本章稍後我們談及推薦函查詢時，會討論這方面的議題。

甄選人才方式

　　本章到目前為止，已描述了公司在甄選人才時所面臨的技術標準和法律標準，現在我們將討論甄選人才的實際方法。

申請書表格
　　幾乎所有的公司都要求外來候選人在甄選的過程中先填寫申請

書。典型申請書要求候選人提供背景資料，例如姓名、地址、欲申請的職位、可立即開始工作的時間、學歷、工作及薪資記錄、上個工作離職原因，以及推薦人的姓名。

申請書表格的使用　完備的申請書表格可達成三大目的。第一是決定候選人是否合乎職位的最低資格條件（例如他們是否具備必要的學歷和經驗）。

　　第二，申請書可幫助雇主判斷候選人是否具有（或缺乏）某些特定職務的特點。比方說，雇主從候選人的多年相關工作經驗中，可以推斷該人是否已具備了與被申請工作直接相關的工作知識。

　　第三，申請書各欄中的資料，可以當成求職者可能會產生之潛在問題的「警示」（red flag）。例如，時常換工作可能是他的定力不夠；沒有答案或含糊回答的問題，可能是申請人有意隱瞞某些重要訊息；未就業的空檔可能顯示求職者曾坐過牢，或者是申請人有意不讓該雇主查詢他在該空檔內所從事的工作。雇主對這些警示資訊不應驟下結論。這些警示只表示還需要尋求進一步的資料。例如，在面試中，雇主應請求職者說明為何申請書內沒有回答某項問題。

　　在**示例 6-2** 中，進一步建議了申請書表格內，需要包含的可供評估資料。

申請書表格及相關法律　許多人誤以為聯邦法律禁止雇主在申請書中列入各種不同的問題。實際上，聯邦法律唯一禁止的特殊問題是關於美國身心障礙者法案（Americans with Disabilities Act，ADA）的問題，即禁止詢問及申請人任何有關健康的問題。

　　不受聯邦法規的限制，並不意味雇主可以無所顧忌地詢問。某些問題是不適合詢問的，因為一旦列入申請表，就有可能被引用為歧視的證據。除了健康的相關問題以外，另有三類問題也是應該避

示例 6-2　對評估申請表格的建議

1.調查有關求職者對上次離職原因的說明。
2.評估求職者的教育背景。
3.分析申請書中所顯示的可靠性。
4.試著發現求職者在回答問題時是否有智慧。
5.觀察求職者的態度中所流露出的訊息。
6.研究求職者的受聘記錄。
7.檢視求職者的文筆。
8.利用申請表來導出面談的方向。

免的。在**示例 6-3**中列有每一類型的問題。

一般而言，雇主應避免詢問下列各式問題：

1.詢及雇主可以因此確認申請人是受到法律保障的族群，比如生日、性別或宗教偏好。避諱這些問題的理由是，當雇主詢及申請人一些受到法律保障的問題時，乃是假設所要求的資訊是決定聘用的依據。法庭因而會盤問雇主提出這樣詢問的動機為何，並會質問「該人所受到法律保障的資料如果並不是工作要件，為何要詢及此類問題？」

2.詢及與工作沒有直接相干的問題，但是卻會對一項或更多項受保障的資料有不當的侵犯。例如，當詢及「你的身高及體重為何」時，這對於比男性瘦小的女性會有不當的侵犯。如果所提問題非關工作性質，根據差別待遇歧視原理將被斷定具有歧視性。若是攸關工作性質，法庭會要求這些問題必須和工作表現有直接的關聯性（例如，身高至少在五呎十吋者，才能構到操控面板）。身高和體重通常是用來衡量力氣的（瘦小者通常弱於高大者）。雇主最好是採用力氣測試代替身高和體重，比較能測出實力。

示例 6-3　潛在性違法問題的範例

詢及雇主可以因此而確認申請人是受到法律保障族群之問題：
　生日
　性別
　種族
　宗教傾向
　婚前姓氏
　生理／健康問題
　出生地
　懷孕
　所屬會員籍

詢及與工作沒有直接相關的問題，但是會對一項或更多受保障的族有不當的侵犯：
　身高和體重
　前科記錄
　所有權（例如：房子、車子）
　學歷（例如：中學、大專）
　父母職業

詢及的資料是傳統上用來排擠某些受到保障的族群：
　婚姻狀況
　子女人數
　子女養育金
　配偶職業
　生小孩的意願

3.詢及的資料是傳統上用來排擠某些受到保障的族群的。例如，不應詢及「你有幾個小孩」，因為這類問題習慣用來排擠女性，而不是男性。如果女性候選人因有小孩而遭拒用，此項詢問即可作為具有歧視意圖的證據。

個人資料清單

個人資料清單（biodata inventory）與工作申請表類似，同樣是要求申請人提供本人背景資料。然而，這兩種方式不同之處是公司對於申請人的回答所瞭解的方式不同。對於申請表上的問題回答是

個人資料清單
是一種甄選人員的技巧，求職者在申請表上的回答，是受到客觀給分的。

受到主觀地評估；個人資料清單上的問題回答則是受到客觀地評估，就如同他們參加一項筆試一樣，也就是申請者可以在每一項問題上獲得一些分數，整份個人資料清單上的分數，是以每一項問題所得的分數加總而來的。

分數比重（亦即每一項問題所得的分數）各有不同，端視該項測試與特定的工作成就標準（例如工作表現、任期，或某種失調行爲（比如請假成癖、吸毒或偷竊）兩者間的統計關係，兩者關係越近，該項計分比重越大。

此類統計上的關係通常經由公司現有員工的現成資料來做評定。受雇人在被雇用時所展現的個人資料盤查清單與他們未來工作成就的程度有交互的關係。例如，「中學參加那些社團活動」的項目即有加重計分，其假設前題是有積極參與社團活動的受雇者多半屬於成功的人。個人資料清單在採用此類問題時，聲明有參加許多中學社團的申請人，會比那些只回答「少數」或「無」的人獲得更多的分數。

個人資料清單有兩種類型：加重計分申請表和自傳式資料表。當個人資料清單表所包括的問題項目和申請表相同時，此一文件稱爲**加重計分申請表**（weighted application blank），文件中包括一套專門用來詢問各式背景資料的問題項目者，比如留級、吸毒、休學、受雇經歷、年級和學校社團、法律人脈，和社經地位，稱爲**自傳資料表**（biographical information blank）[29]。這兩個類型的工具，可以採相同的方法加權計分和給分。

個人資料清單表的使用　人力資源專業人員通常採用個人資料清單資料作爲預先甄選人員的工具，用來預測工作任期。此種清單所包含的問題已經由加重計分設計的統計過程，預知會有較長的工作任期（比如，「這個辦公室離你家有多遠？」以及「過去五年中你曾

加重計分申請表
是個人資料清單的類型之一，其中所包括的問題和申請表相同。

自傳資料表
是個人資料清單的類型之一，其中包括了一套專門用來詢問各式背景資料的問題項目。

換過多工作？」）。回答「錯誤」的申請人則失去許多分數而被歸爲「短期任職者」（short-termers），其甄選過程提早終止。這樣的預先甄選方式可以爲公司省下大筆金錢。例如，有一家公司採用個人資料清單預測申請人未來任期的長短，用以甄選抄寫員，省下了兩萬五千美元[30]

　　個人資料清單表已被發現是最具有效果的事前篩選工具之一，可應用於各種目的[31]。然而，令人驚訝的是，很少有公司（大約佔百分之十七）會採用此一方式[32]。根據某項研究顯示，有些公司避免採用個人資料清單表，是因爲他們並不熟悉此法、缺乏研發此種文件所需的資源，並且／或者是擔心使用此法所涉及的合法性[33]。

個人資料清單表及其法律　某些關於合法性的考量是可以用證據來證明其合法性的。並沒有法律上的先例，證實可以僅由引起歧視事項與工作成就之間的統計數字關係，來加以證明。法庭可能也會要求兩者間關係必須以合乎邏輯的證據來予以證明。

　　例如，「住家與公司的距離」和任期長短的相關性，可被視爲合乎邏輯，因此是合法的：住家距離公司太遠者，比較會轉投入距離較近的工作環境而離職。不合邏輯的相關性如「手足人數」和任期長短，可能就無法通過法庭的審查。直到這些問題經由法庭裁決前，雇主最好排除任何和工作成就沒有邏輯關係的歧視事項。

背景調查

　　公司有時會聘請調查機構進行**背景調查**（background investigaions）。該調查機構透過雇主、鄰居、親戚、和申請人間的面談、與申請人過去雇主之間的書面或口頭溝通，以及推薦函的管道來蒐集資料。另可從執法單位和信用單位來蒐集其他資料[34]。

背景調查的使用　這些調查主要用於篩選出適合信託單位職務（執

背景調查
一項對申請者進行的深入探索，通常是由調查機構來執行。

法者，私人保安和核能）的申請人，並且用於篩選出「特殊保安職務」的求職者，以便符合不當雇用法令所規定的條件。經由此種調查所蒐得的資料可以清楚看出申請人的性格和可靠性。

背景調查及其法律　在聘請調查機構進行背景調查時，雇主必須避免侵犯申請人在法律上的權利。這方面主要的法令稱爲**公平信用調查法案**（Fair Credit Reporting Act）。雖然主要是規範消費者信用的權利，此法案也包括背景調查，規定申請人在受到調查機構調查其背景資料時，應獲通知。如果因爲經由此種調查之資料而遭到雇主拒用時，申請人也應獲得通知。

公平信用調查法案
此法是用來保護申請工作者，在受到由調查機構所進行的背景調查時的權利。

推薦函查證

推薦函查證
向申請者的前任雇主（或同事）蒐集可供甄選參考的資訊。

　　推薦函查證（reference checking）包括從申請人前任雇主蒐集資訊（通常是打電話），可以提供其他也許有用的評估資料。大部份的雇主會在聘用的最後階段（換言之，對那些「最後決定單」上的候選人做最後的評估）查證求職者的推薦函[35]。

推薦函查證的使用　推薦函查證有兩大重要目的，其一是驗證申請人所提供的資料以確信他們沒有僞造資格證明和工作經歷。

　　推薦函的查證另外可以提供申請人其他的資料，該資料可能是未來工作表現的指標。例如，雇主可以向推薦人詢問有關申請人上任工作的表現以便更能評估他們的技術能力、誠實、可靠性、道德感及與別人相處的能力。典型的推薦函查證可以論及的議題列於**示例 6-4** 中。

　　如同在本章前面所提及，採用過去工作表現，是預知未來的表現的最有效甄選策略。向曾親身見證申請人過去工作表現的有關人士取得以上資料，推薦函即合於此策略目的。

推薦函查證及其法律　儘管推薦函查證也許有可能提供相關的背景

示例 6-4　推薦函查證中所會論及的典型議題

```
聘用日期
工作職銜
薪資等級
考勤率
績效評估
紀律問題
性格特質
和他人的相處能力
優點和缺點
對求職者的整體意見
離職原因
再雇用該人的意願為何
```

資料，採用此方法的公司通常有理由質問所得資料的正確性和完整性 [36]。被要求寫推薦函的人通常不願誠實透露求職者的全部必要資料。許多前任雇主只提供職銜及雇用日期；其他只是一些讚美性但不盡真實的推薦美言。

前任雇主不願完全透露相關資訊，是因為他們擔心所言不當可能被控誹謗。申請人如認為推薦函所言不實，而讓他們無法獲得雇用時，即會提出此種訴訟。

如同本章前面所述，寫推薦函的人可以提供下列資訊做為受到控訴時的辯護：

■不造假且能證明所言屬實。

■並非惡意傳達。

■僅和利害關係人交換資訊。

■工作相關性：換言之，推薦函查證者有權得知的議題之相關資訊。

更完備的提供推薦函之合法原則，列於**示例 6-5** 中。

> ■熟悉國內任何用於規範誹謗的法規。
> ■指派一位「推薦函專業人士」(reference czar)，全權處理外界查問的資料。
> ■在將資訊提供他人之前，取得受僱人的書面同意，再透過回電的方式確定來電查詢者是否合乎法定身分。該位人士是否就是必要得知資訊的利害關係人？
> ■只提供所被詢及的資訊。
> ■資訊必須真實。
> ■報告必須完全依據文件及不可否認的事實。
> ■避免主觀的陳述。如果提供負面資訊，必須說明原委。
> ■避免提供自己的意見，或者聲明是否希望再僱用該員工。
> ■對所有提報的資訊製作書面記錄。

甄選面試

　　近乎所有的公司都將甄選面試視為重要的甄選方法。受僱用的申請人很少未經過面談。事實上，合格的候選人通常要經過公司組織層層的面試：人力資源專業人員、職缺部門經理以及層級更高的經理。甄選的決定是基於這些人的共識而達成的。

　　以往在面談效度的研究上，並不注重此種方式的效力。過去的面談方式做得並不可靠，通常會產生不良的甄選決定。然而，現今已出現較好的面談技巧，可以有效地做出僱用決定[37]。

面談技巧的使用　　得當的面談技巧可以提供申請人有機會述說以前的工作經驗、學歷、生涯志向、個人喜惡等等。這些資訊也許很難或根本不可能用其他方式取得，卻對於甄選過程有極大的影響。有效的面試方法指標列於本章後段的「經理人指南」中，在這裡我們著重的是面談中可以取得的資訊型態。

　　面談主試者可以在面談中找出四種有價值的訊息型態，我們將在下面幾段中說明[38]。

專業知識　申請人所應具備的工作專業知識是非常重要的。向申請人詢問其學歷及工作經驗，即可瞭解申請人的專業知識。如此做的話，面談主試者可以從這樣的方法中，決定工作申請者是否已在學校或工作經歷中獲取必備的知識。

- ■使用此法有一個潛在的危險，即面談主試者通常會誤解所取得的資訊，對於該候選人的成就、良好表現，或者候選人曾有那些研究，以及其專精程度，均有先入爲主的錯誤觀念。
- ■面談主試者可以向工作申請人詢問特定的專業問題，以便進一步瞭解此人的專業知識。例如，可以問酒保工作的申請人「血腥瑪莉」的成份爲何 [39]。

申請人的自我評鑑資料　此類資訊可以檢視申請人的喜惡、優缺點、人生目標、態度及哲學。此類資訊相當珍貴，可以幫助雇主決定該人是否適合某一特定的工作。例如，申請人的回應可以顯示其本人的生涯目標是否與組織所提供的工作機會相互一致，或者該申請人是否樂於從事這個工作。

情境性的資訊　此類資訊可以檢視工作申請人如何反應某些假設性的工作情境。例如，申請人可能被問及：「如果你目睹部屬對客戶無禮，你會如何處理？」申請人對此問題回應，是依據預先設定的最佳答案來評鑑其優劣。換言之，面談主試者把該申請人的答案列入評級爲尚可、普通或不佳。情境性資訊的收集可以協助雇主決定該申請人是否可以在相關的工作情境下做出有利決定。情境性資料的效度通常相當高 [40]。

行爲描述的資訊　行爲描述的資訊可以檢視申請人在新工作將面臨的相似情境下，他過去曾有如何的行爲表現。例如，面談主試者可能問及：「告訴我上次你碰到部屬表現不佳時你所面臨的情況爲何？你如何處理？而員工有何回應？」在西南航空公司的「個案討

運用行為描述面談法的 S. C. Johnson and Sons 企業

　　S. C. Johnson and Son 是一家生產 Johnson 蠟製品（Johnson Wax）的公司，John T. Phillips 則是該公司的一位人力資源專業人員。在一項工作面談中，John 通常會詢問申請人他們個人的看法及哲學（例如「身為督導者應如何指責員工？」）。不久之後，Phillips 開始瞭解此種傳統類型的問題，所得到的答案均千篇一律，也就是候選人專挑他想要的答案來回答。

　　因此 Phillips 改變面談的技巧，現在他採用行為描述的詢問方式，著重於該候選人「曾經如何處理」，而非他們「應該如何處理」。更明確地說，他可以要求求職者描述他們以往的實際作法（例如，「請試舉一例說明你曾經在何種情形下指責員工？你當時採取什麼行動？其後果如何？」）。他相信此類問題可以幫助面談主試者避免獲得公式化的答案，而能更正確得知申請人的資格能力為何。

　　採用行為描述的問題，讓 Phillips 能確認有實力的候選人，以免有遺珠之憾。在一個實例中，一位具有劇場經驗的女性，與其他數位有經驗的求職者一起爭取業務員一職。Phillips 要找的是有經驗的業務員，因此對她抱著存疑的態度。雖然她過去沒有銷售經驗可以陳述，她過去在相關情境中的行為表現（例如，說服導演讓她扮演某一角色），卻讓她說服了 Phillips 相信她具有成功執行推銷工作所需要的特質，她因此獲得這個工作，並打破銷售業績！

論」中，即有收集此類資訊 [41]。另一個可採用的例子，請見**邁向競爭優勢之路 6-2**。

「行為描述面談」已被認為最具合理性，因為此一模式合於行為一致模式：根據申請者以往行為作風與目前新工作所面臨的相同挑戰互相契合做為評估依據。

舉行面談及其法律　面談引發的法律問題，與工作申請表所引發的相同。先前本文所建議的申請表格詢問也適用於面談中。

工作能力考試

工作能力考試是人力資源專業人士「甄選人才錦囊」（bag of selection devices）中的另一種工具。茲就下列三種型式討論：心智能力測驗、個性測驗及工作實務考試。

心智能力測驗　**心智能力測驗**（mental ability tests）是用來衡量智慧及性向的工具。一般人誤解性向是一種單一的觀念；換言之，許多人以為性向只有一種，是數理及語言技巧的綜合呈現。實際上，性向還有各種其他類型，例如推理能力、想像三度空間中物品的能力，以及解決機械問題的能力。此外，這些性向之間並無高度交錯的關聯性。換言之，每個人並非各方面全能，例如，辯才無礙者在機械方面的性向可能很低。

公司採用心智測驗，主要是為了評估從未工作過的求職者，同時，這項被申請的職位，是不需要具備特殊相關工作技巧的。這項測驗可以決定申請人是否有能力順利學得這些技能。有許多測試是用來衡量各種不同的性向的；雇主的任務是決定工作職務所需要的性向有那些，然後挑出可以正確評估性向的測驗類型。

大約有三分之一的公司對某些工作採用心智測驗。智力測驗的某些類型已被認定適用於許多工作，因此可做為效度類推的證據。

心智能力測驗
是用來測量求職者性向的工具。

然而，許多雇主不願採用智力測驗，因爲這些測驗對某些特定的受法律所保障的族群有不當的影響，採用這些測驗可能因此會與公司在肯定保障特定的弱勢族群行動方面所做的努力相抵觸[42]。

性格測驗
用於評估對某些工作來說，在求職者身上極爲重要的各種人格特質。

性格測驗　**性格測驗**（personality tests）用於評估對某些工作來說極爲重要的各種性格特質（獨立性、獨斷力、自信力）[43]。例如銷售員可能必須是獨斷、外向，並有很強的交際手腕；申請經理職位者可能必須具有自信力；社會工作者可能必須有耐性及包容力。

有各種不同的性格測驗適用於商場，在這些測驗中，最常被用來測量的個人特質有：

- ■外向程度。
- ■情緒穩定力（脾氣）；該人是否可靠、鎭靜，並且行事從容不迫？
- ■親和力（和善並容易相處）。
- ■認眞性（該人的可靠與負責程度）。
- ■對各種經驗的開放度（此人的心胸開闊程度、敏感性及彈性）。

針對甄選過程中所使用的性格測驗的效度，所進行的研究中，有許多證據相互參雜，但是有許多研究無法依此確定其效度，有些則可以[44]。例如，有一研究發現衡量「認眞性」（conscientious-ness）的測驗，可以預測出幾乎所有的職能工作成就，另一個研究發現，「親和力」（agreeableness）的特質可以有效預測許多職務的工作表現[45]。一九九一年一項研究針對九十七個先驅研究結果進行檢視，結果發現性格測驗的平均效度係數相當適度（爲.24）[46]。

一旦觸及捏造事實的議題，性格測驗的認可性即受到限制。許多求職者爲了給人良好印象而不願誠實回答問題。例如，某些測驗

問及：「你常常混水摸魚嗎？」很少求職者會據實回答「是」。

　　採用此測驗也可能產生法律問題，例如，有些性格測驗所問及的私人問題，可能在某些州被視爲侵犯了他人隱私權。例如，加州隱私權法規禁止公司收集一些沒有必要的申請人資料，所收集的資料必須和工作表現有明確、直接、緊密的關聯。個性測驗問及「你是否常常心不在焉？」和「你是不是常討厭你的母親？」都會觸犯該法。

工作實務考試　**工作實務考試**（work sample tests）要求申請人對該項職缺的任務作實際示範。例如，申請推高機操作員職位者，可能被要求實際操作，或教職申請人可能被要求作教學示範。人力資源專業人士依此發展出下列測試方式：

<aside>
工作實務考試
是一項工作測試，要求求職者對職缺的任務作實際示範。
</aside>

1.執行工作分析來確認該項工作的重要職務。
2.將具有代表性的實務考試納入測試中。
3.擬出評分程序以評估申請人執行每一工作任務的效率。
4.採標準條件來執行申請人的測試。

　　工作實務演練可以用來評估操作技巧（例如，操控不同機件）、文書技能（例如打字能力）以及管理技能（例如領導力、管理能力及問題診斷力）。這些考試適用於申請人在受聘用時應展露技能的情境。當公司妥當地構築並執行工作實務考試時，通常都能獲得成效，因爲公司提供了直接衡量工作表現的方法。電影製作人在甄選演員擔任角色時採用此法（他們「讀出」該角色的對白）。當籃球教練舉行「球員競賽」時，也是採用實務考試方法。某些人雖然沒聽過「行爲一致理論」，他們卻瞭解一個原則，即過去行爲是未來類似情境下工作表現的最佳指標。因爲工作實務模擬出實際的工作任務，有人希望藉由這種考試來預知工作表現。

工作實務考試涉及兩大缺點，其一是成本高，另一項是可能會產生安全問題。例如，要求電話線爬桿者做實際示範就不太明智，因為不合格的候選人可能掉落而摔斷脖子！

評估中心

工作實務考試用於甄選管理人才候選人時，通常被執行做為**評估中心**（assessment center）的一部份，中樞評估「是一套全面性、標準化的程序，如實況演練和工作模擬的評估技巧（即商業規則、小組討論、報告和說明會）等，根據不同的目的，被用來評估每個受僱人」[47]。

評估中心可能會持續二至五天，在這個期間，一組候選人（通常六至十二人）參加綜合的工作實務考試和其他甄選計劃，比如舉行面談和各式筆試。一般通用的工作實務測試有：

1.無領導者小組討論：給參加者一個問題去解決，並指示他們互相討論，在一定的時間內做出小組決定。培訓人員將所觀察到的個人行為，評定他們的溝通技巧、領導力、說服力，或者敏感性。

2.管理競賽：管理競賽所涉及的活動如採購或銷售產品，每個參賽者（小組成員）互相競爭，以獲得最大利益（例如利潤、市場佔有率）。

3.籃中演練匣（in-basket）：在這項實務演練中，應試者被給予許多的備忘錄，這些備忘錄在經理的「籃中演練匣」中常可看到，應試者被要求對這些備忘錄排定先後處理順序，然後再加以回應。這項測試企圖衡量求職者的規劃及組織技巧、判斷力，以及／或是工作水準。

評估中心如果加以妥當發展及使用，會具有相當的效度[48]。因

為這些評估主要是由工作實務考試所構成的，本文前段所討論的優缺點也適用於此。

過濾出失調性的行為

如同**示例 6-1** 所述，雇主不想任用具有行為失調傾向者，如毒癮患者和不誠實者。接下來要討論的是公司該如何評估這些傾向。

濫用毒品 為了因應工作場合也許會有濫用毒品的問題，許多公司已經開始對申請人進行**毒癮測試**（drug tests），以便淘汰吸毒者。公司希望藉著這麼作，能降低因工作場合濫用毒品所付出的代價，例如曠職、表現失常、增加事故及健保成本。

有一項關於使用毒品測試的疏失必須注意：測試結果並不一定準確。尿液測試是測試過程中最常用到的步驟，但有時無法正確地辨認出某人是否是個使用毒品者。這樣的人會顯現出錯誤的陽性反應來，拒用了這種「無辜」的人，會引發嚴重的道德影響。

從法律的角度來看，很少有限制可以應用於私人公司的毒品測試中。申請公家機關工作的人，卻可能會根據第四修正案來提出訴訟。這項修正案禁止政府以尿液或血液樣本，來不合理地否決某申請人的身體狀況。為了要對這種對隱私權的侵犯辯護，公家機關的雇主，必須證明進行這些測試的原因是「迫不得已的」（compelling）[49]。

舉例來說，在「國家財政部職員公會對 Von Raab 事件」（National Treasury Empolyees Union v. Von Raab）的案件中，最高法院批准了對美國海關服務部（U.S. Customs Service）員工所進行的毒品測試計畫，這項計畫是用來甄選與禁止毒品有關的工作，以及必須攜帶武器的員工的。根據法院的說法，政府的立場是不得已的，因為「大眾強制要求使用有效的措施，來禁止使用毒品者，直接涉及有關查禁非法毒品的職位」。

毒癮測試
評估個人，以測試出求職者是否有濫用毒品的可能。

評估申請人的誠實度　許多公司，尤其是銀行和大型零售商，都會評估求職者的誠實度，以減少員工在工作場合偷竊的例子。預測不誠實者主要有兩種方法，一種是測謊器測試（也就是使用探測器測試），另一種是紙筆誠實度測試。

測謊器測試（polygraph tests）旨在確定應試者所提供資訊的真實性。此測試的判斷，假設說謊可經由觀察受試者在受到測謊器監控的面試過程中，其生理反應而探測出來（不自然的皮膚反應、心跳、呼吸頻率）。如果測謊結果顯示出申請者所回答的資訊不實，或者申請者在測試中坦承過去行事魯莽或曾犯罪，該申請者都會被拒。一九八八年**員工測謊保護法案**（Employee Polygraph Protection Act, EPPA）禁止了大部分私人機構（但非公立機構）的員工在甄選

過程中被施以測謊試驗。員工測謊保護法案（EPPA）的限制並不適用於所有的情況：藥品公司測試將會經手處理禁藥的員工時，則不在此限當中，因為雇主會在未來該員工的工作上提供更周延的安全服務或是警衛人員。在這些情況下，員工測謊保護法案說明此測試必須「妥當地」經由持有執照的主試者來執行。

紙筆誠實度測試（paper-and-pencil honesty tests）是預測偷竊行為之測謊法的另一種選擇。此測試也許會以公開或以個人性格為基礎的措施來進行。公開測試會直接詢問申請者關於偷竊的態度，以及關於不誠實之前的行為，例如：「你曾偷竊過前任雇主財物中超過五元美金的東西嗎？」，因為這些問題的目的對申請者來說太過明顯了，所以答案可以很容易地被捏造。

以個人性格為基礎的測試，並不包含任何明顯指向竊盜的問題，因此較不容易捏造答案，以性格為基礎的測試，假設某些性格特質會使一個人較易於從事偷竊行為[50]。這些性格測驗中的項目，已被發現與其他不誠實或偷竊行為的指標有關聯性[51]。諸如此類的

- ■我常常在酒吧爭論。
- ■我很容易覺得無聊。
- ■我不喜歡被告知要做些什麼事。
- ■在狹窄擁擠的地方我覺得很不舒服。
- ■我很容易覺得厭煩。
- ■大部分的時候我覺得很不舒適。
- ■和陌生人談話對我而言並不困難。
- ■我常常難以控制脾氣。

例子，請見**示例 6-6**。

　　紙筆誠實度測試被使用的頻率越來越高，而測謊器測試已大部分被禁止了。這樣的測試受到超過五千家的公司所使用 [52]。關於其效度的研究，大體上都是持支持態度的，顯示出通過這些測試的人，比不合格的人較不會偷竊 [53]。然而，這些測試的評論者指出，雖然許多未通過測試的人是潛在的偷竊者，但是其中有很大的部份是「無辜的受害者」（innocent victims）[54]。在使用這些測試之前，雇主必須衡量這些道德上的考量。

經理人指南

甄選員工與經理之職責

　　經理在甄選員工的過程中扮演了一個主要的角色，他們協助確定一份職缺所需要的能力、參與評估工作候選人、對甄選決定提供意見，而且在許多案例中，實際作出任用決定。經理在關於甄選過程效度與抱怨案件的調查中，也扮演了重要的角色。

確定所需具備之能力

我們在第四章中涵蓋了工作分析的部份，我們討論了要如何根據從工作分析的資訊中來評估候選人，在開始甄選過程之前，經理必須確保分析的資訊跟得上時代，並運用不斷在改變的科技。

評鑑求職者

在大多數的公司中，經理為工作面試的執行者。有效地執行面試，對甄選過程的效度是很重要的。在本章「增進經理人之人力資源管理技巧」一節中，將會討論有效面試的方法。

為甄選決定提供各項考量資料

當對候選人的評估都完成後，經理通常會面臨作出甄選決策的任務——選出最好的候選人，為了要作出合理的決定，部門經理必須有效地結合關於每位申請人的所有資訊。不幸的是，大多數的部門經理都不使用有效的策略來進行這項工作；他們的策略無法預測地不時變換[55]。「適當」（proper）評估候選人資訊的策略，述於為經理人所提供的「增進經理人之人力資源管理技巧」一節中。

任用決策

經理人通常可以決定任用候選人，於此同時，經理人應該注意兩項重要原則[56]：

1. 任用的決策不應當成是一種饋贈；候選人必須憑本事爭取。
2. 任用的決策不應為了等待回覆而延遲過久，這樣會阻礙另一位候選人的任用時機。

然而，如果甄選者對工作有重要的限制，就不應該向求職者過度推銷該工作。如同第五章所述，候選人則應該被告知實際的工作資訊，他們才能自行決定自己是否適合接任這項工作[57]。

經理人在達到效度方面所扮演的角色

　　經理人不用負責甄選程序的效度，但在該過程中卻扮演兩項非常重要的角色：第一，他們在甄選過程中（例如面試申請者、評估申請者資料）所採取的行動會影響甄選過程的效度。缺乏經理有效的意見提供，甄選過程可能不合規定，即使進行了技術最健全的效度研究，可能也是不夠的。

　　第二，甄選過程的效度一旦受到質疑，就可能被控以歧視，法庭則會審問經理人所採取的行動。一旦內容取向的證明受到質疑時，經理人可能被詢及下列問題：

　　「面試時所提出的問題和工作有相關性嗎？」
　　「甄選決策是否依據相關的效標而訂定？」
　　「職務內容的描述（可能是由經理所撰寫）正確嗎？」

　　當相關資格證明受到質疑時，經理人所做的工作表現評估將會被仔細詳審，因為這些評估可作為標準衡量的參考，如果這些評估不正確，甄選工具的效度則會受到質疑。

經理在調查申訴內容時所扮演的角色

　　如果有不服氣的申請人向公平就業機會委員會（EEOC）提出歧視的控訴時，所有參與甄選決策過程的組織成員將受到質問。在人力資源管理經理人技術建立的部份章節即說明此種調查是如何進行以及經理人扮演角色。

人力資源管理部門能提供何種協助

　　人力資源專業人員在甄選過程中扮演兩個主要角色：提供技術支援，以及幫助經理人在甄選過程中符合法律及技術標準。

提供技術性支持

人力資源專業人員通常執行下列技術性任務：

1. 執行工作分析並撰寫工作敘述內容。
2. 設定工作的最低資格。
3. 決定採用何種甄選方式。
4. 編製申請表。
5. 挑選／研發並執行工作考試。
6. 對申請人進行初步的甄選（例如檢閱申請表、主持初試面談）。
7. 執行（或委派）背景查詢或推薦人查詢。
8. 審核部門經理所做的甄選決策。
9. 監控公司的雇用實務，使之符合公平就業機會法（EEO）的規定，並達到效度。

協助經理人

人力資源專業人員也會被要求在各方面協助經理人：回覆有關公平就業機會的問題，提供面談者訓練課程，或幫助經理人選擇最合乎實際的甄選方法。例如，人力資源專業人員也許會被要求建議應採用那一種工作考試來挑選具備必要工作技能的申請者。

人力資源專業人員可以提供經理人一些法律／公平就業機會訓練的協助，可作為新任經理在職訓練計畫的一部份。資深經理則需要定期性吸收新知以便跟上法規的變換腳步。

增進經理人之人力資源管理技巧

我們現在討論經理人在投入甄選實務時所應具備的特定技術。

主試者應避免之錯誤[58]

　　下列是經理人在進行申請者面談時所經歷的步驟、經理人在每一步驟中通常會犯下的錯誤，以及對避免或減少這些錯誤所做的建議[59]。

步驟一：面試者對於申請者的初步印象，來自從申請者及履歷表所獲得的工作資格和資料。

　錯誤：

a.面談者忽略了工作要求及員工必備資格。

　■面談者必須對於所需求的職缺人選類型有清楚的概念。

b.面談者在面談時對候選人即存有偏見。偏見會使面談者對於候選人做出不適當的最後評估，而降低了面談的效用[60]。

　■對於申請表中的現成資料必須正確解讀，記住，完成的申請表只是提供一項暫時（tentative）推定申請者能力的基礎；這些推論可在面談時得到驗證。面談者在整個過程中必須有寬大的心胸。

步驟二：面談者在面對面的面談中向申請人提出問題。

　錯誤：

a.面談者通常會在這個步驟提出「錯誤」的問題（換言之，所提問題與工作無相關性）。

　■在面談之前，經理人應準備完整的工作相關性問題，並確定面談時沒有任何遺漏[61]（此種面談方式稱為「結構性面談」〔structured interview〕，比非結構性面談更有效力，面談者可以將問題逐一納入）。這些問題旨在收集各資訊，本文前半段已有述及。

步驟三：應試者回答問題。

錯誤：

a.被面談者會順著題意回答有利的一面，不好的資料則予以隱瞞（畢竟申請人想要這份工作，他們通常回覆「正確的」答案）。

■在提出問題之前不要「提示」（telegraph）正確答案。比方說，不要在表明這份工作需要機智來應對客戶之後，再問「你有這樣的機智嗎？」你想會有多少人回答「沒有」呢？

■在面談結束時才告知被面談者有關該項工作及員工必備條件等資訊，讓申請人無法猜測正確答案為何。舉例來說，在告知申請者未來同事個性之前，問他們可以和什麼類型的人工作最融洽。

■提出讓申請人往往很難表現出他們較好一面的問題。問他們自我評估性的問題，例如，「你最大的弱點是什麼？」或者「上個工作你最不喜歡的事物為何？」都有這種效果。同樣地，若問及行為描述資料的問題（也就是說，要求候選人描述他們前幾個工作所曾犯下的錯誤），也會有同樣的效果。

步驟四：面談者在對所獲取的資訊進行解讀並處理時（事實上，這個步驟在面談中是同步進行的），申請人的回答可以讓面談者瞭解一些事情，故對於這些回應則應予正確解讀。

錯誤：

a.此處面談者會犯下的重大錯誤是驟下結論。例如，申請人陳述他和上任工作主管處不來時，主試者很快地就斷定此申請者不服從，並且不易管理。

■克服這項問題的關鍵在於主試者的刺探能力，好讓申請者對前項回應更加詳細地敘述並澄清。舉例來說，當申請者說她和前任的工作督導處不來時，要接著問「當時是什麼樣的情

況？怎麼引起的？你在這項問題的形成當中，扮演了什麼樣
的角色？」

■經理人也必須留心申請人前後是否有不一致的說詞。例如，申
請人可能表示他喜歡團隊工作，但是在過去卻一直獨立工
作。可以要求該申請人解釋為何有這麼明顯不一致性。

步驟五：面談者對於被面談者的工作資格，在面試後會形成不同的
印象。

　錯誤：

a.在對被面談者有了面試後的印象時，經理人通常會有錯誤的判
斷。許多類似錯誤已被找出，也許最常見的錯誤是立下判斷，
許多面談者在面談開始的五分鐘內即做出甄選決定，抱持的態
度是「不要用事實來混淆我，我已經下定決心了」。接下來的
面談時間，面談者就一直持著偏見提出詢問，以支持他原先的
看法。

■為了避免驟下判斷，經理人應在面談之前，事先準備評分
表，列出相關的條件。結束面談時，再將申請人每項條件逐
一計分 [62]。經理人不應對申請人先產生整體的印象，而應該
等到作任用決定時再這麼作。

b.另一種判斷上的錯誤稱為「候選人次序效應」（candidate order
effect）。針對某一職位對數個候選人進行面談時，面談者稍有
不慎即會受到候選人面談次序的影響。第一位及最後一位接受
面談者給人印象較深刻，而獲得青睞。

■因為面談者很難記住每位申請人的回應，所以在面談結束後
應立即對每位候選人做出評估。此外，在面談時應該做記
錄，除了可當做備忘之外，這些文書記錄可做為差別歧視訴
案的辯護依據。

進行一項結構完整的面試

我們現在綜合前面所言，討論一下應該如何從頭到尾貫徹執行面談。

步驟一：面談的準備工作

　　a.檢視工作內容以決定相關條件。

　　b.備製一份必要的工作條件評分表、計分等級，及備註空欄。

　　c.審閱填妥的申請表，先在心底想好有那些需要加以澄清或發問的疑點（例如，未回答的問題，失業空檔，職銜不明確）。

　　d.預備發問用的問題清單。這些問題必須是用以專門評估該工作的相關資格條件。

　　e.將面談排定在私下場合舉行，以免受外界干擾。

步驟二：開始面談

　　a.先和善地歡迎申請人。

　　b.友善但實事求是地進行面談。

　　c.為了讓申請人放鬆心情，以一些「閒聊」（small talk)開始整個面試，先詢問一些不具威脅性的事情，例如：「這個地方好找嗎？」

　　d.談論面談舉行的目的，再問申請人：「這份工作為何會吸引你？」

步驟三：引出所需資訊

　　a.在發問時，對申請人的回答不要做批評，並予接納。偶爾點頭，表示你有對其談話內容感興趣，保持微笑並說「蠻有趣的」。

　　b.控制整個面談，以確保在合理的預定時間內完成問答。如果申請人離題太遠，面談者應再予以導入正題。

c.探求事實。如有必要請申請人加以解釋，比方說，如果申請人表示她和上任工作主管處得不好，請她說明一下事情緣由。

d.寫下記錄。隨手持著記事本，將資料用筆記錄下來，在做筆記時，要和申請人眼光保持接觸。在申請人陳述任何正面或負面的資料之後，不要立即記錄。因為如果這麼做的話，等於暗示申請人的回答是有利或不利的。

步驟四：提供資訊給申請者

a.提供有關工作及公司的相關資訊，包括正面及負面的資訊，但是這些資必須待申請人資料完全收集之後才可透漏。

b.對於申請人詢及有關工作／公司的話題，例如升遷機會、福利、薪資等級，也應據實以告。

步驟五：結束面談

a.詢問申請人是否還有其他資料可供做為任用決定的依據。

b.感謝申請人的時間及參與。

c.告知申請人公司核定人選的程序。

d.告知申請人公司核定人選的時段以及何時並用什麼方式通知申請，對所做的任何承諾要能信守。

e.衷心告別。

確認出最佳應試者

達到最好的甄選決策的初步策略，是先評估申請人個人合於工作的條件。換言之，甄選過程結束時，將每位申請人在甄選過程中所有資料所展示的每一重要條件予以分級計分（1-5 等）。例如，根據候選人在推薦人、面談及考試中所表現的「可靠性」（dependability）予以評分。

申請人的每項條件一旦經過計分，這些分數則必須予以全部加

總。經過加權計分的總分數，反映出每項條件對工作的重要性（如工作分析表所訂定）。得分最高的申請人則會被挑選出來。這種方式適合彌補缺點，換句話說，就是正確假設獲高分的項目可以彌補低分的項目，然而在某些甄選情況下，某個專精領域並不能彌補另一缺點。如果有不可彌補的缺點，具有該方面缺點的候選人就會被剔除，不再做考慮，比如不誠信者或與同事不能融洽共處的人，不論他們的能力如何，可能就是某些工作的淘汰對象。

當優點無法替補缺點時，採取「連續門檻」（successive hurdles）方式可能是最妥當的。採用此方式，如果發覺候選人有不可彌補的缺點，可以在甄選過程不同階段中刷掉一些人選。其餘候選人也可能在某一階段遭到淘汰，例如沒有通過毒癮或誠信度測試；或是在面談中表現不佳的人際關係技巧。採用「連續門檻」可降低甄選成本，使候選人規模縮小，並減少評估工作量。

應付公平就業機會委員會的調查

一旦達成任用決定，雇主可能會面臨歧視的控訴。不服氣的申請人可向公平就業機會委員會（EEOC）提出告訴，由公平就業機會委員會著手調查不滿事宜。身為部門經理，必須對調查情形有所瞭解，在接受詢問時將會扮演什麼角色。

公平就業機會委員會（EEOC）將會在十天內把訴訟案以書面通知雇主。此時，事情進行到了這個地步，公司就應該自行著手調查這些控訴[63]。證人控詞應謹慎備妥做為證據，並協助證人準備應付公平就業機會委員會近乎全面性的所有調查，及接下來的訴訟。身為證人時應牢記下列原則[64]：

1. 把所有已知實情告訴律師。不要避重就輕或不願透露「全部」資訊，即使不利於己。
2. 在提供事實時，先備妥佐證文件諸如備忘錄、信函及其他書

面證明。

3.將事實與假設加以區分。

公司在完成自己的調查作業時，必須決定是否要打官司還是要和解。如果不能和解，公平就業機會委員會會要求雇主和控方參與「無過失」（no-fault）會議。在進行會議時，公平就業機會委員會的官員在場聆聽雙方的說詞，各方均可請出任何有利的證人，約有四成的案例都是在這個階段達成和解[65]。

如果在會談中不能把問題解決，公平就業機會委員會（EEOC）會進行全面性的調查。公司可能被要求以書面回覆質詢（換言之，要求提供訴訟案有效力的資料）。例如，公司可能被要求說明該次的甄選過程，並提供所有關於歧視的數據。

公平就業機會委員會的官員可能還要進行的調查，是審閱記錄文件並和公司主管、證人及其他利害關係人（interested parties）進行面談。

經理人如果涉入調查則必須記住兩件事情：第一，尊敬調查員並表現合作態度，畢竟調查員的建議通常會左右公平就業機會委員會的決定；第二，提供給公平就業機會委員會調查員的資料，必須限於該訴訟案本身所引發的爭議部份。舉例來說，如果這是一件性別歧視控訴，不要自動地把公司任何和處理其他受保障族群的相關資料也一併呈上，這麼做的話可能會讓調查員擴大調查範圍。

公平就業機會委員會最終會決定訴訟案是有「成立原因」（cause）或「沒有成立原因」（no cause）。判定「成立」，意味著有理由相信確有歧視存在。果真如此，公司應慎重考慮尋求和解，尤其是公司內部的調查也驗證某些或全部的指控時。公司則須根據該案件的真相，和所有的訴訟成本來做最終的決定。

判定「沒有成立原因」，則意味沒有足夠證據支持差別待遇的

案件。然而控方仍會收到「起訴權利書」（right to sue），並可以在九十天內提起上訴。

回顧全章主旨

1.說明「效度」一詞運用於員工甄選時所蘊涵的意義，以及公司如何達到效度並以文件證明。

- ■效度與求職者是否能實際上如預期般地執行工作有關，其根據是在甄選過程中的推論。

- ■欲達到效度，經理人必須：

  - ●對職務的資格要求具有清楚的概念。

  - ●精確地採用甄選方法評估申請者的資格。

- ■公司組織採用三種策略，以文件證明甄選過程的合理性：

  - ●內容導向策略（content-oriented strategy）：此策略指出篩選方式的發展和使用均遵照「適當的」程序進行。

  - ●相關效標策略（criterion-related strategy）：提出數據證明顯示工作申請者獲得的評定分數和往後工作表現程度間的關聯性。

  - ●效度類推策略（validity generalization strategy）：指出甄選實務的效度業經其他公司證明。

2.瞭解公平就業機會委員會（EEOC）之指導原則內所規定的法律限制，及公司在甄選員工時會面臨的法令或侵權行為。

- ■公平就業機會委員會指導方針：

  - ●員工甄選程序的統一指導原則：規定公司員工聘用的決策（例如：甄選、昇遷、調職等）若導致雙方產生差別待遇方面的衝突，公司組織必須提出甄選過程所要求的工作相關性。

  - ●國籍歧視指導原則：說明雇主在雇用不同國籍種族的人時應受到的法律限制。

  - ●性騷擾指導原則：規定雇主不得因為申請人接受或拒絕雇主的

性騷擾作爲任用的決定。

●懷孕歧視指導原則：規定求職者懷孕的情況，必須視同其他求職者一樣暫時無法發揮工作能力。

●年齡歧視指導原則：說明雇主在招募四十或四十歲以上的員工時，應受到的法律限制。

●宗教歧視指導原則：規定雇主除非有過度的負擔，否則必須採取工作權宜措施，以便利求職者工作。

●身心障礙歧視指導原則：規定雇主除非有過度的負擔，否則必須採取身心障礙權宜措施，方便求職者工作。

■憲法法規（僅適用於公家機構）：

●第四修正案（隱私權）。

●第五及第十四修正案（平等保護）。

■侵權行爲：

●雇用失當：雇主採用一名不適任的工作人選並且因其不適任，而造成對他人的傷害。

●誹謗：無權卻對外公開不實的言論或書面聲明，而損害他人的聲譽。

3.解釋公司所採用的各種甄選方法。

■申請書：申請人填寫申請書提供背景資料，例如學歷、工作經歷、上個工作離職原因。

■個人資料清單：是甄選技巧的一種，申請人對背景資料問題的回答均受到客觀地評估。

■背景調查：通常是聘請調查機構對申請人的背景資料做深入調查。

■推薦函的查證：從申請人前任雇主（或同事），蒐集供爲甄選依據的資訊。

■面試：一種雇主和申請人間有組織性的面談，用以評估申請人

的資格條件。

- ■工作考試：主要用以評估智力、個性及工作技能。
- ■評估中心：包括工作實務考試及其他評估技術，主要用於甄選經理人才。
- ■過濾掉行為失調者：過濾方式包括毒癮測試、測謊測試、誠信度測試等。

關鍵字彙

評估中心（assessment center）

背景調查（background investigations）

行為一致性模式（behavior consistency model）

個人資料清單（biodata inventory）

自傳資料表（biographical information blank）

同時效度研究（concurrent validaton study）

內容取向策略（content-oriented strategy）

相關效標策略（criterion-related strategy）

誹謗（defamation）

毒癮測試（drug tests）

員工測謊保護法案（Employee Polygraph Protection Act）

公平就業機會委員會（Equal Employment Opportunity Commission）

公平信用調查法案（Fair Credit Reporting Act）

第五修正案（Fifth Amendment）

第十四修正案（Fourteenth Amendment）

第四修正案（Fourth Amendment）

心智能力測驗（mental ability tests）

雇用失當（negligent hiring）

紙筆誠實度測試（paper-and-pencil honesty tests）

性格測驗（personality tests）

測謊器測試（polygraph tests）

預測效度研究（predictive validation study）

合理權宜措施（reasonable accommodation）

推薦函查證（reference checks）

信度（reliability）

甄選（selection）

侵權法（tort law）

過度負擔（undue hardship）

效度（validity）

效度係數（validity coefficient）

效度類推策略（validity generalization strategy）

加重計分申請表（weighted application blank）

工作實務考試（work sample tests）

重點問題回顧

取得競爭優勢

1. 說明你所就讀的大學，為甄選教授所採用的計畫，如何影響大學本身的競爭優勢。

人力資源管理問題與實務

2. 請說明「效度」（validity）一詞的定義；說明如何確保效度的二個重要方式。

3. 將「效度」以文件證明的兩種方式（內容導向策略和相關效標策略）作一比較，兩者有何不同？何時較利於採用相關效標策略？

4. 統一指導原則的主要規定為何？

5. 在(a)宗教歧視案例及(b)身心障礙歧視案例中對於過度負擔的認

定，其法律要求條件的定義爲何？

6.雇主在任用失當的相關議題方面應負那些責任？

7.說明有關申請表的使用方法及預先應注意的事項。

8.解釋個人資料清單的各個項目如何計重（加權計分）。

9.向推薦人進行查詢時會涉及那些法律爭議？

10.公家機構的雇主在那些情況下可以採行毒癮測試？

11.說明誠信度筆試的二種測試方式。

經理人指南

12.經理人在關於「效度」的方面，所扮演的角色爲何？

13.人力資源專業人員以那些方式協助經理人甄選人才？

14.說明經理人在面談過程中通常會犯下那些錯誤？這些錯誤又該如何避免？

實際演練

「公平就業機會委員會」（EEOC）所尋求的資料爲何？

　　Carl Jackson 是位黑人，向 ABC 警察局（ABC Police Department）提出種族歧視的指控，該控訴的內容如下：

1.我申請擔任巡邏警官一職，雖然合於資格，卻未被任用。

2.Smith 副隊長告訴我目前沒有空職，但是他會把我列爲考慮的對象。

3.我有首都大學（Metropolitan University）刑事學系的大學文憑，曾在市立刑事局（Metropolitan Police Department）實習，並獲分發單位長官即副隊長 Horton 的舉薦。

4.畢業之後我在一九九〇年七月提出職位申請。我一直向副隊長 Smith 提及我希望繼續留在該部門工作的意願。

5.在該部門只有一位巡邏警官是位黑人。在九月份我被告知尚未有缺職卻發現 Caucasian，Jim Spencer 已被雇用。我相信我本人更有資格獲得該項職位，Spencer 先生甚至未擁有刑事學的文憑。

作業

請回答下列問題：

1.公平就業機會委員會（EEOC）在調查此案時，會要求當事人提供那些資訊／記錄？

2.此類資訊如何被用來判定訴案的「起因成立」或「起因不成立」？

3.舉例說明可以引導公平就業機會委員會判定「起因成立」（cause）的資訊類型有那些？

Jane Smith 該怎麼做？

請參閱本章前面所述部門經理 Jane Smith 一天中的生活經歷。

作業

請回答下列問題：

1.對於 Jane 因為 Mary Jones 懷孕而拒絕 Mary 的申請，你有何看法？

2.對於 Jane 因為 Bill Cooper 不能在星期六工作而拒絕這位候選人的申請，你認為 Jane 應該使用什麼論點來支持她所做的決定。

3.有何法律依據可以讓 Kate Johnson 用來做不利的推斷？你會給 Jane 什麼樣的建議？

計劃如何評估員工的必備資格

甄選方法

1.申請表格。

2.個人資料清單。

3.背景調查。

4.查詢推薦人。

5.面試。

6.心智測驗。

7.個性測驗。

8.工作實務考試。

9.評估中心。

10.誠信度測試。

指示

在上述表列中，請指出人力資源專業人員應採用何種甄選方式來評估下列特性。請就你的選擇提出解釋。

方法　　　　　　評估之特質

_____　1.申請人會喜歡這個工作嗎？

_____　2.申請人能與公司同仁／公司文化適應良好嗎？

_____　3.申請人的職業生涯傾向是否和公司工作互相一致？

_____　4.申請人能被啓發高度的工作動機嗎？

_____　5.申請人會成為公司內的好成員嗎？

_____　6.申請人是否有能力清楚地溝通？

_____　7.申請人是否有能力機智地應付他人？

_____　8.申請人是否能以獨斷的態度應對公司的管理高層？

_____　9.申請人是否能承受工作壓力（例如截止時限很近、工作順序不斷改變）？

_____　10.申請人會是一位不錯的員工提倡者嗎（例如關心其他員工的福利）？

_____　11.申請人是否具備該項工作所要求的專業知識和技能（例如工作分析、受雇經歷、訓練、潛能激發制度、安全及衛生等等）？

發展出甄選計畫與面試問題

概論

　　你將會使用到第四章中實際演練中的多元化工作分析（Versatile Job Analysis, VERJAS）工具，你的工作是發展出一套甄選計畫與面試問題，用來甄選工作申請者。然後你會被要求和你的同學去執行一項實際上的面試。

步驟

1.重新分成三組，可運用在多元化工作分析練習中。

2.每一組應該準備一個甄選計劃，用來評估候選人，這個計劃應該是以一個矩陣的方式來表現。在左手邊的地方，列出每一項基本與特殊的能力。矩陣上方，列出每一種會在甄選過程中用到的甄選方式（如申請表、個人資料清單、面試等）。在矩陣中的每一個空格中以 X 來表示哪一個甄選法會用來衡量哪一個能力。

3.準備一張面試問題表，用這些問題來問申請者，以用來評估經由面試過程能夠測量出來的能力（如同步驟二中所指的矩陣）。

4.老師將會選出一組，來為一個已被分析過的工作進行面試。然後老師會選出另外一組的一位同學，當作被面談者。實施面談的那一組，將會拿到一張能力表，其中的問題是經由步驟三所發展出來的，以及一連串的追蹤性問題或刺探性問題。這場面試也許可以由一位組裡的人進行，或者也可由整組的人來進行（也就是交替詢問組員）。

5.在面試結束時，所有的小組都應該對候選人的每一項知識、技巧與能力（KSA）加以評分。

6.舉行一場班級討論，以比較每一組所做出來的不同評分。每一組對候選人的每一項能力都有相同的評分嗎？如果不是的話，討論分數不同的可能原因。

個案探討：此員工聘用過程健全嗎？

Harlin 百貨公司（Harlin's Department Store）在全美有三十六個據點，位於 Ohio 州 Akron 市的公司總部中，有九位人力資源專業人員執行人力資源方面的計畫。人力資源的職員負責為每一家分店聘用經理。當一家新店開幕時，一位人力資源專業人員就會出差到該處，為該店聘用一位經理。新店的經理之後就會被賦予為該店雇用所有必須人手的責任。

Mike Barker 是一位人力資源專業人員，最近挑選了 Lou Johnson 成為一家位於 Georgia 州 Macon 市新店的經理。在開幕的六個月內，該店職員的離職率竟高達百分之一百二十。該店副經理的職位已經異動超過三次了，行銷人員平均只工作了兩個月就離職了。Mike 被派到 Macon 市去調查這個問題。

Mike 要 Lou 敘述用來甄選員工的方法，Lou 的回答如下：

> 我以和每一位候選人所進行過面試作為所有甄選過程的根據，我問所有候選人某些基本的問題，譬如他們在週末工作或加班的意願。除此之外，我並不預先設定問題，更確切一點地說，我試著為每個申請人量身訂做一些問題。在面試之前，我檢閱了求職者的履歷表及申請書，以熟悉他們的背景及過去的經驗。從這些資訊中，我能確定他們是否符合工作的最低要求。然後我再面談所有符合最低資格要求的求職者。在面試時，我試著找出外向且樂於和他人工作的申請人。在面試副經理時，我也試著找出該求職者是否有領導能力。

Mike 接著問 Lou 是如何決定要聘用哪位候選人。Lou 回答：

> 我對一位求職者的第一印象是很重要的，一個人如何表現

自己、他的開場白，以及他的穿著，都非常重要，而且對我的最後決定都有一些影響。不過，一位候選人的眼神接觸可能是最具影響力的因素。當某人利用眼神接觸時，就表示了他正在聆聽，也表示了他是個真誠的人。微笑、有力的握手，以及坐的時候抬頭挺胸並兩腿平放在地上，都是我決定中的重要因素。最後，如果一位候選人被聘用了，他必須要有興趣為 Harlin 公司工作，並不只是對一份工作有興趣而已。我的第一個問題是：「你為什麼想要為 Harlin 公司工作？」我對於已對 Harlin 公司瞭解甚詳的候選人，印象非常深刻。

Mike 現在必須對 Lou 的甄選過程作評估，以確定這些甄選計劃是不是造成離職的因素之一。

討論問題

1.如果你是 Mike，你會對 Lou 的聘用計劃的健全性作出什麼結論？
2.你會對 Lou 作出什麼樣的建議，以改善他的甄選計畫？

參考書目

1. Sunoo, B.P. (1995). How fun flies at Southwest Airlines, *Personnel Journal*, June, 62–73.
2. See, for example, Cascio, W.F. and Sibley, V. (1979). Utility of the assessment center as a selection device. *Journal of Applied Psychology, 64*, 107–118; Schmidt, F.L., Hunter, J.E., McKensie, R.C., and Muldrow, T. W. (1979). Impact of valid selection procedures on work-force productivity. *Journal of Applied Psychology, 64*, 609–626.
3. Schmidt, et al., The Impact of valid selection procedures.
4. American Psychological Association. (1985). *Standards for Educational and Psychological Testing* (4th ed.). Washington, D.C.: Author.
5. Kleiman, L.S., and Faley, R.H. (1978). Assessing content validity: Standards set by the court. *Personnel Psychology, 31*, 701–713.
6. Ghiselli, E.E., Campbell, J.P., and Zeldeck, S. (1981). *Measurement Theory for the Behavioral Sciences*. San Francisco: Freeman.
7. Wernimont, P.F., and Campbell, J.P. (1968). Signs, samples, and criteria. *Journal of Applied Psychology, 52*, 372–376.
8. Ibid.
9. Barrett, G.V., Phillips, J.S., and Alexander, R.A. (1981). Concurrent and predictive validity designs: A critical reanalysis. *Journal of Applied Psychology, 66*, 1–6.
10. Baker, D.D., and Terpstra, D.E. (1982). Employee selection: Must every job test be validated? *Personnel Journal, 61*, 602–605.

11. See, for example, Hunter, J.E. (1986). Cognitive ability, cognitive aptitudes, job knowledge, and job performance. *Journal of Vocational Behavior, 29,* 340–362.
12. Gatewood, R.D., and Field, H.S. (1994). *Human Resource Selection* (3rd ed.). Fort Worth, TX: Dryden Press.
13. *Uniform Guidelines on Employee Selection Procedures* (1978). 29 Code of Federal Regulations, Part 1607.
14. *Guidelines on Discrimination Because of National Origin* (1987). 29 Code of Federal Regulations, Part 1606.
15. *Final Guidelines on Sexual Harassment* (1980). Code of Federal Regulations, Part 1604.
16. *Questions and Answers on the Pregnancy Discrimination Act* (1992). Equal Employment Opportunity Commission, 29 CFR Ch. XIV (7-1-92 ed.).
17. *Final Interpretations: The Age Discrimination in Employment Act* (1981), *Federal Register,* 29 CFR Part 1625.
18. *Usery v. Tamiami Trail Tours, Inc.* (1976). 12 FEP 1233.
19. Faley, R.H. and Kleiman, L.S. (1984). Age discrimination and personnel psychology: A review and synthesis of the legal literature with implications for future research. *Personnel Psychology, 37* (2), 327–350.
20. *Guidelines on Discrimination Because of Religion* (1985). 29 Code of Federal Regulations, Part 1605.
21. Overman, S. (1994). Good faith is the answer. *HRMagazine,* January, 74–76.
22. Ibid.
23. Hall, F.S., and Halle, E.L. (1994). The ADA: Going beyond the law. *Academy of Management Executive, 8* (1), 17–26.
24. Williams, J.M. (1988). Technology and the disabled. *Personnel Administrator,* July, 81–83.
25. Verespej, M.A. (1992), Time to focus on the disabilities. *Industry Week,* April 6, 15–26.
26. Ryan, A.M., and Lasek, M. (1991). Negligent hiring and defamation: Areas of liability related to pre-employment inquiries. *Personnel Psychology, 44* (20), 293–319.
27. Stanton, E.S. (1988). Fast and easy reference checking by telephone. *Personnel Journal,* 66(8), 135–138.
28. Ryan and Lasek, Negligent hiring and defamation.
29. McDaniel, M.A. (1989). Biographical constructs for predicting employee suitability. *Journal of Applied Psychology, 74,* 964–977.
30. Lee, R., and Booth, J.M. (1974). A utility analysis of weighted application blanks designed to predict turnover for clerical employees. *Journal of Applied Psychology, 59,* 516–518.
31. Reilly, R.R., and Chao, G.E. (1982). Validity and fairness of some alternative selection procedures. *Personnel Psychology, 35,* 1–62.
32. Terpstra, D.E., and Rozell, E.J. (1993). The relationship of staffing practices to organizational level measures of performance. *Personnel Psychology, 46* (1), 27–48.
33. Hammer, E.G., and Kleiman, L.S. (1988). Getting to know you. *Personnel Administrator,* May, 86–92.
34. McDaniel, Biographical constructs.
35. Pyron, H.C. (1970). The use and misuse of previous employer references in hiring. *Management of Personnel Quarterly.* Summer, 15–22.
36. Dube, L.E. (1986). Employment references and the law. *Personnel Journal,* February, 87–91.
37. Harris, M.M. (1989). Reconsidering the employment interview: A review of recent literature and suggestions for future research. *Personnel Psychology, 42,* 691–726.
38. Janz, T., Hellervik, L., and Gilmore, D.C. (1986). *Behavior Descriptive Interviewing.* Boston: Allyn and Bacon.
39. Ibid.
40. Harris, Reconsidering the employment interview.

41. Janz et al., *Behavior Descriptive Interviewing*.
42. Terpstra and Rozell, The relationship of staffing practices.
43. Anastasi, A. (1982). *Psychological Testing* (5th ed.). New York: Macmillan.
44. Barrick, M.R., and Mount, M.K. (1991). The big five personality dimensions and job performance: A meta-analysis. *Personnel Psychology, 44* (1), 1–26.
45. Tett, R.P., Jackson, D.N., and Rothstein, M. (1991). Personality measures as predictors of job performance: A meta-analytic review. *Personnel Psychology, 44* (4), 703–742.
46. Ibid.
47. Thornton, G.C., and Byham, W.C. (1982). *Assessment Centers and Managerial Performance*. New York: Academic Press.
48. Reilly and Chao, Validity and fairness.
49. *National Treasury Employee's Union v. Von Raab* (1989) 489 U.S. 656, 4 IER Cases 246.
50. Hogan, J., and Hogan, R. (1989). How to measure employee reliability. *Journal of Applied Psychology, 74*, 273–279.
51. Sackett, P.R., Burns, L.R., and Callahan, C. (1989). Integrity testing for personnel selection: An update. *Personnel Psychology, 42*, 491–530.
52. Sackett, P.H. (1985). Honesty testing for personnel selection. *Personnel Administrator, 30*, 67–76, 121.
53. Sackett et al., Integrity testing.
54. Ibid.
55. Landy, F.J. (1985). *Psychology of Work Behavior.* Homewood, IL: Dorsey.
56. Goddard, R., Fox, J., and Patton, W.E. (1969). The job hire sale. *Personnel Administrator,* June, 120–124.
57. Ibid.
58. Alvis, J.M., and Kleiman, L.S. (1994). Don't blunder when interviewing job candidates. *Today's CPA*, January/February, 26–31.
59. Phillips, A.P., and Dipboye, R.L. (1989). Correlation tests of predictions from a process model of the interview. *Journal of Applied Psychology, 74*, 41–52.
60. Ibid.
61. Harris, Reconsidering the employment interview.
62. Buckley, M.R., and Eder, R.W. (1989). The first impression. *Personnel Administrator,* Spring, 76–81.
63. Sheahan, R.H. (1981). Responding to employment discrimination charges. *Personnel Journal*, March, 217–220.
64. Sovereign, K.L. (1984). *Personnel Law.* Reston, VA: Reston.
65. McCulloch, K.J. (1981). *Selecting Employees Safely Under the Law.* Englewood Cliffs, NJ: Prentice Hall.

附錄：政府之美國身心障礙者法案（ADA）摘要

1.美國身心障礙者法案之目標

避免身心障礙者在申請工作、聘用、晉升、解僱、給薪、訓練和其他過程中遭到歧視。此外，一位雇主也不能因為某人與身心障礙人士的關係而予以歧視（例如求職者有一位身心障礙的子女或配偶，而雇主因為感到這樣的關聯性會使此人怠忽工作，因此予以差別待遇）。

2.「身心障礙」（disability）的定義

a.身心障礙是一個人的身體或精神受到損傷，而嚴重限制一項或更多項主要生活活動能力；或

b.有此類損傷的記錄；或

c.被認為有此類的損傷。

3.管理聘用過程的法規

a.確定某人是否符合工作的最低資格要求（亦即符合教育、經歷、執照方面的要求）。

b.如果某人符合了工作的最低資格要求，就確定他／她是否能執行工作的基本要求，而不須經過適應的過程。

■如果不是的話，考慮給予適應過程。

■如果是的話，就予以雇用（如果他是最符合資格者）。

c.如果適應過程有其必要，確定是否有了適應的過程，此人就能執行工作的基本功能。

■如果不是的話，就不需雇用此人。

■如果是的話，就確定適應過程是否會對雇主造成過度負擔。

•如果是的話，就不需要雇用。

•如果不是的話，就予以雇用（如果他是最符合資格者）。

4.確定工作的基本功能

　　a.一項基本功能，是一位工作者必須執行的基礎職務。

　　b.確立何種職務為基本功能的方法。

　　■運用雇主的判斷力。

　　■一項職務的本質是根據所花費的時間、執行該職務不力的影響等因素，記載於工作分析中。

　　■整體性的協議可顯示出職務的基本性。

　　■過去／現在工作者的經驗，顯示出職務的基本性。

5.確定一位身心障礙的求職者是否需要調適過程才能完成工作的基本功能

　　a.資格標準：使用傾向於將身心障礙者不成比例地過濾掉的資格標準，是不合法的，除非該標準與工作有關，或者與業務需要一致。

　　b.工作面試：在決定任用之前，雇主不能詢問有關一位求職者的身心障礙狀況，或是過去的薪資訴訟。雇主應該帶求職者參觀工作場合，並且／或是解釋該工作的基本功能，之後再問求職者有沒有任何他／她無法執行的功能。

　　一些可以作與不能作的事項

　　■不要在申請表格上列出可能的身心障礙項目，並且要求申請者勾選出符合其情況者。

　　■不要問申請者他們身心障礙的原因，或者醫生對其狀況的診斷如何。

　　■不要問求職者請病假的次數會有多頻繁。

　　■要告知求職者公司的考勤政策，並問他們是否能達到這些要求。

　　c.職前測驗：使用的測試必須提供工作必須技能的合理評估。也就

是說，測試的結果應該正確地反映出欲測量的技能，而不是反映出申請者已受到損傷的知覺、動作，或說話技巧（如果後面的這些技巧與工作並無關聯）。

■如果在事前就知道一位申請者的知覺、動作、說話技能受到損傷，雇主就必須在測試過程中幫助該人適應。

d.體檢：可以施予體檢，不過只有在決定任用之後才能施行。如果該申請人稍後「無法」（fails）通過檢查，就可以宣告任用無效。下列的指導原則可應用於體檢中：

■所有的接受甄選者，不只是身心障礙者，都須依規定接受檢查。

■雇主應將員工的醫療檔案和人事檔案分開，以確保其機密性。

■給予經理的醫療資訊應該有所限制，經理只能知道與工作相關的必要資訊，以及所需要的適應計畫為何。

■如果身心障礙者需要緊急治療，經理應該通知急救小組與安全人員。

e.藥物測試：這些測試並不被認為是體檢，因此應該在決定任用之前就予以施行。

6.**適應過程**

a.適應種類

■需要在申請過程中確保公平就業機會性。

■能使身心障礙者執行工作的基本功能。

■能使身心障礙者享有與非身心障礙者相等的福利與權利（例如提供人員幫助失明員工上公車）。

b.適應的例子

■讓公司的設備對使用輪椅者更加便利。

■重新調整工作。

■調整設備。

■提供閱讀者或翻譯者。

7.**過度負擔**

　　a.實施適應過程並沒有極嚴格的成本限制。確定過度負擔的臨界
　　　點，必須根據個案來決定。一項特定的支出是否會造成過度負擔，
　　　端視：

　　　■雇主的經濟現況。

　　　■該適應措施之花費過度或對公司具破壞性的程度。雇主必須考
　　　　慮此適應措施是否會徹底影響公司的營運情況。例如，一家
　　　　使用昏黃燈光來製造浪漫氣氛的餐廳，被要求為適應一位視
　　　　力受損的員工，而增加燈光。這項適應措施就會對該公司造
　　　　成過度負擔，因為這可能會改變了該公司的本質，而不再是
　　　　一家浪漫的餐廳。

　　b.當考量到經濟上的負擔時：

　　　■考慮能夠幫助實施適應計劃的經濟來源，而不只是考量整個公
　　　　司的經濟狀況。

　　　■如果適應措施是個很大的經濟負擔，雇主就有責任向外尋找資
　　　　金，如州立職業復建機構。

　　　■如果雇主不能負擔適應措施，就應該提供該身心障礙者一個負
　　　　擔部分支出的機會。

8.**其他美國身心障礙者法案（ADA）的重要條文**

　　a.能經由食物處理而傳染的疾病：健康與人民服務部（Department of
　　　Health and Human Service）準備了一張表，列出可能會經由食物
　　　處理而傳染的疾病名稱。當碰到了身染此類疾病的員工時，雇主
　　　有責任要找出適應措施來減少傳染的風險。如果雇主做不到的
　　　話，在找不到可以避免此風險的空缺將該人安置時，該求職者／
　　　員工就會被拒絕／解僱。

　　b.員工福利：健康保險、人壽保險，以及其他的保險，都必須能讓
　　　身心障礙者和其他的員工一樣平等獲得。

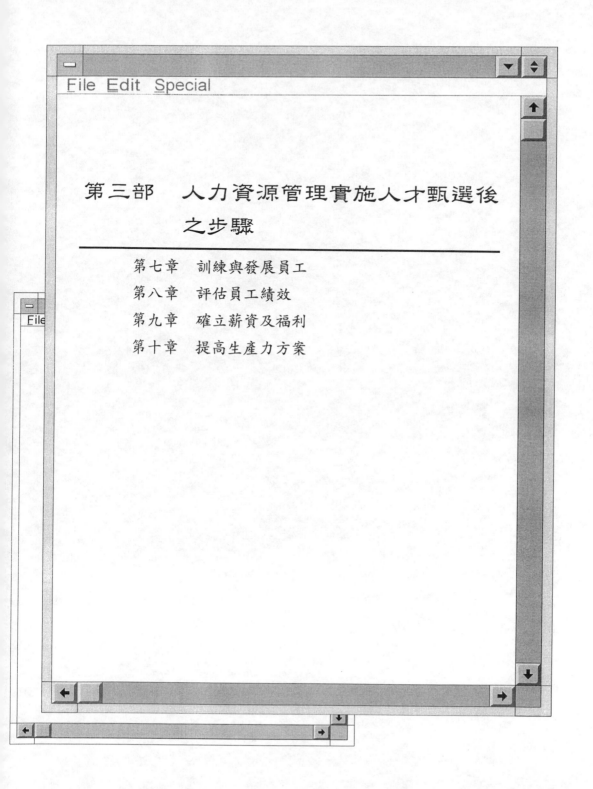

File Edit Special

第三部　人力資源管理實施人才甄選後
　　　　之步驟

第七章　訓練與發展員工
第八章　評估員工績效
第九章　確立薪資及福利
第十章　提高生產力方案

File

第七章
訓練與發展員工

本章綱要

取得競爭優勢

　個案討論：取得優勢競爭力之 Xerox 公司

　將訓練和發展計畫與競爭優勢加以連結

人力資源管理問題與實務

　教學過程

　管理發展

經理人指南

　訓練和發展與經理之職責

　人力資源管理部門能提供何種協助

　增進經理人之人力資源管理技巧

本章目的

閱畢本章後，您將能夠：

1.瞭解有效訓練計畫之所以能加強優勢競爭力的原因。

2.說明公司評估訓練需求的方法。

3.解釋公司如何進行訓練計畫以強化學習效果。

4.描述各種訓練方法。

5.說明公司如何能確定訓練的技能已應用至工作上。

6.描述執行訓練評估的方法。

7.說明與管理繼承計畫有關的步驟。

8.描述管理發展計畫提供的訓練類型。

取得競爭優勢

個案討論：取得優勢競爭力之 Xerox 公司 [1]

問題：市場佔有率遽降

　　身為 Xerox 公司新任執行長，David Kearns 面臨到一個嚴重的問題，那就是國內外影印工業競爭情況日益嚴重，造成 Xerox 公司的市場佔有率遽降。曾經是「影印業之王」（king of the photocopiers）的 Xerox 公司，如今的市場佔有率已從百分之十八點五下降至百分之十。

解決方案：透過員工訓練來改善品質

　　Kearns 先生瞭解到要重獲優勢競爭力，Xerox 公司必須徹底改善產品與服務品質，這意味著該公司必須改變員工的行為。因此 Xerox 公司發展出一套為期五年的「品質領導」（Leadership Through

Quality）計畫，主要綱領有二：(1)永遠滿足客戶的需求；(2)改進品質是每位 Xerox 員工的責任。

　　爲了要執行該計畫，Xerox 公司已擬定許多訓練課程，以教授員工在實現品質改善計畫上扮演新角色時應作到什麼。Xerox 公司集結了全球各地營運單位的培訓專家，與總公司的培訓人員合作發展這套訓練課程。這套課程擬定之後，所有的講師都必須通過一項檢定考試，取得教授品質訓練課程的資格。

　　本訓練課程透過職前講習向員工解釋 Xerox 公司進行大規模訓練計畫的原因，管理階層所期待和要求的品質爲何，以及每位員工的角色定位。本課程亦教導執行者如何扮演角色楷模，並提供員工必要的強化工作技能。提供給經理與其旗下員工的課程內容，係以有效團隊合作與問題解決技巧爲主。在訓練之後，公司鼓勵員工將所學的技巧應用在工作上，經理們會提供反饋和諮詢，幫助員工精熟技巧。

就員工品質訓練方面所作的努力如何能增加競爭優勢？

　　訓練過程耗資龐大且需時冗長，初步估計大約需成本十二億五千萬美元，以及四百萬個工時，然而所得到的成果卻勝過所花費的金錢與時間。因爲現在員工已充分發揮團隊精神，確認絕佳的生產品質以及服務，客戶對改造過的 Xerox 公司徹底改觀——客戶滿意度增加百分之四十，而與客戶有關的品質抱怨減少百分之六十。最重要的是，Xerox 公司已重新爬上美國影印市場的龍頭地位。

將訓練和發展計畫與競爭優勢加以連結

　　第五章與第六章強調公司招募與甄選人員的組織性辦法，並選擇最適合的人選。即使公司只雇用最適合的人選，但卻不能確定所有的工作均由最有能力的人來擔任。事實上，所有的員工，包括最有能力的員工在內，在職期間亦需要額外的訓練來完成工作。公司的訓練計

畫即爲確保員工獲得必要的訓練。

第一章將訓練與發展計畫定義爲學習經驗，可提供員工在執行未來工作時所需的能力。**訓練**（training）專指執行現有工作的需要，而**發展**（development）則主要爲未來工作做預備。公司的訓練與發展計畫加強了員工的技能，降低離職的可能性，因此有助於增強公司的競爭優勢。雖然如此，訓練與發展課程亦應合乎成本效益。本書首先討論上述優勢競爭力，而後再進行成本效益議題。

增進員工能力

訓練與發展是對員工的知識、態度與／或技巧進行徹底的改造，以期提升員工的品質[2]。缺乏必備能力的員工會製造問題，成爲降低運作效率的絆腳石。舉例來說，有這種毛病的員工會增加重作的成本、造成整個系統中斷，或可能形成嚴重的意外事件[3]。

以下各段敘述公司的訓練與發展計畫提升員工能力的方法，新進人員比有經驗的人員需要更多的輔導，本文將分別討論這兩種人員。

增加新進員工的能力　爲要符合新進人員的需求，人力資源管理部門通常會提供三種型態的訓練計畫：技術、職前、基本素養訓練等。

第一次被雇用的人員，並非總是具備公司所要的技術知識與技術，而是由雇主承擔這類訓練的責任。舉例來說，消防隊不能預期新進消防人員執行特定的救火工作，例如反應警訊、操縱救火車、使用滅火器或維修消防設備等，這類專業知識必須倚靠「招募訓練」（recruit training）獲得。這類情況的篩選目的必須是可以確認成功地完成訓練課程的人員。如第六章所述，一般會針對這個目的而使用心智測試。

所有的新進人員，即使是具備最合宜技術的人員，均需要某些**職前訓練**（orientation training）來熟知工作內容、公司組織，以及公司政策與程序、營運方向等[4]。本章會在「經理人指南」一節中詳述這類課程的特定內容。

訓練
有計畫的學習經驗，可教導員工有效執行現有工作的方法。

發展
有計畫的學習經驗，可教導員工有效執行未來工作的方法。

職前訓練
設計用來告知新進人員有關工作內容、公司組織與公司政策和作業程序的課程。

新進人員亦需要基本素養訓練，如本書在第二章指出，許多應徵初級工作的人員均缺乏基本技巧，如書寫、基本算術、聆聽／瞭解上司的口頭指示、談吐、瞭解操作手冊、圖表與計畫表[5]。除了改善工作績效之外，文書訓練常可提供員工在進行高階訓練時，如學習操作新式技術設備時所需的能力。

增進現有員工的能力　現任員工亦需要接受某種類型的訓練或再訓練，可歸類為補救型、變革型與發展型的訓練。

　　公司必須瞭解，沒有任何一項甄選方法是完美無缺的。公司很快就會發現到，即使看來最具能力的員工，亦可能缺乏某種能力，而需要**補救訓練**（remedial training）。舉例來說，雇主可能會發現到，以技術為甄選依據而任用的人員，可能無法與同儕進行有效的溝通。因著作豐富而受到任用的教授，可能缺乏某些教學技巧。

　　員工可能需要**變革型訓練**（change-related training），以面對日新月異的科技變革、新法令、程序，或公司策略的變化。回想本章「個案討論」中的 Xerox 公司一例，該公司為品質改善政策而推行訓練計畫。在**邁向競爭優勢之路 7-1** 中，提供連結策略性變革與訓練的實例。

　　公司亦需要指示訓練課程來迎合公司的發展目標。發展課程提供員工在將來進階至更高職位時所需的技能，經理人發展計畫會在本章的稍後部份討論。

降低員工離職的可能性

　　某些員工，尤其是最有能力的員工，選擇離職的原因多半是他們不贊同公司對待員工的方法。公司的訓練與發展課程有助於解決這項問題，利用課程可改變不良的管理方法、修正管理風格不良的主事者行為。

　　不良的工作績效亦會造成離職：員工可能會因為缺乏適當的工作技巧而遭到解雇。然而在某些情形下，可利用訓練課程來防止不必要

補救訓練
設計用來改善員工技能或知識的不足，以改造員工態度的課程。

變革型訓練
設計來使員工因應日新月異的科技變遷、新法令或程序的修訂，或公司策略變化的課程。

Rohr 工業如何因策略性計劃中的一項改變而激發出公司的訓練制度

　　Rohr 工業於一九九〇年元月宣稱該公司若沿用五十年前建立的管理模式，則無法與同行競爭。該公司策略性的計畫著重員工訓練與團隊合作。Rohr 工業期望與人力資源管理部門通力合作建立訓練計畫，幫助部門經理成為成功的團隊領導人。

的裁員，原因在於訓練可提供：

- 員工充實工作技巧，因而提升工作績效。
- 改善主事者對「表現不佳」（underperforming）員工的管理能力。
- 重新訓練已具備完整技巧的員工，讓公司指派給他們新工作。

訓練與發展計畫的成本效益

　　由於訓練課程對提升公司競爭優勢有舉足輕重的影響力，因此大部份的公司均投注了大量的金錢與時間推行訓練課程。請考慮以下的事實：

- 有百分之九十的美國公司編列訓練預算[6]。
- 平均每年每位員工接受十五小時的訓練課程，美國每年的訓練總時數為一百五十億個小時[7]。
- 平均每家大型公司每年花在培訓課程的費用為五十二萬七千美元；小型公司則為二十一萬八千美元[8]。

- 全美每年花在正式訓練上的花費爲三百億美元，而非正式訓練（如在職進修）爲一千八百億美元[9]。
- 美國公司的培訓費用從一九八六年到一九八八年之間增加了百分之三十八[10]。

雇主均期望（或至少希望）這些金錢與時間的投資能有可觀的獲利率。不幸地，許多公司的訓練與發展計畫無法帶給員工或公司真正的利潤。美國公司推行訓練與發展課程的成功率亦很低。舉例來說，公司有一半的訓練成本均浪費掉[11]，訓練所學只有百分之十真正運用至工作上[12]。

訓練與發展課程的推行成果不良，是美國低生產成長率的主要原因[13]：

> 長期忽略人力資源已逐漸侵蝕美國未來經濟。目前公司訓練均不合宜，而這些不合宜的訓練，是造成美國低生產成長率的原因。

人力資源管理問題與實務

教學過程

爲什麼許多公司的訓練與發展課程無法提升公司的優勢競爭力呢？簡言之，是推行訓練課程的方法不對。**示例 7-1** 列出了與有效推行課程相關的步驟以及主要障礙。本文現在即將討論這些步驟，並說明推行這些步驟的方法（例如，應如何避免與克服障礙）。

決定教學內容

很明顯地，訓練課程與工作內容必須相關。訓練課程必須包含課

示例 7-1　指示性程序的步驟與障礙

步驟一：決定教學內容
　　本課程應包含可充實達成工作績效所需之知識、能力與／或技巧。
　　　障礙：
　　　　　無法執行合宜的需求分析
　　　　　無法設定課程目標
　　　　　無法獲得部門經理的意見
　　　　　過度依賴「套裝課程」

步驟二：決定如何使學員達到最佳的學習效果
　　課程應以使學員達到最佳學習效果的方法來進行。
　　　障礙：
　　　　　不當的講師訓練
　　　　　無法統合學習原則

步驟三：選擇合適的訓練方法
　　必須採取合適的訓練方法才能達到訓練目標。
　　　障礙：
　　　　　使用不當的方法（例如，過度依靠演講）

步驟四：確定訓練用於工作上
　　學員必須能將所學應用至工作上。
　　　障礙：
　　　　　缺乏新技能的工作崗位訓練
　　　　　訓練課程與工作間缺乏相關性
　　　　　回到工作崗位時，無法記住所學內容
　　　　　缺乏整合所學與現有的行為能力範圍

步驟五：決定訓練課程是否有效
　　必須評估訓練課程，以決定課程目標是否切合成本效益。
　　　障礙：
　　　　　無法應用合適的訓練成果（例如，過度依賴學員的自陳報告）
　　　　　無法應用合適的方法，評估訓練對員工行為的影響。

程與練習部份，以幫助學員學習增進工作績效所需的知識、技巧與能力 [14]。當訓練課程與工作不相關時，學員便無法獲得工作所需的知識與技巧。或更糟的是，這類課程會灌輸學員不適當（inappropriate）的技巧，影響工作績效 [15]。

　　為要確保訓練課程與工作的相關性，公司必須小心地、有組織地

評估訓練需求，然後再設計訓練目標以切合需求。

評估訓練需求　　**訓練需求**（training need）發生於以下三種情形：(1)
員工的工作行為異常；(2)員工所具備的知識與技巧已無法滿足目前工
作需求；(3)上述問題可以利用訓練來解決。

　　雖然評估訓練需求似乎有明顯的必要性，但公司卻常常在發展訓
練課程時略過此項步驟。講師對執行（conducting）訓練課程所展現
的興趣，常高於評估自身公司需求（assessing the needs）。當這種情
形發生時，訓練課程絕對會失敗 [16]。比方說，許多公司指派員工接受
訓練，只是因為該訓練課程很「流行」（例如，有很多公司都在使用
這種課程），而不是因為該課程所涵蓋的內容切合公司的重要需求。

　　訓練需求要如何評估呢？必須依情況來選擇特定方法。在某些例
子中，訓練需求很明顯，不太需要對公司進行分析。舉例來說，剛購
買新式設備或改變作業程序時，必須讓員工接受訓練，熟悉設備的操
作方法或作業程序的改變。

　　決定新進人員訓練需求似乎更加直接。例如，要評估這類員工的
技術訓練需求，公司可以執行辨識每項作業步驟的工作分析。訓練課
程因此可以教授新進員工執行每項步驟的方法。

　　然而在某些例子中，訓練需求很難確認，需要公司執行較有深度
的分析才能獲知。最難辨識的需求為現有員工的補救型訓練需求。如
前文所述，員工欠缺某領域的能力時，才會需要補救型訓練（例如，
這類員工欠缺資訊、知識，或技能，或他們需要改善他們的行為或態
度）。例如，某些員工可能會需要改進客戶關係技巧，或某些經理可
能需要學習加強調派人員的能力。

　　公司可以使用各種方法來確認補救型訓練需求。在某些情形下，
可以要求經理確認旗下同仁的矯正型訓練需求。有效執行這種評估的
方法是**績效分析**（performance analysis），該分析可幫助經理瞭解同

訓練需求
如工作績效不良或不合
宜技能等問題，可利用
訓練課程來解決。

績效分析
訓練需求分析方法，可
讓經理確認員工績效不
足處，並決定那些不足
處可經由訓練來彌補。

仁績效不足處，並決定那些不足處可以藉補救型訓練來彌補。這種方法將在「經理人指南」一節中詳加敘述。

然而，經理常不能洞察全貌（big picture），也就是全公司員工都需要普遍訓練需求。普遍訓練需求可使管理者看出最大的訓練需求何在。本資訊可幫助管理者決定訓練的優先順序。決定訓練優先順序常取決於以下要件：

- 多數員工均面臨到某項技能不足，而此種不足現象嚴重。
- 此項技能對於達成公司目標很重要。
- 技能改進可以經由訓練達成。

人力資源專家利用許多方法收集有關全公司訓練需求的資訊。其中一種方法是發給員工能力表格（請參照第四章），員工可在表格上註明他們需要經由訓練加強的能力。由大多數員工所確認的能力，應具有訓練優先權。公司應基於最具優先權的必要能力，來指派員工接受訓練課程。

雖然能力表格可以為管理者帶來珍貴的資訊，但結果可能會有瑕疵，原因在於某些員工不願意承認有訓練需求，而某些員工則對自己的需求渾然不覺。舉例來說，人際關係不良的員工常不知道自己有這類缺點，因此也不會指出這類訓練的需求。

人力資源專家因此必須再收集其他資訊，以補充能力清單（ability inventories）的不足。檢查公司可利用訓練來解決的客戶抱怨、公平就業機會法（EEO）費用、員工怨言等問題，可獲知相關資訊。另外，亦可利用與跨部門經理會談（個別會談或小組會談）來執行客戶滿意度調查，或觀察員工工作表現來獲取資訊。但最好的方法是綜合上述方法的優點。

決定訓練目標　公司在確認訓練需求之後，訓練課程設計者必須指定

Provident 公司一項名為「有效電話溝通技巧」訓練課程之目標

在您回到工作崗位時，您應能：

1. 電話鈴響第二聲時立即接起電話。

2. 保存常用的電話號碼表。

3. 在對話剛開始時，先介紹您自己。

4. 隨時在電話旁放置電話留言本與一枝筆。

5. 當接電話時，表現您的機敏與可幫助來電者的特質。稱呼來電者的名字表示親近。

6. 寫下對方來電日期、時間、來電者正確的姓名、來電者電話號碼、訊息，以及簽下您自己的名字在留言便條上。

7. 在轉接電話之前，先告知來電者您要做什麼。

8. 一視同仁地對待所有的來電，並謝謝對方來電。

9. 善用「請」、「我可以……」（May I……）與「謝謝您」等有禮貌的用詞。

訓練目標（training objectives）。訓練目標說明學員在訓練結束之後應具備的能力。由 Provident 保險公司（Provident Accident and Insurance Company）所採用的訓練課程教導有效電話溝通技巧之訓練目標，在**邁向競爭優勢之路 7-2** 中有詳細的介紹。

　　訓練目標提供設計訓練課程的精髓，不需要清楚建立標準，講師應督促自己達到這些目標。訓練目標有助於確認達成目標的方法，該方法可用來評斷訓練課程的有效性。例如，Provident 公司（請見**邁向**

訓練目標
指學員在完成訓練時應具備那些技能。

競爭優勢之路 **7-2**）可以利用監測某時段的學員電話溝通，來評估電話溝通技巧計畫，以決定訓練目標是否已達成。

決定如何使參與者達到最佳學習效果

公司確認適宜的訓練需求與目標之後，接下來講師應預備訓練教材。在討論可以用來教授該教材的特定訓練方法之前（該教材會在以下的章節中討論），讓我們首先來檢視訓練發展者應遵從以確保學員學習的原則。

在準備教材時，應熟記以下箴言：「你可以命令成人進入教室並坐在座椅上聽講，但你無法強迫他們學習。」講師必須讓學員真正學習[17]。為了達到最佳的學習效果，訓練教材應以下三種方式呈現：(1)持續吸引學員的注意力；(2)提供學員應用所學的機會；(3)由講師依學員訓練表現而提供回饋。

學員注意力　學員必須專心致力於學習課程，講師必須以持續吸引學員的注意力為原則來設計訓練課程。

若要吸引（gain）學員的注意力，應讓學員瞭解訓練的重要性與工作相關性。講師首先必須向學員說明訓練課程與工作的關連性，以及訓練課程幫助他們提升能力的方法。舉例來說，當經理人接受公平就業機會法（EEO）訓練課程時，講師應向他們說明：

> 員工們常有差別待遇的怨言，造成公司花費大量的成本。但各位可以在本課程中學習到避免這類怨言的方法。因此請專心上課，這樣不但可以節省貴公司大量的金錢，還可以彰顯您在上司心目中的地位。

講師只要變化教授課程的內容與步調，即可以持續吸引（maintain）學員的注意力，亦應避免冗長的演講以及被動學習方法。訓練課程應以簡要章節段落的方式來呈現，並經常提供機會讓學員們

參與 [18]。舉例來說，講師可以問學員們問題、提供案例讓學員們分析，或假設狀況讓他們演練。若課程以有趣方式來進行，則較容易吸引學員的注意力。有趣的方式包括，經常舉例說明、講師授課音調生動活潑、藉助影帶以及展現幽默感（在適當的時機）。

實地演練　學員若缺乏實地演練，則無法精熟所學技能。以運動員為例，即使是技巧最高超的運動員亦需要經常練習。同樣地，若學員有機會實地演練，則可增加學習效果，數據顯示，人們只能記得聽到事物的百分之二十五，看到並聽到可記住百分之四十五，而若能聽到、見到並實地操作（do），則可記住百分之七十 [19]。

　　實地演練對有效學習很重要，原因在於它能加強刺激反應關係，也就是說，利用實地演練，對突發狀況的反應可以變得更直接。比方說，學開車可能很難，新手必須記住許多狀況時應有的反應（例如，轉彎時應打方向燈、變換車道時要看後視鏡有無來車），然而只要常練習，這些行為可以不經思考即可自動反應。

　　講師在設計訓練課程時，必須揭示與實地演練有關的兩項議題。其中之一項議題是指練習課程應採分段或集中方式進行。**分段練習**（distributed practice）是指將練習課程分為小段進行，而**集中練習**（massed practice）則是指全部的練習均於較長的時段中進行。分段練習與準備大學聯考相近，必須每天複習所學——即為將學習時間分散於整學期。集中練習就像是在考試前晚抱佛腳般拼命地唸書 [20]。一般而言，分段練習較佳，因為這類練習較不容易忘記所學內容。

　　第二個與練習有關的議題，是指練習整個作業或一次練習一部份的相對功效。當所學教材簡易時，較偏好使用「整個作業」（whole method）練習方法，而若教材內容較為複雜時，則最好將教材分為幾個部份來練習 [21]。舉例而言，整個作業的練習方法適合來教導學員輸入資料至電腦中，因為輸入是一種相對簡單的工作。而「分段練習」

分段練習
指一種訓練程序，可讓學員分幾個階段練習一項技能。

集中練習
將練習集中在一段期間之內。

（part method）則可用來教導學員使用文書處理軟體程式。這類訓練應分爲幾個部份來進行，因爲學員必須先「吸收」（absorb）基礎概念才能學習進階應用程式。

回饋　我們常聽說「熟能生巧」（practice makes perfect），但這句話並不完全正確。學員需要回饋（feedback），才能知道自己的表現是否正確。不論學員的表現是否正確，講師均應給予正面的回饋，這樣可以鼓勵學員，變成刺激學習動機。當學員表現不正確時，就需要給予他們糾正性的回饋。這類的回饋內容應包括學員的錯誤以及糾正錯誤的方法。

回饋
提供學員資訊讓他們知道自己的行爲是否正確。

選擇適當之教學方式

可以運用多種方法來訓練員工。以下段落將討論常用的方法，在某些狀況中，常合併使用這些方法。

工作崗位訓練
此訓練方法可教導員工以實際工作爲背景執行工作的方法。

工作崗位訓練　幾乎所有的新進人員均會接受某形式的**工作崗位訓練**（on-the-job training，OJT）。不幸地，公司常不當地執行在職訓練，常見的不當工作崗位訓練課程是讓員工觀摩有經驗的員工實地操作並發問問題，藉此期望員工進入工作狀況。雖然新進員工看到許多重要的工作內容，但這類的工作崗位訓練常造成員工學習的嚴重代溝[22]。

舉例來說，百貨公司雇用了一位收銀員，並讓他花一整天的時間觀摩有經驗的收銀員之作業情形，若有需要，這位員工可以隨時發問。訓練結束時，這位員工因爲害怕發問，而仍無法瞭解工作內容。更甚者，他沒有機會觀察到他可能會遭遇的各種交易類型（例如，若電腦上拒絕某位客戶的支票時應如何因應），本訓練最糟的是，只讓新進人員觀察而未提供練習機會（無實地演練或回饋）。

有效的工作崗位訓練（OJT）課程的內容應如下：

1. 列示所有員工應學習的資訊／技能。

2. 設定學習目標。

3. 分享工作崗位訓練經驗，讓學員有機會觀察資深工作人員執行重要工作的情形。

4. 當說明一項工作時，講師應向學員說明「如何」（how）與「原因」（why）。

5. 提供學員機會練習重要工作內容。她或他應有充足的機會練習，並接受必要的回饋。

工作教導訓練　工作崗位訓練中特別有效的方法是**工作教導訓練**（job instruction training，JIT）。工作教導訓練方法是在第二次世界大戰時發展出來的，原因是當時許多與戰爭有關的工業迅速發展，公司需要開發可以快速訓練數以千計的新員工之方法，這些新員工從未作過此種工作[23]。

工作教導訓練課程的發展以分工為開端，是指列示執行工作的步驟。與分工一併出現的是每步驟的要點敘述。要點敘述可幫助員工有效安全地執行工作，應包括的內容如下：

■步驟中有可以完成工作或分工的要件嗎？
■步驟中的潛在危險？
■有可較輕易執行工作的方法嗎？

示例 7-2 是以更換汽車機油為例，說明分工與要點。

當採取工作教導訓練方法時，講師應首先解釋工作內容，並提供機會一次執行一個步驟，視需要給予學員糾正性的回饋。當學員可以連續兩次執行工作，而不需要反饋時，則可以停止訓練。

以按部就班的方式執行相對簡易工作時，工作教導訓練是有效的訓練方式。這類方法的效力歸功於可提供學員大量的練習機會，並獲

工作教導訓練
此訓練方法可讓講師說明作業每個步驟、討論要點並提供學員引導性的練習。

示例 7-2　更換機油之「工作教導訓練」分工

分　工	要　點
1.決定您汽車所需要的機油類型。	查看車主使用手冊中有關此項的資訊。
2.掀開引擎蓋。	確定固定好引擎蓋、確保開啟狀態。
3.找到車子機油底殼的放油塞。	機油底殼位於引擎的底部，就在散熱器的後方。放油塞是機油底殼上的小方塊。視需要參考車主手冊。
4.在放油塞下方放置一個容器。	該容器必須夠大，可以容納車子所釋放出來的機油。
5.用鉗子鬆開放油塞，讓機油流入容器中。	用中型的鉗子。
6.小心地從車子底下移除容器。	確定全部的機油已釋放完畢。
7.重置放油塞。	確認放油塞已栓緊。
8.移除濾油器。	蓋子位於引擎汽門蓋上。查對車主使用者手冊確定的位置。
8.在蓋子處放置一個漏斗。	避免滲漏。
9.將適量的機油倒進漏斗中。	確認車主手冊決定機油的量。
10.重置機油濾清器。	確定已栓緊。
11.將潑在引擎上的機油擦乾淨。	在機油乾燥之前，快速執行此項動作。
12.丟棄使用過的機油。	大部分的廢車處理廠均回收使用過的機油。

取有益的回饋。

講述

此種訓練方法是指講師以口說方式傳遞資訊。

講述　讀者可能最熟悉**講述**（lecture）訓練方法，因為大多數的人都有過聽演講的經驗！大多數的訓練專家批評以講述為方法的訓練課程，因為這類方法是被動的學習工具，只注重單方溝通，不留機會給學員釐清學習內容。講述通常無法持續吸引學員的注意力，除非演講

者能使講課內生動有趣，並向觀眾提問題，達到討論的目的。

講述最適用於以傳遞知識為主要目標的訓練（例如，在訓練新進員工時，介紹公司簡歷）。然而，講述並不適合用來訓練使用發動機的方法，因為這種方法不但不能提供回饋，亦未提供機會給學員練習[24]。舉例來說，要教會某人學會開車，單靠講述是不夠的。

個案研究　　正如其名所示，**個案研究**（case method）以個案方式，要求學員分析實際工作狀況。個案就像是一場戲劇，從中間開始，並利用回溯的方法說明造成開場白的原因。在開場白中員工已做好決定。個案的其餘部份會列出決策者下決定時所需的資料。個案結束時的問題要求學員分析該狀況並提供解決之道。例如，學員可能會需要陳述問題的本質、確認形成問題的原因，並指出解決之道。本書末章個案可說明本技巧。

個案研究的假設是，人們若經由「教導成果」（guided discovery）而達成共識，則會很願意將所學應用至工作上。講師的角色就像是指南或誘發器。個案不見得有正確或錯誤答案。因此，本方法的目標亦不在於教導學員「正確」的答案，而是教導他們確認問題的方法以及建議務實解決之道[25]。

專家批評本方法在分析個案時缺乏方向，若員工做下不當的決定時該怎麼辦？更糟的是，學員並沒有機會演練技能。例如，在分析過常遲到的員工個案之後，學員最後得到的結論是經理一定會很快地與這位員工面談，然而本方法並未提供學員機會練習面談技巧。

角色扮演　　**角色扮演**（role playing）為教學技術，可呈現人際關係的某些問題[26]。學員面對面地演練互動關係，學員可自講師與其他學員得到回饋，如此一來有助於瞭解自己的行為對他人的影響。在回饋中所揭示的議題常為以下類型：

個案研究
此種訓練方法可讓學員們分析實際的工作狀況。

角色扮演
本訓練方法可讓學員自然地演練發生在人際關係中的問題。

■學員正確的行為為何？

■學員錯誤的行為為何？

■這位學員的行為給其他學員的感覺如何？

■這位學員如何才能有效處理這種狀況？

角色扮演可用來發展人際關係技能，本方法最常用來教授人際關係與銷售技巧。角色扮演可提供學員機會練習所學技巧，因此本方法超越只使學員針對某狀況作決定的個案研究[27]。這兩種方法常合併使用，也就是說，在分析個案並提供解決之道之後，學員必須要以角色扮演的方式來實踐解決之道。例如，前面所說的遲到員工案例，應以角色扮演的方式呈現，由一名學員擔任遲到員工，而另一位學員扮演經理，來練習面談技巧。

專家們指出，角色扮演訓練方法常會因學員未充份準備，而常犯錯，造成困窘導致喪失自信心。當他們結束演練時，只是呆坐在那裡，無法再有機會修正。

行為示範
本訓練方法可向學員展示執行工作的正確方法，然後以回饋來練習直到學員熟練方法為止。

行為示範　**行為示範**（behavior modeling）是指學員若能看見執行工作的方法，而後以回饋來練習直到熟練為止，是最能提高學員學習的方式[28]。這種方法與角色扮演類似，因為兩種方法均以學員實地演練為主。但其中仍有所不同，首先，行為示範教授學員「正確的」（right way）的方法執行工作。第二，在行為示範中所產生的互動為練習課程，而非角色扮演，學員只練習正確方法。若有錯誤，講師將立即請學員修正行為，並讓學員重複練習正確的方法。

行為示範課程通常包括以下幾個步驟[29]：

1.呈現教材的概觀：簡短地講述說明訓練的目標與所學技能的重要性。

2.描述程序性步驟：學員學習一種最佳的方法（至少一種有效方

法）來處理狀況。另方面的個案研究與角色扮演可強調各自處理狀況的優點，而不偏重於某一種特定的方法。

3. 示範或說明程序性步驟：學員將看到正確執行工作的正確「示範」（model）。此示範經常以影帶或現場示範來呈現。

4. 進行引導性式練習：學員們練習示範的行為。如本文之前所述，除了講師（或其他組員）必須在技巧練習課程進行時（during），而非之後（after）給予學員回饋之外，這類課程與角色扮演相仿。這類程序可強迫學員在犯錯時立即修正行為，掌握練習正確（correct）執行工作方法的機會。

練習課程以簡單問題為開端，該類問題與範例中所示的問題相仿。逐漸加重學習的程度與問題，可令練習更加逼真。

5. 提供在職加強能力：學員的經理通常會瀏覽訓練課程以確保他們瞭解員工所學內容為何，因此隨後將所學支援到工作上。

行為示範在近幾年已蔚為潮流，研究指出這類方法的效用很可觀，原因在於它可以成功地整合之前所述的學習原則[30]：持續吸引學員的注意力以及提供很多機會讓學員練習與吸收回饋。

以電腦輔助的教學方法　**以電腦輔助的教學方法**（computer-based instruction，CBI）利用電腦中的訓練／個別指導、遊戲與虛擬情境，來達到教導學員的目地[31]。

■ 練習（drill）為問答式練習，可讓學員做基本的事實／程序練習。舉例來說，若要教授數學，電腦會說明解決問題的方法，並呈現一系列的這類問題。若學員回答錯誤，電腦螢幕會出現個別指導（tutorial）（如文字說明），向學員解釋詳細解決程序。

■ 遊戲（games）描述工作上可能會發生的狀況，電腦會詢問學

以電腦輔助的訓練方法
利用電腦中的訓練／個別指導、遊戲與擬態來達到教導學員目地的訓練方法。

員有關如何處理狀況的問題。電腦螢幕首先會出現針對學員所作決定後果的回饋。例如，學員面臨到某種銷售狀況，電腦會詢問他們應向客戶強調產品的何種特色。電腦會接著解釋他們的決定是否正確。

■ 電腦虛擬情境（computer simulations）訓練學員操作或維修設備（如飛機、飛彈發射器）的方法。電腦會顯現模擬狀態，學員回應模擬狀態，電腦會決定學員是否已學會執行操作。

電腦輔助訓練法（CBI）具有多項正面功能 [32]，其中之一是互動性：學員對問題的回應會使不同螢幕出現。依學員對執行步驟的精熟度決定進階。例如，若學員的答案不正確，則電腦會出現前一個螢幕以供學員複習，或提供練習題以供學員練習。

電腦輔助訓練法亦提供自我調配學習，因為以電腦為輔助的訓練課程具個別性，學員可視自己的情況進行該課程。因此，學習速度較快的學員不會覺得無聊，而學習速度較慢的學員可有較多的時間熟練技能或程序。

電腦虛擬輔助訓練的另一項優點在於，這種訓練方法提供按部就班的程序，並且無須花費公司因操作實際設備所承擔的成本與危險。此類方法最常為航空工業用來訓練列車駕駛、導航員及飛行員 [33]。

但電腦虛擬的成本高昂是其缺點，學員對電腦的態度會形成另一項問題。有些學員對電腦有恐慌症，而有些學員亦覺得與電腦一起工作很令人沮喪，因為電腦不是活生生的人可以回答問題。

錄影帶訓練　錄影帶或影碟具兩種訓練用途。首先，它們可用來呈現已預錄好的內容來說明要點。舉例而言，影帶或影碟可以向銷售人員介紹銷售技巧與方法，或向外科醫生展現新手術程序。本文之前亦提及，影帶可用在行為示範，作為正確行為的「模型」（model）。影碟亦具有互動功能：學員可跳過某些節段或重複某些節段，因此是很

好的自我進修的方法[34]。

其次，影帶可以存錄學員的表現，並在課程進行時隨時倒帶顯示學員的表現。例如，學員可以檢視他們的實務演練經驗以及自我檢討表現[35]。

互動式影帶訓練　**互動式影帶訓練**（interactive video training，IVT）結合了電腦與影帶科技。互動式影帶訓練系統將電視螢幕與影碟（或影帶）播放器連接至微電腦中。學員可以經由鍵盤或語音指令系統與螢幕互動。學員可觀看影帶並回應螢幕上的問題。依學員的回應，程式決定要進行另一階段或重複該階段，直到學員作出正確回應為止[36]。

在因為人類疏失具重大影響的情形下，互動式影帶訓練尤其適用[37]。以醫學院為例，已採取互動式影帶訓練來教導學生診斷技巧。學生們使用電腦來與在螢幕上的病患對談。只有問對問題，學生才能導出有關病患婚姻問題的資訊，該資訊與其病況有關。若因診斷錯誤而導致病患死亡，可由另一位學生進行診斷來使病患輕易「重生」（brought back to life）。

許多公司已開始使用互動式影帶訓練。以福特汽車公司為例，該公司已使用互動式影帶訓練教導四千多位經銷商銷售技巧、服務以及產品知識[38]。有百分之九十的經銷商表示，互動式影帶訓練改善了他們整體的銷售品質。另外還有 Federal Express 公司推行多項互動式影帶訓練計畫，幫助員工瞭解工作內容、公司政策以及程序，並引出多項客戶服務議題[39]。該公司評估互動式影帶訓練計畫的施行成果，並發現：

- 與傳統教室訓練課程比較起來，互動式影帶訓練的訓練時間較短。
- 可以在較遠的地點訓練員工。

互動式影帶訓練
將電視螢幕與影碟(或影帶)播放器連接至微電腦中，學員可以經由鍵盤或語音指令系統與螢幕互動的訓練方法。

■減少旅費支出。

■與傳統教室訓練課程比較起來，互動式影帶訓練的訓練成果較佳，因為該訓練計畫較注重個別性。

確保訓練所學能夠運用在工作上

即使公司能有效擬定訓練課程並執行訓練計畫，仍不能保證學員會將所學的知識與技能應用至工作上。如本文之前所示，大概只有百分之十的學習成果會應用至工作上。由於訓練是為改進工作表現，因此若不能應用訓練所學，則喪失訓練的意義，當然公司也就因為這百分之九十的訓練技能未應用至工作上，而大大降低了競爭優勢。

為要使員工將所學應用至工作上，學員必須在課堂中能發展出所需的技能，並牢記應用所學在工作上[40]。一旦回到工作崗位，學員無法應用所學，可能歸究於整個工作環境的問題，例如這位員工承受著產能壓力或缺乏監督支援，或被迫執行某項工作就像是其他員工一樣[41]。

例如，有一位經理已接受過雇用面談訓練，她所需要作的是遵循第六章的「經理人指南」即可。雖然這位經理認為這是一個好的訓練課程，她也瞭解要應用訓練所學需要花費許多時間（例如，區辨知識、技巧和能力、建構評量表、事先準備問題）。但有可能因為有其他雜事纏身，以至於她沒有時間應用所學而仍沿用舊方法。

學員無法將所學應用至工作上還有以下原因：

■無法在訓練地點學習。

■無法瞭解將訓練課程應用至「實際」（real-life）狀況中的方法。

■缺乏正確執行新技能的信心。

■忘記所學。

■心態上不願花時間與精力來整合新技能至現有的工作中，習慣使用過去熟練的方法[42]。

以下段落說明公司應如何確保員工將訓練應用至工作中。

過度學習　若要成功轉移所學至工作上，應使員工記住所學。為達此
目地，可使員工在訓練時持續不斷練習，即使學習已達理想狀態，此
種方法即稱為**過度學習**（overlearning）。過度學習作得愈紮實，學員
愈不易忘記所學，愈容易將所學應用至工作上。過度學習尤其適用在
學員學習的技能不常應用在工作上，如處理緊急狀況的方法。

過度學習
加強學習以增強記憶，
即使不常練習亦不會忘
記的方法。

將訓練所學與工作相配合　另一項加強轉移的方法是確保訓練與工
作上的緊密關係，因此學員會瞭解將所學應用至工作上的方法。使用
實際例子、角色扮演以及電腦演練有助於建立加強此聯結性。

行動計畫　在訓練計畫結束之後，若學員能發展出一套**行動計畫**
（action plan），則更能確保學員將新技能應用工作上。這類計畫可
表示員工在回到工作崗位上，打算如何將新技能應用至工作上的步
驟。舉例來說，在結束溝通訓練課程時，經理的行動計畫的內容為：
「在我拿到 Tom 的週報告的同一天，我將給予回饋。」[43] 為要確保學
員確實遵守計畫，應將該計畫視為合約，與其他學員討論計畫，並在
回到工作崗位上時與經理討論他們的計畫[44]。

行動計畫
在訓練課程結束之後，
由學員發展的計畫，列
出打算回到工作崗位時
應用所學的步驟。

多階段訓練計畫　**多階段訓練計畫**（multiphase training program）分
為多個階段來進行，在每個階段結束之後，學員有「家庭作業」要求
他們將所學應用至工作上。然後再在下一個階段與其他學員分享成果
與問題，以試圖找出應用所學的較佳方法。
　　本方法可用來教導經理評量員工績效的方法。在階段一中，可教
導經理如何完成鑑定表。經理回到工作崗位時，針對「實際的」（real）
員工完成表格，然後再回到訓練課程中與其他學員討論各自所遇到的
問題。在階段二中，可教導學員提供績效回饋給員工們。他們可以再
應用所學至工作上，並回到訓練課程中分享經驗。

多階段訓練計畫
分為多個階段來進行，
在每個階段結束之後，
學員有「家庭作業」要
求他們將所學應用至工
作上，然後再在下一個
階段與其他學員分享成
果與問題。

績效輔助工具　　**績效輔助工具**（performance aids）包括核對表、決策表、曲線表以及圖表，可讓學員使用來作爲工作指南。這類工具可刺激學員在應用新技能至工作時的反應。

　　例如，在經理完成督導員工的訓練課程後，學員可收到一張卡片，列示著督導員工時應遵從的八項步驟。經理可以在督導員工之前，先複習一下卡片上所列示的步驟。

訓練後的追蹤性資源　　追蹤資源包括一個熱線電話號碼以及由講師施行訪問。熱線電話號碼是有關於如何將訓練教材運用到工作上這方面，萬一學員需要意見時，可以用來聯絡講師。或者由講師偶爾到訪工作場所，於工作人員運用所習得的行爲時，加以觀察、輔導。

營造出支持性的工作環境　　學員改變工作行爲的立意，若是沒有同儕和上司的支持，便無法成功。同儕的支持可以運用「搭檔制」（buddy system）來獲得，由訓練人員將參加者分成兩人一組，請他們回到工作崗位上後彼此增援[45]。搭檔可提供意見和支持，並且注意觀察復犯的跡象。

　　訓練人員也應當鼓勵學員的經理營造出支持性的環境來，鼓舞學員將所學應用到工作上頭。若有這樣的應用實施，學員更容易保有受訓之技能，也可能改進其純熟度。營造出支持性的工作環境，是在「個案討論」中所討論之 Xerox 計畫中非常重要的成份，訓練決策者充當角色楷模，提供工作人員必要的在職性支持與援助。

確定訓練計畫是否有效果

　　當人力資源專業人員評鑑他們公司的訓練計畫所達到的效果時，便從事**訓練評鑑**（training evaluation）。未能將訓練計畫加以適當評鑑的公司，就不知道計畫是否達成了目標。這樣的公司可能會把無效的計畫持續地沿用下去，也可能錯把有效的計畫暫停。另一方

訓練評鑑中所提到的問題

計畫內容

■計畫內容是否足以涵蓋全部有需要的領域？

計畫的呈現

■所教授的計畫是否既有效率，也有效果？

■學員是否已經習得應該學習的內容？

■計畫有任何方面需要改善及修訂的嗎？

訓練成果的轉移

■學員的工作行為是否因為訓練而變得更好？

成本效益

■組織的表現是否改善（例如退件率改善、報廢量降低、人員更替減少）？

■改善足以符合計畫的成本嗎？

面，如果 HR 專業人員可以提出強烈的證據（從評鑑當中）說明訓練計畫正在達成目標當中，或許能夠繼續獲得經費 [46]。

在美國公司所提供的大量訓練計畫當中，經過適當評鑑的頗為少數。例如，有一份研究報告說，調查的二百八十五家公司當中，只有百分之十二將監督管理訓練計畫的結果適當地加以評鑑 [47]。

評鑑什麼　評鑑應該要能判定出來，訓練計畫是否已經達成目標。一項評鑑所應該強調的特定問題，如**深入探討 7-1** 所示。組織必須設計

出方法來評鑑**深入探討 7-1** 所提及的每項議題。可用來評鑑的一些計量工具，下列爲簡要敘述：

1.學員的反應：計畫結束時以及（或）回到工作崗位之後，可請學員表達出關於訓練效果，他們的看法如何（口頭或書面均可）。可請學員評鑑方案與工作的相關性多大、教學效果的反應如何，以及學習了多少。

雖然這評鑑程序和學院內的評鑑性質相似，並且這份資訊有其用處，然而它的正確性卻恐怕值得存疑。有許多案例當中顯示，學員描繪出的計畫品質有不當的好評現象；正因爲此，有時候評鑑表格會稱之爲「開心報表」（happy sheets）。

2.測驗：測驗經常可提供一種良好的學習方法。測驗的內容應該將訓練目標反映出來。回憶一下 Provident 公司於有效電話溝通技巧課程當中所用的目標（「**邁向競爭優勢之路 7-2**」）。公司可以確定基於這些目標而實行測驗，是否達到適當的學習。問題可包括以下：

■電話應該在幾響之前應答？

■書面訊息應當包括什麼資訊？

■轉接電話之前應該怎麼做？

3.績效評估：績效評比（於第八章討論）可評量訓練後的工作行爲，因而幫助組織判定學員在績效上是否學以致用。

4.組織績效的記錄：此等評量包括人員更替、生產力、銷售量，以及申訴、EEO 提出之抱怨案件數量。這類記錄可用來判定出訓練計畫對於公司的運作是否已經產生良好的影響。應以和課程目標之間的相關性爲原則，來選定組織表現的記錄。例如，申訴記錄可能是適當的方法，可判定出督導管理訓練計畫在於員工關係上的成功。

評鑑設計　訓練評鑑是為了要判定出參加訓練計畫是否導致了理想的結果，例如學習以及工作表現的改善。因此評鑑必須要能夠偵測出是否已經達到理想的結果，以及如果達成了，是否可歸功於訓練。我們來看看一家公司在設計訓練評鑑研究上所作的努力[48]。

> 　　　　一家營造設備公司——American Acme 公司，近來發現市場佔有率正在衰退。有項需求評鑑顯示，它的銷售人員需要受訓，以改進基本的銷售技巧——具體而言，即如何在銷售上擊敗競爭對手。其完整銷售人力於是完成了二十萬美元的訓練計畫。
>
> 　　　　為了評估出方案的成效，該公司將訓練之前以及之後數年的銷售收益作出比較。那段期間當中，其收益增加五十萬美元。

訓練計畫有效嗎？並不一定。訓練的同時，American Acme 公司也發起了新的廣告活動，還有銷售紅利方案。或許所增加的收益，部分甚或完全歸因於所發起的這些活動[49]。

為了要適當地評鑑訓練方案，Acme 公司必須選取更好的實驗設計。評量訓練方案的效果，有各種設計可茲利用。最佳設計一般包括以下特點：

■前測：顯示學員的基礎或訓練前的知識、技巧或表現程度。

■後測：顯示學員訓練後的知識、技巧或表現程度。

■控制組：控制組除了沒有接受過訓練以外，組成和受訓組完全相同。

前測和後測，其運用非常的重要，因為這樣一來評量者便可評量出是否已達到所期望的改良。例如，這些方法可以用來評鑑訓練之後（後測）的工作表現，是否比訓練前（前測）要好。

American Acme 公司的案例顯示出，評鑑訓練方案時，運用控制

群組之重要性。公司若是運用控制組，可能已經判定出所增加的銷售量，有多大成份是因爲訓練所致。例如，公司或許已隨機選出半數員工參加訓練，利用其餘半數作爲控制群組，於是便可以比較兩組的總收益，評量出訓練方案的成功程度。例如，假定控制組的收益所增加的幅度和受訓組相當，那麼就可以歸結出一個論點：訓練並未造成改善。

管理發展

經理的效能對於競爭優勢的影響甚鉅。隨著公司成長、成熟，高品質的管理才能居於成功的關鍵。因此公司必須爲經理以及具有高度潛力的管理階層職位申請者提供教導，幫助這些個人執行目前或未來的工作時，發揮最高的嫻熟程度[50]。

管理發展，長久以來一直爲許多公司策略規劃的重要成份。一九八一年的《財富雜誌》（*Fortune*）前五百大以及前五十大公司調查發現，找出並且發展出下一代的經理人，是他們最高的人力資源挑戰[51]。自從一九八一年以來，這份挑戰又更加激烈。

管理發展對於新進經理人員非常重要，因爲這些個人確實需要教導他們如何執行新任的督導工作。不過，公司往往容許這些個人過渡到管理階層時只接受很少、甚至於沒有訓練，任由他們心生挫折、不足以及驚慌的感受[52]。

較具經驗的經理人也可從管理發展之中獲益。第一線經理有將近百分之七十五著眼於上司的工作，或是較高階層的管理工作[53]。由於有這些雄心壯志的存在，公司必須爲較低階層以及中階經理提供正式的發展計畫，幫助他們追求企業階梯的攀升。

發展人員繼承計畫

如同第三章所述，對於管理上的發展以及訓練上的努力，大多數

的組織是以**人員繼承計畫**（succession planning）爲原則：這是一種系統化的程序，定義出未來的管理需求，並把最爲符合這些需求的職位申請者找出來[54]。

不妙的是，有許多公司是以非常不夠正式的方法來實施人員繼承計畫。找出高度具有潛力的職位申請者大半是靠主觀，以能提名的經理人的意見爲主，他們所選擇的是「走快車道」或「超級巨星」型的員工，很少考慮到未來職位上的實際需求[55]。

近來有項研究，將這種作出經理人升遷的決策時未能以相關標準爲原則的現象，加以凸顯出來。這項研究發現，管理階層之內的升遷，往往是以與管理效能無關的員工行爲爲原則[56]。具體而言，脈絡（也就是社交、政治的談論，以及和外界的互動）對於經理人的升遷影響最大。然而，脈絡對於有效的表現卻沒有助益。同一項研究還報告說，有效的管理要靠與員工溝通的能力，以及成功地從事人力資源管理活動的能力！

人員繼承計畫活動構思不佳，可能導致災難性的後果。例如，一九九二年有一項調查發現，由於許多公司在於將經理人儲備訓練成爲決策要職上的作法太差所致，所有新上任的決策者當中，有將近百分之三十沒有做好工作上的準備，終至未能達到公司的期望[57]。

有效的人員繼承計畫，其要素如以下小節所述。

將管理發展和人力資源規劃加以連結　人員繼承計畫的第一步，是人力資源規劃。如第三章所述，這類規劃可預測出人力資源需求，以便回答以下這個問題：「按照計劃，接下來幾年的職員需求是什麼？」管理人員承接計畫應該以這些需求爲原則，將職員應當朝向的目標、關鍵的管理職位指出。

定義出管理上的需求　接下來，人員繼承計畫應該定義出各個目標職位所需之相關個人資格條件。這些資格條件應以從工作分析所得來

人員繼承計畫
定義出未來的管理需求，並且找出最爲符合這些需求的職業申請者之一種系統化過程。

的資訊為原則。

評估管理的潛力　人員繼承計畫的下一步，是把具有高度潛力、可望升遷進入或通過管理階層的個人找出來，也就是具有相關資格條件的個人。在這一點上，組織必須將其員工的能力以及生涯上的興趣加以評量。

　　公司評估員工的方式和評估外來的求職者的方式很像，利用諸如智力以及性格測驗、生理數據鑑定記錄及評量中心等等的甄選工具。不過，選定內部而非外來求職者時，也的確存在有一項關鍵性的差異——就每位職位申請者而言，公司所握有的資料要多得多。這些資料包括的記錄，有員工的生涯進展、經驗、過去的表現，以及有關於未來的生涯步履，員工自行提報的興趣。

找出生涯途徑　接下來，組織為每位具有高度潛力的職位申請者（也就是有興趣、也有能力在組織中往上爬的人）都找出生涯途徑。生涯途徑一般以流程圖的型式出現，指出可引領一個人攀升組織的階梯、來到目標工作的特定工作順序。

更替表
將職業申請者的備有程度，以及他們步入各種管理職位的準備程度加以指出的圖表。

發展更替表　更替表（replacement charts）指出求職者的先備情況，以及他們步入各種管理職位的準備程度。這種圖表通常以把圖樣疊放在組織圖上層的型式來表示，依階層順序，按照每個管理職位，顯示出可能的更替職位的申請者。階層順序經常是以職位申請者的「整體潛力分數」為準，從過去的表現、經歷、測驗分數等等為原則而求得。特定管理職位之更替表的範例，如**示例 7-3** 所示。

設計教學計畫：掌握時機及指導內容

　　人員繼承計畫一旦完成之後，組織必須為學員未來的管理工作作好準備，規劃並發展所需的訓練及發展活動，時機以及指導的內容。

示例 7-3　地區經理一職的更替表

職　稱	地區經理		
職位申請者	S. JONES	B. SMITH	H. JOHNSON
目前績效	4	3	5
何時有資格進階	2 年	2 年	現在
進階潛力分數	85	78	87
階級	2	3	1

時機　可在職位申請者選出之後，就任的前、後給予教導，兩種策略都各有優缺點。

　　就任之前先給予訓練的主要優點，在於新進經理人員從一開始執行新的工作時，便覺得準備充分。不過，有一些問題和這種方式有關，例如以下[58]：

- ■不稱職：有些學員可能永遠沒有升遷。
- ■時間的間隔：如果教學和工作指派之間經過的時間拉得很長，可能會喪失教學的價值。
- ■無法將訓練與目標中所屬意的工作產生關連：學員因為尚未到職，所以可能無法將教材與未來的工作環境作出關連。

　　由於有這些問題，大部分的組織都是在職位申請者指派了新工作之後才提供教學。以這種方式，新進經理有機會可評鑑教學計畫所涵蓋的技巧、範例以及狀況，如何應用到現在所面臨的問題上。當然，這種方法的缺點，就是新進經理人員到任新職時還沒有準備好，因此可能會出許多差錯，而導致挫折和信心的喪失。

教學內容　管理教學計畫應該將個人已經知道、和新職位需要知道的事情之間，把空隙銜接起來[59]。各管理階層的經理人所需要的技巧不

第一線經理人需要的訓練有：

- ■基本督導管理。
- ■誘因激勵。
- ■生涯規劃。
- ■工作表現的回饋。

中級經理人需要的訓練有：

- ■設計並且施行團體以及團體間有效的工作及資訊系統。
- ■定義並監控團體的表現指標。
- ■將工作團體內、團體之間的問題診斷後加以解決。
- ■設計並且施行可支持企業行為的獎勵制度。

決策者需要的訓練有：

- ■增廣瞭解以下因素如何影響組織的成效：競爭、世界經濟、政治以及社會趨勢。

同。產生這些技巧所需的教學計畫如**示例 7-4** 所示。

設計教學方案：教學方式

發展經理人時要利用到各種方式，包括課堂教學、生涯資源中心、工作輪調、導師制，以及特殊企劃案的指派。

課堂教學　課堂訓練在組織內或外，於研討會和大學等處實施。這些計畫當中一般所涵蓋的主題，如**示例 7-5** 所簡明敘述。

生涯資源中心
公司為有意的管理職位申請者備有學習機會的地點。

生涯資源中心　有些組織為有興趣的職位申請者，以建立**生涯資源中心**（career resource centers）的方式，備有學習的機會。這種中心通常包括內部的圖書室，收藏有關的閱讀資料。有些公司，職位申請者只拿到推薦的讀物清單；也有的公司則提供給管理階層的職位申請者相當廣泛的職業規劃指導，包含備有的資源、生涯選擇，以及諮商聯絡

示例 7-5　課堂教授的內容範圍

工作職責：學員得知必須做些什麼來滿足公司對他的期望。

政策及程序：學員得知公司的政策和程序。

員工對於工作的熟悉：學員熟悉員工的工作職能。本訓練為如何檢討工作說明、表現標準、個人檔案等等提供具體的教導。

態度及信心：本訓練嘗試針對工作、員工、以及經理人建立起新的態度，同時為經理人達到工作成效建立必要的信心。

處理員工的互動：透過這種行為模型設計的技術，教育學員如何有效處理人際間的問題。

生涯發展：學員得知較高管理階層的就業機會，以及未來如何可以進階。

一般管理訓練：這些課程通常涵蓋勞工關係、管理理論及實務、勞工經濟，以及一般管理職能。

人際關係／領導計畫：這些主題比一般管理計畫要來得狹窄；著重於領導、監督管理、對員工的態度，以及溝通的人際關係問題。

自我認知計畫：這些計畫的內容是瞭解一個人本身的行為和他人如何看待他的行為，找出所謂人們所玩的遊戲，並且得知一個人的長處以及弱點。

問題解決／決策計畫：所強調的在於教導一般性的解決問題以及作出決策的技巧，可應用於經理人所遭遇到的廣泛工作問題。

資料之公司相關資訊[60]。這些個人也可能會拿到練習簿，會有書面的作業必須完成[61]。

工作輪調　**工作輪調**（job rotation）藉著將職位申請者輪替過一些部門的方式，把他們暴露在各種組織環境當中。因此，職位申請者有機會可以獲得對於組織的整體看法，得知各部門如何交互關連。此外，職位申請者於這些指派期間也面臨新的挑戰，因此或可醞釀出新技巧的發展。

職位申請者在這些指派當中通常具有充分的管理職責。例如，一家醫院當中，新進部門主管按月輪調過所有的重要部門，在「旅程」

工作輪調
公司將學員輪替過一些部門，擔任經理人的一種管理發展方法。

當中提供管理上的職能。雖然職位申請者從這種「工作指示訓練」
（OJT）當中學了很多，卻也可能因為欠缺所督導之功能領域上的知
識，而在學習期間犯下有害的錯誤。

導師制　　**導師**（mentors）是具有經驗的主管，與新進經理建立起關
係。導師通常是組織中比學員高兩、三階級的人，以教育、指導、提
出意見、諮商，並且充當角色楷模的方式，來支持學員。導師制「可
提供成員共同的價值基礎，知道他們背負著什麼期望，繼而他們可對
組織期望些什麼」[62]。

特殊企劃案　　有時候公司會指派特殊、非例行性的工作職責給職位申
請者，為將來的工作指派作好準備。這種特殊企劃案有一項稱之為**行**

動學習法（action learning），因學員從做中學習的事實而得名，提供
求職者一個在管理上所產生的真實問題 [63]。學員可能會拿到書面作
業，指定了目標、作業規劃、目標日期，以及負責監控作業完成的人
名。例如，可能會要求學員研究公司的預算編列程序之後，呈送書面
評論 [64]。

　　特殊企劃案另外有一種類型是**特別工作小組**（task force）。學員
分組成立特別工作小組，要求處理實際的組織問題。例如，可能會要
求特別工作小組發展出一種新的工作表現評量表格、解決品質的問
題，或是設計出一套計畫來訓練新進員工 [65]。學員從事特別工作小組
的服務，不但可以得到頗具價值的經驗，而且也有機會可以向組織當
中的其他人「秀出實力」(show their stuff)。

經理人指南

訓練與發展與經理之職責

許多部門經理傾向於將訓練與發展看待為超出職責領域之外的事務。在他們的眼中，本身的功能僅僅在於掌管產品的生產，或者是提供服務而已[66]。

然而，這種看法是受到了誤導。部門經理在員工的培訓上扮演著重要的角色，如同以下段落所述[67]：

> 那麼，除了第一線的督導主管以外，又有誰真的更加適合擔任教師、教練，或是幫手呢？畢竟，就是這一個人，每天與員工互動，頭一個注意到員工有關於工作的訓練需求，而且也往往具備有幫助員工改進工作表現各方面所必須的技巧。

培訓過程中，部門經理的具體角色如以下章節所述。

提供員工熟悉工作的訓練

職前講習提供資訊給工作人員，以便成功地適應新的工作。在熟悉工作的期間，工作人員收到有關於公司、工作單位，以及具體工作的資訊。熟悉工作的目標包括有[68]：

- 培養隸屬於高級公司的自豪。
- 產生對於公司業務範圍的認知。
- 降低新進人員對於新工作的不安。

使得新進人員熟悉工作，部門經理扮演著關鍵的角色。具體地說，部門經理的職責有：

- ■提供員工公司設施的導覽，將他們介紹給在其他部門工作的重要組織成員。
- ■將新進人員介紹給部門內的同事。
- ■討論員工的工作職責以及經理對於員工工作表現上的期望。
- ■將與員工息息相關的工作基本細節向對方解說，例如用餐、中間的休息、停車、工作程序等等。

評估訓練需求並計畫發展性策略

經理比任何人都適於找出他們員工的訓練需求，並且建議符合這些需求的方式。判定出訓練需求的一種有效方式，於本章的「增進經理人之人力資源管理技巧」一節討論。

一旦判定出需求之後，經理人便可以建議出適當的發展性活動。例如，可能會建議員工參加某些訓練計畫，或是指派給員工發展性的工作。

提供工作崗位訓練

有一些情況之下，經理人會提供工作崗位訓練（OJT）給新進的員工。不妙的是，許多經理人都疏忽了這一點。下一段所反映出來的觀點極為常見[69]：

> 我們的店頭經理陷入了兩難當中。他們怕如果花時間訓練，會忽略了顧客；但是卻也知道，除非教導過自己的人，否則無法適當地服務顧客。就好像將駕駛執照換新或者是把車子送修一樣，自然而然會有種拖延的傾向。

經理人若是因為時間或是動機不足而拖延訓練，最後通常會花下更多時間去矯正沒有受訓的工作人員所造成的錯誤。前面所敘述的工作指示訓練法，格外地適合在職訓練。

確保訓練成果之順利轉移

藉由以下方法，經理人可幫助確保訓練當中所習得的教材應用到工作之上[70]：

- 與員工討論計畫涵蓋了哪些部份、如何應用到工作之上。
- 將需要把訓練當中所學的知識加以應用的任務指派給員工。
- 給予員工有關於指派之任務表現的訓練以及回饋。

人力資源管理部門能提供何種協助

人力資源管理部門通常負責管理培訓此一職能。為了成功迎合這個角色的需要，許多較為大型的組織會開闢特殊的部門：人力資源發展部 (Human Resource Development, HRD)，專職培訓的職能。有關人力資源發展部的角色將於以下章節討論。

提供員工職前的訓練

人力資源專業人員所提供的職前訓練，著重組織性、而非部門性的事宜。本適應工作訓練的人力資源管理階段，所涵蓋的典型主題包括如下：

- 企業歷史。
- 企業產品以及服務。
- 每位員工對於企業的角色以及重要性。
- 企業政策以及程序，例如有關於薪資、福利、工作時程、加班、生涯進階，以及員工平等的機會等。

大部分的公司是在初期雇用期間，以正式的小組會議方式將資訊提供給員工的。人力資源發展部（HRD）也可能提供給新進人員員工手冊，完整地敘述前述之各項主題。

促成管理發展計畫

人力資源專業人員進行各種評鑑，作為管理發展計畫的一部分。評估包括有工作分析（判定生涯途徑以及所需的工作能力）、測驗、績效評估表，以及生涯興趣鑑定記錄。人力資源專業人員也可能負責發展並且選定人力資源資訊系統（HRIS，見第三章）來計算資訊。

提供訓練與發展課程

人力資源專業人員往往會發展並且提出內部的課堂訓練計畫，但有些案例則必須委託公司外部機構承辦訓練。有這種需要的時候，HR專業人員必須找尋由顧問公司、大學等等所提供的訓練計畫。

評鑑訓練成果

訓練計畫的評鑑通常是由人力資源專業人員來設計、實施。評鑑應於訓練之前事先加以規劃，以便選定控制群組，並預先測驗。人力資源專業人員並且也向上層管理階層溝通評鑑結果，依照評鑑結果來建議未來所運用的課程計畫。

增進經理人之人力資源管理技巧

如同稍早所陳述的，往往會要求經理人指出他們員工的訓練需求。現在討論一種有效的方式。

進行績效分析

績效分析（performance analysis）探求造成個人工作表現不理想的有各種因素這項概念為前提。為了判斷出員工的訓練需求，經理人必須找出員工表現出現問題的具體成因，並且決策出訓練或者其他方式的干預是否可以提供解決辦法。

績效分析經常與員工表現評量搭配實施。進行績效分析時，應該遵照以下步驟[71]：

步驟一：審核工作需求以判定出對於個人的期望或想要個人做到哪些。

步驟二：評鑑個人與期望相較之下的工作表現。

步驟三：分析兩者之間的任何差異，判定是否由於知識的不足或是執行上的不足所造成。

　　a.員工若不知道該怎麼做或是何時去做，便發生知識不足的情形。

　　b.員工若是在知道怎麼做好工作之下卻未能表現良好，便發生執行不足的情形。具體而言，執行不足可能導因於以下因素的任何一項：

　　　■對於員工表現以及如何匡正工作表現的回饋很差。

　　　■懲罰或是按照期望來做的正面結果不足。

　　　■由於員工所能控制以外之因素所導致的任務干擾。

步驟四：施行為了改進工作表現所作的變更。變更可能包括訓練、修改各種表現的後果、變更資訊流程以提供工作表現上更佳的回饋，及（或）變更某些工作或職能的設計。

以下的例子示範工作表現分析可以如何應用，來審核學院課堂教學不良的成因以及解決辦法：

　　州立大學（State University）的管理系主任 Mary Smith 博士接獲管理一○一班學生的數宗投訴，抱怨班上 Bill Pearson 博士的教學方法。似乎是 Pearson 博士將教材講授太快，當學生有任何問題時也拒絕回答。

Smith 博士應如何分析這項工作表現上的問題？

步驟一：審核工作需求以判定出對於個人的期望或想要個人做到

哪些。

步驟二：評估個人與期望相較之下的工作表現。

假定步驟一和步驟二都已經完成，也就是說，學生的抱怨是有根據的，於是 Pearson 博士確實沒有符合工作表現上的期望。

步驟三：分析兩者之間的任何差異，判定是否由於知識的不足或是執行上的不足所造成。

Smith 博士應當分析問題的成因。

教學不良可能是因為知識不足的緣故；可能是因為 Pearson 博士不知道怎樣適當地講授，也或許是他對於課程內容缺乏足夠的瞭解。

判定他的問題是否由於知識的不足所造成，有一種好方法，那就是回答以下的問題：「如果他的性命維繫在這上頭，他能夠有效地教授嗎？」答案如果是「不能」，那就表示為知識的不足。

上述問題的答案如果是「能」（如果他的性命維繫在這上頭，就辦得到），問題可能在於執行上的不足。

或許是因為工作受到了干擾。Pearson 博士可能有許多班級要教，所以沒有時間適當地把管理課程準備好。

也或許問題是因為正面結果的不足。Pearson 博士應當檢討組織的獎勵結構。教學效果良好的教師有沒有獎勵？獎勵可能有終身職、升遷，而加薪是以研究的生產力為標準所給的，並非教學。問題可能在於 Pearson 博士因為選擇把大半的時間投注在有「獎勵」的活動表現上，因而缺乏認真教學的動機。

步驟 4：實施為了改進工作表現所作的變更。

a.如果指出是知識上的不足，訓練可能會提供切實可行的解決辦法。Pearson 博士可能需要參加討論有效教學方式的研討會，或者需要修習一些管理課程，以便更加地熟悉主題。

　　b.如果指出是執行上的不足，員工訓練就並非適當的解決辦法。而他的教學負擔如果成問題的話，大學方面可以把它降低。然而，如果問題是因為獎勵制度所造成，那麼大學可以因為持續的不良表現而納入懲罰，及（或）為表現改善而納入獎勵。

回顧全章主旨

1.瞭解為何有效的訓練以及發展計畫可增進競爭優勢。

　■增加新進以及具有經驗的員工之勝任程度。

　■將不希望的人員更替之可能性降低。

　■加強成本領導權，確保訓練以及發展計畫具有成本效益。

2.敘述公司如何評估訓練的需求。

　■將變更告知員工。

　■為新進工作人員作技巧訓練：找出次級任務。

　■補救性的訓練：績效分析、能力鑑定記錄、審查公司的問題記錄。

3.解說公司可以何種方式提出訓練計畫，以將學習效果放到最大。

　■抓住並維持學員的注意力。

　■提供學員練習的機會。

　■提供回饋給予學員。

4.敘述訓練的各種方法。

　■工作崗位訓練（OJT）：學員在實際的工作環境中學習如何執行工作的一種訓練方法。

　■工作教導訓練：由訓練人員示範任務的各個步驟，討論重點，再提供學員在指導下的演練之一種訓練方法。

■講述：訓練人員以口頭溝通資訊之方式，教授一個主題的一種訓練方法。

■個案方法：由學員分析真實工作情境的一種訓練方法。

■角色扮演：學員即興表演出一些涉及人類互動的問題之一種訓練方法。

■行為示範：先向學員展示某項任務應如何執行，再由學員演練任務，得到回饋，直到勝任為止的一種訓練方法。

■電腦輔助：利用電腦透過演練及個別指導、遊戲以及模擬來教導學生的一種訓練方法。

■互動影像訓練：將電視螢幕和影碟機（或影帶）接到微電腦，由學員透過鍵盤或語音指揮系統與螢幕互動的一種訓練方法。

5.解說公司可以用何種方式來確保訓練成果轉移到工作上。

■過度學習：將訓練教材學習到即使不經常練習，也能夠長久地記住的熟練程度。

■將課程內容與工作相對應：例如，利用案例、模擬、角色扮演以及範例。

■利用作業計劃：於課程段落終了時，由學員發展出一套計畫，指出將來在工作上應用新技巧的步驟。

■多階段的教學計畫：一種分成數個階段實施的訓練計畫，學員得到「家庭作業」，要求他們將那一堂課程的內容與方法應用用到工作上，待下一次的訓練階段時討論所得到的經驗。

■將績效輔助工具用回到工作上：例如，決策表、圖表以及簡圖。

■利用訓練後續追蹤資源：熱線電話以及講師的到訪。

■營造支持性的工作環境。

6.敘述訓練評鑑應當如何進行。

■方法

●學員的反應。

- ●測驗。
- ●績效評估。
- ●組織表現的記錄。
  - ■評鑑設計
    - ●預先測驗。
    - ●後續測驗。
    - ●控制群組。
7.敘述管理人員繼承計畫所涉及的步驟。
  - ■人力資源計畫:找出目標中的管理職位。
  - ■定義管理上的需求:執行目標職位所需的資格條件。
  - ■評鑑管理上的潛力:利用選擇工具以及職業興趣鑑定記錄。
  - ■找出生涯途徑:指明走向目標工作的具體工作之順序排列。
  - ■發展更替圖表:指明職位申請者的完備程度,以及他們踏入目標職位的準備程度。
8.敘述管理發展計畫所提供的訓練類型。
  - ■課堂教授。
  - ■生涯資源中心:公司為有意的管理職位申請者所備有學習機會的地點。
  - ■工作輪調:公司將學員輪調過一些部門,這是擔任經理人的一種管理發展方法。
  - ■導師制:運用具有經驗的上層經理人來教育、指導、提供意見、諮商,並且擔任新進經理人的角色楷模。
  - ■特殊企劃案:例如行動學習法以及特別工作小組的運用。

關鍵字彙

行動學習法(action learning)

行動計畫(action plan)

行為示範（behavior modeling）

生涯資源中心（career resource center）

個案研究（case method）

變革型訓練（change-related training）

以電腦輔助的訓練方法（computer-based instruction）

發展（development）

分段練習（distributed practice）

回饋（feedback）

互動式影帶訓練（interactive video training）

工作教導訓練（job instruction training）

工作輪調（job rotation）

講述（lecture）

集中練習（massed practice）

導師（mentor）

多階段訓練計畫（multiphase training program）

工作崗位訓練（on-the-job training）

職前訓練（orientation training）

過度學習（overlearning）

績效輔助工具（performance aids）

績效分析（performance analysis）

補救訓練（remedial training）

更替表（replacement charts）

角色扮演（role playing）

人員繼承計畫（succession planning）

特別工作小組（task force）

訓練（training）

訓練評鑑（training evaluation）

訓練需求（training need）

訓練目標（training objective）

重點問題回顧

取得競爭優勢

1.敘述有效的訓練和發展演練於哪些方面可以增進工作人員的勝任
程度。

人力資源管理問題與實務

2.何謂訓練需求？敘述 HR 專業人員如何評估組織上的訓練需求。

3.敘述訓練講師可以做哪三件事情來確保抓住並維持學員的注意
力。

4.敘述行為示範的方法。此法與角色扮演有何不同？

5.何謂互動影像訓練？提供一個原始的範例，說明業界可以如何運用
此一計畫。

6.「訓練成果之轉移」的意義如何？怎麼做會有助於確保轉移？

7.為什麼預先測驗、後續測驗，以及控制群組等是訓練評鑑研究的重
要成份？

8.簡要敘述人員繼承計畫所涉及的步驟。

9.敘述三種於課堂以外實施的管理訓練方法。

經理人指南

10.敘述有關於熟悉工作的訓練，經理人以及 HR 專業人員的角色為
何。

11.何謂績效分析？敘述所涉及的步驟。

實際演練

發展並施行工作指示訓練方案

1.分成五人一組。

2.各組應選出一項訓練主題。挑選一個教授需時約十五分鐘的主題，而且要是大部分的人都不知道怎麼做的。一些例子有籃球罰球、高爾夫輕擊、發網球、換尿布、繫領帶或實施人工呼吸等。

3.發展出任務的工作細項，也就是工作指示，一步步的訓練指引，將各步驟相關的重點列出。

4.在課堂上發表訓練方案。從他組選出一位學員，應當選擇不知道如何執行任務的一位。遵循內文敘述、分成五個步驟的程序來訓練這位人士。

個案探討：Helton 烘焙公司訓練運送麵包人員之過程

Helton 烘焙公司（Helton Baking Company）是五十多年前由三兄弟所設立的。之後，Helton 公司變成非常大型、多角化的公司，製造出超過一千種不同的食品。Helton 公司的僱員超過一萬人，遍佈全國約二十三州。

Helton 公司有一項工作重點，就是運送麵包人員。運送人員一受錄用，便派到一個區域，拿到區域內的顧客名單。他們的職責是運送麵包類的產品，並且接新的訂單。

所有的新進人員一開始工作便接受技巧訓練。訓練為期一星期，與區經理一對一實施。學員伴隨經理走將來的路線，期望學員觀察區經理在沿線各站所做的活動之後加以記住。停留期間，學員的主要職責是觀察，同時幫助經理完成必要的任務。

各站之間有相當長的駕車時間，給經理機會可以回答所詢問的一切問題，考考學員關於文書和各站順序這些事情所必須記得的細節。

經理還利用這個時間和學員檢討可能發生的各種情況，說明如何可以正確地加以處理。

　　第二週，學員就獨立作業了，要求一路上如有任何問題，就打電話給經理。

問題

1. 分析本訓練方案的成效。有哪些方面成功地遵循教授過程當中的步驟？哪些方面沒有達成？

2. 爲了讓它更加地有效，您會如何重新設計本計畫？建議要具體，每項建議都要包含原理的闡述。

參考書目

1. Caudron, S. (1991). How Xerox won the Baldridge. *Personnel Journal*, April, 98–102.
2. Noe, R.A. (1986). Trainees' attributes and attitudes: Neglected influences on training effectiveness. *Academy of Management Review*, 11 (4), 736–749.
3. Helfgott, R.B. (1988). Can training catch up with technology? *Personnel Journal*, February, 67–71.
4. Ostroff, C., and Kozlowski, S.W. (1992). Organizational socialization as a learning process: The role of information acquisition. *Personnel Psychology*, 45 (4), 849–874.
5. Kelly, D. (1992, May 19). New hires lacking in basic job skills. *USA Today*, p. 6D.
6. Ibid.
7. Noe, Trainees' attributes and attitudes.
8. Calvert, R. (1985). Training America: The numbers add up. *Training and Development Journal*, November, 35–37.
9. Ibid.
10. Grossman, M.E., and Magnus, M. (1989). The $5.3 billion tab for training. *Personnel Journal*, July, 54–56.
11. Meals, D.W. (1986). Five efficient ways to waste money on training. *Personnel*, May, 56–58.
12. Baldwin, T.T., and Ford, J.K. (1988): Transfer of training: A review and directions for future research. *Personnel Psychology*, 41 (1), 63–105.
13. Hitt, M.A., Hoskisson, R.E., and Harrison, J.S. (1991). Strategic competitiveness in the 1990s: Challenges and opportunities for U.S. executives. *Academy of Management Executive*, 5 (20), 7–22.
14. Ford, K.J., and Wroten, S.P. (1984). Introducing new methods for conducting training evaluation and for linking training evaluation for program redesign. *Personnel Psychology*, 37, 651–663.
15. Baldwin and Ford, Transfer of training.
16. Goldstein, I.L. (1986). *Training in Organizations* (2d ed.). Monterey, CA: Brooks/Cole.
17. Zemke, R., and Zemke, S. (1981). 30 things we know for sure about adult learning. *Training*, June, 45–52.

18. Cartwright, SR. (1992). Produce award-winning training videos. *HRMagazine,* January, 58–62.
19. Donahue, T.J., and Donahue, M.A. (1983). Understanding interactive video. *Training and Development Journal,* December, 26–31.
20. Baldwin and Ford, Transfer of training.
21. Ibid.
22. Kello, J.E. (1986). Developing training step-by-step. *Training and Development Journal,* January, 50–52.
23. Gold, L. (1981). Job instruction: Four steps to success. *Training and Development Journal,* September, 28–32.
24. Goldstein, Training in organizations.
25. Kelly, H. (1983). Case method training: What it is, how it works. *Training,* February, 46–49.
26. Wohlking, W. (1976). Role playing. In R.L. Craig (Ed.), *Training and Development Handbook* (2nd ed., pp. 36-1–36-14). New York: McGraw-Hill.
27. Ibid.
28. Goldstein, A.P., and Sorcher, M. (1974). *Changing Supervisory Behavior.* New York: Pergamon Press.
29. Zemke, R. (1982). Building behavior models that work—the way you want them to. *Training,* January, 22–27.
30. Burke, M.J., and Day, R.R. (1986). A cumulative study of the effectiveness of managerial training. *Journal of Applied Psychology, 71,* 232–245.
31. Kearsly, G. (1984). *Training and Technology.* Reading, MA: Addison-Wesley.
32. Granger, R.E. (1989). Computer-based training improves job performance. *Personnel Journal,* June, 116–123.
33. Kearsly, *Training and Technology.*
34. Ibid.
35. Broderick, R. (1982). Interactive video: Why trainers are tuning in. *Training,* November, 46–53.
36. Ruhl, M.J., and Atkinson, K. (1986). Interactive video training: One step beyond. *Personnel Administrator,* October, 66–76.
37. Donahue and Donahue, Understanding interactive video.
38. Ibid.
39. Wilson, W. (1994). Video training and testing supports customer service goals. *Personnel Journal,* June, 47–50.
40. Ibid.
41. Spitzer, D.R. (1982). But will they use training on the job? *Training,* September, 48, 105.
42. Ibid.
43. Walton, J.M. (1989). Self-reinforcing behavior change. *Personnel Journal, 68* (10), 64–68.
44. Spitzer, But will they use training.
45. Ford, J.K., Quinones, M.A., Sego, D.J. and Sorra, J.S. (1992). Factors affecting the opportunity to perform trained tasks on the job. *Personnel Psychology, 45* (3), 511–527.
46. Ibid.
47. Bell, J.D., and Kerr, D. L. (1987). Measuring training results. *Training and Development Journal,* January, 70–73.
48. Adapted from Kearsly, *Training and Technology.*
49. Ibid.
50. Kleiman, L.S., and Faley, R.H. (1992). Identifying the training needs of managers in high technology firms: A case study. In L.R. Gomez-Mejia and M.W. Lawless (Eds.). *Advances in Global High-Technology Management* (Vol. 1). Greenwich, CT: JAI Press.
51. Lee, C. (1981). Identifying and developing the next generation of managers. *Training,* October, 36–39.

52. Phillips, J.J. (1986). Corporate boot camp for newly appointed supervisors. *Personnel Journal*, January, 70–74.
53. Phillips, J.J. (1986b). Four practical approaches to supervisors' career development. *Personnel, 63* (March), 13–15.
54. Walker, J.W. (1980). Human resource planning. New York: McGraw-Hill.
55. Ibid.
56. Luthans, F. (1988). Successful vs. effective real managers. *The Academy of Management Executive, 11* (2), 127–132.
57. Duda, H. (1992). The honeymoon is over for corporate America. *HRMagazine*, February, 66–72.
58. Phillips,. J.J., Corporate boot camp.
59. Walker, J.W. (1980). Human resource planning.
60. Phillips, J.J., Four practical approaches.
61. Phillips, J.J. (1986c). Training supervisors outside the classroom. *Training and Development Journal*, February, 46–49.
62. Wilson, J.A. and Elman, N.S. (1990). Organizational benefits of mentoring. *Academy of Management Executive, 4* (4), 88–102.
63. Raelin, J.A. and LeBien, M. (1993). Learn by doing. *HRMagazine*, February, 61–70.
64. Adapted from: Fraser, R.F. (1977). *Executive Work Assignments*. Hyattsville, MD: United States Department of Agriculture.
65. Phillips, Training supervisors.
66. Day, D. (1988). A new look at orientation. *Training and Development Journal*, January, 18–23.
67. Ibid.
68. Berger, S. and Huchendorf, K. (1989). Ongoing orientation at Metropolitan Life. *Personnel Journal*, December, 28–35.
69. Gold, L., Job instruction.
70. Zorn, T.E. (1984). A roadmap for managers as developers. *Training and Development Journal*, July, 71–73.
71. Rummler, G.A. (1976). The performance audit. In R.L. Craig (Ed.), *Training and Development Handbook*. New York: McGraw-Hill.

第八章
評估員工績效

本章綱要

取得競爭優勢

　　個案討論：取得優勢競爭力之 Corning 玻璃製品公司

　　將績效評估與競爭優勢加以連結

人力資源管理問題與實務

　　有效之績效評估系統所應符合的標準

　　評估工具的種類

　　設計一套評估系統

經理人指南

　　績效評估與經理之職責

　　人力資源管理部門能提供何種協助

　　增進經理人之人力資源管理技巧

本章目的

閱畢本章後，您將能夠：

1.瞭解有效的評估系統會如何增強競爭優勢。

2.說出有效績效評估系統必須符合的標準。

3.說明各種不同種類的評分工具。

4.說明公司應如何自訂一套績效評估系統。

取得競爭優勢

個案討論：取得優勢競爭力之 Corning 玻璃製品公司[1]

問題：一項不盡完善的績效評估系統

　　事實上 Corning 玻璃製品公司（Corning Glass Works）原來並沒有正式的績效評估系統。公司的人力資源專業人員透過和員工主管的非正式談話（通常是在酒吧裡）來評估員工的表現。後來 Corning 公司研擬了一套似乎比較嚴謹的評估系統，讓主管以書面對員工的整體表現和對其晉升潛力進行評分。

　　尋找評量工具的歷程中，Corning 公司很快就發現，即使是稍微「複雜」（sophisticated）的績效評估法也付之闕如，進行這項全球性的工作評估的規準，是相當模糊不清的，因此，主管對於員工績效的評分十分的主觀，而且通常都不是正確的。因為有這樣的問題存在，使得評估結果並不能在公司制訂升遷、調職，以及加薪等決策時提供有用的參考依據。此外，評估系統無法指出員工的缺點，因此，明確的績效反應，並無依據可循。更糟的是，Corning 公司的評估系統並未提供公司期許的相關資料，員工不知道必須該如何做才能有好的表

現。

解決方案：發展出一套有效的績效評估系統

　　Corning 公司為瞭解決這些問題，於是研擬了一套新的評估系統，評估系統分成以下三個部份：(1)記載行為標準的評分表；(2)記載績效目標的評分表；(3)督導者對於薪資與晉升的建議表格。

　　在評估系統的第一個部份中，督導者列有多項正面與負面工作行為（例如「在團體會議中採取主動」、「尚未對團隊理念完全瞭解前，即表示反對」）的表格上，對員工進行評估工作。督導者接著將評分表送交人力資源管理部門進行電腦分析，電腦為每一個人作出一份書面報告，指出該名員工的優點、缺點，以及訓練上的需求。然後人力資源部門將評估分析報告送交督導，督導再和其員工研究該評估分析報告。

　　第二份評分表，督導者用來評估員工對於特定績效目標的進度，在評分期間開始時，由員工和督導先共同研商。督導者應確定所訂定的目標對公司的策略目標有幫助。

　　至於評估系統的第三部分，督導者乃用以針對每一位員工的薪資和晉升事宜作出建議。這些建議依據的是員工的優點、缺點，以及績效來分析的。督導者的上級審核了這些建議後，將這些建議送交人力資源管理部門進行最後的核可。

　　新的評估系統並未經公司總部下令強制實施，而是由八個事業部的副總裁決定是否實施本計劃。某一個事業部的副總裁同意試行後，乃開始實施這個計劃。該事業部的所有經理都接受訓練，俾能正確地進行評估。系統的運作非常的成功，因此很快的另外七個事業部也實施這個計劃。

新的績效評估系統如何能增加競爭優勢？

　　當本系統運作一段期間之後，人力資源管理部門就會詢問系統運

作的有效性。查詢的結果是相當正面。雖然有些關於改進的建議，但是一般的看法都認為本系統對於公司的效能有極大的貢獻。

特別是回答者都認為系統的三個部份，都能增進競爭優勢。從行為評量表所獲得的績效報告，可使監督者給予員工特定的回饋，藉以促成改善績效。至於制訂績效目標，則可用以確保員工的努力符合公司的建議。本系統第三個部份的薪資與晉升建議，因為能（盡可能地）確保選定晉升的員工，符合其新工作的資格要求，而且選定加薪者也是實至名歸。

將績效評估與競爭優勢加以連結

績效評估（performance appraisals）應正確地評估員工績效的品質。「個案討論」說明了一些可行的方法，利用有效的評估系統，的確能取得競爭優勢。現在來深入探討有效的績效評估與公司整體競爭地位之間的關連性。

改進績效

有效的績效評估系統，能以兩種方式改善員工的績效，藉以獲得競爭優勢，那就是：將員工的行為導向企業的目標，以及督導員工的行為，確保能達成目標。

引導行為　優良的績效評估系統，因為將注意力放在員工達成其在計劃中應達成的進度，因而能增強企業的策略性業務計畫。事實上，評估系統讓員工知道公司對他們的期許是什麼，因此能將員工的行為導引到正確的方向，如**邁向競爭優勢之路 8-1** 所述 [2]。

督導行為　其次，優良的績效評估系統，讓經理人能以系統化的方法督導屬下的績效，並因而得以衡量是否符合策略性業務計劃。這樣的監督工作，讓經理人能以讚揚及鼓勵員工的良好績效，激勵員工有達

績效評估在引導經理達成組織目標時的一項有力影響

有一家公司決定將公平就業機會（EEO）視為該公司策略目標的一部分。人力資源管理部門於是為每一個部門訂定達成工作機會平等的目標和時間表。但是這些目標並沒有達成，於是有一位人力資源專業人員「天外飛來一筆」（stroke of genius），建議公司將工作機會平等的合法性納入，成為每位經理人績效評估中的一個項目（良好的評估會導致許多良好的成果，諸如晉升及加薪等）。評估系統有了這樣簡單的變化之後，產生了驚人的效果——不到一年之間，該公司出現了「奇蹟式的」（miraculous）的大逆轉，並且開始逐漸地達成該公司的公平就業機會（EEO）目標。

成目標的表現。此外，經理人可以利用績效評估，來改善員工的績效，如果未能令人滿意，即可找出任何績效的問題，並加以導正。

作出正確的僱用決策

績效評估系統通常能產生制訂加薪、晉升、解雇、降職、調職、訓練，以及試用期滿等聘雇決策所需要的資料。利用績效評估決定是否加薪的詳情，將會在第十章中說明。在第十章中將會提到，依據正確評估所制訂的給薪決策，能改善並激勵員工的士氣，進而強化競爭優勢。

利用有效的績效系統制訂晉升決策，能確保晉升的員工有能力承擔新職位的責任，因而能有良好的表現，並進而強化競爭優勢。

確保達到法律規定的標準

在第六章中曾經強調過，如果甄選決策係依據不合理（invalid）的標準，就會引發所費不貲的公平就業機會（EEO）訴訟案件。而依據績效評估的「甄選」決策，則可能會引發降職、未獲晉升、裁員，以及解僱之類的相關訴訟案件。

如果發生這樣的訴訟案件，雇主即必須讓法庭相信，個別員工之聘雇情況所制訂的決策，是公平的決策，也就是說，決策依據的是績效的正確評量結果。例如在聯邦對芝加哥市（U.S. vs. City of Chicago）的案件中，法官判定雇主敗訴，因為他認為評定的方法有問題，亦即其所採用的並非評估員工是否適於晉升的公平方法[3]。

企業採用的績效評估系統，如果能獲得正確而且公平的評量結果，即不會發生所費不貲的績效評估相關訴訟案件。有關正確性及公平性的法律規範，在第二章及本章稍後都有說明。

將工作不滿意度及離職率降到最低

如果員工自認督導者的評分是不正確而且不公平的，即會十分的情緒化和沮喪。例如，一家總部設在美國加州的公司，有一名員工怒氣沖沖地離開其督導的辦公室，稍後帶了一把手槍回來，並給了該督導致命的一槍。

雖然員工的反應很少如此極端（令人慶幸），但是說服力不夠的績效評估系統，卻會產生士氣及離職率方面的問題。大部分的員工都認為加薪和晉升之類的獎勵，應該依據績效或過去的績效。如果使用的是一些其他的依據（例如徇私），員工即會相當的不滿，於是開始另謀工作。但是在另一方面，有效的評估系統可以幫助雇主留住員工，特別是留住最好的員工。原因何在？因為這些員工希望在他們認為是公平、積極進取，而且充滿活力的環境中工作，而有效的績效評估系統，則孕育了這樣的認知[4]。

人力資源管理問題與實務

有效之績效評估系統所應符合的標準

良好的績效評估系統能使企業大大的受惠，此點應已無疑問。不過訂定這樣一套系統並付諸實施，卻並非易事。Corning 玻璃公司的系統，花了好幾年的時間去研發，而其實施則必須靠人力資源專業人員和公司經理人的通力合作。

在實施的做法方面，大部分的評估系統都不能和 Corning 公司一樣的成功。例如有一項研究發現，大多數的公司（百分之六十五）都對自己的績效評估感到不滿意[5]。另外一項研究的結論則是[6]：

> 大部分的評估信度和效度，仍然是評估系統的主要問題，而且新的……評估系統往往會遭遇到實質的阻力。本質上，企業想要進行有效的績效評估工作，仍然是可望而可及的目標。

為什麼有效的績效評估系統如此難得呢？**示例 8-1** 中列舉了許多專家找出的一些績效評估系統的問題。在本章中，將會討論這些問題。首先要說明的是績效評估系統的技術標準和法律標準，以及達到這些標準的相關問題。

評估表的品質

在絕大多數的企業中，經理人都是利用標準化的表格評量員工的績效。在本章稍後將會說明，雖然有許多不同的表格，但是並非所有的表格都有卓越的功能。表格要有效，就必須要有關聯性，而且評分標準必須清楚明確。

示例 8-1　現有評估系統的問題

第一項研究的發現
　　只有一位評估人員
　　員工無法得知他們獲得的評估結果
　　沒有申訴制度
　　負責評估的人員沒有受過訓練
　　沒有填寫評估表的書面說明
　　評估工具並非依據工作分析

第二項研究的發現
　　管理階層未積極投入評估系統
　　督導和屬下之間溝通不良
　　評估者的回饋技巧欠佳
　　評估者的觀察技巧欠佳

第三項的研究結果
　　經理人不願花足夠的時間進行評估
　　經理人獎勵的是年資久的和對公司忠誠者，而非績效
　　經理人評斷成功的標準因人而異
　　無法瞭解員工對於成功的貢獻

關聯性
是指評分表中納入必要資料的程度。

關聯性　**關聯性**（relevance）是指評分表中納入必要資料的程度，亦即顯示員工績效水準或績效的資料。如果要有關聯性，則評分表必須：

- 納入評量績效所需的所有相關標準。
- 排除與績效無關聯的標準。

效標缺乏
是指評分表中，缺少相關績效的標準。

　　缺少相關績效的標準，即稱之為**效標缺乏**（criterion deficiency）。例如，僅以逮捕人犯的數量來評量警察績效的評分表，就是一個例子。效標之所以缺乏，乃是因為沒有將績效的其他項目納入，諸如罪犯判刑的記錄、法庭的表現、被表揚的次數等等。這樣「不足」（deficient）的表格可能會將員工的行為導離工作或團隊的目標[7]。例如，警察可能因而著重於抓人，而忽略了其他重要的職務。

如果評分表中納入不相關的效標，就會產生**效標模糊**（criterion contamination）的結果，造成以與工作無關的因素，對員工進行不公平的評估。比方說，如果以身體的潔淨度來評量汽車技工，而漠視其是否潔淨與工作是否有效率毫無關聯的事實，這就是所謂的「效標模糊」。

效標模糊
是指評分表中納入不相關的標準。

清楚明確的績效標準　**績效標準**（performance standards）是指期望員工達成的績效水準。此種標準必須明確的定義，以使員工明確地知道公司對他們的期待是什麼。舉例來說，標準規定「一個小時將貨物裝完一部卡車」，就比「快點工作」明確許多。採用清楚明確的績效標準，不僅有助於引導員工的行為，而且有助於工作督導更加正確的評分。例如，兩位主管對「快一點」（quickly）一詞的解讀可能不同，但是對於「一個小時」的定義，則一定不會分歧。

績效標準
是指期望員工達成的績效水準。

評估的正確度

正確的評估能顯示員工真實的績效水準。依據不正確的評量結果所制訂的聘雇決策是無效的，而且在法律上也很難站得住腳。此外，如果評估並不能正確地顯示員工的表現水準，即會產生士氣和離職率的問題[8]。

不幸的是，正確的評估似乎並不多見，而其之所以不正確，則往往是由於評估人員的錯誤所致。**示例 8-2** 中列舉了這些錯誤及其原因，並且還將在接下來的內容中詳加說明。

仁慈與嚴厲的錯誤　當評估人員的評分過高的時候，就是一種**仁慈的錯誤**（leniency error）；當評分過低的時候，則是**嚴厲的錯誤**（severity error）。如果評估人員有這些錯誤，則公司就不能針對員工的表現做出正確的反應。比方說，如果員工獲得的是仁慈的評量，該員工就可能因而認為改善績效是不必要的。從另一方面來看，嚴厲的錯誤則會

仁慈的錯誤
評分過高。
嚴厲的錯誤
評分過低。

示例 8-2　評量錯誤及其可能的原因

	原　因					
錯誤	A	B	C	D	E	F
仁慈		X		X		X
嚴厲		X		X		
集中趨勢	X	X				
月暈效應（整體印象）		X				X
盲目的性格理論					X	
根據近期記憶			X			

提示：
　A=行政程序
　B=評量標準定義不清
　C=記憶衰退
　D=政治考量
　E=資料不完整
　F=評估人員沒有秉持良心

產生士氣／工作動機方面的問題，並可能導致歧視的訴訟案件。

　　爲什麼評估人員的評量會有向上或向下的扭曲情形呢？有些是因爲利害關係的原因使然；也就是說，這些人爲了增進或保護自己本身的利益，而操縱評量的結果 [9]。例如最近針對六十位公司主管之績效評估計劃所做的研究結果發現，幾乎所有的評估都受到利害因素考量的影響 [10]。**示例 8-3** 中說明的是故意的仁慈及嚴厲評量的原因。

　　在另外的情形下，評估人員會因爲沒有秉持良心，因而仁慈或嚴厲的給分。評估人員可能會讓個人的感情左右自己的判斷 [11]。比方說，可能只是因爲評估人員喜歡這名員工，就給他仁慈的評分。相反地，會因爲不喜歡某一個人，可能是由於個人的偏見，而給某個人嚴厲的評分。例如，某位男性評估人員，可能會因爲某位績效非常良好的女性員工威脅到他的自尊，而將評分降低。某位殘障的員工，則是因爲其出現使得評估人員覺得尷尬和緊張，因而獲得過低的評分；或者評

示例 8-3　基於利害關係來進行評量的原因

> 評估人員自述其仁慈評量的目的是為了：
> ■增加屬下的績效獎金。
> ■鼓勵因為個人問題而表現不佳的屬下。
> ■保護評估結果會被企業以外的其他人知悉的員工。
> ■避免表現不佳的書面記錄，會成為員工永久記錄的一部份。
> ■避免員工因為分數低不高興，而可能與屬下發生衝突。
> ■鼓勵最近才開始表現良好的員工。
> ■剔除經理身邊的表現不佳者，經由幫助該人升遷來達成。
>
> 評估人員自述其嚴厲評量的目的是：
> ■激勵員工能做得更好。
> ■讓難以駕馭的員工知道，誰才是當家作主者。
> ■促使員工離開本公司。
> ■作為預謀解約時可資運用的表現不佳文件。

估人員會因為害怕或不信任具有不同國籍或膚色的少數民族，因而嚴格給分[12]。

仁慈的錯誤通常出現在績效標準定義得模糊不清的情況下，也就是說，未曾憑本事獲得（earned）極佳評分的員工，很可能會在「極佳」（excellent）定義不清的情況下，被評為極佳。

集中趨勢的錯誤　如果應該給極高或極低的評分，評估人員卻故意不這麼作，這就是**集中趨勢的錯誤**（central tendency error）。例如，評估屬下時，如果滿分是五分，評估人員即會避免打一分和五分。如果有這樣的錯誤，則最後所有的員工都將會被評為平均，或幾乎平均的分數，雇主因而無法分辨誰的表現最好和最差。

集中趨勢的錯誤可能會因為行政程序的結果而造成，也就是說，如果企業要求評估人員要以大量的文件證明極高或極低的評分，就往往會發生集中趨勢的錯誤。累贅的文書作業通常會讓評估人員打退堂鼓，不願給最高或最低的評分。如果最高和最低分的定義不實際（例如「五分」是指「員工可以在水上行走」，「一分」是指「員工會在

集中趨勢的錯誤
應該給極高或極低的評分，評估人員卻故意不這麼作。

小水窪中溺水」），也會發生集中趨勢的錯誤。

月暈效應　評估人員也會被**月暈效應**（halo effect）所左右。如果評估人員對某位員工的整體印象，所依據的是聰明或外貌之類的某種特質，即會產生月暈效應。在評量員工的各方面績效時，評估人員可能會受其整體印象的不當影響。例如，評估人員對員工的聰明印象深刻，即可能會忽略其某些缺點，而給該名員工五分滿分，而聰明才智平平者，則全部都給三分。

　　月暈效應是正確評估的障礙，因為犯此錯誤者，無法知道其員工有哪些優點和缺點。如**示例 8-3** 之說明，當評量標準模糊不清時，而評估人員不能秉持良心填寫評分表時，最容易產生月暈效應。例如，評估人員可能一味地在表上全部填五分或全部填三分。

評估人員盲目的使用性格理論　有些時候評估人員不能全面地觀察到員工各個層面的表現，因此在填寫評量表時，就必須「填空」。如果發生這樣的情況，評估人員即可能根據察覺到的性格種類（例如是一個認真的人、一個懶惰的人、一個誤入歧途的人）先將員工分門別類。然後評估人員再預估「這種人」（type of person）會怎麼樣做事，然後對其所未加觀察的行為進行評量。

　　評估人員依據其個人認為不同類型的人在某種情況下會如何表現的「理論」進行預測，這就稱為**盲目的性格理論**（implicit personality theory）[13]。請看下面的例子：

　　　假設有一位評估人員，注意到某位員工總是很早來上班，評估人員即根據其觀察，將這位員工某方面未經觀察的項目，例如「注意細節」（attention of detail），進行評估的時候，評估人員憑藉的是自己盲目的性格理論，直言「認真的人」（conscientious person）會如何。如果評估人員認為認真的人會特別注意細節，

評估人員就會給這方面的表現高分。

此種評估錯誤會產生和月暈效應一樣的問題。當評估人員依其盲目的性格理論作出假設時，企業即無從知悉員工有哪些優點和缺點。例如在上面的例子中，如果注意細節是該名員工的弱點，就不會被人發現到。

近期記憶的錯誤　大多數的企業都規定一年對員工的表現評估一次，如果對員工的某項特質進行評量，評估人員可能會不記得評量期間該名員工的所有相關工作行為。無法記住這樣的資訊，即稱之為「記憶衰退」（memory decay）[14]。記憶衰退的通常結果是會發生**近期記憶的錯誤**（recency error），也就是說，進行評估時，會受到最近發生比較容易記住的事件嚴重的影響[15]。

如果評估不當地反映最近的事件，會對該名員工在整個評量期間的績效，產生錯誤的印象。比方說，某位員工前十一個月的表現極佳，卻因為最近一個月的表現很差，因而獲得極差的考績評分。

合乎法律的評分標準

前面曾經說過，如果員工對於依據評估所做成的聘雇決策（例如晉升、降職、解僱）產生質疑，因而提起歧視訴訟時，雇主即必須為自己的評估制度辯護，如果想要成功，雇主即必須要證明評估制度符合公平就業機會法（EEO）所規定的所有標準。特別是，法庭會審查評估工具的性質，以及評量的公平性與正確性。法庭會注意的許多事項，會在**深入探討 8-1**中詳加說明。

不同的案件會因提起訴訟的控訴類別，而有不同的問題[16]。舉例來說，如果員工以晉升不公興訟（例如某些屬於弱勢團體的少部份人獲得拔擢），則法庭會追查評估表與工作的相關性，以及評估的正確性。如果遇到與晉升相關的不公平待遇案件（亦即某人因為帶有偏見

近期記憶的錯誤
進行評量時，會被最近發生比較容易記住的事件嚴重影響。

深入探討 8-1

評估系統的合法性：法庭上可能被詢問的問題

評估工具

- 是否有正式且結構完整的評估工具？

- 成功的績效所需要的必備因素是否被註明，並納入評估表中？

- 如果係作為晉升的依據，則現職的績效與新的績效，有多大的關連性？

- 評量因素係明確訂定，或是模糊不清及模稜兩可？

- 評估因素是否依其重要性而加重計分？

- 是否還有其他比評量還要客觀的指標？是否可併用於進行評量？

正確性與公平性議題

- 評估人員對於所評估的工作是否有足夠的知識？

- 評估人員對於員工的績效是否熟悉？

- 評估人員是否有獲得指示並接受訓練？

- 評估工作是否完全依賴一位評估人員的評估？是否還有其他具備足夠知識的評估人員？

- 員工是否有機會看到評估結果，並對評估結果提出申訴？

- 是否有使用委員會評估程序，委員會成員中是否包括員工保護團體的代表？

- 是否有正式的機制可供員工知悉工作／晉升的機會？

	成本	實用	引導行為	督導行為	聘雇決策	適法性
員工比較系統	+	+	—	—	+/—	—
圖解式評估量表	+	+	—	—	—	—
定錨式行為評估量表	—	—	+	+	—	—
行為觀察量表	—	—	+	+	+	+
目標管理法	+/—	+/—	+	+	+/—	+/—

的評估而未獲晉升），法庭就會對公平性深入探究，查證是否有採取適當的安全防護措施，例如是否由高級管理階層審核評估結果，或是員工覺得不公平時，是否有申訴的機會等。

評估工具的種類

為了要達成前節所述的標準，公司必須採用有效的評估表。表格提供評分的依據，並且明訂要評分的績效項目或程度，以及評分該績效的評分範圍。人力資源專家已研訂許多評估績效的工具。最常使用的評分工具及其優點和缺點，將會在下面各節中說明，**示例 8-4** 則列舉出這些工具的摘要比較。

員工比較系統

大部分的評估工具都要求評估人員對照某些卓越的標準評估員工。不過**員工比較系統**（employee comparison system）則是對照其他員工的績效。換句話說，員工比較系統是以等第（rankings）方式評量，而非打分數（ratings）。

等第格式 許多格式中的任何一種，都可以用來為員工打等第，例如簡單等第、配對比較，或是強迫公佈。**簡單等第**（simple rankings）是要求評估人員依照績效，將員工從最好到最差，按等第順序排列。

員工比較系統
是評估工具的一種，要求評估人員對照其他員工的績效來評分。

簡單等第
是評估工具的一種，要求評估人員依照績效，將員工從最好到最差，按等第順序排列。

配對比較法
是評估工具的一種，要
求評估人員將員工兩兩
配對比較。

強迫分佈法
是評估工具的一種，要
求評估人員將一定比例
員工評定為最佳。

如果採用的是**配對比較法**（paired comparison），則是評估人員將員工兩兩配對比較。例如員工甲和員工乙及員工丙比較；員工乙則和員工丙比較。贏得最多競賽的員工等第最高。**強迫分佈法**（forced distribution）要求評估人員將員工分成一定百分比的種類，例如「最佳」（best）、「普通」（average），或「最差」（worst）。強迫分佈與曲線的斜度類似，有一定百分比的學生得 A，有一定百分比的學生得 B，依此類推。

優點　員工比較法的成本較低廉而且具實用性；評估工作花費極少的時間和心力。此外，用這個方法評估績效，能有效地避免前面談到的評估錯誤。例如可以避免仁慈的錯誤，因為評估人員不能給每一位員工都很突出的評分。事實上根據定義，只能將百分之五十評為高於平均。因為強迫評估人員指明他們心目中表現最佳及最差者，因此就非常易於制訂加薪及晉升等有關聘雇的決策。

缺點　員工比較系統也有一些令人困擾的缺點。由於評估績效的評估標準模糊不清而且不一致，因此評量結果的正確性和公平性即會被嚴厲地質疑。此外，員工比較系統並未指明員工怎麼做才能得到優良的評分，因此就無法適當地引導或督導員工的行為。最終的結果是，採用這樣系統的公司將無法比較不同部門員工的績效。例如部門 A 中排名第六的員工，其績效可能優於部門 B 中排名第一的員工。

圖解式評估量表

圖解式評估量表
是評分的一項工具，由
符合績效各層次敘述的
各種特質所構成。

　　圖解式評估量表（graphic rating scale, GRS）是評估工作人員所持有的一張特質表，其上列舉了成功績效所需的各種特質（例如合作性、適應性、成熟性、工作動機）。每一項特質的滿分是五分或七分。評分者的分數是數字及／或敘述績效水準的詞句。尺度的中間點通常的定義是如「普通」（average）、「中等」（adequate）、令人

示例 8-5　圖解式評估量表範例說明

說明事項

請利用下列的評分量表來測量員工的各項特質：

　　5＝ 傑出；你所認識的最佳員工之一
　　4＝ 良好；符合所有的工作標準；有些甚至超越標準
　　3＝ 中等；符合所有的工作標準
　　2＝ 需要改進；某些方面需要改進
　　1＝ 不能令人滿意；無法接受

A.服裝與外表	1_____	2_____	3_____	4_____	5_____
B.自信	1_____	2_____	3_____	4_____	5_____
C.可靠性	1_____	2_____	3_____	4_____	5_____
D.機智與手腕	1_____	2_____	3_____	4_____	5_____
E.態度	1_____	2_____	3_____	4_____	5_____
F.合作度	1_____	2_____	3_____	4_____	5_____
G.熱忱	1_____	2_____	3_____	4_____	5_____
H.知識	1_____	2_____	3_____	4_____	5_____

滿意（satisfactory），或「符合標準」（meets standards）等字眼。**示例 8-5** 是圖解式評估量表的範例。

優點　許多企業都採用圖解式評估量表，因爲這個方法實用，而且製作的成本低廉。人力資源專業人員可以迅速地製作出這樣的格式，而且因爲特質和註解都採用一般的用語，因此單一的表格就可以適用於公司內所有或大部分的工作。

缺點　圖解式評估量表並無法表現出許多問題。這樣的量表並不能有效地引導行爲；也就是說，此評分量表無法清楚地指出員工要獲得高分所必須做的事，而員工也因此無從得知公司對於他們的期望。舉例來說，如果一位員工在「態度」這個項目得到的分數是「2」，可能覺得不知要如何去改善。

　　圖解式的評分量表也無法提供一個良好的機制，能夠提出明確又

不具威脅性的回饋。如我們稍後所提，負面的回饋應該要針對某些特定的行為，而不是只關於圖解式評估量表（GRS）上定義模糊的特質而已。舉例來說，兩位評分者也許會對「普通」一詞有極為不同的看法。要是無法清楚地定義績效的標準，就會導致許多評分上的錯誤（如前所述之仁慈、嚴厲……等錯誤），並提供了一個讓偏見產生的現成機制。因此法庭不是很贊成使用圖解式評估量表。某一個法庭指出，以此量表所評估出來的分數，與「主觀的判斷」（subjective judgmental call）沒什麼兩樣，並且判定這種量表不應該用在升遷的決策上，因為這種主觀的過程中，必定會有潛在的偏見[17]。

定錨式行為評估量表

定錨式行為評估量表（behaviorally anchored rating scale，BARS）和「圖解式評估量表」一樣，需要評估者對員工的特質進行評分。典型的「定錨式行為評估量表」包括了七個或八個特質，指的是各個「向度」（dimensions），每個特質都是以一個七點到九點的量表來衡量。

但是用在「定錨式行為評估量表」上的評分表卻與使用在「圖解式評估量表」的評分量表架構不同。它用的不是數字或形容詞，而是附著實例的特質，該特質能反映出績效的不同層次。「定錨式行為評估量表」的一個例子顯示在**示例 8-6** 中。

發展「定錨式行為評估量表」的過程頗為複雜，詳述於**深入探討 8-2** 中，簡單地說，它是以一個工作分析為開端，然後再使用關鍵事件技巧。之後各事件和行為都被歸類在各個向度中，然後每個向度中就都發展出一項評分量表，把這些行為當成定義量表中各點的「定錨物」（anchors）。

優點 開始設計「定錨式行為評估量表」的時候，由於有這些明確的「定錨物」作為評量的規準，員工也較容易受到期待、引導而呈現合適的表現與回饋，不過，有時候也不一定能夠如願。

示例 8-6　大學教授工作行為穩定度評估量表（BARS）的一項實例

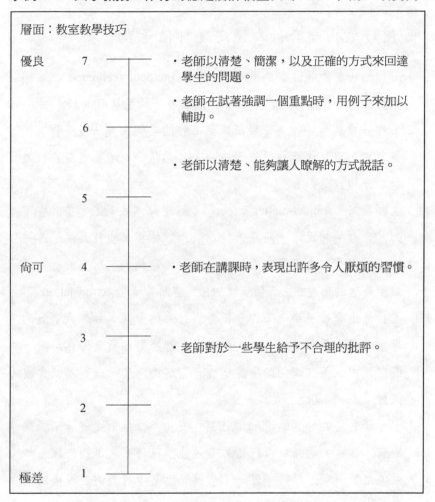

層面：教室教學技巧

優良	7	・老師以清楚、簡潔，以及正確的方式來回達學生的問題。
	6	・老師在試著強調一個重點時，用例子來加以輔助。
	5	・老師以清楚、能夠讓人瞭解的方式說話。
尚可	4	・老師在講課時，表現出許多令人厭煩的習慣。
	3	・老師對於一些學生給予不合理的批評。
	2	
極差	1	

　　也許「定錨式行為評估量表」（BARS）的最大優點，在於其指導與監控行為的能力。各項行為的標準，讓員工瞭解何種行為是被期待的，並給了評估者一個機會，能提供根據行為的回饋。

缺點　「定錨式行為評估量表」優於「圖解式評估量表」的地方，目前為止尚無研究加以證實。事實上，大多數的研究都無法「證明為了

如何發展出一套行為穩定度評估量表

1. 工作分析中的關鍵事件技巧（critical incident technique），被用來衍生出一張有效與無效工作行為的表（請見第四章）。

2. 工作分析將這些行為分別歸類至工作的各個向度，或是員工的特質中，以賦予這些行為一些特色，然後分析者再將這些行為加以分類並定義。

3. 主題專家（subject-matter expert）（經理和／或員工）重新在不知其類別的情況下，將這張行為表加以檢視。也就是說，將每個工作向度的名稱與定義給這些人，再請他們把所有的行為歸類至合適的向度中。這個步驟叫做「重新詮釋」（retranslation），並且被用來檢視早先工作分析者對行為的分類。如果大多數的專家（通常是百分之八十或者以上）都將某個行為歸類至同一個向度中，而且這個向度是分析者指定的向度，該行為就會被保留下來。

4. 「存活下來的」（surviving）行為，交由第二組的主題專家們來檢查，這些人再對每項行為的有效性加以評分，舉例來說，如果使用了一項七點評分表，「7」就表示某項行為的表現極為有效；「1」則表示某項行為極無效果。

5. 分析者計算出這個對行為有效性評分表的標準誤差，如果標準誤差反映出評分的變化極大（專家們對某行為的有效性看法不一致），該行為就會被捨棄，然後算出剩下行為之有效性的平均分數。

6. 分析者為每一項特質都建立了一個評分量表，列出其名稱與定義，行為的敘述就被置於與其平均分數相關的位置。

建立與使用『定錨式行為量表』而投入的大量金錢與精力，其結果是值得的」[18]。

「定錨式行為評估量表」失敗之處，也許是在於要試著選出最能夠顯示出員工行為水準的行為時，其實有其困難度[19]。有時一位員工也許會顯示出量表上兩種極端的行為，所以評分者不知要給予哪一個分數。比方說，以**示例 8-6** 的「行為穩定度評估量表」所評估的一位老師，也許會清楚地回答問題，同時會對學生有不合理的批評。

行為觀察量表

行為觀察量表（behavior observation scale, BOS）包括了一連串成功執行特定工作所需要的預期行為。「行為觀察量表」（BOS）是像「定錨式行為評估量表」一樣的被發展出來的——先蒐集關鍵事件，然後再歸類至不同的向度中。這兩種方法的主要不同點，在於「行為觀察量表」中，每一項行為都是經由評估者的評分[20]。

行為觀察量表
是一種評分工具，由行為的標準所構成，評分者根據員工的績效來加以評分。

當使用「行為觀察量表」的時候，一位評估者是藉著指出員工從事每一項行為的頻率，來對其績效加以評分。一個五點量表，是用來評量從「幾乎從不」（一分）到「幾乎總是」（五分）之間的分數。整體的分數是從加總員工在每項行為的分數而來的。高分表示個人從事預期中的行為次數很頻繁。「行為觀察量表」（BOS）所使用的一部分工具，顯示在**示例 8-7** 中。

優點　因為是最近才研發出來的，所以有關「行為觀察量表」的研究，不如「定錨式行為評估量表」的研究來得廣泛。然而現有的證據對「行為觀察量表」的看法倒是頗為正面。一項研究發現，經理與部屬都偏好以「行為觀察量表」（BOS）與「定錨式行為量表」（BARS），以及「圖解式評估量表」（GRS）為基礎的評估。同一個研究中發現，工作機會平等法的律師相信，「行為觀察量表」（BOS）在法律上比另外兩種方法較有辯護力[21]。

示例 8-7　爲一項酒精毒品勒戒計劃評估指導員的「行爲觀察量表」
　　　　　部份表格

指示事項
藉著指出員工從事下列各項行爲的頻率，來評估工作行爲。使用下列的量表，
將你的評分填在空白處：

　　5＝　總是
　　4＝　常常
　　3＝　有時
　　2＝　偶爾
　　1＝　很少或從不

工作知識
＿＿＿＿　對病患與同事同理心與無條件地正面關切。
＿＿＿＿　藉著設立可供測量的目標，對每位病患提供徹底的記錄與回饋。
＿＿＿＿　爲治療與／或轉介發揮出社區可及資源的知識。

臨床技巧
＿＿＿＿　快速評估病患的心理狀態，並開始適當地互動。

人際關係技巧
＿＿＿＿　與醫院中的所有同仁都保持開放的溝通。
＿＿＿＿　利用適當的溝通管道。

　　因爲評分者不必去選擇最能形容員工表現水準的行爲，上述有關
「定錨式行爲評分量表」的問題就不會產生了。此外，像「定錨式行
爲評分量表」一樣，「行爲觀察量表」也能有效地引導員工的行爲，
因爲它明確地指出了員工如欲在績效方面獲得高分，必須做的事項。
經理人也能夠有效地使用「行爲觀察量表」來監控員工的行爲，並且
對員工特定的行爲給予回饋，讓員工知道他們的行爲中有哪些是正確
的，以及哪些行爲必須修正。舉例來說，在用了**示例 8-7**中的「行爲
觀察量表」後，一位工作督導告訴指導員說：「我喜歡你總是對病患
與同事表現出將心比心的態度」，或是「你需要更迅速地評估出病患
的心智狀況。」

缺點　像「定錨式行為評估量表」一樣，「行為觀察量表」（BOS）的工具需要花很長的時間來研發。此外，每一項工作需要用一種獨立的工具來評估（因為不同的工作有不同的要求），所以這種方法並非總是很實用。為一項特定工作發展出「行為觀察量表」並不合乎成本效益，除非從事此項工作的員工人數很多。

目標管理法

目標管理法（Management-by-objectives，MBO）是一種管理的系統，其目的在於藉著將員工的行為導向公司的任務上，來達成公司的有效性[22]。目標管理法（MBO）的過程包括了目標設定、規劃，以及評估。

目標管理法
是一種評分工具，是由工作目標與能達到該目標的績效標準所構成。

目標設定　如同我們在第三章所述，目標的設定開始於公司建立任務聲明與策略性目標之時。目標設定的過程接著由上而下地貫穿公司的各個階層，一直到每個員工。個人的目標應該代表其收穫，如果達成了該目標，就會大部分貢獻於公司的策略性目標。

在大多數的例子中，個人的目標都是由員工及其督導互相設立的，在此同時，他們也會設定特殊的表現標準，並確定目標的達成程度要如何加以測量。**示例 8-8** 中有一則目標管理法的實例。

規劃　在計劃的時候，員工與督導共同合作，找出達成目標的潛在障礙，並想出克服這些障礙的策略。這兩方定期會面，來探討員工到目前為止的工作時程與進度，以及找出因公司環境的需要而必須做的目標改變。

評估　在最後的階段中，用當初協議好的績效標準，來評估員工達成目標的成功度。最後的評估，在大多數的例子中，都是一年執行一次，被當成測量員工表現的工具。

示例 8-8　目標管理法表格的一項實例說明

目標	對結果的衡量	績效標準	預定達成日期
1.			
2.			
3.			
4.			
5.			

優點　目標管理法（MBO）在美國被廣泛地實行。作爲績效的評估工具，對於其有效性的研究，結果都非常的有利[23]。這些發現顯示出，目標管理法能透過監控及導向行爲，來改善其績效；也就是說，它被當做是一項有效的回饋手段，而且讓人們知道他們所被賦予的期望，才能將精力與時間花在達成公司重要目標的方面。研究進一步指出，員工在目標明確且具挑戰性的時候、在達成目標後能獲得回饋的時候，以及在達成目標後能獲得獎勵的時候，表現最佳。

　　從公平性的觀點來看，目標管理法的結果良好，因爲績效的標準是以相對來說較爲客觀的方式所陳述，因此，評分應該也比較不會受到偏見的影響。

　　目標管理法（MBO）頗爲實用且費用低廉。研發出此法的目標，並不像「定錨式行爲評估量表」（BARS）和「行爲觀察量表」（BOS）一樣需要花費那麼多精力[24]。必要的資訊通常已由員工完成，也經過監督者的認可和調整。

　　此類的參與度是另一項優點，因爲它給了員工更多達成目標的籌碼，並且對其工作環境有更多的控制力，目標管理法也會激發出員工與其監督者之間的更佳溝通。

缺點　目標管理法呈現出幾個潛在的問題，我們將在此處討論其中五

個。第一，雖然它針對的是員工對目標的注意程度，但是並沒有說明要達成這些目標所需要的行為。對某些員工而言，這可能是一個問題，尤其是新進的員工，他們可能會需要更多的指導。我們應該提供這類員工一些「行動指導」（action steps），說明他們欲成功達成目標所需要作的事項為何。

第二，目標管理法傾向於將重心放在短期的目標上——在年終就可以衡量的目標。結果員工可能會為了達成短期目標，而犧牲了長期的目標。比方說，一位棒球隊的經理，面對在今年要奪得錦標的目標，也許會將一些有前途的年輕球員，與其他球隊的資深球員交換，以確保能夠在今年贏球。這個行動也許會危害此球隊的未來成績（亦即其長期目標的成就）。

第三，成功達成目標管理法（MBO）的目標，其部分因素也許是員工所不能掌握的。舉例來說，剛才提及的棒球隊經理，也許會因為某些主力球手受傷，而無法奪得勝利——這是他所無法掌控的因素。個人應該為這些外部因素所影響的結果負責嗎？比方說，球隊老闆應該為了輸球而將經理開除嗎？雖然某些人力資源管理專家（以及棒球隊負責人）可能會說「是」，因為贏球終究是經理的職責，但其他的人可能會不同意。持異議者會辯稱，球隊的差勁表現，並不代表管理不良，因此經理就不應該受到處罰。

第四，評量表現的標準在員工之間多半是具有相當大的差異，例如，目標的設定是為了一個「普通」的員工而做，那麼公司將有可能失去了令人滿意、不錯的員工表現。如何兼顧二者呢？事實上，如此的評量工具在決策時是有其限制的。

第五，目標管理法常常無法獲得使用者的接受。經理們通常不喜歡他們需要作的一大堆文書程序，而且可能會擔心員工參與目標設定，會奪走他們的權力。有這種感覺的經理，也許不會適當地遵循該制度的程序。此外，員工往往會討厭施加在他們身上的績效壓力，以

及此壓力所造成的精神緊張[25]。

設計一套評估系統

評估系統的研擬，需要的不只是選擇一個適當的評分工具。此系統的設計者，也必須確定研發與執行的方式。現在我們就來探討人力資源專業人員，為了發展出一套有效的績效評估系統，所應該採取的步驟。

步驟一：為評估系統爭取支持

除非得到整體工作人員的支持，否則一套評估系統無法獲得充分的成功；它必須是評估人員、員工，以及管理高層都能接受的。如果評估者不認可此制度，他可能會直接抵抗或以蓄意破壞的行動來回應。舉例來說，如果不說服督導者此系統的實用性，他可能會認為這只是另一個耗時的人事文書程序，沒有任何「實際」（real-world）的重要性，他們也就可能不會妥當地完成此表（或根本不願填寫表格）[26]。如果員工不相信此制度，或是覺得它不合理，其士氣與工作動機都會降低，而且興訟的可能性也許會增加[27]。

此系統的研發者必須要怎麼做，才能確保使用系統的人會接受並支持它呢？

獲得高層經理的支持　沒有了高層經理的支持，此制度注定會失敗。高層經理們必須同意在公開的場合認可此制度、投入充足的精力，並透過順從每個人都必須遵守的程序，來樹立適當的行為典範[28]。

尋求員工的付出　鼓勵使用者（經理與員工）去參與此系統的計劃和發展，此舉將會增進對該系統的支持度。管理專家 John Bernardin 和 Beatty 建議使用由公司成員組成的任務小組，來代表被此系統影響的各種團體。此任務小組將會被授權去設計出一套發展、實施與執行

的步驟[29]。

步驟二：選擇適當的評估工具

如前所述，人力資源管理專業人員也許會選擇各種不同的評估工具。應該根據什麼來做出此決定呢？此公司必須考慮許多因素，其中三個最重要的因素——實用性、成本，與工作性質——將會在下面加以探討。

實用性 如果績效評估的工具是為了達到公司的需求，就必須要實用。舉例來說，要求去立即實施一項必須花費數年才能研發出來的工具，就不是很實際。如果工具所測量的行為是評估者所無法觀察到的，或者需要超出評估者所能付出的時間與精力，這種工具也不是很實用。

成本 一項評估系統的成本，包括了發展成本（例如建構起一套評估工具）、實施成本（例如訓練評估人員、研擬出書面的指導方針），以及使用成本（例如評估人員花在觀察、評分上的時間，以及回饋績效）。

在所有的事都平等的情況下，所花的成本越低，此制度就越有用。不過，就如「明智」的消費者所能察覺到的——「一分錢，一分貨」（you get what you pay for），雖然對員工進行簡單的比較和圖解式評估量表評估，公司花在發展與執行上的成本極少，但它們可能會包含許多隱藏性的成本。比方說，如同前文所述，此類的工具也許會造成士氣方面的問題，並且／或是導致成功的歧視案件。

工作的本質 被評估的工作本質，對各種評分表格的適當性有著重要的意義。舉例來說，定錨式行為評估量表（BARS）與行為觀察量表（BOS），需要評估人員對員工的工作行為進行評分。然而某些工作卻不給評分者任何機會去進行這類的觀察。比方說，學校的校長並不

能正確地評估出老師在教室裡的行為（除非他們坐在好幾門課堂上旁聽）；警佐無法對巡邏警察的「臨場行為」（field behavior）評分（除非他們常常伴隨者警察執行巡邏職務）。少了這些機會，評估人員所得到的就是二手資訊（例如學生所做的評估、人民的申訴等）。

同樣的原理，目標管理法應該不能被用在缺少合理產品（output）衡量法的工作中。這樣的工作應該使用行為上的衡量法。舉例來說，接待員並沒有製造出可供衡量的產品，所以他們的表現應該根據其工作行為來衡量：他們對客人和善嗎？他們有禮貌地回答客人的問題嗎？

因此，對於評分工具的選擇，端視某特定工作的資料種類是否能被實際地搜集而定。當試著從以行為為基礎的方法，如「定錨式行為評估量表」和「行為觀察量表」，和以結果為導向的方法，如目標管理法，兩者之中選擇時，公司應該使用下列的標準[30]：

- 如果評估人員察覺到有工作上必要的行為，並且有機會觀察此行為，就使用以行為為基礎的方法。
- 如果結果的測量是有效的，就使用以結果為導向的方法。
- 如果兩種情形並存時，就使用其中一種或是兩種方法都使用。
- 如果不符合任何一種情況，就使用圖解式評估量表。

一般來說，執行方面、管理方面，以及專業方面的員工，通常都是根據結果來評分；低層職位的員工則大多是以行為或特質取向的標準來評分[31]。

步驟三：選擇評估者

督導者、同儕，以及員工本身，也許會提供績效的評分，如同下列幾段所述。

監督者的評分　在百分之九十八的情況中，績效的評估是直接督導者

的責任，之所以由督導者執行評估，是因爲他們通常很熟悉員工的工作[32]。此外，評估人員可充當督導者的管理工具，讓他們有方法可以引導並督導員工的行爲。實際上，如果督導者沒有評估的責任，他們對下屬的權威與控制力就可能被減少[33]。

同儕評分　雖然督導者的評分可能極有價值，某些公司還是增加了同儕評估，以取代或補充督導者的評估[34]。同儕與督導者對某人的績效看法角度不同，督導者通常對工作要求與表現結果，擁有較多的資訊。另一方面，同儕通常對員工的績效有比較不同、實際的看法，因爲人們在上司出現時的表現通常有些不同。

用同儕評分來補充督導者的評分，也許能因此而幫助發展出對於個人績效的共識。它也可能因而幫助減少偏見，並導致員工對評估系統的接受度更高[35]。

潛在性的問題可能會限制了同儕評分的有用性，尤其是以他們的評分來代替督導者的評分時[36]。

- ■公司獎勵系統競爭激烈的本質：同儕們也許會認爲有利益上的衝突，給予同儕高分也許會被認爲是對本身升遷機會的一種傷害。
- ■友誼：一位同儕也許會害怕給予同事低分會傷害了他們之間的友誼，或是傷害了整個工作團隊的凝聚力。從另一個角度來看，某些對同儕進行評分的人，也許評分結果會受到對同儕不喜歡之感受的影響。

自我評分　某些公司使用自我評分來補助督導者評分的不足。一個人可能會認爲，對自我的評分，一般來說可能會比工作督導和同儕的評分來得正面，因此就身爲一項評估工具而言，可能不是很有效[37]。

不過，自我評估可以用在員工的發展上[38]。比方說，使用此法也

許能夠揭開屬下與督導間不為人知的衝突面、鼓勵員工反省本身的優缺點、引發出更多有建設性的評估面試,並使得員工們更容易接納建議[39]。在「經理人指南」中,我們會就管理者的自我評分進一步探討。

步驟四:確定評估的適當時機

大部分的公司都是一年評估員工一次[40]。某些公司在一年中的同一個時間,對所有的員工進行評估,其他的公司則以員工被聘用的日期為根據,而評估時程變動不定。

大多數的公司都避免評估的次數過於頻繁,因為它們認為這麼做太耗時,不過一年一次的評估可能會造成一個問題:評估者也許很難記得在一年當中所發生的所有相關事件。為了將這個問題減到最小的程度,評估人員必須對員工的表現時時作記錄。如此的記錄也能夠當成工作機會平等訴訟案件的證據。對記錄員工行為的建議,述於**深入探討 8-3** 中。

步驟五:確保評估之公平性

有偏頗的評估(或是被認為有偏頗)可能會使員工對工作督導與公司心生不滿。他們可能也會走上公平機會平等訴訟一途,因此公司必須採取步驟來確保評估過程的公平性。

管理高層的審核　為了確保公平性,大多數的公司都要求管理高層對已完成的評估過程進行審核。檢查評分上錯誤的工作,通常是由工作督導的上司來執行。例如,高層經理能夠發現某些評估者是否比其他人還過於仁慈或嚴厲。他們也能確定「月暈效果」或「集中趨勢」傾向的錯誤是否有可能發生。當某位員工在每項因素中都獲得相同的分數時,就可以證明有光環效應的出現;中庸傾向則是可以從缺乏極端分數中看出。當發現了這些「跡象」(symptoms)後,高層經理就應該尋求公平性,而且可能會要求評估者再作另一次評估。

深入探討 8-3

對記錄員工行為表現的建議

1. 盡快記錄所有相關的工作行為，包括好的與壞的。

2. 無論觀察的資料是第一手（由你觀察）或是第二手（由另一位
   經理、同事或顧客）的，都要記錄下來。

3. 記錄觀察的時間、日期和地點，以及寫下記錄的時間與日期。

4. 透過記錄發生的事項、環繞著被觀察行為的環境，以及該行為
   所造成的結果，來敘述被觀察的行為。

5. 所記錄下的行為應該有管道能讓員工檢閱。

申訴制度　如果員工對他們所得到的評估結果不滿意，申訴制度可以
給他們一個獲得公平傾聽機會的管道。這樣的制度極有益處，因為它
能：

- 讓員工表達心中關切之事。
- 促進更多正確的評分——因為害怕受到可能質疑，所以評分者
  打消了任意評分或偏頗評分的念頭。
- 預防外來第三者的介入（如工會、法院）

　　缺少了這樣的制度時，管理的權威就會被任意行使，員工的士氣
也會受到打擊，因為員工感到無力、無援，並且沒有權利。評估系統
通常包括了列於**深入探討 8-4** 中的幾個步驟。

深入探討 8-4

績效評估及申訴系統之步驟

1. 員工與其直屬督導討論其不滿之處。
2. 如果問題無法解決,對此爭論的書面記錄會被安置於該員工的人事檔案中。
3. 此爭論的內容會被提報至上一個管理階層。
4. 一項無法解決的爭端會被提報至同僚審議委員會及管理階層的代表處。

經理人指南

績效評估與經理之職責

無論評估系統的設計有多麼完備,如果不加以適當地實施,還是會沒有效果。經理是主要負責實施評估的人,他們必須完成評分,並且提供員工回饋。除此之外,當使用目標管理法時,經理也必須與員工共同合作設定績效目標與標準。

完成評估程序

一項績效評估系統的成功,極有可能會深深受到經理之評分的正確性和公平性的影響。不幸的是,經理通常是此系統的弱點之一,如前所述,他們常常會在評估其員工時犯下許多錯誤,某些錯誤是故意犯下的,某些因素是因利害關係動機所引起的。經理要如何避免犯下這些錯誤呢?經理必須體認到正確評分的重要性,以及評分上的錯誤如何能阻礙一項評估制度的成功性。理所當然地,任何與**示例 8-3** 中

所示之仁慈與嚴厲評分有關的利益「獲得」，都是由人們構想出來的。將班級中的評分的過程看成是一種類比，這些利害關係的原因中，有任何可以用來說明這門課程中仁慈給分與嚴厲給分的原因嗎？舉例來說，一位學生不應得到 A 卻得到 A，僅僅是因為教授想要避免與學生之間的衝突嗎？反過來說，教授應該為了使學生更加努力，而故意給學生低分嗎？這麼做真的會讓學生更加努力嗎？

提供績效回饋

提供回饋的主要目標之一，是為了透過給予員工建設性的批評，來促使他們改進績效，當有其必要時，能讓他們知道本身的缺點。即使是最好的經理，也覺得要有效給予此種批評是很困難的。批評使得大部分的人都覺得受到威脅，並且防禦心變得更強。當受到批評時，員工就會開始在心裡構思出能夠為自己辯護的理由，並因此不接受公司接下來所給予的回饋[41]。

經理們都太常以不適當的方式提供負面的回饋，並把情況弄得更糟；他們在部屬難過、憤怒，並無法控制住其情緒的時候給予批評，這樣的批評也許會顯得很諷刺或是具威脅性[42]。

經理無法提供有效的回饋，常常會造成有一項有效評估系統的失敗，引起員工與其督導之間的負面情緒，並且降低員工對公司的向心力和工作動機[43]。

設定績效目標

當使用目標管理法的時候，經理與部屬會一同設定目標，並評估員工的績效。在「增進經理人之人力資源管理技巧」中，將會討論到應該如何設定這樣的目標。

人力資源管理部門能提供何種協助

人力資源管理部門在績效的評估上提供了三項主要的功能：(1)

研發出績效評估系統；(2)提供評估人員訓練；(3)監控並評估此系統的執行過程。

發展評估系統

　　缺少了有效的績效評估系統，經理就很難產生出有意義的評分結果。舉例來說，如果經理因為以這些工具所定義出的績效標準不夠好，而被要求以圖解式評估量表來評分，他們可能會有極大的困難給予正確的評分和有用的回饋。

對評估者予以訓練

　　人力資源專業人員也會提供評分者適當的訓練，評分者需要瞭解正確評分與有效回饋的重要性，以及要達到這些結果的方法。評分者的訓練通常將重點放在[44]：

- 進行評估面試
- 提供每日績效回饋
- 設定績效標準
- 表揚優良的表現
- 避免評分的錯誤

評分者有效性訓練
是一種績效評估的訓練計劃，能夠教導評估者每一個績效向度的意義、哪些績效代表哪一個向度，以及這些表現的有效程度。

　　有一種稱為**評分者有效性訓練**（rater effectiveness training, RET）的計劃，已被證實十分有效[45]。「評分者有效性訓練」（RET）的目標在於經由教導評估者每一個績效向度的意義、哪些績效代表哪一個向度，以及這些表現的有效程度，來增進評估者提供正確評分的能力。某一家公司使用之「評分者有效性訓練」計畫的內容，詳述於**邁向競爭優勢之路 8-2** 中。

對評估系統進行監督與評估

　　人力資源專業人員也會監控並評估評估系統，以確保它們經過適

評估者訓練計畫之內容

1. 建立工作期望：包括目標設定以及舉行目標設定會議的方式。
2. 觀察行為、記錄與指導：涵蓋了觀察行為、以關鍵事件來記錄行為，和勾勒出有效指導策略的技巧。
3. 評估工作行為：涵蓋評分錯誤以及如何避免的方法。
4. 舉行績效評估的討論：概述適當舉行評估討論的程序，以及如何解決爭端的方法。
5. 研擬發展計畫：確認出有效發展計畫的特質。

當的實施。

監督　監督的過程包括了採取步驟來確保每一項評估都準時完成，並且都有遵照指示進行。

評估　大部分的公司都以判斷使用者的滿意度，來評估績效評估系統——如果員工對此系統不滿，這個系統可能就有問題[46]。使用者的滿意度可以從公司記錄（例如申訴記錄，或告發此系統的工作機會平等訴訟案件數目）或是從態度調查中獲得。在態度調查中，會詢問評估者與被評估者是否認為此系統經過了適當的設計與執行。

增進經理人之人力資源管理技巧

在這一節中，我們將討論有關回饋會議與目標設定的議題，這兩者是管理階層的重要職責。

實施定期績效考核

　　你應該定期與員工舉行會談，就他們的績效進行討論。這些會談
應該簡短、非正式，並以員工為中心。舉行這些會談的目的，在於找
出員工所面臨的問題，並討論這些問題的解決方案，缺少了這些會
談：

- 你可能會無法正確地獲得員工達成績效期待的進度。
- 你可能無法察覺到部屬們在績效上的問題。
- 你的員工可能無法察覺到公司對他們的期望為何，或是他們的
  表現如何，然後他們可能會迫不及待地等候年度總檢討的來
  臨。

　　這些非正式的會議應該長達十到三十分鐘。會談氣氛應該盡可能
地輕鬆；你的態度應該具有建設性與支持性。你應該在對員工判斷之
前，先下工夫搜集資料，並應該在矯正任何問題與錯誤的時候，採取
正面的態度；切勿作出任何指控與批評。討論的焦點應該是找出你是
否能夠幫助員工改善其績效。

　　鼓勵員工在會議過程中發言、敘述其工作進程、問題與關切的事
項。比方說，一位員工可能會透露她常被同事打擾，或是她覺得她的
工作成就沒有受到認可。當問題浮出台面時，你應該嘗試著去找出起
因，並與員工討論出可能的解決方法。避免論及升遷、不利的行動、
依考績所規劃的薪資漲幅，以及在此次會議中所做的表現評分。

舉行年度績效考核會議

　　年度會議的目的，應該是：(1)告知員工其績效評分，以及這份資
訊的用途（如作為加薪、升遷的依據）；(2)「鎖定」（on target）有
效工作的員工；(3)改善無能員工的績效。

　　會議應該根據下列的順序來進行：

1. 通知員工：在舉行會議的幾天之前通知員工。要求他們思考他們的表現如何，以及他們所面臨的問題。許多經理發現，在此時讓員工填寫一份自我評估的表格，是很有幫助的，這一點我們會在步驟 5 中討論。

2. 安排時間與地點：在隱密的地方舉行此會議，確保不會受到干擾。舉行會議的一個好時機，是在午餐之後。

3. 審閱資料：首先檢閱你下屬工作敘述中所列舉的工作要求，然後再檢閱你給這位員工的評分。準備好說明評分的理由，在可能的地方使用記錄來加以輔助說明。

4. 開始面談：創造出印象，讓員工認為你非常重視此會議。不要開玩笑或是作出類似下面的評論：「這沒什麼大不了的，但是……」抱持一種較為建設性的態度，不要爭執或變得過度防衛。確保員工在會議中所說的話，不會「被洩露出去」（leave this room），以維持會議的機密性，同時自己也要遵守承諾。

5. 討論員工的績效：以正面的談話為開端，並向員工表現出你對其過去工作成就的欣賞。如果員工的整體表現不盡理想，開始時就讚美其工作行為的一些小地方，才不會讓員工誤以為他的績效評估很優良[47]。

   討論績效中明確的部份，此處的一項好原則，就是最好讓員工自己去發現事情，因此一開始不要先談到員工的分數，而是先詢問員工他們自己的看法，如果曾作過自我評估，就應該在這裡討論。

   ■ 如果員工的認知正確，你應該僅表同意，並討論每一項評分及其理由。

   ■ 如果員工察覺不出你想要提出的一些問題，就先討論有爭議的部份，從分數較高的部份開始，然後再討論其他的部份。
   當你必須進行負面的回饋時，以不涉及任何情緒的語氣提起，

回饋應該針對在某些特定的行為上。舉例來說，如果有員工說其它同事的閒話，不要說「你似乎不太尊重你的同事」，而是要敘述你所觀察到的某個特定行為，如「我常常聽到你在其他員工不在場的時候，談論到有關他們的事」。

6.討論評估分數所代表的意義：指出員工的績效會如何影響其工作上的決策，如薪資與升遷。

7.設定改善的目標：讓員工自行設定改善目標，也就是他們為了改善績效所需要採取的步驟。設定追蹤目標的日期，以確定員工的進度會達到這些目標。

設定目標管理法所欲達到之目標

如果你的公司使用目標管理系統，就必須為每位員工設定績效目標。目標管理系統的成功與否，端賴這些目標說明的相關性與明確性而定。

目標設定通常是你與員工之間合作的結果，不過最終你還是要負責確保這些目標經過適當的設定。為了有效果，個人的目標必須：

■與公司目標的稍高層次一致。

■明確並具挑戰性。

■符合現實並能夠達到。

■能夠測量。

與公司目標的稍高層次一致　如前所述，目標的設定是必須符合公司不同層級的需求，在公司每個階層的目標設定，都應該與高一層的階級目標一致。個人的目標應該能顯示出，個人為了幫助其工作單位達成其目標所必須成就的事項。

目標必須明確並具挑戰性　明確和具有挑戰性的目標，能夠產生最佳的結果。一個具有挑戰性的目標，只有在員工傾盡全力時才能達

成。經理常犯的錯誤是，讓目標被設定得太輕易就能達成。

目標應該符合實際並能夠達成　雖然目標應該具有挑戰性，但它們也必須要符合實際並有可能達成[48]。目標的達成應該在員工能夠控制的範圍之內。你必須確保員工有必要的資源與全力去達成目標。如果一項目標不斷地被證實無法達成，或者變得與工作不相關，就應該被捨棄。

目標應該能夠被測量　目標的陳述應該明確列舉出績效的標準，績效的標準應該明確指出績效所預期達到之結果的質與量，以及預定達成的時間。下面是一項目標陳述的實例，以及伴隨著該實例的護士績效標準。

- ■目標：護士照顧計劃能夠正確地反映出當前的問題、病患的需求、預期的結果，以及護理計劃所引發出的問題解決方案。
- ■績效標準：經過了一位在去年完成護理計畫實習生的測試，績效標準的準確性高達百分之九十五。

回顧全章主旨

1.瞭解有效的評估系統會如何增強競爭優勢。

- ■透過指引員工行為，進而導向組織目標的方式，來改善工作的表現，以及經由監督該行為，來確保目標被達成。
- ■提供作出工作決策的基礎，如加薪、升遷、解僱、降職、調職、訓練，以及試用期的完成。
- ■預防與降職、無法升遷、暫時解僱與開除有關之可能勝訴的歧視案件產生。
- ■藉著創造出公司公平對待員工的認知，將員工對工作的不滿程度以及離職率降到最低。

2.說出有效績效評估系統必須符合的標準。

■評分表的品質：

●與工作的相關性。

●清楚的績效標準。

■評分的正確度，避免下列評分人員可能犯的錯誤：

●仁慈與嚴厲的錯誤：過於正面或負面的評分。

●集中趨勢傾向的錯誤：無法提供極端的分數。

●月暈效應的錯誤：在評分量表上的每一個分數，都受到評分者對被評分者某一項特質的觀點所影響。

●盲目性格理論的錯誤：評分者對於被評分者的性格，有自己的一套「理論」，並依此理論來評量無法觀察到的行為。

●近期記憶的錯誤：評分過度受到近期事件的影響。

■符合法律的規定：

●差別影響——需要提出與工作相關的表格與正確的評分等證明。

●差別待遇——需要證明評分的公正性。

3.說明各種不同種類的評估評量工具。

■員工比較系統（employee comparison system）：將員工的績效分等第。

■圖解式評估量表（graphic rating scale，GRS）：就五或七點量表上的特質來進行評分。

■定錨式行為評估量表（behaviorally anchored rating scale，BARS）：評估者所評分的是附著實例的特質。

■行為觀察量表（behavior observation scale, BOS）：像「定錨式行為評估量表」一樣，除了被評分的是員工的各項行為。

■目標管理法（management-by-objectives，MBO）：評估員工達成目標的程度，該目標是由經理與員工所共同設定的。

4.解釋公司應該如何發展其績效評估系統。

■為此系統尋求支持：獲得管理高層的支持，並且在發展此系統時，
尋求員工的意見。

■研發出評分工具：對工具的選擇，視其實用性、成本，以及被評
估之工作本質而定。

■選擇評分人員：選項：工作督導、同儕，以及自己。

■決定要何時進行評估：通常是一年一次。確保過程予以紀錄。

■確保評估的公平性：應該包括管理高層的審核與申訴制度。

關鍵字彙

行為觀察量表（behavior observation scale）

定錨式行為評估量表（behaviorally anchored rating scale）

集中趨勢的錯誤（central tendency error）

效標模糊（criterion contamination）

效標缺乏（criterion deficiency）

員工比較系統（employee comparison system）

強迫分佈法（forced distribution）

圖解式評估量表（graphic rating scale）

月暈效應（halo effect）

盲目的性格理論（implicit personality theory）

仁慈的錯誤（leniency error）

目標管理法（management-by-objectives）

配對比較法（paired comparison）

績效評估（performance appraisals）

績效標準（performance standards）

評分者有效性訓練（rater effectiveness training）

近期記憶的錯誤（recency error）

關聯性（relevance）

嚴厲的錯誤（severity error）

簡單等第（simple rankings）

重點問題回顧

取得競爭優勢

1. 如何使用有效的績效評估系統改善員工的績效？

2. 討論績效評估系統對員工的工作滿意度與留職率的影響。

人力資源管理問題與實務

3. 在績效評估中，「關聯性」一詞的的意義為何？公司要如何做才能確保評分工具具有關聯性？

4. 不正確評分的起因有哪些？如何能使評分更為正確？

5. 為什麼圖解式評估量表被使用的次數如此頻繁？使用此種量表的主要問題有哪些？

6. 簡要說明研發行為觀察量表的步驟。使用此種量表的優缺點有哪些？

7. 討論以目標管理法作為績效評估技巧的相關優缺點為何。

8. 為什麼獲得使用者的接受度是很重要的？敘述哪些行動能夠確保使用者接受？

9. 為什麼同儕評分有時會被用來補充監督者評分的不足？使用同儕評分會有哪些相關問題？

10. 公司能夠採取哪些步驟來確保評估系統的公平性？

經理人指南

11. 敘述評估績效評估系統的方法。

12. 比較年度績效檢討會議與定期績效檢討的異同。

實際演練

這個評估系統在法律上站得住腳嗎？

概論

　　你們將會被要求檢驗你所屬的大學用來評估全體教授表現之績效評估系統的合法性。半數的人將會被要求去攻擊此制度的合法性，另一半的人則必須為其合法性辯護。

步驟

1.老師將會解釋你所屬的大學中所使用的教授表現評估系統，敘述在本章曾提及的五個步驟（也就是獲得支持、選擇工具與評分者、時間上的問題，以及公正的程序）。你的老師也會敘述升遷過程中，評估者所扮演的角色。有問題請自由發問，確認你瞭解這個過程是如何運作的。

2.讓我們假設女性教授的升遷率少於男性教授的五分之四。也就是說，此升遷制度對女性有差別待遇。你可能會回想到第二章中，當挑選（如升遷）制度產生了差別影響時，雇主必須找出與工作之間相關性的證據。**深入探討 8-1** 中展示了這種類型的證據，可以用來支持一項績效評估系統的工作關聯性。

3.老師將會把班上每四到五個學生分成一組——其中一半的小組將會扮演辯方的角色（學校行政人員的代表），另一半則扮演控方的角色（一群宣稱在升遷過程中有性別歧視的女性教授）。

4.每一組現在都必須為此案上法庭進行準備工作，辯方必須集結證據以證明評估系統具有工作關聯性；控方則要證明事實相反（也就是該系統無工作關聯性）。

5.每一組的發言人都會對全班呈現該組的論點；擔任控方的小組將會先進行報告。

6.在最後的階段中，老師將會扮演法官，並作出裁決（不可繼續上訴）。

個案探討：對工作「滿意度」進行的評估結果令人 滿意嗎？

Andrew Hilton 受聘為 Hamilton 化學公司（Hamilton Chemicals）的電子工程師長達二十六年之久，最近才被晉升至管理階層的職位。他的新職是工程設計服務部經理。他負責二十位來自各個部門的工程師的管理。

Andrew 任職的單位表現並不好，工作士氣與表現正陷入前所未有的低潮中，在過去兩年中，此單位的生產力滑落了百分之二十五，曠職率上升了百分之十，同時與工作相關的傷害上升了百分之十二。

Andrew 懷疑此問題是由於前任經理 Ted Simpson 誤用績效評估系統所致，該單位的員工每年都接受一項五點圖解式評估量表的評分，評分的項目如下：

1.安全
2.與他人工作的能力
3.對公司長期成長的貢獻
4.對生產力的貢獻
5.成本控制
6.考勤

在過去兩年之中，Simpson 就這六個向度對每位員工的評分都是「令人滿意」（satisfactory）的三分，根據他前兩個月的觀察，Andrew 相信這些評分有錯誤。有六位工程師已快速地成為表現傑出者，而有三位的表現則明顯地不盡如人意。

問題

1.你認為 Ted Simpson 為什麼要給每個人一個「令人滿意」的評分呢？

2.你同意 Andrew 的看法，認為績效評估也許是問題的癥結所在嗎？
請解釋。

3.如果 Andrew 選擇給每一位員工應得的分數，你認為會產生反彈，
而使得許多員工更為不滿嗎？

4.Andrew 應該如何處理這個情形？

參考書目

1. Adapted from Beer, M., Ruh, R., Dawson, J.A., McCaa, B.B., and Kavanaugh, M.J. (1978). A performance management system: Research design, introduction and evaluation. *Personnel Psychology, 31,* 505–535.
2. Larson, J.R., and Callahan, C. (1990). Performance monitoring: How it affects work productivity. *Journal of Applied Psychology, 75,* 530–538.
3. *U.S. v. City of Chicago.* 385 F. Supp. 543.
4. Lee, C. (1989). Poor performance appraisals do more harm than good. *Personnel Journal, 68,* 91–99.
5. Ibid.
6. Bernardin, H.J., and Klatt, L.A. (1985). Managerial appraisal systems: Has practice caught up to the state of the art? *Personnel Administrator, 30,* 79–86.
7. Lawler, E.E. (1976). Control systems in organizations. In M.D. Dunnette (Ed.), *Handbook of Industrial and Organizational Psychology* (pp. 1247–1291). Chicago: Rand McNally.
8. Ibid.
9. Banks, C.G., and Murphy, K.R. (1985). Toward narrowing the research practice gap in performance appraisal. *Personnel Psychology, 38,* 335–346.
10. Longenecker, C.O., Sims, H.P., and Gioia, D.A. (1987). Behind the mask: The politics of employee appraisal. *The Academy of Management Executive, 1,* 183–193.
11. Cardy, R.L., and Dobbins, D.H. (1986). Affect and appraisal accuracy: Liking as an integral dimension in evaluating performance. *Journal of Applied Psychology, 71,* 672–678.
12. Dipboye, R.L. (1985). Some neglected variables in research on discrimination in appraisals. *Academy of Management Review, 10,* 116–127.
13. Krzystofiak, F., Cardy, R., and Newman, J. (1988). Implicit personality and performance appraisal: The influence of trait inferences on evaluations of behavior. *Journal of Applied Psychology, 73,* 515–521.
14. DeNisi, A.S., Robbins, T., and Cafferty, T.P. (1989). Organization of information used for performance appraisal: Role of diary-keeping. *Journal of Applied Psychology, 74,* 124–129.
15. Bretz, R.D., Milkovich, G.T., and Read, W. (1992). The current state of performance appraisal research and practice: Concerns, directions, and implications. *Journal of Management, 18* (2), 321–352.
16. Kleiman, L.S., and Durham, R.L. (1981). Performance appraisal, promotion, and the courts: A critical review. *Personnel Psychology, 34,* 103–121.
17. *Stallings v. Container Corp of America.* 75 FRD 511.

18. Jacobs, R., Kafry, D., and Zedeck, S. (1980). Expectations of behaviorally anchored rating scales. *Personnel Psychology, 33,* 595–640.
19. Kleiman, L.S., and Faley, R.H. (1986). Process-oriented variables and measurement of job performance: An examination of raters' weighting strategy. *Psychological Reports, 59,* 923–932.
20. Latham, G.P., and Wexley, K.N. (1981). *Increasing Productivity Through Performance Appraisal.* Reading, MA: Addison-Wesley.
21. Wiersma, U., and Latham, G.P. (1986). The practicality of behavioral observation scales, behavioral expectation scales, and trait scales. *Personnel Psychology, 39,* 619–628.
22. Bernardin, H.J., and Beatty, R.W. (1984). *Performance Appraisal: Assessing Human Behavior at Work.* Boston: PWS-Kent.
23. Carroll, S.J. (1986). Management by objectives: Three decades of research and experience. In S.L. Rynes and G.T. Milkovich (Eds.), *Current Issues in Human Resource Management: Commentary and Readings* (pp. 295–312). Plano, TX: Business Publications.
24. Bernardin and Beatty *Performance Appraisal.*
25. Ibid.
26. Schneier, C.E., Beatty, R.W., and Baird, L.S. (1986). How to construct a successful performance appraisal system. *Training and Development Journal,* April, 1986, 38–42.
27. Kleiman, L.S., Biderman, M.D., and Faley, R.H. (1987). An examination of employee perceptions of a subjective performance appraisal system. *Journal of Business and Psychology, 2,* 112–121.
28. Lee, Poor performance appraisals.
29. Bernardin and Beatty, *Performance Appraisal.*
30. Ouchi, W. (1977). The relationship between organizational structure and organizational control. *Administrative Science Quarterly, 22,* 95–113.
31. Bretz, R.D., Milkovich, G.T., and Read, W. (1992). The current state of performance appraisal research and practice: Concerns, directions and implications. *Journal of Management, 18,* (2), 321–352.
32. Miner, J.B. (1983). Management appraisal: A review of procedures and practices. In K. Pearlman, F. L. Schmidt, and W. C. Hammer (Eds.), *Contemporary Problems in Personnel* (pp. 252–263). New York: John Wiley & Sons.
33. Thibadoux, G., Kleiman, L.S., and Greenberg, I.S. (1989). Coworker appraisals: An alternative method for evaluating job performance. *Today's CPA, 15,* 31–34.
34. Ibid.
35. Harris, M.M., and Schaubroeck, J. (1988). A meta-analysis of self-supervisor, self-peer, and peer-supervisor ratings. *Personnel Psychology, 41,* 43–62.
36. Thibadoux et al., Coworker appraisals.
37. Harris and Schaubroeck, A meta-analysis.
38. Williams, J.R., and Levy, P.E. (1992). The effects of perceived system knowledge on the agreement between self-ratings and supervisor ratings. *Personnel Psychology, 45* (4), 835–848.
39. Campbell, D.J., and Lee, C. (1988). Self-appraisal in performance evaluation: Development versus evaluation. *Academy of Management Review, 13,* 302–314.
40. Bernardin and Beatty, *Performance Appraisal.*
41. Stone, D.L., Gueutal, H.G., and McIntosh, B. (1984). The effects of feedback sequence and expertise of rater on perceived feedback accuracy. *Personnel Psychology, 37,* 487–506.
42. Ibid.
43. Baron, R.A. (1988). Negative effects of destructive criticism: Impact on conflict, self-efficacy, and task performance. *Journal of Applied Psychology, 73,* 199–207.
44. Bretz et al., The current state.

45. Pulakos, E.D. (1984). A comparison of rater training programs: Error training and accuracy training. *Journal of Applied Psychology, 69,* 581–588.
46. Kleiman et al., An examination of employee perceptions.
47. Ibid.
48. Bobko, P., and Colella, A. (1994). Employee reactions to performance standards: A review and research propositions. *Personnel Psychology, 47,* (1), 1–30.

第九章
確立薪資及福利

本章綱要

取得競爭優勢

　　個案討論：取得優勢競爭力之 Manor Care 公司

　　將薪資和利益與公司的競爭優勢加以連結

人力資源管理問題與實務

　　薪酬多寡對員工之態度與行為的影響

　　建立薪資水準

　　有關薪資給付制度的法律限制

　　員工利潤的項目

　　利潤管理

經理人指南

　　薪酬制度與經理之職責

　　人力資源管理部門能提供何種協助

　　增進經理人之人力資源管理技巧

本章目的

閱畢本章後,您將能夠:

1. 解釋有效的薪酬制度如何增加競爭優勢。

2. 瞭解人們如何看待薪資制度之公平與否。

3. 敘述組織如何建立公平的薪資制度。

4. 解釋法令對組織薪資制度之限制。

5. 利益項目的種類及執行方法。

取得競爭優勢

個案討論:取得優勢競爭力之 Manor Care 公司 [1]

問題:存在於基層服務員工中的離職問題

Manor Care 是一家位於 Maryland 的控股公司(holding company,擁有其他公司部份或全部股權,而能控制各該公司的母公司運作),擁有兩家公司並掌控其運作,分別是 Choice 國際大飯店(Choice Hotels International) 和 Manor 健康醫療公司(Manor Care Inc.)。Choice 國際大飯店是一家連鎖型的飯店,一共有兩千三百多家飯店散佈在全球二十二個國家中。Manor 健康醫療公司在全球擁有一百六十七個醫療中心。

就如 Manor 公司所採用的新策略性計畫一樣,Manor 企圖成為「全世界最好的服務機構之一」(one of the great service organizations of the world)。為了達成以上的目標,Manor 公司必須先解決公司員工及服務部員工 (與客戶直接面對面的人) 的離職率問題——每年離職率超過百分之百以上。公司的執行長 Stewart Bainum 說,基層的人力不穩

定，公司的服務就沒有辦法改善。公司的員工不停地在流動，客戶就必須不斷地面對新進員工，在這兩個案例中，新進員工對飯店或醫療護理的工作尚未完全進入狀況，所以無法提供高水準的服務。

解決方案：改進退休及健康醫療保險計畫

Bainum 仔細研究過公司的問題之後發現，公司的退休及健康醫療福利的金額太高，許多薪水較低的員工付不起這個費用。這個制度的成立原本是爲了鼓勵員工留在工作崗位上，但是由於費用太高，大多數的服務部員工並沒有參加這個計畫。

於是 Manor Care 公司開始著手修訂，在不增加公司經費支出的情況下，使這個計畫更能符合這些員工的需要。修訂內容主張按照薪資比例來設計，薪資低的員工所付的金額，相對地也比薪資高的員工所付的金額低。

改善退休計畫　退休計畫重新設計後，公司同意每年撥出一些金額到員工的戶頭裏當做退休金之用。金額大小視員工個人薪資多寡而定。薪資低的員工，按比率會有較高的金額，薪資最低的員工分到的退休金額度是其薪資的百分之三。百分比減低時，薪資的水準就升高——薪資愈高，比率愈低。

改善健康醫療計畫　Manor Care 公司也打算要依照員工的薪資階級，重新調整員工的可扣除額和自付額，例如薪資低的員工扣除額爲一百五十美元，薪資高的扣除額爲五百五十美元。

新措施的實施　人力資源管理部門有責任讓每一位員工都知道規定的改變及如何利用公司的福利措施。告知的管道除了佈告欄、時事通訊、信件通知和播放錄影帶外，人力資源管理部還安排四十九位各部門的員工接受訓練以後在各自的工作單位傳達這個消息。

修訂後的保險計畫如何能增加公司的競爭優勢？

　　一連串的新福利措施伴隨著的是立即又明顯的改變。在實施的第一年內，基層服務員工參加福利計畫的人數大量增加，離職率在第一年就降低到百分之五十六，服務客戶的水準也如預期中伴隨著前線人力的穩定而有顯著的改善。Manor Care 公司現在已經可以朝著成為服務最佳公司的目標邁進。

　　伴隨著新福利措施的實行，Manor Care 也變成更吸引人的公司，為徵才的工作帶來很大的優勢。事實上很多競爭對手為爭取更多人才，也開始仿效類似的措施。

將薪資和利益與公司的競爭優勢加以連結

薪酬
員工從公司中所得到的薪資與福利。

　　本章及下一章的重點談的是員工的**薪酬**（compensation）。員工的薪酬是公司對其工作表現的回饋。大多數的人認為薪酬一詞指的是薪資一項，但是實際上，薪酬指的不僅是薪資而已，它應該包括金錢上的回饋、工作範圍內提供的服務及福利 [2]。金錢上的回饋指的是薪水，服務及福利指的是保險、員工旅遊、病假、退休金和員工折扣等。

　　本章的重點在探討公司如何建立薪酬制度（決定薪資等級和福利措施），第十章則在說明薪酬的多寡和人力資源管理的介入對生產力的影響。

　　一個組織所採用的薪酬制度對其公司的生產力有深遠的影響。研究薪酬制度的專家 Richard Henderson 就認為，沒有什麼成本會比勞工成本更容易控制和對公司收益有如此大的影響 [3]。如果薪酬制度產生效果的話，可以增加公司的成本效益，使公司更符合法令規定，提升人才招募成果，減少公司風紀和離職率的問題。現在我們就分別對每一項做深入的探討。

改善成本效益

　　勞工成本影響競爭優勢甚鉅，因為勞工成本占公司的總營運成本最大。如果公司可以有效地減少成本，就可以成功地主導成本。勞工成本對於服務業及勞工密集公司的競爭優勢影響最大[4]。平均一美元的收入當中就有四十分到八十分的錢是投資在勞工成本上，也就是說公司的盈收中有百分之八十都花在員工的薪資和利益上。

　　近年來，薪酬的成本急遽的增加，主要是因為福利的成本增加[5]。二十年來，全球的員工利益成本已由每年兩千五百億美元，增加到七千四百億美元[6]。公司若要從人力資源的投資上獲得適當的回收，並取得競爭優勢，這些龐大的成本是不能省的。

　　當薪酬等相關成本增加時，公司必須找方法來抵銷這個支出。以往的公司會把高出的薪酬成本轉移到客戶的身上，像是增加產品的成本[7]。但是依美國現在的情勢來分析國內外的競爭激烈、外幣匯率不利出口、外勞成本低廉等情形來看，美國公司是沒有辦法在增加產品成本的同時又保持競爭力的。因此沒能力維持薪酬等成本的公司，就只好採取較弱勢的策略，像是固定薪資或大規模裁員了。

達到法律規定的標準

　　規定公司薪酬的法令非常多，有些屬於薪資方面，像是歧視、最低薪資和加班費的規定，有些屬於福利方面，像是退休金、遣散費、職業傷害的補助等。公司組織必須瞭解這些法令，並依照規定，以免遭到一筆金額龐大的訴訟費用和（或）罰鍰。

增進招募職員的成功率與減少士氣低落與離職問題

　　薪資與福利對員工和雇主都是非常重要的議題。大多數人找工作的原因是因為可由工作中得到報酬。這些報酬不僅可以維持生計，還可以滿足物質方面的享受、休閒需要，並且還可藉以滿足自我成就或

自尊[8]。

　　因此一個公司組織的薪資制度如果看起來不夠完善，好的人才可能不會接受這個公司的工作，已在公司服務的員工也許會考慮換工作[9]。然而不滿意但不考慮換工作的員工的生產力可能變得低落（變得較無工作動機、較不用心或不合作）[10]。

人力資源管理問題與實務

薪資多寡對員工之態度與行為的影響

　　因為一個公司的薪資策略，會大大影響公司的徵才結果、員工紀律及離職率，所以公司的薪資要能使求職者和員工滿意才行。以下我們將討論員工如何看待一個公司的薪資制度，以及對薪資所得的滿意度對他的工作表現會有何影響。

對薪資的滿意度：平等的重要性

平等
非齊頭式的公平。

　　我們也許會覺得一個人對於他或她的薪水之滿意度，是根據薪水的多寡而定：薪水愈高，滿意度愈高。但令人驚訝的是，有個研究發現，薪水分發的公平（fairness）或**平等**（equity）與否，反而比薪水的多寡更重要[11]。

　　拿一些職業運動員在談判薪水的態度來舉例，我們常聽到球員在一年拿到三、四百萬美金的薪水卻不滿意，還要求更高薪的例子。這些球員不是因為需要錢或者貪心才有這樣的要求，很多時候是因為他們對薪水的公平與否的認知所導致。例如雖然年薪有三百萬之多，但會因為其他球員技巧不如他（或許只是自己的感覺而已）但薪水卻比較高，而覺得對薪水不滿意。

平等理論

因為薪資發放的公平與否是眾人關注之焦點，所以負責公司薪資體制的人必須知道員工對於公平的概念是如何形成的。J. Stacy Adams 在**平等理論**（equity theory）的陳述中，提出以下的看法[12]。

在 Adam 的理論中，認為平等的概念由兩個因素所形成：付出與收穫。**付出**（input）（I）指的是個人自覺對工作的努力程度。**收穫**（outcomes）（O）指的是人由工作付出中所得到的報酬（例如薪水）。

人對自己所得公平與否的概念，來自自己與別人付出報酬率的比較，被比較的對象稱為參考對象。當比率看似平等時，對自己的所得就覺得是公平的。例如，兩個付出同樣努力工作的人，其中一人所得的薪水卻比另一人低時，就會產生不平等的感覺[13]。

一個人的參考對象可以是任何人，一般來說可能的參考對象是：

■同一家公司中做同樣工作的人。

■同一家公司中做不同樣工作的人。

■不同一家公司中做同樣工作的人。

舉例來說，Wal-Mart 公司的協理，其參考對象有可能是 Wal-Mart 公司內的其他協理，或者是 Wal-Mart 公司中其他職位的員工（較高和較低的階級），或者是 K-mart 公司的協理。

參考對象又是如何挑選出來的呢？用什麼方法我們並不知道，但有一個研究發現，人們選擇的參考對象並不只限定一人，一個人有可能參考很多對象[14]。所以人在做薪資公平性的評估時，是做多方面的比較的；當每種比較結果都顯得很公平時，才會被認為是平等的。

平等觀念對職員行為之影響

當員工的付出報酬率比其參考對象低時，他們會覺得待遇過低，如果比較結果是較高的話，就覺得是待遇過高，兩種結果都會造成壓

平等理論
是一項薪資平等理論，說明人們的平等信念，是經由與他人比較其付出和收穫的比例而來的。

付出
指的是個人自覺對工作的努力程度。

收穫
指的是人由工作付出中所得到的報酬（例如薪水）。

力。在待遇過低的情況下，員工解決壓力的方法如下 [15]：

1. 藉由不努力或降低工作表現來減少付出。
2. 試圖要求加薪來增加報酬。
3. 藉著說服自己與別人的付出報酬率相去不遠，來扭曲對付出與報酬的信息。
4. 試圖改變參考對象（們）的付出和（或）報酬。例如試著說服參考對象增加付出（更努力工作）。
5. 另選一個付出報酬率相當的參考對象。
6. 選擇逃避。由很多種狀況可看出逃避的現象，例如時常請假、動作慢或辭職。

雖然以上的理論提出六個待遇過低時可能會有的反應，但是通常只有兩種情況會產生：第一項和第六項。研究發現，待遇過低時員工的請假率和離職率都會增加，致力於工作的努力程度減少 [16]。這些情況常發生在低收入的員工上 [17]。

與上述理論剛好相反的是，減少壓力的反應只會發生在覺得待遇過低的員工身上 [18]。待遇過高的員工並不會有反應，因為他們的壓力（如果有的話）很小，所以沒有減少壓力的必要（研究發現，待遇過高的員工覺得這樣的待遇是滿公平的 [19]，或許有點不滿意，但是滿意的程度不會比待遇過低的人低）[20]。

在面對待遇過低的情形時，為何有人選擇減少付出，有人則選擇逃避？最近有一個研究顯示，員工選擇的比較參考對象，是其採取因應方式的依據。內部與外部參考對象的比較結果不同，反應也會不同。以外部參考對象做待遇比較的員工，辭職的可能性較高。例如，B 醫院的薪水如果比 A 醫院高，A 醫院的護士可能會跑到 B 醫院去服務。以內部參考對象做比較的員工，則較有可能待在原來的公司，但努力的程度降低（例如幫忙同事的意願降低、不準時交差，和／或不

主動）[21]。

建立薪資水準

由以上的討論中，我們結論出在下列情況中，員工會覺得其待遇是合理的：

1. 同組織中的同事得到的薪水算是合理的（稱為內部一致性）。
2. 不同組織中做類似工作的員工，薪水算是合理的（稱為外部競爭性）。
3. 待遇反映出自己對工作的付出程度（稱為員工貢獻）。

接下來我們要討論的是公司組織如何達成以上的目標。

達到內部的一致性

一個公司組織要達到**內部一致性**（internal consistency），必須每一位員工都相信，公司付給每一位員工的薪水，都是按照個人的「價值」（worth）來給付的；也就是說，由薪水等級可以看出每位員工的職位對公司的整體貢獻的高低。有些職位提供的貢獻程度大，在這些職位上的人得到的酬勞就比較高。例如我們大多數人一定同意護士的薪水要比看護的薪水高，因為護士的工作比較重要（important），在照顧病人上貢獻程度較大，因為護士的工作是醫院主要的工作目標。

公司組織為了達到內部薪資等級的一致性，首先必須為每個職位定義其重要性及價值。價值的評估通常是基於必須具備的工作技巧，和付出心力的大小等資訊來估計。估計工作價值的一系列過程，我們稱之為**工作評鑑**（job evaluation）。

工作評鑑的標準　工作評鑑的判斷，必須是精確及公平的，因為評估的結果是影響員工薪資多寡的一個重要因素。工作評鑑的精確性及

內部一致性
每個員工的薪水，與同公司其他同事所獲得的薪水比較，相對上顯得公平。

工作評鑑
用來確定工作價值的一種系統化過程。

實施工作評鑑之標準

一致性

工作評鑑的分數,在人與時間上必須有一致性,這個一致性的標準也就是我們在第六章所講的信度(reliability)。當兩個人對同樣工作做評分時,做出了同等級的評估,或一個人對兩個工作做出同等級的評估時,便是達到了一致性。

排除偏見

在評估的過程中絕對不能考慮自身的利益,不能滲入政治考量或個人的偏見在內。進行評估的委員必須客觀,不能處處為自己著想,例如,部門經理不能為自己部門的人加分。

可修正性

公司必須提供修正不正確或過時評鑑的方法。管理單位必須定期檢視、更正工作評鑑結果,而且員工必須有權檢查自己的工作評鑑結果,而且在對結果不滿意時還可以上訴。

可表達性

所有參與評鑑過程的員工皆有權表達自己的看法。

資訊正確性

工作評鑑的評估必須有可靠的資訊,也就是執行評估的人必須對評估的工作有相當的瞭解。

公平性,述於**深入探討 9-1** 中。

　　大部份的公司都成立委員會來做工作評鑑的工作。委員會的名稱為**工作評鑑委員會**(job evaluation committee)。「工作評鑑委員會」的成員來自不同單位的代表,因此,大體上來說,對所有將被評估的

工作評鑑委員會
公司成立來做工作評鑑的委員會。

工作內容都是很熟悉的。通常成員會包括部門總經理、副董事長、廠長，和人力資源專業人員（員工關係專家、薪資部經理）。委員會的會長通常是人力資源專業人員或是外聘的顧問。

　　評估結果的最大的問題是評估的主觀性。主觀的評估會使結果不精確、不可靠，為了使主觀性減少到最低，評估的方法一定要有清楚的定義，執行的委員也要受過評鑑的訓練，對於工作的定義也要有全面、精確和最新的資訊。

工作評鑑如何執行　工作評鑑的過程，類似績效評估，評定的執行者都必須將評估等級填寫在評鑑表上。但是工作職等評鑑所評估的，並不是員工的工作表現，而是工作本身。工作評價的方法有很多種，我們將討論範圍縮小到最常被使用的點數評估法[22]。

　　工作評鑑中的**點數評估法**（point-factor method）是以數個規準為依據來評量工作的一種方法，也就是**報酬參考因素**（compensable factors）的評分法。這些因素是決定工作價值的重要因子。**示例 9-1** 中列舉是一些評分法中常用來判斷的參考指標。

　　在**示例 9-2** 的例子中，我們可以看到有關點數評估法的評估例子，例如評估體力及精神付出的方法。建立參考因素評估法的方法包括以下幾個步驟：

1. 選擇決定工作價值的報酬因素，仔細地為其下定義。
2. 為每個因素決定其層級或等級數目。等級的唯一訂立規則是，某些工作要可以適用在每個等級中[23]。
3. 仔細為每一等級定義，互相毗鄰的等級，其定義必須有明顯區隔。
4. 衡量每個報酬因素對決定工作價值的重要程度。
5. 依第四點所衡量出的重要程度，替每個在報酬因素下的等級訂定分數，愈重要的項目分數愈高。

點數評估法
是一種工作評鑑的方法，每一項工作都以報酬參考因素來評分。

報酬參考因素
是決定工作價值的最重要標準。

示例 9-1　用在工作評價之點數法中的報酬參考因素

報酬參考因素	評估項目
技能／瞭解方法	教育 經驗 知識
努力	體力上的付出 精神上的付出
責任	判斷／決策 內部業務之聯繫 錯誤的發生頻率 影響的程度 監督的責任 獨立行動的責任 機械／設備的責任 財務上的責任 機密消息上的責任
工作狀況	工作風險 舒適度 體力上的要求 個人要求

　　在為工作評鑑計分時，評分人員是由一個因素開始，評完了所有工作時再接著下一個因素，等所有因素都評估完了之後便將每個工作的分數加總。

　　這個評分方式是難度高而且又費時的。但是大部分的公司相信這樣做是值得的，因為如果執行得正確的話，公司可由每個工作職位所得的點數看出對公司的價值程度，可以因此建立公司薪資之內部一致性[24]。

分配工作薪資等級　當工作評鑑完成後，可依其所得分數來規劃其**薪資等級**（pay grades）。分數相同或類似的工作，薪資等級是一樣的。

薪資等級
當工作評鑑完成之後，依分數規劃薪資分數相同或類似的工作薪資等級是一樣的。

示例 9-2　用來判斷體力與精神努力程度的參考因素

因素 1：體力及精神的努力

定義：此因素所測量的是工作對體力、視力及精神的要求。這些要求應該是由頻數、時間長短和程度來決定。如果只是偶爾的要求，其等級不會比經常持續性的工作高。

程度和定義

1. 靜態工作。通常指的是舒適坐在位子上的工作，這種工作不花費太多體力、精力，或視力（5 點）。
2. 需要花點體力工作，如需要長時間站立，常需要彎腰、伸展手臂、抬舉中等重量的物品，或者有點需要集中精神或視力的工作，如監視生產過程（20 點）。
3. 特別需要體力工作，如需長時間抬舉物品或搬提重物等，或需要長時間集中精神／視力，休息次數又少的工作，如檢查輸送帶上快速移動的瑕疵品（50 點）。

示例 **9-3** 是分數及薪等的對照表。工作評鑑之分數在一百五十分以下者，薪等為第一級，一百五十到三百分的為第二級，以此類推。

公司用薪等來管理薪水的發放，是因為這樣公司就不需要分別為每一個工作定出薪水數目。當每個工作都用等級來區分時，薪資的多寡以工作評價來定，也就是說，同等級的工作薪資就相同。

當薪資等級制建立之後，公司必須決定薪資等級的級數。大部分的公司使用三十至五十個等級，但有些公司用到一百級以上，有些則只用五至六個等級。等級數少，可減少公司管理上的負擔，但也可能會造成許多價值差異性大的工作落在相同的等級上，因此得到相同薪水，公司的薪資發放便沒有公平性。例如護士如果和護佐拿一樣的薪水，護士就會覺得待遇過低。

達到對外的競爭力

員工若認為自己拿到的薪水比別的公司的員工高的話，公司的薪資就達到**外部競爭力**（external competitiveness）。要達到外部競爭力，

外部競爭力
每個員工的薪水，與其他公司相似職位者所獲得的薪水比較，相對上顯得公平。

示例 9-3 　將工作評價分數轉換成薪資等級的對照表

點　　數	級　　數
150 點以上	1
151~300	2
301~450	3
451~600	4
601~750	5
751~900	6
901~1050	7

首先要瞭解其他公司的薪給制度如何，然後決定自己要有多大的競爭優勢，接著便依競爭優勢的程度擬定薪資等級。下面就來看看步驟是如何實行的。

蒐集薪資調查資料 　**薪資調查**（salary survey）是調查競爭對象對類似工作（操作方法類似的工作，以作爲有意義的比較）提供的薪資等級制度。

薪資調查
是公司就競爭對象所提供的薪資比率資料的調查。

　　有些公司用的是現有的調查資料，此外像是勞工統計局、貿易協會也會定期做這樣的調查，或者有些公司也會雇用顧問來做資料的搜集。由外部取得的薪資調查資料如果符合公司所要的，就可使用，如果不符合的話，就要自己做調查。這方面的調查步驟敘述於**深入探討 9-2** 中。

薪資政策
一個公司的薪資政策呈現出在相關就業市場中本公司員工的待遇是如何的占有優勢性。

建立薪資政策 　一個公司組織在得知其他公司的**薪資政策**（pay policy）後，便必須決定要有多少的競爭優勢（或可以提供多少）。特別是要明確指出公司員工的薪水會比其他相類似市場上的員工多多少（公司的競爭對象所付予的類似工作的薪水）[25]。

　　決定薪資策略是設計薪資制度時很重要的一步。如果薪資訂的太低，在招募員工和離職率上就會產生問題。如果定得太高，可能會導

致公司調高產品成本、實行薪水固定制，或者是進行裁員行動等 [26]。

　　大部份公司使用就業市場上的平均薪資作為給薪規準。會使用高薪制度的公司，通常是需要吸引或保留高級人才的公司。使用低薪制度的公司，是因為付不起高薪，所以只好把薪水與利潤、生產力做一聯結，也就是說公司的狀況好的話，員工便賺得更多。這樣的制度稍後在第十章會有介紹 [27]。

　　當公司在設計薪資制度時，必須考慮公司的用人策略。如果公司希望員工長期為公司服務，薪資策略的目標就要使員工有意長期待下來，像是建立一套適用於服務年資長的員工的退休制度，或採用終身職適用的分紅計畫 [28]。在本章的「個案討論」中討論到 Manor Care 公司為了吸引低薪資的員工，將公司的福利制度稍做修正之後，就減少了員工離職率的問題 [29]。

建立薪資標準　一旦市場對工作標準的訂定以及薪資政策建立完成之後，公司就開始對所提供的工作付薪水。因為由薪資調查所制訂的市場薪資標準，通常只適用於辦公室內的工作，公司如何決定那些非辦公室的員工的工作薪資呢？

　　利用辦公室員工所蒐集的資料，公司會在工作基準點及市場薪資標準中尋求統計關係（例如利用簡單的直線回歸）（有關這部份的討論請參閱第三章）。這條回歸線稱為**薪資政策線**（pay policy line）。對於非辦公室階級的員工來說，薪資給予的方式將依據此線而定。

　　利用**示例 9-4** 中的薪資政策表，人力資源專業人員可以決定給第三級工作員工薪資的市場比例。譬如第三級工作者的工作評估點，落在薪資付費等級的中心點（四百點），之後直線往上移動至薪資政策線。根據此薪資付費的方式，我們可以發現，第三等級員工應給付的薪資為二萬美元。

薪資政策線
一條顯示工作基準點及市場薪資標準率之統計關係的回歸線。

深入探討 9-2

進行薪資調查

決定蒐集何種資訊

在蒐集薪資調查的資訊時，最主要蒐集的資料是目前欲調查的工作薪資多寡。

- 薪水等級幅度（最低及最高薪資）。
- 實際發放的薪水幅度（最近發放的最高薪及最低薪）。
- 平均起薪。
- 目前的平均薪資。

薪資調查搜集的資訊包括公司整體的報酬制度，如報酬方式（應得的薪水、分紅、獎金、佣金和輪班制薪給）和福利項目。唯有這樣的資料搜集才能對競爭公司的整體薪資做評估。

挑選作為基準的職業

公司在做薪資調查的時候，並不會針對全部的工作類型做資訊的蒐集，因為那費用將會很高，而且麼做費時頗長。通常公司針對一些可做為基準的工作來做調查。基準類型的工作指的是所有公司都有相似職位，工作表現的情況差不多，所以可以作為有效的比較之基礎，例如像是接待員或樓層管理人員。

每個公司至少要有百分之三十的工作是基準工作。在挑選基

準工作時，公司組織必須確認：

■每個工作都有清楚的定義，因此被調查的對象公司才能提供正確的資料。
■能夠代表全部的薪資階級。
■適用於一定人數的員工。

挑選調查對象

下一個步驟是選定公司要調查的對象。首先必須定義公司的相關職場，也就是要知道競爭對手是誰，這裏指的競爭對象是員工。工作類型不同，相關的職場會跟著改變。有些工作像是文書工作的相關職場，是在當地規模相等的公司，有些高技術工作之相關職場，地域會比較廣，因為在當地可能找不到足夠的對象。

在某些情況下，相關職場只在特定的地方找得到。例如，教授相關職場只限定在專科學校或大學裏，銀行出納的職場則在銀行界。

因為相關職場是隨著調查工作的改變而有不同。所以公司必須做數個調查——每個相關職場做一個調查。

■相關職場裏可找到的公司組織數目較少（大約二十個）時，通常全部都要做調查。
■當相關職場可包含很多公司的時候，只需要選一個來當代表即可。

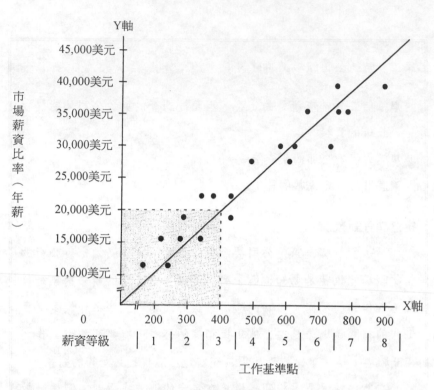

示例**9-4** 描繪工作基準點與市場薪資比率間關係的迴歸線與
分散狀況

褒揚員工貢獻

員工貢獻（employee contributions）的平等性是否可以達成，必
須要讓員工相信他們所獲得的薪資相當於為公司所付出的心力。為了
達到此一目標，公司必須先設立依每一級的工作而給付的薪資。之
後，再依據員工所付出的貢獻且參照所設立的薪資標準，來給付員工
薪水。

設立薪資幅度　**薪資幅度**（pay range）明確指出同等級中所有工作的
最低及最高薪資給付範圍。建立薪資幅度時，大多數雇主將市場比例
定在範圍的中心點，而由中心點向外擴張，通常都會有變動，且上升

員工貢獻
當員工相信他們所獲得
的薪資相當於為公司所
付出的心力時會發生。

薪資幅度
在薪資等級中，所有工
作的最低及最高薪資給
付範圍。

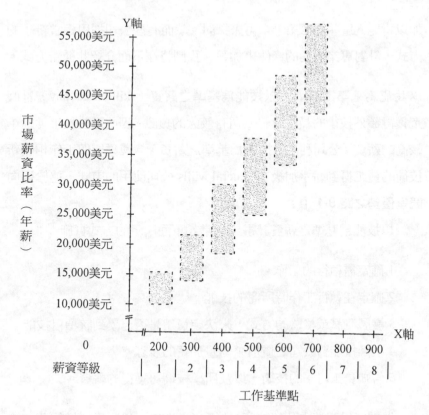

示例9-5　薪資幅度的變化情形

至越高的給付等級，變動越大（請參閱**示例 9-5**）。大部份的公司將在辦公室及生產線之員工的範圍定爲十至十五個百分比，專業及低階管理職位是三十五至六十個百分比，而高階層管理職位則是六十至一百二十個百分比。

　　認定員工貢獻的機制，會因新進或在職員工而有所不同。新進員工的貢獻是依所獲得的薪資階段來衡量。新進員工通常由最低的薪資比例開始給付，除非他們的資歷已超越了最低的資格。這些獲得較高薪資的新進人員被認爲將對公司有較好的貢獻。

　　在職員工的貢獻，基本上依年資及工作的表現，以加薪的方式來

加以肯定。這些將於第十章再來探討。然而有些公司採用相當新穎的方式，針對專業技術的條件來加薪。我們將在下面介紹此種新方式。

以技能為基準之薪資
是一種給付薪資法，使
獲取與工作相關新技術
的員工得到薪水加級。

以技能為基準之薪資　**以技能為基準之薪資**（skill-based pay）是假定獲得額外技術的員工會對公司有較大的貢獻，因此這些員工應給予較高的薪資。公司利用以技能為基準之薪資，會使獲取與工作相關新技術的員工得到薪水加級。General Mills 公司使用的方式，述於**邁向競爭優勢之路 9-1** 中。

以技能為基準之薪資計畫，通常如下面所示的方式實施[30]：

1.確定需執行的工作。

2.確定在執行工作時所需的技能。

3.發展測試或檢驗的方式，來決定員工是否已學到該項目技能。

4.根據技能對公司的價值來衡量加薪的多寡。

5.告知員工可學的技術，以及所學技術可獲得的薪資。

以技能為基準之薪資制度有優點也有缺點。優點是這樣的薪資給付方式提供員工經濟上的動機，以提升員工技術的專業性。例如，公立學校老師在加薪的誘惑下，通常願意繼續深造以獲得碩士學位。

當員工獲得新的技術時，公司也受益不少。我們可以假定老師擁有碩士學位會增進教學能力，而在生產的工作環境中，如同 General Mills 公司所做的，以技能為基準之薪資計劃可以增加員工的專業技能，所以在工作計畫的排定上，公司有較大的彈性。例如，當多位員工知道如何使用某特殊的設備時，一旦原工作的員工曠職時，公司就能輕易地找到代替者[31]。

其他關於以技能為基準之薪資制度的優點如下：

■員工學習到額外的技術後，可以擔任所有生產線的工作。因此員工一起工作可以突破瓶頸。

根據員工技術高低來決定薪資的制度：對 General Mills 公司所進行的個案研究

I.背景

　A.設立新工廠製造 Squeeze-it 飲料

　B.生產流程

　　1.材料處理：接收和籌劃原料以及運送成品。

　　2.混合：混合原料成為水果飲料。

　　3.裝填：利用機器充填模型塑膠瓶、裝填果汁及封裝。

　　4.包裝：員工操作連續包裝瓶子的機器，使瓶子包裝成六大包，而後裝置成一箱，最後送棧板上站；同時要監視機器是否確實做到品檢。

　C.傳統的工作方式及薪資給付方法：

　　1.每一階段都雇用員工工作。

　　2.利用工作評鑑及給付範圍，來決定每一工作應得的薪資。

　D.General Mills 的方法：利用團隊工作方式

　　1.分為四個自我管理生產小組，一組十五人，並有一組支援小組。

　　2.每一小組利用輪班方式完成所有的工作。

　　3.職銜：操作者／技工。執行固定的維修工作。員工最重要的角色是監督及管理生產程序。所有員工必須在討論到某單位員工的工作時，也能夠瞭解生產及品質的問題，即使問題出於不同單位的工作上。

II.以技術為基準之薪資計劃如何運作

　A.技術區

　　1.每一生產階段代表一個技術區。

　　2.每區分為三個技術階層，代表不同深淺的專業技術及知識

　　■第一層：有限的能力。

　　■第二層：技術部份精通。

■第三層：對於技術全面的瞭解（可以分析及解決生產時的問題及執行特定重要的維修，例如機器的重建）。

B.薪資分級制

1.新進員工先做各級的工作，並領取基本薪資。

2.大約三個月的試用期後，員工正式成為第一級的員工，所獲得的薪水也提高。

3.第一級的員工達成目標後可進級第二級，並依序往上進級至第十二級。

4.第一級的員工必須達到第二級標準的技術時才可進入第二級，員工在第一級若無法達到標準就會遭解僱。

5.所有十二個工作階級都有相等的價值，因此每一個技術證明能獲得一個同等價值的加薪。

C.訓練

1.訓練適用於每個層次的技術。

2.訓練由生產小組員工自己管理。晉級的員工，負責訓練下級的員工。

3.上級員工必須等到新的工作領域開放並熟悉新的工作技巧後，才訓練下級的員工。每一級的員工人數不定，例如，材料管理的員工只有兩名。

4.新進員工通常四或五年內可進級至高階級工作（第三級）。

D.證書

1.每一級的工作分為特殊工作內容、知識，以及問題解決技巧。這些項目都要條理地列出。

2.訓練下級的員工可參照列出的工作項目，決定被訓練者是否已獲得應有的技術及知識。

3.當訓練者確定被訓練的員工已獲得主要的技術時，可頒發證書以茲證明。因此，選定員工小組必須承認這些證書。

■沒有時間限制。

■不須再經考試。

4.若員工無法在新一級的工作領域中表現良好（已獲得證書），訓練者及被訓練者都會被取消前次的加薪。

■一旦擁有更多的技術，員工的工作範圍不會僅侷限於某個階段。如此一來，員工可以：

　●與其他單位的員工進行較有效的溝通，因為他們瞭解不同單位員工的工作內容。

　●更有效率地解決問題，因為員工對公司有較深層的瞭解。

　●員工對公司的運作能更有效地執行，因為他們對公司全部的運作流程有全盤性的瞭解。

　許多的公司如 Anheuser-Busch、Atlantic Richfield、Chrysler、Borg-Warner、Butler Manufacturing，以及 Westinghouse，在過去幾年中，已經逐漸著手實行以技能為基準之薪資計畫[32]。事實上，《財富》（Fortune）雜誌上所公佈的前五百家大企業中，已經有超過一半以上的企業對某些特定的員工進行此項薪資給付方式[33]。

　雖然以技能為基準之薪資計畫已漸普遍，仍有一些問題存在著。這類問題如下所列：

■勞工成本增加，因為利用此薪資給付方式，員工就能獲得較高的薪水。

■會引起不公平的疑慮，如果有兩位員工做相同的工作，但卻只有其中一人因額外的技術獲得而加薪時，容易引起另一人的不滿。

■如果企業不能有效地運用獲得額外技術的員工而使產品或服務有重大的改善，此種給付方式就沒有實施之必要，例如公司並未提供這些獲得新技術的員工應用的機會[34]。

■當某位員工比其他員工擁有較多的技術時，會造成困擾。如果雇主乃依主觀的意志判斷員工的專業技術時，會引起不公平的問題，甚至會有工作歧視的訴訟案件發生。

因此以技能為基準之薪資計劃並不適合所有的工作環境。實施此薪資給付方式的較理想工作環境，是僅有少數特殊階級的公司，作決策時是以分散方式處理，有自我管理的工作團體，以及強調彈性勞動力及員工發展的公司[35]。以技能為基準之薪資計劃可能在官僚體系的組織中就發揮不了作用，因為這些組織運用的是固定工作技能及相當穩定的工作情況[36]。

有關薪資給付制度的法律限制

有一些法律規定員工薪資及福利的項目，本節先探討與薪資給付有關的項目；福利方面的議題將在討論各種的福利選擇時再說明。

法律在公司薪資給付方面有兩大項限制：(1)最低薪資及加班規定；(2)薪資差別待遇。

最低工資及加班規定

有關最低薪資及加班規定的法律主要是**公平勞工基準法案**（Fair Labor Standards Act，FLSA）。始有一九三八年公平勞工基準法案約束全國每一州內的商業機構[37]。但是有些公司如零售商、相館，以及計程車司機不適用此法。另外有些特殊員工也不受公平勞工基準法的保護，如執行長、行政主管、專業人員，以及外務員（請見**示例 9-6**）[38]。不受公平勞工基準法案保護的員工，稱為**豁免的員工**（exempt employee），其餘都叫做**非豁免的員工**（nonexempt employee）。

最低薪資條款　一九九六年美國國會重新修訂公平勞工基準法案，將最低薪資調高至每小時五塊半美元，並提供青少年九十天的工作訓練費用（四點二五美元）。大部份的州都有設立法律規定最低薪資。公平勞工基準法規定，倘若所定的最低薪資條款不同於州的規定時，雇主必須依兩者中較高薪資規定來支付給員工。

公平勞工基準法案
是一九三八年解釋最低薪資及加班規定的聯邦法規。

豁免的員工
薪資與加班方面不受到公平勞工基準法的規範的員工。

非豁免的員工
薪資與加班方面受到公平勞工基準法的規範的員工。

**示例 9-6 公平勞工基準法規定無法享有最低薪資及加班費用條款的
專業員工**

執行長
1.主要工作內容是管理企業、部門，或分公司的主管。換句話說，至少有一半的工作時間花費在公司管理上（例如雇用、訓練、評估、監督，以及設立工作計畫等）。
2.必須指導至少兩位以上的全職員工。
3.必須有權力雇用或解僱員工，或執行其他管理方面的權力。
4.必須擔任非豁免員工的工作時間，每週要少於百分之二十。
5.薪資至少每星期一五五美元。

行政主管
1.屬於白領階級的員工，其工作內容是有關於公司政策的管理或公司營業運作。
2.必須運用本身的判斷能力及有權力決定重要的決策。
3.工作僅受公司執行長的監督，工作性質都必須要有特別的訓練、經驗，以及技術。
4.擔任非豁免員工的工作時間必須每週少於百分之二十。
5.薪資至少每星期一五五美元。

專業人員
1.必須執行需要先進科學知識的工作，或是必須從事有創意或需要高等知識的工作。
2.必須利用本身的判斷力及理解能力。
3.薪資至少每星期一百七十美元。

外務員
1.屬豁免員工的外務員必須經常往外跑開拓市場，銷售如保險、股票、證券或房地產方面的產品，或者進行顧客的契約或訂貨單服務，例如廣播時間、廣告時間，或者顧客打字機的維修。
2.外務人員花費在內銷工作上的時間必須低於全部工作時間的百分之二十。

加班規定 公平勞工基準法案規定所有非豁免員工所領取的加班費用，必須比平常工作高（例如超過一星期所規定的四十小時）。也就是說，加班費用必須是平常工作費用的一點五倍。

公平勞工基準法案的規定 美國每年大約有七萬五千名勞工向勞工部申訴。一九八九年，全美雇主支付員工共一億兩千兩百萬美元的薪

水。部份雇主未付員工足夠的薪水，已引起員工強烈的不滿[39]。

　　雇主最常不遵守公平勞工基準法案中的加班條款，原因是他們經常忽略這條法律。例如，許多雇主不確定員工的工作是屬於本法所豁免或適用本法的非豁免的工作範圍。因此雇主或許在不知情的情況下，未付員工加班費用，因為這些員工被認定為豁免員工。比方說，有許多被認定為監督工作的豁免員工，事實上卻花費大部份的時間做適用本法的非豁免勞工的工作。

　　再者，經理級員工常誤認公平勞工基準法案對於加班費用的定義。這類的問題將會「經理人指南」中詳述。

薪資給付制度與歧視

　　第二章中所提及的公平就業機會法，目的是用來防止雇主因歧視而不平等對待少數民族員工。大部份的申訴案件屬性別歧視。與這主題有關的議題我們將更進一步討論。

薪資平等法案
是公平勞工基準法（FLSA）的修正案，用來防止員工薪資的性別歧視。

薪資平等法案　**薪資平等法案**（Equal Pay Act）在一九六三年通過公平勞工基準法，以防止在員工薪資方面的性別歧視，特別是為了禁止雇主支付單一性別員工較少的薪資，即使兩性員工的工作內容相同（例如需要相同技術、付出相同的心力和責任，以及在相同的工作環境中工作）。這種要求叫作「同工同酬」（equal pay for equal work）標準。然而相同工作不同待遇的情況，出現在當兩性是不同的工作資歷、生產力、業績，或其他無關性別歧視的情況中。

兩性在薪資上的隔閡　薪資平等法案雖已實施三十多年，兩性之間的薪資待遇不平等情況仍存在著。根據一九九一年政府調查顯示，男性員工能賺一塊錢的同時，女性僅能賺取七角[40]。主要的問題是「什麼造成薪資隔閡」，薪資不平等的情況是持續猖獗著，還是只反映了工作市場的因素？

造成薪資隔閡的「市場因素」有下列幾點：

■女性自願選擇投入薪資較低的工作。

■女性兼職的人數比男性多。

■女性在職場的時間較短，導致工作資歷不如男性。

工作上的性別歧視，是因傳統對女性的工作給予較低的評價。倘若女性員工依真正的工作實力獲得薪水，薪資隔閡的情況就會完全消失。這種重視「同工同酬」的標準，被稱為**比較價值**（comparable worth）。

比較價值的提倡者相信，工作性質雖然不同，員工仍應獲得相同薪資，而且雇主認為員工的工作實質是可比較的。例如醫院會認為護士的工作和人力資源專業人員的工作是「價值」相同的，因此會付這兩種明顯不同工作內容的員工相同的薪水。

比較價值及其相關法律　提倡比較價值的擁護者最先利用薪資平等法案的內容進行法律申訴。然而這個方式失敗了，因為薪資平等法案只針對兩性工作平等問題而定。最後，比較價值的支持者轉而藉著第七號公民權利法案（Title VII of Civil Rights Act）的內容進行法律申訴，因為這條法案並不只是針對「同工同酬」的標準。

一九八一年比較價值議題終於進入最高法院審理案件[41]。此案例由郡內監獄管理員（如女性守衛）提出申訴，她們認為所獲得的薪資比男性監獄守衛還少，雖然雙方的工作性質相同。更清楚地說，雙方工作內容的差異僅百分之五至百分之十，但是薪資卻有 30%的差距（工作評估項目分析）。

最高法院必須解決兩項問題：(1)薪資差別待遇是否可利用第七號法案來解釋？(2)答案若是肯定的，是否比較價值可以用來解決薪資差別待遇？針對第一個問題，最高法院認為第七號公民權利法案適用於

比較價值
用來判斷薪資歧視的標準，要求同工同酬。

薪資差別待遇的案例。然而最高法院不通過第二項議題——比較價值。不過最高法院判定改善女性監獄管理者的待遇問題，因為郡內有意歧視女性員工，而此種歧視是違反了第七號公民權利法案的規定。

當比較價值還未明顯進入法定程序時，下列的結果已出現：為在比較價值中獲取勝算，原告必須證明雇主意圖實行差別待遇的影響。因此利用第七號公民權利法案的比較價值案件在進行申訴時，原告必須表明兩性的工作類似，但在薪資上卻有明顯的差別待遇。為了成功地反駁這類重要的問題，雇主必須說服法官，員工薪資的不同並非是性別歧視所造成的。例如員工薪資不同，僅是以上所提及的反映工作市場因素。

員工利潤的項目

以上我們提到的僅是有關員工薪資方面的問題。不過現今就業市場若要達到員工工作平等的條件，雇主僅「平等給付員工薪資」是不夠的，員工也必須要有良好的利潤項目。事實上，目前員工已習慣良好的利潤政策，而且也非常期盼公司實施利潤政策 [42]。

現在我們要來探討雇主可提供員工的各種利潤政策。

工作補助

平均來說，勞動市場上每年大約有百分之八（相當於九百萬）的員工在工作崗位上受傷 [43]。每一州都通過了**工作補助法**（workers' compensation），提供這類因公受傷的員工保險。具體來說，這些法律是由州政府所管理的保險制度，由雇主為員工投保。當員工因工作受傷或生病時，這項保險可提供下列補助：

■醫療補助。
■支付受傷請假期間的薪水；雇主支付一部份薪水，其餘由州政府負擔。

工作補助法
是一項由各州實施的無過失保險制度，為因公受傷或生病的員工提供了收入的保障。

■員工因工作死亡（支付給員工家屬）、截肢或永久殘廢。

　　國家提供員工補助的經費，已從一九八〇年的二百二十八億美元，提高至一九九〇年的六百二十億美元[44]。員工補助的急速增加是因為謊報──員工謊報受傷的情況，以獲取較多的補助。這種劇增的現象也是由於醫療費用的升高；在一些州中，醫療費用是全部補助費用的百分之六十[45]。

　　因工作壓力、性騷擾、時間壓力、不良管理，以及工作保障不佳的心理壓力而提出賠償的員工補助案例增加最快[46]。例如某位圖書館管理員，日前因為工作壓力太大、工作監督嚴格，以及責任負擔不明，而依「情緒受傷」（emotional disabled）的理由要求補助[47]。為了有效地解決員工工作上心理壓力的補助，雇主必須[48]：

■分析造成員工工作壓力的危險，然後列出防範的措施。
■提供員工減低工作壓力的課程。
■減低員工工作場所的壓力。
■教導員工如何控制壓力。

失業補助

　　失業補助（unemployment compensation）是提供給並非犯錯而被解僱的員工[49]。這類失業員工可每週領取一次補助，共有二十六週，而補助的數目依前一年工作時的薪水為準。

　　大部份的州規定失業補助法不適用於下列情況的員工：

1. 未有充份理由而離職的員工：自動向公司提出離職的員工無法獲取失業補助，除非員工有充份的離職理由。充份理由是指工作環境的逼迫，使員工除了離職外，沒有別條路可走。
2. 因工作中犯錯而遭解僱。倘若員工因犯錯而遭雇主解僱，這種員工不適用失業補助，除非員工能說出被解僱的原因是不公平

失業補助
是提供收入給並非犯錯而被解僱之員工的制度。

的。為保證解僱員工的公平性，雇主應使員工瞭解員工手冊中的工作注意事項和工作說明，並確定員工在有解僱疑慮時，給予應有的警告（除非員工有嚴重過錯，例如偷竊而被雇主發覺）。

3.員工失業時拒絕接受適當的工作。倘若失業的員工拒絕接受適當的工作，就無法領取失業補助。失業員工必須自動自發尋找新的工作，並每周都要應徵工作。失業員工若拒絕適當的工作或工作介紹，馬上會被終止領取失業補助的資格。

社會安全

社會安全法案
為一提供合法的退休員工、身心障礙員工福利金與醫療保險的法律。

修定後的一九三五年**社會安全法案**（Social Security Act of 1935），提供每月的福利金給六十二歲以上的退休員工、身心障礙員工和他們的法定配偶及眷屬。社會安全經費的來源來自員工每月的扣除額及雇主的補助金。扣除額的額度按照員工薪水來計算。每月福利金則按照員工工作期間末三年所繳的費用而給付。如果一位員工在一九八八退休，在退休前三年繳了最高額度的社會福利金，他或她每月可以得到的福利金是七百三十三元美金[51]。社會安全法案也提供有權使用退休福利金的人一個醫療保險。

衛生利潤之延續

統一公車預算調解法案
為一提供員工在無過失離職情況下的健康保險法律。

統一公車預算調解法案（Consolidated Omnibus Budget Reconciliation Act of 1984, COBRA）提供工作三年以上的員工，在無過失離職的情況下的健康保險。員工必須自付保險費，但給付的額度按照公司投保團體的比率而定。

保險

一般公司會提供員工三種類型的利潤保險：

健康保險　基本上，健康保險都會包含住院費用、診療費用及手術費

深入探討 9-3

健康保險計畫的種類

傳統型健康保險：保險的項目通常包括診斷費及醫藥費。保險給付額度固定為百分之八十。員工及員工眷屬的保險金由雇主負擔。

健康檢查機構：健康檢查機構是由一些專科醫師組成，提供多方面的服務，看診費用只需五到十美元。員工因為費用便宜，利用此機構的次數也會增加，如此一來的結果，很多疾病就可提早預防或發現，或者在病症轉劇之前就先加以治療了。健康檢查機構因為事前的預防可以節省很多醫療費用。但員工沒有很多選擇醫生的機會，而且如果欲接受特別的治療還需經過篩選才行。

特約機構：特約機構是雇主與醫生，醫院或其他醫療機構做成協定，提供雇主的員工優惠的醫療服務。特約機構可以增加醫療器材的使用率，員工則可以選擇理想的醫師。

自保醫療機構：許多大公司都自己成立自己的保險事業，擁有自己的投資，自己負擔風險。在少了中間人（保險公司）的情況下，可省下不少經常性的費用。

用。在**深入探討 9-3** 中有許多種健康保險種類的敘述，都是很常見的。

根據勞工統計局（Bureau of Labor Statistics）的資料，有百分之九十二的全職員工都享有健康保險的福利[52]。曾經有一段時間，員工的保費都是雇主全額支出。現在由於保費的增加，大部份的員工都必須付擔一些費用[53]。

長期傷殘保險　長期傷殘保險提供的是因生病或受傷的員工,在不能回到工作崗位期間的補貼 [54]。長期傷殘保險的補助可能是暫時的,也可能是永久的。按照慣例,保險理賠金額爲薪水的百分之五十至六十七。

人壽保險　百分之九十七的全職員工都享有這一項福利,繳保費的一方通常是雇主。如果員工需要繳納部分保費時,年紀不同有不同的繳交保費額度,每一千元保額爲一個級數。員工要增加保險項目時,也可以增加保險額度。

退休金

　　退休金或退休收入可以說是員工的福利金中數目最大的一筆利潤。員工通常在滿二十一歲和服務滿一定的年限時便有權可以參加這項利潤。在滿一定的歲數或參加滿一定的年限後,員工便自動被授權,在退休金上所應得的錢自動生效,成爲自己的錢,不會被取消。如果員工是在自動授權時間後及退休年齡前的這一段時間離開工作,拿回退休金的時間可能是結束工作後馬上領回。也可能是等到退休年齡,方式依各公司退休條款而有所不同。

固定退休金制
指的是員工在退休時拿到的退休金是固定的。

固定繳額制
指的是員工及雇主的繳額度是固定不變的。

員工退休收入安全法案
參加的雇主必須每年向政府機關繳交保險金,以保障員工可以得到其應得的退休金額。

退休金制度種類　雇主有兩種選擇——實施**固定退休金制**(defined benefit plan)或者是**固定繳額制**(defined contribution plans)。固定退休金制指的是員工在退休時拿到的退休金是固定的。固定繳額制指的是員工及雇主的繳額度是固定不變的。雇主若選擇固定退休金制度,代表他願意負擔未知的成本,包括將來投資回收率、法規和未來退休金繳交額度都有可能會改變。近年來大部份雇主都用固定繳額制 [55]。

退休金之法令約束　公司可以自行決定要不要採用退休制度,但如果一採用,就必須遵守一九七四年**員工退休收入安全法案**(Employee

示例 9-7　額外津貼與服務

員工之額外津貼
　沒有工作的時候照樣給薪水（例如假期、假日、病假、事假)
　償還教育上的開支
　公司產品或設施的折扣
　汽車和家產保險
　員工儲蓄方案
　免稅年金

員工服務
　由顧主投資之托兒所及幼兒看護的中心
　健康諮詢
　員工互助方案

執行主管的額外津貼
　俱樂部的會員制
　選擇股票的優先權
　公司的車
　自由花費的戶頭
　預定的停車位
　個人理財助理
　搬遷費

Retirement Income Security Act，ERISA) 規定。參加的雇主必須每年向政府機關繳交保險金，以保障員工可以得到其應得的退休金額。此法案還規定雇主必須通知員工可享有的相關退休福利項目 [56]。

額外津貼和服務

　　雇主有可能會提供許多額外的津貼和服務來當做員工的福利。許多項目都列在**示例 9-7** 中。其中經理級津貼只提供給經理級的職員，其他的員工並不能享有。這是因為公司想要吸引和留住好的經理人才，而鼓勵他們留下來為公司努力工作的做法 [57]。

美國航空公司的自助餐計畫

美國航空公司所採用的自助餐式方案,給了他們員工機會來決定他們要如何花用公司所給的福利,而他們也可以在預算之內再購買額外的津貼。

員工或許可以從數個選擇之中選一個,例如牙齒、視力及團體保險,就像假期津貼、健康及自行醫療的補償,以及發放現金等等。如果員工利潤的成本增加的話,員工可以決定是否減少領取利潤單位的範圍或者領用足額的利潤福利,但得花費一些小小費用。

利潤管理

我們現在討論公司經理在處理福利制度時所應知道的兩點:彈性利潤方案和成本抑制政策。

彈性利潤方案

彈性利潤方案
允許員工選擇各種的福利和福利發放範圍的法案。

許多的雇主現在提供**彈性利潤方案**(flexible benefit plans),也就是眾所周知的類似自助餐式的方案。這些方案允許員工選擇各種的利潤和津貼發放的範圍。在自助餐式的這項方案之下,員工可以選擇領現金,或在這個方案之下所提供的另一項選擇而取得利潤。這項由美國航空公司所提供的自助餐式的方案,在**邁向競爭優勢之路 9-2** 中有提到。

彈性利潤方案展現出了數項優點,在此列出[58]:

■這種方案使得員工可以依照他們自己最需要的方式來選擇，例如新的員工則較喜歡現金，父母親喜歡把津貼存在雇主投資之照顧子女專案中，而較老的員工則會決定增加他們的退休金，並包含健康基金。

■決定這些不同的選擇當中，可以讓員工知道福利的成本，讓他們真正意識到雇主提供這些選擇的價值。

■彈性利潤方案可以降低薪資的成本，因為雇主再也不用為別人不想要的利潤而支出成本。

■雇主和員工可以節稅。許多的獎金是在付稅前支付，所以這可以減低雇主及員工繳稅的總額。

也正由於有這些好處，彈性福利方案已經變得很受歡迎。這種的方案現在已經被將近三分之一的美國公司採用[59]。但是有一些公司卻對這種自助餐式的方案產生畏縮的態度，因為他們覺得在行政上是一種負擔。此外，使用這種方案會使得保險費的增加，保險費之所以會增加，是因為事實上處於「高風險」（high risk）的人會比其他的人更傾向於選擇一個特定的保險。例如大部份長期有牙齒毛病的員工，一定會選擇牙齒保險這個方案，因此保險的比率會增加，因為在「低風險」（low risk）的員工所加入的方案一定不能抵銷高風險者所加入方案之中所提出的那麼多的要求[60]。

抑制成本

本章稍早曾提到因福利成本所產生的問題。一位雇主必須要能夠一方面控制福利成本，另一方面又能維持一項吸引人的福利制度。公司可以在多方面控制成本，而我們在以下會討論到。

員工賠償方面的成本控制　因為員工賠償的保險費在每項支出中都增加，因此公司對於每項要求都經過詳細的審查，以防支出沒有必要

預防意外的發生
　　工作場地的檢查
　　安全訓練
　　安全委員會
　　安全誘因

管理上的訴求
　　小心管理
　　案件式的管理
　　早期介入

帳目稽查步驟
　　對於團體醫療做深入的探究
　　找出員工賠償聲明的不實性
　　依照醫療花費表

醫療治療
　　事先規劃好醫療照顧
　　在工作的場所設立醫療所

的成本。至於其他有關於控制員工賠償成本的策略，列於**示例 9-8** 中[61]。

刪除利潤　有些雇主藉著刪除或減少一些他們提供給員工的利潤，以減低成本。但是這種做法反而對招募員工和留職率產生反效果[62]。一項可行的做法是提供一項較少成本，但是同樣是符合需要的利潤制度。公司可以以實行一些以下討論到的成本控制方法，來繼續提供吸引人的福利制度。

使用度審核計畫
用來減低醫療照顧成本的計畫，減低成本的方法有事先授權與監督程序。

使用度審核計畫　有許多公司都實施**使用度審核計畫**（utilization review programs）來減低醫療照顧的成本。減低成本的方法有：(1)在付費之前確定每一項醫療治療都是必須的；(2)在合理的成本之內，確定每項醫療服務都正確地提出帳目。這些計畫需要院方事先允許證明、繼續留院、出院計畫，還有災難性的受傷及生病這些總括性的醫

療案件 [63] 。

選擇正確的健康保險者　雇主也要小心地檢視他們公司的健康保險業者，他們必須提出以下的問題 [64] ：

- ■這個方案是為這公司量身訂做的嗎？
- ■價格具有競爭性嗎？
- ■業者有良好的關係嗎？
- ■支出是正確的嗎（例如正確的錢數是付給正確的人嗎）？
- ■對於顧客的服務如何？
- ■這家保險業者的財務穩定嗎？

增加利潤的吸引力　在控制成本的同時，有些雇主也能增加他們利潤方案的吸引力。他們會讓公司從這方案之中得到較多的回饋。

自助餐式的利潤方案就是這種例子，如同個案討論中 Manor Care 公司所使用的方法。Manor Care 公司沒有增加它的成本額，並且在低收入和高收入的員工間重新分配員工的保險費，所以該公司得到競爭優勢。

經理人指南

薪酬制度與經理之職責

什麼可以使經理人確定他們公司對員工的賠償措施，對於競爭優勢具有正面的影響呢？我們現在將針對報酬制度，來討論部門經理在公司的角色。

經理關於薪資方面之責任

評鑑工作的價值　部門經理確定工作的價值性是基於符合現代性及正確性的工作內容描述。如此一來，他可以幫助公司決定工作的價值。而在某些情況之下，經理會被指派到工作評審委員去工作。

討論起薪　在許多公司中，當雇用新的員工時，經理會討論起薪的問題。經理必須謹記在心的是平等的問題，以及同工同酬的合法要求。例如，給男的應徵者的起薪比女的應徵者高，這是違法的，而且可能引起公平性及工作士氣的問題。

推薦加薪及升級　經理常推薦加薪及升級。提供正確績效評估之重要性的原因，我們在第八章將會談到，指出如果由於偏見或不正確的評鑑和不適當薪資之間的問題變得深具影響。那麼這種結果就具有殺傷力而且會導致員工不滿、降低工作表現度、離職及歧視訴訟案件。

符合公平勞工基準法案的要求　部門經理也必須確定符合公平勞工基準法案的規定。這個責任包括把員工的工作時數都記錄下來。這也是指經理必須熟知公平勞工基準法案（FLSA）的加班時數規定，以便加班費都能付給。這些規定列在本章的「增進經理人之人力資源管理技巧」中。

告知人力資源管理部門工作調動的情形　經理應該告知人力資源管理部門有關於工作調動的情形，因為是他們監督工作的內容和責任。如此一來，工作將會被重新評估，而且必要的話可以調職加薪。

經理關於利潤方面之責任

經理應該熟悉公司所提供的利潤制度，而且能夠把這項訊息清楚地告訴應徵者及員工。此外，經理對於賠償及解雇賠償也有一定的責

任。我們將在下面加以討論。

員工在工作期間離職問題的因應 通常當員工必須離開他們的工作崗位一段長時間時，他們會提出員工賠償的問題。而在這段時間內，他們會覺得在工作上被冷落了。為了幫助他們克服這種感覺及減輕他們的恐懼，經理應該時常拜訪及打電話給他們。這種政策幫助員工與他們的工作保持關係，而且也可以消除懷疑員工是否假裝生病而不工作的這種疑慮[65]。

幫助控制失業賠償成本 經理也可以幫助公司控制失業賠償訴求的成本。失業賠償的基金來自雇主付給聯邦及州政府的稅。當公司的申訴增加時，州政府徵稅的比率也相對增加[66]。因此，雇主在財政上的利潤是接受任何不合理申訴的挑戰。

　　一件時常受到質疑的失業補償，通常發生於員工做出違法的行為而被解雇時，到最後因為解雇不公平，而使他或她有能力申請這項失業賠償。為了要反駁這項申請，經理必須要能提出相關的證件來證明這項解雇是正確的。有關提出證件的步驟在第十一章會提到。

人力資源管理部門能提供何種協助

　　經理固然扮演著重要的角色，然而公司賠償計劃的發展及管理是人力資源管理部門的責任。

與薪資有關之責任

　　人力資源管理部門是最後設立賠償金額比率的部門（例如監督工作評價的流程、指導薪水問卷調查等等）。人力資源專業人員也建立薪資給付計劃的程序，並確保公司符合反歧視的法令。

與利潤有關之責任

　　人力資源管理部門在選擇和管理公司津貼選擇上處於領導的地

位，人力資源人員也把有關利潤的資訊傳遞給員工。

傳遞與利潤有關的訊息 如果員工不能瞭解和珍惜公司的福利制度，那麼即使是一套吸引人的福利制度，也不能提高競爭優勢[67]。但不幸的是，員工時常不會去珍惜他們的福利制度，因為他們忽略了這項福利的市場價值及成本[68]。例如在最近的一項問卷中顯示，大部份的員工認為他們的老闆花不到百分之十的員工薪金總額在福利制度上，而事實上老闆卻花了百分之三十至四十。就像做這項調查的人說道：「就像你買了一個昂貴的禮物，而接受禮物者卻認為你買的是便宜貨。」

為了讓員工瞭解他們福利制度的價值，公司應該告知他們公司所提供的成套福利制度，而且引起他們參與的熱忱[69]。此項訊息可經由以下的幾種方式告知[70]：

1. 準備一本容易瞭解的手冊來說明每個福利制度的成本及包含的項目。
2. 為手冊草擬時間性的附錄，以使它總是有最新訊息。
3. 聘請一位人力資源專業人員，以便可以回答問題。
4. 定期舉辦訓練課程。每一期舉辦一個或兩個福利方案，以免資訊負荷過度。
5. 利用公司的簡訊把最新的利潤制度及最新的方案寫出來。

增進經理人之人力資源管理技巧

瞭解勞動公平基準法的加班規定

身為一個經理，去分配加班的工作可能是你的責任。所以你必須瞭解公平勞工基準法案（FLSA）的加班規定。

這個法案規定加班必須以每週來計算。工作週並不需要跟日曆上的週數一樣，而是可以隨時開始。例如，工作週可以在星期二開始。

這個時間一旦定了，就必須要固定下來。也就是說，一旦你選擇了星期二，雇主就不能把它改在另一天。

　　當在計算加班時，員工的工作時數不能超過兩個星期。例如，一個公司是兩週付薪的制度，假如一個員工在第一週工作三十小時，在第二週工作五十小時，那麼應該付給他或她在第二週十個小時的加班費。經理通常會掉入一個陷阱，那就是允許員工彌補時間（comp time）。例如員工可能要求下午請假，因為他預約了要去看病。員工答應改天會在下班之後多工作幾個小時，把這段時間補起來。但是如果他把時間調在不同週，在那週內，這位員工就可能會工作超過四十小時，所以就被算為加班了。為了避免負有加班費發放之責，應該規定補時間應在同週，而這時間才會被允許。

　　你也應該知道一個事實，即使你沒有授權給員工去加班，他也會去加班。這種情形會發生在下列的情況中：

■為了要完成工作，員工自願留下來工作。
■員工提早到公司，在公司其他員工開始工作之前，他已經開始工作。
■員工把工作帶回家裡。

　　問題不在於你從沒要求員工把這些時間算成其他時間，問題是你已經知道這種情形會發生，但你卻無法阻止[71]。為了減少把加班費付在你沒有授權加班的情形上，你應該採取以下的步驟[72]：

1.把公司的加班方案傳達給員工。
2.不要逼員工或鼓勵員工為提早完成工作，而留到很晚，或把工作帶回家。
3.不要因為員工只是按照規定的時間工作，以及沒有經過告知就早到或留到很晚就處罰他們。

4.知道一般員工的慣例。有沒有員工早到或晚退？如果有，他們在做什麼？有沒有人把工作帶回家？

5.不要允許或要求員工加長工作時間或減少工作時間。

協調起薪金額

身為一名經理，在雇用員工的過程中，你通常會給一個起薪的協調範圍，這通常是個固定的支付範圍。以下是所建議的協調薪資步驟[73]：

1.瞭解應徵者通常會等你提出第一個薪資。大概有三分之一的應徵者會試著跟你商議比原本提供的薪水還高。當就業市場吃緊的時候，記得你有比較大討價還價的權力——因為有許多的應徵者來應徵這一個工作。如果應徵者要求的薪水過高的話，你就可以直接進行到下一位應徵者了。

2.你決定的起薪應基於兩種考量：應徵者的條件及他的薪資歷史。

根據一般的原則，起薪應與應徵者技術層級相當。假如這位應徵者的能力沒有超過所應具備的最低限度，所能提供給他的薪水就是現在薪水的最低範圍。如果應徵者的能力超過最低的要求，那麼就可給他較多的薪水，因為他們對公司立即的貢獻會被期望更高，而最大的限度一般不會高於薪水範圍的一半。如果支付比這個還高的話，恐怕會對日後的工作動機造成殺傷力，因為以後加薪的範圍也縮小了。

當你決定薪水時，你應該把應徵者的薪資史列入考慮，薪水應該比原來的薪水多百分之十至三十，這樣才能引誘應徵者接受這份薪水。

回顧全章主旨

1.給薪制度在提升競爭力上的有效性。

■增加成本的效益。

■達到合法的目標。

■成功地達到裁員的目標，同時減少與工作士氣及離職方面的問題。

2.如何建立薪資制度公平的認知感

■支出及收入的比率：員工對有關於他們對於公司貢獻的認知感／員工對於他們從自己本身工作表現所得到的回饋的認知。

■關於其他：員工從比較自己和他人收入與支出的比率來評斷公平性。這種比較是大家互相探聽的。

3.公司如何建立一套公平的薪資支付制度

■內部的一致性

●工作評價：一套制度化的程序來決定工作的價值。

●薪資等級：實施工作分組。把工作分配給這組，那麼這組的人員應該得到相同的薪水。

■外部的競爭力

●薪資問卷調查：對於公司其他的競爭者所支付的薪資做問卷調查，以得到相關的訊息。

●薪資政策：公司的政策應該明確規定公司的薪資政策是跟市場相關的，而且是待遇優厚的。

●支付比率：員工的薪水總數是基於所做的薪資調查及公司支付薪資的政策。

■員工的貢獻

●支付範圍：所有工作在一樣的等級內決定它的最低及最高的支付比率。

●以能力為主的支付方式：補償方案確保如果員工具有與工作相關的新技能，那麼他的薪水會增加。

4.法律上的約束使得公司支付薪資的方案負擔加重。

■平等勞工標準法案：一項聯邦成文規定底薪及加班的給付。

■薪資差別待遇

●公平給付方案：公平勞動基準法案（FLSA）的一項修正案禁止性別歧視，要求同工同酬。

●比較價值：判斷薪資差別待遇的另一項標準，是相同價值性的工作所得的薪資也應一樣。

5.不同的福利選擇及其管理

■利潤選擇

●員工的補償：一個公營、沒有差錯的保險制度，可以提供員工在遭受到工作傷害或病痛時收入的保障。

●解雇時的賠償：如果不是因為員工自己本身犯的錯誤而使他失去工作的話，公司應該訂定一項制度提供收入給員工。

●社會保險：提供合格退休員工的退休費、殘障補助和醫療照顧等。

●COBRA：提供給因為不是自己的錯而離開公司的員工長期的健康保險範圍。

●保險：熱門的選擇－健康、人壽和長期行動不便者的保險。

●退休金：退休收入。

●額外津貼和服務：許多可能的額外津貼及服務，幫助提供給員工當做是利潤。

■管理上的問題

●彈性利潤方案：可以使員工在多項不同的選擇及服務範圍之內選擇。

●成本控制：有很多的策略，如控制員工補償的成本、刪減員工

利潤、員工使用檢視方案、選擇正確的健康保險公司，以及增

加利潤方案的吸引性。

關鍵字彙

彈性利潤方案（cafeteria plan）

比較價值（comparable worth）

報酬參考因素（compensable factors）

薪酬（compensation）

統一公車預算調解法案（Consolidated Omnibus Budget Reconciliation Act）

固定退休金制（defined benefit plan）

固定繳額制（defined contribution plan）

員工貢獻（employee contributions）

員工退休收入安全法案 (Employee Retirement Income Security Act)

薪資平等法案（Equal Pay Act）

平等（equity）

平等理論（equity theory）

豁免的員工（exempt employee）

外部競爭力（external competitiveness）

公平勞工基準法案（Fair Labor Standards Act）

彈性福利方案（flexible benefit plan）

付出（input）

內部一致性（internal consistency）

工作評鑑（job evaluation）

工作評鑑委員會（job evaluation committee）

非豁免的員工（nonexempt employee）

收穫（outcome）

薪資等級（pay grade）

薪資政策（pay policy）

薪資政策線（pay policy line）

薪資幅度（pay range）

點數評估法（point-factor method）

薪資調查（salary survey）

以技能爲基準之薪資（skill-based pay）

社會安全法案（Social Security Act）

失業補助（unemployment compensation）

使用度審核計畫（utilization review program）

工作補助法（workers' compensation）

重點問題回顧

取得競爭優勢

1.界定賠償這個名詞。

2.試述賠償方案的實施對於公司成本效益的影響。

人力資源管理問題與實務

3.試述平等法則的主要原則。

4.定義「內部一致性」、「外在競爭力」和「員工貢獻」這幾個名詞。簡單地描述每一種情況如何經由給付程序的設定而達成目標。

5.定義「工作評價」。簡單地描述在工作評價之中的點數法（point-factor method）。

6.什麼是薪資政策？有那些因素是當公司設立薪資政策所應該要考慮的因素？

7.什麼是薪資政策線？當設立薪資比率之時，這個薪資政策線如何被使用上？

8.試述公平勞動基準法案（FLSA）的主要範圍。

9.比較「同工同酬」（equal pay for equal work）及「同價值的工作同酬」（equal pay for equal worth）這兩個理論。

10.在什麼情況之下，員工沒有資格得到解雇賠償金？

11.分別「限定津貼」和「限定貢獻養老金方案」。

經理人指南

12.試述經理在薪資和福利方面所扮演的角色。

13.為什麼人力資源部門要告知員工所有有關他們福利方案的內容呢？要怎麼傳達這項訊息？

14.公平勞動基準法案在加班方面提供那些範圍？

實際演練

評論大學講師這個工作的價值

概論

你們將會分組來評鑑大學講師這個工作的價值性

步驟：

1.五人一組。每一組將會組成工作評鑑委員會而且獨立工作。你的任務是使用點數法（point-factor method）來評鑑大學講師在上管理學上的價值性。

2.閱讀以下工作內容的描述：

他的工作必須要每學期擔任四堂大學的管理課程。講師必須確定這些課都包含了管理學系所應學的範圍。至於怎麼教完全決定於講師。

3.評估的步驟開始於獨立工作，而且以第一種原因來評估：生理和心

理因素。

4.每組的組員必須向其他的組員透露他們的評估結果。如果第一個原因的評估是一樣的話，把評估的結果分開記在另一張紙上。而如果有不同的意見的話，組員必須討論直到達成共識為止，然後把一致的評估結果記下來。

5.現在重複這項評分程序，每種原因各一次。確定把你們這組對於每項原因的評分都記錄下來。

6.每組會報告他們的原因評分結果，然後記分的講師會把它記錄在黑板上。

7.在班級中，討論每組評分的異同之處，如出現異議，找出可能的原因。

8.討論使用點數法（point-factor method）來做工作評鑑的好處及缺點。

評鑑 General Mill's 技術——以支薪制度為主

1.分成五組來討論由 General Mills 所提供之基於能力來支付薪資的制度（在**邁向競爭優勢之路 9-1** 有提及）。

2.提出下列問題

a.使用這種方法比使用傳統方法來支薪有什麼好處？有什麼壞處？

b.你認為 General Mills 技術在試著實施這項方案時會有什麼實際上的因難？

3.老師會針對每組所提的答案來舉辦一個全班的討論。

個案探討：解決一項薪資不平等的難題

Ridgeway 醫院是一個擁有二百九十六張病床和手術檯的醫學中心。除此之外，它還有全面的傳統醫療服務，提供心臟病治療、癌症治療還有急救中心。它處於中型都會的中心，而且它維持八百零六位全職員工的薪水支出。

Ridgeway 在每個方向努力以期望達到它的支薪是內部一致的。基於工作的評鑑，他把工作分為二十五個支付等級。它使用點數法：從最底到最高的階層有百分之二十五的差別空間。有一點或完全沒有經驗的員工支付給最低的薪資。當員工就工作崗位的時候，他們薪資的調整是根據他們工作的表現。

員工大致對公司支薪的制度都很滿意，也很少有正式的抱怨信。但是在檢視過醫院的離職率之後，薪資經理 Mary Craft 發現內科醫師的離職率不尋常的高。Mary 決定要去調查其中的原因，以便瞭解醫院的制度是不是導致這個結果的原因。

內科醫師的支薪等級是在第八級，這個等級支薪的範圍是從一萬七千五百到兩萬兩千五百美元。Mary 做了調查，發現 Ridgeway 的主要競爭者 Langley 所支付給內科醫師的薪水是兩萬一千到兩萬七千美元。很明顯地，Ridgeway 的薪資無法跟外面醫院的競爭。

Mary 召開了一個會議來討論如何來處理這個問題。出席的人員有人力資源副總經理 Paul Peterson 和他的助理 Bill Johnson。Bill 建議 Ridgeway 把內科醫生工作的薪資調到第十級，如此一來，Ridgeway 醫院內科醫生的薪水就和 Langely 的一樣。然而 Paul 對於此項提議表示存疑。他覺得這個舉動會使得醫院的工作評價的信用度完全摧毀，而產生工作士氣低落的問題，特別是那些薪資等級同樣在第八級的員工。

討論問題

1.你同意 Paul 所提議的，把工作薪資的等級調到第十級會導致工作士氣低落的問題嗎？

2.你能夠想出較好的解決方法嗎？請解釋原因。

參考書目

1. Gunsch, D. (1993). Benefits program helps retain frontline workers. *Personnel Journal,* February, 88–94.
2. Milkovich, G.T., and Newman, J.M. (1993). *Compensation* (4th ed.). Homewood, IL: Irwin.
3. Henderson, R.I. (1994). *Compensation Management* (6th ed.). Englewood Cliffs, NJ: Prentice Hall.
4. Ibid.
5. De Cenzo, D.A., and Holoviak, S. J. (1990). *Employee Benefits.* Englewood Cliffs, NJ: Prentice Hall.
6. Kleber, L.C. (1989). Give your employees individual statements. *Personnel Administrator,* April, 64–68.
7. Bowers, M.H., and Roderick, R.D. (1987). Two-tier pay systems: The good, the bad and the debatable. *Personnel Administrator,* June, 101–112.
8. Berkowitz, L., Fraser, C., Treasure, F.P., and Cochran, S. (1987). Pay, equity, job gratification, and comparisons in pay satisfaction. *Journal of Applied Psychology, 72* (4), 544–551.
9. De Cenzo and Holoviak, *Employee Benefits.*
10. Schiemann, W.A. (1987). The impact of corporate compensation and benefit policy on employee attitudes and behavior and corporate profitability. *Journal of Business and Psychology, 2* (1), 8–26.
11. Rice, R.W., Phillips, S.M., and McFarlin, D.B. (1990. Multiple discrepancies and pay satisfaction. *Journal of Applied Psychology, 75* (4), 386–393; Berkowitz, et al., Pay, equity, job gratification.
12. Adams, J.S. (1965). Injustices in social exchange. In L. Berkowitz (Ed.), *Advances in Experimental Social Psychology* (2nd ed.), pp. 267–299). New York: Academic Press.
13. Brockner, J. and Adsit, L. (1986). The moderating impact of sex on the equity-satisfaction relationship: A field study. *Journal of Applied Psychology, 71* (4), 585–590.
14. Rice et al., Multiple discrepancies.
15. Adapted from Adams, J.S. (1963). Toward an understanding of inequity. *Journal of Abnormal and Social Psychology, 67,* 422–436.
16. Sweeney, P.D. (1990). Distributed justice and pay satisfaction: A field test of an equity theory prediction. *Journal of Business and Psychology, 4* (3), 329–341.
17. Greenberg, J. (1987). Reactions to procedural justice in payment distributions: Do the means justify the ends? *Journal of Applied Psychology, 72* (1), 55–61.
18. Brockner and Adsit, The moderating impact.
19. For example, Brockner and Adsit, The moderating impact.
20. Ibid.
21. Rynes, S.L., and Milkovich, G.T. (1986). Wage surveys: Dispelling some myths about the "market wage." *Personnel Psychology, 39* (1), 71–90.
22. Cellar, D.F., Curtis, J.R., Kohlepp, K., Poczapski, P., and Mohiuddin, S. (1989). The effects of rater training, job analysis format and congruence of training on job evaluation ratings. *Journal of Business and Psychology, 3* (4), 387–401.
23. Brady, R.L., and Person, L.N., and Thompson, S.E. (1982). *Comparable Worth Compliance Handbook,* Stamford, CT: Bureau of Law and Business.
24. Ibid.
25. Ibid.
26. Hester, T.M. (1992). Setting fair pay policy. *HRMagazine,* January, 75–78.
27. Ibid.
28. England, J.D. (1988). Developing a total compensation policy statement. *Personnel,* May, 71–73.

29. Ibid.
30. Lawler, E.E. (1992). Pay the person, not the job. *Industry Week*, December 7, 19–25.
31. Bunning, R.L. (1989). Skill-based pay. *Personnel Administrator*, June, 65–70.
32. Ingram, E. (1990). The advantages of knowledge-based pay. *Personnel Journal*, April, 138–140.
33. Caudron, S. (1993). Master the compensation maze. *Personnel Journal*, 72 (6), 64A–64O.
34. Lawler, Pay the person.
35. Bunning, Skill-based pay.
36. Mahoney, T.A. (1990). Multiple pay contingencies: Strategic design of compensation. *Human Resource Management*, 28 (3), 337–347.
37. Kahn, S.C., Brown, B.B., Zepke, B.E., and Lanzarone, M. (1990). *Personnel Director's Legal Guide* (2nd ed.). Boston: Warren, Gorham, & Lamont.
38. Ibid.
39. Banning, K. (1991). Know the rules on pay and hours. *Nation's Business*, April, 50–51.
40. Rigdon, J.E. (1993, June 9). Three decades after the Equal Pay Act, womens' wages remain far from parity. *Wall Street Journal*, pp. B1, B8.
41. *Gunther v. County of Washington* (1981). 25 FEP Cases 1521.
42. Wymer, W.E., Faulkner, G., and Parente, J.A. (1992). Achieving benefit program objectives. *HRMagazine*, March, 55–62.
43. Roberts, K., and Gleason, S.E. (1991). What employees want from workers' comp. *HRMagazine*, December, 49–54.
44. Laabs, J.J. (1993). Steelcase slashes workers' comp costs. *Personnel Journal*, February, 72–87.
45. Resnick, R. (1992). Managed care comes to workers' compensation. *Business & Health*, September, 32–39.
46. LeVan, H., Katz, M., and Hochwarter, W. (1990). Employee stress swamps workers' comp. *Personnel Journal*, May, 61–64.
47. Ibid.
48. Ibid.
49. De Cenzo and Holoviak, *Employee Benefits*.
50. Wall, P.S. (1991). A survey of employment security law: Determining eligibility for unemployment compensation benefits. *Labor Law Journal*, 42 (3), 179–185.
51. De Cenzo and Holoviak, *Employee Benefits*.
52. Stanton, M. (1990). Beyond your paycheck: An employee benefits primer. *Occupational Outlook Quarterly*, Fall, 2–9.
53. Ibid.
54. Ibid.
55. Ibid.
56. De Cenzo and Holoviak, *Employee Benefits*.
57. Ibid.
58. Masterson, J. (1990). Benefit plans that cut costs and increase satisfaction. *Management Review*, April, 22–24.
59. McKendrick, J.E. (1989). Flexible benefits continue to climb. *Management World*, March/April, 22–23.
60. Schionning, M.W., and Young, C.W. (1992). Equitable pricing reflects the real value of benefits. *Personnel Journal*, September, 83–85.
61. Adapted from Swanke, J.A. (1992). Ways to tame workers' comp premiums. *HRMagazine*, February, 39–41.
62. Ibid.
63. Anderson, R.A. (1990). Handling health-care costs in the '90s. *HRMagazine*, June, 89–94.
64. Sturges, J.S. (1992). Examining your insurance carrier. *HRMagazine*, February, 43–46.

65. Roberts and Gleason, What employees want.
66. De Cenzo and Holoviak, *Employee Benefits*.
67. Wilson, M., Northcraft, G.B., and Neale, M.A. (1985). The perceived value of fringe benefits. *Personnel Psychology, 38* (2), 309–320.
68. Kleber. Give your employees individual statements.
69. Dudek, E.A. (1990). Flex plans: the future is now! *Pension World*, July, 10–12.
70. Davies, D.L. (1986). How to bridge the benefits communication gap. *Personnel Journal*, January, 83–85.
71. Kahn et al. *Personnel Director's Legal Guide*.
72. Ibid.
73. Extejt, M.M., and Russell, C.J. (1990). The role of individual bargaining behavior in the pay setting process: A pilot study. *Journal of Business and Psychology, 5* (1), 113–125.

第十章
提高生產力方案

本章綱要

取得競爭優勢

　個案討論：取得優勢競爭力之 Lincoln 電子公司

　將提高生產力計畫與競爭優勢加以連結

人力資源管理問題與實務

　依績效給付薪資方案

　員工使能計畫

經理人指南

　提高生產力計畫與經理之職責

　人力資源管理部門能提供何種協助

　增進經理人之人力資源管理技巧

本章目的

閱畢本章後，您將能夠：

1. 解釋什麼是「提高生產力方案」，以及它們如何對競爭優勢作出貢獻。

2. 為期待理論架構下所發展出的提高生產力方案，定義出標準。

3. 瞭解「依績效給付薪資方案」背後的理論基礎。

4. 敘述「依績效給付薪資方案」的三種不同類型。

5. 瞭解「增進員工使能方案」背後的理論基礎。

6. 解釋「增進員工使能方案」的各種不同類型。

取得競爭優勢

個案討論：取得優勢競爭力之 Lincoln 電子公司 [1]

問題：想出如何激發員工工作潛能的方法

　　Lincoln 電子公司（Lincoln Electric Company）是位於 Cleveland 的一家銲接機器與引擎的製造商。當 John C. Lincoln 先生在一八九五年創立此公司時，他極為敏銳地察覺到員工被高度激發能力的重要性，以及公司成敗實際上是取決於此。因此，Lincoln 先生必須要確保每一位員工都盡力地為公司的利益而勤奮工作。

解決方案：實施激勵員工法

　　Lincoln 先生瞭解到要激發員工的最佳方法，就是將公司的獎賞與褒揚制度與公司的目標加以連結。為了要建立此連結性，Lincoln 發展並實施了一套全面性的獎金制度。此制度的目的在於藉著讓有貢獻的員工分享公司的收益，進而改善公司的整體表現。此計畫上次更

新的時間是一九五九年，它獎賞員工在控制了成本的情況下，還能有效率地製造出高品質的產品。這個制度包括了下列幾個元素：

按件計酬　從事生產的員工是根據品產件數（pieces）或是他們所生產的無暇疵零件數目來計算酬勞的。如果一名顧客將有缺點的零件送回公司，製造此產品的員工就必須在非工作時間內自行修理。

提供紅利　為了進一步獎賞員工的努力，Lincoln 創立了一套年終獎金制度，讓員工們有機會可以幾乎將其基本薪資增加一倍，如果公司的年收益有所增加，員工們就能夠得到紅利。每位員工的紅利支票面額大小，是根據其績效的程度而定。績效一年評估兩次，督導者一年當中就四項標準對員工進行兩次評估，這四項標準為：生產力、品質、可靠性（如出勤率、準時性等），以及個人特質（如對待督導者與同事的態度、與他人分享知識的行動，以及在進行新方法時的合作程度）。

提供股票方面的選擇　Lincoln 同時提供了他的員工以低成本購買公司股票的選擇。員工們同時也會「接到」（given）公司根據年收益所發放的股票。如此一來，員工們所擁有的股票就佔了全公司的百分之四十。這些計畫的目的是要給員工們擁有公司的感覺，並且提供獎勵來激發他們生產更多的產品，他們所獲得的利潤才會更多。

　　因為 Lincoln 電子公司的潛在利潤如此豐厚，此公司每月就會收到將近一千份毛遂自荐的工作申請書！不過，新進員工很快就會發現到 Lincoln 公司不是個工作輕鬆的地方，這裡容不下懶惰或「行事不疾不徐」（laid-back）的員工，而且生產壓力不斷。除此之外，Lincoln 公司的員工在病假或休假中領不到薪水，加班也是強制性的。員工們不會因為年資增加而得到任何益處，他們必須完全靠業績來賺取紅利並獲得升遷。果不其然，新進員工的離職率非常高——有百分之二十

的人在被聘用的頭兩個月中就辭職了。

獎金制度如何能增加競爭優勢？

　　這項獎金制度到底對增進 Lincoln 電子公司的競爭優勢有沒有助益呢？答案是完完全全的「是」。能在該公司撐過兩個月的員工中，只有不到百分之三的人離職，該公司的生產力是其它同業競爭對手的二到三倍。此外，Lincoln 電子公司儘管付給員工高額薪資，它還是能維持穩定的價格結構。即使是在一九八一年至一九八三年之間，該公司的業務衰退了百分之四十，它還是能不靠解雇任何一位員工來達到這一點。根據 Lincoln 電子公司的人力資源副總 Paul Beddia 的說法：

> 我們不僅撐過來了，我們還更加地蓬勃發展……我們看著其他公司裁員、併購、被收購或是離開這個國家，但我們卻正好相反，我們仍然繼續成長。在過去的五年中，我們從在四的國家裡擁有五座工廠，成長到在十七個國家中擁有二十三座工廠。

將提高生產力計畫與競爭優勢加以連結

　　如同在「個案討論」中所敘，員工的工作行為會大大地衝擊到公司的競爭優勢。除非其員工能夠協助公司達到其任務，否則該公司就無法成功地與他人競爭，這表示了員工們必須按時工作、準時上班、與其他人和睦共事、「精明地」（smart）並努力不懈地工作。

　　一九八九年的一項研究中發現一個驚人的消息，就是美國有超過一半的員工認為，如果他們願意的話，他們可以增加其生產力，但是卻又覺得沒有動機讓他們這麼作[2]。因此想法子激發員工積極從事「適當行為」（appropriate behaviors）的重擔就落在雇主的肩上了。

　　為了這個緣故，許多公司已經實施**提高生產力計畫**（productivity improvement programs）。雖然這樣的方案從各個不同的角度來著手，

提高生產力計畫
是公司所使用的一項中介計畫，藉著刺激員工工作動機以提高生產力。

但它們都有一個共通的目標，就是試著以啟發員工的動機來改善生產力。

　　某些方案嘗試著以提供員工**外部獎勵**（extrinsic rewards），來刺激員工工作的動機。外部獎勵是指由其他人來頒發獎賞給員工（如由雇主來頒發），這些獎賞包括加薪與紅利。其他的提高生產力方案則是將重點放在**內部獎勵**（intrinsic rewards）上：從內心中所感受到的報償，如成功完成一件具挑戰性的任務後，所獲得的美好感受。這些方案企圖以增加員工的報償來啟發他們的工作動力。

　　提高生產力計畫要如何才能創造或維持競爭優勢呢？如同我們在 Lincoln 電子公司所見，一項好的方案能夠刺激員工，進而增進生產力，並且有利於雇主們在招募人才時的執行。

提高員工生產力

　　如其名稱所示，「提高生產力方案」試著增加員工的生產力。這些方案對生產量、品質與效率等方面都有極為劇烈的影響——使用某些提高生產力方案的公司比起那些沒有使用此方案的公司，要更具生產力[3]。這些方案能獲得成功，是因為它們激發員工去從事適當的工作行為。要瞭解它們如何對競爭優勢有所裨益，我們首先必須瞭解是什麼因素啟發了員工。

　　許多理論都企圖要為激勵員工的過程提出解釋，但是我們只將焦點放在其中的一項理論，即**期待理論**（expectancy theory）。我們會在「經理人指南」中探討一些其他激勵理論中所隱含的意義。

期待理論　　在**示例 10-1** 中以圖表方式加以說明的期待理論，陳述了員工們為了要達成公司的目標，是多麼努力地作出自覺性的決定。他們的決定是基於他們對從勤奮工作中能得到多少收穫的認知而得來的。

　　此理論特別說明了員工在下列兩個情況中會被高度激勵：(1)他們

外部獎勵
由雇主來頒發獎賞給員工。

內部獎賞
從一個人內心中所感受到的報償。

期待理論
為一項激勵理論，將重點放在努力－績效，與工作－報償之間的連結性。

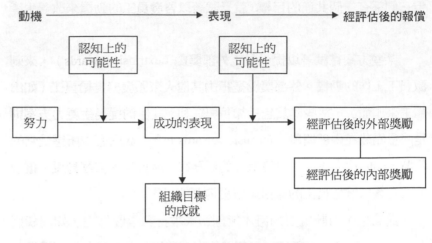

動機 ⟶ 表現 ⟶ 經評估後的報償

認知上的
可能性

認知上的
可能性

努力 ⟶ 成功的表現 ⟶ 經評估後的外部獎勵

經評估後的內部獎勵

組織目標
的成就

示例10-1　期待理論模式

認為自己的努力會導向成功的工作表現；(2)他們成功的工作表現，會
導致他們所在意的報償或結果。而員工知覺自己所努力的會導致成功
工作表現，與成功的工作表現導致自己所在童的酬責之可能性越高，
則員工被激發的程度也就越高。

期待理論與提高生產力計畫　成功的提高生產力方案能夠在員工的
努力與在乎的報償間建立一個明確的關係；也就是說，員工必須相信
他們能夠經由辛勤工作來獲得自己在意的報償。Lincoln 電子公司的
獎金制度十分成功，因為此公司已明確地建立了此連結性。可能獲得
的報償要經過評估，是因為報酬的份量極大（基本薪資的百分之七十
五），而員工知道要如何才能賺取：儘可能地大量製造產品，並且從
事能夠獲致良好工作表現評分的行為。當員工這麼做的時候，公司的
生產力就會提昇，而其競爭力也會改善。

增加為招募員工所作的努力

大多數的人都寧可在能夠讓他們獲得獎勵的環境中工作。將獎勵

（無論是外部或內部）視為生產力改善方案一部分的公司，通常會吸引較多且較好的求職者[4]。記住 Lincoln 電子公司每個月收到將近一千份毛遂自荐的申請書。

人力資源管理問題與實務

我們先來敘述以分配外部獎勵為基礎的提高生產力計畫。這些計畫被稱為**依績效給付薪資方案**（pay-for-performance programs），將金錢上的報償與成功的績效連結在一起。我們之後會敘述以內部報償為中心的制度。這些稱之為**增進員工使能方案**（employee empowerment programs）的制度，是藉著將工作設計得更為有趣和具有挑戰性，以及讓員工在作決策時也能有發言的權力，來使得工作本身更有回饋性。

依績效給付薪資方案
是一種將金錢上的報償與成功的績效連結在一起的提高生產力計畫。

增進員工使能方案
是一種讓工作本身更具回饋性的生產力改善計畫。

依績效給付薪資方案

雖然各種「依績效給付薪資方案」在許多方面有所不同，但是它們有一個重要的共同特質：員工的金錢報償與其績效是直接連結的。

依績效給付薪資方案之理論基礎

將報償與績效直接連結在本質上很吸引人，因為大部分的美國人相信員工有好的績效就應該受到報償[5]，而績效傑出的人則應該比表現平庸的人獲得更大的報償[6]。

從期待理論的角度來看，將獎勵與績效加以連結是有其道理的。根據此理論，員工的努力如果沒有回報，他們就沒有動機好好的表現。從另一方面來說，當薪水與績效加以連結後，整體的績效應該會有所改善[7]。表現卓越的人應該以高額的獎勵來激勵，以維持高層次

邁向競爭優勢之路 10-1

在 PSICOR 公司所實施的依績效給付薪資計畫

PSICOR 是一家位於 Michigan 州且擁有一百八十一名員工的公司，為心臟手術提供醫療設備，並提供稱為「灌注員」（perfusionists）的人來操作這些設備。創辦人 Michael Dunaway 十分關切這些「灌注員」的流失，因為在業界的競爭中，這些人非常炙手可熱。

為了要避免這些人離職，PSICOR 發展出了一套能夠提供灌注員的「依績效給付薪資計畫」：

1. 每季一次的調薪幅度是以員工的績效為基礎。
2. 設計一系列的紅利來鼓勵特定的行為：

   ■督導者在發現傑出的績效時，可發給每位員工高達一千美金的獎勵。

   ■灌注員可以根據其工作量與出差次數，來賺得相等於其年收入之百分之十至二十的獎金。

   ■額外的紅利是在操作其他手術監視方面的器材、發表科學性的學術報告，與得到專業的認證時頒發。

雖然「依績效給付薪資計畫」增加了薪資的成本，但是每位灌注員每年為公司所增加的五萬六千美元收入，已彌補了這些支出。

的表現，但表現不佳的人則應該增加其努力或是乾脆離開公司。如果整體績效的改善，所產生的經濟回報超過了獎勵的成本，那麼這家公司的競爭優勢就會有改進，如同**邁向競爭優勢之路 10-1** 中所敘述的 PSICOR 公司一例。

因為「依績效給付薪資方案」對競爭優勢能夠產生這麼有利的影響，這些方案已經攫獲了企業負責人與主管們的注意力。舉例來說，在一項一九九〇年所做的研究中發現，受到調查的董事會委員中，有百分之六十的人相信，成功地實施「依績效給付薪資方案」，是今日公司所需面臨的最重要人力資源管理議題[8]。

依績效給付薪資計畫之潛在性問題

雖然「依績效給付薪資方案」能夠改善競爭力，並不是所有的計畫都如 Lincoln 電子公司與 PSICOR 公司所實施的一般成功。在某些案例中，「依績效給付薪資方案」會製造出一些法律上的問題。比方說，根據績效來分配獎賞，有時就會違反第七號的公民權利法案(Title VII of the Civil Rights)。雖然這項法案理所當然地會准予使用「依績效給付薪資方案」，但是它需要獎賞被「公平地」（fairly）處理。如果獎勵被以一種具有歧視傾向的方式加以分發（例如一位心胸偏頗的雇主拒絕了少數民族應得的加薪要求），就會因此而導致所費不貲的歧視訴訟案件。

如果違反了**示例 10-2** 中所列的標準，「依績效給付薪資方案」也無法成功。在下一節中，我們將進一步探討這些標準，並且討論如何能夠避免牴觸它們，或者至少將違反的程度降到最低。

有效的依績效給付薪資方案之標準

在下面的幾段中，我們會在期待理論的架構之內討論「依績效給付薪資方案」的標準。然後我們會敘述各種不同的方案，並檢視每一項方案符合這些標準的程度。

示例 10-2　有效的「依績效給付薪資計畫」之標準

> **動機方面的標準**
>
> 努力—績效的連結：員工必須要體認到，只要從事適當的行為，就能達到預期中的績效水準。
>
> 績效—獎賞的連結：獎賞應該直接與成功的績效連結。
>
> 獎賞的價值：獎賞應該受到員工的重視。
>
> 獎勵的適時性：獎勵應該在期望中的行為出現後，就盡快頒發。
>
> **成本—利益方面的標準**
>
> 績效—組織任務的連結：被獎勵的表現應該與公司任務的成就直接連結。
>
> 成本效益：從此計畫中所獲得的生產力，必須要能抵銷獎勵的成本。

努力—績效的連結　根據期待理論，員工會被激勵到某一個程度，讓他們相信本身的努力會導致成功的表現。也就是說，他們必須相信如果他們勤奮工作的話，他們的表現就會好到有資格能夠獲得獎賞。因此「依績效給付薪資制度」必須清楚地讓員工明白，公司期待他們有什麼樣的表現，而且必須訂定員工認為有可能達到的表現標準。如果工作表現的標準被設得太高，員工也許會「投降」（toss in the towel），而不願嘗試去達成。

　　除了相信他們的努力會導致成功的表現，員工們也必須相信，他們的表現實際上會被那些分配獎賞的人所認可。因此「依績效給付薪資方案」必須確保員工的績效被正確地評量；評量結果必須反映實際工作表現的水準。另外，員工們必須「相信」事實如此；也就是說，他們必須信任這個制度。

績效—報償的連結　期待理論說明了獎勵應該與績效直接連結。員工成功的表現如果得不到報償，或是如果他們雖然績效不夠成功，但是卻能獲得報償，就不需要去激勵他們的表現。因此「依績效給付薪資制度」必須要設計得能夠確保只有在達到了預期的績效之後，員工才能獲得應有的獎勵。獎勵必須只基於績效，而非一些不相關的其他

因素。

獎賞的價值　根據期待理論，如果員工不重視獎賞，他們就不會有動機去獲得它，因此「依績效給付薪資方案」所提供的獎賞必須要夠大或夠重要，才能當作一項誘因。

適時的獎賞　研究已經顯示，一項行為與獲得獎賞之間的間隔越短，這項獎賞能夠激勵員工的可能性就越大 [9]。最有效果的獎勵是那些在良好行為一出現後，就馬上頒發的獎勵 [10]。

績效—組織任務間的連結　一項「依績效給付薪資方案」並無法增進競爭優勢，除非被獎勵的表現對公司的整體任務有所貢獻。為了要有效果，「依績效給付薪資方案」應該鼓勵員工去從事能夠幫助公司達成其策略性目標的行為。為了要對競爭優勢有所助益，這些方案必須具有挑戰性，能夠鼓勵員工達到他們的最佳表現。

成本效益　一項「依績效給付薪資方案」除非從增加生產力中所獲得的經濟利潤，比其薪資上所因應的成本高，否則價值不大，換言之，此方案增加工作動機與生產力的能力不足。「依績效給付薪資方案」必須要對公司的績效有正面的影響。

依功績報償方案

「依績效給付薪資方案」中的一種類型是**依功績報償方案**（merit pay plan）。這些方案是基於員工的績效來決定年度薪資漲幅。績效通常是用由督導者所設計的評估工具所衡量的（見第八章關於各種評鑑工具之探討）。

在許多公司中，薪水的調幅直接關係到績效，而且事先就在**功績報償指向表**（merit pay guidechart，請見**示例 10-3**）中加以說明。這張表中顯示出薪水的調幅與績效的各方面水準有關。

依功績報償方案
是一種「依績效給付薪資計畫」，這些計畫基於員工的績效來決定年度薪資漲幅。

功績報償指向表
這是一張能夠顯示出薪水的調幅與績效的各方面水準之關連性的表。

示例 **10-3** 「功績報償指引」（merit pay guidechart）之一例

績效等級	功勞加級（薪水百分比）
5	8-10%
4	5-7%
3	2-4%
2	不加級
1	不加級

不使用「功績報償指引」的公司，給予其督導者決定每位部屬薪水漲幅的自由。舉例來說，一家公司也許會提供督導者足夠給每位員工加薪百分之四的金錢，但讓督導者來決定要如何來分配這筆錢，不過缺少了「指引」，使得績效與獎賞之間的關係較不清楚。

「依功績報償方案」對**示例 10-2** 中所列的標準符合程度如何？且讓我們從這些方案的優缺點中來一探究竟。

優點 「依功績報償方案」確實建立了努力—表現，與表現—獎勵之間的連結性。如果一位員工的努力能導致成功的表現，這位員工就會得到公司的獎賞。理論上，贏得獎賞的能力是因此而掌握在員工的手中的。如果一位員工的表現良好，這份獎賞的發放就無關於其他人的表現如何，或是整個公司的表現如何。

公開的「功績報償指引」強化了績效與獎賞之間的關係。這項指引所代表的是一家公司所做的承諾，如果員工的表現到了某一個水準，就會獲得一項特殊的獎勵。因此員工能確實曉得他們從辛勤的工作中能獲得什麼報償。

缺點 令人遺憾的是，「按功績報償計畫」常不能符合**示例 10-2** 中所列的許多標準，因此這些方案常常失敗也就不足爲奇了。現在我們來討論它的七項缺點。

第一，在看了第八章的討論之後，有人可能會猜想，一家公司的績效評估制度常阻礙了努力與績效間的連結性。在某些例子中，要區分每位員工對團隊努力所做的貢獻不僅困難，有時更是不可能。此外，督導者對績效所做的評估往往有缺陷，而且並不能反映員工的實際表現水準。如果員工老是受到比他們預期低或是比預期高的評分，他們工作的動機就會被阻礙。員工會對自己說：「為什麼要花費力氣？無論我的實際績效如何，我都不會（或是會）得到獎勵。」

第二，「依功績報償方案」有時無法建立一個明確的表現—獎勵連結。當這種情形發生時，管理階層與員工間的信任也許會被破壞殆盡，而員工會變得疑神疑鬼，並開始懷疑他們的薪水是否真的與績效有關係[11]。

這個問題常在公司沒有公開「功績報償指引」，但卻賦予督導者「看情況」分配薪資漲幅之自由時浮現。督導者常根據無關績效的因素來加薪。比方說，某一項研究發現，督導者常常僅是因為員工的要求而給下屬加薪，而不是因為他們靠自己的能力所得來的[12]。很顯然地，會吵的孩子才有糖吃，這個現象是在兩種情況下發生的：

1. 當經理因為一位部屬擁有特殊的專長而產生倚賴性時。
2. 當一位部屬威脅要向一位與他／她有特殊關係的上級申訴時。

第三，當公司所提供的獎勵不被員工所重視時，「依功績報償方案」就會失敗。根據功績來報償的額度並不是毫無限制的；一旦為某一個能力不足者加了薪，可能就沒有足夠的錢來獎勵那些表現傑出的人[13]。因此，一位傑出者所獲得的加薪，常常比那些表現平庸的人高不了許多——其差別通常大約是百分之二[14]。對大部分的員工來說，並不值得為了獲得一份優良的評分而花費力氣。

某些公司藉由限制督導者可能會給予加薪的人數，來解決這個問題。為了要控制成本，這些公司建構了一套配額系統，為可能會獲得

最高加薪額度的人數設限。因此，一位績效傑出者也許會被拒絕高額加薪，僅僅因為頂尖表現者的配額已被填滿了[15]。不用說，這樣的人會感到頗不滿意，而且可能會在未來變得工作意願更加低落。

第四，當監督者不願在其單位的成員中作出區分時，績效與獎賞間的關係也會受到阻礙。某些督導者因為害怕這樣的行動會破壞團體的凝結力，因此他們認為將加薪的金額平均分配給所有的成員，比根據績效來不平均地分配要好得多[16]。當督導者採取了這種態度時，兩項負面的因素也許會產生：

1. 表現優良者會厭惡本身的獎勵比表現低劣者高不了多少的事實。
2. 表現低劣者將不會被鼓勵去改善其表現，畢竟無論他們個人的表現如何，他們都能預期得到與別人相同的獎勵。

第五個「依功績報償方案」的缺點是，行為與獎賞之間的落差。在大多數的「依功績報償方案」中，一年加薪一次。這種方法為員工提供了非常少的誘因，能使他們一年到頭都努力工作。比方說，一位員工在一月的行為，並不太可能被認為會影響到十二月的一項加薪。要更為有效地激勵員工的行為，獎勵應該在一個更為適當的時機提出。PSICOR 公司成功的「依績效給付薪資計畫」（詳述於**邁向競爭優勢之路 10-1**），一年加薪四次，而非一年一次，同時督導者可以在每次有罕見的績效產生時，發放「現場」（on-the-spot）獎金。

第六，「依功績報償方案」並不是非常符合成本效益，依功績來加薪事實上成本極高。一旦員工獲得了一項功績加給，它就變成了基本薪資的一部分，而員工在此公司的任期內都能夠持續領取。因「依功績報償方案」所增加的生產力也因此必須要十分充裕，才能夠抵銷這些成本。

第七，如果這些計畫無法獎勵員工對公司目標有貢獻的行為，「依

功績報償方案」也許實際上會阻礙生產力，而把情況弄得更糟。此處主要的問題是，功績方案常常會引起競爭性的行為，而非合作性的行為[17]。舉例來說，一位在「依功績報償方案」下工作的員工，不太可能會幫助一位同事，因為如此做可能會危害到他本身的績效[18]。當這個問題出現時，員工們可能會[19]：

■拒絕提供有關工作狀況的消息，以獲得超越同事的優勢。

■故意賣弄；也就是發展或執行一項重大的行動，其意旨在於獲得督導者的注意與認可。

■拒絕分享工作經驗來幫助他人，舉例來說，因為此舉可能會使他們避免犯相同的錯誤。

建議　從這一長串可能會發生的缺點一覽表中，似乎顯示出公司應該淘汰任何可能會引發「依功績報償方案」的構想。事實上，一些專家們已經作出了這樣的建議[20]。然而，大部分的專家也認為，即使這些計畫有缺陷，使用它們也強過其他的選擇（例如全面性的加薪或僅根據年資來加薪）。這些專家認為「依功績報償方案」雖然不完美，但如果適當地設計並實施的話，也會很有效。管理學專家 Edward Lawler 為有興趣開始進行「依功績報償方案」的公司，提供了下列的建議[21]：

1. 往大處想；這個計畫必須具有強大的影響力。獎勵必須要大到能夠確實與薪資產生區別。提供給頂尖績效者獎勵應該是其底薪的百分之十至十五；百分之三至四的加薪是不足以改進工作品質的。

2. 公開頒發加薪之薪水。當公開發放加薪時，接受者不只是享受到金錢上的價值，也同時享受到它所傳達的地位與榮譽。

3. 不要把獎勵當成薪水增加的部份一樣頒發，最好使用紅利制度。薪水增加的部份成為固定薪資之後，就無法再用來當成獎

勵或誘因了。運用紅利制度，所有不同等級的薪資都有可能有風險得不到紅利，所以激勵員工的誘因就會永遠存在。紅利應該定期發放，並且應該在特定的工作周期或時間周期內，直接與公司表現加以連結。

4.在期望中的行為產生之後，就盡快發放獎賞。立即或現場發放獎勵是個很好的例子。

5.確定個人表現能夠被正確地測量，你不能獎勵你無法測量的表現。「依功績報償方案」失敗的最常見原因，就是績效評估制度不夠完善。理想的評估工具是具有影響力、客觀、易於傳達並能夠含括所有公司所希望刺激的重要行為。

6.讓計畫能夠發揮作用。員工們必須相信管理階層宣稱好的表現會受到獎勵的真實性。只有在員工相信管理階級時，他們才會相信這一點。建立此制度的一個可靠方法，就是向員工們顯示出其公開運作的方式；顯示出公司中表現較好的人的確賺得較多的金錢。如果員工參與此系統的發展，也會增進他們對此系統的信任度。

論件計酬計畫

　　如同其名稱所顯示，**論件計酬計畫**（piece rate plans）是將一個人的薪資奠基於其製造出的產品「件」（pieces）數上或是零件的數目上。公司首先建立起績效標準，來決定一個人在固定的時間內，預計可以製造出多少件產品。工業工程師根據時間與工作效率的相關研究，來估算出這些數字。公司則是以員工表現符合此標準的相對程度，來做為薪資的基準。如果他們達到了這個標準，他們的薪水就會與此工作的市場行情相等；如果他們超過了這個標準，他們就會得到比市場行情還要高的薪資。

　　論件計酬計畫之間不盡相同。Lincoln 電子公司使用了一個**直接**

論件工作計畫（straight piecework plan），每完成一個單位，就付給員工一定的薪水。以下就是建立一件產品酬勞價值的方式：

> 比方說，一位生產工人的市場行情是一小時六美元。因此這家公司的工業工程師就確定了一位工人能夠在一個小時內製造出六件產品，因此一件產品的價值就被設定為一美元。工人們能夠賺得比市場行情高或低的薪水，決定於他們的生產力為何。如果工人們達到了預期的目標，能夠每個小時製造出六件產品，他們就會賺得合於市場行情的薪水——每小時六美元。不過，如果他們超越了標準，比方說他們製造出七件產品，他們就能賺得超過市場行情的薪資——每小時七美元。

「直接論件工作」的另一個選擇，是根據員工是否達到標準，來支付員工不同薪資。舉例來說，一種不同於「直接論件工作計畫」的方式，就是使用兩套論件計酬的薪資標準：一套標準用在員工符合要求的情況中，另一套標準則用在員工不符要求的情況下。比方說，如果訂定的標準是一小時製造六個單位的產品，一位每小時只製造出五個或是少於五個單位的員工，可以每完成一單位就支付一美元，但製造出六個單位或超過六個單位的員工，就可獲得每件一點二五美元的薪資。與「直接論件工作計畫」相較，這種計畫為員工們提高了更高的誘因來達成或超越標準。

大約有百分之三十五的美國公司，目前使用了某種形式的「直接論件工作計畫」[22]，主要是運用在生產的環境下，其中的工作都是既簡單又具有高度的結構性，而且績效的目標都是在員工的能力範圍內[23]。問題是：「這些計畫能夠增進競爭優勢嗎？」我們現在就藉著檢視其優缺點的機會，來說明這個問題。

優點 「論件計酬計畫」在努力與表現之間，以及在績效與獎勵之間

建立了明確的關連性[24]：

■ 員工們確實瞭解到他們必須做什麼，才能得到他們希望的獎賞。

■ 與「按功績報償計畫」不同的是，「論件計酬計畫」中所設定的標準比較客觀，也因此不會被監督者的偏見所影響。

■ 獎勵與績效具有直接的關連性——付出的辛勞多，所得到的酬勞也多。

「論件計酬計畫」也可以很符合成本效益。員工們除非生產率很高，否則無法獲得高於市場行情的薪資。一家公司因此能夠藉著建立適當的薪資比例來確保成本效益。舉例來說，如果每生產一個單位的產品，能夠增加 1 美元的利潤，一家公司就能夠透過付給員工少於一美元的薪資來製造一單位的產品，而從中獲得利益。

缺點 雖然「論件計酬計畫」常能夠透過增加生產力來促進競爭優勢，他們卻也有其缺點。在論件計酬的制度下，公司會對員工施加許多壓力來促進生產，實際上這麼作卻可能會造成他們的生產力「減退」。許多員工在這樣的環境中感到不自在。還記得 Lincoln 電子公司的離職問題嗎？許多員工只因為無法勝任工作而離開公司。在期待理論的架構下來考量這個問題，從高生產力中所獲得的經濟價值，也許並不足以抵銷某些員工在這種獎勵制度下所承受的壓力。如果員工願意藉著以較少的努力來接受較低的薪資，進而紓解這種壓力，那麼管理階層就只有幾條路可供選擇：以不至於解雇的方式來處分，或是以其他種類的方式來懲戒員工[25]。

也許與「論件計酬計畫」有關的更嚴重問題是績效與公司任務之間的連結性。並不是這些計畫中所有被鼓勵的行為，都對公司的任務有貢獻。想想下面的問題：

■論件計酬的員工可能會抗拒管理階層引進新科技、革新生產過程，或是改良管理制度的企圖。這些改變需要對論件計酬制度作一些調整，而除非管理階層能夠證明這麼作能讓員工的收入增加，否則他們非常不願意接受這些改變[26]。

■員工作出能提高生產力與產品品質或是能降低不良率的建議，卻沒有得到獎勵，因此他們對此不感興趣。這類的員工視改善產品品質為經理職責的一部分[27]。

■「論件計酬計畫」也許會導致員工忽略其工作中與績效目標不相關的部份[28]。舉例來說，它們也許只將重心放在「量」（quantity）上，而忽略了「質」（quality）。

■「論件計酬計畫」所鼓勵的是競爭，而不是團隊合作。如果此工作相對來說較為複雜，而且需要團隊合作才能有成功的表現，就不應該使用個別激勵計畫[29]。

利潤分享計畫

「按功績報償計畫」與「論件計酬計畫」皆有的一個主要問題，就是它們都強調個人的表現。許多公司已開始體認到，整體的品質要經由有效的團隊合作才能達成。**利潤分享計畫**（gainsharing plans）根據一「群」（team）員工的合作表現，在達成或超過目標時，提供員工們現金的獎勵[30]。

各種「利潤分享計畫」在激勵員工增加生產力與減少生產成本方面，有著相同的脈絡[31]。從這些活動中所產生的經濟利潤，也就因此被拿來與員工分享。績效的單位可以是整個公司、一個部門，或者是以一個單位為基準。大多數的「利潤分享計畫」都是下列各點為特色：

■公司有其生產的目標，可以經由有效的團隊工作來達成。
■如果達成了這些目標，員工就可以獲得現金的紅利。
■生產力是由一個有客觀評量工具的明確公式來評估的。

利潤分享計畫
是一種「依績效給付薪資計畫」，在員工達成或超過以團隊為準的目標時，提供他們現金的獎勵。

原料（鋼鐵、硬體、紙箱、鑄製物等）。
直接勞力（標準的勞動人數乘上每項工作所允許的時數）。
間接勞力（維修、工具與鑄模、處理材料、準備工作等）。
折舊率（機器上的損耗、鑄模、建築物等）。
用具（瓦斯、電力、電話）。
補充物（膠帶、油、維修零件等）。
支薪人員（督導者、職員、經理等）。

■員工們被鼓勵提出有關削減生產成本與增加生產力的建議。

我們現在來討論兩項常見的「利潤分享計畫」，Scanlon 與 Rucker
計畫。

Scanlon 計畫
是一種利潤分享計畫，
員工們分享因削減生產
成本而產生的利潤。

SCANLON 計畫　Joseph Scanlon 在超過五十年前時，發展出第一個
「利潤分享計畫」。Scanlon 計畫（Scanlon plan）的目的是在削減生
產成本。當實施一項 Scanlon 計畫時，一家公司必須說明下列的問題：
(1)應該用什麼標準來確定生產成本是否已被降低？(2)哪些方法可以
用來減低這些成本？(3)隨之而來的經濟利潤要如何分配？

首先，一家公司必須計算在一年中所預期會有的生產成本與生產
銷售值（sales value of production, SVOP）的比例。此比例通常是由一
段三到五年的基準期間，所平均出來的年生產成本來決定。我們將會
在**示例 10-4**中來敘述生產成本的種類。

下列的例子，說明了如何用這個比例來決定紅利的多寡：

　　舉例來說，在基準期間，一家公司的平均年生產銷售值
（SVOP）是一百萬美元，而生產成本是二十五萬美元。我們可
以看出，這個比例是百分之二十五。這個計畫的目的是要降低此
比例的大小。在下一段工作期間，如果生產成本少於生產銷售值

的百分之二十五，員工就可以得到紅利。紅利金額的多少，決定於預期與實際的生產成本之間有多少差距。比方說，如果在下一年中，公司的生產銷售值一百五十萬美元，預期中的生產成本就會是此數的百分之二十五，也就是三十七萬五千美元。如果實際的生產成本是三十萬美元，那麼紅利的金額就是七萬五千美元。

　　第二，公司必須決定要如何減低生產成本。正式建議系統設法取得員工的意見，因為他們曉得大部分的生產過程。在試著產生建議時。員工應該先考慮**示例 10-5** 的問題。

　　在這裡我們說明一下典型的建議制度是如何運作的。員工對篩選委員會提出建議，該委員會的成員是從其工作單位所選出來的同僚所組成的。如果篩選委員會接受了這個建議，就將該建議傳送到第二個委員會中，這個委員會中包括了指導委員會的成員，以及管理階層的人士。如果這個委員會也接受了，此建議就會付諸實行。

　　第三，典型的 Scanlon 計畫以下列的方式分配紅利：百分之七十五的紅利被分發出去，百分之二十五的紅利則被保留下來，以便在沒有任何利潤的淡季中運用[32]。在分發出去的金額中，百分之二十五交給公司，其餘的百分之七十五則分配給員工。在某些計畫中，每位員工都能收到相等份量的紅利；其它的計畫中，紅利則被用來當作員工總收入的一部分來分配。

RUCKER 計畫　Rucker 計畫（Rucker plan）和 Scanlon 計畫一樣，其設計上的立意，是透過員工的建議，來減少生產成本以獲得經濟利潤，並且與員工分享這些利潤。這兩個計畫使用不同的定則為標準，來確定紅利的金額。

　　Rucker 計畫中的關鍵元素是「由勞力所增加的價值」（value added by labor），這一點是由下列因素所確定的：

Rucker 計畫
是一種利潤分享計畫，員工們分享因減少生產成本而獲得的經濟利潤。

示例 10-5 當為了產生出一個減低生產成本的建議表時，員工應該先考慮的問題

方法：你能
■簡化目前的程序嗎？
■將工作分類或結合嗎？
■除去任何不必要的工作嗎？
■簡化本身的工作嗎？
■建議新方法嗎？

機械或設備：你能
■簡化任何機器或設備嗎？
■改善機器的輸出效率嗎？
■改善設計或結構嗎？
■減少設定機器的時間嗎？
■減少機器故障的時間嗎？
■減少維修成本嗎？
■改變機器、配置或是工作場所，以使得增加生產量變得更為輕易嗎？

文書作業：你能
■減少或簡化整理檔案的程序嗎？
■整合或簡化表格嗎？
■廢除不必要的表格嗎？
■減少錯誤的機會嗎？
■減少電話、郵務或運送的成本嗎？

材料：你能
■簡化處理的手續嗎？
■加快運送的速度嗎？
■為廢棄物找到用途嗎？
■減少廢棄物與腐敗的物資嗎？
■減低材料的成本嗎？
■消除延誤的情形嗎？

1.生產一件產品的成本（除了勞力以外）。

2.該產品的銷售價值。

3.生產一件產品的勞動成本。

　　為了要建立「由勞力所增加的價值」，公司計算出第一、二項因素之間的差距然後確定這個差距中有多少百分比是勞工成本所佔的

部分。舉例來說，如果生產一項產品的成本是四十美元，而此產品的售價是七十美元，那麼這兩者之間的差距（稱為「增加的價值」）就是三十美元。公司接下來則確定這個價值的多少部份能夠歸屬於勞力。舉例來說，如果公司付給員工十美元來生產這項產品，此勞力就貢獻了百分之三十三給「增加價值」的總額。

使用 Rucker 計畫的時候，一家公司也許會首先確定在基準期中，增加價值中屬於勞力部份的百分比。為了要如此作，公司將會計算庫存清單中的總銷售價值與生產成本之間的差距，然後再以增加價值的數據來除以勞力成本。舉例來說，在基準年度中，如果庫存的產品估計價值一百萬美元，而生產這些庫存品的成本是七十萬美元，那麼增加的價值就是三十萬美元。如果勞動成本是十萬美元，增加價值中屬於勞力的部份就有百分之三十三。

根據基準年度的數據來看，如果勞力成本比預期中還要少的話，在未來的幾年內就會發放紅利。下列例子說明了這套定則運作的情形：

假設一家公司計算出的基準數據是百分之三十三；也就是說，在基準年度中，勞力成本佔了增加價值的百分之三十三。在下一年中，該公司以一百萬美元的成本，生產了價值一百五十萬美元的產品，因此增加的價值就是五十萬美元。如果用百分之三十三這個數據的話，「預期中」（expected）的勞動成本就是十六萬五千美元（五十萬美元的百分之三十三）。如果「實際的」（actual）勞動成本只有十萬美元，所獲得的利潤就是六萬五千美元。

除了用來決定紅利金額多寡的定則外，Rucker 與 Sanlon 計畫其實是相同的。也就是說，這兩個計畫都使用委員會來找出符合成本效益的建議，並且都將利潤由雇主與員工來共享。

優點　利潤分享計畫已經變得十分普遍。這樣的計畫現在有上千家公司正在使用，範圍擴及上百萬名勞工 [33]。利潤分享計畫在製造業中最常見到，因為在這類行業中，生產上的利潤最容易被估算出來 [34]。不過近期以來，服務業也開始施行這些計畫。

利潤分享計畫向來十分成功。在頭一年當中，估計能將生產力提昇百分之十五到二十 [35]。如果我們從**示例 10-2** 中所列的標準來看利潤分享計畫，我們就能夠輕易地瞭解到，為什麼這些計畫會如此成功。

第一，努力─績效，以及績效─獎勵之間的連結性十分強烈，因為員工們曉得需要作哪些事才能刺激薪資成長。支付薪資的原則是以客觀的角度所形成，因此可避免受到監督者的偏頗態度的影響。

第二，這些計畫也因為將績效與公司任務相連結而產生效果。一項設計完善的利潤分享計畫，會獎勵員工增進公司整體生產力的行為。比方說，利潤分享計畫鼓勵員工找出方法，將生產過程中一些不必要的步驟加以廢除，讓工具和設備都更加得心應手地被運用，並除去延誤的情形 [36]。

第三，利潤分享計畫也會促進團隊合作，因為員工們瞭解到，當所有的員工都盡可能地有效工作時，他們的報償才會更多。因此員工會更可能互相交流意見，並分享資源，以幫助彼此成功 [37]，就像**邁向競爭優勢之路 10-2** 中所敘述的一般。

第四，利潤分享計畫十分符合成本效益。與按功績加薪制度不同的地方是，利潤分享計畫中所付出的紅利代表了各種不同的成本，所以這些計畫為雇主們創造出了一個雙贏的局面。當達到了生產力的目標時，每個人都是贏家，因為雇主與員工共享利潤。在景氣不好的年代中，就沒有紅利可發放 [38]。

缺點　三個主要的問題解釋了為什麼有三分之一的利潤分享計畫會

運用利潤分享法的 Barret, Haentjens 公司

Barret, Haentjens 公司（Barret, Haenjens & Co.）是一家位於 Pennsylvania 州 Hazelton 市的製造商，曾經一度由工作督導者全權處理有關生產上的問題。在利潤分享計畫實施後，在管理階層與計時工作者之間，就發展出了一種新的工作氣氛。現在工作上的問題都是向團隊的經理提出，而結果是，在計畫的前八個月中，就實施了超過三百五十個員工的意見。

失敗[39]。第一，員工們可能會認為獎勵分配不公。這個問題與學生共同完成一項團體計畫時，每個人都獲得相同的報償（也就是得到相同的分數）時的情形，十分相似。在團體中出力最多的人，可能會覺得受到欺騙，因為他們的分數和那些「不花太多力氣」（skated by）的人差不多。除了感到受騙以外，研究發現還顯示，這樣的人也許會對工作的參與度降低，並且開始失去興趣[40]。

第二，員工對改善生產效率的建議，也許會隨著時間而減少。剛開始的時候，關於削減成本的意見來得頗為輕易，然而幾年之後，這股動力常會因為員工已經用完了好點子而漸趨緩慢。所以，這個計畫也就開始失去它對改善生產力的影響[41]。

第三，如果發放薪資的原則沒有彈性，利潤分享計畫也許會受到挫敗。尤其是在多變的環境中，常有無法預期變化出現在這些原則的因素中，而使得它們失去效果。舉例來說，一家汽車零件製造公司的利潤分享計畫，在該公司意外地增加了兩倍的勞動力（勞動成本增加），並且大量重新投資之後，就會變得完全沒有效果。此計畫並沒

有改變其原則，同意讓勞動成本增加，因此，這家公司會不公平地拒絕發放給員工紅利[42]。

建議　利潤分享計畫在下列的情況中，最有可能成功[43]：

1. 管理階層應該 將公司的文化引導為互相尊重、合作無間，而且公開溝通。管理階層必須表現出其意願來：
   ■ 與員工分享資訊。
   ■ 聽取並支持員工的建議。
   ■ 出來與員工交談。
   ■ 與員工們坦誠地溝通。

2. 此計畫必須要設計得讓員工能控制紅利發放的因素，如運輸、薪資成本、顧客滿意度，以及品質。

3. 管理階層必須與員工定期會面，好分享資訊與意見，並整理建議。
   ■ 管理階層應該與員工分享有關即將下達的命令、顧客接獲產品後的意見、在品質上所做的努力、改變產品內容，以及公司為保持競爭力所必須採取的步驟等等的資訊。
   ■ 管理階層應該透過舉行利潤分享會議、進行基層討論、實施正式建議制度，以及組成解決問題團體和任務小組等方式，來引出建議。

分紅計畫

分紅計畫
是一種「依續效給付薪資計畫」，公司所發放的紅利，都會被分配到員工個人的戶頭中。

延遞計畫
一位員工的紅利收入被分配在退休計畫中。

　　分紅計畫（profit-sharing plans）與利潤分享十分相似，因為它們都會獎勵團隊的表現，而非個人的表現。然而公司所發放的紅利，是基於利潤而非整體收益[44]。公司的部份利益被分配到員工個人的戶頭中。分紅計畫有三種類型[45]：

1. **延遞計畫**（deferred plans）：個人的紅利收入被分配在退休計

書中。

2. 分配計畫（distribution plans）：公司一旦計算出紅利總額後，就馬上發放各工作期的所有收益。

3. 混合計畫（combination plans）：員工立即收到每個工作期的部份收入，但剩餘的部份仍要等到未來的分發。

大部分分紅計畫中所包含的原則，都顯示在**示例 10-6** 中。

優點　分紅計畫已變得頗為普及——美國所有的全職員工中，有百分之十六在一九八九年時參與了此類的計畫[46]。分紅計畫的優點與利潤分享計畫的優點相似。兩項計畫設計的主旨都是藉著使員工的利益與公司的目標一致，進而改善生產力。因此，如果雇主表現良好的話，員工也會如此。不過，透過分紅計畫，員工也許會獲得更大的公司所有權。這也許能幫助員工更清楚地辨認出公司的情形、內化其目標，並更辛勤地工作來達成這些目標。如同一位參與分紅計畫的員工所述[47]：

　　　當你擁有了自己的工廠以後，你勤奮地工作好讓它蓬勃發展。每個人都埋頭苦幹，並希望其他人也這麼作。如果他們見到任何人試著要不工作而領乾薪，他們就會立刻鞭策此人努力工作。在這裡，團體壓力比起任何工頭都還有力量。

從分紅計畫中所獲得的潛在利潤，稍後會在**邁向競爭優勢之路 10-3** 所提出的實例中，進一步加以探討。

缺點　大部分的分紅計畫都有兩個主要的缺點。第一，分紅計畫只勉強地提到了努力─績效─獎勵三者之間的關連性。紅利是以績效的評估結果為基礎，而這個結果被與員工努力程度無關的因素所影響。換句話說，員工的績效對利潤的影響程度，常常比不上市場狀況與外幣匯率的影響來得大[48]。因為員工可能無法看出他們個人努力與利潤之

分配計畫
公司一旦計算出紅利總額後，就馬上發放各工作期的所有收益給員工。

混合計畫
員工立即收到每個工作期的部份收入，但剩餘的部份仍要等到未來分發。

示例 10-6　分紅計畫之規定

資格要求：通常需要一位員工在領取紅利之前，先完成試用期。對大部分的公司來說，此試用期是一年。某些計畫還有年齡上的最低限制，通常是二十一歲。

雇主分擔：在大多數的例子中，公司的董事們都會訂出每一年花費在此計畫中的利潤百分比。大多都是使用公式來確定員工所分到利潤的金額。一九八九年時，雇主分攤的平均數是紅利的百分之九點五。

分配利益：許多公司都會根據個人的基本薪資來決定其紅利的多寡，一位年收入為四萬美元的員工所獲得的紅利，可能是一位收入兩萬美元的員工的兩倍。其他的公司則提供相同的紅利給所有的員工。

投資上的選擇：一旦紅利分發給了員工，他們的帳戶就會自動將這筆金額投資到如公司股票、一般股票基金、定息證券，以及各種不同的投資對象中。

員工捐獻：員工通常不會被要求捐獻到分紅計畫的帳戶中，不過某些公司會讓這些員工自發性捐獻，當作未扣稅之前的一部分。

賦予權利的過程：參加者通常需要先被賦予行使權，才能獲得他們的基金。賦予權利能給員工們在未來從計畫中領取利益的權利。大多數的公司都使用每年逐漸獲得帳戶中一個固定百分比的權利，直到獲得全部的權利。舉例來說，一位員工可能每一年都被賦予百分之二十的權利，五年之後就能獲得全部的權利了。

退出規定：許多計畫都允許員工有使用自己帳戶的權力，不過最近的「國內稅收服務」（Internal Revenue Service）規定，員工在退休前要退出此計畫有一定的限制。在五十九歲半之前退出該計畫，就要付出百分之十的罰款，除非此員工能夠提出生活有困難的證明。

貸款規定：經由借貸的方式，員工能獲得運用其基金的權利而不會被徵收罰款，不過這筆貸款必須再付利息。

分配：在退休的時候，大部分的計畫都會將整筆餘額一次付清，其他的公司則將此金額分散，在一段固定的時間中分開支付完畢。

間的關連性，因此薪資可能會被認為不足以當成定義生產行為的一個有用指南[49]。

　　第二，分紅計畫並不總是合乎成本效益的。如前所述，紅利的層級得根據許多與員工行為無關的因素而定。可能會有人辯稱，假使利潤是經由與員工表現無關的因素所獲得的，那麼與員工分享利潤並不

運用分紅制度來提高生產力

幾乎在十年以前，Robert Frey 與他的夥伴買下了一個問題叢生的小工廠，專門製造郵寄用的紙筒和混和式的罐子。此工廠的利潤僅能勉強維持收支平衡，勞工成本高得無法控制，而且員工之間的關係也十分惡劣。今天，這家工廠製造出的新混合罐子，成份與以前截然不同，也特別符合環境保護責任；勞動力的組成很有彈性，並且與公司的成功關係密切；員工之間的關係極佳；同時此公司因生產力成長了百分之三十而獲利豐厚。

這個驚人的轉變是如何達成的呢？分紅計畫的引進扮演了一個重要的角色。此計畫的設計中明確地表示要付出一大筆錢，大到足以讓每一個人都熱切地參與削減成本、增加銷售量，並賺取利益等活動上。Frey 推斷，如果員工獲得一部份的紅利，那麼他們也會付出額外的花費與支出，並且進而關切要如何去減少這些支出。Frey 推動、驅策並要求員工協助解決與他們工作有關的問題，如此一來他們才能賺得更多的金錢。雖然這段過程既艱辛又緩慢，但最終的結果還是頗為正面。

全職的員工們現在會例行監督他人的工作，以減少浪費並增加效率；曠職的情形實際上也消失了；而申訴的案件降到一年只有一至兩件。

合乎成本效益[50]。

另外一項問題有關延遞計畫的使用。很顯然地，從動機的角度來看，獎勵的時機並不是拿捏得很好；光是很久以後才能領到金錢的念頭，就可能無法在此刻激勵一位員工了。雖然限制住動機上的效果，

這樣的計畫可能還是會對員工的留職率有滿大的影響力。也就是說，員工也許會選擇留在一間能夠確保其健全退休收入的公司。

員工使能計畫

如前文所述，「員工使能」的目的是賦予員工在關於工作事務的決定上，有較大的發言權。他們的決策權範圍從提出建議、在管理階層的決定上運用否決權，一直到能夠自己作出決定[51]。員工能夠幫助作出一定範圍內的許多決定，包括要如何執行本身的工作、工作環境（如休息時間、工作時數）、公司政策（例如要如何實施臨時解僱制）等等[52]。

許多專家相信，公司能夠經由授能給員工的過程來改善生產力。員工使能可以從兩方面來促進生產力。第一，它能透過提供員工機會從其工作中獲得內部報償，來強化員工的工作動機，例如給予員工更大的成就感與重要性。內部報償可以比外部獎勵更具有力量，它們常給予員工更大的價值感，而且會自動地與績效連結。也就是說，因為它們能夠自己產生這些獎賞，所以就不必擔心管理階層是否能提供它們。員工們因此變得更加能夠自我激勵。如專家 Frederick Herzberg 所述[53]：

> 我能夠幫一個人的電池充電，並且不斷地重複充電，但是只有當一個人擁有了他自己的發電機時，我們才能談到激發工作動機這個主題。因為他不需要外來的刺激，他發自內心地想要工作。

第二，使能給員工能夠改善生產力，因為此過程能夠導向更好的決策。能作出較好決定是因為這些決定是由員工所作的，他們比起其經理來要對他們的工作有較完整的知識[54]。此外，當員工們參與了決策的過程時，他們較有可能接受（並因此施行）這些決定[55]。

有幾種不同的人力資源管理計畫能讓員工們的使能增加到某一個程度。我們接下來將會討論最常見的員工使能計畫。

非正式參與決策方案

在**非正式參與決策方案**（informal participative decision-making programs）中，經理與部屬們每天都聯合作出決定[56]。員工們並不喜歡擁有全部的權利來作與工作相關的決定；在每一個案例中，經理必須決定員工能夠有多少決策的權威。權利的大小常有變化，因爲要根據該決定的複雜程度與員工接受此決定的重要性等情境性因素而定。在「經理人指南」中，我們會提出一些建議，說明在哪些工作情況中，需要給予員工完全的參與權。

非正式參與決策方案
是一種員工使能方案，
經理必須決定在每一個
案例中，員工能夠有多
少決策的權利。

優點 幾項研究已檢視出非正式參與決策計畫所產生的影響。雖然因爲結果參差不齊，所以無法當成很肯定的答案[57]，不過事實上大部分的研究都已發現，非正式參與決策計畫的確對生產力有正面的影響[58]。

缺點 成功使用這項方法的關鍵在於選擇何時來授予員工權力。員工們應該在他們能夠作出與經理一樣好或更好決定的情況中，被授予權利。一個可能發生的問題是，員工的關注重點所在也許與公司的並不一致。舉例來說，在一所大學中，系主任授權給全體教授的任務是確定績效標準。因爲教授們相信發展出具挑戰性的標準，並不符合他們的利益，所以最後發展出來的標準都過於容易達成[59]。

這些計畫的成功與否，也常因員工是否想要參與決策而定。舉例來說，某些員工並沒有意願來發展與工作相關的決定。

工作豐富化

有時員工的工作動機並不會被激發，因爲他們的工作被設計的方式是如此。舉例來說，想想組裝生產線員工的工作，他們的工作只是

示例 10-7　能增加內部動機的工作特質

1. 技能多樣性：是指執行工作時，各種不同活動所需要的多樣性程度。一份工作如果需要很多不同的技巧與才能，該工作就具有高度的技巧多樣性。
2. 職務自主性：是指要完成「整份」工作的程度，以及此工作能被辨認的程度。如果員工將一件工作從頭做到尾，並且有明顯可見的成果，該工作的職務自主性就很高。
3. 職務重要性：是指一件工作對他人生活上的實質影響程度，無論這些人是在該公司內或是世界上一般的人。如果人們從一件工作的結果中獲益良多，這件工作就有高度的重要性。
4. 自治性：是指工作提供給員工自治性的程度。如果員工有實質上的自由、獨立性與安排工作行程的自主性，並且能確定執行一份工作的程序，那這項工作的自治性就很高。
5. 工作回饋：是指工作結果提供知識給員工的程度。如果執行一件工作的必要活動中，能夠提供員工關於其績效有效性的直接明確資訊，該工作就有高度的回饋性。

在產品經過生產線的時候，將一個螺絲放入洞中。這樣的工作提供員工內部報償（intrinsic rewards）的機會太小。

工作豐富化
是一種員工使能方案，目的在於重新設計工作，使其能夠更易於獲得內部報償。

工作豐富化（job enrichment）的目的在於重新設計工作，使其能夠更易於獲得內部報償。某些工作的特質（詳見**示例 10-7**）被認為極符合內部報償，或是極為「豐富」（enriching）。當這些特質在工作中顯現時，員工們就會被激勵，因為他們將有充分的機會能獲得內部報償。缺少這些特質的工作，就是被充實的最佳個案。一旦工作被確認出需要充實，公司就必須重新設計它，以將這些特質整合入其中（技能、多樣性、自治性、重要性與回饋）。某些特定的充實工作技巧詳述於下[60]：

1. 將職務結合：這一點需要將不同員工所執行的職務，只指派給一個人。舉例來說，一家傢俱工廠裡，與其只參與整個生產過程的一部份，每位員工都可以將一整個桌子或椅子加以組合、磨光，並且上色。這個改變將會增加技巧的多樣性，以及職務

的自主性，因為每位員工都必須為整件工作從頭到尾負責。

2. 建立客戶關係：與客戶的關係可以經由讓員工與顧客接觸而得以建立。舉例來說，一個汽車經銷商的服務部門可以讓它的技術人員直接與顧客討論服務上的問題，而不是透過服務經理。藉著客戶關係的建立，技術上的多樣性也就因此增加了，因為員工們有機會能發展出新的人際技巧，它也能夠提供員工們一個執行工作更寬廣部份的機會（職務自主性），來瞭解自己的工作對顧客有什麼影響（職務重要性），並且有更多的決策權（自治性）。

3. 減少直接監督：員工們在被賦予權利作一些以前監督者作過的事時，就獲得了自治權。舉例來說，可以讓員工自行檢查工作上的錯誤，或者自行直接訂購所缺乏的物資。

4. 增加產品／服務的可辨認性：一家公司也許可以透過將員工的姓名與最後成品相連結，來達到這個目的。當人們必須要為自己的工作「簽名」（sign）時，他們就會為工作的正確性負起責任來。組裝員可以在自己所完成的產品上，附上一個有姓名與電話的標籤，那麼公司就能夠請買主直接打電話給這位員工，討論任何有關該產品的問題。這種增加可辨認性的方式，將會使得職務的重要性與工作回饋度增加。

優點　許多公司已經成功地充實了原先頗為枯燥的工作。因為充實工作能使工作較不機械化，進而較為有趣並具報償性，所以它常能改善生產力、產品品質、曠職率與留職率[61]。

缺點　當被豐富的工作變得不再那麼機械化時，生產力可能就會較沒有效率。因此在失去的效率無法被增加工作動機而改善的生產力彌補時，工作豐富化就是一項不智的決定。除此之外，偏好高度機械化、簡易工作的員工，也許會反對公司在工作豐富化時所作的努力。

品質圈
是一種授權員工計畫，一個品質圈是一組六到十二個員工的團體，他們通常定期地會面，並在其單位內找出並解決問題。

品質圈

經由**品質圈**（quality circles）的運用，員工被授能的情形也會增加。一個品質圈是一組六到十二個員工的團體，他們在其單位內找出並解決問題。圈子裡的人通常一星期會面一次，並由一個協調者來率領，此協調者可能是工作團隊中的一位監督者，也可能是一位從該組所選出來的成員。

為了要讓圈內成員對他們的工作做好準備，公司通常會提供有關確認問題、解決問題、統計上的控制程序（statistical control procedures）與團體互動等方面的訓練[62]。協調者大多受過團體互動、激發工作動機、溝通，與經營品質圈等的訓練[63]。

有了這些訓練的幫助，品質圈的成員就能共同運用**深入探討 10-1**所敘述的一種五步驟過程，來找出並解決工作場合中與生產品質和生產效率有關的問題。

品質圈提出了各種不同的問題。下面的建議是由 Paul Revere 保險集團（Paul Revere Insurance Group）的一個品質圈所產生的[64]：

- 在公司的帳戶中多留一點錢，在公司帳戶裡的基金常常不夠用來支付消費者的索賠金額。這個問題使公司一年損失五千美元在利息與其他的開銷上。
- 用卡車來運送某些材料，而非經由空運。這個建議為公司一年省下兩萬七千美元。
- 使用可重複利用的尼龍袋而非呂宋紙信封來運送材料給區域代表。這個建議為公司一年省下了九千兩百美元在郵資與信封上。

優點　倡導品質圈的人聲稱，品質圈透過下列各點改善了生產力與效率：

深入探討 10-1

品質圈運作過程之步驟

步驟一　確認並選擇問題

此目的在於找出管理高層可能沒有發現到的問題。在第一個階段中，此團體通常可能會要求成員們去找出問題，再產生一個列有十到三十個問題的表。這些問題的優先順序是根據其重要性以及找到解決之道的可能性來決定，例子包括了無法獲得有關客戶的必要資訊、生產過程中的延誤等。

步驟二　分析問題

此品質圈收集能夠解決手上的問題的必要資訊。

步驟三　建議的解決方案

可能性的解決之道通常是經由腦力激盪所得來的。在同意某一項解決方案之前，此團體必須考慮到此方案的成本、實施的時間長短與困難度、成功的可能性，以及此方案對企業的潛在影響。

步驟四　管理階層審核

當此團體對某項建議的解決方案達成共識時，品質圈就將其呈報給管理階層。先提交書面的建議，再口頭報告所建議的解決方案。

步驟五　管理階層回應

管理階層對品質圈立刻予以回應。如果他們否決了解決方案，管理階層會提供原因，並且可能會要求提出另一個替代提案。品質圈提交的案子中，被接受的比率通常是在百分之八十五到百分之百之間。

■從員工身上得到寶貴的意見。員工與工作密切相連,因此是位在確認問題的最佳位置。

■改善員工間及員工與管理階層間的溝通。

■透過員工授能來增加工作動機。

在**邁向競爭優勢之路 10-4** 中,詳述了一個品質圈對競爭優勢的可能影響。

缺點　品質圈並非總是能成功。事實上,曾實施這些計畫的公司中,有超過六成的失敗比率,它們失敗是因為下列的問題[65]。第一,品質圈常被用來當成一種快速解決問題的措施,但並沒有找出在生產力、品質與員工士氣低落等背後的真正問題。第二,使用品質圈常會創造出一種「局內人─局外人的文化」(insider-outsider culture),不在圈內的人會對圈內的成員嫉妒或敵視[66]。第三,品質圈有時會運作不當;公司並沒有花太多的注意力在被選出的成員、他們所進行的計畫,以及誰應該執行他們的建議上[67]。

自我管理的工作團隊

員工使能的最後形式也許是**自我管理工作團隊**(self-managed work teams),有時被稱做「自我指揮工作團隊」(self-directed work team)。這些團隊由六至十八人所組成,成員個別來自不同的部門,他們共同合作來產生一些成果,這些成果可以是一件成品,如一台冰箱,或是一項服務,如已處理完成的保險索賠案件[68]。

管理階層賦予這些團隊權力來自我管理。他們計劃、組織、協調,並採取修正行為[69]。簡言之,他們被賦予通常是督導者才有的權力。那麼毫不令人訝異的,當運用了「自我管理工作團隊」的時候,督導者的工作就消失了。

為了替團隊成員做好自我管理的準備,此公司必須提供相當多的

自我管理工作團隊
是一種授權員工的形式,由六至十八人所組成,成員個別來自不同的部門,他們共同合作來產生一些成果。

運用品質圈的 Nelson 金屬產品公司

Nelson 金屬產品公司（Nelson Metal Products Company）是 Michigan 州 Gradville 市的一家汽車零件供應商，在一九八〇年代的時候，發現本身的營運狀況岌岌可危。此公司所生產的零件中，每一百萬件就有兩千五百個有瑕疵。福特（Ford）與通用汽車公司（General Motors）是該公司的最大客戶，甚至不讓它參與公司中的投標。

一九八七年時，Nelson 公司建立了一個品質圈計畫，企圖扭轉乾坤。主管執行長與所有階層的員工們會面，來對公司為什麼會損失金錢與顧客這一點交換意見，並且討論有哪些改善計畫是必須的。此公司之後就精心挑選了幾個品質圈，並訓練他們確認出「優先可行的計畫」。其中一組發現如何能將生產零件的數目，從一小時八十個增加到一百四十個。另一組發現避免非採購部門的人員向其他公司下訂單的方法，因此減少了不在記錄中，也無法支付的收據產生的情形，從前這種情形會造成會計部門的困擾。

由於這些努力，Nelson 公司的利潤現在非常穩定，有瑕疵的零件也減少到每一百萬件少於十個，而且福特與通用汽車公司又再度向他們採購了。

訓練[70]。一個團隊的員工們要花上二到五年，才能成為一組成熟的「自我管理工作團隊」[71]。如果缺少了適當的訓練，任何團隊都會在中途就永遠一蹶不振。一家公司必須提供下列三方面的訓練[72]：

1. 專業上的技巧：交叉訓練能讓成員們在團隊中替換工作，這一點極為重要。因此，團隊的成員應該接受特殊技巧的訓練，才能擴大他們個人對公司的整體貢獻。技術訓練通常是一種正式教室講習、在職進修、成員個別指導，或接受諮詢等的混合體。

2. 人際關係技巧：團隊的成員必須能一對一、團體內彼此，或對團隊以外的人有效溝通。團隊裡或團隊間合作作出決定，需要團體解決問題、影響他人，以及解除衝突等技巧。團隊成員必須要學習一種解決問題的基本方法，此法能幫助他們專注在問題的領域中、蒐集事實、分析起因，並選擇出最佳的解決方案。

3. 行政技巧：「自我管理工作團隊」必須執行從前是由監督者所負責的職務，此團隊必須學習如何保存記錄、報告程序、編列預算、安排行程、監督、聘用，並評估該團團員的表現。他們同時也要學習如何應付公司的其他部份，如採購、給付薪資、工程，以及會計。

優點　因為「自我管理工作團隊」是一種新近的現象，關於他們的有效性的研究最近才開始出現。不過到目前為止，研究的發現都還頗為正面[73]。倡議者宣稱，「自我管理工作團隊」具有效果，是因為他們賦予員工作出與每日工作相關決定的權利。因此，這些團隊急遽地轉變了員工對本身工作的評價與想法[74]。如同一位作家所述[75]：

　　　　這個理論很簡單：從不同的部門中找出擁有不同技能的員工，組成一個生氣蓬勃的團隊，並給予他們權力去發展一項產品、管理一個企業、改善一個制度，或是計劃他們本身的工作行程。當員工們有了掌握自己命運的權利時……他們就會更快速、明智地工作，並注意到公司的獲利情形。

另一個與使用自我管理工作團隊有關的好處是，他們提供了更大

的彈性。今日的公司必須要生產數量較少、符合顧客個別要求的產品，但這麼一來，工作上的要求必然會增加，因此就需要彈性的工作實行計畫，與能夠靈活轉換工作崗位的員工。自我管理工作團隊使得這種彈性成為可能，因為員工們都受過交叉訓練來執行所有的職務。他們可以替代曠職的同事，並且快速回應生產模式的轉變[76]。舉例來說，通用電子公司（General Electric）在 North Carolina 州 Salisbury 的一家工廠，藉著使用「自我管理工作團隊」，能在一天中改變十二次產品的設計，結果生產率增加了兩倍半[77]。

使用「自我管理工作團隊」的公司遍及美國各地，尤其是在汽車、太空設備、電子器材、電器產品、食物處理、紙、鋼鐵等工業中[78]。這些團隊在製造公司特別盛行，在此行業中，新的生產策略、競爭的壓力，以及先進的生產科技，都為生產的員工們增加了責任[79]。採用「自我管理工作團隊」的公司有 Xerox、Procter＆Gamble、Federal Experess、Boeing、Ford、General Motors 與 General Electric。XEL 通訊公司（XEL Communications）如何使用「自我管理工作團隊」的例子，請見**邁向競爭優勢之路 10-5**[80]。

缺點　「自我管理工作團隊」展現出幾個潛在的缺點。其一是可能會引起「領域戰爭」（turf battles）：當一個團隊形成時，部門間常會產生敵對狀態。請想想下面的例子[81]：

位於 Michigan 州的 Dow 化學塑膠廠（Dow Chemical Plastics Plant）決定要使用「自我管理工作團隊」來發展一種塑膠樹脂。此團隊是由一群科學家與製造經理們所組成的。部門間的問題很快就產生了。科學家們想要花數月的時間來試驗幾項不同的新產品，然後建立一個原型。經理們則傾向於生產與現有產品只有些微不同的新品。這兩派的人無法妥協，所以最後只好分道揚鑣。

邁向競爭優勢之路 10-5

運用自我管理的工作團隊——XEL 通訊公司

　　XEL 通訊公司（XEL Communications, Inc.）在一九八八年設立了「自我管理的工作團隊」。這些團隊每天會面，沒有督導者來審視公司中有哪些需要執行的事情。他們舉行較長的會議來討論如假期規劃，以及生產上重複發生的問題。每隔三個月，每一組就正式向管理部門呈現成果。「自我管理的工作團隊」的運用產生了下列結果：

- 監督與支援職員減少了百分之三十。
- 組裝的成本降低了百分之二十五。
- 庫存量減少到一半。
- 品質水準提昇了百分之三十。
- 循環時間（從開始生產到出現成品的時間）從八個星期劇降到四天。
- 銷售額從一千七百萬美元提昇到兩千五百萬美元。

　　缺少督導者也可能會造成問題。比方說，沒有了督導者，就沒有人來負責處理人際關係間的問題。沒有上司的干涉，爭論就會如雪球般越滾越大[82]。除此之外，員工們沒有足夠的時間去處理一些傳統上屬於督導者的職責，如舉行工作面談、訓練新進員工，與帶領新進員工適應環境[83]。績效評估過程也會產生問題。「自我管理工作團隊」使用同儕評鑑，而非督導者的評鑑。與同儕評鑑有關的問題，已在第八章討論過。

經理人指南

提高生產力計畫與經理之職責

任何提高生產力計畫的成功都取決於其是否能夠有效地激發員工，使他們的行為對公司的目標有所貢獻。經理每日的行為對員工的動機是否能被激發，可以有關鍵性的影響。事實上，激發員工動機被認為是今日經理們的最大挑戰[84]。讓我們來檢視經理角色中與激發員工動機有關的部份。

員工工作動機

從期待理論的角度來看，我們能看出經理們對員工的工作動機有三個有利的影響[85]：

1. 強化努力與表現間的連結性：經理應該設定具挑戰性但能夠達成的目標、建立明確的績效期待，並除去會阻礙員工表現的障礙物。

2. 強化表現與獎勵間的連結性：經理們應該提供正確的表現評鑑，才能確保員工們得到應得的獎勵。

3. 提供員工會重視且認為公平的獎勵：經理應該幫助挑選員工重視的獎賞。除了提議加薪以外，經理應該給予讚美、認可，增加責任，給予更大的自治權，或是只是偶爾拍拍員工肩膀表示讚許。

非正式參與決策方案[86]

並不是所有的員工都尋求使能。對那些感到經理在迴避管理上職責的員工來說，過度鼓勵他們參與，可能會使其感到不滿。因此允許

員工參與的程度，應該適合於他們在工作單位決策時所願意接受挑戰、責任與機會的意願。

另外，員工必須相信他們有權與經理共享工作上的決定。經理也因此必須證明他們參與的承諾。監督者能夠藉著要求（並實施）員工的付出與回饋，而且藉著提供員工所有需要作出好決定的資訊，來傳達這一項承諾。

自我管理的工作團隊[87]

在這裡，一個顯而易見的問題是：「一位經理能夠在自我管理的團隊中扮演什麼樣的角色？」經理必須主動確保自我管理權利的轉換過程很順利。有效能的經理們會在一開始的時候，就提供這些團隊強烈的鼓勵與指導，然後逐漸退出，讓團隊的成員們發展出本身的領導技巧與團隊自主性。

不幸地，許多經理們到此刻就會失去工作了。那些還留在公司的經理們，可以執行下列的功能：

1. 充當團隊的技術性顧問：經理可以負責提供團隊有關產品與生產過程的知識和協助。舉例來說，一個生產服務團隊，需要將從前被分割得支離破碎的職務，如賣主的帳目、訂購單的輸入，以及機器的設定等，重新整合進彼此相關的團隊工作中。身為一位前任的督導者，經理應該對各項功能瞭解甚詳，而能夠幫助團隊的成員們協調相關的職務。經理可以充當排解糾紛者，幫助員工解決問題和克服瓶頸。

2. 當成協助者：經理可以幫助團隊的成員互相並與其他公司中的人有效地工作與溝通。開始的時候，經理可以為團員們舉行一些會談，稍後，他們可以參與其中，並協助團隊找出問題的解決方案。舉例來說，經理能夠確保員工們在參與會談時，遵循一些指導原則。

3.充當區域經理：一位經理可以被當成一個聯繫點，並傳達管理
   階層的策略給四到六個團隊。這類經理的重心放在建立團隊間
   或團隊與公司間的界面。

人力資源管理部門能提供何種協助

除了本章所述的設計與評估生產力改進方案，人力資源管理部門
必須注意公司的文化與這些方案是否能相容共存。他們必須訓練經理
與員工，以確保方案能成功地被施行。

改變公司內部文化[88]

公司文化的這個議題在實施員工授能方案時尤其重要。在實施這
樣的一個方案之前，人力資源管理部門必須與高層主管共同建立合適
的公司文化——能夠強調員工參與的重要性，並且讓員工感到他們的
付出是公司所期盼的。

在試著建立一個重視員工參與度的文化時，公司必須確保建立一
個充滿參與感的文化時，其過程也有各方的參與。也就是說，這樣的
方案應該不是依照法令進行的。一個更恰當的開端是在當初做決定的
時候，就應該包括主要的經理與員工，讓他們有機會能爲這類方案提
供可行性、意願性，以及運作上的意見。

訓　練

任何成功的生產力改進方案都需要某一個程度的訓練。我們已經
討論過成功實施「自我管理工作團隊」所需要的訓練種類。要增進「依
績效給付薪資計畫」的成功，訓練也是必須的。比方說，實施「按功
績報償計畫」的公司應該提供經理們有關績效評估的訓練。實施利潤
分享或紅利制度的制度，也應該解釋要如何確定獎賞，以及他們要怎
麼作才能獲得獎賞。例如員工們必須瞭解利潤分享的定則、紅利的計
算方法等等的問題。

增進經理人之人力資源管理技巧

此節中涵蓋的技巧，皆有關於能夠增進生產力的特殊管理活動。首先，我們討論了一位經理能以內部報償或外部獎賞來激勵員工。然後我們討論了非正式參與決策方案，並建議經理們如何能在各個不同的情況中決定授予員工多少決策的權利。

使用外部報償法來激勵員工

增強理論（reinforcement theory）為有興趣以外部獎賞激勵員工的經理，提供了一個有用的指南。這個由心理學家 B. F. Skinner 所研發出來的理論，明定員工的行為能夠透過操控獎勵制度而被塑造、調整、改變，或是以相關的行為來加以抑制[89]。此理論是以三個基本的前提為準：

增強理論
是一種激勵的理論，明定員工的行為能夠透過操控獎勵制度而被塑造、調整或改變，或是以其他相關的行為來加以抑制。

1. 能導致正面結果的行為傾向被重複使用。
2. 會導致負面結果的行為傾向不被重複使用。
3. 透過對工作結果的控制，你可以塑造出一個人的行為。

下列的六個步驟可以被拿來應用在這個理論的原則上，來增加你的部屬的工作動機層次：

1. 第一，確定你希望你的員工從事的特定行為。你所挑選出來的行為應該要能夠被觀察和測量的，不要挑選性格上的特質或變化無常的態度。有例可循，能夠被觀察並衡鑑的行為可以減少百分之十的不良品；並且減少百分之八十的生產延遲率。
2. 透過衡量目前的表現水準，建立一個評量這類行為的基準線。舉例來說，確定一位員工在上個月中有幾次延誤的記錄。這個步驟將會提供出一個比較性，來看出員工的行為是否因為你所給予的獎賞而有所改進。

3.此方案的精髓所在：分析績效的結果，問自己「在目標行為出現之後，所立即產生的效果是什麼？」，以及「對員工所產生的正面影響與負面影響有哪些？」比方說，一個行事遲緩的員工也許會感受到同事們因「擊敗制度」（beating the system）而受到的奉承——這是一個正面的影響。負面的影響可能是你在該員工進入工作場合時所給他／她「嫌惡的眼光」（dirty look）。

4.改變影響力。如果影響維持不變，員工將不會被激勵去改變其行為。你有三種選擇：(1)你可以除去與該行為有關的正面影響；(2)你可以為了改善行為而增加正面的影響（如讚美、認可、紅利等）；(3)你可以增加該行為的負面影響力。舉例來說，為了對抗因循怠惰的問題，你可以藉著向其他員工解釋某人的怠惰行為對大家的傷害有多大，來移除正面的影響力。你可以藉著在該員工準時上班時給予讚美，來增加正面的影響力。或者你可以藉著在每次該員工遲到時加以懲戒，來增加負面的影響力。當選擇恰當的方式時，你應該考慮到這幾點：

■並不是每位員工都覺得相同的影響力具有獎勵或懲戒的效果。某些人會偏好讚美，某些人偏好現金紅利，其他的人可能則希望有較多的工作自主權。一有機會就給員工一些空間來發展出他們自己的獎勵制度。

■連續加強對預期工作行為的接近度。只要員工的行為有改善，就繼續提供獎勵，不必一定要達到目標中的水準才能獲得獎勵。

■增加負面的影響力就等於去懲處一位員工。懲罰的問題是，它的效果是暫時的。因此這種方法長期下來將會變得沒有效果，除非持續施行下去。此外，特別不適當的行為，也許會被另一個不同但卻同樣負面的行為所取代。比方說，一位員工因為延誤工作而被懲罰，他可能會停止該行為，但卻可能

會開始在工作中增加過多休息的時間。另外，懲罰常會在不知不覺中損害了人際間的關係。

5. 藉著記錄員工的行為並與基準數據間相比較，來監控並評量此計畫的有效性。如果行為沒有改善，就重新考慮步驟三的方法。比方說，你可能會需要改變影響力。

6. 一旦績效有了改進，每次該行為產生時就加以強化，並不是切合實際的方法。持續強化並不被鼓勵，因為一旦停止強化，該行為就會很快地中斷了。因此，為了要保持這項行為，你應該定期加以強化。舉例來說，在上述怠惰的例子中，剛開始時，你應該在員工每次準時上班時都給予讚美，當問題減輕時，就只是偶爾予以讚美，譬如一星期讚美一次。

使用內部報償法來激勵員工 [90]

一個用內部報償激勵員工的方法是，提供員工能夠刺激工作的任務。在你能有效地這麼作之前，你必須能夠判斷哪一種活動可以讓你的員工覺得有刺激的效果。一個 D. C. McClelland 所發展出來的理論，可以當成一項有用的指導原則。

McClelland 之需求—成就理論
是一種激勵理論，說明所有的人基本上都是被三項需求的其中之一所激勵的——關係、成就與權力。

根據 McClelland 之需求—成就理論（McClelland's need-achievement theory），所有的人基本上都是被以下三項需求的其中之一所激勵的：

1. 關係上的需求：因為此需求而被激勵的人，希望擁有密切的人際關係。

2. 成就上的需求：因為此需求而被激勵的人，會尋找機會達成符合一連串標準的成就，並且會有超越他人的欲望。

3. 權力上的需求：一個受到此需求驅策的人，會尋求指揮並控制他人的方法。

瞭解能驅策一位員工的需求種類，能夠讓你找到可以刺激他們的內在報償活動。舉例來說，有高度關係需求的人，通常會：

■偏好團體的職務。

■不喜歡有高度衝突性和／或溝通不良的方案。

■喜歡扮演教練或導師的角色。

■希望有朋友和密切的關係。

■把重心放在人際關係的技巧上。

有高度成就需求的人，通常會：

■偏好程度適中的風險。

■喜歡個人負起方案的責任。

■喜歡扮演企業家的角色。

■希望從本身的績效中得到頻繁的回饋。

■喜歡發展出新的技能與專長。

有高度權力需求的人，通常會：

■偏好具有競爭性的職務。

■喜歡引人注目的方案。

■喜歡當成一位領導者。

■希望得到重要的資訊。

■偏好使用控制性的技巧。

　　為了激勵員工，你應該嘗試著把能夠幫助員工滿足其最重要需求的工作，指派給他們。比方說，如果你想要管理一位有高度權力需求的人，你可以：

■將此人安置在一個受人矚目且具競爭性的方案中——也許是在

競爭對手的所在地區裡，新開一家分公司或是子工廠。

■將此人安置在一個擁有某些權力的職位中（例如讓他成為一個團隊的領袖，或是一位方案經理），並且讓他負責發展新的生意聯繫點，和蒐集市場上的資料。這將會給此人一個建立網狀組織的機會，並使他／她能夠得到重要的資訊。

何時可讓員工著手參與決策計畫 [91]

如前文所述，非正式參與決策方案（informal participative decision-making programs）會將賦予你，也就是經理，決定何時授權給員工的責任。也就是說，你必須決定何時要將一個問題與你的一群部屬分擔，何時你要自己來解決問題（有或沒有員工的協助）。

當你決定要在一個特殊的情況中，使用參與性的決策時，你必須召集員工來產生不同的解決方法，並決定何者最佳。身為一個團體的協助者時，你的角色是要試著讓員工們建議出一個全體團員都會同意的解決方案，你不應該強迫此團體去採用你的方法。

在哪一種情形下，你應該讓員工參與決策呢？這裡有幾個情境性的因素可供考量：

1. 一個好的解決方案有多麼重要？某一個方案可能會比另一個好嗎？如果不是的話，參與性的決策可能很適合。舉例來說，你可能會需要一個關於對下一個年度休假安排的建議，如果任何一位員工休假對你的部門整體上的運作功能沒有影響的話，那就讓這個團體設計出一個休假時程表。

2. 你擁有足夠的資訊或專長能夠獨力作出品質上的決定嗎？如果不是的話，參與性的決策也許是很適合的。至少你應該在作出決定前參考你的員工的意見，因為他們能夠提供你必要的資訊。

3. 這個情況的結構性程度如何？你完全瞭解所需資訊為何，以及

在何處可以找到嗎？同樣地，如果答案為否的話，參考你所在團體的意見。

4. 團隊接受或承諾有效實施決策有多麼重要？如果他們的接受與否非常重要，就考慮使用參與性決策，因為假使人們對決策的過程有影響力的話，他們就會有較高的意願來接受此決定。此參與性應該是真實的；不要只是為了要給員工有參與的「表象」（appearance），才要求他們提出意見。員工們通常都能察覺出這個詭計，果真如此的話，他們將開始不再信任你。

5. 員工會接受你專制決定嗎？如果你自己作出了決定，你能夠確定該決定會被你的部屬所接受嗎？如果不能的話，就應該考慮參與性的決策。

6. 員工的目標與公司的目標一致嗎？如果不是的話，那麼參與性的決策可能就不太合適，本章稍早的時候曾提出一個例子，該案例中出現了這樣的問題——當教授們被授權發展出自己的績效標準時，他們都選擇了易於達成的目標。很顯然地，這些教授的目標是要有一個輕鬆的學年；但整個組織的目標是要有個生產豐碩的一年。員工作出的決定必須要符合他們本身與公司的最佳利益，否則參與性決策就無法成功。

7. 部屬們有可能會同意他們彼此間所討論出的解決方案嗎？如果預期員工間會意見不合，你最好收集每個人的意見，然後再自行作出決定。

回顧全章主旨

1. 解釋提高生產力計畫是什麼，以及它們如何對競爭優勢有所貢獻。

　■ 提高生產力計畫是一種激勵員工動機的計畫，其設計的主旨在於藉著增加員工的工作動機，以及促進招募上所做的努力，來改善公司的生產力與效率。

2.定義出在期待理論的架構內，所發展出的有效生產計畫的標準。

■員工將會被激勵去好好執行工作，並且相信他們所做的努力，能夠導致成功的表現。

■獎勵應該與績效有直接的連結性。

■行為與其獎勵之間的間隔越短，該行為被此獎勵所激發的可能性就越大。

■由「依績效給付薪資計畫」（pay-for-performance programs）所提供的獎賞，必須大到或重要到能夠「產生影響」（make a difference）。

■「依績效給付薪資計畫」應該能鼓勵員工去從事能幫助公司達成其策略性目標的行為。

■「依績效給付薪資計畫」必須強烈地影響公司的績效。

3.瞭解「依績效給付薪資計畫」背後的原理。

■當薪資與績效連結之後，整體的績效應該會有改善——績效卓越的員工，應該以較大的獎賞來加以激勵，來保持高表現水準。但對於表現低劣的人，則應該激勵他們增加努力程度，或是離開公司。

4.敘述「依績效給付薪資計畫」的不同種類。

■按功績報償計畫（merit pay plans）：這些計畫基於員工的績效來決定年度薪資漲幅。績效通常是用由監督者所設計的評估工具所衡量的。

■論件計酬計畫（piecerate plans）：此計畫將一個人的薪資奠基於其製造出的產品「件」（pieces）數上或是零件的數目上。

■利潤分享計畫（gainsharing plans）：在員工達成或超過以團隊為基準的目標時，提供他們現金的獎勵。

■分紅計畫（profit-sharing plans）：與利潤分享十分相似，因為它們都會獎勵團隊的表現，而非個人的表現。然而公司所發放的紅

利，是基於利潤而非整體收益——公司的部份利益被分配到員工個人的戶頭中。

5.認識員工授能計畫背後的理論基礎

■授能給員工能夠從兩個方面增進生產力。

●它能藉著提供員工從其工作中獲得內部報償的機會，增強對他們工作的動機的啓發。例如給予員工更大的成就感與重要性。

●它能夠改善生產力，因為授能的過程能導向更佳的決策。

6.解釋不同種類的員工授能計畫。

■非正式參與決策計畫（informal participative decision-making programs）：經理必須決定在每一個案例中，員工能夠有多少決策的權利。

■工作豐富化（job enrichment）：目的在於重新設計工作，使其能夠更易於獲得內部報償。

■品質圈（quality circles）：是一個由六到十二個員工所組成的團體，他們在其單位內找出並解決問題。

■自我管理工作團隊（self-managed work teams）：是一個由六至十八人所組成的團隊，成員個別來自不同的部門，他們共同合作來產生一些成果。管理階層賦予這些團隊自我管理的權力。

關鍵字彙

混合計畫（combination plan）

延遞計畫（deferred plans）

分配計畫（distribution plan）

增進員工使能方案（employee empowerment program）

期待理論（expectancy theory）

外部獎勵（extrinsic reward）

利潤分享計畫（gainsharing plan）

非正式參與決策方案（informal participative decision-making program）

內部獎賞（intrinsic reward）

工作豐富化（job enrichment）

McClelland 之需求—成就理論（McClelland's need-achievement theory）

功績報償指向表（merit pay guidechart）

依功績報償方案（merit pay plan）

依績效給付薪資方案（pay-for-performance program）

論件計酬計畫（piece rate plan）

提高生產力計畫（productivity improvement program）

分紅計畫（profit-sharing plan）

品質圈（quality circle）

增強理論（reinforcement theory）

Rucker 計畫（Rucker plan）

Scanlon 計畫（Scanlon plan）

自我管理工作團隊（self-managed work team）

直接論件工作計畫（straight piecework plan）

重點問題回顧

取得競爭優勢

1.使用期待理論的架構來解釋「提高生產力方案」背後的理論基礎。

2.「提高生產力計畫」如何能增進一家公司為招募活動所做的努力？

人力資源管理問題與實務

3.敘述「依績效給付薪資方案」所設定的標準。

4.什麼是「按功績報償計畫」？大體上，這類計畫與問題 3 所指的標準，配合程度如何？請明確說明。

5.什麼是「論件計酬計畫」？什麼是區分「論件計酬計畫」與「按功績報償計畫」主要特質？

6.敘述 Scanlon 計畫與 Rucker 計畫所使用的定則。

7.敘述一個豐富化工作的五項特點。

8.什麼是「自我管理工作團隊」？討論其與員工授能計畫有關的優缺點。

經理人指南

9.使用期待理論的架構來形容經理在激勵員工時的角色。

10.形容一個工作情況中，經理適合讓員工擁有充分決策權的原創性實例。

實際演練

要如何充實此工作？

1.四或五個學生分成一組。

2.每個組員用五分鐘來簡短地形容他／她目前所擁有的工作（或是最近曾做過的工作）。

3.根據本文中所提到的標準，挑選出內容最不充實的工作加以說明。如果某一組學生中都沒有任何人有工作經驗，那麼就以挑選「修習人力資源管理的學生」這項工作來討論。

4.全組成員一起決定要如何充實這份工作。敘述實施後能夠充實該工作的中介法，並解釋每人會加強哪一項工作特質（如技巧、多樣性、自治性）。

5.選出一位發言人，向全班報告出你們的發現。

6.每位發言人的報告內容，都應該遵守下列的形式：

　a.敘述工作時，假設該工作正在被執行。

　b.討論你的中介法，以及其背後的原理。

c.如果此充實工作的中介法真的被付諸實行，討論一下你們認為它的成功率有多少。舉例來說，你認為該法會被管理階層接受嗎？會被員工接受嗎？這個方法是否符合成本效益呢？

個案探討：這項按功績報償計畫有任何優點嗎？

Oglethorpe 大學使用了一項「按功績報償計畫」來決定教授們的年度薪資漲幅。以下是這個計畫運作的方式：教授們的表現每年都由系主任評估。這個績效評估表是以三項因素為基礎：教學、研究，以及服務。

教學方面基本上是以學生的評鑑為基礎。每一個課程結束時，學生就被要求要填寫一份有二十個問題的問卷，內容是關於該課程的品質與該教授的授課教學情況的瞭解。此評鑑問卷是由一個由教授所組成的委員會所設計的，同時經過全體教授們的同意來施行。

研究方面基本上是以一位教授所發表的研究作品為評估基礎。系主任負責考量該研究的品質與出版的數量。

服務方面是以該教授在學校委員會內的工作為基礎來衡量。大部分的系主任都是透過一位教授所擔任服務的委員會數目，以及該委員會的重要性來評估這個因素。某些系主任會將教授在企業界的諮商工作當成服務功勞的一部分，但其他的系主任則認為這樣的認可是不恰當的，因為該教授的工作已受到聘用公司的酬償。

在一個學年度終了的時候。教授們會向本科的系主任呈上一份檔案，記錄所有關於他們在這些領域中的成就。此外，系主任還會收到一份列印資料，摘錄了學生們對每一項課程的評分結果。在審閱過這些資訊後，系主任就會根據下列的四點量表，給予每一位教授一份整體表現的分數：

4.傑出；超乎預期。

3.良好；符合所有期望。

2.尚可；符合大部分的期望。

1.不足；符合少許期望。

系主任在每年年終時被賦予一份功績共同基金，可以用來分配加薪的薪資。他們被告知要依工作的表現來給予加薪，但有充分的自由來決定要怎麼作。

為了要評估「按功績報償計畫」的效果，Oglethorpe 大學（OU）舉行了一項調查，發給所有的教授一份開放性結尾的問卷，請他們說明對「按功績報償計畫」的意見。結果沒有一項回應是贊許的。

問題

1.你認為主要的抱怨為何？

2.如果有任何方式的話，你認為這所大學要如何改善它的「按功績報償計畫」？如果你建議要廢除這個計畫，你會用什麼來取代它？

參考書目

1. Wiley, C. (1993). Incentive plan pushes production. *Personnel Journal,* August, 86–91.
2. Schneier, C.E. (1989). Capitalizing on performance management, recognition, and reward systems. *Compensation and Benefits Review, 21,* 20–30.
3. Guzzo, R.A., Jette, R.D., and Katzell, R.A. (1985). The effects of psychology based intervention programs on worker productivity: A meta-analysis. *Personnel Psychology, 38* (2), 275–291.
4. McGinty, R.L., and Hanke, J. (1989). Merit pay plans: Are they truly tied to performance? *Compensation and Benefits Review,* September/October, 12–15; Lawler, E.E. (1988). Pay for performance: Making it work. *Personnel Journal,* October, 55–60.
5. Ibid.
6. Markham, S.E. (1988). Pay-for-performance dilemma revisited: Empirical example of the importance of group effects. *Journal of Applied Psychology, 73* (2), 172–180.
7. McGinty and Hanke, Merit pay plans.
8. Bergmann, T.J., Gunderson, H., Weil, D.W., and Baliga, B.R. (1990). Rewards tied to long-term success. *HRMagazine,* May, 67–71.
9. McCormick, E.J., and Ilgen, D. (1980). *Industrial Psychology* (7th ed.). Englewood Cliffs, NJ: Prentice Hall.
10. Schneier, Capitalizing on performance management.
11. Ibid.
12. Bartol, K.M., and Martin, D.C. (1990). When politics pays: Factors influencing managerial compensation issues. *Personnel Psychology, 43* (3), 599–614.

13. Baime, S. R. (1991). Incentives for the masses: A viable pay program? *Compensation and Benefit Review, 23,* 50–58.
14. Bialkowski, C. (1991). Where the raises are. *Working Woman,* September, 78–80, 116.
15. Brennan, E.J. (1985). The myth and the reality of pay for performance. *Personnel Journal,* March, 73–75.
16. Markham, Pay-for-performance dilemma.
17. Wisdom, B.L. (1989). Before implementing a merit system . . ., *Personnel Administrator, 34* (10), 46–49.
18. Baime, Incentives for the masses.
19. Wisdom, Before implementing a merit system.
20. Kohn, A. (1993). Why incentive plans cannot work. *Harvard Business Review,* September–October, 54–63.
21. Lawler, Pay for performance.
22. Bialkowski, Where the raises are.
23. Milkovich, G.T., and Wigdor, A.K. (1991). *Pay for Performance: Evaluating Performance Appraisal and Merit Pay.* Washington, DC: National Academy Press.
24. Wilson, T.B. (1992). Is it time to eliminate the piece rate incentive system? *HRMagazine,* March/April, 43–49.
25. Ibid.
26. Ibid.
27. Ibid.
28. Milkovich and Wigdor, *Pay for Performance.*
29. Ibid.
30. Zingheim, P.K., and Schuster, J.R. (1992). Linking quality and pay. *HRMagazine, 37* (12), 55–59.
31. Swinehart, D.P. (1986). A guide to more productive team incentive programs. *Personnel Journal,* July, 112–117.
32. Ibid.
33. Kanter, R.M. (1987). From status to contribution: Some organizational implications of the changing basis for pay. *Personnel,* January, 12–37.
34. Bialkowski, Where the raises are.
35. Bullock, R.J., and Lawler, E.E. (1984). Gainsharing: A few questions and fewer answers. *Human Resource Management, 23* (1), 23–40. Petty, M.M., Singleton, B., and Connel, D.W. (1992). *Journal of Applied Psychology, 77* (4), 427–436; Paulsen, K.M. (1991). Lessons learned from gainsharing. *HRMagazine,* April, 70–74; and Rollins, T. (1989). Productivity-based group incentive plans: Powerful, but use with caution. *Compensation and Benefits Review, 21,* 39–50.
36. DeBettignies, C.W. (1991). Using gainsharing to improve financial performance. *Industrial Management,* May/June, 4–6.
37. Zingheim and Schuster, Linking quality and pay.
38. Baime, Incentives for the masses.
39. Bullock and Lawler, Gainsharing.
40. Mannheim, B., and Angel, O. (1986). Pay systems and work-role centrality of industrial workers. *Personnel Psychology, 39* (2), 359–377.
41. Swinehart, D.P. (1986). A guide to more productive team incentive programs. *Personnel Journal,* July, 112–117.
42. Ost, E. (1989), Gain sharing's potential. *Personnel Administrator,* July, 92–96.
43. Paulsen, Lessons learned from gainsharing.
44. Coates, E.M. (1991). Profit sharing today: Plans and provisions. *Monthly Labor Review,* April, 19–25.
45. Florkowski, G.W. (1990). Analyzing group incentive plans. *HRMagazine,* January, 36–38.
46. Ibid.

47. Pierce, J.L., Rubenfeld, S.A., and Morgan, S. (1991). Employee ownership: A conceptual model of process and effects. *Academy of Management Review, 16* (1), 121–144.

48. Panos, J.E. (1990). Managing group incentive systems. *Personnel Journal,* October, 123–124.

49. Ost, Gain sharing's potential.

50. Thornburg, L. (1992). Pay for performance: What you should know. *HRMagazine,* June, 58–61.

51. Pringle, C.D., and Dubose, P.B. (1989). Participative management: A reappraisal. *Journal of Management in Practice, 1* (1), 9–14.

52. Cotton, J.L., Vollrath, D.A., Froggatt, K. L., Lengnick-Hall, M. L., and Jennings, K.R. (1988). Employee participation: Diverse forms and different outcomes. *Academy of Management Review, 13* (1), 8–22.

53. Herzberg, F. (1990). One more time: How do you motivate employees? *Harvard Business Review,* January–February, 26–35.

54. Miller, K.I., and Monge, P.R. (1986). Participation, satisfaction, and productivity: A meta-analytic review. *Academy of Management Journal, 29* (4), 727–753.

55. Pringle and Dubose, Participative management.

56. Ibid.

57. Ibid.

58. Cotton et al., Employee participation.

59. Miller and Monge, Participation, satisfaction, and productivity.

60. Ibid.

61. Lawler, E.E. (1988). Choosing an involvement strategy. *The Academy of Management Executive, 2* (3), 197–204.

62. Barrick, M.R., and Alexander, R.A. (1987). A review of quality circle efficacy and the existence of positive-findings bias. *Personnel Psychology, 40* (3), 579–592.

63. Pasewark, W.R. (1991). A new approach to quality control for auditors: Quality circles. *The Practical Accountant,* March, 68–71.

64. Horn, J.C. (1986). Making quality circles work better. *Psychology Today,* August, 10.

65. Liverpool, P.R. (1990). Employee participation in decision-making: An analysis of the perceptions of members and nonmembers of quality circles. *Journal of Business and Psychology, 4* (4), 411–422.

66. Ibid.

67. Duetsch, C.H. (1991, May 26). A revival of the quality circle. *New York Times,* p. 23.

68. Orsburn, J.D., Moran, L., Musselwhite, E., and Zenger, J.H. (1990). *Self-Directed Work Teams: The New American Challenge.* Homewood, IL: Business One Irwin.

69. Ibid.

70. Case, J. (1993). What the experts forgot to mention. *INC,* September, 66–77.

71. Orsburn et al., Self-Directed Work Teams.

72. Ibid.

73. Lawler, Choosing an involvement strategy.

74. Norman, C.A., and Zawacki, R. (1991). Team appraisals—team approach. *Personnel Journal,* September, 101–104.

75. Stern, A.L. (1993, July 18). Managing by team is not always as easy as it looks. *New York Times,* p. 14.

76. Hoerr, J. (1989, July 10). The payoff from teamwork. *Business Weekly,* 56–62.

77. Ibid.

78. Ibid.

79. Magjuka, R.J., and Baldwin, T.T. (1991). Team-based employee involvement programs: Effects of design and administration. *Personnel Psychology, 44* (4), 793–812.

80. Case, What the experts forgot.

81. Stern, Managing by team.

82. Case, What the experts forgot.

83. Ibid.
84. Buhler, P. (1988). Motivation: What is behind the motivation of employees? *Supervision, 49*, 18–20.
85. The source for much of the material in this section is Newsom, W.B. (1990). Motivation, now! *Personnel Journal*, February, 51–55.
86. Pringle and Dubose, Participative management; and Harrison, T.M. (1985). Communication and participative decision making: An exploratory study. *Personnel Psychology, 38* (1), 93–116.
87. Orsburn, et al., *Self-Directed Work Teams.*
88. Pringle and Dubose, Participative management.
89. Steers, R.M., and Porter, L.W. (1979). *Motivation and Work Behavior,* New York: McGraw-Hill.
90. Hudy, J.J. (1992). The motivation trap. *HRMagazine, 37* (12), 63–67.
91. Vroom, V.H. (1976). Leadership. In M.D. Dunnette (Ed.). *Handbook of Industrial and Organizational Psychology.* Chicago: Rand McNally.

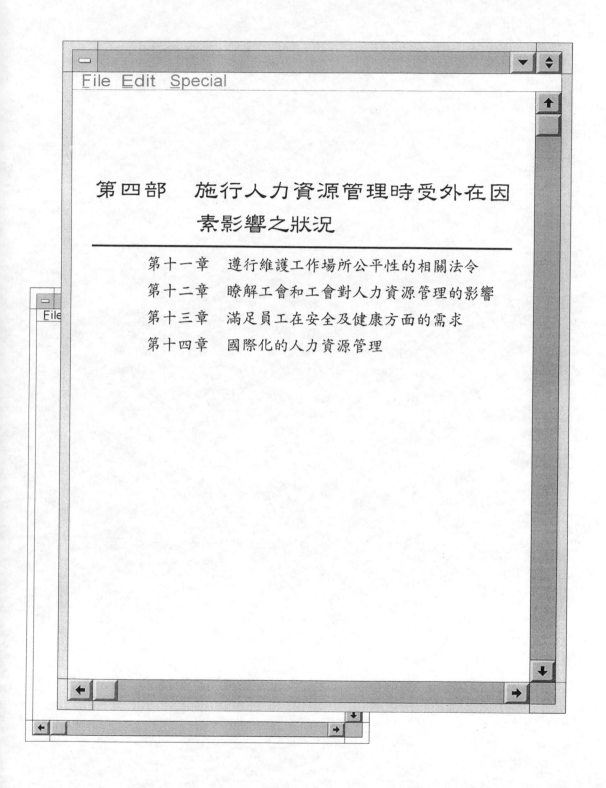

第四部　施行人力資源管理時受外在因素影響之狀況

第十一章　遵行維護工作場所公平性的相關法令

第十二章　瞭解工會和工會對人力資源管理的影響

第十三章　滿足員工在安全及健康方面的需求

第十四章　國際化的人力資源管理

第十一章
遵行維護工作場所
公平性的相關法令

本章綱要

取得競爭優勢

　　個案討論：取得優勢競爭力的 Marriott 企業

　　將工作場所的公平性與競爭優勢加以連結

人力資源管理問題與實務

　　工作場所的公平性與聘雇歧視

　　員工的隱私權

　　非法解僱與任意聘僱條款

經理人指南

　　維護工作場所的公平性與經理人的任務

　　人力資源管理部門能提供何種協助

　　增進經理人之人力資源管理技巧

本章目的

在讀完本章後你將能夠：

1. 瞭解有效的工作場所公平政策如何增加競爭優勢
2. 描述反歧視法案對於員工平時應享待遇的規定
3. 討論員工隱私權受到合法保障的程度
4. 說明員工遭到不公平解僱時應有的權益
5. 討論何種管理技巧能夠有效地應用在工作場所公平法中

取得競爭優勢

個案討論：取得優勢競爭力的 Marriott 企業[1]

問題本質：Marriott 企業的管道開放政策無法解決員工的抱怨申訴

    Marriott 企業過去採行一種叫做「保證公平對待」的管道開放政策來處理員工的抱怨申訴，員工的抱怨申訴通常需經過一系列的組織系統向上反映；亦即當員工覺得遭到歧視或性騷擾，他們首先要向自己的直屬上司報告，再由此往上呈報到更高的管理階層。

    結果，他們發現這種管道開放政策成效不彰，許多員工提出告訴，因為他們不滿意公司處理抱怨的方式，其他員工則因為不願意當面對抗上司，而改採直接到法庭申告。

解決方案：實施同僚審查程序

    Marriott 決定發展一個有效的方式來解決員工的需要。為了瞭解員工的需求，公司先以問卷調查並組成數個焦點團體（focus groups）針對「申訴系統應包括哪些特點？」的問題加以蒐集意見，結果顯示員工希望在公正的聆聽者前有機會發表他們的意見，並且

能夠迅速獲得回應，他們希望確定在事後不會遭到報復。

　　Marriott 建立了一個同儕審查的系統，其運作方式如下：鼓勵要提出申訴的員工首先採取管道開放政策的申訴方式，等到申訴到達資深管理階層時，員工可以選擇把申訴送到同儕審查小組，這個審查小組的成員包括三位同僚和兩位經理（這些成員是經過訓練及隨機選出的），他們能夠對所有的抱怨申訴作出最後的裁定。雖然審查小組不能改變公司的政策、薪資、福利和工作規定，但是他們有確保公司政策和程序一致的權力，審查小組並且必須在員工提出申訴後的十個工作天內作出裁定。

同儕審查程序如何增加競爭優勢

　　根據 Marriott 公平就業機會部門的主任（director of EEO/affirmative action）Ron Brandrau 的說法，員工及管理階層均給予同儕審查程序相當正面的回應。這個程序受到員工的歡迎，因為他們認為審查小組公正且客觀，管理階層則認為這是加強和澄清公司政策和工作法則的機會。

　　如此的制度能否達成其應有的功效呢？答案是十分肯定的。相關的申訴案件第一年就減少百分之五十，第二年更下降了百分之八十三，公司因此減少了許多高額的法律費用而節省了許多經營成本，同時，員工因為有他們可信任的申訴系統而使士氣振奮許多。

將工作場所的公平性與競爭優勢加以連結

　　員工希望他們能被公司公平的對待，法律也規定相似的法則，**工作場所公平法**（workplace justice laws）是一規範企業必須時時平等對待員工的相關法規，在此法規規範下，公司遵守這些法律來制訂政策，尊重及保障個人權益，並且保證員工不會受到管理階層主觀、片面地對待[2]。

工作場所公平法
規範員工平時應享待遇的相關法令。

遵守公平法則能協助公司取得競爭優勢，而競爭優勢則來自於較少的訴訟費用、良好的員工態度，以及良好的公司形象。

減低訴訟費用

違反工作環境公平法會使企業損失金錢，例如，遭到非法解僱的員工平均獲得賠償的金額是三十一萬一千美元 [3]，一些原本財務健全的公司如 Texaco 和 Manville 則因為訴訟纏身而瀕臨破產 [4]。

請考慮下列有關工作場所之公平性的索賠案例，以及原告尋求賠償的金額的情況：

■Thomas A. Floerchinger 是 Intellicacll 企業的前任財務長，他控告 Dallas 分公司及三位主管涉嫌違約、毀謗，以及非法解僱，原因是湯瑪斯拒絕更改董事會的會議記錄。他要求一億美元作為實質及懲罰性的賠償 [5]。

■Jimmy Janacek 曾在 Triton 公司擔任八年的審計員，因為拒絕簽署一份不正確的年度報告給證券交易所而遭到開除，達拉斯的賠審團判決吉米獲得一億二仟四百四十萬美元的實質和懲罰性賠償 [6]。

■三十二位前 IDS 的經理因為績效不佳的理由遭到解僱，這些經理們認為公司對他們年齡歧視，因而集體控告公司，並且要求一億四千萬美元的賠償，他們聲稱公司乃是藉由開除的名義來趕走這些年齡較大的地區經理 [7]。

正面地影響員工的態度及行為

當員工認為自己受到不公平的待遇時，通常會將之反映在其所從事的活動上，而這些活動最終將導致公司的競爭力的降低。例如，在積極方面，他們會採取法律訴訟或進行抗議活動；在消極方面，則是降低對公司的認同，或成為較差的「組織成員」（亦即他

們可能會拒絕執行在其責任範圍以外的工作，或是變得較不願合作）[8]。

目前已有一些實徵研究針對工作場所的公平性與員工對組織的認同感之關連發表相關文獻[9]。這些研究指出，當組織盡力於保護員工免於遭受獨裁對待，並且確保他們的基本權益時，將可增加員工對組織的認同感。員工視此項舉動為組織關心他們福利的一項表現[10]。

員工之所以選擇成為表現良好的組織成員，其實是直接建基於他們所認知到的工作場所公平性。當員工相信他們所受到的待遇是公正且公平的，他們會以繼續成為表現良好的組織成員來回應公司的公平待遇；相反地，當員工認為自己遭受到不公平的對待時，其組織成員的行為表現將會隨之減弱[11]。

如第二章所述，由於勞動力的多元化，工作場所的公平性已經成為當今十分重要的課題。許多組織未能成功地整合組織中的一些弱勢團體，使其形成一種互助文化[12]。舉例來說，這些弱勢團體成員對工作的滿意度通常遠較一般白人男性對工作的滿意度為低[13]。我們可以確定地說，普遍的性騷擾與其他歧視行為，證明了未能遵行相關的工作場所公平法令是使得此些問題更加猖獗的原因。

提昇公司的良好形象

公平、公正的工作環境，能夠廣泛的提昇公司的良好形象。一個良好的公司形象，能夠顯著增加公司招募人才的效益。在一項研究中，發現那些注重公平政策的公司比那些不注重公平政策的公司，更能夠吸引未來的求職人才[14]。

公司內工作場所的公平、公正，能夠提昇公司的形象，使婦女及少數民族認為這是一個良好的工作環境。在最近發表的數據中顯示，婦女及黑人所評鑑的最佳企業包括了一些著名機構（例如：

Merck、Xerox、Syntex、Hoffman-La Roche、Hewlett-Packard），均在有效處理多元文化的努力上深獲好評。由於大眾對這些公司有如此認同，因而連帶增加了公司招募人才的效益[15]。

此外，若公司擁有善待女性及少數民族員工的口碑，也能增加公司產品的銷售數量，因為許多顧客喜歡向給予員工公平待遇的公司購買產品[16]。

人力資源管理的問題與實務

我們首先將討論在工作場所公平法中有關聘雇的歧視問題。之後，我們將把焦點轉移至公平法中有關員工隱私和不正當解雇的問題。

工作場所的公平性與聘雇歧視

我們在前幾章提到過有關聘雇的歧視，在第二章中我們討論了有關歧視的法令，和如何解釋歧視的定義，之後我們討論了有哪些具體法令適用於某些特定的人力資源管理政策，例如，工作的分配、績效評估、薪資等。現在我們要來討論有關日常的員工歧視問題，以下將針對性騷擾、懷孕歧視、家庭暨醫療相關休假、開除、停職，以及提早退休等問題加以討論。

性騷擾

性騷擾
不受歡迎的性要求、性服務，或是其他以性為目的的語言或身體上的接觸。

工作場所中的**性騷擾**（sexual harassment），是一個長久以來的問題，它影響了百分之四十二到百分之九十的女性[17]，但是直到一九七○年代才被人重視，從此就廣受全國民眾的注意。尤其是一些著名案例，如 Clarence Thomas 的最高法院司法確認聽證會，以及一九

九一年在尾鉤集會（"Tailhook" convention）中數位婦女遭到海軍飛行員嚴重性騷擾的事件。

性騷擾是性別歧視的一種形式，因此違反了民權法案（Civil Rights Act）第七章所定之權利。公平就業機會委員會（EEOC）所接到的性騷擾申訴案件，有迅速增加的趨勢，從一九九一年的六千八百八十三件，增加到一九九三年的一萬一千九百零八件。這些申訴主要包括有不當的身體碰觸、侵犯性的言語、性暗示、社交或約會的邀請等等[18]。

性騷擾與競爭優勢　公司內如有性騷擾行為，將會損傷公司的競爭力。被騷擾的員工會因為被視為性玩物，或者覺得他們的同事不看重其工作表現而感到憤怒。同時，這些員工也害怕當他們提出抱怨或申訴後，公司會認為他們是在製造糾紛[19]。

性騷擾在公司中造成了無數的員工問題，其中一個就是高離職率。遭到性騷擾的員工可能會辭職，因為他們認為沒有任何一種方式能夠彌補所遭受的傷害。其他因性騷擾而造成的問題包括長期曠工、士氣低弱、缺乏有效的團隊合作、生產力下降，以及員工的壓力與精神問題等[20]。此外，性騷擾的訴訟費用是相當高昂的，如果公司敗訴的話，公司將需負擔賠償性損失，並且可能需要負擔依一九九一年民權法案中所規定的懲罰性賠償。

公平就業機會委員會中有關性騷擾的指導方針　在一九八○年，公平就業機會委員會（EEOC）發佈一系列有關性騷擾的指導方針，明確地指出哪些行為會構成性騷擾，以及在哪些情況下此種行為將屬違法[21]。這些指導方針也明訂了雇主的法律責任。這些由最高法院認可的指導方針將簡述於**深入探討 11-1**。

性騷擾的種類　性騷擾可能有兩種：**利益交換**（quid pro quo）以及

利益交換
性騷擾的一種形式，受害人必須提供性服務以換取聘僱、晉升、加薪或是繼續任職。

公平就業機會委員會有關性騷擾的指導方針

性騷擾行為

不受歡迎的性要求、性服務，或是其他以性為目的的語言或身體上的接觸。

下列性騷擾行為將觸犯法律：

1. 明白指出或暗示他人以順從其性要求作為其受聘的條件。

2. 以順從或拒絕性騷擾作為決定聘僱與否的考量標準。

3. 以不當干擾個人的工作表現為目的或效應，或在工作環境中造成恐懼、敵意或相互攻擊的性騷擾行為。

4. 雇主只僱請那些願順從其性要求的員工。

雇主何時需對那些性騷擾事件負責

1. 縱使雇主不知情，雇主仍應對他們所屬的代理人或管理人員的性騷擾事件負責。

2. 雇主如果對其合夥人涉及性騷擾知情不報，則需負起共同責任，除非雇主能證明他已立即採取適當的措施。

3. 如有下列情況發生時，則雇主對於非公司員工在工作場所對其他員工的性騷擾行為，也應負起相關責任：(1)對所發生的性騷擾行為知情或者應該知情；(2)沒有立即採取適當的應對措施；(3)有能力制止該名非公司員工的行為。

敵意環境（hostile environment）。「利益交換」是拉丁語的「以此換彼」，舉例來說，就是如果你幫我做這件事，我就幫你做那件事。就性騷擾而言，乃是指員工或求職者必須提供性服務以換取聘僱、晉升、加薪或是繼續任職。

敵意環境是指在不友善和受到威脅的環境下工作。在一九九三年最高法院有一起有關敵意環境的案例（哈理斯女士控告升降機械公司的案子）。哈理斯女士聲稱雇主使她的工作環境充滿了敵意和威脅：

- 要求她從他的口袋中取物。
- 使用貶損性的言論，譬如：「妳是個女人，妳懂什麼？」
- 建議她和他到旅館房間內討論加薪事宜。
- 告訴其他員工，她答應提供性服務以換取繼續任職。

地方法院並未採信哈理斯女士有關敵意環境的宣稱，判定其雇主的行為並未嚴重影響她的正常心理狀態。最高法院則駁回地方法院的判決，認為構成敵意環境的必要條件並不包括對受害者造成心理傷害。而敵意環境的構成與否可由一般明理的人來做判斷：

> 只要能夠理性地認知到在環境中有敵意與苛刻的情形產生，即已構成敵意環境，而不一定要造成員工的心理傷害。

以「明理者的標準」作為考量的基準，或許顯得有些含糊（例如，一個明理的男性對一件事情的認知可能不同於一個明理的女性），所以公平就業機會委員會在一九九一年發表聲明，認為構成敵意環境的構成與否應改為以明理的受害者作為考量的基準。

另外一個有關敵意環境的法律案例，雇主因下列的理由而被判性騷擾[22]：

示例 11-1　公平就業機會委員會對於性騷擾政策的指導方針

1. 定義性騷擾，並強調此種行為是不被允許的。
2. 建立申訴步驟。此申訴管道應該指定非直屬上司的客觀者，如人力資源管理的專家來接受調查申訴
3. 建立一個調查的時間表。說明調查將花費多少時間，而且公司何時能作出判決。
4. 制定適當的懲處辦法。說明任何人如違反了性騷擾政策，將受到適當的處罰。這些懲處可能輕如警告，或甚至重如解僱。
5. 確實保密。說明將不洩露提出申訴的原告及遭到控訴的的被告的身分，並且會遵守這項承諾。
6. 提供防止報復的保護。聲明任何提出申訴的人，不會遭到報復。此外，亦須明白表示證人也可以受到免於報復的保護。

■在工作場所中到處張貼裸體女性照片。

■男性員工常發表有關性的言論。

■時常有色情笑話、骯髒污穢的塗鴉和侵犯性的觸摸。

深入探討 11-1 描述了另外一種性騷擾，叫做「逆向性騷擾」（reverse sexual harassment）。這一種性騷擾發生的情況是，只給予那些肯依從性要求的人受聘的機會。其中一起法律案例就是，某一護士雖然具有升遷的資格卻未獲晉升。原來是那些獲得晉升機會的護士，均須與做出升遷決定的醫生發生性關係。這起案例被判歧視，因為性關係在決定升遷上扮演主要角色[23]。

雇主應該如何處理性騷擾事件？ 雇主應採取下列步驟[24]：

1. 建立書面的性騷擾政策。政策中應言明申訴的程序，使員工的被騷擾申訴能夠受到管理階層的注意。當員工的直屬上司為被告時，這些程序應給予員工得以略過其上司而直接呈報管理階層的機會。**示例 11-1** 說明了平等就業機會委員會對制定有效

的性騷擾政策的指導方針。

2. 提供以性騷擾的法律規準為焦點的督導訓練。並且除了舉辦正式的訓練課程之外，最高管理階層應與員工會晤，以加強管理階層對維護工作場所免於性騷擾的承諾與任命。

3. 制訂調查指導方針，以確保員工的秘密不被外洩（參見「經理人指南」）。

4. 設立一個由男性及女性共同組成之調查委員會，調查有關性騷擾的申訴案件。委員會的成員需接受如何調查性騷擾申訴的訓練。

5. 建立一套偵測公司中未呈報之性騷擾事件的方法，例如心態調查及隔離面談等，均可協助證實此類事件發生的真相。

懷孕歧視

大部分的婦女（大約百分之八十）會在其職業生涯中懷孕，公司應試著適應這些有特殊需要的婦女[25]。根據一項為期兩年的全國性調查，公司的競爭力亦會隨著其適應能力的增加而提昇[26]。一項比較婦女的工作態度和行為的研究顯示，那些在「有調適能力公司」工作的婦女，比起那些在「沒有調適能力公司」的婦女：

■ 有較佳的生產力。

■ 請較少的病假。

■ 在懷孕末期尚能工作。

■ 在小孩出生後，有較強的意願回到原工作單位任職。

反懷孕歧視法案　雇主的行為受到一九七八年**反懷孕歧視法案**（Pregnancy Discrimination Act）的約束，這個法令明白指出，因為懷孕而造成的歧視是一種明顯的性別歧視，所以是違法的。

根據此法，公司不可因為員工懷孕、生產或相關的醫療情況而

反懷孕歧視法案
一項規定公司不可因懷孕、生產或其他相關醫療情境而歧視員工的法案。

公平就業機會委員會有關反懷孕歧視的指導方針

事項	對雇主的要求
年資計算	如果雇主將員工的醫療休假併入年資的計算時，則懷孕及生產的休假期間亦應併入年資的計算當中。
復職	如果雇主應允讓那些因疾病或傷殘請假者回到原來工作崗位，則也須應允那些請產假的員工於休假滿期後回復原職。
產假	若員工在懷孕期間，仍能勝任工作，則雇主必須讓其全職工作。因此，任何強制性的產假政策，例如事先預定產假的長度（最短或最長期限），通常是不被允許的。
醫療福利	醫療福利應該涵括因懷孕所引發的有關疾病，如同其涵括其他暫時無法上班的疾病一般。此外，若男性員工的配偶享有他種醫療保險，則其因懷孕所引發的有關疾病也應涵括於醫療保險的範圍內。
墮胎	雇主並不需要支付員工的墮胎費用（除非母親的生命會被胎兒所影響）。然而，雇主須比照其他的醫療情境，准予墮胎所需的休假。

予以歧視，公平就業機會委員會的反懷孕歧視指導方針規定員工因懷孕而暫時無法執行其職務時，應享有和因其他理由而暫時無法工作的員工同樣的待遇。**深入探討 11-2** 列出了反懷孕歧視指導方針中

某些特殊要求的規定。

家庭暨醫療相關休假

一九九三年的**家庭暨醫療相關休假法案**（Family and Medical Act）規定，擁有超過五十名以上員工的雇主，需准予那些家中有新生嬰兒、患病親屬或本身罹病的員工，享有一年十二個星期的不給薪假。

員工可以一次或累積請滿規定的天數。**深入探討 11-3** 陳述了家庭暨醫療相關休假法所涵括的主要內容。

雖然家庭暨醫療相關休假對員工有所助益，但雇主卻須費力尋找人力來代替請假的員工，尤其請這些假的員工大部分是婦女，當某些公司所雇請的員工主要是婦女時，會特別容易受到影響[27]。我們來看看華盛頓特區希伯立紀念醫院（Sibley Memorial Hospital）的案例[28]。

由於該名請假員工的工作性質非常特殊，當她請假時，醫院遭遇了無法從當地找到合適的人選來替代的難題。除了給付這名員工醫療福利之外，醫院還得支付代班者來回機票、額外的四佰元房租，以及租車和十二週的薪水，共約一萬三千美元。最糟的是，當假期結束後，這位員工卻通知醫院，她不打算再回來工作了。

因此，家庭暨醫療相關休假法案採用下列兩種方法保護雇主免於遭遇上述的問題：(1)高薪給員工不在家庭暨醫療相關休假法案的保障範圍之列，此法允許雇主享有不准予高薪員工同等假期的權利；(2)如果員工在休假期滿後，可以回來工作卻選擇離職，則必須支付雇主在其假期中付出的保險費用。雖然在希伯立紀念醫院的案例中，醫院無法獲得上述的第一種保護（此員工的薪給並非屬於雇

一九九三年家庭暨醫療相關休假法案的條款

家庭暨醫療相關休假法案的目的

使大部份員工能因下列理由享有每年十二週不給薪的假期：

- 生產或照顧出生十二個月內的嬰兒。
- 在收養或撫養產生的前十二個月。
- 照顧重病的配偶、小孩或雙親。
- 假如員工個人因健康不佳而無法執行工作時，得以請假休養。

涵蓋範圍

- 所有超過有五十個員工的私立、州立或聯邦政府機構。
- 員工工作年資超過十二個月，而在過去一年中至少工作了一千兩百五十個小時。
- 當享有高薪給的員工（薪給為所有員工的前百分之十）請假，且其缺職將造成公司相當嚴重的財務損失時，則雇主有權不遵守此項法案的規定。

工中最高的百分三十），但其所支付的保險費卻獲得償還。

胎兒保護政策

胎兒保護政策
保護介於生育年齡的婦女，不會因為工作而造成可能的生育傷害的組織政策。

胎兒保護政策（fetal protection policies，FPPs）是保障介於生育年齡的婦女，不會因為工作而造成可能的生育傷害，例如毒素以及那些可能造成不孕、精子畸形、小產、畸形兒或性器官損傷的物質等等。胎兒保護政策的保障範圍涵蓋所有的婦女，不論其婚姻狀態為何、有否避孕，或是否想生育都列入保護範圍。唯一的例外是婦

義務

　　雇主有義務擔負原有的醫療保險，並且讓銷假的員工回復到原有或相當的職位。

　　員工有義務在可能的情況下於三十天前提出通知，如果不可能的話，則愈早提出通知愈好，員工也必須提出醫療機構發出的證明文件。

　　假如員工能夠回來工作，卻選擇不復職，則必須償付在請假期間雇主所為其付出的醫療保險費用。

請假計畫

　　這十二週的假期可以是連續的或者分段進行，如果是分段請假，雇主可以將員工調至較適合分段請假的職務。調職只是暫時性的，而且新職務必須相當於原來的職務。

　　若配偶在同公司工作，則兩人都能依正當理由請假，不過兩人合起來的假期不能超過十二週，除非請假原因為個人因素時則可例外。

女因外科手術而不孕的[29]。

　　雇主頒行胎兒保護政策是因為他們想要[30]：

■遵守職業安全及衛生保障法案（OSHA），此法規定雇主須提供一個安全、衛生的工作環境，使員工不會接觸到會使他們生育健康受到損害的物質。

■減少因生出畸形兒所可能招致的法律責任。

■避免任何因生出畸形兒所招致的法律訴訟——一旦公開渲染會

對公司形象造成相當大的傷害。

■盡到道德責任，使婦女員工避開那些危險的工作環境，以避免畸形兒的產生。

胎兒保護政策使許多婦女減少工作機會，一些婦女已經受到採行此種政策的公司的影響，如 Cyanamid、Du Pont、Exxon、Firestone、General Motors、Monsanto 和 Olin[31] 等公司，還有更多的公司將會受到影響，預估將近有兩千萬的職務，因為有可能使員工暴露在危險的工作環境中而不適於婦女工作[32]。

雖然胎兒保護政策是善意的法規，卻會相對地影響女性的工作權，可能被視為是一種歧視。最高法院因此不允許公司以有可能暴露於高鉛環境的理由而禁雇女性員工，最高法院認為這是一種歧視待遇，因為高含量的鉛同樣對男性有害，但公司卻未禁止雇男性從事同類工作[33]。

雇主應如何處理呢？ 假如有一項法案是讓管理階層感到相當為難而難以取決的，那麼這項法案即是胎兒保護政策。從一方面來說，此種政策被認為是歧視，從另一方面來說，雇主有道德和法律責任來保護員工不在危險的環境中工作。很明顯地，一些折衷的解決之道是十分必須的。一些有關的原則將陳述於**示例 11-2**。

解僱與歧視

雇主開除員工是司空見慣的事實，實際上，在私人企業中每年約有三百萬人遭到開除[34]。不幸的是，許多人是因為遭受到不公平的待遇而失去工作，這些情況可能會招致歧視訴訟的產生[35]。當員工因為其屬於受保障團體的一員而遭到開除時，此項開除決定即會被視為歧視。

所以，當雇主開除員工時，必須準備充足的申辯理由，且如第

示例 11-2　有關胎兒保護政策的指導方針

支持聯邦在預防生育危險上所做的研究
管理階層應配合聯邦政府，調查在工作環境中所有已知或可疑的危險源會對胎兒發育產生的影響。

評估公司員工所可能遭受到的健康威脅
管理階層需知道任何使用已知或有可能的毒性物質，會對生育健康造成何種程度的影響。

讓員工完全瞭解其所可能會遭受到的健康威脅
管理階層需提供有關所有可能在工作場所造成健康威脅的資料。

採用科技設備進行控管
管理階層應設法採用科技設備來控制減少有害物質對員工所造成的影響。譬如增進通風設施，以及使用密閉的系統來處理化學物質等。

減低員工暴露於毒物環境中的機會
公司需定期藉由輪班或調職的方式，使處於有毒物質環境的員工，能定期地輪調至安全的工作環境。

進行基因測試
有些人在暴露於毒物環境中時，較其他人更易受到影響。基因測試能檢測出這些較敏感的人，使其不從事此類危險工作。

以胎兒保護政策來替代
如果沒有其他可行的替代政策，管理階層應履行胎兒保護政策，這個政策除了在特殊情況下，應同時適用於男女兩性。如果一位女性員工能證明她並未受孕，則雇主不應以履行胎兒保護政策為由，拒絕該名員工任職的機會。

二章所述，若審查小組認為這是一個涉及歧視的案子，則雇主必須為其開除決定提出一合法且非歧視性（或是與工作有關）的理由。

　　用以證明開除決定的合法及公平性所需的證據，會因雇主所提出的開除理由而有所不同。目前我們發現，員工行為不檢及績效不佳是兩個最常為雇主所引用的理由。

員工行為不檢　所謂行為不檢乃是指員工違反了工作場所的規定。雖然組織可以按其所欲達成的目標來制訂此類規定，但公司也應增訂懲處與開除的政策，以確保其所訂立的規定能夠公平公正地實

施。

懲處與開除政策說明了當員工違反組織所規定的行為標準時，公司需如何加以處理的程序。若是缺乏這樣的政策，經理人可能會做出不公正或不一致的懲處及開除處分，而導致公司被控涉及非法解僱與歧視。

有效的懲處與開除政策包括了**正當理由**（just cause）以及**正當程序**（due process）等兩個概念。正當理由是指此項行動的理由必須是正當的（例如違反了合理的規定）；正當程序則是指公司必須告知員工其遭到控訴的事由，並給予員工為自己辯駁的機會。

大部分的組織採行所謂的**漸進式懲處系統**（progressive discipline system）。在此一系統中，懲處的執行是愈來愈嚴格的。漸進式懲處系統的第一步，通常是給予員工口頭申誡，告知其不當行為為何以及應如何改正（參見「增進經理人之人力資源管理技巧」的部分）。

當口頭申誡無法矯正其不當行為時，懲處將累進並變為更加嚴厲，例如書面申誡、監視、暫時停職，以及最終的解僱。通常公司在處理重大的違規事件，如偷竊、吸毒或是破壞行為時，會躍過此漸進式懲處系統，大部分的公司則主張予以立即開除的處分。

一個有效的懲處及開除政策應涵括列於**示例 11-3** 中的規定 [36]。

員工績效不佳　雖然開除通常是最後的手段，但雇主會發現有時候必須要開除績效不佳的員工。當此類開除決定遭到員工控訴時，雇主必須讓法庭相信，開除的決定是由於員工績效不佳而非出於歧視。雇主提出愈多的資料證明員工績效不佳，法庭愈能夠採信雇主的說法 [37]。

一個有效的績效評估系統在這裡顯得十分重要。公司必須訂立明確的績效標準，並與員工溝通，應遵照公司的指導方針來對員工

正當理由
雇主為其行動所提出的合理解釋。

正當程序
正當程序是指告知員工其遭到控訴的事由，並給予員工為自己辯駁的機會。

漸進式懲處系統
在此種系統中，懲處的執行是愈來愈嚴格的。

示例 11-3　懲處與開除政策中所應涵括的規定

員工應對雇主的期望有所瞭解。
當未能達到這些期望時，雇主應提醒員工，並且告知其可能造成的後果。
雇主所訂的各項規定及規範需公平地執行。
應建立內部申訴管道。藉由此管道，員工可以對管理階層所做出可能會影響
　　其工作安定的決定提出告訴。

的表現進行評估。並且當問題產生時，員工必須被告知他們在哪些
地方未達到公司所認定的標準[38]。

　　下列的證據亦能佐證雇主的說法[39]：

■其他有關績效不佳的證據，諸如備忘錄、便箋、顧客申訴紀
　錄，或是曾經親眼目睹其績效不佳等。

■能夠顯示當其他員工有類似績效不佳情況發生時，公司在處理
　方式上並無不同的紀錄報告。

■能夠證明經理人在做出開除決定前，曾進行諮商輔導，嘗試協
　助員工改進其低於標準的表現。

暫時解僱（停職）與歧視

　　如同第二章所述，在今日的商界，大規模的暫時解僱變得十分
普遍。但不幸的是，暫時性解僱的過程常會招致法律上的風險[40]。

　　在暫時解僱中，最常見到的批評就是年齡歧視。雇主被控告涉
嫌以暫時解僱作為請年老員工走路的方便藉口，此類暫時解僱的誤
謬源於一種普遍（但卻錯誤地）認為年老員工的生產力一定不如那
些年輕的小伙子的想法，或者，雇主只是單純地想要藉著剔除高薪
資所得的員工以節省開支[41]。

　　雇主為其暫時性解僱所提出的正當理由涉及兩個方面[42]。首先他
必須證明暫時性解僱並不是一個歧視的藉口。公司可以藉由提出滯

銷的存貨量增加，或是低瀰的經濟情勢等證據，來證明其暫時性解僱是正當的。雇主並且必須提出證據以證明他們已考慮過除暫時性解僱以外的其他所有可能，包括將員工安插至其他空缺、安排新的兼差職務，或者是准許員工在一週中只工作較少的時數，但仍維持其任用資格等等。

其次，雇主必須證明暫時解僱原告員工而非其他員工的決定是正確而正當的。也就是說，雇主必須證明這樣的決定純粹是基於經營上的考量，而非其掩飾歧視之實的藉口[43]。

統計上的證據亦能駁斥此類聲稱遭到歧視的控訴。若雇主能夠以統計數據證明不論以年齡、性別、種族等作為考量的基準，在暫時解僱員工後，公司勞動力維持不變，將會有助於雇主的抗辯。

提早退休與歧視

公司通常鼓勵遭到暫時解僱的員工能夠自願提早退休[44]。在最常見的情況中，雇主會提供某些誘因來鼓勵老年員工提早退休。然而，雇主的一番苦心有時卻是適得其反，退休人員常在退休之後，控告雇主有年齡歧視，並且聲稱他們是被強迫退休的[45]。

而公司方面，則可以藉由要求這些提早退休的員工簽下放棄訴訟權的棄權書，以避免員工有機會援引聘僱法案中的反年齡歧視條款（Age Discrimination in Employment Act，ADEA）來控告資方。然而此種棄權書必須符合在一九九○年立法的**老年員工權益保障法案**（Old Workers Benefit Protection Act，OWBPA）中所訂立的最低標準。**深入探討 11-4** 中，列出了老年員工權益保障法案中的主要條款。

員工的隱私權

絕大多數的美國人不會容忍其私人生活遭到侵犯。他們相信在

老年員工權益保障法案
一項規範老年員工簽下的提早退休棄權書中，有關違反年齡歧視條款（ADEA）所賦予老年員工之權益的法案。

深入探討 11-4

老年員工權益保障法案中的條款

由員工簽名的棄權書必須：

■字體應清晰可讀（亦即，一般人都可看得懂）。

■告知員工他們在反年齡歧視條款及老年員工權益保障法案的保障下，應享有的權益。

■聲明員工簽下棄權書並非是在放棄其提出告訴的權利。

■在其應享的權益之外，給予願意提早退休的員工某些實質上的獎勵。

■給員工二十一天的時間來考慮要不要簽下棄權書（在暫時解僱的案例中則需給予員工四十五天的時間來考慮）。

■准許員工在簽下棄權書後的七天之內，做出撤銷其棄權書的決定。

日常生活中，有某些部分是不需向公眾敞開的 [46]。就如美國最高法院法官路易士·布蘭迪斯於一九二八年所述：「獨處的權利在所有權利當中是最容易被理解，也最為人類所推崇的。」[47]

在一九九〇年代 [48]，個人隱私儼然已成為工作場所中最重要的一項議題。

當組織嘗試去蒐集或傳播有關員工的資訊因而侵犯到員工隱私之時，工作場所中個人隱私權的問題便突顯而出。並且，在員工行為須受到不允許員工獨處，或是要求員工必須遵照公司所規定的工作場所規範和政策時，也會使有關個人隱私權的問題再度浮上檯面。

員工隱私權的問題可能在招募或聘僱期間產生。我們在第六章時討論過與招募相關的隱私權問題（例如毒品使用、誠實度測試、草率僱用、背景調查，及推薦信確認等），而本章則著重於組織中涉及侵犯在職員工隱私權的相關政策。首先，我們將檢視侵犯隱私權對競爭優勢所可能造成的影響。

　　被員工視為侵犯其隱私權的組織政策，會對競爭優勢產生不利的影響。舉例來說，此類政策會引起民怨，並且在組織中形成一種恐懼和猜疑的氣氛。這樣的氣氛會嚴重打擊團隊士氣，並導致員工流動率上升、長期曠工，以及生產力退減等問題[49]。這些侵犯隱私權的政策亦會招致高額的法律訴訟費用，平均每年所償付有關侵犯隱私權的傷害賠償金額即高達三十一萬六千美元[50]。

　　我們現在一同來檢視四項受到法律規範的隱私權相關政策：(1)資料的蒐集與使用；(2)搜查；(3)監視；(4)工作場所法規的制訂。

資料的蒐集與使用

　　雇主有權利——也有實際上的需要[51]——去蒐集並保存員工的個人資料。如同第三章所述，大部分的人力資源資訊系統都囊括有每一位員工的數百項資訊。而在此系統中的許多資訊，都與各個員工的人事檔案有所重疊。

　　當雇主所蒐集的員工資料與雇主的事務工作需求無關時，員工即可依法提出侵害隱私權的告訴。公司所蒐集保存的各項資訊，亦須交代清楚其動機及理由。舉例來說，除非有益於行政工作或其他的運作功能，公司不應蒐集有關員工配偶的資料。總括而言，凡是屬於員工私人事務的各項資訊，諸如房地產、所有權、過去的婚姻紀錄、性別喜好、雙親的職業，以及過去曾經遭到拘捕的紀錄等，通常與雇主無關，因此當公司蒐集此類資訊時，即可能招致法律訴訟[52]。

員工可取閱自己的資料　根據一九七四年的**隱私權法案**（Privacy Act）的規定，任職於公立機關的員工被賦予能夠取閱其個人檔案夾中任何資訊之權利。具體而言，此項法案申明員工擁有下列之權利：

■決定何種資訊可交由雇主保存。

■檢閱這些資訊。

■修正有誤的資訊。

■防止資訊用於非原來蒐集目的之用途上。

雖然隱私權法案並未將私人機關的員工納入其保障之列，但絕大多數的公司均以准許員工取閱他們的個人資料，作為其有心建立良好的勞資關係的表示。禁止員工取閱他們的個人檔案，可能會對公司聲稱只取用與商務有關的個人檔案的良好信譽產生猜忌與懷疑[53]。

誰有權利取閱這些資訊呢？　在政府機關中資訊的釋出，受到一九六六年立法的**資訊自由法案**（Freedom of Information Act）的規範。此法案的目的在於使一般民眾能夠取閱除了人事及醫療資訊以外的大部分政府機關紀錄[54]。具體而言，此項法案聲明在適當授權下，任何民眾均有權取得這些資訊。然而，當民眾知的權利超越其隱私權的需求時，民眾仍然能夠取得管道，取閱其人事及醫療資訊[55]。

而在私人機關之中有關資訊領域的法令限制，是由隸屬於不成文法的毀謗法所衍生而出的（參見第六章）。當雇主釋出員工的個人資料時，雇主必須確保：

■此資料有可靠來源。

■沒有意圖不軌或惡意。

隱私權法案
一項規定任職於公立機關的員工有權取閱檔案夾中任何資訊的法案。

資訊自由法案
一項使一般民眾能夠取閱除了人事及醫療資訊以外的大部分政府機關紀錄的法案。

■接收資料的一方必須提出需要此資料的正當理由。

搜查

若未經由員工主動要求或同意，雇主就對員工的身體或財產進行搜查，亦會侵犯到員工的隱私權[56]。財產搜查包括雇主搜查員工放置於雇主建物內的寄物櫃、辦公桌、汽車或是檔案櫃中的私人物品，而身體搜查則包括觸身搜查及脫衣搜查。

組織通常是為了預防偷竊、偵查有無毒品或藥物，或者取回失竊之物，而展開搜查行動[57]。例如下述情況便導致 Kmart 公司對員工進行身體搜查：

> 一位兼差的女性收銀員被控偷了顧客二十美元。經理於是要求該名員工和另一位女性協理及該名顧客一同前往女廁，之後，並要求該名員工脫下身上衣物，以證明自己並未偷竊。

該名員工能否成功地對雇主侵犯其隱私權提出告訴呢？要回答這個問題，我們首先必須瞭解隱私權訴訟的法源依據。在此領域，員工行為受到隸屬於不成文法的**隔離侵犯條款**（intrusion upon seclusion）所約束。這項條款聲明所謂個人隱私權被侵害，是指本人及其他明理者皆認定其私人事務遭到嚴重侵犯[58]。合法的搜查行為需符合下列三項標準：

1. 公司需為其搜查行動提出合理解釋。
2. 將公司所公布的搜查政策化為成文規定，並昭告員工。
3. 執行搜索行動的人員需採取所有可行的預防措施，以確保搜查行動中不致有無禮或濫權的情況發生。

雇主需為其搜查行動提供合理的解釋，以證明公司有理由相信的確有不法行為的發生。舉法庭判決 Parks Sausage 公司勝訴的例子

隔離侵犯條款
一項不成文的條款，這項條款表明所謂的個人隱私權被侵害，乃是指本人及其他明理者皆認定其私人事務遭到嚴重侵犯。

示例 11-4　公司搜查政策書面條文的範例

1.只有在能夠提出正當理由以確信有偷竊行為的發生時，才可執行搜查行動。
2.繼續聘僱的條件之一，是員工同意接受合理的搜查。
3.在搜查行動中，一定會尊重個人的隱私權。如果可能的話，搜查行動將不會在其他員工在場時進行。
4.搜查行動可以不需事前宣佈，只有當偷竊行為持續發生時，才會進行突擊檢查。

來說，正當員工對公司趁著員工換班的空檔搜查寄物櫃的權利提出異議時，竟在一次搜查中發現櫃內藏有古柯鹼。法庭做出如是判決乃是由於早有員工抱怨有人趁著換班空檔吸毒，因此，Parks Sausage 公司的確有正當的理由執行搜查任務。

當搜查行動的執行符合公司書面條文的規定時，法庭較有可能判決資方勝訴。此類搜查政策需明確規範在何種情況下可以進行搜查，並詳載員工應有的權利。**示例 11-4** 即列出了列成書面條文的搜查政策。

組織在進行搜查行動時，必須注意要尊重有禮，避免濫用職權。若是原告提出了一連串足以令公司內一般大眾對搜查人員同感憤怒的明確事實，法院則會做出資方濫權的判決[59]。在前面提到的 Kmart 案例中，由於該名員工被強迫在顧客面前脫去衣物，令她感到十分難堪，並對其情緒造成嚴重的傷害，法庭最後判定此次搜查行動乃是該名經理濫用職權。

監視員工行為

許多公司均會**監視**（surveillance / monitoring）員工的行為，不論是在上班期間或在下班之後，公司均可能對員工行為加以監視。而其監視方式包括了電話竊聽、監控電腦螢幕、以閉路電視監看員工動向，以及聘請私家偵探追蹤員工下班後的行動等等。

監視
在工作場所外或工作場所內追蹤探知員工行為。

監視行為的擁護者認為監視不但能夠滿足合法的工作需求，並且能協助組織增進效率、對員工在工作上的表現給予回饋、確保客戶滿意度，以及具有偵查竊賊的功能等等。

　　譬如說，公司可以藉由監聽電話，得知員工有否禮貌地回應顧客或給予顧客正確的資訊。而經由監控電腦螢幕，雇主可以測得電腦使用者的生產量，例如工作速率、休息時間的長短、每小時的擊鍵量等等 [60]。

　　然而，監視措施也同時招來了批評，有些人認為這項措施無異是在貶抑員工，彷彿對員工施予「上面有人在監視你！」的魔咒般。監視員工的行為也可能導致壓力的產生以及使員工士氣遭受打擊 [61]。例如，一項研究報告就指出監控電腦螢幕會使許多員工對工作的滿意度明顯下降，並且導致員工離職率增加 [62]。

　　就法律層面而言，雇主的行為必須符合不成文法中的隔離侵犯條款所訂定之標準。因此監視行為亦需受到與搜查行為相同的約束，即雇主需站在一合法的基礎上來進行監視與搜查。這裡有一個公司的監視行動被控為侵犯員工隱私權的案例 [63]：

　　　　有一名員工因為意外事故而未能上班達數個禮拜，但公司卻因其無法提出醫師診斷證明書而懷疑該名員工謊報自己身體不適。於是雇主聘請私家偵探監視該名員工的動向。偵探員曾數次打電話到這名員工的家中，亦曾好幾次路過其住家，並在窗外窺視。

　　這名員工控告這些監視行動已嚴重侵害到他的隱私權。法官判定公司勝訴，理由是上述的監視行動的確有其合法的目的。因為未能提出醫師診斷證明書，是公司對其行動產生質疑的正當理由。

　　除了受到不成文法的約束之外，美國已有某些州制訂了反監視法規。例如康乃狄克州就禁止雇主在有關員工健康或個人享受的場

示例 11-5　執行監視政策時的建議

1. 讓員工知道他們必須服從監視政策。
2. 向員工解釋爲何要進行監視，並說明會如何進行。
3. 確定進行監視的理由是與工作有關的。
4. 除非有合法的理由，不可在洗手間或是休息室內進行監視活動。
5. 讓員工一同參與監視政策的制定。

所（如廁所交誼廳及寄物間）使用任何電子監控系統[64]。

　　由於監視行動可能會打擊員工士氣與招致法律訴訟，因此雇主需謹慎而行。若雇主仍決定要採取監視行動，則可遵照**示例 11-5** 中所提出的建議而行，使其在法律層面上的不利因素減至最低。

工作場所法規的制訂

　　組織通常會制定某些規範以約束員工的某些行爲，例如偷竊、反抗上司、使用毒品或惡作劇等。雖然這些規範的本質是在限制員工的個人自由，但絕大多數的員工均能理解爲何公司要有這些規定，並且也能夠欣然接受。

　　法庭方面也認爲工作場所法規的存在的確有其必要性，並且通常允許公司制訂任何公司方面認爲有必要，且在執行時不致於產生歧視的規定。

　　然而，公司制訂法規的權力也不是沒有限制的。當這些規範限制到某些在傳統上被視爲應具有高度隱密性的員工自由時，就可能遭到申訴。在下面的幾個段落中，我們將討論某些較具爭議性的規定。

禁止吸菸的規定　大多數的公司（根據一九九一年的調查顯示，有百分之八十五的公司）對吸菸行爲有所規範[65]有百分之五十六的公司完全禁止吸菸，而其餘的公司則限制員工只能在特定區域內吸菸[66]。

此外，尚有超過六千家的美國公司不再錄用吸菸者[67]。

公司制訂禁菸條款有好幾個理由，其一就是雇主以不吸菸員工的福祉作為考量。愈來愈多的證據顯示，吸入二手菸會引發喉癌及其他疾病。非吸菸者有權利要求在無菸環境下工作。事實上，在美國有愈來愈多的州通過了禁止吸菸的法案，禁止人們在公共場所（例如：工作場所）中吸菸。

第二個禁止吸菸的理由，則是有關財務上的考量。由於吸菸者有著健康及安全上的風險，僱用這些吸菸者會致使雇主在支付各樣保險（如：火險、健康保險、殘障保險及壽險等）時，需負擔較高的保費。

然而，吸菸者享有哪些合法的權益呢？答案是「非常之少！」吸菸者並非一需要保護的族群，也因此沒有資格受到聯邦反歧視法的保障。除此以外，法庭通常不認為工作場所中的禁菸規定會侵害到員工的私人權益[68]。而在州立法案中有關公司因為求職者吸菸而拒絕予以錄用乃屬不合法行為的規定，則是吸菸者所能獲得的最大保障，目前已有二十八個州通過這項立法。

雖然這些法案並未要求雇主在制訂禁菸政策時考慮吸菸者的權益，許多公司均嘗試協助員工戒除菸癮。例如某些公司贊助員工參與正式的戒菸課程，而其他的公司甚至給予戒菸員工金錢上的獎勵[69]。

有關員工戀情的規定　有些雇主明文規定，為避免洩漏商業機密，員工不可與其競爭同業的員工談戀愛[70]。其他的雇主則禁止經理人和非管理部門的員工發生感情，這裡的考量是由於較占優勢的一方可能會因此獲得晉升或其他獎賞。另一個考量則是當雙方結束這段感情時，較占優勢的一方可能會拒絕這些獎賞。這兩種狀況都有可能會打擊團隊士氣，或者是引發性騷擾的訴訟糾紛。

公家和私人機關的雇主在制訂員工戀情的規定時受到不同的約束。在公家機關當中，有關員工戀情的規定均受到**美國憲法第四修正案**（Fourth Amendment）的規範，此項法案保障員工得以享有隱私權。因此，為了使其限制員工戀情的規定合法化，雇主在施行相關規定時，必須提出絕對必要的理由，諸如可能會有叛國行為，或是降低工作績效等。雇主有正當理由防範員工與某些特定人士（如外交使館人員等）談戀愛，因為有洩漏國家機密之虞；或是防範員工因為跟上司談戀愛，而影響其工作表現[71]。然而，大部分法庭不會將針對損及道德或公司形象的申訴作為其審判時的考量[72]。舉例來說，為維護倫理道德而禁止員工同居或發生婚外情的規定，通常在法律上不會被認可。

相較之下，私人機關的雇主在規範員工戀情時，享有較多的自由。雇主在制訂公司規定時，只受到不成文法中的隔離侵犯條款的約束。因此，只要這些規定不會被一般明理的人視為過分，雇主就有權制訂任何他想要訂立的條規。

在工作場所外發生的員工行為不檢 許多雇主均訂有禁止員工在工作場所外從事非法行為的規定。例如，許多公司在員工遭到逮捕拘留，或犯下不法行為之後，給予停職或開除的處分。

然而雇主是否有合法的權利來規範員工在工作場所外的行為呢？答案是有的——但仍須受到某些約束。當雇主因員工在公司外的非法行為而予以開除時，雇主必須證明：(1)此項非法行為與其職務相關（例如，被判有偷竊行為的銀行出納員）；(2)繼續僱用犯法的員工，會對全體工作人員產生破壞性的影響（例如，屬下拒絕為一名有兒童性騷擾罪嫌的主管效力）[73]。

美國憲法第四修正案
美國憲法修正案之一，賦予公家機關員工享有隱私權的權利。

非法解僱與任意聘僱條款

雇主開除員工的合法權利受到**任意聘僱條款**（employment-at-will）的約束。根據此項條款，除非受到合約或是聯邦或州立法案的限制，雇主有權以任何公平或不公平的理由做出開除員工的處分。

禁止非法解僱的有關法案

有好些法案（參見**示例 11-6**）明訂禁止雇主以不公平手段**非法解僱**（wrongful termination）員工。此外，加入工會的員工亦受到工會的團體協商協約的保障。此項協定中規定除非有正當理由，雇主不得任意開除員工（參見第十二章）。

然而，以上所提及的法案或條款所提供的保障只能涵蓋某些特定員工。例如，美國憲法第四及第五修正案只對公家機關員工的權益提供免於遭受任意開除的保障；而團體協商協約也只能保障那些適用於此項協定的員工。**示例 11-6** 中列出了其餘能夠適用於大多數員工的法案，但在這之中，只有少數法案對某些特定種類（例如出於歧視或是報復等）的不公平解僱給予保障。

事實上，美國是目前世界上工業國家中，唯一沒有保障所有的受僱者免於遭受任意開除的國家。因此，即使雇主使用類似「在上司的咖啡中加入太多奶精」等極為荒謬的藉口，開除這些在私人機關任職或未加入工會的員工時，雖然不免會遭到眾人的譴責，但也不用擔心會因此觸犯法律。

任意聘僱條款的例外

過去十多年以來，雇主任意開除員工的權利已有縮減的趨勢。同時法庭也已開始注意到，在任意聘僱條款中，出現了某些例外。這些例外形成了新的不成文法，並且在各州都有不同的規定。當法庭制訂例外法時，最常援引的依據包括有公共政策、隱式合約、誠

任意聘僱條款
一項合法的條款，規定除非受到合約或是聯邦或州立法案的限制，雇主有權以任何公平或不公平的理由做出開除員工的處分。

非法解僱
非法開除員工。

示例 11-6　聯邦法案中禁止非法解僱的條款

1. 反歧視法案（Antidiscrimination laws）禁止開除受保障團體的成員。
2. 員工退休收入安全法案（Employee Retirement Income Security Act）禁止旨在剝削員工權益的開除行為。
3. 公平勞動標準法案（Fair Labor Standards Act）禁止公司因為員工密告公司違反此項法案而將之開除。
4. 職業安全及衛生法案（OSHA）禁止公司因為員工密告公司違反此項法案而將之開除。
5. 國家勞資關係法案（National Labor Relations Act）禁止旨在阻撓工會活動進行的開除行為。
6. 消費者信用保障法案（Consumer Credit Protection Act）禁止旨在扣押財產或求償債務的開除行為。
7. 密告者保障法案（Whistle Blower's Protection Act）禁止聯邦政府因人民密告而將之開除。
8. 美國憲法第五及第十四修正案（The Fifth and Fourteenth Amendments to the Constitution）禁止聯邦政府、州政府及地方政府，未經由正當程序（due process）就開除員工的行為。

信與公平交易原則等。

公共政策的例外　所謂**公共政策**（public policy）是指任何對社會有利的政策，違反公共政策將對社會造成傷害。而公共政策常是經由參考立法、行政規章、司法判決，或是專業規範而加以擬定的[74]。

在美國，有許多州均規定雇主不得違反公共政策中有關開除員工的規定。而所謂違反公共政策，乃是指雇主因為員工參與公共政策中所鼓勵的活動而作出開除的處分。例如：

■在法院陪審團服務。

■行使其提出賠償申訴的權利。

■揭發或密告（控告雇主從事非法、不道德或不正當的行為）。

■參與某些雇主不願員工參與的法律訴訟程序。

公共政策
對社會有利的政策，違反公共政策將對社會造成傷害。

若雇主因為員工不肯從事某項受到公共政策所譴責的行動，而給予開除處分時，雇主也會違反公共政策。公共政策合法保障了因下列理由而遭到解僱的員工權益：

■拒絕作偽證。
■拒絕從事非法行為，例如，捏造所得稅申報資料。
■拒絕竊取競爭同業的商業機密。

隱式合約
未以書面文字表達的契約協定。

隱式合約的例外　許多非法解僱的訴訟都是由一個叫做**隱式合約**（implied contract）[75] 的法律理論所引致的。美國的許多州都將列於員工手冊上的聲明，或面試時的談話內容，認定為一種隱式合約。在這些聲明中，雇主可能宣稱希望員工長期任職，並且除非有正當理由，不會予以開除。因此，若是有不公平的開除行為，即有可能會被認定為違反此種隱式合約。

誠信與公平交易原則
一項不成文法，禁止雇主以有悖常理或過於不公平的理由開除員工。

誠信與公平交易原則的例外　當員工認為他遭到雇主不公平開除，而在雇主和員工之間又未曾訂立上述的隱式合約時，在某些州員工仍有權提出可行的非法解僱控訴。而這些控訴在法律上則是依據一種認為所有合約（包括那些並未保證給予長期僱用的合約）均暗示了**誠信與公平交易原則**（good faith and fair dealing）。因此，採認此種隱式合約的州立法庭，禁止雇主因下列有悖常理或不公平的理由開除員工：

■僱用必須由原來居住城市搬至公司所在城市的員工後，又在短期內予以開除。
■為了不讓員工領取其應得利益或是所賺得的佣金，而予以開除。

避免非法解僱

　　雇主可以採用下述的任一種辦法，使其在處理有關非法解僱員工的官司時，將敗訴風險減到最低。首先，公司可以避免作出任何有關保證長期聘僱的聲明，因為此種聲明將可能被認定為所謂的隱式合約。當雇主採行此種辦法時，需注意下列事項：

1. 在求職申請表中，加入雇主有權任意聘僱的聲明。例如：「我明白不論是基於公司方面或我個人的決定，或是有無正當理由，我均有可能在任何時間遭到解僱。」

2. 在員工手冊中加入否認聲明。否認將手冊中的內容視為雇主與員工間所訂立的合約，並表示員工手冊的功能乃是單純的提供資訊而已。

3. 訓練面談人員避免作出任何有關確保長期聘用的暗示。

　　許多採用此種辦法的公司均是為了保有其在開除政策上的掌控權。這些公司希望保留以任何他們所認為的正當理由開除員工的權利，而其他採取這項手段的公司則是為了能夠在非法解僱的訴訟案中站得住腳。因為缺少了所謂的隱式合約，員工就沒有理由依法提出申告。

　　雖然這個辦法從法律的觀點看來十分的聰明，但卻無異於在告訴員工：不論任何理由或時間，員工都必須服從公司所做出的開除決定。很明顯地，許多員工都不會接受在沒有任職保障的情況下工作。

　　雇主的另外一種選擇，就是在開始制訂懲處與開除政策的時候，即致力於確保此政策的公平性。因為當被開除的理由被視為合理時，員工較不容易感到憤怒，連帶地也較不會對此提出告訴。此外，以公平合理的程序來處理開除問題，亦可增加雇主勝訴的機率

76。以下的「經理人指南」中，提供了如何施行公平的懲處與開除程
序的建議。

經理人指南

維護工作場所的公平性與經理人的任務

如同我們先前所提，確立工作場所的公平政策與其實施的程序
是相當重要的。因為這些政策與程序能夠幫助員工瞭解公司不但尊
重員工，並且致力於給予員工公平的待遇。雖然站在工作線上的經
理人無須負起制訂有關確保工作場所公平的政策與實施程序的責
任，但他們卻扮演了十分重要的角色。因為經理人必須要：(1)與員
工做有關工作場所政策和處理流程的溝通；(2)創造一個能產生對公
司政策有認同感的工作環境；(3)在有違規事件發生時採取適當行
動。

與員工做有關工作場所政策及其處理流程的溝通

第一，必須使每一位員工清楚瞭解公司對於員工行為表現的期
望。員工必須熟知公司的政策和規定，並且瞭解違反這些規定所可
能造成的後果。這樣的資訊必須在進行職前訓練時，傳達給每一位
新進人員，並且時常予以提醒。

創造良好的工作環境

第二，經理人必須創造一個使員工能夠自動自發完成其任務的
環境。當員工抱持著這樣的心態來面對工作時，在懲戒方面的處分
自然會減少許多。經理人應樹立良好典範，對員工福祉表示關心，
保持對問題的敏感度，並以公平堅定的態度對待員工，以創造出良

好的工作氣氛。

有效地處理違規事件

第三，經理人必須能夠有效對付公司中的問題人物——也就是那些不肯遵守工作場所規定的員工。這可能是經理人最難去拿捏得好的一個角色，就如管理專家約翰·維甲所提到的[77]：

1. 每一個管理者都會碰上這些問題人物，這是一個永遠不會改變的事實。

2. 有太多的經理人都不大樂於面對問題人物。不幸的是，這些經理人通常只會暗暗地施加壓力，要求他們走路，卻不直接與這些員工面對面把話談開來。而暗中施壓的表現則包括有：指派不討喜的任務、收回加薪的承諾，或拒絕發給額外津貼等等。

3. 因此，問題依然存在。而此時經理人犯下的錯誤大概也不會少於這些問題人物所犯的了。

4. 很明顯地，經理人必須開始檢討自己在製造這些問題人物的過程中，扮演了何種角色，並且找出預防此種問題的相關辦法。

5. 經理人應該以直接的方式，面對這些問題人物。對付這類的人不可太過斯文，溝通的目標是在澄清其錯誤行為及其可能帶來的後果，表明清楚公司的期望，明確地指出其犯錯之處以及你所期望看到的改變。

有關制定工作場所政策的具體管理技巧，將列在本章後段「增進經理人之人力資源管理技巧」的部分。

人力資源管理部門能提供何種協助

正如我們在本章中不斷提到的，人力資源專家能夠協助公司建立公平而合理的政策。一但這些政策設計完成，人力資源專家即扮

演下列三種角色：(1)執行；(2)建立衝突解決的流程；(3)協助經理人處理有關維護工作場所公平性的相關事宜。

懲處與開除政策的執行

除了協助組織建立有系統的懲處與開除政策之外，人力資源專家至少還可從兩個方面來協助政策的執行。首先，透過新進人員訓練、在職訓練，以及員工手冊的編纂，人力資源專家肩負起傳達公司對員工行為的規範的責任。

其次，人力資源管理部門保管全公司的懲處紀錄，以便在做出開除處分之前，提供資料作為複審的依據。人力資源專家通常會複查這些紀錄，以確定所提出的懲戒處分是否與該員工過去在公司中的行為表現相符。

建立衝突解決的流程

組織可以藉由一個公平處理問題的流程，將有關工作場所公平性的爭議所帶來的負面影響減至最小，這些爭議也因此能夠達成私下和解，避免勞資雙方對簿公堂。

絕大多數的公司會嘗試經由管道開放政策來解決相關的爭議。然而，如同我們先前所提到的個案一般，通常單靠此程序是不足以解決問題的。下列敘述包括了其他可行的爭議解決方案：

- 同僚審查小組：我們在本章的研討個案中，看到了同僚審查小組是如何運作的。
- 調解：仲裁是一種自發且缺少強制拘束力的過程。在這當中，爭議的雙方藉由第三者的協助而達成協定[78]。
- 仲裁：仲裁和調解十分相似，其與調解唯一的不同之處在於仲裁者有權做出具有強制拘束力的決定。
- 調查專員：調查專員被賦予調查和解決爭議的權利，他們獨立

於管理部門之外，通常是直接向董事會提出報告[79]。

協助經理人處理有關維護工作場所公平性的事宜

人力資源專家同時也提供珍貴的資源，協助經理人處理有關懲處的事宜。此種協助包括有提供協助處理困境的諮詢，或是開辦訓練課程以教導經理人學習如何預防違紀問題的產生及其解決之道。

增進經理人之人力資源管理技巧

經理人需要有些技巧以適當地處理工作場所公平性的職責。他們必須能夠進行違紀調查，知道如何調查性騷擾的控訴，並能夠與員工共同討論違紀處理會議。

進行違紀調查

當員工違反紀律時，經理人必須加以調查。當你發現可能有違反公司規定的情況發生時，須依照下列程序來處理：

1. 蒐集違紀的事實。閒話、謠傳，以及道聽塗說的馬路消息，通常都是不正確的。你會希望在採取任何行動前，先確定該名員工的確有違紀的嫌疑。你也必須站在公正的基礎上，蒐集事實的真相，並且親自加以證明[80]。

2. 查閱適用的法規。自問「哪一條公司規定適用於此種情況？」以及「該名員工知道有這項規定並且明瞭其適用範圍嗎？」如果不是的話，最適切的行動應該是直接和該名員工晤談，向員工解釋這項規定以及此規定存在的理由。

3. 和該名員工晤談，從員工的觀點聽取他對整個事件的說法。如果員工所提供的違紀情節，可以容許酌輕量刑，則需對其所言再做確認，並決定這些說法是否會影響你最後做出的處分。

4. 決定應該給予何種處分。做出正確的懲處決定是非常重要的，

這個決定不只會影響該名違紀員工，更會影響工作團體中的每一個成員。舉例來說，一個正確的懲處決定可以幫助其他員工清楚認知到公司所期望的行為標準，而這樣的認知有助於團體績效的提昇[81]。此外，管理階層對違紀問題所做的處分，會將下列有關訊息傳達給其他員工[82]：

- 何種行為會構成違紀？
- 公司是否真的依照規定執行懲處？
- 公司對此違紀行為的處理態度為何？
- 我們的主管能夠處理好這樣的違紀事件嗎？
- 當未來有人重蹈覆轍時所可能受到的懲處為何？

當你在決定作出正確、合宜的處分之時，請考慮下列因素[83]：

- 違紀行為發生時的情境。
- 違紀行為的嚴重程度。
- 違紀者過去的紀錄。
- 違紀者的意圖。
- 過去類似行為發生時所給予的懲處為何。

5. 提出適切的證據。適切的證據是非常重要的，尤其是當員工對你所做的懲處決定提出告訴的時候，這些證據能夠證明你的懲處決定是否公平、合理。儘早記錄下整個事件的始末，因為法庭不會承認在違紀事實發生後才編纂的紀錄。**深入探討 11-5** 中列出了一些可用於支持懲處決定的證據。

性騷擾申訴的調查

如同先前在**深入探討 11-1** 中所提到的，平等就業機會委員會在有關於性騷擾的指導方針中指出，在主管知情（或其應該知情）卻

支持懲處決定所需的證據

所需證據	雇主需要做的事
證明此項可疑行為曾確實發生。	依違紀事件所發生的時間先後順序，做好書面紀錄。所載內容必須為事實的真相（避免道聽塗說或是預做推測），包括日期、時間、地點、人證、物證等，並對其情節做具體的細節描述。
證明員工原本就對其所干犯的規定有所知悉（或者應該知情）。	提出證據證明這項規定已經由公佈欄、員工手冊或是職前訓練清楚傳達使員工知道。
證明員工曾被告知有關其違紀行為的事由，並且曾在適當時機給予充分的警告。	在員工的人事檔案中放入書面警告。
證明當其他員工有類似違紀行為發生時，公司亦做出類似的懲處決定。	拿出其他類似案例的懲處紀錄，自問：有誰曾在過去犯下類似的違紀行為？而他們又是如何被處置的？將那些可能會使得本案與他案有不同判決的資訊，如員工過去的工作紀錄及其他可容許酌輕量刑的情節等，一併納入考量。

未能採取正確行動的情況下，雇主應爲員工的行爲負起責任。因此身爲一個經理人，你必須儘速並完整地調查所有性騷擾的申訴。進行調查時應遵循下列程序[84]：

1. 確定所遭到控訴的騷擾行爲曾否真實發生。在第一次與原告員工會面晤談時，你應儘量對提出申訴的當事人表示同情之意，並向其保證你會抱持謹慎的態度，並且盡全力來處理和解決這個問題。詢問當事人有關事件發生的始末。

   之後，與被告員工晤談，告知其已遭到性騷擾的控訴。向被告強調，公司絕對不容許有任何對原告採取報復手段的情形發生。若被告否認這些控詞，則經理人需嘗試從雙方說法確證事實發生的真相。

   檢閱雙方的人事資料，調查被告員工是否曾被控告有過性騷擾的行爲，同時並調查原告過去是否曾向他人提出過類似的控告。

2. 當調查結果顯示的確有性騷擾行爲的發生時，經理人需判定此種行爲是否在法律上被認定爲性騷擾事件。問問自己：

   ■ 此種騷擾行爲是否出於被害人的自願？
   ■ 受害員工是否爲了不願順從被告有關性方面的要求，而需拒絕某項工作機會？
   ■ 此種騷擾行爲是否影響到受害員工在工作上的表現？是否使得工作的氣氛變得更加敵對，或者反倒使之變爲更加友善呢？

3. 採取正當的行動。應根據其情節嚴重程度，對性騷擾行爲做出適當的懲處。對於嚴重的性騷擾行爲如強暴等，應處以諸如停職、監視、督導或開除等重罰。而對於說出猥褻的評論或嘲諷

等情節較輕微的騷擾行為，則處以較輕的刑罰，例如在懲戒處理會議中給予被告口頭申誡，或在其人事檔案中加入後續追蹤的調查文件。然而，當騷擾行為持續發生時，則確定會施以較重的刑罰。

召開懲戒處理會議

懲戒處理會議通常代表著漸進式懲處系統所採取的第一步行動——口頭申誡。這項會議的目的在於改正違紀行為，而非給予懲處。懲戒處理會議應採取能夠減低被告員工自我防衛的方式來進行。減低其自我防衛的關鍵在於使被告確知：(1)到底做錯了什麼事情；(2)為何必須改正其錯誤行為；(3)應如何改正該行為。此外，被告員工必須承諾將停止其不良行為。可依循下列步驟來召開懲戒處理會議：

1. 蒐集違紀事實。在召開會議之前，首先必須確定你已對此事件進行過公正確實的調查。

2. 安排晤談的相關事宜。選擇在一個隱密的地點，以及原告或被告任一方有空參加的時間來進行晤談。

3. 幫助員工放輕鬆。向員工表明晤談的目的，保證你十分樂意傾聽，並且會仔細思考該名員工所說的話。

4. 陳述該事件的事實，不要摻入個人的看法，也不要對員工說教。只要根據你所瞭解的簡單地陳述事實即可。例如：

「你在過去的三天裡，每天都遲到十五分鐘。」
「有好幾個人告訴我說你昨天下午在非吸煙區吸煙。」
「昨天我看到你下班時，帶走了好些工具。」

5. 問明原因。要求員工對其違紀行為加以解釋，記得保持客觀的態度，不要摻入個人的看法。

6.說明其所違犯的公司規定。例如：「公司規定除非有上級許可，否則員工不准擅自攜帶工具回家。」

7.說明制訂該規定的原因，及其違紀行為所可能造成的傷害。這個步驟是為了幫助員工瞭解該規定的重要性以及為何需要遵守的原因。例如，你可以這麼說：「如果員工未經上級許可，擅自攜帶工具回家，而在家中使用時發生意外，公司可能必須擔負起法律上的責任。此外，公司也考慮到可能有偷竊行為的發生，因為沒有辦理出借登記，就不能夠確保所有的工具會被歸還。」

8.得到員工對上述說法的認同，這可能是最重要的一個步驟了。許多員工常在這樣的晤談中，變得自我防衛，並且聲稱他們的所作所為都有正當的理由。舉例來說，員工可能會辯稱自己在臨要下班前曾試圖取得上級許可，辦妥出借手續，但主管當時卻不在。他可能更進一步辯稱，無論如何借一下工具並不是什麼大不了的事情啊！他已經為公司工作了十五年，並且一直保持著良好的紀錄，他從未偷過任何東西。他也可能向經理人保證說，他對如何使用這些工具已十分熟悉，在家中發生意外的可能性是幾近於零。

身為一個經理人，要小心不要捲入這樣的爭辯當中。相反地，你的目標是讓員工認同並接受其犯下公司規定的事實，而此項規定是合情合理的，並且表明你不會容許在未來有任何重蹈覆轍的行為發生。

9.當必須採取懲處行動時，向員工說明此項行動為何，並且解釋懲處的原因。向其告知你現在所要採取的行動，以及當未來問題沒有獲得改善時，你又將會採取什麼行動。

10.帶領員工一同討論如何來解決問題。這個步驟的目的是在為問題尋找解決的方案——員工需要怎麼做以避免再犯行為的發

生。員工應參與在這樣的討論當中，因為人們較會遵守自己所提出的解決方案。而經理人只需負責將討論引導至正確的方向即可。

11.請員工扼要地說明此項問題，同意遵守所討論出的解決方案。此一步驟在於確保雙方對此問題達成共識，並且同意在會議中所進行的討論。

12.取得員工對進行下一次晤談的同意。安排第二次會議（在經過一段合理的時間後召開，例如兩週後），討論該員工在解決該問題上所做出的令人滿意的改進。

13.以正面的口氣做出總結。理論上，在員工離開會議時，應帶著正面積極的態度，而不是感覺受到斥責及威嚇。你的目標是展現你對他們的信賴，並且讓他們知道你很樂意提供幫助。你也必須提醒員工，公司十分看重他們的可靠與忠誠，並且你對他們有百分之百的信心，相信他們一定可以正確地把事情做好。

回顧全章主旨

1.瞭解有效的工作場所公平政策如何能夠增加競爭優勢。

■避免訴訟或打贏官司以減少訴訟費用的開支。

■正面地影響員工的態度及行為。

■提昇公司的良好形象以促進招募及銷售。

2.描述反歧視法案對於員工平時應享待遇的規定。

■民權法案禁止下列形式的性騷擾行為：

●利益交換（包括逆向性騷擾）。

●敵意環境。

■反懷孕歧視法案規定懷孕員工應享有和因其他理由而暫時不便於工作的員工相同的待遇。

■家庭暨醫療休假相關法案規定，擁有五十名以上員工的雇主，需准予家中有新生兒、患病親屬或本身罹病的員工一年十二個星期的不給薪假。

■民權法案規定雇主必須以非歧視的方式執行胎兒保護政策。

■民權法案規定當雇主因員工行為不檢、績效不佳或暫時解僱而予以開除時，需對其決定做詳細的記錄。

3.討論員工隱私權受到合法保障的程度。

■當雇主所蒐集的員工資料與雇主的商務需求無關時，員工即可依法對雇主提出侵害其隱私權的告訴。

■根據一九七四年的隱私權法案的規定，任職於公立機關的員工被賦予能夠取閱其檔案夾中任何資訊之權利。

■合法的搜查行為需符合下列三項標準：

●公司需為其搜查行動提出合理解釋。

●將公司所公布的搜查政策化為成文條例，並將之昭告員工。

●執行搜索行動的人員，需採取所有合理的預防措施，以確保搜查行動中不致有無禮或濫用職權的情況發生。

■監視行為亦需受到與搜查行為相同的約束。

■下列具有爭議性的工作場所法規會受到法庭的詳細審查：

●禁止吸煙的規定。

●規範員工戀情的規定。

●規範員工在工作場所外行為不檢的規定。

4.說明員工遭到不公平解僱時的權益。

■當雇主干犯下列法案或協定時，法律將保障遭到不公平解僱員工的權益：

●成文法。

●團體協商協約。

●公共政策。

●誠信與公平交易原則。

5.討論能夠有效應用在工作場所公平法中的下列管理技巧：

　　■進行違紀行為調查的能力。

　　■進行性騷擾申訴調查的能力。

　　■召開懲戒處理會議的能力。

關鍵字彙

正當程序（due process）

任意聘僱條款（employment-at-will）

家庭暨醫療相關休假法案（Family and Medical Leave Act）

胎兒保護政策（fetal protection policies）

美國憲法第四修正案（Fourth Amendment）

資訊自由法案（Freedom of Information Act）

誠信與公平交易原則（good faith and fair dealing）

敵意環境（hostile environment）

隱式合約（implied contract）

隔離侵犯條款（intrusion upon seclusion）

正當理由（just cause）

老年員工權益保障法案（Older Workers Benefit Protection Act）

反懷孕歧視法案（Pregnancy Discrimination Act）

隱私權法案（Privacy Act）

漸進式懲處系統（progressive discipline system）

公共政策（public polity）

利益交換（quid pro quo）

性騷擾（sexual harassment）

監視（surveillance / monitoring）

工作場所公平法（workplace justice laws）

非法解僱（wrongful termination）

重點問題回顧

取得競爭優勢

1. 定義何為工作場所的公平性？描述如何建立對組織競爭優勢有所貢獻的三種方法。

人力資源管理問題與實務

2. 何謂性騷擾？在何種情況下，雇主需為其員工的性騷擾行為負法律上的責任？

3. 簡述反懷孕歧視法案的主要條款，以及公平就業機會委員會指南中有關性騷擾的規定。

4. 本章中曾經提及，執行胎兒保護政策的決定讓雇主感到十分為難，說明雇主陷入兩難的原因。

5. 當員工因績效不佳而被開除時，在法庭上雇主需提出哪些證據以駁斥員工有關遭到歧視的申訴？而雇主又需為其做出不利於老年員工的暫時解僱決定提出哪些證據，以駁斥有關的歧視申訴呢？

6. 簡述旨在保障員工隱私權的三項主要法律。

7. 為確保其搜查行為的合法性，雇主在執行搜查時需符合哪三項標準？

8. 說明對於雇主執行監視政策表示支持或反對的理由為何？

9. 定義何謂任意聘僱？說明近來適用於此項條款的三種例外情況為何？

經理人指南

10. 經理人應如何創造一個良好的工作環境？

11. 簡述當經理人遇到問題人物時應採取的步驟。

12. 經理人應如何處理有關性騷擾的申訴？

實際演練——召開懲戒處理會議

概要

　　這裡有兩個懲戒處理的案例，可供角色扮演的進行。把全班分為每四個人一組，其中兩個人演練第一個案例，另外的兩個人則扮演觀察員的角色。之後，由這兩個旁觀者演練第二個案例，而其餘兩人則擔任觀察員。

角色扮演者的解說

1.決定誰要扮演經理人及誰要扮演屬下。

2.閱讀案例。

3.為你的任務做準備：

　■經理人複習召開懲戒處理會議的步驟，並決定你要如何照著進行。準備待會兒你要說的話，以及如何回應員工可能提出的批評。

　■屬下試著設身處地去同理案例中所描述的屬下角色，將之視為一件你十分看重的事，並且試著為自己的行為提出正當的辯駁。事前準備在答辯時所要提出的論點，不要讓經理人輕輕鬆鬆就把你駁斥掉。

4.進行角色扮演。在適當時間內開完懲戒處理會議。經理人需按著全部的十三個步驟演練一遍。在演練時，你可以參考課本以幫助你記得這些步驟。

觀察員的解說

1.閱讀案例。

2.複習課本中懲戒處理會議的步驟。

3.觀察角色扮演的進行，並且記錄經理人在演練每一步驟時的表現如

何。如果經理人對某一步驟的進行感到棘手時，記下經理人所可能犯的錯誤為何，並記錄下如何改進可以使此一步驟能夠順利地進行。

在角色扮演之後

下述活動的目的在於給予扮演經理人的同學其表現好壞的回饋。強調那些處理得宜的部分，也強調那些做得不正確的部分。在角色扮演之後的這段時間，應照下列程序進行：

1. 屬下應討論他對這個會議的感受。經理人是否使他感到憤怒或生氣呢？經理人有否表現出對屬下的關心呢？在會議結束之時，員工是否帶著正面積極的態度，並且許諾在未來會做得更好呢？在會議結束後，心裡是否仍然覺得很不舒服呢？

2. 旁觀者應討論經理人在進行每項步驟時的表現如何。經理人是否未能適當地遵行這些步驟，或者根本完全沒有照著步驟來進行呢？在哪些情況下，經理人有效處理員工所提出的問題？針對如何改進未來在懲戒處理會議中的表現，給經理人一些建議。

狀況一：經理人觀點

Jones 博士是州立科技大學的經濟學教授，他是一個頗為成功的教授——他不僅為人正派，同時也是一位優秀的研究人才。然而，大多數的人認為 Jones 博士相當的傲慢及無禮。身為系主任，你已經和 Jones 針對這個問題有過好幾次的討論了。然而，昨天所發生的事件卻似乎說明了這些討論在實際上並沒有獲得任何成效。在系務會議上，Jones 因為不同意其他某些教授在一項系務政策上的意見，而對這些教授發起脾氣來。他用惡毒的話語攻擊其中某一位教授，並且很明顯地偏離主題，譴責起該教授的性別傾向來了。這一幕不僅使得會議中斷了好一會兒，還使得該名遭到攻擊的教授禁不住潸然

淚下。在會議結束之後，Jones 又衝進你的辦公室，指責你剛才為何沒有支持他的言論。

員工的觀點

　　你知道你和系上的同事相處得並不好，但是你將這樣的情況解釋為這是因為你比他們優秀的緣故——你的點子要好得多，並且你只是想試著向你的同事們指出你就是那照亮他們前程的光。你不太尊重你的系主任，因為他也比不上你。並且即使有很清楚的證據顯示你是對的，他也拒絕在爭論時站在你的這一邊。你覺得別人是故意要來惹惱你的，因為大家都在妒忌你。

狀況二：經理人的觀點

　　你是普魯登保險公司（Prudent Insurance Company）申訴部門的主管。六個月前，你僱用了 Smith 擔任申訴理賠員的工作。Smith 在接受職前訓練的時候，曾被清楚告知申訴理賠員在工作時必須表現出應有的專業，並且不管在任何時間都要有合宜的穿著打扮和行為舉止。所謂專業的表現，是指隨時都表現出有禮且願意配合的態度，並且絕對不做任何會被視為低級或粗俗的事。但是最近你卻發現在過去的幾個星期中，Smith 開始跟幾位異性同事打情罵俏，你尚未跟 Smith 談起這件事，但決定要開始好好盯著他。今天早上，當你走進儲藏室時，當場撞見 Smith 和另一名職員十分親密（例如：熱情的擁吻）。

員工觀點

　　在剛開始上班的時候，你需要專注於在工作上的學習，也因此對自己的言行頗為謹慎。如今你覺得已經學得差不多了，因此開始有興趣想要和同事們建立友誼。你和異性相處得很好，因而會特別試著想要與她們做朋友。今天早上你到儲藏室拿些表格，正要走出

來的時候，Jan 已經整個人黏到你身上了。在你還沒來得及反應以前，你的主管走了進來。

個案探討

分析下面兩個個案，遵照下列模式來建構你的分析：

1.哪些法律可以作為原告所提控訴的法源依據？
2.哪些論點是原告應該舉用的？
3.哪些論點是雇主可以用來抗辯的？
4.法庭應做出怎樣的判決？
5.法庭可以引用哪些理論根據來支持其判決？
6.公司是否應在一開始的時候就做出不同的處置，以避免吃上官司？如果是的話，公司應該怎麼做？

個案一：性騷擾

Julie 以前是 ABC 公司的助理採購員，Rod 則是該公司的業務員。Rod 深深迷戀著 Julie，為了表示他對她的愛，Rod 一直不斷地猛獻殷勤。每當 Julie 走過他的身旁，他總是會有所表示，例如送上飛吻、露出一臉渴望的表情、發出重重的嘆息、從背後拍拍她，或是對她拋媚眼等等。

為了不想要成為一個惹事生非的人，Julie 每次都假裝沒有看到。她試著想把事情弄得簡單一點，也試著以幽默的態度來面對 Rod 所做的表示，然而這個方法卻並未奏效，所以 Julie 決定要採取行動來制止 Rod 的騷擾行為。

首先，她查閱了公司發給每一位員工的員工手冊，發現其中一項政策清楚陳述了有關性騷擾的規定，並且這項規定符合公平就業機會委員會的指導方針。她將這項規定影印給 Rod 看，但 Rod 卻只是嘲笑她。之後，她又告訴 Rod，她對他一點興趣也沒有，並且請求

Rod 不要再騷擾她了,可是 Rod 不但拒絕她的請求,還說:「嘿!我就知道你一定會喜歡!」

感到十分挫折的 Julie,於是辭掉了這份工作,並且對公司提出性騷擾的控告。

個案二:個人紀錄的隱私權及非法解僱

Howard 任職於一家私人的 ABC 公司。在一九八九年時,他開始有婚姻上的問題。他的妻子在一九九〇年離開他,因此他開始有失眠、體重減輕及長期情緒緊張等情況發生。

在此時,Howard 開始主動尋求一家和 ABC 公司簽約的諮商服務公司的幫助。他的諮商員是 Jim,一位擁有碩士學位及十四年諮商經驗的專業諮商員。在第一次晤談之後,Jim 判斷 Howard 已經危險到有自殺及殺人傾向的地步,Jim 相信只要有稍微的刺激,Howard 就會在工作場所中做出威脅生命安全的舉動。他同時也覺得這個危機是隨時都可能爆發的。

在沒有經過 Howard 的同意之下,Jim 私下和作業部門的主管 Bruck 連繫,向 Bruck 說出他心中的憂慮。Jim 建議公司應該開除 Howard,並且勸他去接受心理治療。之後,Bruck 又將這項消息轉告給人力資源管理部門的主管 Susan。Susan 立即做出開除的處分,並給予 Howard 兩個禮拜的資遣費。

Howard 於是對公司提出告訴,聲稱其隱私權受到侵犯並遭到非法解僱。

參考文獻

1. Wilensky, R., and Jones, K.M. (1994). Quick response: Key to resolving complaints. *HRMagazine,* March 42–47.
2. Schwoerer, C., and Rosen, B. (1989). Effects of employment-at-will policies and compensation policies on corporate image and job pursuit intentions. *Journal of Applied Psychology,* 74 (4), 653–656.
3. Bacon, D.C. (1989, July). See you in court. *Nation's Business,* pp. 17–28.

4. Barney, J.B., Edwards, F. L., and Ringleb, A.H. (1992). Organizational responses to legal liability: Employee exposure to hazardous materials, vertical integration, and small firm production. *Academy of Management Journal, 35* (2), 328–349.

5. Former officer accuses firm of wrongful termination. (1992, June 2). *Wall Street Journal*, p. A4.

6. Ex-Triton controller wins $124 million in suit over firing (1992, May 26). *Wall Street Journal*, p. A12.

7. Kunde, D. (1992, May 31). Former IDS division managers near trial in discrimination suit. *The Dallas Morning News*, pp. 1H–2H.

8. Sheppard, B.H., Lewicki, R.J., and Minton, J.W. (1992). *Organizational Justice: The Search for Fairness in the Workplace.* New York: Lexington Books.

9. One study, for example, found organizational commitment to be enhanced by HRM activities that are perceived to be motivated by management's desire to show respect for the individual [Koys, D.J. (1988). Human resource management and a culture of respect: Effects on employees' organizational commitment. *Employee Responsibilities and Rights Journal, 1* (1), 57–68]. Another study found that procedural justice is closely associated with organizational commitment and with trust in one's supervisor and in management [Folger, R., and Konovsky, M. A. (1989). Effects of procedural and distributive justice on reactions to pay raise decisions. *Academy of Management Journal, 32* (1), 115–130].

10. Rosen, B., and Schwoerer, C. (1990). Balanced protection policies. *HRMagazine*, February, 59–64.

11. Ibid.

12. Cox, T.H., and Blake, S. (1991). Managing cultural diversity: Implications for organizational competitiveness. *Academy of Management Executive, 5*(3), 45–56.

13. Ibid.

14. Schwoerer and Rosen, Effects of employment-at-will policies.

15. Cox and Blake, Managing Cultural Diversity.

16. Ibid.

17. Terpstra, D.E. (1989). Who gets sexually harassed? *Personnel Administrator, 34* (March), 84–88, 111.

18. Ibid.

19. Solomon, C.M. (1991). Sexual harassment after the Thomas hearings. *Personnel Journal*, December, 32–37.

20. Hoyman, M., and Robinson, R. (1980). Interpreting the new sexual harassment guidelines. *Personnel Journal*, December, 996–1000.

21. *Meritor Savings Bank, FBS v. Michelle Vinson* (1986). United States Supreme Court, Docket N. 84–1979, June 19.

22. Ibid.

23. *King v. Palmer* (1985). 39 FEP Cases 877.

24. Adapted from Segal, A. (1992). Seven ways to reduce harassment claims. *HRMagazine*, January, 84–86.

25. Pregnancy: Nine to five (1989, May–June). *Executive Female*, p. 13.

26. Ibid.

27. Gunsch, D. (1993). The Family Leave Act: A financial burden? *Personnel Journal*, September, 48–57.

28. Ibid.

29. Randall, D.M. (1988). Fetal protection policies: A threat to employee rights? *Employee Responsibility and Rights Journal, 1* (2), 121–128.

30. Ibid.

31. Randall, D.M. (1987). Protecting the unborn. *Personnel Administrator*, September, 88–97.

32. On the HRHorizon: Fetal protection policies (1991). *HRMagazine*, January, 81–82.

33. *UAW v. Johnson Controls* (1991). 111 S.Ct. 1196.
34. Barrett, G.V., and Kernan, M.C. (1987). Performance appraisal and terminations: A review of court decisions since *Brito v. Zia* with implications for personnel practices. *Personnel Psychology, 40* (3), 489–503.
35. Schreiber, N.E. (1983). Wrongful termination of at-will employees. *Massachusetts Law Review, 68*, 22–35.
36. Adapted from Segal, Seven ways to reduce harassment claims.
37. Miller, C.S., Kaspin, J.A., and Schuster, M.H. (1990). The impact of performance appraisal methods on Age Discrimination in Employment Act cases. *Personnel Psychology, 43* (3), 555–578.
38. Ibid.
39. Ibid.
40. Hayes, A.S. (1990, November 2). Layoffs take careful planning to avoid losing the suits that are apt to follow. *The Wall Street Journal*, pp. B1–B2.
41. Ibid.
42. Miller et al., The impact of performance appraisal methods.
43. Ibid.
44. Ibid.
45. Age discrimination (1991). *Business and Legal Reports*, A19–A20.
46. Stambaugh, R. (1990). Protecting employee data privacy: *Computers in HR Management*, February, 12–20.
47. Cited in Privacy (1988, March 28). *Business Week*, pp. 61–68.
48. Ibid.
49. Garland, H., Giacobbe, J., and French, J.L. (1989). Attitudes toward employee and employer's rights in the workplace. *Employee Responsibilities and Rights Journal, 2* (1), 49–59.
50. Ibid.
51. Ibid.
52. Ibid.
53. Ibid.
54. Sovereign, K.L. (1984). *Personnel Law*. Reston, VA: Reston Publishing.
55. Ledvinka, J.L., and Scarpello, V.G. (1991). *Federal Regulation of Personnel and Human Resource Management* (2nd ed.). Boston: PWS-Kent.
56. Kahn, S.C., Brown, B.B., Zapke, B.E., and Lanzarone, M. (1990). *Personnel Director's Guide* (2nd ed.). Boston: Warren, Gorham & Lamont.
57. Ibid.
58. Cited in Hames, D.S., and Dierson, N. (1991). The common law right to privacy: Another incursion into employer's rights to manage their employees? *Labor Law Journal*, 757–765.
59. *Gretencord v. Ford Motor Company* (1982). *Federal Supplement, 538*, Civil Act No. 81–228.
60. Carroll, A.B. (1989). *Business and Society*. Cincinnati: South-Western Publishing.
61. Ibid.
62. Chalykoff, J., and Kochan, T.A. (1989). Computer-aided monitoring: Its influence on employee job satisfaction and turnover. *Personnel Psychology, 42*, 807–828.
63. *Seladan v. Kelsey-Hayes Company* (1989). *Northwest Reporter*, Court of Appeals, Michigan, January 24.
64. Kahn et al., *Personnel Director's Guide*.
65. Yandrick, R.M. (1994). More employers prohibit smoking. *HRMagazine*, July, 68–71.
66. Laabs, J.J. (1994). Companies kick the smoking habit. *Personnel Journal*, January, 38–48.
67. Yandrick, More employers prohibit smoking.
68. Peterson, D.J., and Massengill, D. (1986). Smoking regulations in work place: An update. *Personnel*, May, 27–31.

69. Ibid.
70. Libbin, A.E., and Stevens, J.C. (1988). The right to privacy at the workplace, Part 4: Employee personal. *Personnel,* October, 86–89.
71. Ibid.
72. Ibid.
73. Bergsman, S. (1991). Employee conduct outside the workplace. *HRMagazine,* March, 62–68.
74. Arvanites, D.A., and Ward, B. T. (1989). Employment at will: A concept in transition. *Journal of Management Systems, 1* (2), 15–21.
75. Raisner, J. (1991). Relocate without making false moves. *HRMagazine,* February, 46–50.
76. Segal, J.A. (1990). Follow the Yellow Brick Road. *HRMagazine,* February, 83–86.
77. Veiga, J.F. (1988). Face your problem subordinates now! *The Academy of Management Executive, 2* (2), 145–152.
78. Evans, S. (1994). Doing mediation to avoid litigation. *HRMagazine,* March, 48–51.
79. Fitzpatrick, R.B. (1994). Let's end legal war in the workplace. *HRMagazine,* March, 120, 118.
80. Boyd, B.B. (1968). *Management-Minded Supervision.* New York: McGraw-Hill.
81. Schnake, M.E. (1986). Vicarious punishment in a work setting. *Journal of Applied Psychology, 71* (2), 343–345.
82. Killiam, R.A. (1979). *Managers Must Lead!* New York: AMACOM.
83. Boyd, *Management-Minded Supervision.*
84. Adapted from Webb, S.L. (1992). Investigating sexual harassment claims. *Executive Female,* May/June, 10–12.

第十二章
瞭解工會和工會對
人力資源管理的影響

本章綱要

取得競爭優勢

　個案討論：取得優勢競爭力的 Saturn 汽車公司

　工會與競爭優勢的統合

人力資源管理問題與實務

　今日的工會

　勞工法

　成為工會會員

　團體協商協約

　工會與會員的關係

經理人指南

　工會與經理人的工作

　人力資源管理部門能提供何種協助

　增進經理人之人力資源管理技巧

本章目的

在完成本章後，你將能夠：

1.瞭解工會對公司競爭優勢的影響。

2.解說工會的結構及成員模式。

3.描述主要勞工法規的條款。

4.探討勞工如何形成工會。

5.瞭解團體協商協約是如何協商和執行的。

6.解釋工會是如何被罷免（decertified）。

取得競爭優勢

個案討論：取得優勢競爭力的 Saturn 汽車公司[1]

問題所在：Saturn 汽車公司如何重獲失去的美國汽車市場佔有率

在一九八○年代早期，在美國汽車市場佔有率上美國汽車已逐漸輸給進口汽車，美國大眾已逐漸信服日本車比美國車優越。日本車能提供高品質、可靠性和商品價值。當美國車在競爭汽車市場佔有率逐漸萎縮的時候，美國汽車庫存量已漸增至不可接受的限度，這個問題導致裁員危機，單在一九八二年就裁汰約三萬人。通用車廠和聯合勞工工會都受到「日本式入侵」的嚴重威脅；利潤的下降造成不少通用車廠關閉，聯合汽車工會的會員人數在這段期間也減少許多。

解決之道：Saturn 汽車公司勞工與管理階層的合作關係

在一九八五年，通用汽車的總裁 Roger Smith 宣告 Saturn 汽車公司的誕生，Saturn 汽車公司的目標是製造高品質、大眾買得起的汽

車，期許能奪回被外來競爭者搶去的市場。為達成這個目標，Smith 瞭解 Saturn 公司的經營策略及做法必須有所轉變，不能套用通用的模式。他也瞭解 Saturn 的成功必須運用特殊的勞工工會與管理階層的合作關係，來取代傳統的對立關係。

第一步是由通用的管理階層與勞工工會的成員，組成可行性研究小組。這個組織研究全球的管理實務，以尋求最適合 Saturn 的管理方式。其研究的重點涵蓋全體層面，無論是勞方或資方都不應在討論議題上設限，也沒有任何想法會被認為是無法討論的。工會管理組織最終規劃出能反應出勞資雙方所需的管理策略，能夠推動團體合作和鼓勵公開的溝通。這個策略允許團體成員參與決策過程。這個 Saturn 與聯合汽車工會間的協約是勞資雙方同意：

- 瞭解每位組織成員的需要。
- 同意工會代表全程參與決策過程。
- 使用一致的決策過程。
- 在適當的時候賦予工作單位職權和決策權。
- 允許資訊自由流通於組織內。

團隊精神的概念和工會與管理階層的合作關係，致使工會成員能在工作設計上表達意見，Saturn 工會的領導地位使它能比起最激進的本土或外國勞工組織，更能提供資訊管道及參與決策過程的機會。

工會與管理階層的合作關係如何強化公司的競爭優勢

Saturn 汽車公司是否在重獲競爭優勢上跨出了一大步？答案是肯定的。汽車消費者已經勢不可擋地接受 Saturn 汽車是高品質、高科技的產品。

美國一家獨立的汽車分析團體（J. D. Power and Associates）已經

將 Saturn 汽車消費者的滿意度評估為第三名，僅次於 Infinity 和 Lincoln。《消費者指南》雜誌（*Consumer Report*）也將 Saturn 汽車列為同型中型房車中最值得購買、最划算的車。

工會與競爭優勢的統合

以上的章節，強調雇用關係對工人是很重要的。當雇主不能感受到工人的需求，當工人在改善工作環境和工作效力上缺乏控制權時，他們就會尋求以有力的方式對雇主表達他們的要求。大部分的時候，他們轉而形成集體行動，促使工會的形成，以傳達工人對雇用關係的意見。

工會（unions）是「任何一種勞工組織，藉此員工得以參與在其中，工會存在的目的是與雇主磋商以解決關於訴怨、勞資糾紛、薪資、給付、雇用工時及工作條件的問題」[2]。在團體行動中，工人藉由代表和資方交涉，推動及保護他們的團體利益。

工會的形成對生產力、獲利率及員工態度（亦即競爭優勢的形成）的影響，可能是正面或負面的效果，取決於當時的情況。我們將在以下的段落中討論。

工會
員工藉由團體行動來與雇主磋商,以解決工作議題的勞工組織。

生產力和獲利率（Productivity and Profitability）

工業關係專家們曾長期高聲爭論過勞工工會對生產力和獲利率造成的影響。本章開頭的「個案討論」敘述了當管理階層與工會在同一陣線上有效地合作時，公司所能做的改變。雖然如此，大多數經理人員們還是相信工會對生產力會產生負面的影響，他們認為工會組織所加諸的限制條款及資方的約束，只有阻礙管理階層對於提高生產力和獲利率所做的努力。然而，大多數的實例還是顯示出正面的效果。有工會組織的公司比起沒有工會組織的公司，實際上擁有更高的生產力[3]。

造紙公司（Paper Mill）如何獲得競爭優勢

工業關係研究者 Casey Ichniowski 研究了 Paper Mill 公司在一九七六至一九九○年之間，工會與管理階層之間的轉化。在起初的六年，Mill 公司的工人申訴率及罷工頻率，在同一產業中是最高的，而生產力是最低的。在一九八三年，Paper Mill 公司與其他兩個國際造紙勞工聯盟的合約，激烈地改變了 Paper Mill 的人事管理系統。最重要的是，他們執行了「團隊合作的概念」，而帶來了下列轉變：

■ 將工作重新分為四級。

■ 增加補助津貼。

■ 在新的工作分類中，讓有多元技術的勞工負責更多的責任。

■ 執行勞工工作態度的意見調查，以找出勞工的需求及意願。

■ 舉行管理階層與勞工間的座談會。

這些改變之後，這個工廠的生產力及獲利率激增，申訴率降低了，罷工行為也停止了。

有工會組織的公司在生產力上的提高有兩點解釋[4]，第一是勞工工會的震驚效應（shock effect），從這個觀點，勞工工會的存在，警示管理階層對公司管理的職責。結果，經理們在管理上會更加小心，因為勞工工會會試著掌握、計算對員工不利的決策，這個說明解釋了在**邁向競爭優勢之路 12-1** 中所提到的 Paper Mill 公司獲得競爭優勢的經驗。

第二點，勞工工會之所以會增加生產力是因為有勞工工會比起沒有工會的公司，更經常使用高效率、非勞力密集的科技。這個效率是因為有許多有工會的公司，已經被迫用不同的方式來降低勞力成本，比起非工會會員而言，工會會員普遍提升工資。例如，對生產力較高的水泥公司而言，成本降低的原因之一，是因為從生產袋裝水泥轉型到生產非勞力密集的散裝水泥[5]。

然而，勞工工會並不總是導致更高的生產力，工會在生產力上的總體影響是決定於公司內工會與管理階層的關係本質。當勞資雙方之間的關係是正面的，工會的存在與公司的生產力是正相關的；反之，當勞資雙方之間的關係是負面的，工會的存在與公司的生產力下降是有密切關係的[6]。

儘管大多數有工會的公司有較高的生產力，但比起無工會的公司，有工會的公司更不易獲得利潤。因為生產力的提高並不易抵銷較高的營業成本（因為有工會的公司支付較高的工資及較好的福利政策，結果大多數的公司想儘量避免勞工工會的形成）[7]。

工作滿意度和人事變動

從工業關係的文獻皆可發現，工會工人比起非工會工人對工作的滿意度低[8]。然而這項發現並未指出工會會員制導致工人對工作的不滿意度增加；也許，這些勞工在加入工會之前，已經對工作不滿。事實上，工會之所以形成，正是勞工對工作環境的不滿。因此，導致工會勞工對工作的滿意度偏低，在於工作環境的不同，而非加入工會的狀況。事實上一個近期的研究顯示，經過比較後，工會與非工會會員在相同工作、相同工作地點的工作表現上，是沒有太大差別的[9]。

在進一步研究工會會員制度與工作滿意度的關係後，發現了一個有趣的矛盾點：對工作不滿的工會會員比起對工作滿意的非工會

會員，有更低的離職率 [10]。這項發現反映出，有工會制度存在的公司才有申訴系統存在，當工會會員對特殊的工作狀況，例如安全性產生不滿時，他們會提出申訴，相反地，對非工會的會員而言，辭職是唯一的可行途徑，而這點正呼應了非工會勞工的高離職率 [11]。

人力資源管理問題與實務

今日的工會

工作的人對於集體代表的渴求有著豐富而生動的歷史。這是一個充滿了英雄人物與強烈（有時是暴力）奮鬥的故事。美國的勞工運動歷史詳述於本章結尾的附錄中。在此，我們要看一看目前工會的結構和其會員形式。

工會的結構

地方工會　**地方工會**（local union）是勞工與管理代表接觸最為頻繁的，也是日常生活中勞資關係的重點，會員也需要為工會所提供的服務，付會費給地方工會，基本上，地方工會扮演兩個角色。

第一，他們確認及協調地方對全國團體協商協約的意見。地方工會人員必須明瞭勞工對工作環境的觀點，以致有效地在協商中執行代表權。

第二，地方工會執行團體協商協約，亦即他們確保協約內容已被實施，當會員相信他們按照協約所訂的權力被否定時（例如，勞工按年資的超時工作權），工會會為勞工申訴，以確定協約的規定能夠實行。

全國工會　**全國工會**（national unions）是代表在特定專業的全國勞

地方工會
直接代表其會員利益的工會。

全國工會
代表全國中某一特別工藝或特定工業之工人。

工。許多全國工會會認定自己是國際工會,因為他們的組織包括加拿大及全美洲。全國工會協商主要工業界的勞工合約(例如,汽車工業及商業航空工業),並為非工會勞工組織新的地方工會。

大多數的地方工會必須由全國工會分支而來,區域工會提供地方勞工全國工會所有的專業服務。地方工會為全國工會所提供的人員及服務付費,地方工會付費的金額是由工會會員的人數而決定。

全美勞工聯盟及工業組織協會
一個促進全國工會之合作以追求勞工組織的共同目標的組織。

全美勞工聯盟及工業組織協會　為擴大勞工的影響力,幾乎所有大型全國工會皆會加入**全美勞工聯盟及工業組織協會**(American Federation of Labor and Congress of Industrial Organizations , AFL-CIO)。全美勞工聯盟及工業組織協會會員制是自願的。許多重要聯盟,像聯合電機勞工工會和全國教育協會則不屬於全美勞工聯盟及工業組織協會,會員工會並不會因為加入聯盟而失去他們的自主性,全美勞工聯盟邦及工業組織協會也無權去干擾地方工會的內部事務(例如他們不能干擾工會對於罷工、協商及評估規費的決定)。

這個全美勞工聯邦及工業組織協會推動全國工會間的合作,以達成勞工們共同追求的目的。聯邦憲法中第二十篇設立了一個解決爭論的步驟,藉此一個工會會員對其他工會會員的抱怨得以藉調解或仲裁的方式解決,這個全美勞工聯邦及工業組織協會在政治圈中也代表組織勞工,為立法機構中提供議案遊說者,和支持專業工會候選人為公眾事務而參加競選。

工會會員形式

美國工會會員人數很難估計,因為缺乏由工會所提供的可靠報告[12]。然而,勞工部的統計數字顯示在一九九二年[13]大約有一千六百四十萬名勞工(百分之十五點八)有支付薪資的勞工加入工會,在一九六〇年,曾達到百分之三十一點四[14]。

雖然工會的勞工百分比下降，工會仍然在政府製造業、交通及公共設施工業中繼續代表多數的勞工[15]。此外，大多數大型產業已有工會組織，例如聯合汽車勞工工會（UAW）代表了三大汽車廠——通用（GM）、福特（Ford）及克萊斯勒（Chrysler）的勞工以及數個聯合日本的外資車廠（例如，新聯合汽車製造廠，由 GM 與 TOYOTA 聯合所組成）。美國鋼鐵勞工工會，代表美國主要鋼鐵廠及十二家相關工業的勞工，與通用電器及西屋公司協商和議。

工會會員減少的原因　意見調查一致地顯示出，許多勞工尤其是女性勞工，對參加工會的意願[16]。那麼，是什麼原因造成十年以來工會會員的減少？

　　在這裡可以提出三點原因。第一個原因是，工業型態由傳統工會強勢的製造業轉變成工會缺乏吸引力的服務業，這雖然是一個受歡迎的解釋，但研究顯示這種結構型態的轉變，只造成工會會員減少率的百分之二十五[17]。

　　第二個更重要的原因是，在美國的資方通常反對工會，並採取積極行動來反對工會，例如在一九二○及一九三○年代，資方會試著製造工人對工會的不信任，並尋求其他方式另組工會。又例如，資方宣稱「美國計畫」強調傳統美國價值觀的徹底個人自由主義，以反對工會所擁護的「外來性」及「破壞性」（subversive）原則，資方也成立公司工會，以象徵性地代表勞工與資方管理階層討論工作環境問題。因為資方負責選擇勞工代表，並且能夠否決勞工代表們在會議中所提的任何意見，因此工會僅是在表面上成立，終究會被「華格納法案」[18]所禁止。

　　至今，資方仍然強力反對勞工工會，並使用更有效的策略。這些防止工會的策略會在「經理人指南」部分中提及。

　　第三點，也許是最重要的一點，工會會員減少是因為資方會對

參加罷工運動的勞工，做永久性的革職，以減緩因工會使用其最有力量的工具——罷工——所帶來的衝擊。根據一九三八年高等法院所做的一項裁定，如果罷工的原因是出於經濟因素，如工資、福利及更佳的工作環境，則資方可以另行永久地遞補罷工者的遺缺[19]。那些被遞補的罷工者，只有在當他們因為被遞補而又因為某些原因（例如退休）工作被剝奪時，才可得到保證能夠為他們失去的工作提出有利的上訴。

自從一九八一年雷根總統使用遞補者來替換罷工的航管人員之後，使用遞補工作者的方式就廣為流行。例如，一九九〇年三月當六千三百位灰狗巴士的司機罷工時，公司已經新招募了七百人，並且有九百人正在訓練中[20]。在一九九四年至一九九五年的罷工中，主要的職業棒球聯盟隊也嘗試（雖然並未成功）使用遞補球員。

勞工法

以下幾節將要描述的是與工會相關的幾個關鍵性立法行動。

早期的司法決定

由於司法部在十九世紀的幾件著名的勞工爭議（請參考本章末的附錄）中做成的裁定，它很快地建立起美國商業界之堅強盟友的名聲。特別是法院通常相當樂意進行反壟斷的立法，以防止工會進行「工作行動」，如罷工、聯合抵制。例如，在一八九四年當美國鐵路工會為了抗拒 Pullman Palace 汽車公司而罷工時，一位聯邦法官強迫員工回去工作，因為他認定罷工的特性是在抑制商業[21]。北美的帽商聯盟針對 Dietrich Loewe 公司的聯合抵制，也在美國最高法院裁定其為非法後停止，裁定非法的原因是聯合抵制限制了貨物在州與州之間的運銷流通[22]。

最後，一項最高法院的裁定允許雇主要求員工簽訂**黃狗契約**

黃狗契約
現在為非法,這些契約規定一旦員工受雇於這個公司,他們就不可以組織,支持,或參加工會。

（yellow-dog contract），就是一旦員工受雇於這個公司，他們就不可以組織、支持或參加工會。礦工工人聯盟（UMW）曾經想要在已經簽過黃狗契約的工人中組織工會，但遭法院禁止，法院認為誘使工人參加工會，就是鼓勵他們去違背一項有效的契約（即黃狗契約）[23]。

鐵路勞工法案

一九六二年所通過的**鐵路勞工法案**（Railway Labor Act，RLA）標示出一個政府管制工會與管理階層之間關係的一個新時代之開始，工會主義和集體交涉更多被接受。長久以來鐵路工業就傾向於集體交涉，而 RLA 更對員工選擇代理人的權利提供了聯邦性的保障。而且這個法案強制要求鐵路公司與員工代表交涉，並且建立聯邦性的機構來解決勞工爭端。

鐵路勞工法案
一項強制要求鐵路公司與員工代表交涉，並且建立聯邦性的機構來解決勞工爭端的法律。

Norris-La Guardia 法案

在一九三二年，國會通過了 Norris-La Guardia 法案，藉著限制法官發佈禁令來抑制工人之工作行動的權力，大幅削減了法院對於勞工爭端的介入程度。雇主仍然可以申請發出禁令，但是法院只有在雇主提得出其財產上之實質而無可彌補的損失之證明時，才能接受申請。此外，禁令中必須明確指明所禁止的工會活動。Norris-La Guardia 法案同時也宣告黃狗契約為非法。

Norris-La Guardia 法案
一項限制法官發佈禁令來抑制工人之工作行動的權力的法律。

國家勞工關係法案（華格納法案）

在一九三五年通過的**國家勞工關係法案**（National Labor Relations Act）給了工業界大多數的工作者權利去組織工會，並且能夠與雇主做集體性的交涉而免受雇主的壓制。這個法案認定以下幾類的雇主行為是屬於壓制的或不公平的：

國家勞工關係法案（華格納法案）
賦予工作者權利去組織工會，並且能夠與雇主做集體性的交涉而免受雇主壓制的法案。

■干涉工人自行組織團體的權利。

認可選舉
一項決定在公司裡的工人是否願意由工會來代表他們的選舉。

國家勞工關係委員會
由華格納法案所創立，以監督認可選舉並確保法律之執行。

勞資關係法案 (Taft-Hartley 法案)
一項試圖要恢復雇主和工會之間的權利平衡的法律。

反認可選舉
一項由工會會員投票以決定是否願意繼續由工會來代表他們的選舉。

封閉店家
要求員工必須具備工會會員資格的公司。

開放店家
在其契約之下，員工不一定要加入工會，也不必因為受惠而被課以工會代表費用的公司。

■給予參加工會活動的員工負面性的差別待遇。

■拒絕與員工代表進行交涉。

　　華格納法案也建立了**認可選舉**（certification election）的程序，以決定在一個公司裡的大多數工作者是否願意由工會來代表他們，此法案並且創立了**國家勞工關係委員會**（National Labor Relations Board，NLRB），來監督認可選舉並確保法律之執行。

勞資關係法案（Taft-Hartley 法案）

　　到了一九四七年，國家勞工關係法案（NLRA）被加以修正而成為**勞資關係法案**（Labor-Management Relations Act）。當時的美國民眾對工會多多少少都有些失望，主要是因為第二次世界戰之後的罷工潮。Taft-Hartley 法案試圖要恢復雇主和工會之間的權利平衡。這個法案使得工會成員有機會藉著**反認可選舉**（decertification election）來擺脫工會。它也指出了一些不公平的工會行為，包括：

■壓制想要自行使用集體交涉權利的員工。

■施壓給雇主，要求對非工會會員之員工或應徵者給予負面性的歧視。

■拒絕用信任的態度與雇主交涉。

■強迫雇主為不需要的服務付費，例如雇用超過所需要的員工。

　　Taft-Hartley 法案也給了美國總統介入全國性緊急罷工（意即那些影響整個工業以致危及國家安全的罷工）的權利。總統可以禁止工人罷工長達八十天之久，因而給予雙方更多機會來解決橫梗在其間的任何問題，能夠簽署出一份集體協商協約。

　　最後，Taft-Hartley 法案允許各州通過立法來禁止**封閉店家**（closed-shops），就是那些要求員工必須具備工會會員資格的公司。在保障工作權的州，**開放店家**（open shops）才是合法的。在此

示例 12-1 保障工作權的州

阿拉巴馬州	堪薩斯州	南卡羅來納州
亞歷桑納州	路易斯安納州	南達可達州
阿肯色州	密西西比州	田納西州
佛羅里達州	內布拉司加州	德克薩斯州
喬治亞州	內華達州	猶他州
愛德荷州	北卡羅來納州	維吉尼亞州
愛俄華州	北達可達州	懷俄明州

契約之下,員工不一定要加入工會,也不必因為受惠而被課以工會代表的費用。如此,工會會員是純志願性的。有二十一個州(如**示例 12-1** 中所列的)已經通過了保障工作權的立法。

勞資關係報告與揭發法案(Landrum-Griffin 法案)

最後一項針對工會活動的主要聯邦立法是一九五九年的**勞資關係報告與揭發法案**（Labor-Management Reporting and Disclosure Act）。這是在一系列處理有關勞工組織腐化的大規模公聽會之後,由國會所通過。這個法案規範了工會內部的事務。有一項權利法案制訂為以下的工會活動規則:遴選工會領袖之候選人,辦理選舉,以及訓練會員。這個法案也要求工會遞交所有財務開支報告,以防止工會職員將工會基金用在私人用途上。

勞資關係報告與揭發法案(Landrum-Griffin 法案)
藉著規範工會內部事務來防止腐化的法律.]

成為工會會員

本節要處理的問題是工人為何要加入工會,以及如何加入工會。

工人為何要加入工會?

為何工人會對集體代表有興趣的研究已經進行了好些年了。以下段落將敘述這些研究之發現。

工作不滿　所有的研究均顯示工人的工作滿意度與一個公司裡的工會組織活動之熱度，和工會代表在員工當中受支持的程度，有著強烈的關聯 [24]。如果工人所不滿意的是民生與福利方面的問題，如給付、工作安全度，以及監督制度，那麼他們很可能會加入工會。對工作性質的不滿意，如個人的工作和工作條件受到控制，也會促使個人加入工會 [25]。

工會助力　通常而言，工作上的不滿意只是個人開始對工會代表產生興趣的必要條件，而不是充分條件。其他更具體的與工作相關的態度也扮演著重要的角色。尤其是當不滿意的工人感覺到個人的力量太薄弱，無法改變工作場中令人不滿意的情況；而一群有相同想法的工人所組成的一個大聯盟，能夠藉著集體行動來改善情況，這時他們就會尋求工會的代表 [26]。

工會助力
工會被認為能夠為工人提供重大益處的能力。

這種觀念稱為**工會助力**（union instrumentality），意即工會被認為能夠為工人提供重大的益處（例如，消除工作不滿的來源）。因此，組織工會的決定是取決於員工是否相信有了工會會讓他們過得更好 [27]。

支持工會的傾向　最近的研究路線顯示出另一個影響個人支持工會的因素。加入工會的傾向，在一個人早期生活所發展出的價值觀當中（早在人實際進入工作環境之前）就可以看出來。例如，這條研究路線證實，當小孩子看到他們的父母參與工會的活動，他們到了成年之時也比較會願意支持工會 [28]。

工人要如何組織工會？

工會組織運動

成立一個工會是一個很複雜的過程，包含了三個步驟或階段：訴願、選舉，以及認可（請參閱**示例 12-2**）。這個過程要等到新被

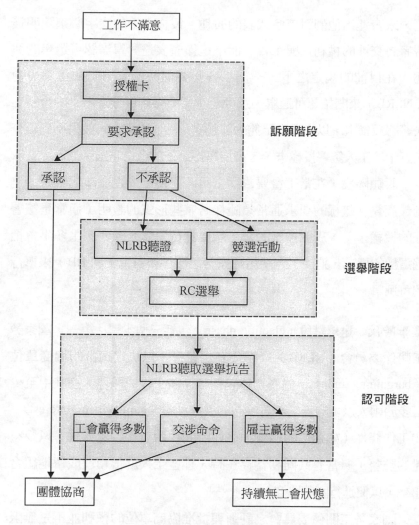

示例**12-2** 工會組織奮鬥過程

認可的工會和雇主在一項團體協商上達成協議之後才算完成。我們現在來討論這個過程。

訴願階段　在**訴願階段**（petition phase），工人藉著簽署授權卡（authorization card）以賦予工會權力在與雇主的團體協商中代表他

訴願階段
認可選舉的第一個階段,由工人來表達出他們對工會代表的興趣。

們，來表達出他們對工會代表的興趣。授權卡上的文字必須陳明簽署者將交涉的權利授與工會，而不是僅僅表達對舉辦認可選舉的興趣。在目前的規定之下，一個工會想要促使國家勞工關係委員會（NLRB）來開始認可選舉，那麼至少需要得到百分之三十的合格工人簽署授權卡，以表現出足夠的興趣[29]。然而事實上，如果不到百分之五十的工人簽署授權卡，工會要贏得選舉的機會是很低的[30]。

訴願階段，在當工會要求雇主承認它為工人之交涉代表時，達到最高點。這樣的要求通常須隨伴著某些形式的證明（通常是簽署好的授權卡），表明多數的員工想要進行集體交涉。雇主多半會拒絕這樣的要求，迫使工會呈請國家勞工關係委員會（NLRB）來舉行認可選舉。

選舉階段　**選舉階段**（election phase）包括三個步驟。第一，國家勞工關係委員會（NLRB）舉辦代表聽證會，以決定適當的**協商單位**（bargaining unit）。協商單位包括了某些工作或職位，在其中至少有多於兩人以上的員工有著共同的就業利益（employment interests）和工作條件（如相似的職責，工作時間、薪資、生產方式，以及整體的監督）。當有共同利益存在時，那些工人就很順理成章地組合起來，以便進行團體協商。

國家勞工關係委員會之評斷與批准協商單位的權利並不是無限制的。例如，專業員工與非專業員工不能在同一個協商單位裡，除非這些專業人員中有多數投票同意隸屬於一個混合的單位[31]。另外，考慮到雇主的財產在罷工事件中所可能遭遇到的威脅，工廠的警衛人員不能與非警衛人員同屬於一個協商單位[32]。

在調查過程中，國家勞工關係委員會必須決定是否有任何選舉的障礙。例如，在上一次失敗的工會代表選舉之後的一年內，禁止同一群員工再進行選舉是合法的。

選舉階段的第二個步驟是工會和雇主彼此之間的角力。在此工會較為不利，因為交涉單位比雇主較不容易取得工人的資料。所以雇主必須在雙方都同意舉行選舉後的七天之內，把員工的姓名、地址和電話號碼提供給工會 [33]。大多數在公司內的工會組織活動，都是用員工自己的時間，且是在非工作場所來進行的。工會的發起人到員工家中拜訪，並且在工廠門口分發傳單。

國家勞工關係委員會的規則嚴密地規範了雇主在反工會戰鬥中的行為。雇主不可以給予員工錯誤或有誤導性的工會資訊。雇主固然可以宣達他們反對工會的立場（意即宣示不參加工會的好處），但他們卻不可以因為員工有利於工會的行動而威脅他們。雇主也不可以對那些拒絕工會的員工承諾給予優惠。此外，雇主詢問員工對於工會的觀點也是被禁止的。

雇主可以（工會則不行）要求員工參加在公司上班時間舉行的「強迫聽講的演說」，來遊說員工反對工會。為了避免被指為壓迫，這些演講應該在勞工關係諮商人員的幫助之下來準備，並且逐字地讀給會眾聽。一項「二十四小時規則」禁止在無記名投票之前的二十四小時內舉行這種大型演講。

最後，主任級人員可以幫助管理階層，藉著與每一個工人或一小組工人進行有關於工會的討論。然而，「小組規則」能防止在受到管理權威影響的場所（即除了解決管理上的問題，否則員工通常不會去的場所，例如主任的辦公室，或工廠經理人的會議室）進行這種討論。國家勞工關係委員會相信在這樣的環境之下，員工很可能會感覺受到被脅迫，因而受到強制，即使所用的言詞是合法而不具恐嚇性的。

第三個步驟就是選舉本身，通常是在公司裡的某一地點舉行。國家勞工關係委員會要求工會和雇主都要派出選舉觀察員，以確保投票者都是被認可的協商單位之成員。除了國家勞工關係委員會的

代表和被指派的觀察員之外，在選舉過程中，不允許別人在選舉區圍觀。

認可階段　選舉過程結束之後，國家勞工關係委員會要確認其結果。只要國家勞工關係委員會沒有發現任何不當行為，就由得到多數選票的一方贏得選舉。如果是雇主贏得多數，公司就不必進行交涉，而可以繼續在無工會的情形下運作。如果是工會獲勝，雇主就必須接受工會成為員工集體交涉之代理者。

無論是雇主或是工會都可以在五天之內對選舉結果提出反對。這些反對可能是與某一方之影響選舉結果的行為有關（如雇主涉嫌違反二十四小時規則，或工會涉嫌威脅或實際地傷害了反對工會者）。某一方的反對也可能是針對選舉本身（如雇主或工會被指控在選舉區進行助選，或某一投票箱在選舉過程中無人看管）。

在仔細審查之後，國家勞工關係委員會可能拒絕反對的指控而確認選舉結果，也可能下令重新舉行選舉。如果國家勞工關係委員會決定要重新選舉，它可能會要求錯誤的一方公開為其競選手段之不當而道歉。

如果國家勞工關係委員會發現雇主在競選過程中有嚴重的失當行為，它可以發佈**協商命令**（bargaining order）。協商命令將指示雇主接受工會的團體協商，即便是雇主贏得了選舉。國家勞工關係委員會的理念是，如果一個雇主習於執行暴虐的勞工制度，那麼它不只會腐蝕工會所擁有的多數授權卡，也會威脅員工，以致要公平地重新舉行選舉也是不可能的。在一九六九年的裁決中，最高法院支持國家勞工關係委員會發佈交涉命令的權利[34]。

團體協商協約

團體協商（collective bargaining）是一個管制雇主與員工雙方代

協商命令
由國家勞工關係委員會所發佈,指示雇主接受工會的團體協商，即便是雇主贏得了選舉。

團體協商
一個管制雇主與員工雙方代表之間關係的系統，藉著雙方互惠的協商來達成相互間有關雇用條件的協議。

表之間關係的系統，藉著雙方互惠的協商來達成相互間有關雇用條件的協議。這個相互的協議稱爲**團體協商協約**（collective bargaining agreement），它涵蓋所有協商單位的成員，無論他們是否屬於公會。

協商出一份團體協商協約

團體協商可能採用許多形式，並沒有一種比較有效的形式。每一種都是針對某種工業和其工會的特性而發展出來的。例如，在一些工業（如煤礦工業）裡，是由一個單獨的工會來和不同的雇主代表協商主要的協約。在汽車工業裡，「典範協商」是最常用到的：與一個公司協商出來的協議，被用作爲其他協商協約的原型（prototype）。例如，UAW 公司選擇三大汽車製造公司中的一個來作爲協商的對象。在這些協商中所達成的協約，也應該在略微修改之後，能夠得到其他公司的批准。還有另外一種協商形式，視爲大都市的主要報社所採用的，這些報社傳統上會儘可能和許多的工會來進行協商，如印刷工人同業公會、照相製版工人同業公會，以及美國報紙同業公會。

團體協商之準備 在實際的協商開始之前，工會和管理階層都有許多事前的工作要做。例如，與協商相關的契約資訊必須要收集好，如其他供應同類貨品與服務的公司之契約。雙方也必須估計他們最初的提案在談判桌上的成本。最後，在續約關係的情形下（相對於初次契約協商），雙方必須檢視他們過去在試圖維繫目前協約的經驗是如何。例如，如果經驗顯示協約中的某些條款造成誤解，且帶來了許多不平，雙方可能會希望澄清協約中這些部分所用的言詞。

建立一份協商議程 雙方藉著指定所要交涉的議題，來建立一份交涉議程。國家勞工關係委員會的規定和各種勞工法，定義了三類交

示例 12-3　強制性和允許性的協商項目

強制性項目
工資
工作時數
工廠規則
工作與生產標準
退休金與員工福利計畫
假期與休假日
利潤分享計畫
跨部門的工作指派
要求事業的新雇主承認舊雇主之契約義務的繼任條款
訴怨程序
廠內餐飲的供應與價格
管理階層權利
員工測謊器測試
關閉一部分事業與裁減工人的決定

允許性項目
已退休人員之福利與退休金
工會參與訂定公司產品價格
公司罷工保險計畫之廢除
生產方式上的技術改變
工業升級計畫
利益仲裁條款

涉項目：

1. 非法的協商項目，是法律所不允許進行協商的那些事。例如，工會的安全處置（如封閉或開放店家）在保障工作權的州裡面，是不能協商的。

2. 強制性的協商項目，是只要某一方在協商桌上提出就必須要協商的議題。拒絕協商強制性項目，會被認為是一種不公平的勞工行為。 國家勞工關係委員會宣告了大約七十個強迫性項目；**示例 12-3** 中列出了其中的一些項目。

3. 自願的或允許的協商項目（參看**示例 12-3** 中的例子），只有

在雙方都同意討論時，才會成為協商的一部分。雙方都不會被強制協商違反己意的允許性項目，而且拒絕討論這些事也不會被認為是不公平的勞工行為。如果雙方決定要協商一個允許性項目，在此事上若無法達成共識，也不會因而使協約之商定延遲。

選擇協商策略　在實際的協商開始之前，每一方都必須決定自己的協商項目優先次序。很明顯地，每一方也必須試著把這個優先次序隱藏起來，雖然隨著協商的進行，對方有經驗的協商者，很容易看得出每一個項目的相對重要性。

在決定協商策略時，優先次序扮演著主要的角色。例如，雇主所想要協商的兩個項目可能是決定著工作團隊人數的衛生津貼和人員編制（staffing rules）。如果雇主給予衛生津貼較高的優先次序，當工會同意在衛生津貼議題上讓步時，雇主可能就得要降低它在改變人員編制上的期望了。

每一方在準備協商之時，也必須要建立協商目標的範圍。每一方都要使用手邊所有可運用之對最終協商結果有所影響的資訊，為每一個協商項目來估計三個協商目標：

1. 實際的協商目標（realistic bargaining objective）是某一個協商議題在預期中之最終解決方案。基於對協商氣氛的評估（如雙方在協商之前所顯出之衝突程度），以及其他同行公司之契約的典範或趨勢，實際的目標代表著所感覺到的某一特定協商項目之最可能的解決程度。

2. 最佳協商目標（optimistic bargaining objective）表示對某一方所感覺到對它最有利的解決程度。雖然最佳目標不如實際目標容易達成，但是如果協商朝有利的方向進展，仍然是可能達到的。

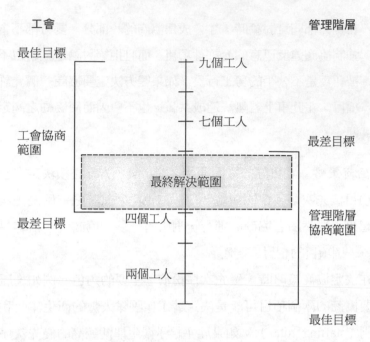

示例12-4　關於生產團隊之人員需求的協商目標

3.最差的協商目標（pessimistic bargaining objective）代表著某一
　方在某一個協商項目上所可能接受的最不利的解決程度。如果
　協商的進行對某一方不利，它將得勉強地接受這個最差目標。

　　示例 12-4 提供了一個工會和管理階層對生產團隊的人員編制之
最佳與最差的協商目標。綜合來看，雙方的協商範圍將一起決定最
後的解決範圍，而這範圍是雙方都能接受的。

以互信的態度協商　無論採用什麼協商策略，雙方必須合法地從事
互信的協商（good faith bargaining），否則就是在從事不公平勞工行
為 [35]。根據 Taft-Hartley 法案所規定，互信協商要求雙方「在合理的
時間開會，並以互信的態度商談有關薪資、工時，以及其他雇用條
件」[36]。

互信的協商
要求管理階層和勞工在
合理的時間開會，並以
互信的態度商談有關薪
資，工時，以及其他雇
用條件。

Taft-Hartley 法案，以及這幾年來國家勞工關係委員會對它的解釋，已經提供了一些解釋「互信」這個名詞的指南。例如，此法案並未明確地強制任何一方必須藉著同意某一項提案或讓步來表現互信。此外，國家勞工關係委員會常常是評估某一方在協商中的整體表現來決定該一方是從事互信或背信（bad faith）交涉。

有一種背信協商稱為「表面協商」——提出根本令人無法接受的提案或不接受任何變通辦法。背信協商也可能包含一些詭計，例如把交涉會議的時程表複雜化，或拒絕提供相關聯的資訊。最後，如果雇主越過正式的工會協商代表而試圖直接與工會會員協商，這也算犯了背信協商。

合作性協商　管理階層和一個工會之間的關係不一定是對立的。就像我們在本章「個案討論」所看到的，雙方通常可能一起為大家的利益而努力。如在**邁向競爭優勢之路 12-2** 中所描述的，全錄（Xerox）公司 Webster 工廠的管理階層與服飾和紡織工人聯合工會（Amalgamated Clothing and Textile Workers Union，ACTWU）之間的合夥關係，就是另外一個例子，說明了一個公司和工會如何能夠發展出一種共同擁有的願景（vision），讓員工可以參與在營運與策略雙方面的議題上。

執行一份團體協商協約

一旦工會和雇主協商出一份團體協商協約來，他們就要在協約的有效期間之內，受到這協約條款的約束。由於不同的一方對協約條款的解釋可能會有所不同，就常常會有爭議。因此雙方都需要某一個機構，在特定的情形之下，公平地解釋協約的用詞。

申訴制度的建立　協約的爭議是由**申訴制度**（grievance system）來解決。幾乎所有的集體團體協約中都會包含申訴制度的協約條文，

申訴制度
一個為處理違約告訴提供合適程序的制度。

全錄公司的一個團體協商案例

全錄公司 Webster 工廠的管理階層和服飾和紡織工人聯合工會（代表著許多全錄的生產工人）之間的合夥關係是一個例子，說明了一個公司和工會如何能夠發展出一種共同擁有的願景，讓員工可以參與在營運與策略雙方面的議題上。員工代表和管理階層肩並肩地一起在兩個委員會中工作：執行與政策委員會和聯合計畫委員會。

執行與政策委員會每半年集會一次以建立策略目標，聯合計畫委員會每一季集會一次來決定如何實行策略計畫。

這些聯合的委員會明顯地表明在服飾和紡織工人聯合工會（ACTWU）與全錄管理階層之間的互相尊重。這些委員會包括了約相等數目的管理階層與工會代表。他們提供了探求知識、資訊共享、讓決定獲得雙方支持的絕佳機會。這一類型的合作活動也流入到團體協商程序中，並且日益擴展，將通常須外顯在備忘錄與公司文件上的協約轉化成為內在協約。在本質上，協商成為一個持續不斷的過程。

訴怨
一項由員工或雇主所發出，對契約權利被侵犯之尚未證實的抱怨。

為處理違約告訴提供了合適的程序。一個**訴怨**（grievance），可能由員工或雇主所發出，是對契約權利被侵犯之尚未證實的抱怨。思考以下的例子：

假設一份協約包含了一項條文，規定一個員工只能因為「公平的原因」而被解雇。一位名叫 Mary Stevens 的工會會

員，在一些其他的工人和經理面前羞辱了她的直屬上司，公司可能認為它有公平的原因來開除 Mary，而 Mary 則可能認為這樣極端的懲戒是不公平的。這個事件很可能會導致工會為 Mary 而發出一次訴怨。

申訴制度在工會勞資關係中所扮演的角色　申訴制度在勞資關係中至少扮演著兩個角色。第一，它們提供了一個公開討論的地方，讓有關侵犯協約權利的爭執可以在此被裁定。因此，任何一方都不可以威脅或執行某種經濟恐嚇（如工會發起的罷工或雇主關閉工廠）來解決問題。事實上，多數協約在團體協約生效期間禁止罷工和關廠。

第二，申訴制度影響工人對勞工組織的看法。一次對大約一千五百名美國工人的調查顯示，訴怨處理被認為是最重要的工會活動 [37]。期待在解決訴怨時獲得協助，是在工會認可選舉中投票贊成的工人和投票反對工會的工人間之最大區別 [38]。

申訴制度如何運作　典型的申訴制度合併了三個步驟（雖然四個步驟的程序也常見到）[39]。**示例 12-5** 中敘述了這些步驟。第一個步驟是這個制度的非正式階段，這時工會幹事（被選出來作為同事代表的員工）、訴怨者，以及訴怨者的直屬上司，試著在它成為一份成文的正式訴怨之前，把問題解決。制度中接下來的幾個步驟，幾乎必然是由越來越高層的工會和雇主代表參與。

幾乎所有訴怨程序的最後一個步驟都是**仲裁**（arbitration）。仲裁需要一個中立的第三者，來調解由工會和管理階層代表在雙邊討論中所不能解決的問題。在 Taft-Hartley 法案中對訴怨仲裁觀念的支援如下：

　　　經由以雙方同意的方式所做的最終調停，在此被宣告為解

仲裁
由一個中立的第三者來調解由工會和管理階層代表在雙邊討論中所不能解決之問題的一種契約爭議機制。

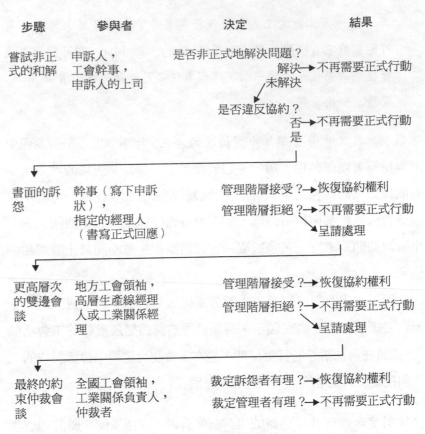

步驟	參與者	決定	結果

嘗試非正式的和解 — 申訴人，工會幹事，申訴人的上司 — 是否非正式地解決問題？
解決 ➡ 不再需要正式行動
未解決
是否違反協約？
否 ➡ 不再需要正式行動
是

書面的訴怨 — 幹事（寫下申訴狀），指定的經理人（書寫正式回應） — 管理階層接受？➡ 恢復協約權利
管理階層拒絕？➡ 不再需要正式行動
➡ 呈請處理

更高層次的雙邊會談 — 地方工會領袖，高層生產線經理人或工業關係經理 — 管理階層接受？➡ 恢復協約權利
管理階層拒絕？➡ 不再需要正式行動
➡ 呈請處理

最終的約束仲裁會談 — 全國工會領袖，工業關係負責人，仲裁者 — 裁定訴怨者有理？➡ 恢復協約權利
裁定管理者有理？➡ 不再需要正式行動

示例12-5　申訴制度的步驟

決「因應用或解釋一份存在的團體協商協約所產生的訴怨爭議」之理想方式[40]。

如果訴怨的員工認爲工會並不足以代表他們時，該怎麼辦？他們可以請求法院來做仲裁嗎？法院通常會拒絕這一類的案子，除非員工能夠證明工會在處理訴怨時極其怠忽。通常這一類的控訴，百分之九十是工會勝訴[41]。

工會與會員的關係

在這一節我們要探討工會—會員關係的問題。我們特別要討論會員對他們的工會的態度，以及當他們討厭工會時，他們還有些什麼選擇。

工會承諾

工會承諾（Union Commitment）是指工人對他們所屬之工會的獻身，以及身為工會會員所帶來的驕傲感 [42]。一旦工人決定要成為工會的一員，工會就要求他們對它保持忠誠。沒有忠誠的會員，工會力量就微弱，因為它的聲音並不能代表其組成成員之集體看法，因而它與雇主抗衡的力量也就減低了。

此外，有證據顯示，對工會忠誠的工人比較可能會參加工會活動。例如，忠誠的工人比較可能到工會辦公室來幫忙，參加工會會議，加入委員會，投票給特定的公職候選人，以及支持對抗雇主的工作行動 [43]。最後，會員忠誠度也與工人離開其工會的意願相關；對工會的忠誠度越低，放棄會員資格的可能性也就越高 [44]。

一個工會要如何在它的會員當中建立起忠誠度呢？當工人相信工會是幫助他們達成個人或集體目標的有利工具時，忠誠度最高。工會可以藉著讓新成員社會化的過程來提高忠誠度。社會化的經驗可能是個人性的（如被一位工會會員邀請去參加工會會議，或得到協約解釋的援助），也可能是機構性的（如參加一次正式的工會訓練課程）[45]。雖然兩種社會化的形式都有助於建立起工會會員的驕傲感，個人性的社會化對忠誠度有著更強的影響力；經過個人性社會化的工人，一般來說比較願意在工會中承擔起超過正常會員責任的任務。

工會承諾
工人對他們所屬之工會的獻身，以及深為工會會員所帶來的驕傲感。

當工人想要離開工會：反認可過程

反認可
褫奪一個工會之代表權
的過程，這工會原先被
賦予完全代表某一特定
交涉單位之權利。

在 Taft-Hartley 法案之規定下，加入工會的工人可以反認可
（decertify）他們的工會 [46]。**反認可**（decertification）是褫奪一個工
會之代表權的過程，這工會原先被賦予完全代表某一特定交涉單位
之權利。

為何工人要反認可？ 當工人發現他們的工會失去功效的時候，就
會進行反認可 [47]。自從 Taft-Hartlry 法案通過以來，反認可選舉的次
數和在這些選舉中失敗的工會之百分比均不斷上升。例如，在一九
九二年，國家勞工關係委員會就監督了大約七百次這樣的選舉，而
勞工組織在百分之七十五的選舉中失敗 [48]。

工人如何反認可一個工會？ 有三種方法可以反認可一個工會。第
一，如果工會所給予的代表讓工人失望，Taft-Hartley 法案允許工人
向國家勞工關係委員會請求舉行一次反認可選舉 [49]。這種請求需要交
涉單位中至少百分之三十會員的簽名。

會員只能在某些時刻提出反認可的請求，例如，如果工會無法
在被授與單獨協商權之後的一年之內協商出一份團體協商協約，工
人就可以提出請求。而如果一份團體協商協約已經存在，反認可請
求只能在協約期滿前的六十天到九十天的三十天窗口期間提出。

第二，會員可以請求舉行另一次選舉，如果他們想要把現在的
工會換成另一個更適合代表他們的工會。在這種情況下，選票上有
三種選擇：目前的工會，另一個工會，或根本不要工會。如果這三
者都無法得到多數選票，則由得票最高的兩者再進行一次選舉。

第三，雇主也可以藉著請求國家勞工關係委員會舉行一次代
表—管理階層之選舉，來發起反認可 [50]。當工會無法在一年中達成團
體協商協約，因而雇主有理由懷疑工會是否合宜地代表其會員的利

益之時，雇主可以藉此方式來除掉這個工會。這種懷疑是基於員工一直付出規費給工會，而卻未能得到在組織選戰期間向他們所承諾的益處之事實。在這種情況下，國家勞工關係委員會會舉行一次選舉，來決定是否應該要廢止工會之員工代表權。

經理人指南

工會與經理人的工作

生產線經理人的角色在有工會和無工會的情形下是不同的。在有工會的環境中，焦點是要在於堅守團體協商協約的內容；而在無工會的環境中，焦點是在防止工會的成立。

有工會環境下的管理

在有工會的環境中，經理人必須恪守團體協商協約的條款，這些條款明訂出從事以下事項的程序：工作指派、工作逾時，以及員工訓練。經理人必須要完全地熟悉協約的條款，並且必須瞭解申訴制度如何運行。當衝突發生時，經理人必須試圖在事件迅速擴大爲高成本之正式訴怨之前解決問題。解決衝突的技巧在本章的「增進經理人的人力資源管理技巧」中將會提到。

無工會環境下的管理

正如先前所提到的，員工會尋求工會的代表是因爲他們相信工會能幫助他們消除工作不滿的來源。生產線經理人的行爲能夠在員工當中造成工作不滿。例如，根據一份研究報告，大約一半以上的工會選舉，其基本的原因是主管專橫的、獨裁的和辱罵的行爲[51]。

任何促使員工組織工會的管理階層都是自找的──而且他

們得到的工會是他們所配得的那一種。沒有一個工會可以抓得住一群工人，如果不是有那些製造工會需要感的經理人的充分合作與鼓勵[52]。

經理人的管理方式應該要保持工人對其工作的滿意度，或防止他們變得不滿意。在今天的工作場所中，員工不太能夠忍受專斷的管理方式。當經理人濫用其權威，員工通常會反抗。當員工在壓制之下越來越感到挫折時，一次「爆發」通常就會促成工會行動[53]。

為了達到有效的管理，經理人必須遵行健全的管理原則：他們必須公平地施行賞罰，並且營造出一種促進開放性溝通的氣氛。這樣的管理方式不但能幫助一個公司免於工會之組成，且能提高士氣和生產力，因而提升了競爭優勢。

人力資源管理部門能提供何種協助

在有工會的公司裡，人力資源管理部門能幫助團體協商協約之協商與執行；而在無工會的公司裡，人力資源專員通常幫忙構想防止工會的策略。

在工會環境中的人力資源管理

人力資源專員必須就工人的工作指派、一系列的薪資議題，以及團體協商協約之施行等事項，與工會幹部協商，徵詢他們的意見。事實上，遵行勞工契約是在有工會的公司中人力資源管理制度的焦點。

在無工會環境中的人力資源管理

在無工會環境中的人力資源專員通常協助構想防止工會的策略。曾經有過各種不同的策略，也許最好的策略就是採行公正的人力資源管理，讓員工不會感受到工會代表之需要性[54]。例如，許多無

工會的公司讓工人在決定工作條件上有更多的發言權，並且建立自己的正式申訴制度 [55]。

另外一種工會防止策略是使用勞工關係顧問。通常這些顧問不是心理學家就是律師，他們指導公司努力防止工會取得交涉權，以及反認可已存在的工會。他們可能建議雇主採行不道德或非法的阻止策略，例如 [56]：

■藉著提出法律上的異議，在工會組成的每個過程中加以延遲。
■擾亂或解聘組成工會活動的領導工人。
■在工作場所中安插間諜。

儘管這種形式的顧問是可責的，然而這是一個正在成長中的行業，因為它幫忙達成了工會防止的管理目標。例如，研究發現顧問的參與減少員工投票贊成團體協商的比例達到百分之九 [57]。此外，在認可選舉可以延遲的月份，有利於工會的票數降低大約百分之零點五，而工會獲勝的可能性則降低百分之一 [58]。即使一個工會在一個公司中贏得了代表工人的權利，顧問的參與也使得第一次團體協商協約的項目減少了百分之二十五到三十，因而阻撓了員工對團體代表的興趣 [59]。

在**邁向競爭優勢之路 12-3** 中，談論的是一個雇主之不道德行為如何能夠阻撓工會化之努力的例子。在考察了這一個以及其他的一百二十九個案例之後，工業關係專家 Richard Hurd 與 Joseph Uehlein 指責許多雇主做得太過份了，罔顧勞工法的精義 [60]。這一類行為能讓工人「幾乎不可能藉著國家勞工關係委員會的程序來達成任何有意義的團體協商」[61]。

增進經理人的人力資源管理技巧

正如先前所提過的，有關經理人在工會的首要責任是施行有效

這個公司是否太過份了？

在一九九一年二月，位於堪薩斯州 Wichita 的 Aero 金屬製造公司裡的機械工人國際協會（IAM）發起了一次組織活動。這個公司製造航空業所需的金屬片和纖維玻璃之零件。有十五個員工的多數簽署了工會授權申請，在十天之內要提出，而公司的總裁被要求以書面同意承認工會。這位總裁的反應是解雇了一位積極參與工會的員工，以及一個辦公室職員，因為這位職員拒絕為解雇那位工會活動者作偽證。

在 IAM 向國家勞工關係委員會發出代表權選舉的申請之後，雇主聘請一個法律公司來指點和協助反工會活動。公司開始舉辦一系列的強迫性演講，來警告員工，說工會化將會導致罷工，而且公司打算要使用其權利雇用永久性替代工人來遞補罷工者。公司也告訴工人說公司並不一定要同意工會所提的契約，並且協商可能帶來員工利益的損失，因為交涉是從零開始。

公司宣傳活動是在工作場進行的。主任都經過訓練，保持友善的態度，向那些表態願意對工會說「不」的工人承諾個人性益

的管理策略。也許在這些策略中，最重要的是人際衝突的部分。在與部屬應對之時，衝突是難免的。例如，一位護理長可能要安排一半的人在聖誕節上班，當那些被排到要上班的人問「為什麼是我」的時候，衝突是必然要發生的。

一個經理人成功處理衝突的能力在有工會與無工會的環境中都是很重要的。在有工會的公司裡，不能圓滿地解決衝突可能會導致

處。工會支持者則被指認並受到騷擾。一位支持者每一天都受到當面的騷擾。在一個星期五早上，當他說出「我再也受不了了」之後，雇主建議他回家。這個工人就離開了，而當他星期一早上回來時，卻被通知說他的舉動已經被正式地解釋為辭職，他可以不用再來上班了。

當工會選舉結果是得票相等（tie vote）時（在經過了三次有爭議的無記名投票之後），IAM 針對公司的宣傳活動發出了幾次投訴。執行法官發現公司曾經非法訊問，威脅報復，和非法解雇。在接到投訴之後，國家勞工關係委員會支持所有先前的裁定，它也使那位因不願作不利工會之偽證而被解雇的工人復職。

在考慮過這些有爭議的無記名投票之後，國家勞工關係委員會宣布 IAM 贏得選舉，票數為七比六。工會在最初的選舉之後約一年得到了認可。然而，在此之前，那七個投票支持工會的工人中，除了一個以外，其他的都因不堪所受到的騷擾而辭職了，工會的支持等於是消失了，因此要協商出有意義的團體協商協約，幾乎是不可能的了，工會無法得到員工來參與協商，只好等著反認可。

正式的訴怨；在無工會的公司裡，則可能製造不安的狀態，而最終導致工會活動。

解決人際衝突[62]

當人際衝突發生時，你應當如何反應？有五種可能的方法來處理這些衝突：

1.競爭：經理人將此視為一種贏—輸的情境，而目標是要贏。這時經理人會試圖將他（她）的意願強加在部屬身上。例如，上面所提到的護理長可以說排班是她的責任，而她說了算數。

2.合作：經理人試著尋找一個雙方互利的方案來解決衝突。例如，護理長可以和護士們開會，試著找出排班問題的變通方案，讓她和護士們都滿意。

3.妥協：這個方法與合作類似，也是由雙方尋找變通方案。然而，妥協是找不到所有人都滿意的方案；每一方或多或少必須讓步。例如，護理長和她的部屬可能同意聖誕節的排班表照舊，但新年假期的排班表必須修改，只有聖誕節休假的護士才被安排在新年上班。

4.逃避：這個方法是經理人知道有衝突存在，但是忽略它。例如，護理長可能會在聽完聖誕節被排到班的護士抱怨，但拒絕公開討論。

5.和解：在此經理人對員工的期望作出讓步。例如，某一位護士抱怨在聖誕節還要上班，護理長就把她從班表中除名。

雖然有些解決衝突的策略似乎優於其他策略，但每一種都有其適用之處。每一種策略的效用與其特殊的情境有關。下面列出每一種策略所適合的情境：

競爭

1.當必須要快速決定時。

2.處理重要議題之時（需要不尋常的行動）。

3.處理對公司攸關重大的議題，而你知道你是對的之時。

4.對抗利用無競爭行為來得利者。

合作

1.當雙方所在意之事都極為重要而不能妥協，必須找出整合性方

案時。

2.當你的目標是想弄清楚你的部屬在想些什麼時。

3.想要融合有不同看法的人之眼光時。

4.想要藉著達成共識來獲得委身時。

5.在處理干擾彼此關係之情緒時。

妥協

1.當目標很重要，但卻不值得競爭策略所可能引致的決裂。

2.當實力相當的對手致力於互斥的目標時。

3.處理複雜的議題，希望有暫時性的解決方案時。

4.在時間壓力之下，想要達成權宜性方案時。

5.作為合作不成功時的備用方案。

逃避

1.當議題微不足道，而有更重要的議題等著處理時。

2.當你感覺到你自己所關心的事沒有機會被滿足時。

3.當決裂的可能性超過解決衝突之益處時。

4.為了讓人冷靜下來，重新有正確眼光時。

5.只想要收集資訊，而不是要立即採取行動時。

6.當有別人能更成功地調解衝突時。

7.當問題只是另一個大問題的徵候時。

和解

1.當你發現你錯了——學習作更好的決定，並顯出你的合理性。

2.當議題對別人比對你還來得重要時。

3.建立社會信用（social credits），為以後更重要的議題作準
  備。

4.在劣勢和失敗中減少損失。

5.當和諧與穩定特別重要時。

6.允許部屬因著犯錯而學習成長時。

回顧全章主旨

1. 瞭解工會對公司的競爭優勢之影響。

 ■ 多數的經驗顯示工會化的公司生產力較高,然而利潤較無工會的公司為低。

 ■ 加入工會的工人,其工作滿意度和沒有加入工會的工人相似。

2. 解釋工會的結構與會員制度型態。

 ■ 區域性:在全國性的團體協商協約之下來協商工廠議題,並執行團體協商協約。

 ■ 全國性:與大型雇主協商主要的勞工契約,以及在無工會的工人中組織地區性工會。

 ■ AFL-CIO:促進全國性工會之間的合作,以追求勞工組織的共同目標。

 ■ 約百分之十六的工人有工會為代表,主要在政府機關、製造業,以及運輸/公眾事業。

3. 敘述主要勞工法之條文。

 ■ 鐵路勞工法案:對鐵路員工選擇交涉代理人的權利提供聯邦性的保障。

 ■ Norris-LaGuardia 法案:藉著限制法官發佈禁令來抑制工人之工作行動(job action)的權力,大幅削減了法院對於勞工爭端的介入程度。

 ■ 國家勞工關係法案(華格納法案):給了工業界大多數的工作者權利去組織工會,並且能夠與雇主做集體性的交涉,而免受雇主的壓制;建立了認可選舉(certification election)的程序,以決定在一個公司裡的大多數工作者是否願意由工會來代表他們;以及創立了國家勞工關係委員會(National Labor Relations Board,NLRB),來監督認可選舉並確保法律之執行。

■勞資關係法案（Taft-Hartley 法案）：使得工會成員有機會藉著反認可選舉（decertification election）來擺脫工會；指出了一些不公平的工會行為；給了美國總統權利介入全國性緊急罷工；以及允許各州通過立法來禁止封閉店家。

■勞資關係報告與揭發法案（Landrum-Griffin 法案）：規範了工會內部的事務。

4.討論工人如何加入工會。

■訴願階段：工人藉著簽署授權卡（authorization card）以賦予工會在與雇主的團體協商中代表他們，來表達出他們對工會代表的興趣。

■選舉階段：選舉在工會和雇主彼此之間的競選角力之後舉行。

■認可階段：如果是工會獲勝，國家勞工關係委員會確認工會為員工團體協商之代理者。

5.瞭解團體協商協約之協商與執行。

■協商必然經過準備，建立協商議程，選擇協商策略，以及互信協商。

■訴怨制度是為了解決雙方有關於協約解釋的爭議。

6.解釋如何反認可工會。

■會員可以請求國家勞工關係委員會舉行反認可選舉。

■會員可以請求舉行另一次選舉，如果他們想要把現在的工會換成另一個更適合代表他們的工會。

■雇主也可以藉著請求國家勞工關係委員會舉行一次代表—管理階層之選舉，來發起反認可。

關鍵字彙

全美勞工聯盟及工業組織協會（American Federation of Labor and Congress of Industrial Organizations）

仲裁（Arbitration）

協商命令（bargaining order）

協商單位（bargaining unit）

認可選舉（certification election）

封閉店家（closed shops）

團體協商（collective bargaining）

團體協商協約（collective bargaining agreement）

反認可（decertification）

反認可選舉（decertification election）

選舉階段（election phase）

互信協商（good faith bargaining）

訴怨（grievance）

申訴制度（grievance system）

勞資關係法案（Labor-Management Relation Act）

勞資關係報告與揭發法案（Labor-Management Relation Reporting and
　　Disclosure）

地方工會（local union）

國家勞工關係法案（National Labor Relations Act）

國家勞工關係委員會（National Labor Relations Board）

全國工會（national union）

Norris-La Guardia 法案（Norris-La Guardia Act）

開放店家（open shops）

訴願階段（petition phase）

鐵路勞工法案（Railway Labor Act）

工會承諾（union commitment）

工會助力（union instrumentality）

工會（unions）

黃狗契約（yellow-dog contract）

重點問題回顧

取得競爭優勢

1.工會對於公司生產力有什麼影響？造成這些影響的原因是什麼？

2.為什麼雇主要抗拒工會的行動？

人力資源管理問題與實務

3.敘述各種勞工法如何影響勞工和管理階層之間的權利平衡。

4.敘述一個工會組成的三個階段。

5.本章提到在工會組織過程中，雇主必須謹慎留意他們發言的內容，在什麼時候發言，以及在什麼場合發言，請加以解釋。

6.為什麼幾乎所有的團體協商協約中都包含申訴制度的條文？

7.敘述一個典型的申訴制度是如何運作的。

8.做一個委身的工會會員是什麼意思？成為一個委身的工會會員的基本原因是什麼？

9.「保障工作權的州」指的是什麼意思？

10.反認可一個工會是什麼意思？有哪些可能的方法來反認可一個工會？

經理人指南

11.敘述雇主所會使用的各種不同的工會防範策略。

實際演練

評估地區性的勞資關係

把班上學生分成兩組：一組代表工會，另一組代表管理階層。每一組要進行以下的活動：

1.管理階層組要列出附近的三至四個工會化的雇主。工會組則要找出在這些公司中代表員工的工會。

如果雇主不肯提供這一類的資訊，可以聯絡本州的 AFL-CIO 組織以取得這些資訊，或者一些當地的區域貿易工會評議會（local trade union council）也可能會提供這些資訊。

2.查看過去三年來的當地報紙，找一找有關這些公司的工會—管理階層議題之報導（如罷工、一份新的團體協商之和解、一次可能會資遣員工的公司改組）。這些資訊是要為與雙方代表的面談提供背景。

3.進行面談。管理階層組要與管理階層代表面談。工會組要與工會代表面談。在這些面談中，蒐集有關這些新聞事件的資訊：

■事件的基本原因是什麼？例如，為什麼會發生罷工？為什麼需要資遣員工？

■如果是一項協約協商，工會要達成的主要項目是些什麼？雇主要達成的又是什麼？每一方對最後的解決結果感覺如何？

■是否有某一方感覺到應該要修改國內規範勞資關係的勞工法？

■每一方所認為最讓他們願意去促成勞工與管理階層之合作的工作場所議題是什麼？

4.當各組組員帶著資訊回到課堂後，開始討論每一個工會—管理階層關係，每一次討論一個公司。與各雇主面談的人要發表他們所發現的，然後再由與工會面談的學生發表。

5.在發表完畢之後，比較雙方的反應。基於所報告的（或未報告的），你是否能估量出各公司的勞工—管理階層關係之氣氛？

衝突是如何解決的？

把學生分成四至五人的小組。每一組要找出一個組員，曾經在工作上經歷過管理者—部屬之間的衝突。這位組員要向整組敘述衝

突的過程，並且說明實際的處理方式。然後其他組員開始分析情境，並且要判定是否使用了最適當的衝突解決策略（參看經理人指南），然後每一組要向全班發表結果。在發表之時：

1.敘述衝突的情境。

2.敘述實際的處理方式。

3.給處理衝突方式做評價。

4.說明是否還有更好的方式來處理這次衝突，並要提出你的理由。如果你認為處理得很恰當，請為你的結論提出證明。

個案討論：主任搶了協商單位會員的工作

案例背景

Antarctic 空調公司在田納西州有一個相當現代化的工廠，生產窗型空調器。這裡有幾條組裝線，把在其他地方製造好的組件安裝到固定成品的金屬框中。工業工程師已經做過研究，讓線上的各種工作量保持平衡。在三個輪班班次裡，每一班次的每一條組裝線，都指派有一位主任。此外，生產部門也為每一條組裝線設定了出產時程表。

在一九九三年五月二十三日，一位主任（Larry）被人看到他在組裝線上工作了相當長的一段時間。那一天有些固定員工缺席，也有些新調來的工人在場。提出訴怨者（Sally）是線上最有經驗的工人。她要求主任解釋為何他會在線上做跟她一樣的工作。他叫她回去工作，因為「有太多工作要做，但是工人不夠」。這時，Sally 聯絡她的工會幹事（Mike）。由他代表 Sally 和工會提出申訴，因為有人搶了協商單位會員的工作。

現存的團體協商協約

在田納西州 Smithville 的 Antarctic 空調公司與美國聯合空調同業

示例 12-6　團體協商協約摘錄

條款 VII. 主任的工作

工廠中的任何一個主任不應該從事通常是由該工廠的交涉單位之員工所執行的工作；然而，此條款不應該被解釋為禁止主任從事以下類型的工作：

a.實驗性、發展性，以及其他研究工作；

b.進行工作示範，為要教導和訓練員工；

c.緊急需要之下的工作；

d.可忽視的工作量，以及在某些於理不應當指派協商單位之員工的狀況之下。

附屬於主任職責而為主任通常所執行的工作，雖然類似於交涉單位所從事之工作，並不受此條款之影響。

條款 XV. 訴怨

範疇：訴怨程序可應用於任何相關於本協約之解釋或應用，或相關於工資，工時，或工作條件上的差異，爭議，或抱怨，而為本協約所排除，或未涵蓋在本協約之中者。

程序：訴怨可由一位員工或其工會代表，或由一組員工之一位或多位代表，以下列方式表達與討論：

如果一個員工認為他有抱怨要申訴，他可以表達訴怨並與他的直屬領班討論，來試著解決問題，這時這員工可以選擇要不要有工會代表在場，這領班應該要被授權並嘗試解決問題。

在討論之後，領班應該迅速地給予口頭回答.如果員工對領班的回答不滿意，可以把這個問題帶到工會代表面前，工會代表應該要被授權去解決，撤回，或提出訴怨。

公會六十九區之間團體協商協約的相關條文列在**示例 12-6** 中。

工會的立場

工會承認缺席確實是組裝線上的問題，然而工會辯稱說，有時候缺席的原因是由於艱難的組裝線工作，讓一些工人因工作重複又費力的特性而受傷。此外，工會說公司加快了組裝線上的速度，為了要應付即將來到的夏季月份對冷氣機的預期性需求，而生產時程表才是那個主任之所以會在線上工作的真正原因。

工會提到說，公司應該還記得在冬季月份，當第三班次被停掉

時所資遣的一些工人。既然過去沒有解決關於第七條款訴怨之前例，工會要求當生產線上速度為平常的兩倍時，要多付給最資深的工人半天的工資。

公司的立場

首先，公司提出記錄，顯示在五月二十三日，組裝線的三十七位工人中有八位缺席。公司辯論說，在高缺席率的日子，主任參與線上的工作是絕對必要的。在每一年的春季，缺席都是個問題，因為生產時程表必須要能夠應付得了所增加的空調器需求量。由於許多員工請假去參觀最近在本地所新興起的商業型托兒所，因而常常需要使用調來的工人遞補缺席的工人，主任必須能夠示範操作給調來的工人看。

在問題發生的那一天，Larry 正試圖要教導由工廠裡其他部門調來的工人組裝的工作。多數工人學得會工作，但也有少數工人就是無法上手，因而 Larry 就得花許多的時間來做組裝工作。以公司的看法，這不是一種所期望的現象，因為主任會被迫忽略他們自身的責任（如關照以確定有人會做設備的保養，以及檢查各種成品的瑕疵）。然而，當有許多工人缺席時，必須要讓組裝線繼續運行。

至於工會所提出金錢賠償的要求，公司的發言人（工業關係經理 Arlene）說，工會並未能證明 Larry 在五月二十三日工作的事實如何造成 Sally 的傷害。

討論問題

1.假想你是工會代表，準備一份訴怨聲明，指出所違反的協約條文，以及讓你認為是屬於違反協約的事件細節。

2.現在讓你自己站在第三者（例如仲裁者）的中立立場，決定哪一方比較可能佔優勢。為你的決定提出理由。

參考書目

1. Charles, H., and Bennett, M.E. (1993). Union-management partnership in the application of technology: Saturn Corporation—UAW Local 1853. *Workplace Topics, 3* (1), 113–122.
2. National Labor Relations Act, Section 2(5).
3. Freeman, R.B., and Medoff, J.L. (1984). *What Do Unions Do?* New York: Basic Books.
4. Allen, S.G. (1984). Unionized construction workers are more productive. *Quarterly Journal of Economics, 90,* 251–274; Allen, S.G. (1986). Unionization and productivity in office building and school construction. *Industrial and Labor Relations Review, 39,* 187–201; Clark K. (1984). Unionization and firm performance: The impact on profits, growth, and productivity. *American Economic Review, 74,* 893–919.
5. Mitchell, M.W., and Stone, J.A. (1992). Union effects on productivity: Evidence from western sawmills. *Industrial and Labor Relations Review, 46,* 135–145.
6. Freeman and Medoff, *What Do Unions Do?*
7. Ibid.
8. Berger, C.J., Olson, C.A., and Boudreau, J.W. (1983). Effects of unions on job satisfaction: The role of work-related values and perceived rewards. *Organizational Behavior and Human Performance, 32,* 289–324.
9. Gordon, M.E., and DeNisi, A.S. (1995). A re-examination of the relationship between union membership and job satisfaction. *Industrial and Labor Relations Review, 48,* 222–236.
10. Freeman, R.B. (1980). The effect of unionism on worker attachment to firms. *Journal of Labor Research, 1,* 29–61. Also see Freeman and Medoff, *What Do Unions Do?*
11. Kochan, T.A., and Helfman, D.E. (1981). The effects of collective bargaining on economic and behavioral job outcomes. In R.G. Ehrenberg (Ed.), *Research in Labor Economics* (Vol. 4, pp. 321–365). Greenwich, CT: JAI Press.
12. Chaison, G.N., and Rose, J.B. (1991). The macrodeterminants of union growth and decline. In G. Strauss, D.G. Gallagher, and J. Fiorito (Eds.), *The State of the Unions* (pp. 3–45). Madison, WI: Industrial Relations Research Association.
13. Bureau of Labor Statistics. (1993, February 8). Union members in 1992. Washington, D.C.: USDL 93–43.
14. Ballot, M. (1992). *Labor–Management Relations in a Changing Environment* (p. 12). New York: John Wiley & Sons.
15. Bureau of Labor Statistics, Union members in 1992, 10.
16. Shur, L.A., and Kruse, D.L. (1992). Gender differences in attitudes toward unions. *Industrial and Labor Relations Review, 46,* 89–102.
17. Mitchell, D.J.B. (1989). Will collective bargaining outcomes in the 1990s look like those in the 1980s? In B. Dennis (Ed.), *Proceedings of the Spring Meeting of the Industrial Relations Research Association* (pp. 490–496). Madison, WI: IRRA.
18. National Labor Relations Act, Section 8(a)(2).
19. *NLRB v. Mackay Radio & Telegraph Company* (1938). 304 U.S. 333.
20. Replacement workers: Management's big gun (1990, March 30). *New York Times,* p. A24.
21. Lindsey, A. (1967). *The Pullman Strike.* Chicago: University of Chicago Press.
22. Beard, M. (1968). *A short history of the American labor movement.* New York: Greenwood Press. Further, in *Duplex Printing Press Co. v. Deering* [254 U.S. 443 (1921)], the Court found that job actions by unions could be enjoined under the provisions of the Clayton Antitrust Act, a federal law that was presumed to exempt organized labor from antitrust injunctions.
23. *Hitchman Coal Co. v. Mitchell* (1917). 245 U.S. 229.

24. See Getman, J.G., Goldberg, S.B., and Herman, J.B. (1976). *Union Representation Elections: Law and Reality*. New York: Russell Sage Foundation; Hamner, W.C., and Smith, F.J. (1978). Work attitudes as predictors of unionization activities. *Journal of Applied Psychology, 63*, 415–421.

25. See Hammer, T.H., and Berman, M. (1981). The role of noneconomic factors in faculty union voting. *Journal of Applied Psychology, 66*, 415–421; Schriesheim, C.A. (1978). Job satisfaction, attitudes toward unions, and voting in a union representation election. *Journal of Applied Psychology, 63*, 548–552; Zalesney, M.D. (1985). Comparison of economic and noneconomic factors in predicting faculty vote preference in a union representation election. *Journal of Applied Psychology, 70*, 243–256.

26. Brett, J.M. (1980). Why employees want unions. *Organizational Dynamics, 8*, 47–59.

27. Ibid.

28. Barling, J., Kelloway, E.K., and Bremermann, E.H. (1991). Preemployment predictors of union attitudes: The role of family socialization and work beliefs. *Journal of Applied Psychology, 76*, 725–731.

29. National Labor Relations Act, Section 9(c)(1)(A).

30. Sandver, M. (1977). The validity of union authorization cards as a predictor of success in NLRB certification elections. *Labor Law Journal, 28*, 696–702.

31. Labor-Management Relations Act, Section 9(b)(1).

32. Labor-Management Relations Act, Section 9(b)(3).

33. *Excelsior Underwear* (1966). 156 NLRB 1236.

34. *NLRB v. Gissel Packing Company* (1969). 395 U.S. 575.

35. Labor-Management Relations Act, Sections 8(a)(5) and 8(b)(3).

36. Labor-Management Relations Act, Section 8(d).

37. Kochan, T.A. (1979). How American workers view unions. *Monthly Labor Review, 102*(4), 23–41.

38. Montgomery, B.R. (1989). The influence of attitudes and normative pressures on voting decisions in a union certification election. *Industrial and Labor Relations Review, 42*, 262–279.

39. Bureau of National Affairs. (1989). *Basic Patterns in Union Contracts* (12th ed.). Washington, DC: Author.

40. Labor-Management Relations Act, Section 203(d).

41. McKelvey, J.T. (1985). *The Changing Law of Fair Representation*. Ithaca, NY: ILR Press.

42. Gordon, M.E., Philpot, J.W., Burt, R.E., Thompson, C.A., and Spiller, W.E. (1980). Commitment to the union: Development of a measure and an examination of its correlates. *Journal of Applied Psychology Monograph, 65*, 479–499.

43. Ibid.

44. Klandermans, B. (1989). Union commitment: Replications and tests in the Dutch context. *Journal of Applied Psychology, 74*, 869–875.

45. Fullagar, C.J.A., Gallagher, D.G., Clark, P.F., and Gordon, M.E. (1993). The impact of early socialization on union commitment and participation: A longitudinal study. Paper presented at a Conference on Comparative Research on Union Commitment, Free University, Amsterdam, June 22.

46. Labor-Management Relations Act, Section 9(c)(1)A.

47. See Anderson, J.C., O'Reilly, C.A., and Busman, G. (1980). Union decertification in the U.S.: 1947–1977. *Industrial Relations, 19*, 100–107; Bigoness, W.J., and Tosi, H.L. (1984). Correlates of voting behavior in a union decertification election. *Academy of Management Journal, 27*, 654–659.

48. National Labor Relations Board. (1992). *Annual Report* (p. 11). Washington, DC: Author.

49. Labor-Management Relations Act, Section 9(c)(1).

50. Labor-Management Relations Act, Section 9(c)(1)B.

51. Goodfellow, M. (1992). Avoiding unions in the insurance clerical field, *Best's Review, 10*, 114–121.

52. Hughs, C.L. (1976). *Making Unions Unnecessary* (p. 1). New York: Executive Enterprises.

53. Goodfellow, Avoiding unions.

54. Porter, A.A., and Murman, K.F. (1983). A survey of employer union-avoidance practices, *Personnel Administrator*, November, 66–71.

55. A survey of 652 firms found that half of the companies had instituted a formal grievance procedure for their nonunion employees. See Berenbeim, R. (1980). *Non-Union Complaint Systems: A Corporate Appraisal*. New York: The Conference Board, Report No. 770.

56. Sloane, A.A., and Witney, F. (1994). *Labor Relations* (p. 27). Englewood Cliffs, NJ: Prentice Hall.

57. Lawler, J.J., and West, R. (1985). Impact of union-avoidance strategy in representation elections. *Industrial Relations, 24,* 406–420.

58. Cooke, W.N. (1983). Determinants of the outcomes of union certification elections. *Industrial and Labor Relations Review, 36,* 402–414.

59. Cooke, W.N. (1985). *Union Organizing and Public Policy: Failure to Secure First Contracts.* Kalamazoo, MI: W. E. Upjohn Institute.

60. Hurd, R.W., and Uehlein, J. (Eds.) (1994). *The Employer Assault on the Legal Right to Organize.* Washington, DC: Industrial Union Department, AFL-CIO.

61. Ibid.

62. Thomas, K.W. (1977). Toward multidimensional values in teaching: An example of conflict behaviors, *Academy of Management Review*, July, 487.

63. Rees, A. (1962). *The Economics of Trade Unions* (p. 2). Chicago: The University of Chicago Press.

64. Rayback, J.G. (1966). *A History of American Labor: Expanded and Updated* (p. 107). New York: Free Press.

附錄：美國的勞工組織運動

與今天大多數對商業有影響的機構相比，勞工組織更敏銳地意識到其過往，也更被其過去所影響。勞工歷史在幾乎所有大學的勞工研究計畫裡，都是一項重要的組成要件（管理歷史在正式的管理學教育中，則是比較不顯著的部分），也經常是勞工官員訓練的主題。因而，若想要更多瞭解現在工會的行為，必須要有歷史的眼光。重要的勞工事件摘要列在**示例 12-7** 之中。

慈善團體

雖然我們現在所知道的工會在一八〇〇年以前並不存在，但在殖民地時期有許多商人所創立的慈善團體，提供彼此所需的協助，如在會員生病或財務有困難時加以照顧。這些團體在成立之時就約定不去干涉工資、工時，以及其他經濟事項，然而他們常常扮演工作品質檢驗者。

工會化的需要

美國的勞工運動開始於一八〇〇年代的早期。十八世紀的農業社會開始轉變成為都市和工業社會，興起了許多富有的資本家商人。這些商人能生產大量的原料和貨物，並且把它們存放在倉庫裡。工廠開始生產與地區性零售商競爭的貨物，因而迫使零售商降低工資來對抗資本家商人的低價貨物。這導致工人的危機感，促使工人他們組成工會以維持他們的工資。

因此，美國勞工運動從一開始就有以經濟為主的傾向。它最主要的精神是「純粹而簡單的商業工會」。

示例 12-7　勞工組織歷史上的重要日期

1786　費城印刷工人進行了經證明是美國第一次的罷工。

1806　費城的 Cordwainers 技術工人之成員，在為了調高薪水而罷工之後，因在先前一系列的案例中的陰謀而被起訴。這次審判要決定工會是不是會導致虧損和傷害他人的非法聯盟。

1827　來自不同行業的工匠工會在費城成立。這個城市的事中心被稱為貿易協會之機械工會。

1834　全國商業工會，在美國國內創立國家勞工聯盟的第一次嘗試，在紐約市成立。

1852　全國印刷工會，第一個單一當行業工人的全國性工會成立。到今日仍然存在。一八六六全國勞工工會，第一個全國性的工會協會成立。

1869　勞工騎士貴族和聖階（Noble and Holy Order of the Knights of Labor）在費城組成。

1877　在鐵路的罷工期間，聯邦的軍隊第一次被用來解決勞工爭論。

1886　在俄亥俄州 Columbus 的大會中，美國勞工聯盟組成。AFL 是第一個今日仍存在的全國性工會聯盟。

1908　在 Sherman 的反壟斷法案之貿易條文的抑制之下，由 United Hatters of Danbury 所發起的對 D. E. Loewe and Co.的抵制被裁定為違法。

1914　為了限制反對工會的進令，通過 Clayton 法案。

1917　在 Hitchman Coal & Coke 與 Mitchell 的訴訟中，美國最高法院判定「黃狗契約」為合法。

1921　在 Duplex Printing Press 與 Deering 的訴訟中，美國最高法院裁定，在 Clayton 法案中並未認為第二次抵制為合法，或保護工會免於因抑制貿易而遭到禁令。

1926　鐵路勞工法案的通過，禁止雇主干擾鐵路工人組織工會，和要求集體交涉。

1932　 Norris-La Guardia 法案的通過，限制雇主使用聯邦禁令於勞工爭論中，並且宣告「黃狗契約」為非法。

1935　國家勞工關係法案（Wagner 法案）的通過，建立第一個全國勞工政策，保證工人組織工會的權利，並且創立國家勞工關係委員會來執行這些權利

1937　在其密西根州的 Flint 工廠的一次為期三個月的靜坐罷工之後，通用汽車公司同意承認「聯合汽車工人工會」。

1938　在 John L. Lewis 領導之下，工業組織評議會（CIO）成立。

1947　勞工—管理階層關係法案（Taft-Hartley Act 法案）通過，建立處理會造成全國緊急事件之罷工的程序，並且識別不公平的工會行為。

1955　美國工會聯盟（AFL）和工業組織評議會（CIO）合併。

1959　Landrum-Griffin 法案通過，保證工會成員享受「權利法案」，並且將多種報告和揭發要求加諸於工會。

1978　勞工法律改革法案，想要促進工會之組織程序，在美國國會中被否決。

1981　雷根總統革除了專業空中交通管制員組織的罷工會員。

工會最主要的，就算不是唯一的，目的是，藉著尋求改進他們的工資、工時和工作條件，來增添會員的利益。而對更廣大的社會改革計畫的關懷則只佔次要的地位。

雇主對早期工會化之努力的抗拒

　　雇主藉著組成他們自己的協會來壓低工資，以對抗工人的奮鬥。這些協會藉著召募城市中的工人取代罷工工人來達成其目的，並透過法院來保護他們的利益。

　　最有名的訴訟是發生在一八○六年到一八一○年一系列的六個案例，被稱爲是 Cordwainer 陰謀判例。這些案例是對於把英國共同法應用於勞工組織團結活動上的一次測試。儘管法院發現工人的聯合會是合法而適當的，他們還是將幾乎所有這些聯合會爲了增進其經濟利益而發起的行動（如罷工，抵制，或對封閉店家提出要求）宣告爲非法。這些在許多不利的法院判決中是最早期的，他們壓抑了美國商業工會的發展。

全國性工會的發展

　　一八五○年是全國性工會開始快速發展的一年。在這時期中工會的成長，與有助於拓廣產品市場的運輸和通訊之進步息息相關。在低工資地區所製造的產品，會被賣到有地方工會爭取高工資之地區的相同產品的市場上，因而使當地的產品備受壓力（今天從低工資的第三世界國家進口的趨勢，造成了工會化之美國工人同樣的問題）。所以，工會的目標就是要藉由組織起全國的工人，來從產品價格競爭中排除勞工成本的因素。

　　全國印刷工會成立於一八五○年，緊接著在一八五七年之前就有另外十個工會成立，包括室內裝潢業者、軋帽工人、水管工人、鐵路工程師，以及鑿石工人。這些全國性工會都是鬆散的協會，由

代表不同區域之同業人員的地方工匠工會所組成。

工會聯盟的成立

隨著全國性工會數目的成長，時機似乎已經成熟到能夠大規模地統合所有勞工的力量。一八六六年，William H. Sylvis，國際鐵模公司的老闆，是成立全國勞工工會的主要推動者。這個工會一直到一八七二年解散為止，代表著數十萬工人。另一個組織工人成為單一大型工會的努力是由 Noble and Holy Order of the Knights of Labor 在一八六九年所推動的。很重要的一點是，這兩個短暫的組織並非代表著嚴格的同業公會主義，兩者都試圖（但為成功）要推行工業合作社，藉著給予工人生產工具之所有權來廢止工資制度。

美國勞工聯盟（AFL）是第一個至今仍存的勞工工會聯盟。美國勞工聯盟成立於一八八六年，總裁是 Samual Gompers，它是一個由全國性以及國際性代表著技術工人（如木匠，煙草製造者，印刷業者，以集水管業者）的工匠公會所組成的鬆散聯盟。

美國勞工聯盟不同於早期成立勞工組織協會的努力，它不干涉其成員工會的自主性，也不提倡偏激的經濟或政治意識型態。它所偏好的是藉由集體交涉來改善工作條件，而且在一九三○年之前，它也不尋求政府機構來介入和幫助建立工作條件。

由於美國勞工聯盟（AFL）的成員工會都是以技術工人為主的組織，所以不適合代表許多製造業（如汽車，鋼鐵和煤礦）裡的多數非技術性工人。因而針對這些工人的需要，就產生了一個新聯盟—工業組織評議會（CIO），它的主席是 John L. Lewis。

這樣，工業組織評議會（CIO）與美國勞工聯盟（AFL）就成了對手，互相競爭工業工人的效忠。這樣的對抗關係持續到一九九五年美國勞工聯盟和工業組織評議會合併為止。合併成為 AFL-CIO 的協議一點都不改變加盟之全國工會的結構，雖然有時候它會促成一

些工會的合併。例如，美國理髮與美容業工會（先前屬 CIO）就與專
業理髮師工會，美髮師工會，化妝品工會，以及國際旅館業之美國
工會（先前屬 AFL）合併。

第十三章
滿足員工在安全及
健康方面的需求

本章綱要

取得競爭優勢

　個案討論：取得優勢競爭力的 Charles D. Burnes 公司

　將員工安全及健康與競爭優勢加以連結

人力資源管理問題與實務

　工作場所安全與健康實務的法規

　員工安全：意外與意外的防止

　員工健康問題及組織的介入

經理人指南

　員工的安全衛生與經理人的職責

　人力資源管理部門能提供何種協助

　增進經理人之人力資源管理技巧

本章目的

完成本章你將能夠：

1.瞭解如何讓有效的安全與保健措施來增加組織的競爭優勢。

2.描述聯邦法律在安全與保健方面的必要措施。

3.說明工作場所發生意外的主要原因。

4.探討公司如何防止工作場所發生意外。

5.描述在工作場所中主要的衛生議題以及如何透過組織來表達。

取得競爭優勢

個案討論：取得優勢競爭力的 Charles D. Burnes 公司 [1]

問題：太多的意外事件

在美國羅德島的 Charles D. Burnes 公司是一個製造相框及相簿的小公司，這個公司完全不在意安全上的防護措施——既沒有安全訓練，也沒有鼓勵員工在工作時注意安全的組織策略。這家公司的解釋是，員工本來就應該為了自身的安全而避免危險，何須雇主來叮嚀與關照。

因此，直到一九八七年，當公司損失了一千八百五十個個人工作天，每個月平均有百分之三的員工在工作中遭意外之後，公司才發現如此意外頻傳的情況比起一般工業界超出了許多，公司才開始面對安全防護方面的問題與措施。

解決之道

由於意外導致設備的破壞、生產品延期、昂貴的醫療支出，以及其他相關需求的花費，致使安全問題造成公司的沈重金錢負擔。

有鑑於此，公司的管理階層決定要採取行動，制訂一個有效的安全方案。這個方案包括數點：

- 建立甄選制，以刪除無法在工作的問題上滿足其身體或心理需求的應徵者。
- 設立訓練計畫，以確保正確安全的工作流程。
- 設立安全委員會。成員包括管理階層與非管理階層的員工，共同認定不安全的情況及做法。這個委員會鼓勵員工提出任何安全問題到公司安全委員會，調查造成工作場所意外的原因，並對於預防措施提出建議。
- 建立安全獎勵制度以鼓勵工作的安全。如在一段時間內沒有任何有關工作意外或傷害的事件發生，員工可獲得紅利或獎品為獎勵。

安全方案如何增加競爭優勢

Burnes 規劃的意外防護計畫執行得很成功，無論是新進或原屬員工意外發生率都顯著地降低，此方案實施後由每個月員工中百分之三發生意外降為百分之一，因傷害造成的個人工作天也由一年一千八百五十個降至一百三十個。成本的節省增加了競爭優勢，由於意外事件的減少，公司因意外而有的相關支出也明顯地降低。

將員工安全及健康與競爭優勢加以連結

對雇主而言，目前最大的議題之一是員工的安全與健康。工作場所的意外愈來愈多，工作壓力造成人們身體與心理的健康正逐漸走下坡。許多工作者不健康的生活方式，使他們處於心臟病、腦中風、癌症等疾病的高危險群中。許多人有情緒上的困擾，如藥物依賴、壓力症候群、憂鬱症以及其所衍生出來的身體不適等。

機構有延續員工安全與幸福的道德責任。許多公司的責任正是

如何面對現今社會一連串的健康問題，如成癮及愛滋病。這些公司正在建立一個無毒品的工作環境，並教導員工有關愛滋病的常識。

能夠提昇安全及健康的組織制度，也能夠幫助公司藉由成本的降低並符合安全法規來建立競爭優勢。

降低成本

工作場所造成的傷害與疾病是非常昂貴的。單單意外事件，在美國每一年雇主要花六百億以上的金額[2]在醫療與保險、員工賠償、傷殘福利、工資損失、損壞的設施與物品、生產延緩、其他工作者無法工作、更換員工的甄選與訓練，以及意外報告的書寫[3]。

雇主能夠把安全與健康問題減至最少，從「個案討論」中可以發現，雖然 Burnes 公司並沒有提出因安全方案而降低成本的相關報告，但 duPont 公司有個類似的方案，使公司一年節省了三百四十萬元，差不多是其連鎖公司盈利額的百分之三點六[4]。

減少員工的健康問題的方案設計，藉著降低員工的離職率、醫療成本及長期缺職，是可以增加生產，而獲得明顯的金錢利潤。Coors 公司的一個內涵有成本效益的衛生提昇方案詳述於**邁向競爭優勢之路 13-1**。

遵守法律

州政府及聯邦政府直接管理組織的保健與安全，這一章討論人力資源管理上健康與安全的特定法律。政府認為違反安全健康法是非常嚴重的，因此以重罰的方式來進行規範。除了大量的罰金，雇主違反安全健康法同時要負刑事責任。以下例子將說明幾種有關違反安全健康法的情況：

■一九八八年，蘇族瀑布（Sioux Falls）所帶來的傷害，是因為 John Marrell 公司並未對位在南達科塔州（South Dakota）工廠員工做好防護的措施，而使其蒙受損失，故該公司被處以四百

Coors 公司的疾病預防方案

Coors 公司在一九八八年開始實施疾病預防方案,這個方案包括了健康危機評估、營養諮詢、壓力處理,以及戒煙、減肥和有氧運動的課程。成本效益分析發現這些活動使公司在十年內至少省下一千九百萬美元,因為醫療開銷減少、疾病的嚴重度降低而生產力增加。這相當於花一美元的投資穫得六點一五美元的回收。

三十萬美金的罰金[5]。

- 最近 Pepperidge Farm 養殖場被罰一百四十萬美金,據傳聞是因為公司讓員工處在不安全的情境中,使員工有遭受肌肉骨骼傷害的危險,同時公司沒有接受安全問題專家及外聘顧問的建議進行需改進的安全工程[6]。

- 一九八五年,影片恢復系統公司(Film Recovery Systems Corporation)的一位督導及兩位管理者被依殺人罪起訴,被判處二十五年刑罰,因為一位員工在工作時由於吸入外洩的氰化物毒氣而死亡,而警方調查發現工廠就是此氣體的製造室[7]。

- 一九九〇年,福特汽車公司同意支付一百二十萬美金,作為因公司使用非安全設施的員工賠償[8]。

人力資源管理的問題與實務

工作場所安全與健康實務的法規

聯邦政府法律規定了大部分機構該如何實行注意安全與健康的作法。我們只討論對機構有重大影響的法律，但有些法律只考慮到勞工人口的一部分。例如，有些法律與政府的承包商有關，是針對特定的州、特定的工業（如：運輸、核能、食品以及藥物）。

職業安全與健康法

一九七〇年制訂的**職業安全與健康法**（Occupational Safety and Health Act）可能是在這方面最全面性、涵括範圍最廣泛的法令，此法案幾乎全美國的工作場所都適用[9]。這項法案的目標是確保每一位美國的工作者能在安全的情況下工作[10]：

1. 制訂並實行工作場所的安全標準。

2. 提昇雇主資方的教育計畫以促進安全與健康。

3. 要求雇主保留有關工作安全與健康事宜的紀錄。

此法令所建立的三個組織：

1. **職業安全健康協會**（Occupational Safety and Health Administration, OSHA）發展並實行健康與安全的標準。

2. 當雇主希望對職業安全與健康保險局的裁定表示異議時，可透過**職業安全健康審查委員會**（Occupational Safety and Health Review Commission）提出申復要求。

3. **國家職業安全健康組織**（National Institute for Occupational

職業安全健康法
一個一九七〇年製定的法令，以確保每位美國的工作者在安全的情況下工作。

職業安全健康協會
政府的機構，其責任為發展並實行健康與安全的標準。

職業安全健康審察委員會
政府機構，其責任為聽取雇主對職業安全與健康局所裁定的抗議及申訴。

國家職業安全健康組織
政府機構，其責任為執行安全與健康的研究以建議 OSHA 訂新標準。

示例 13-1　職業安全健康協會（OSHA）的安全與健康標準所強調的基本安全議題

防火設備置於適當位置並維繫其功能。
不可有磨損的電線或使線路過於迂迴。
必要時能夠立即關掉電源。
使用安全玻璃與安全帽或其他可以保護員工的必需品。
機器設有安全裝置。
在需要防止滑倒與跌倒之處安裝柵欄或防滑墊。
走道與出口必須暢通。

Safety and Health），主導職業安全與健康的研究以建議新標準，並為其補充最新資料。

接下來主要討論的焦點是有關於職業安全與健康保險局所定的安全標準以及如何強制實施。

職業安全健康協會的標準　職業安全健康協會實際上已頒布了數千條安全與健康的標準。主要關切的主題包括：防火安全、人身保護設施、用電安全、基本環境維護，以及機械防護。每種標準強調被允許受這些事情影響的極限、需求的瞭解、遵行的辦法、保護人身安全的設施、保健設施、訓練及記錄保存[11]。

為了遵守這些標準，大部分中型至大型組織會雇用安全專家來保持並確保達到標準。由於專家們所面對的特殊議題繁多，所以我們難以在此段落中詳述，但是有些他們認為相當重要的議題請參考**示例 13-1**。

職業安全健康協會標準的實施　公司有超過十位以上的員工，就可以執行職業安全健康協會的調查。少於十位員工的公司則可免於這種調查，但如果有關安全的問題引起職業安全健康協會的注意，仍

要被調查。高危險的工業，例如製造業、化學業、建築業，不管員工人數多寡，都是被調查的對象[12]。

職業安全健康協會執行的調查主要是依照以下分類次序及其重要性來進行[13]：

1. 立即性的危險：當職業安全健康協會認為工作場所有立即性的危險存在，並會對員工造成死亡或嚴重的傷害時，公司必須馬上採取改善行動。

2. 災難或大災禍的調查：第二高順位的是，曾經發生意外並造成至少一位員工死亡，五位或五位以上員工住院的公司。調查的重點是查明意外發生的原因，以及是否有任何違反職業安全健康協會的標準而導致此災難。

3. 員工申訴的調查：會引起職業安全健康協會反應的是，員工對不安全工作情境的抱怨與申訴，調查處理速度則視抱怨的嚴重程度而定。

4. 一般循序漸進的調查：如果公司因傷害造成無法工作的天數，其比例超過此工業的國家標準，職業安全健康協會也會進行調查。

當職業安全健康協會的調查發現雇主違反標準的一項時，就會被公佈刊登出來。特別刊登在公報上，發佈違反的告示，列出違規的內容、中止期（例如：這段時期公司必須將問題解決或改正）以及任何對雇主徵收的罰款（例如：這些違規事項是經過雇主有意並故意答應的），每一項罪行罰款至少七萬美元以上。如果蓄意違規造成人員的死亡，雇主除了罰款並要關入牢獄[14]——正如先前討論過的，影片恢復系統公司（Film Recovery Systems Corporation）的管理者因疏忽造成員工死亡，而被判決處以二十五年徒刑。

風險溝通標準（員工有權利知道的法律）

　　一九八四年，國會制訂風險溝通標準，一般稱為**員工有權利知道的法律**（Employee Right-to-Know Law），這個法律使工作者有權知道在工作時會面對什麼樣的危險物質。所謂的危險物質，是指一旦暴露出來會導致急性或慢性的健康問題。聯邦政府與州政府的機構依此法律已列出一千多種危險物質 [15]。

　　員工有權利知道的法律中的特定條款，詳細說明見**深入探討 13-1**。簡言之，此法令要求所有的機構：(1)發展一個系統以便將所有危險物質作成一份清單；(2)在這些危險物質容器的外面標明清楚；(3)提供員工必須的資訊，並訓練員工能夠安全地處理和儲存危險物質。

　　一般而言，雇主違反職業安全健康協會風險溝通標準，比起違反職業安全健康協會所訂的其他標準發生的頻率來得多 [16]。一九九二年，職業安全健康協會做成了兩萬七千一百多個公司違反的判決 [17]。

- ■寫下風險溝通標準的計畫。
- ■執行訓練計畫以教導員工有關他們工作時所面對的化學原料。
- ■在工作地點置放原料的安全資料表（**深入探討 13-1**）。
- ■正確地標示儲存化學物質之容器。

　　政府對「員工有權利知道的法律」罰款的標準，若為初犯每種化學物質最高可達一千元；但是第二次，每種化學物質則最高可達一萬元。另外，還有關於環境的罰金每天最高可達七萬五千元，同時輔以刑責要求 [18]。

美國身心障礙法案

　　另外一項影響組織安全與衛生的法案是**美國身心障礙法案**（Americans with Disabilities Act，ADA）。第六章曾提過，一個人

員工有權利知道的法律
一九八四年所制訂，這個法律使工作者有權知道在工作時會面對什麼樣的危險物質。

美國身心障礙法案
一九九○年所制訂，禁止雇主對身心障礙者有差別待遇。

深入探討 13-1

「員工有權利知道的法律」的條款

1. 發展一個書面的風險溝通政策，來描述組織如何遵行此法律。

   此政策必須指出：

   ■構成危險物質的是什麼。

   ■關於管理這項計畫的負責人是誰。

   ■什麼是組織所使用的危險原料。

   ■有關於危險原料的消息如何傳遞給員工。

   ■員工接受「有權利知道的法律」之訓練計畫要怎麼做、什麼時候、由誰負責訓練。

2. 對於在工作場所所使用的每種物質，提供原料的安全資料表（Material Safety Data Sheet，MSDS）。這個原料安全資料表應該強調：

   ■此物質的危險成分、化學學名、俗稱，以及工作者能夠承受的最高劑量。

   ■此物質的物理和化學特性，如沸點、熔點及水溶性。

   ■此物質造成的身體上傷害，例如火或是爆炸，以及如何處理這些危險的方法。

   ■此種物質的反應性（例如：此物質是否穩定）以及如何避免使其產生反應的情境。

若是身心障礙，他（她）就被美國身心障礙法案所保護，也就是說，如果一個人在身體或心理上有傷害，而這個傷害已經實際地影響此人日常生活中一項以上的主要活動時。根據美國身心障礙法案的規定，暫時性或非慢性的傷害，也就是短期的非長期的傷害所造

■公告此種物質會造成的健康危害，原料的安全資料表應該強調化學物質如何進入人體內，以及暴露於此物質環境中對健康造成危險的可能性。

■對安全處理與使用的預防措施，例如，若是危險物質灑或是溢出來，如何處置此物質，如何正確地處理，如何儲存。

3. 清楚地標示每個化學製品的容器。容器的標示應該包括：

■化學品的名稱。

■化學品製造廠的名稱。

■與身體傷害有關的化學製品（例如，會爆炸嗎？會燃火嗎？有輻射性嗎？）。

■與危害健康有關的化學品（例如，是否有毒？是否致癌？是否有刺激性？）。

■當工作環境中有這個化學品時，建議穿著的保護性外套、設備與程序。

4. 訓練所有的員工如何安全地處理化學物質。訓練應該包含：

■如何正確地掌握及儲存化學品。

■當要接觸此物質時，適當地去拿。

■安全預防措施，保護性設施，尋求救援。

■如何發現危險物質已暴露（例如，不一樣的氣味）及如何讀取監視設備的資料。

成的暫時性身心障礙，並不適用於此法案。例如，肢體跌傷、扭傷、震盪、闌尾炎或是流行性感冒，並不會造成身心障礙。若是跌傷的腿無法完全地癒合而導致永久性地傷害，造成不良於行或是其他主要日常生活行動上的不便，那麼將被視為身心障礙。

自一九九二年七月（此法案首次生效）至一九九三年，員工依美國身心障礙法案申請的這些控訴案有七千一百二十九件 [19]，這些被申請的控訴案件中，有一半是員工的身心障礙導因於工作環境的情境或工作傷害 [20]。這些個案為數最多的是後背傷害以及嚴重的壓力疾病 [21]。人們也經常提出賠償申請的疾病有心臟問題、視力傷害、愛滋病，以及學習障礙 [22]。

遵守美國身心障礙法案　雇主遵行美國身心障礙法案（ADA）最重要的是，當一個申請者或是員工在工作場所變成身心障礙者，如何處理這種情境。例如，若員工中有人得到了慢性背部疾病或感染性疾病，雇主應該做什麼？

美國身心障礙法案條例（第六章附錄有摘要）提供這部分的指引。簡言之，此條例強調如果殘疾阻止人執行一項以上的基本工作功能（例如，一個在職者必須做到的基本工作職責），雇主必須試著適應他。雇主不可以做出對身心障礙者不利的行動，除非能夠證明這樣子的適應是不可能的或是行不通的（例如，這會造成雇主「難以負擔的苦惱」〔undue hardship〕）。

違反美國身心障礙法案的罰金，初犯最高可達五萬美元，以後每次違法罰金則在十萬美元以上。另外，一九九一年的公民權利法案允許索賠累積金額達三十美萬元，以懲罰「蓄意」違規者。

員工安全：意外與意外的防止

雖然法律的制訂為確保工作環境的安全，但是美國公司的意外發生率卻高得驚人。例如，根據一項估計，一九八九年員工因為工作場所造成的傷害以致無法上班達六千萬個工作天 [23]，而每年有超過一千萬人工作時受到外傷 [24]。

造成工作場所意外的原因

什麼造成這些工業傷害？這些原因可被分爲三大類：員工的錯、設施不足，以及程序不完整。每一類別的原因舉例如下：

- 員工的失誤：錯誤地判斷；分心；神經肌肉功能不佳；不當的工作姿勢；以及故意使用有暇疵的設備。
- 設施不佳：使用不合適的設備；安全設施被移除或不能用；東西的缺乏如引擎控制、呼吸的保護、防護性外衣。
- 程序不佳：偵測危險警訊的程序失敗；處理原料的程序不適當；沒有被鎖好或被撕掉；缺乏書面的工作程序。

工作場所的意外主要導因於員工的失誤。例如，在一九九〇年間，造成工作場所意外的原因，員工的失誤佔百分之五十；設施不佳佔百分之二十八；程序不佳佔百分之二十二[25]。

防止意外的策略

工作場所意外對員工以及公司的競爭優勢都造成嚴重的困擾，但是員工可以防止其中的大部分。如本章「個案討論」的案例即有許多防護性策略在執行。這些策略描述於以下段落。

員工甄選　有些人似乎是意外的代名詞（accident-prone）：「一個一觸即發的意外」。若有些人天生具有發生意外的傾向，組織藉著篩除這種求職者，應該能夠降低意外的發生率。

研究發現某些人格特質的人比一般人容易發生工業性意外。例如，一個研究發現，意外發生率高的人傾向於是感情衝動的且叛逆的，對於自己的不幸，傾向去抱怨外在的壓力而不是自己[26]。另外的研究結果定出下列四種爲「高危險」的人格特質[27]：

- 嘗試危險：事實上高危險嘗試者寧願尋找危險，而不願減少或

避免它。

■感情衝動：感情衝動的人不會想到他們行為的結果。

■叛逆：叛逆的人傾向去破壞規則，包括安全規則。

■有敵意：有敵意的人傾向於容易發脾氣，並有攻擊性行為，例如踢故障的機器。

許多組織現在使用人格測驗來衡鑑和篩選有發生意外傾向的人。例如，有些公司使用一個測驗（稱為人事甄選測驗[Personnel Selection Inventory]──3S）來評估求職者的安全意識。測驗的一部分是測量受試者知覺到他們行為與其結果關聯的程度。如先前所提的，不能看到這種關聯的人是發生意外的高危險群 [28]。

員工訓練　提供所有新進員工安全且正確工作程序的雇主很少經歷到意外的發生。員工應該學習如何在做每一件事的時候盡可能地安全。訓練應該是很特別的，舉例說明如下。這個例子是大型食物製造工廠員工遵守的程序 [29]：

■要從自動輸送帶拿取盤子時，在將盤子放於盤架之前一次只能拿兩個。

■堆放盤子不可以高過盤架的後欄杆。

■當你要將生麵糰舉高或弄低時，雙手要保持在垃圾鏈以上的高度，以免污染麵糰。

■當你要從各式麵糰中拉出所需的麵糰時，雙手要保持在欄杆前面，不要放在欄杆上。

安全獎勵方案　當安全訓練成為是基本的，但員工並不經常應用他們所學到的，就像許多汽車駕駛都知道超速是錯的，無論如何還是會做。工作者可以忽略說明，而採用自己的不安全方法來執行工作程序。

減少這種問題的一個辦法是實行**安全獎勵方案**（safety incentive program），這個方案的目標是藉著提供工作者獎勵來激勵安全行為以避免意外發生。組織明確地訂出安全目標（通常以一個部門為單位），如果達到這些目標就獎勵員工。例如，一個獨特的部門可以建立「在未來三個月降低損失工作時間的意外達百分之五十」。若達此目標，這個部門所有的員工皆可獲得獎勵以做為回饋，通常的形式是現金或獎品。

安全獎勵方案通常執行得很好。例如，威爾邁特（Willamette）產業公司實施一項計畫，其原因為每一年平均有三十件的意外發生造成失業。此項計畫實施後，該公司有四百五十天無意外事故的發生[30]。

然而，安全獎勵方案引發了兩個問題。某些個案中，工作者為了要拿獎勵回饋而隱藏傷害不願意提出報告[31]。當傷害不被舉報出來，受傷的工作者放棄了他們工作賠償的權利（參看第九章），公司仍不知道安全的問題。其次，工作者仍舊執行不安全的工作程序（例如，危險的工作方式），因為他們仍舊不知道這樣的作法會產生意外。不幸地，不安全的行為會造成意外，而這些員工因此犯下很嚴重的錯誤。據估計，每十萬個不安全行為中有一萬個是失誤造成的意外、一千個記錄上的意外、一百個損失工作時數的意外、一個致死[32]。

安全審查團　因為「已知」的員工通常還是會繼續從事導致意外的行為，許多雇主已經將焦點從預防意外事故，轉為預防可能會造成意外的不安全行為。這樣做，公司要建立**安全審查團**（safety audits），這個審查團一般是由安全委員會或是督導所組成（督導是工作上觀察員工並糾正其不安全工作行為的人）。組成這種審查團的程序描述在「經理人指南」的部分。

安全獎勵方案
這個人力資源管理方案是藉著提供工作者獎勵來激勵安全行為以避免意外發生。

安全審查團
一個針對不安全工作行為的審查團其目的是預防員工的不安全行為。

意外事故調查　意外事故調查決定意外發生的原因，這樣可以藉著改變來防止以後發生類似的意外事故。「失誤」應該也要接受調查，這樣問題就可以在嚴重地意外事故發生以前被改正過來[33]。

督導總是在意外事故調查中扮演一個非常重要的角色。小的意外事故，調查可以只限於督導與受傷員工面談並將資料歸檔。在大型的調查中，督導通常是專家團中的成員，其包括了工程師、維修督導、高階主管和（或）安全專家[34]。在如何組成調查方面，「經理人指南」中提供了建議。

安全委員會
一個委員會包括人事管理與非人事管理兩部分，其責任是鳥瞰整個組織的安全功能。

安全委員會　**安全委員會**（safety committee）通常監督組織的安全功能，正如「個案討論」中 Charles D. Burnes 公司，其由人事管理與非人事管理兩部分所組成，委員會執行下列工作[35]：

1.協助監察與意外事故的調查。
2.組織安全會議。
3.回答工作者有關安全的問題。
4.使工作者所關心的安全問題能夠引起管理方面的注意。
5.協助發展安全獎勵計畫。
6.發展改善工作場所安全的構想。

員工健康問題與組織的介入

我們來看從本章一開始，雇主關心員工的福祉延伸到工作場所的意外事故；他們也關心員工的健康。以下的段落，我們要定義現在組織所面臨與健康有關的主要問題，並建議處理它們可採用的辦法。

反覆性情緒疾病

反覆性情緒疾病
一系列身體的疾病，是因為反覆而強烈的情緒壓力與緊繃的狀態，造成肌腱發炎。

問題的特性與程度　**反覆性情緒疾病**（repetitive motion disorders）

深入探討 13-2

反覆性情緒疾病的類型

腕骨隧道症候群（Carpal tunnel syndrome）：當中間神經通過腕骨管受壓迫所造成的情形，這通道介於手肘與手掌之間。其結果合併有疼痛、麻木感，或刺痛輻射至拇指、食指、中指、部分的無名指及手掌，例如持續地打字。

滑膜炎（Synovitis）：肌腱的覆蓋物或肌腱的滑膜襯裡發炎。

肌腱炎（Tendinitis）：發生在肌腱，好像連接肌肉到骨骼的纜繩發炎了。

腱鞘炎（Tenosynovitis）：肌腱及其覆蓋物皆發炎了

滑囊炎（Bursitis）：滑囊發炎，關節周圍的袋狀腔體為滑囊。

雷諾式現象（Raynaud's Phnomenon）：一種血管的情況，因為血管收縮或痙攣而造成不正常的變白或蒼白，或是看起來手指循環不良。

有時稱為反覆性的壓力傷害，對肌腱有不良的影響，因反覆而強烈的情緒壓力與緊繃的狀態，造成肌腱發炎。人們常為這些疾病所苦，通常會經驗到身體各部位的疼痛，主要是頸部、背部、腿、手臂、手、手腕或手肘。**深入探討 13-2** 描述不同的反覆性情緒疾病。

最常見的反覆性情緒疾病是**腕骨隧道症候群**（carpal tunnel syndrome），這樣命名是因為疼痛產生在手掌的八塊腕骨中，猶如一個隧道般。患此疾病機會最大的危險群：

■經常且反覆地使用相同的手或手腕活動。

腕骨隧道症候群
是一種反覆性情緒疾病所造成的手腕疼痛，乃由於將手腕過度地施壓或扭曲，特別是在被迫的情況下。

■用手產生強力。

■支撐不順手的姿勢。

■常常使用震動性的或是靠手持的工具。

■經常或長時間壓迫手腕至手掌底部。

反覆性情緒疾病已愈來愈普遍：在美國這些疾病已經是職業傷害的主因[36]。例如，自一九七九至一九八八年，總計工作者因這些疾病而提出賠償要求的案例也從兩萬一千九百件增至十一萬五千四百件[37]。一九九二年，反覆性情緒疾病（大部分是腕骨隧道症）在職業安全健康協會（OSHA）[38] 所報告的三十三萬一千六百件與工作有關逐漸發生的疾病（gradual-onset work-related illness）中佔了百分之五十六。全國公務員超過半數以上，無論是藍領或是白領階層，都罹患這些疾病[39]。

百分之四十一的白領階層在他們的頸部及手臂罹患反覆性緊繃的症狀[40]。此疾病最大的危險群為電腦使用者，此領域包括報章雜誌業、航空公司訂位、主管助理，以及資料輸入。例如根據新聞同業公會報告指出其會員中有百分之四點五（超過一千五百人）罹患此病[41]。

據估計，每年有百分之十三的勞工工作者患有反覆性情緒疾病[42]，自動裝配線上的工人、拔雞毛的工人、切肉工人、郵局員工，以及麵包師傅，似乎都是最大的危險群。例如在肉類包裝工廠的工作者要用力地切肉一天兩萬次到三萬次，因此有將近百分之八的全職員工罹患此病[43]。

組織的介入　很明顯地，反覆性情緒疾病使公司在財物上以及法律上面臨危機。在財務上，反覆性情緒疾病意味著增加缺席率和醫療花費，並減少生產力[44]。在法律上，美國身心障礙法規定，如果並未造成不可挽回的傷害，雇主應該協助員工調適反覆性情緒疾病[45]。

依人體工學來處理反覆性情緒疾病

■加州一家報社（Fresno Bee）曾試著降低反覆性情緒疾病的發生，
　提供更多的桌子、手肘支撐處、VDT 文件放置台、新椅子、更
　寬的膝蓋空間，及腳的支托架。

■製造公司的員工為了將鋼鐵滾筒上的蓋子綁緊而扭傷，因其需
　要用如同扣槍扳機般的拉力。工作者必須經常彎曲他們的手肘，
　這是罹患腕骨隧道症候群最危險的動作。公司為了避免可能發
　生的問題，以充氣的氣體式扳手來代替過去的傳統式扳手，其
　需要較少的動作，減少扭傷的可能。新的扳手也是抗重的，這
　樣工作者就不必支撐其重量了。

對於處理反覆性情緒疾病，公司有兩個主要對策。一個是以**人
體工學**（ergonomics）來處理問題。人體工學是一種設計並安排工作
站的科學，其使人與物之間的互動更為安全且有效率[46]。這種處理方
式的例子詳述於**邁向競爭優勢之路 13-2**。

　　員工也可以接受如何處理反覆性情緒疾病的訓練。員工應該被
訓練在工作時能夠使用被疾病困擾的可能性降至最低的方式來工
作。例如，VDT 操作員應被訓練在執行工作時能夠按著**示例 13-2** 的
建議工作[47]。

　　在某些案例，使身體舒適的訓練能夠有效地預防反覆性情緒疾
病。例如，要抵抗腕骨隧道症候群需有強壯的手與手腕肌肉。印第
安那州一個速霸路五十鈴（Subaru-Isuzu）工廠曾使用這些運動（詳
述於**邁向競爭優勢之路 13-3**）並且節省了百分之三十到四十的復健
費用。

人體工學
是一種設計並安排工作
站的科學，使人與物之
間的互動更為安全且有
效率。

> 將手肘伸直並保持輕鬆，只用手指打鍵。
> 打字桌應該稍微高過肘部。
> 工作者應該將其手肘靠在身側，或用特定的手臂支托器支持著。
> 肩膀應該放鬆並保持水平。
> 可以使用最小的力氣按鍵。
> 鍵盤應該保持乾淨，好的工作狀況以使阻力減至最小。
> 打字時當要按較遠且難以按到（hard-to-reach）的鍵時，工作者應該移動整
> 　　隻手，而不要過度伸展手指。
> 其他的活動來中斷打字工作，例如校對、填寫及打電話，這樣可使疲憊的肌
> 　　肉得以休息。

下背疾病

問題的特性與程度　根據統計顯示，下背疾病（Lower Back Disorders，LBDs）被圈選爲在工作場所導致健康問題最多的反覆性情緒疾病：

- 在美國，所有損失工作天的原因中將近四分之一是因爲下背疾病[48]。
- 一九八七年有四十萬個美國工作者罹患使人身心障礙的後背傷害[49]。
- 全國每年雇主花在後背傷害的醫療費用爲一百五十億到兩百億美元[50]。

最常造成下背疾病的原因列於**示例 13-3**[51]。最容易發生的職業是收廢物的、護士、護佐、卡車司機、重機器操作員、技工、維修工人、體力勞動者、倉儲員、保全人員，以及打字員。

組織的介入　公司能從兩個減輕問題的作法擇其一來做。首先，組織可以預先篩選出已經有背部問題或有此傾向的人。美國身心障礙

Subaru-Isuzu 公司防止反覆性情緒疾病的運動課程

對於所有新進員工，公司提供四十五小時的課程來幫助他們發展主要的肌肉。在第一週，員工作簡單的運動，例如緊握油灰的球以增強它們手臂的力量及握力。生產部的工作者參與更密集的運動訓練。他們穿過曬衣繩，編繩索，將螺釘、螺帽埋入小罐中，以改善他們的強度與彈性。

法案限制雇主對有背部問題病史的員工之要求。法律上，公司面試時，只告知求職者工作的主要職責以及防止他們不履行義務的事情。

下背的問題也可以透過醫療檢查來診斷。當與公司的雇用契約定好以後，美國身心障礙法案（ADA）要求為所有的求職者進行健康檢查。

然而，即使發現有下背疾病，雇主也不可以主動提出拒絕此申請者。美國身心障礙法案（ADA）規定雇主必須先決定，這種情況是否會妨礙其工作表現，如果是，那麼可否提出合理的要求，例如將工作重新建構，修正工作進度，或是提供特別的設施或工作裝備。

其次，公司可以試著去預防下背疾病。透過在職訓練，這些疾病可以預防或是減至最低（例如教導員工正確地舉物技巧），及使身體有所支撐的訓練以伸直其下背。

示例 13-3　造成下背疾病的危險活動

> 1. 舉物
>   要舉起二十五至三十五磅的東西是最危險的，因為人們往往會不在意。
>   一邊拿一邊捲東西危險性也較高。
>   從地板上拿東西又比從階梯上拿危險。
> 2. 推及拉。
> 3. 拿
>   拿東西的危險性與舉物相同。
> 4. 坐
>   坐太久會造成背部的問題。
>   在狹窄的空間或桌椅間工作，會讓員工長期使用不良的姿勢工作。
> 5. 身體的擺（振）動
>   身體經常振動，其造許多工作，特別是需要使用重型機器的（例如操作挖土機、卡車等），工作者的成脊椎的共振與肌肉的疲勞。

愛滋病

問題的特性與程度　現在大部分的人都知道後天免疫不全症候群（即愛滋病，AIDS）在美國已經是公共衛生的問題。據估計，一九九五年有三百萬的美國人接觸到愛滋病毒且其 HIV 測試呈陽性反應[52]。

組織的介入　愛滋病已經成為雇用上很重要的議題。雖然醫學專家們確信，愛滋病並不會在工作場所透過一般的接觸傳染，許多員工還是很害怕得到此疾病，並且強烈地反對與愛滋病患者一起工作[53]。

　　員工的反應常將雇主置身於困難之境，因為愛滋病患者受美國身心障礙法案明文保護，除非疾病影響了工作的表現，雇主不得受員工的喜愛或歧視所影響，其必須雇用並且使優秀的 HIV 感染患者留任。

　　雇主處理這種困境的唯一法律選擇權是，教育員工愛滋病是如何傳染的（以及如何不會被感染）。教育的目標是，減少員工對愛滋病的焦慮，對一個危機而言，事前的教導比事後有效得多。不幸

的是，雖然訓練可以使在工作場所有關愛滋病的歇斯底里（AUDS-related hysteria）減至最低，但仍無法消除。許多工作者仍然對愛滋病的傳染途徑抱持錯誤的觀念。

藥物濫用

問題的特性與程度　美國藥物及酒精濫用的問題很普遍。例如，將近百分之十的全職工作者使用非法藥物（主要是大麻以及古柯鹼）[54]，而另外百分之十是酗酒者[55]。濫用問題，讓美國的雇主一年花十億元支付產能損失、意外、工作補償、健康保險，以及公司被竊的財產[56]。

組織的介入　雇主可以藉著篩選求職者以及開除被認定有藥物濫用者來解決濫用問題。最經常使用的方式為尿液及血液檢查。大約百分之三十到四十的《財富雜誌》（*Fortune*）排名前五百名的企業要求目前及將來的員工要做藥物測試，超過百分之九十沒有藥物測試計畫的公司也正在考慮要執行此計畫[57]（例如由第六章中我們知道，這些計畫必須依照州政府及聯邦政府法律執行，主要是第四次美國憲法修正案）。督導能藉著觀察員工的行為知道是否有濫用的行為。有些症狀可看得出來，列於**示例 13-4**。

對公司而言，早期發現藥物濫用者是很有用的，正如美國郵政國營公司研究的發現，摘要如下[58]：

> 一九八七年，郵政國營公司對五千四百六十五位求職者進行藥物測試，但並未用此結果作為雇用的決定。結果這些求職者中大約有四千人被錄用。接下來的三年裡，測試為陽性反應的人有百分之六十六曠職，百分之七十七離職，其比例遠大於測試結果為陰性反應的人。郵政國營公司現在估計，若當初不

身體的症狀或情況
疲倦，精疲力竭
異常的邋遢
經常打呵欠
眼神無光
說話遲緩
嗜睡
腳步不穩
不適當的時候戴太陽眼鏡
想盡方法遮住手臂
午餐或午休後就不見人影
臉頰潮紅

情緒
持續地憂慮或非常焦慮
易怒
多疑
抱怨他人
經常爆發情緒
午休後心情改變

工作出勤狀況
星期一和星期五經常缺席
對於缺席經常不提出報告，只解釋為緊急事件
異常地有突發性感冒、流行病、胃病發作、頭痛
經常使用非預定的休假時間
在需要工作的時候離開工作場所
對於離開工作崗位不作解釋
經常要求早退

工作表現
擔負不必要的危險
經常發生意外
工作的品質不一致
粗心大意
專注力及記憶力減退
記不得指示
反覆地錯失期限

工作中與他人的關係
常爭執
退縮或不適時地多話
暴力行為
對於批評過度地反應
經常向工作夥伴借錢
拒絕與督導者談論與工作有關的話題

錄用藥物測試陽性反應者，公司在曠職，重新雇人，再訓練，以及傷害賠償總共可以省下十五億元的經費。

最近處理員工有關藥物問題時，一些雇主會採用復健的角度來處理：透過治療性諮商，來幫助濫用者克服他們的問題[59]。**員工輔助計畫**（Employee assistance programs，EAPs）聘請心理健康專家（通常基於合約規範）為正受困於藥物濫用或其他個人問題的員工提供服務。例如，Chase Manhattan 銀行的員工輔助計畫幫助員工解決的問題有：藥物及酒精濫用，兒童照顧，老人照顧，婚姻或家庭關係問題，情緒性困擾，焦慮，憂慮，或財務困難[60]。員工可以主動尋求幫助，當督導者認為員工因為個人問題而導致工作績效降低時，也可以由督導者轉介[61]。

近來，許多公司（大約百分之五十到八十）使用員工輔助計畫[62]。一項研究證實，員工輔助計畫所花的每一塊錢，可回收三至五元，乃由於較低的曠職率和較高的生產力[63]。

雇主必須發展出書面的藥物濫用政策，以強調處理這些問題的方式。此政策應該強調的每一個議題請見**示例 13-5**，特別是禁止的行為，以及違反禁令時員工所要面對的後果。這些政策有兩項目的：(1)成為一股嚇阻的力量；(2)建立一個類似法定的基礎來執行懲處活動（例如，停職或解雇）。

員工福祉

問題的特性與程度　**員工福祉**（employee wellness）是有關人力資源管理的一個新的焦點，其目的是減少會使健康衰弱的問題（例如，癌症、心臟病、呼吸性疾病、高血壓），這些問題乃由於個人選擇了不好的生活方式（例如，吸煙、營養不良、缺乏運動、肥胖）。這些健康問題已經十分普遍：單單癌症、心臟病及呼吸性疾病就佔

員工輔助計畫
聘請心理健康專家協助員工克服藥物濫用或其他個人的問題。

員工福祉
不當的生活型態會導致使身體衰弱的問題。

示例 13-5　公司藥物濫用政策所含括的議題

有關藥物濫用的規則
- 什麼樣的藥物是被禁止的？
- 禁藥可作休閒的（休假非工作時）用途嗎？
- 飲酒可被允許的前提為何？
- 午餐時工作者可否飲酒？

藥物測試的用法
- 何時以及何種情況下要作藥物測試（例如，隨機，年度身體檢查的一部份，意外發生之後，何時可對物質濫用有合理的猜疑）？
- 何種測試可被允許？
- 測試失敗將要做第二次確認的測試嗎？
- 何種型態的保護鏈（chain of custody）程序，可被用來確定測試的檢體（如尿液標本）不會被染污（contaminated）？

違反政策的處理
- 違反規則將如何處置？
- 若員工主動要處理他們物質濫用的問題要加以鼓勵嗎？
- 員工輔助計畫有用嗎？若有，員工可以放心地參與嗎？

了所有醫院主訴的百分之五十五點五[64]。

這些疾病能夠造成工作場所的問題，例如曠職、離職率、生產力降低，以及增加醫療費用。例如，有高血壓的人比起其他的人更有可能（多於百分之六十八）在每年的醫療支出上花費五千美元以上，此外，吸煙者的醫療支出則比非吸煙者高出百分之十八[65]。

員工福祉方案
提供員工合於身材的設施，工作地點的健康防護，以及協助戒煙，壓力管理的課程，改善營養的習慣。

組織的介入　許多組織會提供**員工福祉方案**（Employee wellness programs）來幫助員工改善或維持他們的健康。這些方案提供員工適於身體結構的工作設備，工作地點的衛生防護，以及幫助他們戒煙，壓力管理和改善飲食習慣的方案。例如，蘋果電腦的員工福祉計畫提供合適的設備、健康教育，及預防醫學，包括了[66]：

- 戒煙計畫。
- 營養與體重控制的研習會。

■測量血壓及脈搏的健康評估。

■健康評值也就是評估心肺指數、強度、彈性、身體構造、營養情況。

■醫學檢查包括身體檢查及運動強度測試，以便確定心臟血管健康。

員工福祉方案是十分有效的。研究結果顯示員工福祉方案可以減少曠職與流動率，並且可以增加生產力[67]。例如，一項研究指出，Mesa 石油公司（Mesa Petroleum）發現參加此方案後，對生產力影響尤大，例如在一九八二年為七十萬元，一九八三年則增加為一百三十萬元[68]。

如果要執行，福祉方案必須成功地獲得高危險群（那些對此方案有強烈需要的人）的支持[69]。不幸地，大部分參與此方案的員工，沒有傳達任何的危險因素，使處於高危險的員工絡繹不絕地離開[70]。因為在危險中的員工不尋求幫助，許多的員工福祉方案無法達成他們的目標[71]。

因此，雇主必須發現一些方法鼓勵高危險群的員工參與員工福祉方案。有些公司提供正向的誘因（例如，現金紅利）給參與者；另一些公司則對不參與者給予某種懲罰。例如，他們可以增加不參與者的保險金額，或是提高他們可扣除的額度[72]。

工作場所壓力

問題的特性與程度　大部分的工作場所是充滿壓力的。例如，根據一九九一年的調查，有百分之四十六的美國人認為他們的工作是很有壓力的[73]。正如我們在第九章所知道的，員工要求工作壓力疾病的賠償正快速地增加。因此，一些專家提出，壓力是這個國家成長最快速的職業病[74]。

示例 13-6　一般造成工作壓力的因素

工作的特質
■督導者指導不明確。
■低於或超過其能力。
■對於工作的完成有不切實際的期限。
■個人與組織目標之間的衝突。
■工作過量。
■對於自己在組織中的定位不清楚。
■肩負很重的責任卻沒有決策權。

人際關係
■同事間的衝突。
■同事間競爭多於合作。
■與工作夥伴間的關係不佳。
■由於個人的年齡、性別、種族等而成為受歧視的對象。

組織及管理的作法
■缺乏管理階層的支持。
■缺乏成長與發展的機會。
■過份地親近督導。
■不允許表達個人的感受。
■認知／獎賞系統不當。
■關於縮編／解雇的規則不明確。

　　過量的壓力會有損健康，如潰瘍、結腸炎、高血壓、頭痛、下背痛，以及心臟病的情形。承受壓力的工作者可能在工作的表現較差，想要離職，士氣低落，與工作夥伴間產生衝突，工作失誤，或是對工作夥伴及客戶顯得冷漠 [75]。現在這些壓力造成的結果使美國的商業界每年要付出一百五十兆到三百兆美元之間 [76]！

　　現今的工作者有些什麼樣的壓力呢？這可歸因於許多的因素。一個完整的工作壓力源的表格見於**示例 13-6**[77]。看這個表，就不難瞭解為什麼工作壓力是如此普遍。事實上，要找到一個人對於這些問題目前連一個都沒有碰到的，是很困難的。

　組織的介入　公司能夠協助消除（至少減輕）工作壓力。許多員工

的壓力源可以藉著人力資源管理實務的提供而減輕。例如，有效的選擇與訓練過程，可以使工作者達成工作上對他們的要求；有清楚的書面工作說明書，能夠降低工作者對於工作責任的不確定性。有效地執行評估系統，可以抒解需澄清工作期望的壓力；有效的「按功績計酬」方案，藉著降低工作者對報酬的不確定性，可以減輕壓力。在「經理人指南」的部分有討論到的一些作法，督導可以用來降低工作者的壓力。

不幸的是，公司總是無法消除所有的工作壓力源。有些壓力是在工作中固有的，例如有些工作是危險的（例如，航行員、警界人員、救火員），有些工作場合要求工作者要有好的人際關係（例如，客戶關係專員）。當工作壓力不能減輕時，工作者必須學習克服它們。一個公司可以透過提供員工壓力諮商來幫助員工，或是讓他們有身體運動的機會以消除壓力。有一些組織的作法先前已描述過，如員工輔助方案（EPAs）以及福祉方案，在這方面都是很有幫助的。

工作場所暴力

問題的特性與程度　以下的狀況愈來愈具有代表性：

> 確保公平生活的社會是須重視的，一名女性提醒她的雇主，她那無法相處且已分居的丈夫將到工作場所來傷害她，並且揚言要殺她。然而，管理階層並未認真地看待她的警告，並且拒絕加強安全管制。後來她的丈夫突然闖進辦公室，開槍殺了兩位員工。因此陪審團依違反公平生活條例要求該公司對受害人家屬賠償五百萬元。

由於其發生頻率不斷地上升，暴力案件現在已被視為工作場所安全與健康主要的問題。一九九四年司法部門調查估計每年工作場

所有大約一百萬的工作者受到暴力的傷害，其中包括一千件殺人事件、一萬三千件強暴事件、八十五萬件毆打攻擊事件 [78]。員工大部分暴力事件的攻擊對象為其他的員工、督導或客戶。但有的時候，如我們所見公平生活的例子，在工作場所（通常發生在健康照顧及社會服務機構中）裡也會有非員工的暴力行為。

組織的介入　組織介入的目標是防範在工作場所發生暴力，雇主有道德及倫理上的義務提供他們的員工安全的工作環境。此外，我們接下來要討論的是，這些作法也可以幫助公司降低成本，並遵守法律的規定。

工作場所的暴力事件要花費雇主很多的錢。雇主必須為受害者的醫療及心理照顧付費，修補和整理環境，提高保險額度，以及增加安全措施。另外的損失是由於曠職所造成的，平均每次傷害後，受害者有三天半無法來上班 [79]。

雇主也必須注意有關工作場所暴力的法律因素，職業安全與健康法案的義務條款（The General Duty Clause of the Occupational Safety and Health Act）指出，如果在設立時就已經知道工作場所有暴力的危險，卻不加以防範，雇主則因違法而要被傳喚。

此外，要罰款給職業安全健康協會（OSHA），暴力的受害者可以控告雇主。對於非員工之暴力行為，決定雇主是否有責任的法定測試如下。雇主是應負責的，如果：

■明明知道有可能是犯法的行為（例如，不可對員工恐嚇）。
■保護員工免於強暴毆擊罪是理所當然的，但公司卻沒有做到。
■由於沒有保護員工而發生傷害（換言之，如果雇主做了此部分防範，傷害將不會發生）。

對於暴力的行為，一個類似的法定測試常被用來決定雇主的責

任。正如我們在第六章中所提到的，如果雇主已經知道（或應該知道）求職者有暴力傾向，卻因疏忽而錄用他，這樣雇主是有法律責任的。相同的心情，儘管雇主知道員工有暴力傾向，卻完全疏忽而仍舊留下這個員工，在這些情況下雇主是有責任的，如果他們已經（或應該已經）接獲將有暴力行為危險的信號，卻忽略了這個危險。

那麼，什麼能使公司暴力行為的發生降至最低？一九九六年，職業安全健康協會（OSHA）出版一套列舉安全標準的指南，遵行這些標準能夠降低暴力的傷害。這些標準包括：

- 改善照明。
- 員工往返停車場的護衛服務。
- 當沒人上班的時候，將接待處上鎖。
- 訂定政策性的合約，以確保至少有兩個以上的人同時上班。
- 安全系統，例如電子輔助控制系統、無聲警報系統、金屬探測器，以及攝影機。
- 訂定對於訪客資料取得的方法（簽名，身分證明）。
- 在交叉路口的轉角處或被遮蔽的地方，設置曲面鏡。
- 防彈玻璃。

雇主應該考慮這些標準以瞭解特定的工作場所危險的程度。例如，金屬探測器以及防彈玻璃適合裝在市中心的急診部門、墮胎診所，以及精神病院，這些地方的暴力發生率最高。

另外，按照職業安全健康協會（OSHA）的建議，雇主藉著使用雇用前的甄選辦法（在第六章有所討論），嚴格的反暴力及反毒品／酒精政策與訓練，使得暴力行為減至最低。所有的工作者應該被教導，如何認出一個有問題或有潛在暴力的人，所會有的早期徵兆，以及面對這樣的人要如何反應。既然這些的行為常會引起暴

力，經理人則應該學會如何正確地處理善後。

經理人指南

員工的安全衛生與經理人的職責

對安全與健康的責任是經理人工作很重要的一部分。我們首先討論經理人有關安全的責任，接著我們將討論員工健康的議題。

確認員工安全方面經理人所要扮演的角色

在工作場所確保員工的安全上，經理人扮演了三個主要的角色。首先，經理人必須幫助員工能夠安全地工作。在職前訓練的時候，經理人應該強調工作場所的安全性，並且透過工作不斷地提醒其重要性。

其次，經理人必須確保員工正在安全地工作。這個角色包括訓練、指導，以及監督。經理人必須教導員工如何安全地執行工作，藉著提供員工可按著執行的安全程序之相關資訊，提醒該留意的事項，以及採取預防的措施。經理人也必須定期地檢查工作場所，以偵測出不安全的情況，並確保員工是安全的，也就是，遵照已建立好的工作流程來做。

第三，經理人要調查意外事件。正如我們先前所知道的，完全地並迅速地調查意外事件或失誤能夠預防進一步的意外發生。經理人通常是這些調查的中心人物。

在確認員工健康上經理人的角色

員工健康方面經理人扮演三個角色。第一，他們要遵守法規，主要是 ADA 所訂的。ADA 命令雇主對於安排有反覆性的情緒問題

或患下背疾病的員工工作時，要有彈性。經理人必須學習這些情況以及限定工作者能力的方法[80]。

第二，經理人能夠減緩工作者的壓力。如先前所知道的，造成員工壓力的因素非常廣泛，而大部分是在經理人可控制的範圍之內。這裡有一些具體的方法是經理人可以做的[81]：

- ■試著將工作的職務與員工的技能配合。
- ■避免對員工要求不切實際的完工期限。
- ■鼓勵員工說出他們所擔心的事。
- ■提供適當的訓練與環境介紹。
- ■對於高壓力與低壓力的工作，儘可能安排輪調。
- ■向員工清楚地說明要指派工作的內容。
- ■說明具體的標準使員工知道他們的表現將被評定，並且是確實地被評估。
- ■讓員工可以定期地知道自己的工作表現如何，並且討論如何改善他們的表現。

第三，經理人在關心員工疾病的過程中，必須對所得到的消息保密。正如我們在十一章曾經提到過的，個人的隱私（例如，愛滋病、藥物成癮）只要告訴那些需要知道的人。雖然很少見，但如果可能，最好對工作夥伴也要保密。

人力資源管理部門能提供何種協助

本章說明人力資源管理部門發展／甄選以及評估各種衛生與安全的方案（例如，安全獎勵、訓練，以及員工福祉計畫）。人力資源專家對於能夠完全遵守 OSHA 的要求，以及將安全與健康的需要結合在人力資源管理的實務上，也應負起責任。

有關遵守職業安全健康協會規定的責任

我們在前面提過，職業安全健康協會（OSHA）要求必須建立許多的技術標準。一些組織雇用安全方面的專家來處理這些事。通常在人力資源管理部門工作的人，主要任務之一即為協助公司達到 OSHA 所要求的標準。與 OSHA 有關的其他責任包括，在 OSHA 調查期間代表公司，保留意外事件的記錄，以及尋找危害人體的物質。

人力資源管理工作所關切的安全與衛生問題

人力資源的專家在制訂人力資源管理制度時，必須考慮安全與衛生的議題。在本章的前一部分討論過，當我們要發展甄選、訓練及符合人體工學（例如，工作安排）的實務內容時，需要去思考安全的議題。當人力資源的專家進行工作分析以及幫助達成集體的協議時，安全與衛生的議題也會出現。工作分析報告必須詳述員工在工作時身體與心理的需要，有關團體協商協議的部分必須詳述在確保員工安全與衛生方面，雇主的權利與義務。

增進經理人之人力資源管理技巧

經理者需要一些具體的技巧，來幫助他們順利地達成其對於安全與衛生的責任。制訂安全審核辦法與意外事件調查即為兩項具體技巧，說明請見以下的內容。

如何實施一個安全檢查制 [82]

安全審核，管理者試圖藉著有系統地督導員工的工作，來定義並刪除不安全的工作行為。每個員工應該按著有計畫的進度被觀察，一般以一週為準。依照：

第一步：觀察　將工作停下來幾分鐘並且觀察工作者的行為，尋找

安全與不安全的作法。可以使用以下的指南：

- 對於不安全的工作要保持警覺，員工在踏入這一區域時，能夠馬上調整自己（穿上保護性的裝備，如手套或護目鏡）。
- 注意是否穿上適當的防護性服裝。
- 觀察員工如何使用工具。
- 仔細察看工作區域的安全。例如，地板是否溼滑？
- 決定是否要按照規則、程序和操作說明執行。

第二步：與員工的討論　這些討論應該幫助員工認識並改正他們的不安全做法。當他們樂於參與時，請你堅持以下的忠告：

- 如果你發現了一個不安全的行為，不要以對立的方式來督導，而形成彼此對立。可以指出違規事件，並要求這位工作者針對他所進行以及持續這些行為時，可能造成何種有關安全的問題加以說明。
- 在觀察你的員工時，鼓勵他們討論任何有關於他們安全的問題，並要求他們提供改善安全的想法。
- 獎勵任何你所觀察到的好行為。

第三步　記錄並追蹤　發現的事應該用書面記錄下來。在審查時，討論任何需要被追蹤的項目。

如何調查意外事件 [83]

當你的工作環境發生意外時，你的首要責任是確保所有員工的安全：

- 確定所有傷患都能受到照顧，若有需要則需送醫治療。
- 要小心保護、移除危險物品，若有必要則疏散此區域的其他人，以防止更危險的續發事件。

■限制接近此區域，以避免其他人再被傷害，並且不會破壞現
　　　場。

　　你應該開始著手調查造成意外的立即因素與潛在因素。立即因
素是直接造成意外的原因，例如濕滑的地板、沒有穿上安全裝置，
或是沒有按照正確的程序執行。

　　立即因素是很容易發現的，但是對於在避免日後意外事件的建
議上，不是很有幫助。為達此目的，你必須找出意外發生的潛在因
素。例如，工作者因為溢出的油滑倒或跌倒。地板上的油是意外發
生的立即因素，但是你需要知道為什麼油沒有被清理乾淨，以及機
器為什麼正在漏油。一般而言，缺乏訓練、缺少對規則的加強、較
低的安全自覺力、缺乏維修，或是擁擠的工作區域，都是潛藏意外
的因素。

　　確保意外現場的完整直到調查結束。記住，這是意外發生時你
正確地檢視現場唯一的機會。若能照相，拍下現場的照片。與事件
有關的東西不應該被破壞或丟棄。

　　當執行調查時，你應該巡察的地點（例如，檢查化學物質、機
器的碎片）並與受傷或受影響的工作者、目擊者，以及其他對意外
事件發生區域熟悉者進行面談。趁著每個人對事件的記憶猶新之
時，應該馬上面談。要求他們對事件提出他們的評價；讓他們說明
自己的看法而不要打斷，然後從不同的反應來彼此印證。繼續問
「為什麼」，直到潛藏在內的原因出現為止。如果這個原因是確定
的，你應該按照你的發現來提出改變的建議。

回顧全章主旨

1.瞭解有效的安全與衛生措施能夠增強組織的競爭優勢：
　　■降低與安全健康有關的支出：醫療與保險費、員工賠償、生還者

補助、無法上班時之工資、受損的儀器、生產延滯、其他工作者工時的損失、重新甄選人及訓練取代的工作者，以及意外的報告。

■法律訴訟：職業安全衛生法，員工有權知道的法律，美國身心障礙法。

2.描述安全及衛生：

■職業安全衛生法：確保全美的工作者在安全的情況下工作。

■員工有權知道的法律：讓工作者有權知道在工作上會碰到何種危險物質。

■美國身心障礙法：禁止歧視身心障礙者。

3.說明工作場所發生意外的主要原因：

■員工的錯誤。

■設備不足。

■程序不足。

4.探討公司如何預防工作場所意外的發生：

■員工的篩選：預先甄選出「意外代名詞」的求職者。

■訓練：安全而正確的工作程序。

■安全獎勵方案：提供獎勵來激勵工作者安全的行為以避免意外發生。

■安全審查：觀察員工的工作情形並糾正不安全的行為。

■安全委員會：監督組織的安全功能。

5.說明在工作場所主要的衛生議題以及組織如何來加強：

■反覆性情緒疾病：因反覆而強烈的情緒壓力與緊繃的狀態，造成肌腱發炎：

●使用人體工學的方法。

●員工訓練。

■下背疾病：

●先甄選出已患有背部疾病或好發者。

●工作訓練。

●適身訓練。

■愛滋病：

●教育員工何為愛滋病以及如何預防感染。

■物質濫用：

●篩選求職者或解雇有物質濫用者。

●復健方面：透過諮商幫助濫用者克服他們的困難。

■員工福祉：不當的生活型態會導致使身體衰弱的問題：

●員工福祉方案：提供員工合於體型的設施，工作地點的健康防護，以及協助戒煙，壓力管理的課程，改善營養的習慣。

■工作場所的暴力：攻擊與強暴的行為，員工或非員工的殺人犯：

●增加安全標準。

●甄選員工，反暴力以及反毒品／酗酒的政策，員工訓練。

關鍵字彙

美國身心障礙法案（Americans with Disabilities Act）

腕骨隧道症候群（carpal tunnel syndrome）

員工輔助計畫（employee assistance program , EAP）

員工有權利知道的法律（Employee Right-to-Know Law）

員工福祉（employee wellness）

員工福祉方案（employee wellness program）

人體工學（ergonomic）

國家職業安全健康組織（National Institute for Occupational Safety and Health）

職業安全健康法（Occupational Safety and Health Act of 1970）

職業安全健康協會（Occupational Safety and Health Administration,

OSHA)

職業安全健康審查委員會（Occupational Safety and Health Review
Commission）

反覆性情緒疾病（repetitive motion disorders）

安全審查團（safety audit）

安全委員會（safety committee）

安全獎勵方案（safety incentive program）

重點問題回顧

取得競爭優勢

1.描述 Charles D. Burnes 公司的安全方案。你認為何種情況下對於
  方案的成功是最負責的？試說明之。

2.簡述兩種能夠有效地應用安全衛生實務以增加競爭優勢的方法

人力資源管理問題與實務

3.描述 OSHA 的分類次序

4.員工有權利知道的法律條款是什麼？

5.描述三個意外事件的原因。

6.描述三個可以用來預防或是減少意外災害的策略。

7.什麼是反覆性情緒疾病？組織可以採取哪些步驟預防？

8.基本上，一個組織能夠拒絕錄用有下背疾病的求職者嗎？試說明
  之。

9.描述兩個處理物質濫用問題的方法？依你的看法，哪一個較好？
  為什麼？

10.員工福祉計畫是什麼？為什麼這些方案通常無法達成其目標？如
   何改善？

11.藉著人力資源管理的實務，員工壓力能被緩解。試說明之。

經理人指南

12.一位經理可以採取哪些步驟使工作場所的意外發生率降至最低？

13.簡述實施意外事件調查的步驟。

實際演練：你的經理如何處理你的壓力？

概要

　　確認你目前工作中造成壓力的因素，你的管理者如何做可以減輕這些壓力。

步驟

1.每三到五個人分為一群

2.在你那一群中，找出一位他正處於工作壓力狀態的人。

3.對組員描述造成壓力的因素（使用**示例 13-6** 為參考指南），並說明管理者可以採取什麼行為來減輕這些壓力。

4.組員應該討論這些作法是否合適、是最合適的嗎、可以做什麼樣的改變。

5.選出一個發言人發表你的發現。

6.此發表應該包括：

　　a.工作說明。

　　b.對於最明顯的壓力因素之說明。

　　c.經理者可以協助做什麼的評估與說明。

　　d.經理者以後可以採取什麼行動的說明。

個案探討：一個對愛滋病過度反應的個案

　　Ma and Pa's 餐廳是一家位於紐約州西那庫斯的中型餐廳，雇用了三十五位餐桌的服務生。一位叫做 George 的服務生，在這裡服務了三年，並且被認為是最棒的服務生之一。一天早上，George 提早

一個小時來與他的督導 Amy 討論問題。Amy 看出 George 非常沮喪，似乎要哭的樣子。他說他剛看過醫生，並且得知自己的 HIV 呈陽性反應。目前為止，他還沒有這個疾病的任何症狀。他的醫生告訴他還有幾年疾病才會發作。Amy 表示她的同情，並且告訴 George 不要擔憂他的工作。

有關 George 情況的流言，很快地在餐廳中傳開來，Amy 決定對所有的餐廳員工據實以告。後來在那天下午她召開了員工會議，並說明有關 George 情況的真相，提醒員工沒有什麼好害怕的。

會議結束後，與 George 一起工作的另外六位服務生告訴 Amy，他們拒絕與 George 一起工作。他們認為沒有人真正知道愛滋病是如何傳染的，他們不願意冒這個險。Amy 告訴他們在這種情況下她不能做什麼事，George 的權利是在法律下被保護的。他們的反應是——「那麼我們的權利呢？」。他們對 Amy 發出最後通牒：除非 George 離職，否則他們將告訴所有的客人，餐廳中有一位服務生是愛滋病患者。

問題

1.Amy 告知其他員工 George 的情形是正確的嗎？試說明之。

2.現在「洩漏了秘密」，這個餐廳要怎麼做來解決問題？

3.這個問題的第一步要如何處理？

參考書目

1. Peskin, M.I., and McGrath, F.J. (1992). Industrial safety: Who is responsible and who benefits? *Business Horizons,* May–June, 66–70.
2. Warner, D. (1991). Ways to make safety work. *Nation's Business,* December, 25–27.
3. Peskin and McGrath, Industrial safety.
4. Ibid.
5. Susser, P.A. (1989). Washington scene. *Employee Relations Today,* Autumn, 243–248.
6. Ibid.
7. Rhodes, D. (1989). Supervisors and tough environmental laws. *Supervisory Management,* July, 29–34.
8. Peskin and McGrath, Industrial safety.

9. Kahn, S.C., Brown, B.B., Zepke, B.E., and Lanzarone, M. (1990). *Personnel Director's Legal Guide* (2nd ed.). Boston: Warren, Gorham & Lamont.
10. Ibid.
11. Ibid.
12. Ibid.
13. Ibid.
14. Ibid.
15. May, B.D. (1986) Hazardous substances: OSHA mandates the right to know. *Personnel Journal*, August, 128–130.
16. Tompkins, N.C. (1993). At the top of OSHA's hit list. *HRMagazine*, July, 54–55.
17. Ibid.
18. Rhodes, Supervisors and tough environment laws.
19. Burke, A. (1993). Trends in ADA complaints. *Industrial Safety & Hygiene News*, June, 16.
20. Ibid.
21. Ibid.
22. Arnold, D.W. (1993). ADA update. *Newsletter of the Personnel Testing Council of Metropolitan Washington*, July, 14.
23. Warner, Ways to make safety work.
24. Minter, S.G. (1992). Second thoughts about first aid. *Occupational Hazards*, June, 57–59.
25. Scherer, R.F., Brodzinski, J.D., and Crable, E.A. (1993). The human factor. *HRMagazine*, April, 92–97.
26. Hanson, C.P. (1988). Personality characteristics of the accident involved employee. *Journal of Business and Psychology, 2*, 346–365.
27. Kamp, J. (1991). Preemployment personality testing for loss control. *American Society of Safety Engineers*, June, 123–125.
28. Jones, J.W., and Wuebker, L.J. (1988). Accident prevention through personnel selection. *Journal of Business and Psychology, 3*, (2), 187–198.
29. Komaki, J., Barwick, K.D., and Scott, L.R. (1978). A behavioral approach to occupational safety: Pinpointing and reinforcing safe performance in a food manufacturing plant. *Journal of Applied Psychology, 63* (4), 434–445.
30. Markus, T. (1990). How to set up a safety incentive program. *Supervision*, July, 14–16.
31. Rademaker, K. (1991). Insight into incentives. *Occupational Hazards*, November, 43–46.
32. Ibid.
33. LaBar, G. (1990). How to improve your accident investigations. *Occupational Hazards*, March, 33–36.
34. Ibid.
35. Barenklau, K.E. (1989). Safety committee can be effective loss control tool. *Business Insurance*, November 20, 56.
36. Susser, Washington scene.
37. Benson, T.E. (1990). Poor design is truly a pain. *Industry Week*, July 16, 60–62.
38. Heilbroner, D. (1993). Repetitive stress injury. *Working Woman*, February, 61–65.
39. Susser, Washington scene.
40. Heilbroner, Repetitive stress injury.
41. Goldoftas, B. (1991). Hands that hurt. *Technology Review*. January, 43–50.
42. Ibid.
43. Ibid.
44. Benson, Poor design.
45. Heilbroner, Repetitive stress injury.
46. Holland, T.H. (1991). Injury rates plummet with a behavior-management program. *Safety and Health*, November 50–53.

47. Gunch, D. (1993). Employees exercise to prevent injuries. *Personnel Journal*, July, 58–62.

48. Hollenbeck, J.R., Ilgen, D.R., and Crampton, S.M. (1992). Lower back disability in occupational settings: A review of the literature from a human resource management view. *Personnel Psychology, 45* (2), 247–278.

49. Moretz, S. (1989). Three ways to fight costly back injuries. *Occupational Hazards*, September, 70–73.

50. Hollenbeck et al., Lower back disability.

51. Ibid.

52. Segal, J.A. (1991). AIDS education is a necessary high-risk activity. *HRMagazine*, February 82–85.

53. Dallier, T.J. (1989). Relieving the fear of contagion. *Personnel Administrator*, February, 52–58.

54. Rich, L.A. (1992). Drugs and drink: The safety connection. *Occupational Hazards*, May, 69–72.

55. Rumpel, D.A. (1989). Motivating alcoholic workers to seek help. *Management Review*, July, 37–39.

56. Kertesz, L. (1990). Limiting liability from drug abuse. *Business Insurance*, June 11, 15-16.

57. Faley, R. H., Kleiman, L. S., and Wall, P. S. (1988). Drug testing in the public and private-sector workplaces: Technical and legal issues. *Journal of Business and Psychology, 3,* (2), 154–186.

58. Rich, Drugs and drink.

59. Gerstein, L.H., and Bayer, G.A. (1990). Counseling psychology and employee assistance programs: Previous obstacles and potential contributions. *Journal of Business and Psychology, 5,* (1), 101–110.

60. Kirrane, D. (1990). EAPS: Dawning of a new age. *HRMagazine*, January 30–34.

61. Soto, C. (1991). Employee assistance program liability and workplace privacy. *Journal of Business and Psychology, 5* (4), 537–541.

62. Kirrane, EAPS.

63. Ibid.

64. Overman, S., and Thornburg, L. (1992). Beating the odds. *HRMagazine,* March, 42–47.

65. Ibid.

66. Ibid.

67. Keaton, P.N., and Semb, M.J. (1990). Shaping up the bottom line. *HRMagazine*, September, 81–86.

68. Ibid.

69. Erfurt, J.C., Foote, A., and Heirich, M.A. (1992). The cost effectiveness of worksite wellness programs for hypertension control, weight loss, smoking cessation, and exercise. *Personnel Psychology, 45* (1), 5–27.

70. Cave, D.G. (1992). Employees are paying for poor health habits. *HRMagazine,* August, 52-58.

71. Caudron, S. (1990). The wellness payoff. *Personnel Journal*, July, 55–60.

72. Cave, Employees are paying.

73. Overman and Thornburg, Beating the odds.

74. Hendrickson, R.J. (1989). Proactive approach to minimize stress on the job. *Professional Safety*, November, 29–32.

75. Anderson, C.M. (1990). A departmental stress management plan. *Health Care Supervision, 8* (4), 1–8.

76. Ibid.; Overman and Thornburg, Beating the odds.

77. Adapted from the following sources: Overman and Thornburg, Beating the odds; Evans, W.H. (1992). Managing the burnout factor. *Mortgage Banking*, October, 119–123.

78. Bureau of Justice Statistics Crime Data brief: Violence and theft in the workplace, NCJ–148199, July 1994.

79. Ibid.
80. Hollenbeck et al., Lower back disability.
81. Anderson, A departmental stress management plan; Evans, Managing the burnout factor; Hendrickson, Proactive approach.
82. Collinge, J.A. (1992). Auditing reduces accidents by eliminating unsafe practices. *Oil & Gas Journal*, August 24, 38–41.
83. LaBar, How to improve; Jacobs, H.C., and Nieburg, J.T. (1989). Accident investigations. *Occupational Health and Safety*, December, 13–16.

第十四章
國際化的人力資源管理

本章綱要

取得競爭優勢

　　個案討論：失去優勢競爭力的奇異電氣（GE）

　　將國際化人力資源管理與競爭優勢加以連結

人力資源管理問題與實務

　　瞭解文化差異

　　使用海外派遣人員

　　在駐在國發展人力資源管理制度

經理人指南

　　國際化人力資源管理問題以及經理人的工作

　　人力資源管理部門能提供何種協助

　　增進經理人之人力資源管理技巧

本章目的

讀完本章之後，你將能夠：

1. 明白公司爲何要展開國際經營活動，以及爲了在當地維持競爭優勢所必須做的事。
2. 明白一個公司在展開國際經營活動時，爲何必須要注意文化差異。
3. 解釋爲何公司通常選擇海外派駐人員來管理國際經營活動。
4. 敘述使用海外派遣人員所涉及的人力資源管理問題。
5. 敘述管理當地員工所涉及的人力資源管理問題。

取得競爭優勢

在前幾章裡的個案討論是用以說明有效的人力資源管理制度如何提昇競爭優勢。然而在本章裡，我們採用一個不同的觀點。我們想說明一個公司會因爲無效的人力資源管理而喪失競爭優勢。

個案討論：失去優勢競爭力的奇異電氣（GE）[1]

問題所在： 企圖把新買下的法國公司「美國化」

在一九八〇年代，奇異公司重新改變公司定位，將「醫療科技」列爲它的核心事業之一。爲了要在這一行中穩住地位，奇異公司在一九八八年買下了一家法國醫療器材製造公司——Cie Generale de Radiologie（CGR）。

爲了確保 GE-CGR 能與其他的 GE 投資一樣成功，GE 企圖要把這個公司「美國化」，引進以「美式價值觀」爲基礎的管理體系。這種價值觀向來爲在美國的 GE 所奉行。GE 相信一旦建立起美式體系，而且把「美式作風」灌輸給法國經理人之後，成功將是指日可

待的。

解決方案：將 GE-CGR「美國化」

GE 為當地經理人安排研習會，希望使他們的法國同事們融入「GE 文化」。法國經理人都要穿上所發的運動服，上面印著 GE 的口號「Go for One」，意指「我們 GE 經理人的目標是要成為這一行中的第一名」。這些法國經理人穿著運動服來到研習會，受到極大的差辱。一位法國經理人說：「就好像希特勒又回來了，強迫我們穿上制服，真是丟人。」不消說，研習會並未能達到使經理人和他們的新雇主 GE 建立共識的目的。

美國人也在 GE-CGR 的牆壁掛上了 GE 在美國所使用的英語海報，並在他們的旗竿上掛懸 GE 旗幟。出乎美國人意料之外的是，法國雇員憎惡這種作風。有人公允地道出了法國人普遍的反應說：「他們到這裡來吹噓——我們是 GE，我們是最棒的，我們最得其法。」

GE 派出專員來重整 GE-CGR 的會計系統，使用和 GE 相容的程序。不幸的是，這些會計系統專員們不熟悉法國的會計及報帳體系，而 GE 的系統並不完全合乎法國的會計標準。花了幾個月的時間，建立起了一套折衷系統，然而在這段時間裡，已經損失了許多錢，以及法國人和美國人之間的善意。

解決方案如何削弱了競爭優勢

CE-CGR 第一年損失了兩千五百萬美元，而非如原先預期的賺取兩千五百萬美元。GE 派了一位執行長來改善，用各種在美國常見但在法國則否的削低成本方法：大量裁員以及關閉工廠。

反應如何呢？因為不滿意新的工作環境，許多法國經理人和工程師離職。工作總人數從六千五百縮減為五千人。不難想像 GE-CGR 在以後招募員工時所面臨的問題——畢竟有哪些青年才俊的工

程師會想要去一個正在流失優秀人才的公司工作呢？GE 之所以在這一行業中喪失競爭優勢，是因爲異文化之間的誤解以及差勁的人力資源管理策略。

將國際化人力資源管理與競爭優勢加以連結

第二次世界大戰之後，多數美國公司並不用擔心來自於外國公司的競爭。美國市場強而大，如果一個公司有好產品，不需要到國外市場上去，在國內就可獲利豐碩。然而經過了三十年，情況已經大爲不同了。

保持競爭力：必須在國外市場競爭

日漸增加的外來競爭者已經迫使許多美國公司藉著努力尋求海外市場來保持競爭力。在過去的二十年間，美國的出口增加了十倍，而在美國工業界一千個最大的公司中，有七百個公司預期在五年之內，它們國外市場的成長將超過國內市場。美國公司擁有超過三千五百億美元的海外資產[2]。過去十年，美國公司的海外銷售量每一年成長百分之十。Coca-Cola、International Harvester、Gillette、Otis Elevator、Dow Chemical 等公司，只不過是那些從海外營運及銷售獲利超過總利潤百分之五十的公司其中的幾家。

經營國際事業有好幾種型式。中型與大型公司要國際化最常見的方式是在國外成立專屬的營運處；這種營運方式稱爲**專屬分公司**（wholly owned subsidiaries）。

在某些情況，美國公司與國外公司聯合成立新公司，稱爲**合資公司**（joint venture）。近年來，合資公司的數目急速成長有以下兩個原因：第一，某些國家的法律不允許國外公司成立專屬的分公司；通常，這樣的法律會規定本國合資者至少要有百分之五十一以上的擁有權。第二，合資公司讓雙方均受惠於對方的專長：在不同

專屬分公司
在海外營運而爲美國人所擁有的公司。

合資公司
在外國營運而爲美國和外國公司所共同擁有的公司。

的全球性市場上，沒有一個公司能掌握所有行銷和製造產品所該知道的事[3]。例如，本國公司會比較清楚如何賣一項產品，但卻不知如何生產；而另一方面，美國公司知道如何設計和製造產品，但缺乏國外的市場經驗。

國際性 HRM 之實行對於員工的激發、滿意度、工作表現的影響

當企業越來越走向國際化時，就必須能夠適當地挑選、管理、開發員工，給予適應的薪酬，使他們能在異文化的環境裡工作。當公司跨出國界，成立海外分公司時，如果他們想要把美國式人力資源管理強加於分公司，很可能會輕易地失去競爭優勢。而多數的管理者，在已經掌握一套經證明為有效的方法後，是不會想到要另尋他法的。

不過，由 GE-CGR 生動的經驗來看，不適當地實行人力資源管理，對外籍和僑民雇員的激發、滿意度和工作表現，將會大有影響。一個公司在內部管理階層互相衝突的情況下，是無法有競爭力的；如果管理的團隊是由來自不同文化的人所組成，因而不能同心協力，生產力將受損。例如，研究顯示，美日合資公司會失敗的原因，不是計畫欠妥、財務問題，或其他市場因素。美國經理人和日本經理人似乎就是無法有效地合作[4]。

人力資源管理問題與實務

在本章之中，我們要探討在經營分公司和合資公司時，所會產生的國際化人力資源管理的問題。首先，我們要討論文化，以及在國外市場營運的公司所必須考慮的文化差異；然後，我們討論公司在國際化的環境下，所必須制訂和執行的人力資源管理制度；最

後，我們要討論派遣美國經理人到國外，並在國外建立人力資源管理制度會有的問題。

瞭解文化差異

文化是什麼？

　　許多人認為文化就是生命中傾向於藝術的一面，所以一個國家的文化是反映在可見的事上，例如它的舞蹈、音樂、繪畫、衣飾、時尚等等。這些可見的事物確實代表著文化的形式，稱為**人文表現**（artifacts）。雖然人文表現是文化最容易見到的記號，如同冰山的頂尖部分，然而它們卻是建構在表面之下的一些無形基礎上：**價值觀**（values）和**假設**（assumptions）。人文表現不過是把一群人所共有的潛在價值觀和假設明示出來。因此，若要解釋一文化中的人文表現，就必須瞭解其所源自之價值觀和假設。

　　價值觀，就是在一文化中人們所共有的、用來判定是否合乎社會禮節的規則[5]。換言之，價值觀決定哪些行為是適當的，而另外一些則否。文化價值觀是代代相傳下來的[6]。人從一出生就開始學習這些價值觀，又經年累月地不斷由父母、師長、同儕、傳媒、宗教等等加以強化。

　　價值觀是由社會成員對於生活的假設演變而來。人類學家相信，一個社會所持有的假設，是因為社會想要與周圍的世界相調和，而演變來的[7]。社會必須找出某些最佳方式，好讓生活在其界限內的人，知道如何溝通、教育、餵養、裝扮和統治。隨著時日過去，嘗試過了不同的原理、方法和觀念，基本的生活假設於焉成形[8]。

文化與行為

　　文化（culture）是社會裡關於社會互動的一組假設、價值觀和規

人文表現
代表一個國家的文化形式之質性事物。

價值觀
在一文化中人們所共有的，用來判定是否合乎社會禮節的規則。

假設
社會為了要與周圍的世界相調和，而演變來的信念。

文化
社會裡關於社會互動的一組假設，價值觀，和規則。

則。一個人所成長於其間的文化，形成（programs）他的心智（mind），使他以特定的方式來因應周圍的環境[9]。在本質上，文化為人們提示了心智的路線圖以及交通號誌。路線圖標示出要達到的目標，和所須經過的路；交通號誌則指示誰擁有路權、何時該停等。

換句話說，在人的心智裡有一種「文化程式」[10]。他們不用在一早上起來，去想說要怎樣跟人打招呼，在教室裡該如何，怎樣穿著，受邀請到別人家時該如何，或者吃東西時要用手還是銀製餐具；這些都已經由內在程式內化好了，因而人可以自在地過日子，並且在他們的文化界限內追求目標。

工作場中的跨文化差異

在一個人的文化程式中，有一部分是涉及工作場上行為的規則與期望。這些規則所關切的是類似以下所列的工作活動[11]：

- 面談應該如何進行。
- 經理人應該如何對待部屬。
- 談判應該如何進行。
- 新的資訊要如何包裝以利於訓練。
- 工作的報酬應該是如何。

示例 **14-1** 中列出不同文化中的工作行為。此表將美國文化價值觀與其他國家作比對，並顯示出不同的價值觀帶來不同的行為預期。

在不同的行為預期之下，就會發生文化衝突。舉例來說，假想一個日本經理人和一個美國經理人在同一個公司工作，試圖要解決一個爭執。日本人很討厭人際關係的對立，認為爭執是生活中的壞事情，應該極力避免。就算有了爭執，也要用不至於喪失別人尊重

示例 14-1　與不同的文化價值觀相關聯的工作行為

文化因素：民族性
美式導向／行為：人會改變。所以訓練很重要，因為訓練給人在工作中學習的機會。
對比導向／行為：人無法改變。組織應該強調篩選重於訓練；選對人來工作，而不是期望他改變。

文化因素：人際之間
美式導向／行為：人是個別的。雇用人要看他的長處。
對比導向／行為：關係重於個人。應該雇用總裁的親戚。

文化因素：基本行動模式
美式導向／行為：主動。員工應該努力工作以達成目標。
對比導向／行為：被動。員工的努力只要到達生活無慮就可以。

文化因素：空間概念
美式導向／行為：重隱私。經理開重要會議時應該關起門來，由秘書擋掉所有干擾。
對比導向／行為：公開化。經理應該在開放的場所開重要會議，允許員工和來訪者打斷。

文化因素：時間導向
美式導向／行為：未來／現在。雖然將焦點放在今年底線和季報表上，然而在政策中應該要宣示長期目標。為因應動盪與變遷中的未來而強調創新與彈性。
對比導向／行為：過去。今年的政策宣示與十年前相呼應。公司在未來的表現將一如往昔。

（即「不丟臉」）的方式來解決。在日本，解決問題通常是關著門來進行，而任何在經營談判裡公開出醜的可能性都已在事先消除。

另一方面，美國文化期望爭執能夠公開來面對面地討論。不難想像美國經理人和日本經理人試圖解決彼此爭執之時所要面對的問題——無所進展，而雙方都是既挫折又忿怒。這正是許多美國人與日本人一起工作時所面對的問題，因為雙方在每一次互動中，都引進不一樣的價值觀 [12]。

示例 14-2　破壞不同型態的文化規則所受到的譴責程度

類別 I：共有度廣；持有度深
舉例：一個人不應該偷銀行的錢。
譴責：嚴重的懲罰，如監禁。

類別 II：共有度廣；持有度淺
舉例：一個人不應該在別人面前打嗝。
譴責：輕微的譴責。可能被排斥，或被視為討厭鬼或適應不良者。

類別 III：共有度窄；持有度深
舉例：一個人不應該未經周圍的人許可就點燃雪茄。
譴責：非難或責備。會感覺到非吸煙者的怒意。

類別 IV：共有度窄；持有度淺
舉例：一個人不應該無視於交通號誌而穿越馬路。
譴責：幾乎沒有。一些人看到這種人可能會有點懊惱，但多數人則不予理會。

人對文化失禮的反應

　　文化讓我們能相當準確地預期別人在不同的場合中「應該」如何表現。那些破壞文化規則的人就威脅到這種社會預期性。當有人違反文化規則時，人們通常覺得不安、焦慮和受威脅，而「犯罪者」則通常會受到譴責或某種方式的處罰。受譴責的程度與兩個因素有關：(1)被破壞的規則在一文化群之組織份子間共同享有的程度；(2)該一規則被認定為重要或神聖的程度[13]。**示例 14-2** 中列出不同型態的文化規則以及典型的譴責。

　　當與從其他文化來的人一起工作時，必須努力學習該文化中的規則並遵守。想想看，為了要符合另一文化的標準和價值觀，而試圖學會這一切，是多麼困難。而這正是許多美國人現在必須要做的。在「經理人指南」一節中，為在日本工作的經理提供了一些點子。

使用海外派遣人員

國際化的人力資源管理通常著眼於海外派遣經理人和雇員的問題。**海外派遣人員**（expatriate）通常是專業或經理人員，為了工作的緣故而由一國遷移到另一國 [14]。

海外派遣人員經常是在一夕之間，就發現自己身處於新而奇異的社會和企業文化之中。儘管有這些障礙，這些海外派遣人員還是被期待著要立刻在工作上表現優異。不幸地，許多人在海外的表現不如在本國。約有百分之三十五到七十的美國海外派遣者在海外工作上表現得很差 [15]。

我們現在來看看如何能幫助海外派遣人員提升競爭優勢，然後我們要根據 EEO 來討論海外派遣者的權益，最後討論特定的海外派遣人力資源管理之實行。

使用海外派遣人員與競爭優勢

當一個公司成立海外分公司或合資公司時，必須決定由海外派遣人員或由當地經理來擔當主要的管理角色。多數公司至少會有部分的海外派遣經理，因為海外派遣經理至少可以在三方面增加競爭優勢：繼任規劃、協調控制，和收集所需資訊。

繼任規劃　公司藉由海外調派來培養國際性的高層經理人。正如我們在第七章所提到的，有效的繼任規劃要考慮到未來所需要的管理能力。為了能帶領公司在二十一世紀的全球市場上擁有競爭優勢，經理人必須瞭解國際性的商場局面 [16]。越來越多的公司發現，經理人無法在訓練教室裡學到國際性管理技巧，而必須經由真實的海外經驗來學習。

協調與控制系統　海外派遣人員能策略性地協調和控制國外業務，

而使得公司有競爭力。派遣經理能監督國外業務，使之合於公司的策略。

所需資訊　公司總部需要海外營運的重要資訊，以便評估及更新全球策略性的計畫。派遣經理是這一類資訊的重要來源。派遣人員能以迅速有效的方式，與總部溝通分公司的需要和考量。

此外，由於海外調派任期通常是三到五年，派遣人員多能充分瞭解國外市場。有效率的派遣經理人可以把有用的市場資訊傳達給對海外市場無知的公司經理人。通常，派遣人員比當地經理人更能溝通這一類的資訊，因為派遣人員比較認識總部的人，也比較瞭解他們的資訊需求。

在民權法案之下的派遣人員權益

派遣人員在海外工作有什麼法定權益？例如，假使某一國外文化不許女人進入高階管理階層，那麼當美國公司在選擇派遣人選時，對女性經理人有所差別待遇，是否合法？這是個很棘手的問題，曾在一系列的法庭案件中討論。法院通常認為民權法案對派遣人員提供平等權利（EEO）保護。**示例 14-3** 中列出一些這一類的法院案例。

然而在一九九一年三月二十六日，最高法院改變這種看法，裁定第七條款並未對在海外工作的美國人提供平權保護。法院認為美國國會沒有說到第七條款在跨國和地區時的適用範圍，因而不具有明顯地將第七條款法令應用到海外的意圖。

針對最高法院的裁定，美國國會一九九一年在民權法案中加入一條款，規定[17]：

> 適用於在國外工作的美國公民——在不違反當地法律的情形下。適用於本條款的美國公民必須是在海外受雇於美國雇主

示例 14-3　法院關於派遣人員平等權之裁決

LOVE V. PULLIMAN (1976)
法院裁定美國公民在加拿大受雇於一家依利諾依公司做搬運工人，得享有第七條條款的完全保護，而受雇於同一美國公司的加拿大公民，當他們在美國境內工作時得享有 TITLE VII 保護。

BRYANT V.國際學校服務公司 (1980)
住在伊朗而為美國公司工作的美國公民，被裁定享有第七條條款的完全保護，免於被歧視。

ABRAMS V. BAYLOR 醫學院 (1986)
第五次巡迴申訴法庭裁定，被該醫學院拒絕參與沙烏地阿拉伯海外課程的猶太裔醫生，得享有第七條條款之保護。

KERN V. DYNALECTRON (1984)
一家提供直昇機服務給沙烏地阿拉伯麥加的美國公司要求駕駛員必須是回教徒。此要求的原因是沙國法律會判進入麥加的非回教徒死刑。雖然非回教徒的美國駕駛在此情形下受到差別待遇，法院還是裁定雇主勝訴。

所控制的公司。所謂控制得以下列方式進行：相互控股，共同管理，勞工關係由美方控制，或共同擁有，或公司財務由美方控制。

從此，美國海外派遣人員在年齡歧視、性別歧視、種族歧視等的許多例子裡，可以控告他們的美國雇主，就像他們在美國國內一樣。

甄選派遣人員

許多公司在甄選派遣人員時犯了錯，因為他們只考慮技術技巧，而忘了在國外適應生活、工作，以及業務環境所需要的技巧。這些公司的想法是「如果 June 在芝加哥做得不錯，那麼她在東京可能也會做得好」；而一個經理人適應新文化標準的能力一點也不被重視。可以說，這些公司甄選派遣人員時所根據的是「過去紀錄」。

什麼技巧是成功的海外派駐人員所需要的呢？當然技術能力是重要的，然而其他的技巧亦然。這些技巧——應付壓力的能力，強化活動的替代能力，發展關係的能力，感受技巧——將在下面討論。

應付壓力的能力　重新學習一整套社會的、商務的和管理的標準，可能要面對很大的壓力。學習的過程包括犯錯和從錯誤中學習。許多錯誤會造成文化上的失禮，這對於學習過程非常重要，但卻讓派駐人員很難堪。公司應該選擇能夠應付壓力的人來從事派遣工作。減輕壓力的訓練課程也會有幫助[18]。

強化活動的替換能力　我們多數人在生活中都有一些強化（reinforcing）或好玩的事，例如音樂、運動、藝術等等。這些嗜好隨著文化而不同。當派遣人員發現在當地文化中找不到生活中的趣事時，他（她）必須能找到其他的替代活動。這種能力稱為**強化活動的替換能力**（reinforcement substitution）。

強化活動的替換能力
為在新文化中所沒有的趣事找到替代活動的能力。

　　舉運動為例。一個喜歡美式（NFL）足球賽的人如果海外派遣到紐西蘭，會覺得很倒楣，因為在那裡最流行的運動是橄欖球（rugby）、賽馬、板球和英式足球。因此派遣人員面臨兩種選擇：

1. 對現況感到挫折，感歎生活樂趣盡失（也許會請回到美國的朋友們寄美式足球的錄影帶給他）。
2. 試著適應當地文化，例如學會橄欖球的規則，參加同事間的比賽，學著欣賞這些運動的趣味，因而成為支持者。

　　採取第二種方式的人，以另一種運動取代了他（她）原來的嗜好。研究顯示，會如此反應的人，比較能成功地適應新文化[19]。

發展關係的能力　尋求與當地國民發展關係的派遣人員，比起只與

派遣之本國同事來往的人，工作更有效。研究證實，如果派遣人員與當地的人建立關係，他們會得到顧問及嚮導——能幫助他們在當地快樂地生活和有效地工作的人 [20]。派遣人員與當地人的關係越近，就越能同化於新文化。他們對當地人部屬的管理也將會隨之改善。

　　有兩種與發展關係能力相關聯的技巧對調適過程特別重要。第一，派遣人員必須願意以當地語言來溝通。派遣人員不需要很流利地使用當地語言；流利程度遠不及願意嘗試使用當地語言溝通來得重要 [21]。很不幸，許多（即使不是所有的）美國派遣人員從未試著學習新語言，在工作上他們藉重翻譯人員來彌補語言上的不足，而逛街時則只去那些雇用說英語售貨員的店。

通俗會話
將社會和文化裡的新聞瑣事穿插在當地語言的會話中的一種人際關係技巧。

　　第二種人際關係技巧叫作**通俗會話**（conversational currency）：蒐集社會和文化裡的新聞瑣事，然後在使用當地語言的會話中策略性地穿插進去。一些研究顯示，懂得這樣做的派遣人員，比其他人更快樂而且調適得更好 [22]。而藉此方法來試圖建立同事關係的派遣人員，所開創出來與當地人之間的關係也更為穩固，如本章之**邁向競爭優勢之路 14-1** 所說明的。

感受技巧　有一整組的認知技巧，稱為「感受技巧」，也會影響對

新文化的調適。這些技巧條列於下：

■有彈性的個人信念體系。

■能夠避免去批判當地文化的信仰和價值體系。

■能夠對當地人民的所做所為作彈性化的歸因與解釋。

■對不明確的狀況有高容忍度。

研究顯示，擁有這些技巧的派遣人員比沒有這些技巧的人在海外派調適得更好[23]。

訓練派駐人員

有效的訓練課程能幫助人去調適新的跨文化生活與工作情境[24]。這些訓練應該要讓派遣者對他們即將要面對的挑戰有清楚的認識[25]。必須要教導派遣人員以下幾點[26]：

■如何有效地瞭解不同文化區域的人並與他們溝通，包括其人種背景。

■如何管理多文化的團隊。

■如何瞭解全球性市場、全球性客戶、全球性供應商，和全球性競爭者。

很不幸，許多公司未提供派駐人員所需的訓練。例如，研究者發現只有百分之三十五的美國公司為他們的派遣經理人提供行前的跨文化和語文訓練，亦即有百分之六十五的美國派遣人員，沒有任何訓練就遠赴海外工作[27]。

在那些提供訓練的公司，訓練通常不夠嚴格。訓練的嚴格程度是「訓練者和被訓練者心態上參與的程度，和所付出的努力，為要使被訓練者能學到所需要的概念」[28]。現有的派遣人員訓練課程很少能提供有深度的技巧訓練，大多數這類課程內容是看影片、聽講

課，或與歸國的外派人員談話。

如此，當派遣人員在海外爲成功而奮鬥時，他們幾乎得不到任何幫助來面對各種工作上的挑戰。這是美國公司所無需驚訝的。

評估派遣人員的績效

如同我們在第八章所提到的，一個公司的績效制度會深深地影響其員工的績效。在美國國內要做好工作績效，已經是不容易。在國際化人力資源管理領域裡，要有效地做工作評估，挑戰性更大。

無效的評估標準　海外派遣人員通常得到不恰當的工作評估，因爲美國國內通用的考核標準常被強加在派遣經理人身上，雖說這些標準在外國文化裡根本沒什麼意義。例如，美國經理人的績效通常是以獲利、投資回收率、現金流量度、進出比例、市場佔有率等來衡量的。然而，這些標準在其他文化裡可能就不太能適用。例如，派遣經理人可能難以控制獲利程度，因爲獲利受到各種外來因素的影響，如匯率波動、物價昇降、生活費貶值、經常性支出，以及當地貸款情形。在**邁向競爭優勢之路上 14-2** 中，列舉出一個派到智利的美國經理人所經驗到有關於考核的困難[29]。

公司不能使用簡化的評估標準於海外，而指望得到有效的結果。他們必須針對每一個分公司的特殊情形來制訂標準。比較適合於派遣經理人的標準，可能要包括以下向度：與當地政府領袖和個人的關係、當地市場佔有率、公司的公共形象、談判技巧、跨文化技巧、溝通能力，以及員工士氣。

評估者的能力　當要評估派遣經理人的績效時，關鍵的問題是「由誰來評估」。派遣員工的評估通常是由那些未曾在海外工作或住過的國內主管來完成的。對工作場的社會和業務環境缺乏瞭解，國內主管感受不到派遣員工所面對的獨特挑戰。在此情形下，評估誤差

因為對分公司一位派遣經理人評估不當而失去競爭優勢

他曾在智利幾乎是獨力阻止了一場可能導致工廠關閉數月的罷工。在一個對罷工習以為常的地方，這種成就是很了不起的，尤其是對一個美國人來說。然而，因為受到南美洲貿易夥伴之匯率浮動的影響，在這位派遣經理人在職期間，礦砂訂單下降了百分之三十。國內公司並不重視他阻止罷工的努力，而認同他所展示出來的卓越談判技巧，只認為他比平凡的經理人稍好一些。

的機會將大為增加。例如，考慮一位有潛力的經理人被派到東京的半導體公司：

因為攻佔一個幾乎不可能的市場失利之後，在美國的老闆給了他很低的考核評價。當他回到美國時，他的體力和心力都消耗殆盡。他要求也得到了一個挑戰性較低的職位，因為高階管理者認為他的潛力在過去被高估了。事實上，高階管理者從未真正瞭解這位派遣經理人在國外市場奮戰的真相[30]。

評估者的偏差 即使評估是由瞭解派遣員工挑戰的當地經理人來執行，也不一定能確保其有效性。出身於不同文化的人總是會誤解對方的行為，因而可能導致評估偏差[31]。考慮以下的例子：

在法國，婦女可以有六個月的產假，在其間她們不可以從事性質相關的工作。一位美國派遣到法國的經理人有兩位秘

書，都在請產假。這位美國人要求她們在家裡工作，不知道他這樣的要求是違法的。為了體恤老闆，其中一位婦女答應他的請求。當這美國人的法國老闆發現這位秘書在家工作時，他非常生氣，而且無法容忍這個美國人的行為。結果，這位美國人得到了比他所應得的更低的考核[32]。

克服工作評估的困難　在跨文化環境中要正確地評估績效是非常困難的。誤解的可能性很高。不幸的是，沒有容易的解決方法。公司應該使用多位評估者，而且確定其中一些評估者在被評估者工作的國家居住且工作過。不過，派遣人員必須瞭解他們的表現有可能被誤解，因而不被看重。

補償派遣人員

美國的派遣人員通常會得到相當不錯的補償方案。除了底薪之外，派遣人員還有各種海外派遣獎金，**示例 14-4** 列出其中一些。雖然這些獎金是派遣人員遠赴海外的必要誘因，這些補償方案有可能會招來反效果。公司所給的生活費通常讓派遣人員在海外過的生活好過於在美國。在某些情形下，他們還可以請得起女傭、私人司機、園丁、奶媽等。派遣人員可能習慣了新的生活方式，而當他們回國時，將難以回復到舊的生活方式和預算。

此外，這些方案可能會妨礙公司薪資制度的一致性，引發士氣問題。例如，身為派遣人員同事和上司的當地經理人，並未受到如此優渥的補償方案。結果，這些人可能相當妒嫉和怨恨。

撤回派遣人員

派遣經理人終究是要回國，並且在母公司找到新位子。回國的派遣人員稱為**撤回人員**（repatriates）。公司通常不會為撤回人員作適當的準備。有四個問題將會出現：第一，研究顯示百分之六十到

撤回人員
回到企業總部的外派人員。

示例 14-4 派遣人員的補償型式

國外服務獎金
提供一筆金額來鼓勵肯搬家到另一國家的人。金額通常是底薪的某一百分比，一般是百分之十至二十五之間。

艱困津貼
艱困津貼通常是另外一種額外增加的國外服務獎金。它不只是針對海外工作，而且針對在海外的某地方工作。當派遣人員被派到生活條件差、文化差異大，健康照顧較不完整的地方時，艱困津貼最高。

生活津貼
生活津貼（COLAs）讓派遣人員能維持當地的生活水準。當駐在地生活消費高於美國時，就需要發給生活津貼。

房屋津貼
在世界上許多地方居住的費用比美國要高。例如在東京或香港的大型公寓可能一個月要用到美金一萬元。房屋津貼為派遣人員補償這些高額支出。

設備津貼
有些公司給派遣人員一筆固定金額作為設施費用；其他的公司則先確定國內與當地設備費用之差距，然後再依此差距發給津貼。

安家津貼
有些公司負責幫派遣員工把所有家具運到國外。另一種方法是幫員工支付租賃或購買家具的費用。第三種方法是給派遣人員一筆安家費（通常在美金八千到一萬元之間）。

教育津貼
多數派遣人員送他們的孩子到私立學校。公司通常支付全額學費、書籍費和雜費。

家人來回津貼
公司通常提供派遣人員及其家人每年至少一次回國的來回商務艙機票。

遷居津貼
這是為了補償任何其他種類的津貼因無法預知的原因發生失誤。通常派遣人員會得到約一個月的薪水。

汽車和駕駛津貼
許多公司提供派遣經理人汽車津貼。這使派遣人員能在當地租車或買車。在某些情形，派遣人員還有雇用司機的基金。

會員津貼
在某些國家裡，派遣人員唯一能使用休閒設施（如網球場、游泳池、鄉村俱樂部）的方式是加入俱樂部成為會員。在許多文化中，這些俱樂部）是發展接觸點和談生意的重要地點。這一種津貼通常是個案處理。

稅
許多公司把派遣人員所多付（比起住在美國所應付的）的稅款退還給他們。

七十的撤回人員在回國之前未被通知新的工作指派 [33]。

第二，撤回人員得到的工作之自主性和授權通常遠低於他們在海外時的工作。此外，他們的新工作通常沒有機會用到他們在海外所學到的技巧與知識。

第三，派遣人員回國時，在重新調適回原本文化時可能會遇到困難。例如，美國的撤回人員從四年的瑞士任期返國時，很可能在某些方面已經相當適應當地文化了，如低犯罪率、乾淨的街道、漂亮汽車。撤回人員現在必須重新適應罪犯、垃圾街道、髒老爺車等。

以下的例子呈現出這種調適上的問題：

> 我出生於澳洲，住在德國直到十八歲。雖然後來搬到美國，但仍相當心繫於澳洲和德國。當我得到一個機會到德國工作兩年時，我高興地接受了，而德國變得讓我難以辨認。我發現那兒的人僵化而缺乏彈性。在我預期會有故鄉感的國家裡，我卻感覺像個外國人。令我感到困難的是幾年前我所居住的德國，和現在我所回到的德國之間的差異 [34]。

第四，正如剛才提到過的，派遣人員已經習慣於在當地的高品質生活。當他們發現自己不再被視為特殊人物時，可能會覺得很奇怪；他們的孩子再也沒有私立貴族學校讀，沒有公司派車，沒有生活費可安排休閒活動等。此外，撤回人員的薪水可能不及他們原本所有的。所有這些因素都可能令人感到挫折。

人力資源管理的介入

許多專家曾建議公司應該發展出方案來解決關於派遣人員的問題，然而至今很少公司有現成的方案 [35]。這些方案應該包括顧問制度、正式的生涯規劃，以及溝通系統 [36]。

顧問制度　公司應該為派駐海外的派遣人員指派正式的顧問。顧問應該：(1)追蹤派遣人員的表現，好讓母公司的管理者能評估派遣人員之成就和經驗；(2)定期向派遣人員傳達母公司的動態；(3)幫助撤回人員在母公司裡找到一份能運用得上海外經驗的工作。

正式的生涯規劃　公司要將海外任務的指派整合到員工的後續規劃中。如果要晉升高階主管的經理人必須具有海外資歷，那就必須用第七章所介紹的方法來慎選和訓練。

溝通系統　公司必須鼓勵在派遣經理人和母公司經理人之間的雙向資訊交流，以確保派遣經理人不被遺忘。例如，派遣的和國內的經理人可以參加定期的研討會，或參與由派遣的和國內的經理人組成的委員會或特別小組。派遣人員也可以經由網際網路來跟上公司的現況。

在駐在國發展人力資源管理制度

　　針對（為國外分公司工作的）當地員工設計人力資源管理制度時，必須也要考慮到文化的影響。正如 GE 所學到的，當美國公司的文化與當地的人文、價值觀和假設不相合時，各式各樣的問題都可能會發生。

調整人力資源管理制度以適應當地文化和標準

　　GE 在法國的經驗證實了公司必須注意使人力資源管理活動之推行合於傳統，並且公司必須調適於引導該國內人力資源管理制度的當地文化標準和價值觀，如在**邁向競爭優勢之路 14-3** 中所說明的。

　　一個公司應該如何調整其人力資源管理制度來配合分公司的文化呢？這個問題並沒有標準答案，每一個文化都不同。然而公司所該遵守的基本原則是很簡單的：

在 IBM 的日本分公司發展人力資源管理制度

　　當 IBM 在日本設立分公司時，就決定把它當作日本公司來
經營。日本 IBM 的薪資、訓練、獎勵、甄選員工，以及生涯發展
體系，都與其他日本大公司相似。它的員工因而認定日本 IBM 為
一日本公司，而非美國公司。這些年來，這個方式讓 IBM 在日本
市場上因為有競爭實力而獲利，並且容許日本 IBM 雇用新的大學
畢業生和保留最好的員工，因而持續地擁有競爭力。

　　　　對當地習俗無知將引發災難；應該以對每一國家的法律、
習慣，和雇主責任的知識，作為國際性人力資源管理制度的依
據[37]。

　　在以下幾節裡，我們將說明一個國家的文化如何影響一個公司
的訓練和薪酬制度。

發展訓練課程

　　當美國公司在海外開設分公司時，他們必須訓練當地員工。許
多人力資源專家想要直接使用在美國成功過的訓練課程。這就是在
本章「個案討論」中 GE 所使用的方法，我們已經看到它失敗了。問
題在於 GE 經理不認為法國文化價值觀和標準與普通教育或特定的工
作場教育有任何關聯。

　　在國外的分公司建立一套訓練課程之前，人力資源專家必須瞭
解當地文化對教育歷程的看法。例如，在大多數的亞洲文化裡，教
育被認為是相當權威式的。老師被看成專家，是學生所應該尊重
的。老師以單向溝通的方式授予知識：老師說，學生聽。學生不問

示例 14-5　不同國家的薪酬策略

- 法國：交通津貼，公司餐廳提供午餐或發給午餐券。
- 菲律賓：發米給員工。將高品質的米給予高技術或專業員工。在許多國家，麵粉、穀物或馬鈴薯被用來補足薪資。
- 日本：日本公司支付員工薪水會根據年齡和資歷，以及該組或公司的表現，個人表現或特殊技術所導致的薪資差異很小或幾乎沒有。
- 拉丁美洲：拉丁美洲公司通常繼續支付給老而生產力低的員工，與他們年輕而有活力時一樣，因爲他們如果要強迫老員工退休，就必須在退職金之外還要再額外支付薪水。

問題，老師也不詢問學生的意見。學習的氣氛是正式而重視權威的。美國的教育方式則沒有那麼正式，並且鼓勵學生參與，因而如此的教學設計在亞洲環境中並不太有效。

在**邁向競爭優勢之路 14-4** 中，說明一個公司在非洲的馬拉威（Malawi）要建立一套訓練課程時所面臨的文化問題。

發展薪酬制度

全世界的人都希望工作得到合理的薪酬。然而，文化價值觀和標準決定人們所認爲合理的工作薪酬。**示例 14-5** 中列出在一些國家所採用的薪酬策略。

在國際性環境中設計薪酬制度的訣竅，是要瞭解在各文化裡，激勵員工的因素是什麼，並且針對這些激勵因素來設計制度。金錢、讚許或外在的標誌（一間角落辦公室、一個私人停車位）可能對美國員工有吸引力，卻未必對其他文化的員工有同等吸引力。把美國的薪酬和獎勵制度搬到國外的分公司，通常不但是行不通，而且確實會損害該分公司員工的生產力。

訓練馬拉威的經理人

馬拉威（Malawi）原本是英國殖民地，繼承了英國的行政傳統，相當西式，也相當官僚。然而強調地位的傳統馬拉威文化價值觀，也重疊地影響了商業行政體系。

馬拉威文化

馬拉威的員工視雇主為其家人的延伸。他們期望雇主廣泛提供生活所需物品，如房屋和交通工具。

在馬拉威社會裡，地位差異是很重要的。經理人和部屬的關係是權威式的；員工敬重經理人，視之如父親。馬拉威人認為正確的禮儀非常重要。通常經理人犯了錯也不受責難，而經理人也不會直接批評部屬。馬拉威的經理人幾乎不授權，因為其文化相信授權剝奪了經理人的權威，因而降低他們在別人眼中的地位。

一個在馬拉威設立辦事處的國際組織，在發展訓練課程時必須考慮以下幾點事實：

1. 美國的創新、激勵、領導等模式在馬拉威行不通。例如，多數美國管理專家相信合適的領導行為依情況而變，沒有所謂對的領導方式。然而，馬拉威文化相信領袖永遠是權威的。因此，人力資源專家必須先學習如何將這些關鍵問題置放於馬拉威文化之中，然後才能訓練馬拉威員工。

2. 有地位感的馬拉威經理人討厭被別人命令去參加訓練課程；他們會把這種動作解釋成他們的表現低於平均水準。因此公司必須小心安排邀請受訓者來上課的方式，以免讓經理人在同儕或部屬前失面子。

3. 訓練方法必須與員工的學習方式相合。馬拉威人最好在以過程為導向的教育環境中學習，因此應該使用小組技術和其他「支持性學習」技術的訓練方式，而不是著重講課和機械式強記的方式。

經理人指南

國際化人力資源管理問題以及經理人的工作

生產線上經理人的工作在兩方面可能受到國際化人力資源管理問題的嚴重影響：(1)當一個部屬被派到國外工作時；(2)當經理本身成爲派遣人員時。

管理派遣部屬

當一個經理人的部屬被調到海外工作時，這位經理人通常也參與了甄選的決定。經理可能還繼續管理派遣人員的某些方面的工作，例如，經理人可能要負責工作考核和加薪建議。

在國內文化裡管理人力資源問題已經夠困難了。要跨文化而成功地管理這些問題，經理人必須成功地執行「遠距管理」，如本章所一直討論到的。我們已經知道這可能是一件很複雜而困難的任務。

從事派遣任務

一個線上經理人也可能是派遣的候選人。爲了能夠成功地執行這項指派，經理人必須能因應當地文化而調適他（或她）的管理行爲。在此可能會有些困難的問題出現例如，如果分公司的升遷制度是基於個人的表現，那麼一個派遣到日本的美國經理人該怎麼辦？因爲當地的工作人員和經理人習慣於以一個組或一個團隊爲評估單位。

人力資源管理部門能提供何種協助

　　幫助派遣經理人瞭解如何與（或爲）來自於不同文化的人工作，明顯地是一個人力資源的問題，因此是在人力資源專家的責任範圍之內。爲了確保公司的美國雇員能成功地與來自其他文化的雇員一起工作，人力資源專家在以下的人力資源管理問題上可以提出管理的建議：

- ■應當派誰到海外？
- ■在他們出發前和到達後，他們會需要什麼樣的訓練？
- ■需要什麼樣的薪酬方案來誘導候選者願意赴海外工作？
- ■公司的人力資源政策和程序要如何因應每一國不同的法律情況和文化標準來作調整？
- ■工作評估制度要如何針對國際性差異而作修正？
- ■要如何開創全球管理發展方案來成功地整合生涯規劃、訓練課程，以及繼任計畫？

增進經理人之人力資源管理技巧

　　許多公司派出人員到與自己文化差異很大的地方工作。那些派到日本的人常常感受到文化障礙。在此我們提供了一些海外派遣到日本的人會需要知道的「做與不做」。

瞭解日本文化

　　日本的商業標準是很正式而規定清楚的。許多美國人所習慣的，例如非正式稱呼別人名字或開一些規定的玩笑，在日本是不討好的。在日本即使交換名片都是很正式的，它被看成是一項儀式。名片是個人的象徵，而交換名片象徵著做生意的雙方新建立的關係。以下是正確地交換名片的一些指引[38]：

1.隨時準備好你的名片（meishi，發音為"may-shee"），這樣你可以在遇見別人時立刻遞出，而不用到處尋找。

2.遞出名片時要站起來，並且用單手遞出。

3.拿出名片時讓印字的那一面朝向接受者，使接受名片的人可以順利看清楚。注意要很清楚地唸出你的和公司的名字。

4.拜訪人的那一方應該先遞出名片。

5.用雙手接過新認識者的名片，並且很快地掃視名片上的重要的資訊。

6.在會談的過程中試著儘量使用對方的名字。

7.接過名片之後不要在手上把玩，而要小心地放在名片夾裡。

8.學術性頭銜（如博士、碩士等）不應該印在名片上，因為日本人會認為你很自大。

9.標準的名片規格是九公分長，五點五公分寬。

10.將名片存在檔案中，不時地以電話或在適當的節日保持聯絡。

　　日本人的商業文化也要求談生意要在餐廳、俱樂部、酒吧，以及其他非正式場合。如果你忽略了這些地方的文化禮儀，你可能毀了生意，因為你會被看成是一個不夠聰慧或無禮的人。如果你要在這些地方與客戶或朋友會面，應該遵守以下指引：

1.為了在你的主人面前製造好印象，使用筷子。如果你實在是不會，可以向侍者要求一套刀叉和湯匙。

2.日本人的餐桌禮儀跟美國人的很不一樣。例如，喝湯或吃麵時發出聲音是沒有關係的。

3.日本人把飯碗拿到靠近嘴巴，然後用筷子把飯扒進口中。

4.不要把筷子插在飯碗裡直直地站起，這是很不禮貌的事，因為

在日本文化中如此做是象徵著祭祀亡者。

5.如果日本人吃飯時嘴巴張大或發出各種聲音，不必覺得奇怪。他們並非失禮，而是覺得吃是一件很愉快的事。

6.不要在飯裡面加醬油或其他調味料。這樣作就好像美國人在馬鈴薯泥裡加番茄醬一樣。日本人的米是蒸熟的，不加任何東西，除非是偶然的裝飾。

7.日本人吃飯時喝很多酒。他們會希望你也一起喝。然而如果你不想喝，可用以下的話來婉拒："sore wa nigate desu"，直接的翻譯是：「我有困難或這個酒對我來說太烈了。」一旦你這樣說，他們就不會再堅持，而認為你是因為宗教或健康的理由而不喝酒。如果你只是說「不用了，謝謝」，他們會解釋為你不喜歡他們，並且不想要和他們建立商業關係。

8.如果在飯後有人給你牙籤，你可以使用，但要用另一隻手來遮蓋著用牙籤的那一隻手。

回顧全章主旨

1.瞭解公司為何要建立海外營運點以及維持競爭優勢所必須做的事：
 ■持續增加的國外競爭迫使許多美國公司尋求海外市場以保持競爭力。
 ■當公司開始跨國界在海外建立分公司時，如果他們想要把美國的人力資源制度移轉到分公司，很可能輕易地失去競爭優勢。
2.瞭解一個公司在建立海外營運時為何要注意文化差異：
 ■文化是社會中的一組有關社會互動的假設、價值觀和規則。
 ■因為不同的行為預期、文化衝突在所難免。
 ■在與來自於不同文化的人工作時，必須試著學習該文化的規則並遵循之。
3.解釋公司為何通常選擇派遣經理人到國外：

■繼任計畫：公司藉由海外派駐人員的實驗來「國際化」未來的高
　階經理人。

■協調與控制系統：海外派遣人員能策略性地協調與控制國外的營
　運，讓一個公司保持競爭力。

■資訊需求：派遣人員能夠及時而有效地與公司總部溝通分公司的
　需要和顧慮。

4.敘述使用派遣人員的人力資源管理問題：

■選擇──派遣人員必須有的技巧。

　●應付壓力的能力。

　●強化活動的替代能力。

　●發展關係的能力。

　●感受技巧。

■訓練──讓派遣人員明白他們即將面對的挑戰，以幫助派遣人員
　在跨文化情形下調整他們的生活和工作。

■工作評估──三點與派遣人員相關的問題：

　●無效的評估標準。

　●評估者的能力。

　●評估者的偏差。

■薪酬──除了底薪之外，派遣人員接受海外指派，可以得到各種
　財務津貼。

■撤回──回國的派遣人員稱為撤回人員（repatriates）。公司通常
　並未為撤回人員作適當的安排。

　●撤回人員在回國前通常未被告知他們的新工作將會是什麼。

　●撤回人員的工作之自主性和授權通常遠不及他們在國外的工
　　作。

　●撤回人員回國後，可能有重新適應其原本文化的問題。

　●撤回人員可能已經習慣於當地高品質的生活，因而回國後不容

易適應。

5.敘述有關當地雇員的人力資源管理的問題：
　■公司必須順應以當地文化標準和價值觀爲導向的人力資源制度。
　■訓練：在國外分公司建立新的訓練課程之前，人力資源專家必須要瞭解當地文化如何看待教育程序。
　■薪酬：在國際性的環境設計報酬制度的訣竅，在於瞭解各文化中激勵員工的東西是什麼，並針對這些激勵因素來設計制度。

關鍵字彙

人文表現（artifacts）

合資公司（joint venture）

假設（assumptions）

強化活動之替換能力（reinforcement substitution）

通俗會話（conversational currency）

撤回人員（repatriate）

文化（culture）

價值觀（values）

海外派遣人員（expatriate）

專屬分公司（wholly owned subsidiary）

重點問題回顧

取得競爭優勢

1.敘述公司在國際性的經營中所會使用的主要組織型式。

人力資源管理的問題與實務

2.什麼是文化？

3.爲什麼公司使用派遣經理人而非當地經理來監督海外公司的營

運？

4.列出並簡單敘述派駐人員在海外要成功所需要的技巧。

5.有哪些原因使得對派駐人員的工作評估無效？

6.相關於派遣人員薪酬制度設計的問題有哪些？

7.敘述理想的派遣經理管理程序的要素。

8.在針對國外分公司調整總部人力資源管理制度時，哪些主要原則是必須記得的？請從本章課文內舉出這些原則的例子。

9.敘述典型的派遣經理人的薪酬制度。

10.舉三個例子來說明工作行為與文化價值觀相關聯。

經理人指南

11.敘述當一個經理人的部屬被選為派遣人員時，他（她）所應該負的責任是什麼?

12.敘述在日本應該如何交換名片。

實際演練——瞭解文化影響力

概要

　　本練習的目的是要幫助你更瞭解我們的文化價值觀和對這世界的假設影響你的行為到何種程度。

步驟

1.考量以下的背景資料：你們是一組顧問，被一個設在美國的日本公司所雇用。這個分公司的問題在於一些從日本派遣到美國來的日本人。他們當中有許多人覺得要適應美國的企業習慣相當困難——他們想要瞭解為什麼我們的行為會這樣。這項訓練課程的關鍵部分是要教導這些日本派遣人員，美國的商業行為和其潛在價值觀與假設之間的關聯。這些日本派遣人員特別難以瞭解美國人為什麼：

a.如此頻繁地改換工作。

b.在辦公室裡對人這麼不正式——即使是對他們的上司。

c.在策略規劃上不具長遠的眼光。

d.對別人說話這麼直接，而且犯錯很少道歉。

e.快速做決定而不經過長遠仔細的分析。

f.喜歡以個人表現而非團體表現來被評估。

2.將五至七個人分成一組

3.你們的任務是找出美國的文化價值觀和步驟 1 所提到的行為之間的關聯。換句話說，你們說出為什麼美國人會如此表現。你們的小組要寫出一張清單，為每一個行為找出至少一個原因。

4.比較你們的發現與其他組的發現。什麼是彼此相同的？相異的？你們能否在小組間達成共識？

個案探討

XECORP 公司決定進入德國

Linda Grace 很焦慮。當她進入電梯時心中所流過的是剛才在策略規劃會議中的事。她辛苦奮鬥了許久才爭取到在這會議中列席。當她剛到 XECORP 來時，人力資源部門的人並未被排除在此會議外。一段時間之後，她終於能證明她的部門的確能對高階主管提供高附加價值的建議。但現在她不太確定了。

她剛才發現 XECORP 想要買下德國的一個製造工廠。他們要她在兩週之內提出一份關於在德國經營一個工廠的人力資源管理問題的報告。除了外銷貨品到海外，這是 XECORP 首次在美國以外想做些事。因為現在他們在歐洲有許多外銷市場，為避免將來可能發生貿易障礙，高階主管想要在德國成立一個分公司。主要原因似乎是他們在德國找到一個理想的製造工廠要出售，價錢適當，而且適當的設備已經安裝和運轉。

Linda 是美國的人力資源管理問題專家，但她對德國一無所知。

當電梯門在她的樓層打開時,她走進她的辦公室,她知道她必須擬訂一個計畫。「我要到什麼地方去找到我所需要有關於德國的人力資源管理的一切資料,且在兩週內完成一份報告?」

問題討論

1.這個情況在全世界的國際商場上一點也不稀奇;也就是說,要面對一項你對之瞭解極少的任務。Linda 要怎樣進行她的任務呢?請列出要得出一份好報告所必須執行的步驟。

2.分析高階主管所作買下這個德國工廠的決定之弱點。在作決定時,有什麼是他們所沒有考慮的?

Welingen 化學公司所提供的大好機會

當 John Frankl 把車開上停車道時,仍然還停留在震驚狀態。一天能造成多大的差別啊!當中午與 Welingen 總經理一起午餐時,他被要求去負責台灣的 Welingen 分公司。那是一個成立兩年的公司。總經理告訴他這是一個得到高階執行長經驗的機會,而當他知道所得到的薪酬時,他幾乎不敢相信。

John 和他太太 Victoria 從未在海外住過。除了到歐洲度蜜月和去過加勒比海灣旅遊外,他們從來沒有離開過美國中西部。他又興奮又害怕。他從沒去過亞洲,但情況會有多困難?畢竟,他們會過得不錯,並且賺一大筆錢。Victoria 可以在那裏擔任顧問,就像她在美國一樣,至於孩子 Benjamin 和 April 還很小(五歲和九歲),搬家後的適應應該沒什麼問題。

他已經決定要接受這個職位了。畢竟,如果他不接受,會有損他的生涯前景。他真等不及要看看 Victoria 的臉部的表情。

當 John 在晚餐告訴她「大消息」時,Victoria 的反應是震驚與關切。然而當她聽到補償條件時,變得很有興趣,而且也覺得在台灣從事顧問業務是個有意思的挑戰。她想她甚至能夠搭機往返來服

務在這裡的客戶。當晚在孩子上床之後,他們打電話給雙方父母,告訴他們這項大消息。

問題討論

1.有沒有哪些因素是 John 和 Victoria 在決定接受這個機會時所沒有考慮到的?如果有,是什麼?

2.如果你是 John 和 Victoria 的最好朋友,在你讀過本章後,你會給他們什麼建議?請具體說明你的建議,並提出你的根據。

參考書目

1. GE culture turns sour at French unit. (1990, July 31). *Wall Street Journal*, p. A11.
2. Adler, N.J. (1991). *International Dimensions of Organizational Behavior* (2nd ed.). Boston: PWS-Kent.
3. Daniels, J.D., and Radebaugh, L.H. (1992). *International Business: Environments and Operations* (6th ed.). Reading, MA: Addison-Wesley.
4. Black, J.S., and Mendenhall, M. (1993). Resolving conflicts with the Japanese: Mission Impossible? *Sloan Management Review, 34* (3), 49–59.
5. Ibid.
6. Ibid.
7. Terpstra, V., and David, K. (1985). *The Cultural Environment of International Business*. Cincinnati, Ohio: South-Western.
8. Ibid.
9. Black, J.S., Gregersen, H.B., & Mendenhall, M.E. (1992). Global Assignments: Successfully Expatriating and Repatriating International Managers. San Francisco: Jossey-Bass.
10. Hofstede, G. (1980). Motivation, leadership, and organizations: Do American theories apply abroad? *Organizational Dynamics*, Summer, 42–63.
11. Ibid.
12. Black and Mendenhall, Resolving conflicts.
13. Black, Gregersen, and Mendenhall, Global assignments.
14. Dowling, P.J., and Schuler, R.S. (1990). *International Dimensions of Human Resource Management* (p. 171). Boston: PWS-Kent.
15. Ibid.
16. Bowman, E.H. (1986). Concerns of CEOs. *Human Resource Management, 25,* 267–285.
17. Taylor, S., and Eder, R.W. (In Press). U.S. expatriates and the Civil Rights Act of 1991: Dissolving boundaries. In M. Mendenhall and G. Oddou (Eds.), *Readings and Cases in International Human Resources Management*. Cincinnati: South-Western.
18. For a review of studies showing that stress reduction is important to expatriate adjustment, see Mendenhall, M., and Oddou G. (1985). The dimensions of expatriate acculturation: A review. *Academy of Management Review, 10,* (1), 39–47.
19. Ibid.
20. Ibid.
21. Ibid.
22. Ibid.

23. Ibid.
24. Black, J.S., and Mendenhall, M. (1990). Cross-cultural training effectiveness: A review and theoretical framework for future research. *Academy of Management Review, 15,* 113–136.
25. Oddou, G., Mendenhall, M. (1991). Succession planning for the 21st century: How well are we grooming our future business leaders? *Business Horizons, 34,* (1), 26–34.
26. Black, Gregersen, and Mendenhall, Global assignments.
27. Black, J.S. (1988). Work role transitions: A study of expatriate managers in Japan. *Journal of International Business Studies, 19,* 277–294; Oddou and Mendenhall, Succession planning; Tung, R.L. (1981). Selecting and training of personnel for overseas assignments. *Columbia Journal of World Business, 16* (1), 68–78; Baker, J.C., and Ivancevich, J.M. (1971). The assignment of American executives abroad: Systematic haphazard, or chaotic? *California Management Review, 13,* (3), 39–41.
28. Black, Gregersen, and Mendenhall, Global assignments.
29. Robinson, R.D. (1983). *Internationalization of Business: An Introduction.* New York: Dryden Press.
30. Oddou and Mendenhall, Succession planning.
31. Mendenhall and Oddou, The dimensions of expatriate acculturation.
32. Ibid.
33. Black, Gregersen, and Mendenhall, Global assignments.
34. Ibid.
35. Dowling and Schuler, *International Dimensions.*
36. Ibid.
37. Ibid., pp. 134–135.
38. International Division of Nissan Motor Company Limited (1984). *Business Japanese: A Guide to Improved Communication.* Tokyo, Japan: Author.

結　論

第十五章　人力資源管理的專業領域

第十五章
人力資源管理的專業領域

本章綱要

從事於人力資源管理專業領域

　　人力資源管理的生涯選擇

　　生涯進入點和成長

今日的人力資源專家所要面對的挑戰

　　與人力資源管理相關的組織倫理

　　人力資源專家的組織運用

本章目的

讀完本章之後,你將能夠:

1.敘述人力資源管理生涯機會是如何擴展的。

2.能夠解釋人力資源管理的通才與專才之間的區別。

3.敘述人力資源管理這一行的生涯類型。

4.討論人力資源專家的倫理責任。

5.解釋人力資源專家如何能在組織中增加其影響範圍。

在本書裡,我們已經討論了各種不同的人力資源管理制度,以及人力資源專家在發展和實施這些制度時所扮演的角色。然而我們還沒有談到人力資源管理這一行本身。我們覺得(或至少是希望)到了此時,許多讀者已經對於在人力資源管理專業領域中工作的前景感到好奇了。在這一行裡有哪些種類的工作呢?待遇如何?要怎樣才能進入這一行?生涯前景和專業成長的機會好不好?在本章一開始,就要先著眼於這些問題。然後我們要考察今天的人力資源專家,想要儘可能有效地做好工作時,所要面對的主要挑戰。

從事於人力資源管理專業領域

由於公司越來越瞭解人力資源管理對於組織效能的影響,因而這一行領域中的生涯機會快速地擴張。例如,勞工統計局估計美國人力資源專家的人數,在未來十二年將會有近三分之一的增長[1]。此外,根據 *Working Women* 雜誌的統計排行榜,美國一九九三年的二十五個「最熱門職業」中,有八個與人力資源有關[2]:

■跨文化訓練人員。

■員工訓練人員。

■聯合照顧經理。

■多元化員工的經理。

■人力資源經理。

■調查專員。

■員工派遣。

■專業性臨時雇員介紹。

人力資源管理的生涯選擇

　　想要進入人力資源管理領域的人，可以在兩條路之間作選擇，就像一個醫生可以選擇作個全科醫生（如家庭醫生）或專科醫生（如心臟專科、小兒科），人力資源專家也可以選擇作個人力資源管理的通才或專才。

人力資源管理通才

　　人力資源管理通才（HRM generalist）從事於幾乎是人力資源管理的每一種工作。根據 Mike Rogers 的說法（他是 Oklahoma 市第一銀行的一個人力資源管理通才），一天典型的工作可能包括以下內容[3]：

人力資源管理通才
需要從事於幾乎是人力資源管理的每一種工作的人力資源專業人員。

■查核應徵者的推薦信函。

■安排面談。

■說明公司新推出的健康照顧計畫。

■與廠商就人力資源資訊系統（HRIS）來議價。

■澄清公司員工手冊中的一段用語。

■回答一個員工所提出有關公司退休金計畫的問題。

剛開始從業的人力資源管理通才，大多數是在只雇用少數人力資源專家（一個或兩個人必須做所有的事）的中小型公司找到工作位置。因為身兼數職，這些人力資源管理通才既無時間也無資源來進行有深度的研究或計劃。他們通常雇用外面專門提供這一類服務的顧問。例如，顧問可能幫助公司改良薪酬制度、考查甄選制度，或分析訓練需求。

人力資源管理通才的起薪大約是年薪美金三萬三千元，到最高層級時的薪水則在年薪美金十三萬五千到四十萬元之間 [4]。然而真正的數字變化相當大。例如，人力資源管理處長的平均年薪是美金五萬九千元，但有些處長可能多於美金二十五萬元 [5]。薪水高低主要與公司的大小、特性、地理位置有關，而以美國主要城市（如西雅圖、休士頓、紐約、亞特蘭大）的大製造公司為最高[6]。

人力資源管理專才

在大公司裡，每個人力資源專家比較能專注於某一範圍，集中在特定的人力資源管理任務上。在這些工作位置上的人稱為**人力資源管理專才**（HRM specialist）。**示例 15-1** 中敘述了一些傳統的和一些新的人力資源管理專才的範圍。

人力資源管理專才
集中在特定的人力資源管理任務上之人力資源專業人員。

對於專家任用的起薪需要詳加考慮 [7]。跨文化訓練、職務照顧以及管理員工多元化的工作薪給最高，大約四萬到四萬五千美元 [8]。雇員或新進員工的起薪最少[9]。

生涯進入點和成長

生涯進入點

多數的專業都有一個直接的進入點。例如，渴望成為律師、醫生、會計師或心理學家的人，就選擇適合的教育學程，然後在得到學位時進入該領域從業。相比較之下，人力資源管理就顯得較為多

示例 15-1　人力資源管理專才的範圍

傳統的專業範圍

- 訓練／發展：進行訓練需求分析；設計／執行／評鑑訓練計畫；發展／實行繼任計畫。
- 薪酬／津貼：發展工作內容敘述；改善工作評鑑程序；進行／解釋薪資調查；發展薪資結構；設計績效獎勵和／或績效改善計畫；執行福利制度。
- 員工／工業關係：協助解決員工人際關係問題；發展防止組工會策略；協助團體協商的談判；海外伸訴處理程序。
- 雇用／招募：協助人力資源計畫流程；發展／購買人力資源資訊系統；發展／更新工作內容敘述；海外招募功能；發展以及執行職缺公告制度；進行雇用面談，推薦信函查核和考試；驗證甄選制度；批准雇用決定。
- 安全／健康／員工福祉：發展意外防止策略；發展合法的安全與衛生政策；實行／提昇 EAP 與滿意度計畫；發展 AIDS 與藥物濫用政策。
- EEO／肯定訴訟(affirmative action)：發展和執行肯定訴訟計畫；幫助解決EEO 爭端；監督公司制度以符合 EEO；發展確保公司遵循 EEO 的政策，例如性騷擾政策。
- 人力資源管理研究：進行研究，例如成本收益分析；測試有效度；計畫評鑑；以及可行性研究。

新的人力資源專業範圍

- 工作和家庭計畫：發展和執行工作和家庭計畫，包括彈性上班時間、變通的工作時間、協助孩童照顧、通訊上班，及其他針對員工需要而設計的計畫；鑑定和篩選照顧小孩和老人的人選；管理雇主所辦的照顧機構；向員工推介工作和家庭計畫。
- 跨文化訓練：為美國商人翻譯其他國家文化的禮儀、傳統風俗、商場習慣。其他的跨文化訓練人員幫助由外地遷入的員工家人適應新的環境。
- 聯合照顧（managed-care）：當一個公司的健康成本持續升高時，雇主開始傾向於聯合照顧制度，這需要員工負擔部分成本。雇主雇用聯合照顧經理人來為員工規劃最佳選擇。
- 管理員工多元化：發展政策和制度來招募、升遷，以及合宜地對待各種年齡、種族、性別和生理能力的員工。

元，有很多路可以進入這一領域。例如，大多數的人力資源專業人員是靠自己安排生涯改變而進入這一領域 [10]。這些人當中，大約有三分之一是由公司其他部門轉到人力資源管理部的；其他的則是由其他領域過來的，如教育，社會服務、會計、行銷，以及行政秘書 [11]。

剛從學校畢業就踏入這一領域的人力資源專業人員（大約佔人

力資源專業人員的三分之一），在傳統上是來自各種不同的學科背景，如商業、心理和藝術 [12]。然而近年來，人力資源管理的新進人員也擁有某些商業領域的學位，如人力資源管理、管理或商業 [13]。例如，當 Bell Atlantic 雇用畢業生成爲人力資源管理部門的新進人員時，他們考慮的是主修企業管理、財政和貿易、管理或工業關係的商學院畢業生 [14]。一九九二對人力資源專業人員的一份調查顯示以下的主修科目比例：人力資源管理（百分之十七），企業管理（百分之二十三），管理（百分之十三），心理（百分之十二），勞工／工業關係（百分之十）[15]。

公司尋找那些人來成爲人力資源管理部門的新進人員呢？根據管理專家 Bruce Kaufman 的說法，公司所要的人選應該具備 [16]：

- 領導和管理技巧。
- 跨功能的人力資源管理才能（從事通才的工作）。
- 科技能力（如電腦，管理資訊系統）。
- 有關於國際化人力資源管理問題的知識。
- 基本經營知識（如會計，財務、市場、管理，以及經濟）。

生涯進展

正如所預期的，大公司所能提供的人力資源管理生涯成長機會是最高的。多數的高階人力資源專業人員藉著以下兩條途徑中的一條而得攀升。有些人是從專才的生涯開始，然後漸漸成爲他們那一個專才單位的經理。如果要越過這一階梯向上走，他們必須擴展技巧，成爲人力資源管理通才。另一條達到人力資源管理高階位置的途徑，是從一個公司裡的小工廠或單位中的人力資源管理通才助理開始，然後進到更大的工廠或單位的人力資源管理經理角色。在製造業裡的人力資源管理生涯的典型進展如下 [17]：

1.受雇於一家製造工廠為人力資源管理助理。

2.在五至六年內，升到該工廠的人力資源管理經理人的職位。

3.在六到十年之間，成為一個較大工廠的人力資源管理經理人。

4.在十一到十五年之間，達到處長級的人力資源管理高層職位，
下面有幾位人力資源管理通才和／或專才。

5.在十五到二十年之間，達到執行長的位子，例如人力資源副總
經理。

然而並不是每一個人都能成為人力資源副總經理。組織如何決定誰會成功地攀升？雖然每個公司的標準不一，大多數的公司會考慮以下幾點[18]：

1.績效。

2.高階管理層對他的信任程度。

3.人際關係技巧。

4.管理人的能力。

5.專門領域的技巧。

6.「政治」的能力。

專業成長

一項「專業」需要專門的知識和長久而密集的學習準備。從事於一項專業的成員，應該是能符合技術和倫理上的標準。這幾年來，人力資源管理領域的專業要求已經大幅提高，因為人力資源專業人員在公司裡的角色持續地提升。正如管理教授 Carolyn Wiley 所提到的：「當公司越認識到人力資源管理的重要性時，這一行的專業要求就越高。」[19] 為了在專業上成長，人力資源經理人必須預備持續接受訓練，並與其他人力資源管理領域保持接觸，這是我們在下面所要討論的。

專業協會　人力資源管理領域裡有一些專門的組織，其中最大的是人力資源管理學會（Society for Human Resource Management, SHRM）。SHRM 主要是一個人力資源管理通才的組織，含蓋了人力資源管理的每一方面，全世界有八萬名會員。SHRM 的使命是 [20]：

■ 提供會員最新的政府和媒體的報導、教育和資訊服務、會議和研討會，以及出版品，使得人力資源從業人員能夠在自己的組織裡成爲領袖和決策者。

■ 努力在人力資源管理問題上成爲此專業的代言者。

■ 促進人力資源管理專業的發展並指導其方向。

■ 建立、監督和更新此一專業的標準。

　　其他的一些專業人力資源管理協會專注於此領域中的特定專才範圍，如美國訓練發展學會（American Society for Training and Development）、國際人事管理協會（International Personnel Management Association）、美國薪資協會（American Compensation Association）、人事測驗評議會（Personnel Testing Council）、工業與組織心理學會（Society for Industrial and Organizational Psychology），以及管理學會（Academy of Management）。

認證
一項稱呼,以顯示某個人已經精通於某一特定領域中要達到成功所必須具的知識。

專業認證　個人可以經由專業認證來提升其專業精神。**認證**（certification），代表承認某個人已經精通於某一特定領域中要達到成功所必須具的知識 [21]。在**示例 15-2** 中列出各種人力資源管理認證的可能選擇。

　　主要的認證稱謂有人力資源專員（PHR）和高級人力資源專員（SPHR），這兩種認證都是由人力資源認證協會（Human Resource Certification Institute）所頒發。人力資源專業人員可以在通過考試後取得 PHR 或 SPHR 認證。考試範圍涵蓋六方面：任用、勞工關係、

示例 15-2　人力資源管理的認證選擇

人力資源專員
高級人力資源專員
　機構:人力資源認證協會（Human Resource Certification Institute）
薪酬專員
　機構：美國薪資協會（American Compensation Association）
員工福利專員
　機構：國際員工福利計畫基金會（International Foundation of Employee
　　Benefit Plans）
助理安全專員
安全專員
　機構：安全專員認證委員會（Board of Certified Safety Professionals）
職業衛生與安全技術員
　機構：美國工業衛生委員會／安全專員認證委員會（American Board of
　　Industrial Hygiene／Board of Certified Safety Professionals）

薪酬、訓練、安全，以及管理制度 [22]。自一九七六年以來，已經有超過一萬五千名人力資源專業人員通過認證。

繼續教育　為了能在此一快速變化的領域中跟得上，人力資源專業人員必須不斷地更新和擴展他們的人力資源管理知識。他們也許需要參加由專業協會所舉辦的會議，參加公司內或公司外的課程，參與有學位的課程，以及閱讀專業期刊 [24]。這些活動的說明如下：

1. 會議：大多數的專業協會每年都會舉辦區域性或國際性的會議。在這些會議中有人力資源管理從業人員和學者發表演說，討論他們的人力資源管理經驗和研究成果。參加這些會議使得人力資源專業人員有機會與他們的人力資源管理同行交流。

2. 研討會和訓練課程：人力資源專業人員可以藉著參加研討會和訓練課程來擴展他們的知識基礎，這些研討會和訓練課程可以提供在人力資源管理領域裡最新發展的資訊，諸如 EEO 的修

改、目前的薪酬和福利趨勢、新的評估應徵者誠實度的方法等。這些課程可能是由外面的顧問公司或大學所舉辦，也可能在公司內進行。最常在公司內進行的訓練課程有面談、績效評估、員工紀律、招募和甄選，以及不滿情緒的處理[25]。**示例 15-3** 列出數位裝置公司人力資源管理的訓練主題。

3. 高階學位：越來越多人力資源專業人員取得高階學位。約有半數的 PHR 和 SPHR 擁有高於學士程度的學位；百分之三十三有碩士學位；百分之四有博士學位[26]。

在決定要追求多高的學位時，人力資源專業人員必須選擇，是要成為通才，去修企業管理，或是要成為專才，去修專門學位，如工業與組織心理學、工業與勞工關係，或人力資源管理。

企業管理碩士提供很好的有關企業各主要領域的訓練，因而讓學生對於企業有全面的展望，這是多數公司所需要的（如我們在本章稍後將討論到的）。人力資源專業人員修習企業管理碩士課程的缺點，是該課程通常只提供少數的人力資源管理領域的課程。而另一方面，專門學位的課程能提供深入的人力資源管理訓練，但常常無法適度地包含基本的企管課題，例如財務、會計、市場，以及經濟。

在決定所要修的課程時，最佳選擇通常取決於人力資源專業人員大學主修科目。主修企管的人，既然已經上過有關企管的主要課程，通常選擇專門領域的碩士課程；而不是主修企管的人，則通常選擇企業管理碩士課程[27]。

4. 專業期刊：人力資源專業人員可以藉著閱讀專業期刊以瞭解最新的人力資源管理技巧和研究成果。一般而言，人力資源管理期刊分為從業導向與研究導向兩類。從業導向或行業期刊內的文章主要針對新的觀念、制度，和對本行中特定問題的解決方

示例 15-3　數位裝置公司的人力資源管理訓練課程

針對剛起步的人力資源專業人員
以下各項知識
　　組織及運作
　　薪酬與福利
　　員工關係
　　雇用
　　訓練與發展
　　人力資源規劃
　　人事法規／EEO／AA
　　文化多元化
　　管理基本原理
　　組織和群體動力
　　安全與衛生
以下各項能力
　　提供諮商
　　發表演說
　　提供公共關係

針對中級的人力資源專業人員
以下各項進階知識
　　領導理論與實務
　　一項或多項人力資源管理修練
以下各項能力
　　變革管理
　　開創和維持經營夥伴
　　藉策略性計畫來整合人力資源計畫
　　發展管理繼任計畫

針對高級的人力資源專業人員
以下各項進階知識
　　兩項或多項人力資源管理修練
　　策略性組織諮詢
　　國際經營
以下各項能力
　　領導多元文化工作團隊
　　提供策略性諮詢
　　與高階職行長成為好工作夥伴
　　在全公司的層次上提供領導與創新

示例 15-4　從業導向與研究導向的人力資源管理期刊

從業導向期刊

高階管理學院（*Academy of Management Executive*）

意外與分析預防 （*Accident and Analysis Prevention*）

商業週刊（*Business Week*）

薪酬與利潤評論（*Compensation and Benefits Review*）

Forbes

人力資源管理（*Human Resource Management*）

HRMagazine（以前的「人事管理者」[*Personnel Administrator*]）

工業週刊（*Industry Week*）

國家商業（*National Business*）

人事（*Personnel*）

人事期刊（*Personnel Journal*）

公共人事管理（*Public Personnel Management*）

訓練（*Training*）

訓練與發展雜誌（*Training and Development Journal*）

職業婦女（*Working Woman*）

研究導向期刊

高等管理雜誌學報（*Academy of Management Journal*）

高等管理評論學報（*Academy of Management Review*）

應用性人力資源管理研究（*Applied HRM Research*）

群體與組織研究（*Group and Organizational Studies*）

人性因素（*Human Factors*）

應用心理期刊（*Journal of Applied Psychology*）

商業與心理期刊（*Journal of Business and Psychology*）

管理期刊（*Journal of Management*）

安全研究期刊（*Journal of Safety Research*）

職場行為期刊（*Journal of Vocational Behavior*）

人事心理學（*Personnel Psychology*）

法（例如，「有效雇用面談的五個關鍵」和「如何考量衛生成本」）。在研究導向或學院期刊裡的文章，則專注於人力資源管理研究和理論的發展／測試（例如，「人格測驗和性向測驗效度之比較」和「以期待理論來預測員工動機」）。在**示例 15-4** 中列舉了一些居於領導地位的從業導向與研究導向期刊。

今日的人力資源專家所要面對的挑戰

如同我們在本書中所一直提到的，人力資源專業人員的主要任務是發展能夠提升競爭優勢的人力資源管理制度。人力資源專業人員還有兩項額外責任：(1)確認員工受到合乎倫理的待遇；(2)確認公司會妥善地運用他們自己的才能。現在我們要更仔細地來看這兩項責任，並討論人力資源專業人員應該怎樣做才能成功地達成任務。

與人力資源管理相關的組織倫理

幾乎所有的人力資源管理決定都要考慮倫理的後果。儘管各種為了確保員工在工作場受到公平待遇的法律充斥，員工仍然常受到不合倫理的對待方式[28]。在一些例子裡，雇主規避法律；在另一些例子，表面上遵守法律的字句，然而員工還是受到來自於管理階層或其他員工的不公平對待。

不合倫理的例子

示例 **15-5** 中列舉了一些不合倫理的工作場行為的例子。根據一項一九九二年的調查，多數嚴重的倫理問題都與在任用、升遷、待遇，以及訓練上所作的徇私的管理決定有關，而不是能力或績效的問題[29]。

工作場倫理與人力資源專業人員的工作

人力資源專業人員在工作場倫理的問題上扮演著三種角色[30]。第一，監督：他們必須注意組織成員的行動，確認每一個人都受到公平合法的待遇。第二，人力資源專業人員要審查關於倫理問題的抱怨，例如性騷擾或侵犯員工隱私權。第三，人力資源專業人員也是

示例 15-5　工作場所中不合倫理的情況

- 一個男人受雇進入一個女性佔絕大多數的部門。因爲討厭他的出現，該部門的女性試圖在各方面詆譭他，並故意破壞他的信用。
- 一位高階執行長，出於個人偏私，要求升遷他的兩個部門經理，而拒絕升遷另外兩個經理。
- 幾位女性抱怨她們部門裡的一位男性。他的觸摸、言詞和不雅的姿勢，令人討厭和不受歡迎。
- 許多來應徵工作的優秀候選人被拒絕，因爲甄選測驗和其他雇用標準與該工作無關。
- 爲了要省一些加班費，一個公司用薪水的高低來計算免稅／非免稅的情況，而不是依據聯邦法規。許多員工因而領不到加班費，因爲他們被錯誤地歸類爲免稅者。
- 在達成一確定目標的壓力之下，一位經理人不願考慮非少數民族的候選人，而終於雇用了一個不適任的少數民族。
- 公司產生的資遣名單不道德也不合法。四十歲以上的員工都被列爲主要對象，因爲如此可以將公司員工的平均年齡由四十四降低到三十六歲。
- 一位經理人過去與少數民族一起工作的經驗很糟糕，使得他在雇用少數民族工作者時過度謹慎和遲疑，因而限制了以後少數民族應徵者的工作前程。

公司的發言人，在面對政府管制單位或媒體時爲公司辯護。

　　此外，人力資源專業人員本身的行爲應該合乎倫理。在面臨到倫理上兩難之時，人力資源專業人員必須願意採取堅定立場，即使冒著失去工作的危險。如果他們選擇閉起眼睛佯裝沒看見，他們就成爲問題的一部分，因而必須承受某種程度的譴責 [31]。人力資源專業人員所可能面對的倫理兩難的例子包括：

- 一位男性工廠經理人想要開革一位女性員工，因爲她不肯陪他上床。
- 總裁命令人力資源專業人員以資遣爲名，開除老而無用的員工。
- 一位經理人開始找一個他不喜歡的員工麻煩，希望他辭職。

人力資源專業人員應該遵循人力資源管理協會的倫理宣言，其中要求人力資源專業人員要：

■保持專業與個人行為的高標準。
■鼓勵雇主以公平而公正地對待所有員工為主要的考量。
■以合於公共利益的方式來保持對雇主的忠誠度和追求達成公司的目標。
■維護所有與雇主活動有關的法律和規定。
■維護隱私性資訊的保密度。

人力資源專家的組織運用

人力資源專業人員也應該確認他們的才能在組織裡被妥善地運用。正如我們在本書中一直所討論的，人力資源專業人員能夠對公司的競爭優勢作出重大貢獻。不幸地，許多公司設下路障，不讓人力資源人員作這種貢獻。

傳統上，人力資源管理的功能被認為是企業經營中的 Rodney Dangerfield：「他們並非不受尊重。」更好的人力資源管理制度所能帶來的重大利益常被忽視，因為許多經理人覺得，人力資源管理不能像那些創新技術和商業策略一樣，對競爭優勢有所貢獻。如同德州儀器公司的一位人力資源專員所提到的[32]：

在過去，人力資源功能就像是卡車上的備胎。情況緊急時，就把它拿出來，但是一旦緊急情形過去，它又被收起來。

人力資源無法得到高階管理層的垂青，產生了兩個人力資源專業人員的問題。第一，高階經理人通常拒絕他們的意見，也不會選擇最好的人力資源管理制度。第二，人力資源專業人員很少會被問

及他們對於更廣泛管理問題的意見。我們現在更仔細地來討論這兩個問題，以及人力資源人員如何克服他們。

從最佳的人力資源管理制度得到支持

在描述本書中不同的人力資源管理制度時，我們嘗試著傳達出一個觀念：沒有一個制度是完美的；每一個都有它好的和壞的地方。雖然如此，有些我們稱之為「最佳的制度」，已經證明確實比其他的要好。例如，一份一九九三年的研究指出了以下的幾項最佳制度。一個公司應該：

■監督其各種招募來源的有效性。

■確認其甄選制度為有效。

■進行有系統的雇用面談。

■在為大多數的工作甄選人員時，使用認知能力測驗和自傳。

令人驚訝的是，這些研究者發現，大多數的公司很少採用這些制度。然而，那些比較多使用這些制度的公司，有著較高的年利潤、獲利成長和整體表現。

另外一個研究也得到類似的結果，發現在訓練、績效評估，以及雇用面談上，最佳制度很少被使用[34]。具體地說，相當少公司會建立評估訓練需求和評鑑訓練效果的程序。許多組織使用圖形評量表（graphic rating scale），而許多公司繼續在使用非系統化的雇用面談，雖然系統化面談更為優異。

為什麼不使用最佳制度　這些發現和許多其他的研究都標示出推行最佳人力資源管理制度的價值。我們在本書中的一貫論點是，有效的人力資源管理制度能夠大幅提升競爭優勢。那麼，為什麼許多雇主要砸自己的腳，忽略這麼明顯的事實？

無法普遍地採用許多人力資源管理的最佳制度可以歸因於以下

三點[35]：

1. 抗拒改變：許多公司知道他們的人力資源管理制度不盡理想，
   但不太願意去改變。在這些組織中的決策者通常採取以下態
   度：「我們沿用舊的方法，到目前都還算成功，不需要花力氣
   去改變它們。」就是因為他們滿足於目前的狀態，所以這些組
   織保持在停滯狀態，除非受到外在壓力而被迫改變，諸如新的
   EEO 法案或強烈的競爭。例如，最近流行的趨勢像是員工灌
   能、利潤共享、按技術付酬勞（skill-based pay），以及自我管
   理團隊，並不是因為它們是最近才發現的。這些趨勢之所以流
   行，是因為它們可以幫助公司去面對因國外競爭和經濟波動所
   造成的提高生產力的壓力。

2. 決策者的無知：贊同推行新人力資源管理制度的高階經理人，
   通常不熟悉這些制度之間的些微差異，因而無法決定何者是最
   好的。

   如果這些經理人有許多的方案，很可能他們會選出一個無效的
   來。例如，許多公司使用不適當的績效評估表格，因為高階經
   理人無法在眾多的選擇中挑出最好的一個。這些決策者通常是
   基於「常識」來作選擇，而不是基於這些制度的技術特性。而
   且他們通常是根據管理暢銷書（如《一分鐘經理人》）上的建
   議作「快速決定」，或採用標準套裝（standard package）的意
   見。而標準套件，即使是合理的，也難以適用在所有情況之
   下。例如，一個經理人可能找一家顧問公司來推行他們的「套
   裝」品質圈計畫，以解決員工士氣的問題，而這個解決法是很
   不適合的。

3. 政治考量：一些不同的利益團體通常反對新而有效的人力資源
   管理制度，因為他們在舊的制度中已經有些既得利益[36]。例

如，一個公司也許會因為一些有權勢的員工的反對，而抗拒去修改它的薪酬制度，這些人害怕新的制度會把他們歸類為過度高薪族。或者，一個公司可能拒絕一種評鑑經理階層升遷的方法，因為該公司經理人偏好現有的升遷制度，雖然它有許多瑕疵。

人力資源專業人員如何能從最佳制度中得到支持　當人力資源專業人員知道公司並沒有充分地從人力資源管理中得益時，他們可能會覺得非常的挫折。事實上，這可能就是典型人力資源專業工作的最大挫折來源。那麼，有什麼方法可以克服這個問題呢？

在上位的經理人通常讓這種問題浮現，因為他們不瞭解人力資源管理制度和競爭優勢之間的關聯；有效的人力資源管理制度所帶來的益處是很難以金額數來計算的。或者說，從這些制度所得到的純利益，不像引進一項新技術所得到的利益那麼容易辨別得出來。不像製造部的經理人，常常很容易地算出每一樣製成品的價值，一個人力資源專業人員無法輕易地以金額來表達出一項人力資源管理制度的益處，比如說，一套新的教導行政技巧的管理訓練課程。

要克服這個問題，人力資源專業人員必須展示出每一項人力資源管理制度與純利益的關聯。這個目標可以藉著建立起傳統人力資源管理制度，如訓練、薪酬和甄選，與具體的業務目標之關聯來達成[37]。以下例子說明這一類分析的需要性[38]：

這一陣子以來，我有一種不舒服的感覺，覺得我們在人事和人力資源部門所作的，在我們公司裡遭到嚴重的誤解與低估。我們在這一領域工作的人要為此情形負責，因為大部分我們所作的事，是用統計或行為的名詞來評估。不管你是否喜歡，企業界的語言是「美元」，而不是相關係數。

有一些方法可用來估算人力資源管理制度的成本效益。這些方法都是複雜的統計，因而不在本書的範圍之內，可以參考 Wayne Cascio[39] 的書，該書提供了精彩的說明。Cascio 的書中敘述一些方法，能夠決定因各種人力資源管理制度及其實行結果而得到的投資回收。例如，這本書敘述一個組織如何來估算因員工離職、曠職和吸煙所負擔的成本，以及員工態度和集體談判對成本的影響。

增強人力資源專業人員的影響範圍

為了讓公司更充分地運用到人力資源專業人員的技巧，他們必須要戲劇性地增強他們在組織裡的影響範圍。他們的角色應該是完整的（fully）業務夥伴之一[40]：

> 人力資源專業人員必須與執行經理人形成夥伴關係。雙方都認同說，任何一方在提供產品與使用技術上，無法單獨建立起持久的競爭優勢。唯一能夠保持公司未來競爭優勢的，是組織中的人員品質。人力資源專業人員和生產線經理人，兩者都應該要關切如何有效地提供一種環境，讓員工能作他們有能力作的事。

為了要成為完整的業務夥伴，人力資源專業人員必須從過去狹隘的專業角色，轉移成為一般管理團隊的成員。人力資源專業人員必須在所有的業務活動上，與其他經理人並肩工作，如同夥伴，而不只扮演特殊功能的角色。Scott Paper 公司的副總注意到，人力資源執行長必須要「參與到在經營桌面上來，提出主意來讓我們更具生產力」[41]。例如，對 L. L. Bean 來說，「人力資源不再坐在邊線上。我們努力地一起想出一份產品目錄，以及如何改善完工交貨給客戶的時間」[42]。

讓我們來看看人力資源專業人員如何在組織中增強他（她）的

影響範圍。

取得新技巧的需要　爲要擴展角色和成爲完整的業務夥伴，人力資源專業人員必須要深入到管理的運作，和其他有關於增加生產力與降低成本的領域裡。人力資源專業人員在擴展其組織角色時，可能要著手處理的特定問題包括以下這些[43]：

■組織設計：以最能提升生產力的方式來設計組織。
■國際經營：制訂能在國際市場上成功地競爭的方法。
■組織重整：在購併、改組之時，幫助轉移／重整的順利進行。

要履行這種新角色，人力資源專業人員必須瞭解公司業務的複雜性，並在其固有的思想模式中運作[44]。

> 人力資源專業人員要克服負面形象的唯一方法，是去參與業務會議，並在業務決策上提出建言。我們越展現出我們確實有能力以及對業務的洞察力，總裁和董事們的接受程度就越高[45]。

要能在重要的管理決策上提出建言，人力資源專業人員必須具備有那些傳統上不屬於人力資源管理範疇的領域之知識。有關策略規劃、財務和企業管理的知識，能幫助人力資源專業人員更瞭解他們公司的運作情形（比如，瞭解業務環境、主要的問題，和競爭者的情形）[46]。在**示例 15-6** 中，列出一份更完整的清單，包括人力資源專業人員所需要知道的，以及何處可以得到這些背景資料。

人力資源專業人員也必須贏得組織中成員的信任：員工、生產線經理人、高階經理人和指導階層會議之成員。我們來看看如何達成這目標。

得到生產線經理人和員工的信任　專業人員應該要與生產線經理人

示例 15-6 人力資源專業人員要成為完整經營夥伴所需要的能力

得到你自己公司的知識：
與經理人一起開會來學習：
公司在最近一個會計年的收入／利潤。
公司最主要的產品線，以及其每一項的收益。
公司的頭號競爭者，以及其在市場上的相對地位。

得到跨功能的經驗：
「跟隨」另一位執行長。
請求暫調到另一單位，以求更瞭解其他的業務功能。

得到國際性／跨文化專業知識：
參與一個跨文化的訓練計畫。
志願加入一個處理全球性商務問題的工作團隊。
志願請調海外

跟上技術潮流：
在工作中使用電腦。
參加課程，熟悉流行的技術術語。
志願參與一個運用科技來解決人力資源管理相關問題的團隊。

和員工有互動關係；他們應該離開坐位，去發現事情的真相——經理人和員工在想些什麼[47]。

此外，在試圖發展人力資源規劃時，他們應該尋求經理人和員工的忠告。例如，在處理生產力問題時，人力資源專業人員可以組成一個跨專業的團隊，成員包括他們自己、品質專家、有經驗的生產線經理人，和一個或多個員工。這樣的一個團隊在提出建議之時，可以作技術性和政治性的考量[48]。

得到高階經理人和處長會議之成員的信任 人力資源專業人員能藉著展示所提出的人力資源管理制度如何因應公司的策略規劃，來贏得這些個人的信任。在「拋出」提案時，人力資源管理專業人員應該說服經理人：所提出的計畫將能支持業務，並對純益有正面的影響[49]。他們必須要清楚地解釋，現有的與所提出的人力資源管理計畫

示例 15-7　如何與處長級會議成員建立夥伴關係

1.請總裁提議讓你直接參與會議。

人力資源管理部門可藉著展示他們對公司業務需求能有所支援，來贏得總裁的尊重和信任。人力資源專業人員則可經由在組織規劃和管理發展上的參與，來建立起這種信任。

2.只提出你認為是良好解決方法的那些提案或計畫。

人力資源專業人員不應倡導所有的提案，因為這會使他們失去信用。他只應該討論每一提案的得與失。

3.與其他部門和生產線線經理人一起工作，以建立對計畫的參與感。

人力資源專業人員應該展示出他們瞭解公司內所發生的事和公司的走向。他們可以與其他部門分享資訊，諸如市場、營運、財務，以及和生產線經理人一起工作來辨認組織需求。

4.使用外界資源（如律師，諮商者）來獲得技巧。

人力資源專業人員應該明瞭外面的業務力量，如在各工業界或法律界新發展出來的競爭規則，會影響到公司的未來。

如何能幫助組織應付業務上變遷的需求。**示例 15-7** 敘述一個與會議成員建立有效夥伴關係的方法。

回顧全章主旨

1.敘述人力資源管理生涯的機會是如何擴展的。

- 美國的人力資源專業人員數目在未來十二年將會每年增加約三分之一。

- 一九九三年美國二十五個「最熱門職業」中，有八個與人力資源有關。

2.解釋人力資源管理通才和專才之間的區別。

- 人力資源管理通才，從事於幾乎是人力資源管理的每一種工作，最常在中小型組織中存在。

- 人力資源管理專才，多數在大公司裡，集中在特定的人力資源管

理任務上。

3.敘述人力資源管理領域中的生涯組型。

■三分之二的人力資源專業人員是靠自己安排生涯改變而進入這一
領域；三分之一則是從學校畢業就直接投入。

■人力資源管理專才通常漸漸成為他們那一個專才單位的經理。如
果要越過這一階向上走，他們必須擴展技巧，成為人力資源管理
通才。

■人力資源管理通才從一個公司裡的小工廠或單位中的人力資源管
理助理開始，然後再成為更大的工廠或單位的人力資源管理經理
角色。

■為了要在專業上成長，人力資源專業人員要參加專業協會，取得
認證，並繼續他們的人力資源管理教育。

4.討論人力資源專業人員的倫理責任。

■人力資源專業人員在工作場倫理範圍中，扮演著三種角色：
●監督者。
●審查有關倫理問題的抱怨。
●成為公司的發言人。

5.解釋人力資源專業人員如何在組織中增強他們的影響範圍。

■藉著展示每一項人力資源管理制度與純利益的關聯性。

■藉著在所有的業務活動上，與其他經理人並肩工作，如同夥伴，
而不只扮演特殊功能的角色。

關鍵字彙

認證（certificateion）

人力資源管理通才（HRM generalist）

人力資源管理專才（HRM specialist）

重點問題回顧

1. 人力資源管理通才與人力資源管理專才在那些方面不同？

2. 敘述進入人力資源管理專業的兩條路。

3. 敘述人力資源人員增進他們專業性的各種方法。

4. 從業導向和研究導向期刊最主要的區別是什麼？

5. 為何有這麼多公司無法運用最佳人力資源管理制度？人力資源專業
   人員要如何作才能克服這個問題？

6. 在組織倫理的範疇中，人力資源專業人員所扮演的角色為何？

7. 本章文內提到，人力資源專業人員不能再僅僅靠他們的人力資源管
   理專業能力，請解釋。

參考書目

1. The 25 hottest careers (1993). *Working Woman*, July, 41–51.
2. Ibid.
3. Overman, S. (1993). A day in the life of an HR generalist. *HRMagazine*, March 78–83.
4. The 25 hottest careers.
5. Langer, S. (1991). What you earn—and why. *Personnel Journal*, January, 25–27.
6. Ibid.
7. Ibid.
8. The 25 hottest careers.
9. Langer, What you earn.
10. Louchheim, F., and Lord, V. (1988). Who is taking care of your career? *Personnel Administrator*, April, 46–51.
11. Harris, O.J., and Bethke, A.L. (1989). HR professionals two decades later. *Personnel Administrator*, February, 66–71.
12. 25 hottest careers (1989). *Working Woman*, July, 67–79.
13. Harris and Bethke, HR professionals two decades later.
14. Louchheim and Lord, Who is taking care?
15. Wiley, C. (1992). The certified HR professional. *HRMagazine*, August, 77–84.
16. Kaufman, B.E. (1994). What companies want from HR graduates. *HRMagazine*, September, 84–86.
17. Williams, J.M. (1988). Planning your career climb. *Personnel Administrator*, April, 38–42.
18. Louchheim and Lord, Who is taking care?
19. Wiley, The certified HR professional.
20. Society for Human Resource Management (1991). *Member Services and Benefits*, Alexandria, VA: Author.
21. Parry, J.F. (1985). Accredited professionals are better prepared. *Personnel Administrator*, December, 48–52.
22. Ibid.

23. Cherrington, D.J., and Leonard, B. (1993). HR pioneers' long road to certification. *HRMagazine,* November, 63–75.
24. *Career Concerns of Human Resource Professionals.* (1987, August). Right Associates.
25. Harris and Bethke, HR professionals two decades later.
26. Wiley, The certified HR professional.
27. Kaufman, What companies want.
28. Wiley, C. (1993). Employment manager's views on workplace ethics. *The EMA Journal,* Spring, 14–24.
29. Ibid.
30. Ibid.
31. DeLisle, P.A. (1993). Does HR deserve second-class status? *HRMagazine,* May, 60–61.
32. Caudron, S. (1994). HR leaders brainstorm the profession's future. *Personnel Journal,* August, 54–61.
33. Terpstra, D.E., and Rozell, E.J. (1993). The relationship of staffing practices to organizational level measures of performance. *Personnel Psychology, 46* (1), 27–48.
34. Johns, G. (1993). Constraints on the adoption of psychology-based personnel practices: Lessons from organizational innovation. *Personnel Psychology, 46* (3), 569–592.
35. Ibid.
36. Hambrick, D.C., and Cannella, A.A. (1989). Strategy implementation as substance and selling. *The Academy of Management Executive, 3* (4), 278–285.
37. Caudron, HR leaders brainstorm.
38. Cascio, W.F. (1987). *Costing Human Resources: The Financial Impact of Behavior in Organizations* (2nd ed.). Boston: PWS-Kent.
39. Ibid.
40. Caudron, HR leaders brainstorm.
41. HR's newly emerging role. (1990, March 9). *Wall Street Journal,* p. R33.
42. Ibid.
43. Bailey, B. (1991). Ask what HR can do for itself. *Personnel Journal,* July 35–39; Penezic, R.A. (1993). HR executives influence CEO strategies. *HRMagazine,* May, 58–59.
44. Solomon, C.M. (1994). Managing the HR career of the '90s. *Personnel Journal,* June, 62–76.
45. Caudron, HR leaders brainstorm.
46. Williams, Planning your career climb.
47. Fraze, J. (1989). The "H" stands for human. *Personnel Administrator,* January, 50–55.
48. Johns, Constraints on the adoption.
49. Fraze, The "H" stands for human.

經理人上網指南

究竟什麼是網際網路（Internet）？

網際網路如何能使學生受益？

全球資訊網

超本文製作語言（HTML）的定義

使用網際瀏覽器

找到你要的資料

為何網際網路對經理人如此重要

在 WWW 上使用有關企業與人力資源管理的網站

網際網路實作

歡迎進入網際網路（Internet）的世界。也許這個詞會使你的腦海中浮現了上千部電腦同時運作，而每一部電腦後面都有人在忙碌地與彼此及整個世界溝通的景象。

　　事實上，這種看法並不離譜，網際網路成長的現象十分驚人，而且已經迅速成為我們生活中不可或缺的一部分。電子郵件（electronic mail）的網址在名片上已屬常見，而「全球資訊網」（World Wide Web）這個名詞實際上也已融入我們的日常用語中。

究竟什麼是網際網路（Internet）？

　　網際網路是一種網路中的網路，是由美國國防部（U.S. Department of Defense）首先研發出來的，目的是在創造出一種安全的電腦網路系統，即使在遭到敵國的核武攻擊時，也能持續地與他人進行溝通。如此的架構使得每一個與網路連結的環節（node），也就是每一部電腦，能夠相互聯絡。

　　第一套網際網路是由美國先進研究計畫中心（U.S. Advanced Research Projects Agency, ARPANET）所委託製作的，而其潛力從一開始就展露無遺。這套系統性能優良，況且當時核武災禍的威脅又似乎不甚迫切，因此學術界就抓住了這種深具潛力的溝通方式。接下來一連串的實驗與研究，產生了 TCP/IP 的分封交換方式（packet switching），也就是網際網路內所嵌入的「夾層」（layer），能夠讓不同機型的電腦相互交談（talk）。TCP/IP 代表的是傳輸控制通訊協定／網際網路通訊協定（Transmission Control Protocol/Internet Protocol）。利用這種系統，能使訊息經由分封的方式傳送，意思就是你所欲傳送的資訊被分成了許多小部分；TCP 則會在另一端重新組織這些部分。IP 的部分負責送出被分別包裝好的資訊，並且記入兩部

表一 1996 年 1 月 16 日至 1996 年 7 月 19 日的摘要階段中，全球
資訊網之使用率統計

摘要階段所傳送的檔案數	70, 331
摘要階段所傳送的位元（byte）數	1,528,334,353
每日所傳送的平均檔案數	378
每日所平均傳送的位元數	8,216,851

電腦所在的網址。

　　TCP/IP 的實施與氣墊船的運行有異曲同工之妙。如要使一艘氣
墊船順利運行，它需要一個充滿氣的墊子作為底部。TCP/IP 就類似這
個氣墊，能使檔案自由地轉換，並使電子郵件及網路瀏覽器順利地在
網際網路的領域中運作。基本上，TCP/IP 使得出自不同廠商的電腦能
夠互相「交談」。

　　電腦運作速度的發展，主要歸功於美國國家科學基金會（National
Science Foundation, NSF）提供的研究成果，使得其速度能不斷加快。
因此在一九八〇年代，美國先進研究計畫中心（ARPANET）製造出
一套無接縫式的轉換系統，也就是我們現在所熟知的網際網路。

　　進一步的研究自然而然地為這套網路增添了許多潛力。大學院校
加入了此一系統，接下來商業機構也加入了此一行列。提供連線網際
網路服務的業者（Internet Service Providers, ISPs）開始提供上網的管
道，同時網路使用的比例從成長速度驚人到成為一般的現象。**表一**可
給您一個大概的概念，到底「一個」伺服器（server）在一段時間內
運作的速率為何。

　　表一提供的統計數字只是就單一伺服器的角度來看的。一九九五
年的伺服器數目只有一千個，一九九六年此一數字則猛然遽升為一萬
個。如果這些數字可用來推測使用網際網路的人數，得出的結果將會
很驚人。另外一個有趣的現象是，如果就一個伺服器一天的運作情形

來看，它所接觸到的資料來自超過五十六個不同的國家。

網際網路如何能使學生受益？

網際網路實際上能使你接觸一個隨時都在進行溝通的世界。這要如何才能辦到？你如何才能使用網際網路以符合你的最大利益？這些問題可以在檢視過網際網路所能提供的服務後得到最佳解答。此網路中的網路所包含的不同特色如下：

■電子郵件（Electronic mail）：你可能會在學校使用電子郵件與朋友聯繫，這代表你可與世界上任何一個有電子郵件網址的人，進行郵件與檔案的即時溝通。在處理不同型態的研究計畫時，電子郵件極具價值，因它可接收來自世界各地之專家與圖書館的訊息。

■蒐集資訊（Information gathering）：無論是學術性或商業性機構，以至於政府機關，將本身的資訊呈現在網際網路上，好讓大眾有管道可接觸到，已成為一股趨勢。許多資料庫（database），如「Colorado 州區域圖書館聯盟」（Colorado Alliance of Regional Libraries，CARL），哈佛大學商學院（Harvard Business School），以及與大多數大學院校連線的「校園網路資訊服務」（Campus Wide Information Services, CWIS）等，都能夠提供搜尋與蒐集資訊的功能。圖一顯示出一項與「Colorado 州區域圖書館聯盟」（CARL）連線時所出現的典型畫面，此網路為一項廣受推崇的資料庫。

■以電話與電視設備進行會議（Telephony an videocon-ferencing）：幾年以前，以電視設備來進行會議，其花費極為

圖一 「Colorado 州區域圖書館聯盟」（CARL）起始畫面

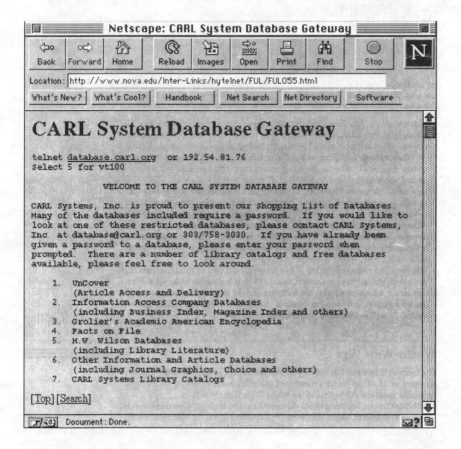

龐大。現在，只要花費一百五十元美金，就可能與有攝影機及
必需軟體的任何人進行一場視訊會議。也因此希望從會議中獲
得資料時，有可能以同步、螢幕對螢幕的會議，以及電話對談
的方式進行。

全球資訊網

　　網際網路是最先進且強而有力的溝通傳媒系統，你可以運用的功能，包括在上一節所提及的部分或全部特質，但目前為止，被運用得最廣的功能還是全球資訊網（World Wide Web, WWW）。

　　網際網路最有趣的部分也是它最大的弱點，就是它的規模大而紛歧。然而，我們必須記得網際網路的歷史。它起始自政府與大學院校之電腦間的自發性連結（網路連結，networking）。很快地，這項連結就普及到世界各地的其他機構，而今日根據估計，大約有兩千萬部的電腦經由網路相互連結。並沒有一部中央組織機構來進行統籌，也沒有專人負責相關事宜，甚至沒有索引記錄在所有這些電腦中有些什麼資料。所以究竟要如何才能找到你想要的資訊呢？在回答這個問題之前，先讓我們回顧一下網路的歷史。

　　全球資訊網起始於一群瑞士科學家的構想，希望試著找出一種方法為雜亂無章的網際網路理出頭緒來。最初的構想是，如果與網際網路連結上的電腦主人，認為本身有值得與他人分享的資訊，他們就可以將這些資訊放在一份叫做網站首頁（home page）的文件中。當你在網路上與一部電腦相連結時，你所看到的就是那一部電腦的網站首頁。網站首頁的內容可謂包羅萬象，上至研究的結果、學術性的報告，與政府的文件，下至德國醋醃煎肉（sauerbraten）的作法都有。首頁也可包括超本文連結（hypertext links），以便與其他具有相關資訊之電腦聯繫。因此，從 Anywhere 與 the World 這兩個網站的首頁中，你可以跳到另一個位於英國倫敦的網站首頁，你要連結到摩納哥公國（Monaco）的網站也是同樣地輕而易舉。整體地來說，網站首頁構成了全球資訊網——今日網際網路的系統性媒體。

圖二 有線電視新聞網（Cable News Network，CNN）網站

請將下列幾項有關網路的重點牢記在心：

■並不是每一個網站首頁都與其他每一個網站首頁具有連結性。

■包含在網路首頁（Web page，home page 的另一種說法）的資
訊，其正確性與時效性，全賴將此資料放在網頁上的人而定。
也就是說，我們常會因各個國家強烈的新聞傳統，以及此領域
專業新聞評論人士對這些出版物所作的評論，而放心地將我們
在書上或雜誌上看到的東西照單全收，但網頁上的資訊並沒有

這層篩選過程，因此可信度也就參差不齊。常有人對出版者與作者之作品的正確性與真實性進行評鑑，但網路與傳統的平面媒體相較之下，是如此地新穎，尋找網路首頁又是如此地容易，因此沒有評審擔任守門人的角色，也沒有專業的組織與評論人士將網路上的作者以道德或專業上的標準來加以規範。因此，任何你在網路上找到的資訊，都必須由你自己來判斷其有用性及正確性。

■ 因為實際上每個人都能夠製作自己的網頁，所以網路上的資訊變動性非常高。許多網頁的內容都與其作者的嗜好或業餘興趣有關，而如果這些作者失去了興趣，或是無暇將資料更新，這些資訊很快就會過時並被淘汰，你今天找到的資料，也許明天就不在網上了。

■ 學著有耐心點。在你與你尋找的資訊之間有許多電子連結，你的檢索途徑是從電腦到電腦間，去找出一個檔案或網頁。有時這個搜尋的動作只花幾秒鐘，而其他的時候，特別是在下午的時段，所有在美國時區的人都正積極工作，你的搜尋動作就可能慢如龜行了。有耐心點，或是學著在另一個較不忙碌的時段去尋找資料。

■ 最後，因為網際網路完全無人管理，可能有些資訊會使某些人覺得反感，甚至自覺受到侮辱，這是你在進入網際網路時所要冒的潛在風險，這和你翻閱一本書時所冒的險是一樣的。

超本文製作語言（HTML）的定義

HTML 所代表的是超本文製作語言（Hypertext Markup Language），這是全球資訊網上主要使用的一種語言，指的是提供其

他位址連結的文字。

使用網際瀏覽器

　　用來閱讀網站首頁的的軟體稱為網際瀏覽器（Web Browser）。目前最普遍的瀏覽器為 Netscape 與微軟公司（Microsoft）的 Internet Explorer。以網路為基礎的市場，其競爭正如火如荼地進行著，所以你將會接觸到許多有關這個主題的訊息。

　　現在讓我們來試試其中一項瀏覽器吧。我們首先來使用 Netscape（見**圖三**），因為它是目前網路上最受歡迎的一項工具。我們將會檢視 Netscape 的幾項功能，好讓你能更有效率地使用它。

　　第一步為開啟 Netscape（見**圖三**）。如果你使用的是視窗 95(Windows 95)，你應該瞭解這項產品本身內設有傳輸控制通訊協定／網際網路通訊協定（Transmission Control Protocol／Internet Protocol，TCP/IP）；如果你使用的是視窗 3.1 版（Windows 3.1），你將會需要啟動 Trumpet Winsock 程式（一種連線軟體，其功能是讓電腦能遵照網路通訊協定來連上網路，Windows 3.1 版並沒有加入這個功能，所以要外加連線軟體），它是 TCP/IP 的一部分。

　　你現在所能讀到的 Netscape 的畫面，從上到下可以分為六個部份：

　　1.標題列（Title bar）

Netscape: CNN - U.S. News

　　2.功能選單列（Menu bar）

File　Edit　View　Go　Bookmarks　Options　Directory　Window

3.工具列（Tool bar）

4.網路位址指定區（Location field）

5.網頁（Web page）（見圖三）
6.狀態列（Status bar）

更多詳細的說明

標題列（Title Bar）

標題列只是將你目前在閱讀的網頁名稱標示出來，其名稱是網頁作者所指定，對讀者而言並沒有太大的重要性。

功能選單列（Meun Bar）

功能選單列是一條橫越畫面上方的水平白色空格，其上列出 Netscape 軟體中各種不同的選項，如檔案（File）、編輯（Edit）、檢視（View）等等。它是 Netscape 軟體的一部分。在使用功能選單選項的項目時必須當心，如果你不是個電腦老手，你最好不要去理會這些選項，不過有一個選項例外：開啓或關閉圖片（in-line image）。網路瀏覽器的一個優點就是它能夠展示圖片（用電腦的術語來說就是 in-line image）。問題是，圖片需要時間從其來源傳送至你的電腦螢幕上，Netscape 將會先載入並展示文字在你的螢幕上，然後才會載入並展示出這個檔案中任何的圖像。如果使用此一功能，你就可以在等待圖片顯現的時間中，先行閱讀內文。不過，在許多情形中，圖片對資訊中所要傳達的訊息並無關緊要，因此有些人發現，「關閉」這些影像並只載入文字，將會更爲快捷及方便。如果你也想要如此做，方法

图三 Netscape 首頁

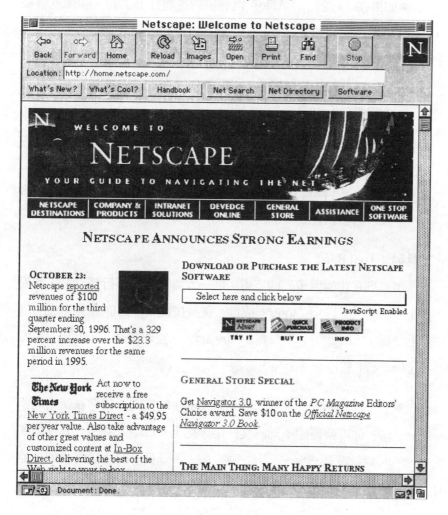

如下：

■將滑鼠的游標放在功能選單列的「格式」（Options）上，並按
下滑鼠左鍵一次。此時可看到第二個功能選項列落下，從下方
算上來的第三個按鈕，是「自動載入圖片」（Auto Load Images）

的選項，這個選項控制了檔案中的圖像會不會被展示出來。

■如果在「自動」（Auto）這個詞的前面打上了勾，圖像就會被展示出來。如果沒有打勾，圖片就不會顯現。

■將滑鼠的游標放在「自動載入圖片」的詞上，並按滑鼠一次，以便將打勾的符號顯示或消除。如果你不想顯示圖片，請確定這個選項上沒有打勾的記號。

■在螢幕上這個下滑式的功能選單列以外的任何地方點一下，使這個選單列消失。

■將以上的步驟練習幾次，先顯示出下滑式選單列，再將下載的圖片開啟和關閉。

工具列（Tool Bar）

工具列在功能選單列的下方，是一大塊灰色的平行條狀物，裡面有正方形的「工具」（tools）按鍵。這些按鍵中，對你最有用處的是「上一頁」（Back）、下一頁（Forward）、重新整理（Reload）、圖片（Images）與停止（Stop）等鍵。

■上一頁（Back）與下一頁（Forward）的按鍵：當你在使用網路時，你將會經由不同的文件中，從上一頁進入到下一頁。就如同翻動書頁一樣，「上一頁」與「下一頁」的按鍵將會使你能夠往前翻動或往後翻動你已經看過的書頁。如果你現在按下「上一頁」的按鍵，它將會把你帶回這份文件的首頁。

按下首頁上的「下一頁」按鍵，將會把你帶回這一面的開端。要注意的是，如果你試著從這一頁中進入下一頁，這是不可行的，因為這個網站沒有其他頁的存在，這是你之前曾看到過的（假設你是在專人的指導下開始此節的學習）。嘗試幾次以上的步驟，然後再繼續下面的課程。

■重新整理鍵（Reload button）：有時一張頁面會因為電子傳輸

的緣故而在載入畫面時被扭曲。字母可能會支離破碎，各行文字可能也會相互混雜在一起。如果這種情形發生的話，按下「重新整理」鍵將會重新下令載入目前你正在閱讀的網頁，這麼做將會解決此一問題。

另一項作法是，你可以選擇「自動載入圖片」（Auto Load Images）的選項，然後按下「重新整理」鍵，來重新整理這面網頁。不過，第一個方法較為快速，如果你正好也不想顯示圖片時，此法也比較有用。

■停止鍵（Stop botton）：最後介紹的停止鍵是一個非常有用的工具，每當你下令尋找一個特殊的網頁，似乎都要花費一段不算短的時間來載入。發生這種情形的可能原因有很多，不只是同時上網的人數多寡而已，你所用的數據機（modem）速度快慢，尋找中檔案的圖片數目與大小也都有關係。有時在等待載入一個文件時，你想要停止此過程，只要按下停止鍵即可。當你這麼做時，網路位址指定區（location field）右方的藍色大字母「N」將會停止閃動，這表示傳送檔案的過程已受到了中斷。

網路位址指定區（Location field）是另一塊橫越畫面的水平區域，此區域的大部分都是空白。注意到「指定」（Location）這個詞，是指灰色的部分與其右方的白色空格。每一個網頁都有一個電子地址，所指的是檔案名稱所在的電腦位置。在電腦專門用語中稱為「制性資源定位格式」（uniform resource locator，URL，即全球資訊網的統一定位格式）。

「制性資源定位格式」（URL）也就是網站的電子地址，只不過是網站首頁（home page）與網頁（Web page）的另一個名稱。當你到一個新的網站時，它的 URL 會顯示在網路位網址指定區。如果你想要直接回到此網頁，只要在此區的空白處打下他的 URL 即可。這

個動作在網路上的意義就如同撥一個電話號碼。

現在將滑鼠的游標放在網路位址指定區的空白部分，注意到箭頭符號會轉換成 I 的閃動性游標。將這個 I 的閃爍游標置於「http…」的左方，然後點一下。這個游標現在就會在指定區閃爍。這是一個不斷變動的區域，指的是你可以輸入資料在此區。按下幾個鍵，請照著做……只要打幾個字母就行了，任何字母都可以。現在使用倒退鍵將他們消除，看到了吧？這個區域是一小塊可供打字的區域，你可以在這裡打下任何你想要去的網站的 URL。在電視或新聞報紙的報導中都會有一個網際網路上的 URL，在這個網址上，你可以看到有關這個主題的深入報導。如果你看到引起你興趣的文章，你可以從任何網頁上再重新輸入它的 URL。當然啦，要先把原先的 URL 刪除掉，再輸入你要的 URL。這個步驟完成之後，只要按下＜Enter＞鍵，下載該頁的命令就會送出。要將游標移出定位區，只要將滑鼠的箭頭放在主畫面中，定位區下面的任何一個地方，然後點一下即可。

畫面上的大部分都是構成網頁本身的灰色區域，一份文件中所包含的資訊也就是在這塊區域中展示出來。注意到在畫面的右方有一條垂直的捲軸，在上端有一個向上的箭頭，下端有一個向下的箭頭，兩者之間則有一塊灰色的方塊。這個方塊顯示出在這份文件中，你所在的位置離文件頂部或底部的相對距離。如果這個方塊離頂部非常接近，就表示你非常靠近這份文件的開頭。把滑鼠的游標放在向下的箭頭上，然後按幾下。注意到發生什麼事了嗎？再對向上的箭頭做同樣的動作。用這種方法，你可以將一頁畫面向上或向下捲。你也可以用鍵盤裡上下箭頭的按鍵以及到上一頁或到下一頁的按鍵，來達到這個效果。藉著按下滑鼠鍵不放，來使用捲軸的上或下箭頭，你可以轉得更快一點。

最後，在畫面的最下方是另一個稱為狀態列（Status bar）的平行條狀物。這一列可以提供你兩種有用的訊息：

1.第一，如果你將滑鼠的游標放在畫面上網頁部分的藍色超本文（hypertext）文字或符號上，與其連結的 URL 將會出現在狀態列的區域（藍色是電腦預設的超本文顏色，你可以依本身的品味來改變其顏色）。當你對網路越來越熟悉時，假如你選擇了某一項目之後，可以從狀態列所顯示的 URL 來得知你將會到哪一個網站。

2.第二，在選擇了一項你欲轉換的連結項目之後，狀態列將會顯示出與此次轉換有關的訊息，如該網站所在的主機（你正要前往的地方）是否能夠找得到，你是否已經與其連結上，以及正在轉換的狀態為何。這是一個非常安全的設計，因為它能夠給你線索，讓你知道傳輸的過程是否正常，而不是讓你呆看著一個停滯的畫面，猜想到底進行得如何。當必須花上一段時間尋找或是載入一個特定的網頁或文件時，能知道電腦實際上正在運作，而你並沒有迷失在電子網路的空間中，總是讓人感到心安。你也可以看看上面提過的大藍字「N」，當背景有動作時，也可顯示出傳送檔案的過程正在進行著。

找到你要的資料

網頁上最明顯的東西就是某些文字是藍色的。如同上一節所述，這代表了超本文連結（hypertext link），因為這些藍色的文字所連結的訊息，位於網路上的其他地方。它可能只是在同一份文件的較遠處，也有可能是在地球另一邊的另一部電腦的另一份文件上。超本文（hypertext）能讓你在找到需要的資料連結後，能夠從網路上的一處快速跳至另一處（這也就是它被稱做超本文的原因）。下面是一個例子：按下「檔案」（File）；一項選單會滑落下來。按一下「開啟檔

案」（Open File），一個對話方塊就會被開啓。在空格處鍵入下列的
URL：

http：//www.ionline.net/～jfrl

將滑鼠的游標放在這排藍色的文字上，然後看看狀態列。

現在，將游標放在右邊的向下箭頭上，用捲軸來看整份文件。這份文件中將會有幾個藍色的連結（這是預設的顏色，所以如果你改變設定值，顏色也許會不同）。

按下一項名稱爲「一部絕佳的搜尋機器」（An Awesome Search Engine）的連結點，右上角的 Netscape 代表符號就會動起來，在方格中也會有動作產生。這告訴你，伺服器已經連接上了，所以 Netscape 可以爲你將文件取來。

看到了嗎？超本文連結能夠將你帶到網路各個不同的部份，反過來說，其他的網站也會帶你到無數的資源蘊藏區。

你現在幾乎可以連線到「漫遊者的世界」(Wanderer's W*o*r*l*d) 的網站首頁去了。首先讓我告訴你關於首頁背後的原理。每一場旅程都有一個起點，而在資訊高速公路（Information Superhighway）上的旅程是從網站首頁開始的。如果你知道一個你想要去的特定地點，就照先前所敘述的步驟鍵入 URL，然後就可以上路了。

許多人到全球資訊網找尋特定的資料，「漫遊者的世界」（Wanderer's W*o*r*l*d）網頁就是爲了輔助這個搜尋過程而被發展出來的。你將會找到一個以「稻草人」爲參考點的連結。這是一個由 Bob Allison 所創造及維護的網站，他以 ASCII 藝術工具（ASCII art）爲電腦製作出美麗的圖像。

Bob 的網頁也因爲有許多搜尋機器而聞名，所以你可能會想要記下這個網站。請記住，Bob 的 URL 經常改變！在「書籤」（Bookmarks）上點一下，就可以標註此一網站了。下滑式選單將會顯示出一個「加

到書籤中」（Add to Bookmarks）的選項。按下這個選項，此網站的
URL 就會被存到你的書籤檔了。這就表示下一次你想要回到一個特定
網站時，你只需要點一下「書籤」，然後再點一下這個 URL 就行了。

曾有人致力於將關於搜尋機（search engines）與視訊會議
（videoconferencing）等方面最常被問到的問題加以分類。如果你找
不到符合你的問題的特定類別，就從總參考資料（General Reference
Resources）開始著手。那裡有連結到非常完整之目錄的網站，應該可
以給你一些幫助。

此處有一些有用的線索，可以使你的瀏覽過程更加成果豐碩：

- 有耐心一點：某些連結點需要一段時間來下載，不斷地敲打
  Enter 鍵或滑鼠鍵，並不會使得整個過程加速。事實上，這麼
  做可能會導致搜尋過程產生不可預期的轉折，而使你慢下來。

- 不要因為不好意思而不去尋求協助：如果你在某個地方覺得出
  了錯，譬如畫面停止了動作，不要開始敲打鍵盤及開關，請不
  要將電腦關閉，向你的電算部門尋求協助。

- 不要讓畫面上的訊息嚇著了你：你可能偶爾會在網際網路上遇
  到一些頗不友善的聲音或神祕的訊息，其中之一是「對方主機
  拒絕連結」（Connection refused by host），這句話的意思只不
  過是說，有太多人正在使用你想要連接的電腦，因此這個系統
  無法回應任何新的使用者。這是網際網路的「忙碌訊號」（busy
  signal）。只要按下「OK」鍵，這個訊息就會消失。你可以繼
  續試著以重新選擇該 URL 來再次予以連結，或是先到別處去，
  等一會兒再回來。

「名稱伺服器搜尋失敗」（Failed DNS lookup）是另一個類似「傳
回發信者－地址不詳」（Return to sender－address unknown）的訊息。
它可能只意味著你在試著連接的伺服器（也就是該電腦）並不存在。

它也可能表示這個程式試著執行的地址（URL）有問題。如果你認為你知道正確的 URL，就將它如前述般地鍵入網路位址指定區（Location field）。如果這麼做沒有用，除了找出正確的 URL 以外，就別無他法了。

另一個你可能會看到的訊息是「401 號錯誤」（Error 401），意思是「你所尋找的檔案不在這個伺服器上」，或是類似的意思。這通常表示此檔案的主人將其移至另一個目錄底下，或是你一開始就找錯了目錄。你將無法在該處找到你想要找的東西。

當你完成之後，請回到「漫遊者的世界」（Wanderer's W*o*r*l*d）的首頁，當作往前尋找資料的練習。只要點一下白色的指定區就可以到達首頁，用倒退鍵或刪除鍵來清除區內的任何文字，並鍵入

http://www.ionline.net/～jfrl

不要忘記，網際網路並不是找尋資訊的唯一方式，它只是一項資料的來源，但並非唯一的來源。網際網路無法取代書本，而且圖書館中也充滿了其他你可以運用的參考作品。

為何網際網路對經理人如此重要

經理們需要具有時效性的最新資訊，在人力資源的領域中，要滿足這個需要尤其重要，因為要確定人力市場中的最新趨勢、現有求職人選的資格、最佳與最新的工作表現評鑑法、最新的薪資調查、其他人力資源管理機構的現況，以及其他各種資訊，是非常緊迫的事情。全球資訊網尤其掌握了獲得當前重要資訊的關鍵。大部分的經理在全球資訊網上花了一段時間後，就會學到如何去確認值得信賴的資料來源。

人際間的溝通在網際網路上也獲得了增進。比如說有一位經理想要找出印度一家公司徵募人員的實施方法，一封電子郵件的通知只需幾秒鐘就可達到目的地，而參觀其網站首頁也會揭露出許多該公司運作的狀況。

舉個例子，在你的網路位址指定區內（Netscape 上端的白色部分）鍵入下列的位址：

http:www.americanexpress.com/

你將會被帶到美國快遞公司（American Express Company）的網站首頁，而那裡的資訊將會告訴你許多關於這個公司的消息。這些資料通常非常的新。

上次在喬治亞州亞特蘭大市所舉辦的奧林匹克運動賽中，一群在網際網路上設有網站的公司，提供了即時更新的比賽結果，以及實況轉播的電視及廣播所傳回的分數和這些比賽的情況。除了聲音與文字之外，有線電視新聞網（Cable News Network，CNN）還提供了電視剪接畫面。

經理人能夠藉著諮詢其他的執業者或學者的最新想法，來與不斷變動的人力資源管理世界保持聯繫。這裡有幾份在「完全企業」（All Business）的網路上所摘錄的文章片段，其網址為

http://www.all-biz.com/

激烈變動年代中的歧視行為：雖然是違法的，但是超過五十歲的人都無藥可救了……難道不是嗎？（Rampant Age Discrimination：Illegal, But Those Over 50 Are Helpless…Or Are They？）
這篇文章討論到自由雇用員工的原則。每一州都認同自由雇用員工的概念，亦即終止雇用人員的決定權在於公司或雇主上。此處有一條已被試用過的真實政策，每一家公司實際上都需要將本身

變成一個依自己意願行事的雇主。

避開勞資關係中的陷阱（Avoiding Employee Relations Pitfalls）
在任何小型的企業中，都會有困境與難題。本篇文章將會探討八種最常見的問題。

約會遊戲轉移陣地到工作場所進行（The Dating Game Moves to the Workplace）
公司有權利採取行動抵制員工約會或同居嗎？

穿著準則：裙子問題（Dress Codes: Skirting the Issue）
一九九五年時，加州立法給予女性穿褲裝的合法權利。本篇文章將討論一般的穿著準則。

在人力資源管理領域中絕對必要的競爭優勢，能夠經由使用在網際網路中的資訊檢索工具與建立溝通管道來加強。經理們無法在資訊唾手可得的情況之下，承擔錯失機會的代價，這種情形的額外好處是，取得資訊的代價通常是免費，或者根本微不足道。

將與網際網路有關的事實納入考量，尤其是全球資訊網，很容易就能瞭解到為什麼公司行號們無法負擔忽略全球資訊網的代價。國內與國際場合中的大企業都呈現在全球資訊網上。我們可以在這裡找到像 IBM、Microsoft、John Deere、Ben and Jerry's 等等的公司，也可以找到如同你在 URL http://www.ionline.net/~jfrl 所找到的小型企業。

請記住，有些網頁會改變。URL 通常會被保留下來，萬一地址有所變更，在舊的網站上也通常會有訊息，告訴你新的 URL。我們將會透過西方出版公司（West Publishing Company）的網站，告訴你本書所提及之 URL 的最新更動情形。

在 WWW 上使用有關企業與人力資源管理的網站

在全球資訊網上搜尋關於人力資源管理的網站的話，會出現 55,308,00 個網站。這些資訊多到無法處理，所以我們為你在下面列出了最有價值的幾個網站（附錄 A 提供了一份完整的一覽表）。

網際網路與人力資源：簡介（The Internet and HR：An Introduction）

http://www.wp.com/mike-shelley/

囊括長篇文章與為新接觸網路的人力資源專家所設的連結點。

勞工與工業關係研究所的網際網路指導課程（ILIR Internet Tutorial）

http://www.ilir.uiuc.edu/lawler/intro.htm

由 Illinois 大學 Urbana-Champaign 分校的勞工與工業關係研究所（Institute of Labor and Industrial Relations）所提供，這個網上指導課程，是為了提供與人力資源管理和工業關係有關的網際網路資源而設計的簡介。

由人事期刊所規劃的人力資源總部（HR Headquarters by Personnel Journal）

http://www.hrhq.com/index.html

擁有許多有用的資源，包括人力資源總部的服務，與一份人事期刊上所曾摘錄過的一百九十四篇文章，這些文章所構成的資料庫，可供上網者搜尋使用，請參照在人力資源刊物（Human Resource Publications）標題下的連結網站。

網際網路上之人力資源指南（Guide to Human Resources Information on the Internet）

http://gpu2.srv.ualberta.ca:80/~slis/guides/humanres/homepage.htm

此站爲一群與人力資源管理有關的加拿大網站集。

人力資源專業人士通往網際網路之門（The Human Resource Professional's Gateway to the Internet）

http://www.teleport.com/~erwilson/

一連串由 E. Wilson 所整理的美國人力資源連結網站，內容引人入勝，數目持續增加中，將引領上網者發掘豐富的人力資源管理資訊。

人力資源中心（Human Resource Centre）

http://htnews.idirect.com/hrnews.html

研究人力資源問題的新聞小組，能幫助你與其他人力資源專業人士進行資訊與意見的交流。如果你正在著手處理一項問題或是實施一項新計畫，很有可能已有人曾經經歷過類似的情況，或是知道別人曾有類似的經驗。只要寫信來詢問……然後靜心等待回應。

網際網路上 Strathclyde 大學的人力資源管理網站（HRM Internet Links from Strathclyde University）

http://www.strath.ac.uk/Departments/HRM/Internet/links.html#genera

一項非常有用的英國網站表，提供了英國方面對人力資源管理的深度看法。

北加州人力資源系統（North California Human Resources Connection）

http://www.hrconnection.com/read.html

由人力資源宣傳協會（Human Resources Advertising, HRA）所提供，為一項全面性的徵募人員宣傳服務機構，此機構設計成一個聚集的場所，一個可以讓人力資源專業人士對重要議題交換意見的論壇，一個可以讓在同一個領域工作的人見面及相互聯繫的地方，以及一道通往其他專業領域的大門。此網站上包括了一連串數目不斷成長的美國網站連結點。

Ernst and Young 的實際人力資源辦公室（The Virtual HRM Office by Ernst and Young）

http://www.idirect.com/hroffice/

此實際辦公室致力於達成人力資源管理專業人士的需求。如果你想要「在網際網路上輕易地找到有關人力資源的訊息、同時和其他專業人士學習與分享你在自身領域中的知識與經驗，並且親身試驗實際辦公室中所使用的工具與功能，以驗證其構想」，那麼這個網站就很值得你來探索了。

這些 URL 應該是非常有趣的。當你上網參觀時，深入其中去看看他們所提供的訊息，同時慢慢地欣賞裡面的彩色圖片。

網際網路實作

網際網路練習的主旨，是要從兩個層面來挑戰你的研究與思想技巧。第一個目標是要幫助你從人力資源管理的現實面來磨練你的思想，第二個目標是要幫助你增加對網路的熟悉度與安適度。

你可能會被要求進入公司的網站，蒐集並整理某些資訊，並且在你發展出能力，以有效率並有回饋性的方式來使用網路的時候，找出可供運用的答案。在這麼做的時候，你應該記住下列幾點：

- 不要期望你所要尋找的項目能被輕易地找到。在許多情況下，他們可不費吹灰之力地被找到，在其他的情況中，你將會被期望有一點好奇心。網頁上的資訊隨時會有改變，因此當我們努力地透過西方出版公司（West Publishing Company）的網站，告訴你這些變動情形時，絕大部分還得靠你自己的研究與好奇精神，才能找到你想要的資訊。真正的學者絕不會滿足於一份草率的嘗試，也不會在面對一個突如其來的結果時，就加以放棄。

  如果你無法找到一份你原先預定的文章或網站連結，我們給你的第一個忠告就是「別放棄」，你所尋找的公司可能只做了些微的變動，你如果夠用心的話，也許就能找到這些改變。我們曾經嘗試找出一些靜態的連結點，也就是那些被認為不太會產生改變的網站。如果在確實的努力過後，你仍然無法找到這些特定的參考點，最後的方法就是寫信給「網路主宰者」（Webmasters）或是負責維護此網站的人。每個公司都有一個特定的網路主宰者，他的電子郵件地址都會標示在一份文件的末端。透過神奇的「超本文製作語言」（HTML），這些地址就會在「郵寄到」（mail-to）的狀態下，也就是說，點一下網路主宰者的地址，就能讓你立即傳送出一份信息。

- 當你到達一個網站時，花個幾分鐘檢查一下整篇文件的格式與額外的訊息，花一點時間欣賞圖片，因為每個公司都費盡心思呈現一個吸引人的網站，來愉悅你的眼睛與心靈。

- 當你做這些練習時，請瞭解白天的搜尋過程較夜間的搜尋來得

緩慢。此文件開頭的統計數字，顯示出當時網路上的交通量。日間加重了這個現象，因為許多伺服器正在進行公司的工作。大體上的作法是先確定要搜尋的伺服器所在的地方時間為何。一般來說，較謹慎的方式是在正常工作時段「以外」的時候，經由全球資訊網來連線。

■進一步瞭解你的瀏覽器。無論是 Netscape、Explorer、Mosaic 或 Cello，你終將會找到一個你最喜歡的瀏覽器。無論你的偏好為何，要瞭解你所選擇的工具。舉例來說，Netscape 是一種頗為複雜的瀏覽器，它可以讓你傳送電子郵件，它也讓你有機會去體驗三 D 立體空間的虛幻世界，讓你聽音樂及演說，並讓你（在瀏覽器中）觀看電訊影像。Netscape 使用的程式架構稱為 Java，而 Microsoft 公司的 Internet Explorer 所使用的是 Active-X，來達到電子傳輸的重大任務。

■最重要的一點是，享受你在全球資訊網上的戰果。無疑地，你將會深深著迷，並被其他你在網路世界中漫遊時所遇到的有趣網站所分心。試著專注於你所被賦予的任務上，同時記住你總是有時間來探索這條漫無邊際的旅途。

現在開放時間讓大家發問。

第一部 人力資源管理實施人才甄選前之步驟

各位先生和女士，啓動你的瀏覽器吧！

第一個練習需要你連線到下列的網站：

http://www.ti.com/

在你到達這個公司的網路總站之前，試著猜猜看這是哪一家公司。給你一個線索……它位於美國，而且因發展第一部革命性的計算

機而聞名。

當你進入這個網站時，你將會看到許多標題（它們本身就可以連結到其他網站或文件），如「公司資訊」或「公司定位」。先閱讀有關這家先進公司的資訊，然後再作下列的練習：

習題：TI 是一家具有強烈社會責任感的公司。從其網頁上的訊息可知它對社會的承諾。TI 公司與其他公司的接觸之下，有因此在人力資源方面產生對員工的益處嗎？

ATIIN 是一家稱為「先進部落整合資訊系統」（Advanced Tribal Integrated Information Networks）的公司。在 Navajo（北美一印地安部落）的語言中，ATIIN 的意思是「道路」（road-way），而此公司的生產力強大，並具有進取心，正戮力開拓邁向本土化組織的途徑。你將會發現這個網站的資訊非常具有教育性，並且有許多美麗的圖片，充分地運用了全球資訊網上超本文製作語言（HTML）的能力。花些時間到處看看，並體會這個具有紀念性的網站上的事物：

http://www.atiin.com/

習題：當你已經蒐集了有關這個公司的資料之後（請記住網路主宰者的用處），這些資料會顯示出，如果你是 ATIIN 公司的人力資源部門經理，你將會在公司內實施何種制度。為 ATIIN 公司的下列各方面提供計劃：工作分析與設計、人力資源規劃、培訓課程、津貼制度的管理，以及工作安全與保健制度。

現在是一個介紹「終端機模擬程式會議連線」(telnet conferencing lines)的適當時機。會議連線的設計目的，是為了提供各地的人們一個價格合理與互動頻繁的管道。你如果希望立刻去拜訪某人，你可能會需要一套如「CRT」或「Netterm」的「終端機模擬程式系統」（telnet program）。這些系統可運用在爲期三十天的評鑑過程上。

如果你在 Netscape 內使用如「CRT」或「Netterm」當作關鍵字來搜尋資料，你將會從你下載此程式的地方，被帶到一個檔案傳輸協定（file transfer protocol），可在 Internet 上的檔案資料庫中抓取各種檔案或文件）的網站上。你極有可能需要「Winzip」（一種解碼器）來解除程式碼。Winzip 也可運用在評鑑過程中。這些都是網路上可公用的程式。這表示程式的作者並不會得到任何的酬勞，而是要靠大家的貢獻。如果你很喜歡某一套公用程式，也常常使用它，請考慮匯款贊助此一程式，款項會註明在程式中，費用也非常合理，此類程式的價格以低廉聞名。

一旦你取得了「終端機模擬程式系統」（telnet program），就鍵入下列的地址：

telnet mach1.wlu.ca 3902

你是否確實按照上述地址鍵入電腦，十分重要。

當你按下＜Enter＞鍵時，你將會被帶到「會議連線」(conferencing lines)上。比如說你正在拜訪某人，你可以請那個人也鍵入相同的地址，那麼他就會和你在同一條「會議連線」上。在你拜訪他人之前，最好能夠先上「會議連線」，讓自己先熟悉一下指令。一旦你上了這網站，你可以鍵入下列符號來學習指令：

.?

這個指令將會開啓說明檔（help file），你就可以學習如何使用這許多特質了。

第二部 人力資源管理之人才甄選實施步驟

在這一節的第一個練習中，我們將會參觀世界知名的惠普公司

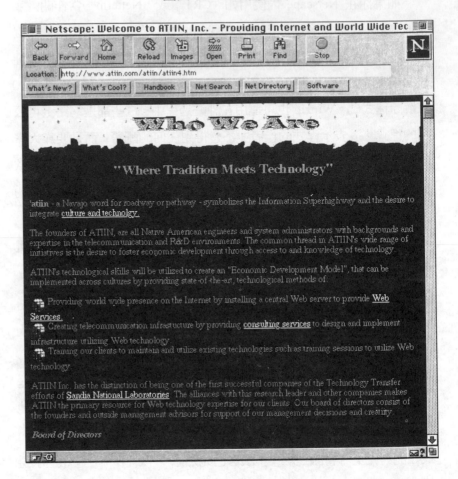

（Hewlett-Packard Company）。它的 URL 是：

http://www.hp.com/

當你參觀這個網站時，你將會看到許多標題，例如：

■惠普公司的工作情形

■關於惠普公司

■世界各地的惠普公司狀況

■世界各地的惠普公司狀況

如你所見，惠普公司已花費大量的精力來提供你一個便利使用者的網站。在這裡有許多資訊，你應該花些時間來接觸並瞭解這個公司。上面所列的標題，尤其資料豐富。

在獲得了有關惠普公司的現況資訊後，請做下列的練習：

習題：就你對這家公司的瞭解，你會找什麼樣的人在國內部門擔任基層的工作？當你確定時，嘗試著用報告來分析出你會雇用哪一種人來擔任：(1)經理級的職位；(2)海外公司的經理級職位。

在寫報告以前，先參考下列兩篇文章將會對你很有幫助：「Hot Diggity Dog」與「面試技巧」(Interviewing Techniques)，你也許記得他們位於下列的網址：

http://www.all-biz.com

到下列的網址參觀 Andersen 顧問公司（Andersen Consulting Company）的實際辦公室（virtual office）：

http://www.ac.com/

將這些問題運用在惠普公司的練習上，然後決定哪一種人最能勝任上述的職位。

第三部　人力資源管理實施人才甄選後之步驟

請在此位址閱讀以下的文章：

http://www.all-biz.com/

廢除根據考績加薪制（Doing Away with Merit Increase）

為目標而辯（In Defense of Objectives）

抱歉，不過你的態度有點不太對勁（Pardon Me But Your Attitude Is Showing）

持續進行工作表現評估的必要（The Need for Ongoing Performance Appraisals）

利潤分享、工作動機與津貼制度（Profit Sharing, Motivation and Compensation）

然後到下列 URL 參觀此網站：

ltml http://www.careermag.com/salary/index

此網頁將如**表二**所示。

在**表二**所顯示出的網頁，將會告訴你各個不同公司的經理，如何獲得報酬。有了相關資料的協助，請繼續進行以下的練習：

習題：討論年資與考績在給付員工薪資上所扮演的角色。他們在擔任引發工作動機方面效果如何？你會如何試著去改變你的給薪制度，讓它能夠對「所有」的員工都激發工作動機？

現在讓我們前往到「巨藍」（Big Blue）去。IBM 向來以其堅毅力與在瞬息萬變的世界中提昇競爭力的能力聞名於世。它的 URL 是：

http:///www.ibm.com/

IBM 的網站在最新的網際網路科技上，受到廣泛的喜愛；舉例來說，你可以在此收聽到該公司總執行長的訊息。

在這個絕佳的位址中，有無數個不同的部門，你可以體驗到它的多樣性，其內會有如以下的標題：

表二　網頁開啓後的範本

■新奇的玩意兒（Fresh Stuff）

■讓我們數位化（Let's Get Digital）

■具有創意的功能（Creative Uses）

■時間機器（Time Machine）

其他的連結將會引領你至：

■工業上的解決方案（Industry Solutions）

■環境（Environment）

試著回答下列練習中的問題：

習題：IBM 如何評鑑與回饋其企業單位？線索：請參考連結網站「企業單位的全球性團隊」（Global Team of Business Units）。如果你有快捷軟體（Quicktime software），可用來進行評鑑工作，你甚至可以觀看此處所提供的影片，來尋找相關資訊。

從現有的各種評鑑方式看來，一般的工作表現評鑑是如何違反了下列的法案：(1)一九六四年的第六號公民權利法案（Title VII of the Civil Rights Act of 1964）；(2)一九六七年的年齡歧視法案（The Age Discrimination Act of 1967）（暗示：你也許會希望對「政府的歷史性文件」、「公民權利」，與「年齡歧視」等主題進行搜尋）。

在我們進行第四部之前，一項對搜尋機器的說明也許會有點用處。因為全球資訊網的範圍之大，令人幾乎無法想像，所以儲存在裡面的資料也就不知如何尋找才好。如果我們試著每一份資料都詳細篩選，那麼要找到一份有用的資料，得花上好幾個禮拜的時間。搜尋機器為我們簡化了這個過程，所以知道如何使用它，是很有用處的。**表三**提供了一份由 Bob Allison 所負責維護的搜尋機器一覽表。他的 URL 是：

http://miso.wwa.com/~boba/search.html

而他的網站開啟後的畫面，就如同**表三**所示

第四部　施行人力資源管理時受外在因素影響之狀況

讓我們來參觀一些擁有國際性連結網站的公司。其中之一是 Lockheed Martin 公司。它的 URL 是：

http://www.lockheed.com/

歡迎到搜尋者的網頁。在這裡，你可以找到搜尋與檢索的機器、索引，與資料庫等等的物件。另外還有具有多重搜尋形式的網頁，甚至於多重的搜尋方式，能夠一次檢查好幾個資料庫。我希望你會發現這個網頁很有用處，就如同下面曾使用者的感想：

「這個網頁包含了更多網際網路上搜尋資料的方式，其數目之多，是你想像不到的，你可以從某個地方立刻跳到任何你想搜尋的網站。」

——雀躍不已者（Excite）

「你們搜尋機器的數量之多，是我前所未見的…」

——Sally Laughon

「這是個擁有大量連結網站、索引、資料庫與多重搜尋形式的地方」

——J. Marcus Ziegler, 搜尋網頁者

快速尋找（QUICK SEARCH）

Lycos
Webcrawler
Yahoo
Deja News
Excite
Magellan
Infoseek
Open Text
Savvy Search

　　此網站的目錄與連結點令人感到好奇，你可能會特別喜歡如下列的項目：

■圖書館（The Library）

■公司總攬（Corporate Overview）

■公司倫理與企業衝突（Corporate Ethics and Business Conduct）

■領導力（Leadership）

　　閱讀對公司倫理的敘述，然後想一想有關下列習題中的情節。請記住，這些情節在任何方面都「無關乎」Lockheed 公司，而從研究「其

他」公司的狀況後才產生的。上面提及 Lockheed 公司，純粹只是用來檢視公司如何討論公司倫理的議題。

習題：

1. 出了一趟公差後，你為這趟旅程所作的花費提出申請。你發現和你一同出公差的同事，為此行所報的費用是你的兩倍之多。你詢問同事其中的原因，而他的回答是：「每個人都在報公帳時加油添醋，我為什麼不這麼做？」

2. 你公司中的一位經理想要與你的一位同事約會，被邀請的那位同事覺得既生氣又難過，並且把這種情形告訴你，說明這個狀況中的不公平性。此人並不希望與公司中的高層人士有私底下的往來。

如果你遇到這種情況，你會做何反應？如果你必須要運用 Lockheed 公司的指導原則，你會怎麼做？

現在讓我們到網路上參觀一些知名的跨國企業。Asea Brown Boveri 公司在許多國家都很活躍，如果你想要對 ABB（Asea Brown Boveri）公司的背景有全盤的瞭解，就連線到：

http://www.jaring.my/abb.html

習題：根據 ABB 國際公司的措施，如果你是這家公司的人力資源經理，而且你被要求在巴西設立分公司，你會設計什麼樣的架構，並安排哪一種人在這家分公司中？在考慮了這一點之後，如果你需要在瑞士成立一個分公司，你會在安排職員與維持公司運作方面作出哪些改變？在這裡給你一項暗示：華爾街日報（The Wall Street Journal）含括了許多有關國際人力資源方面的文章。可以到下列位址去參觀：

http://wsj.com./

你可能需要先註冊才能使用他們的服務。

第五部　結論

要如何使用全球資訊網才能達到最大效益呢？如果你即將畢業，下列網站將會很有用：

http://www.careermosaic.com

在這個網站中，你可以得到關於工作的資訊，還可以寄出履歷表，為何不試試看呢？

另一個網站是：

http:/www.careermag.com/

如果你用「職業」（careers）、「工作」（jobs）與「履歷表」（resumes）作為關鍵字，你實際上將會找到上千個與工作和職業有關的網站。使用一個或一個以上**表三**中所列的搜尋機器，你將會找到既實際又多樣化的資訊。

摘要

網際網路與全球資訊網之美需要你，也就是找尋資訊者，來賦予上去。如果不加控制，它可能會變成一個狂野又無法約束的怪物。透過你的同情心與求知欲，它可以輕易地變成為你服務的伴侶。

附錄 A　人力資源管理相關網站

網際網路與人力資源：簡介（The Internet and HR：An Introduction）

http://www.wp.com/mike-shelley/

囊括長篇文章與為新接觸網路的人力資源專家所設的連結點。

勞工與工業關係研究所的網際網路指導課程（ILIR Internet Tutorial）

http://www.ilir.uiuc.edu/lawler/intro.htm

由 Illinois 大學 Urbana-Champaign 分校的勞工與工業關係研究所
（Institute of Labor and Industrial Relations）所提供，這個網上指導課
程，是為了提供與人力資源管理和工業關係有關的網際網路資源而設
計的簡介。

由人事期刊所規劃的人力資源總部（HR Headquarters by Personnel
Journal）

http://www.hrhq.com/index.html

擁有許多有用的資源，包括人力資源總部的服務，與一份人事期刊上
所曾摘錄過的一百九十四篇文章，此份文章所構成的資料庫，可供上
網者搜尋使用（請參照在人力資源刊物《Human Resource
Publications》標題下的連結網站）。

網際網路之人力資源指南（Guide to Human Resources Information on
the Internet）

http://gpu2.srv.ualberta.ca:80/~slis/guides/humanres/homepage.htm

從加拿大人的觀點來看人力資源管理。

人力資源專業人士通往網際網路之門（The Human Resource Professional's Gateway to the Internet）

http://www.teleport.com/~erwilson/

一連串由 E. Wilson 所整理的美國人力資源網站，內容引人入勝，內容與網站數目皆不斷成長。

人力資源中心（Human Resource Centre）

http://htnews.idirect.com/hrnews.html

研究人力資源問題的新聞小組，能幫助你與其他人力資源專業人士進行資訊與意見的交流。如果你正在著手處理一項問題或是實施一項新計畫，很有可能已有人曾經經歷過類似的情況，或是知道別人曾有類似的經驗。只要寫信來詢問……然後靜心等待回應。

Strathclyde 大學的人力資源管理網站（HRM Internet Links from Strathclyde University）

http://www.strath.ac.uk/Departments/HRM/Internet/links.html#genera

一項非常有用的英國網站表，提供了英國方面對人力資源管理的深度看法。

北加州人力資源系統（North California Human Resources Connection）

http://www.hrconnection.com/read.html

由人力資源宣傳協會（Human Resources Advertising, HRA）所提供，為一項全面性的徵募人員宣傳服務機構，此機構設計成一個聚集的場所，一個可以讓人力資源專業人士對重要議題交換意見的論壇，一個

可以讓在同一個領域工作的人見面及相互聯繫的地方，以及一道通往其他專業領域的大門。此網站上包括了一連串數目不斷成長的美國網站連結點。

Ernst and Young 的實際人力資源辦公室（The Virtual HRM Office by Ernst and Young）

http://www.idirect.com/hroffice/

此現實辦公室致力於達成人力資源管理專業人士的需求。如果你想要「在網際網路上輕易地找到有關人力資源的訊息，同時和其他專業人士學習與分享你在自身領域中的知識與經驗，並且親身試驗實際辦公室中所使用的工具與功能，以驗證其構想」，那麼這個網站就很值得你來探索了。

Kryslyn 公司最喜愛的人力資源網站（Kryslyn Corporation's Favourite Human Resources Sites）

http://www.krislyn.com/sites/hr.htm

這裡有關於資源的優良網站一覽表，此表中的資源多與津貼和給薪制度有關。

勞動力與人力資源：精挑細選的資源（Labor and Human Resources: Selected Resources）

http://sr75.lit.cwru.edu/CWRU/UL/MANAGEMENT/Labor Resources.html

凱斯西儲大學（Case Western Reserve University）內的資源。

人力資源管理：成為一位人力資源經理（HRM:Becoming a Human Resources Manager）

http://www.ils.nwu.edu:80/~e_for_e/nodes/NODE-310-pg.html

西北大學學習研究所（Institute of Learning Studies, NWU）的資料，包括一段短片。

人力資源連結網（The Human Resource Connection）

http://rampages.onramp.net/~jobnet/hr.htm.

人力資源連結網成立的目的，是爲了要藉著協助人力資源經理瞭解全國的專業工作機會現況，來改善美國人力資源專業人員的就業機會。

人力資源管理概論（Human Resource Management Basics）

http://members.gnn.com/hrmbasics/index.htm.

這是 Craig Russell 公司的網站首頁，上面提供了有關人力資源管理概論的資訊和連結點。

人力資源與電腦訓練軟體之目錄（A Catalog of Human Resource and Computer Based Training Software）

http://www.hrpress-software.com/

此目錄內容廣泛豐富，涵蓋許多人力資源管理的層面。

先進人事制度（Advanced Personnel Systems）

http://www.hrcensus.com/

「先進人事制度的專長在於爲所有類型的人力資源軟體與電腦課程軟體，提供具有時效性的正確、客觀資訊。我們目前正在監製從一千兩百家經銷商所提供的兩千兩百種人力資源的軟體產品，與三百家供應商所提供的四千種學習軟體產品，另外還有對顧問和研發者所提供的服務。」此站有來自美國與加拿大市場的軟體產品目錄，內容令人印象深刻並極具價值。

人力資源網站總攬（HR Network Review）

http://fermi.clas.virginia.edu/~lmg4s/hrnet.html

人力資源網路著重於免費的人力資源，與網際網路上可資運用的人事資訊。

人力資源廣場（HR Plaza）

http://hodes.com:80/hr_plaza/

此站有一些對人力資源專業人士非常有用的連結點與資訊。此站是由發展出 Career Mosaic 的 Bernard Hodes 廣告公司（Bernard Hodes Advertising）所設立。

人力資源管理資訊（Human Resource Management Information）（Oregon 大學）

http://darkwing.uoregon.edu/~rhosmith/

此表為一與人力資源管理和政府中的勞動力統計有關的雜集。

人力資源連線（HR Online）

http://www.hr2000.com/

此站為一受歡迎並不斷成長的網頁，呈現人力資源顧問人員所提供的廣泛服務項目，其中百分之九十為免費提供。

人力資源連結網站（首府國家工業）（Human Resource Links）（from Capital State Industries）

http://www.capital.org/HRLinksFolder/HumanResourceLinks.html

一個著名的美國網站集。

企業公開學習檔案搜尋（Business Open Learning Archive）

http://wwwbs.wlihe.ac.uk/~jarvis/bola/index.html

這是一個非常有用的企業網站，內有重要的人力資源管理資料。

Ed Hernandez 的網站首頁（Ed Hernandez Home Page）

http://panoptic.csustan.edu/mgt/eh.html

一個真正包容廣泛且極具價值的網站集，作者為加州州立大學
（California State University）Stanislaus 分校的人力資源管理老師。

J. McNeil 提供的 OB 與「人力資源管理」資源（OB and HRM Resources
from J. McNeil）

http://jmcneil.sba.muohio.edu/OB-HRM.html

著名美國網站集，很值得探索一番。

人力資源連線（HR Online）

http://www.hr2000.com/

此站為一受歡迎並不斷成長的網頁，呈現人力資源顧問人員所提供的
廣泛服務項目，其中百分之九十為免費提供。

人力資源論壇（HR Forum）

http://www.hrconnection.com/forum.html

為一公開網頁，再次由人力資源宣傳協會（Human Resources
Advertising, HRA）所設立，提供關於人力資源管理的問題與討論。

人力資源世界（HRWORLD）

http://www.hrworld.com

人力資源世界（HRWORLD）是一項為人力資源管理所提供的資訊服
務。它包括了購買者指南、工作機會、生產力與科技議題、到其他人

力資源網站的連結點，以及其他更多的內容。

北卡羅萊納人力資源中心（North Carolina Human Resources Center）
http://www.webcom.com/~nccareer/hrctr.html
一個規模不斷成長的網站，提供了範圍廣泛的人力資源資料與連結點。

Adia 人力資源公司網站全集（Adia-HR from A-Z）
http://www.adia.com/Adia/HyperHR.html#Pubs
來自瑞士的 Adia 公司（Adia SA）成立於一九五七年，是世界上最大的臨時與全職人員供應機構。此網站集的主題為人力資源與求職方面。此處選出的網站既有趣又資訊豐富，並且擁有到達其他絕佳網站的連結點。

Rob Glasener 的人力資源網站集（Rob Glasener's List – Human Resources）
http://www.value.net/~glasener/hr.html
內容廣泛並經過分類的網站集，主要位於美國。非常值得探索。

人力資源－來自「一樓」連結點（Human Resources – Links from FirstFloor）
http://www.nauticom.net/www/brent/hr.htm
更多北美的網站。一份雖冗長但卻有條不紊的網站表，有專人負責持續更新資料。

來自專業世界的人力資源（Human Resources from Nerd World）
http://www.nerdworld.com/nw846.html

大體上為一份人力資源和服務提供者的一覽表，但是一些其他優良的網站也包含在內。

人力資源與調查軟體網頁（The HR and Survey Software Page）

http://www.cam.org/~steinbg

一份人力資源及調查軟體的完整目錄。涵蓋內容廣泛的人力資源和其他一般人力資源的網站。

Sierra 人力資源資訊中心（Sierra's Human Resource Information Center）

http://www.sierrasys.com/hr/hrcenter.htm

「我們創立此網頁的目的在於發展出一個人力資源相關資訊的寶庫，作為研究與繼續進修之用。」

人力資源管理（Human Resource Management）

http://www.shrm.org/docs/HRmagazine.html

來源為 SHRM，為一份條列完整網站的優良雜誌。

人事期刊（Personnel Journal）

http://www.bwaldron.com/ipmaac/journals/pj.html

一份摘錄自美國期刊的精粹，內容在探討當代的人事管理問題，並以實際的個案研究為重點。

人力資源議題（來源為新聞網頁）（Human Resource Issues）（from NewsPage）

http://www.newspage.com/NEWSPAGE/cgi-bin/walk.cgi/NEWSPAGE/info/d11/d3/

每日從美國媒體中摘錄下來的人力資源管理相關新聞報導。

人事消息（The Personnel News）

http://www.hradvertising.com/pnews.html

從一份美國月刊上所摘選的資料與網路連結點。

人力資源網（The Human Resource Network）

http://www.mcb.co.uk/hrn/nethome.htm

「人力資源網」為訂戶提供了加入 MCB 人力資源與訓練期刊的網際網路服務。

新聞快報（News Flashes）

http://www.jobweb.org/cohrma/chornews.htm

有關工作、就業與人力資源專業的重大新聞。

人力資源記者（HR Reporter）

http://www.lrp.com/Human/hrnm.htm

「人力資源記者所提供你的實用祕訣、構想、解決方案與策略，讓你能夠立刻運用在工作上；同時他們提供的新聞會對你的專業有所衝擊。」有訂閱之必要。

人力資源實況（HR Live）

http://www.jwtworks.com/hrlive/

一份每月出刊的文摘，內容包括新聞、觀點、祕訣與趨勢。

人力資源／個人電腦－來自人力資源世界（ HR/PC-from HRWORLD）

http://www.hrworld.com/pages/dgm/dgm_hrpc.htm

一份關於在人力資源領域中有效地使用資訊科技的季刊。此站內有一份文章選集的連線。

人力資源管理雜誌（Human Resource Management Magazine）

http://www.icon.co.za/~vgc/vhr-tocp.htm

「人力資源管理」雜誌的出版者為 Richard Havenga 聯合公司，以及南美行政與商業協會（The Institute of Administration and Commerce of Southern Africa）、管理研究協會（Institute of Management Studies）（南美洲）、非洲訓練發展社（African Society for Training and Development）。

人力資源管理國際文摘（Human Resource Management International Digest）

http://www.mcb.co.uk/liblink/hrmid/jourserv/artihome.htm

從一份英國雜誌上摘錄下來的文圖並茂文章。

人力資源管理體系概要（Conspectus-Human Resource Management Systmes）

http://www.pmp.co.uk/jan1.htm

這份概要，是為了對當前資訊工業的發展有興趣的人力資源諮詢人員以及決策者而出版的。

亞太地區管理論壇（Asia Pacific Management Forum）

http://www.mcb.co.uk/apmforum/nethome.htm

這是一個為所有對亞太公司與管理發展有興趣的人所設置的網路，此網站包含了到各個與亞太地區人力資源管理議題有關的論壇、期刊與

新聞稿的連結點。

Anbar 管理情報機構－人事與培訓摘要（Anbar Management Intelligence－Personnel and Training Abstracts）

http://www.anbar.co.uk/anbar/news/abstract/p/current.htm

這些是 Anbar 公司從人事與訓練領域所挑選出來的最新摘要報告，此網頁由專人定期修正，以期能夠與您工作領域中的領導性理論和思潮齊頭並進。

全國事務局傳播公司之人力資源版（Human Resource Edition of the BNAC Communicator）

http://www.bna.com/bnac/hrcomm.html

全國事務局傳播公司（BNA Communications Inc.）是全國事務局公司（The Bureau of National Affairs, Inc.）的一家子公司，此公司專門出版印刷與電子業的消息，以及資訊服務方面的訊息。

人事與發展協會（Institute of Personnel and Development，IPD）

http://www.ipd.co.uk/

此公司為英國的一家人力資源管理與人力資源發展的專業機構，可期待還會有更多新的資訊出現在此新網站。

澳洲人力資源機構（Australian Human Resources Institute）

http://www.ahri.com.au/

澳洲人力資源機構（The Australian Human Resources Institute）為澳洲首屈一指的人力資源專業機構。

人力資源管理協會（Associations for Human Resource Management）

http://www.jobweb.org/cohrma.html

一份美國人力資源管理團體的總表。

國際人力資源管理機構（Institute for International Human Resources）

http://www.shrm.org/docs/IIHR.html

國際人力資源管理機構所設網站，是著名的網站之一。

人力資源管理社（Society for Human Resource Management）

http://www.shrm.org/

其前身為美國人事行政社（American Society for Personnel Administration），這是「人力資源專業前驅的網頁，代表了世界上超過六萬三千位專業與學生成員的興趣所在」。

New Jersey 人力資源管理學社（New Jersey Society for Human Resource Management）

http://www.njshrm.com/hr/

包含此社本身的人力資源連結點與有趣的網站。

國際人事管理協會（International Personnel Management Association）

http://www.webcom.com/~bwaldron/ipmaac.html

可獲得的資源種類繁多，包括了一份對國際人事管理有興趣人士的郵寄名冊與討論表。

新加坡人力資源管理協會（Singapore Institute of Human Resource Management）

http://www.span.com.au/span/compy/sg/sihrm.htm

基本資訊與合約。

加拿大國際人力資源資訊管理協會（International Association for Human Resource Information Management）（Canada）

http://www.ihrim.org/

此站標題已說明了內容。

勞資管理協會（Employment Management Association）

http://www.ahrm.org/ema/ema.htm

勞資管理協會（EMA）為一個人力資源專業人士與提供就業支持服務者的組織，此協會提供一個全球性的論壇，以供交換意見，並能夠更加充分掌握與管理員工和人力資源相關議題的資訊。

Calgary 人力資源協會（Human Resource Association of Calgary）

http://www.cadvision.com/Home_Pages/accounts/hrac/index.html

包含加拿大資訊與連結點的網站。

國際協調員協會（International Association of Facilitators）

http://hsb/baylor.edu/fuller/iaf/

雖然嚴格來說，這個協會並不是一個人力資源管理協會。但是我猜想此團體與此領域中的其他團體及會員部分，有相互重疊的情形。

組織發展網路（Organization Development Network）

http://www.tmn.com/odn/index.html

「組織發展網路為一個以利益為主的社團，它支持其會員在人力、組織與系統方面發展，並提供此專業中的領導性與學術性。」

國際雇員利益計畫基金會（International Foundation of Employee Benefit Plans）

http://www.ifebp.org

國際雇員利益計畫基金會的網站是為了那些與雇員利益有關的人員
而設立的，此網站包括了工業界的新消息、熱門話題資源表、到其他
雇員利益網站的連結點，以及關於該會（IFEBP）各項的產品與服務。

人力資源類別－管理學會（Human Resource Division—Academy of
Management）

http://www.ablany.edu/~kjwll/hr.html

此網站被提供的目的，在於產生簡易的使用管道，來獲得有關此類
別、成員、服務與活動的各種不同訊息。此處也列出了幾個相關網域
（net/web domains）的連結點。

人力資源管理－LISTSERVS（Human Resources Management—
LISTSERVS）

gopher://refmac.kent.edu:70/OF-1%3A2577%3ABSN.PERSONNEL

一份完善且有用的團體郵寄名單，名單上所列的人對於人力資源的各
方面都有興趣。

管理議題討論團體學會（Academy of Management Discussion Groups）

http://www.usi.edu/aom/dir_net.htm

此為一極具價值且高度相關的討論團體，大多數的成員多與人力資源
管理有直接關係，而且也很有可能對人力資源管理實施者和學術研究
者的利益有影響。

人力資源專業人員喜愛的網站表（Internet Lists of Interest to HR
Professionals）

http://bcf.usc.edu/aom/dir_net.htm

這份資訊是由加拿大 Ontario 省之 Rider 大學的 Dave Perry、York 大學的 Al Doran、Mt San Jacinto 學院（Mt. San Jacinto College）的 Karl Sparks、SPHR 的 Gerry Crispin，與南加大（University of Southern California）的 Terri Haase 所提供。

學習組織（Learning Organization）

http://world.std.com/

有關學習組織（Learning Organization）理論與實行的探討、評論與資源。

組織性學習（Organizational Learning）

http://www.business.uwo.ca/%7Elearning/

來自 Ontario 省的西方企業學院（Western Business School），此網頁討論到組織性學習的理論與應用，並分析了一系列的研究報告和專題論文，另外附有一份優良的參考書目表。

來自 GPS 公司的學習組織資源（Learning Organization Resources from GPS Inc.）

http://www.gpsi.com/lo.html

一些有用的美國網站。

組織性學習（Thomas Bertel 的網站首頁）（Organizational Learning）（Thomas Bertel's Home Page）

http://ix.urz.uni-heidelberg.de/~jseng/tom/home.htm

此網站為個人的重大貢獻，也包含了一系列到其他相關網頁的有用連結點。

建立一個學習組織（Creating a Learning Organization）

http://toty2.joensuu.fi/intech/john.htm

由管理學中心（Centre for the Study of Management）的 John Burgoyne
所作的論文。

文獻（Literatures）

http://engineering.uow.edu.au/Resources/Murat/olref.html#a

組織性學習（organization learning）與相關領域的二百四十三項參考
書目。

來自 Nijenrode 的人力資源管理和組織理論的連結網站（Human
Resource Management and Organization Theory Links from Nijenrode）

http://www.nijenrode.nl/nbr/hrm/

並不是 Nijenrode 地方企業資源的最主要部分。

清淨屋組織性期刊（Organizational Issues Clearinghouse）

http://haas.berkeley.edu/~seidel/ad.html

清淨屋組織性期刊（OIC）的郵寄名冊，提供了一份要求索取與組織
性期刊有關的報告、會議聲明、特殊期刊發行宣告等等的管道，其目
的在於填滿各種不同學術領域研究者間的代溝。目前的會員包括了人
類學、社會學、心理學、管理學、政治學、圖書館學、護理學、健康
管理學等科系。

階級影印公司：科技、組織與工作的研究（Rank Xerox: Studies of
Technology, Organizations and Work）

http://www.xerox.com/RXRC/cambridge/projects/stow/stow_1.htm

此計畫中的研究課題為調查在工作和組織的內涵下使用電腦科技，尤

其是文件科技的情形。此團體是由社會科學家與電腦科學家所組成的，使用實地調查（field-work）的方法與傳統的實驗室研究法。此處所用的實地調查法，涉及工作場合與組織的「人種誌」（ethnographic）研究。

分工合作研究協會（Institute for the Study of Distributed Work）
gopher://farnsworth.mit.edu/0R0-8620-/DIIG/RELATED/isdw.txt
此協會注重電子工作（teleworking）（傳輸概念而非運輸人），並且正在進行能充實我們對電子工作的知識與瞭解其對人們、組織及社會影響的計畫。

哈佛商學院的管理與組織研究（Management and Organization Research at Harvard Business School）
http://www.hbs.harvard.edu/research/summaries/mo.html
這是個在「世界頂尖的商學院」中檢視此領域研究計畫的好機會，十分值得參觀。

組織性行為與人類決策過程（期刊）（Organizational Behavior and Human Decision Processes）（Journal）
http://www.bwaldron.com:80/ipmaac/journals/obhdp.html
短篇的文章摘要，該文章的走向為人力資源管理的實施，而非組織理論本身。

經由設計的人類改變（Human Change by Design）
http://www.well.com/user/bbear/blake.html
一篇 Robert R. Blake 的訪問，他是經營座標方格（managerial grid）的共同創造者。

管理學會的組織與管理理論分類（美國）（The Organization and Management Theory Division of the Academy of Management）（US）

http://juliet.stfx.ca/people/fac/dlemke/omt.html

來自組織與管理理論（OMT）的首頁，提供了郵寄名冊的訂閱程序，另外包含了研究與教學法的主題。

學習、改變與組織（Learning, Change and Organizations）

http://www.euro.net/innovation/Management_Base/Man_Guide_Rel_ 1.0Bl/L_COrg.html

這是一本關於此主題領域的書，實際上以超本文（htpertext）完成的版本，它所使用的方法既新奇又有趣。

科際整合學生組織（Interdisciplinary Students of Organization）

http://haas.berkeley.edu/~seidel/iso.html

科際整合學生組織（ISO）是由對多重模式組織研究有興趣的博士班學生所創立。

組織性溝通與資訊系統（Organizational Communication and Information Systems）

http://hsb.baylor.edu/html/fuller/ocis/ocishome.htm#internet

這個全球資訊網網站的設立是為了提供成為組織性溝通與資訊系統（OCIS）成員的管道，此組織為管理學會（Academy of Management）的一分支，提供了各種與資訊有關的服務，有絕佳且廣泛的網站來源。

科技、溝通與人力資源（Technology, Communications and Human Resources）

http://www.inforamp.net/~bcroft/

為一篇有趣且頗具價值的網頁，其目的在於提供「有關新進科技的資訊與觀點，這些科技將會大大地影響我們工作與生活的方式」。

組織、職業與工作（美國社會學協會）（Organizations, Occupations and Work）（A.S.A.）

http://www.princeton.edu/~orgoccwk/

美國社會學協會（American Sociological Association）的一個專門分支部門。

輻射狀組織理論之電子期刊（Electronic Journal of Radical Organization Theory）

http://tui.mngt.waikato.ac.nz/leader/journal.ejrot.htm

一份來自 New Zealand 的學術性期刊。

行政科學季刊（Administrative Science Quarterly）

http://www.gsm.cornell.edu/Pubs/asq.html

有關訂閱從 Cornell 大學 Johnson 管理學研究所（Johnson Graduate School of Management）所發行的組織理論期刊的訊息。

後現代主義與組織理論—Scott Lawley 的學術性連結網站（Postmodernism and Organization Theory-Scott Lawley's Academic Links）

http://www.lancs.ac.uk/postgrad/lawley/academic/aclinks.htm

絕佳的後現代主義網站，加上豐富的重要來源。

與 Michael Finley 共度危機（On the Edge with Michael Finley）

http://www.skypoint.com/~mfinley/

關於組織與管理失調的網頁，內容雋永，論點犀利。

科技與社會理論中心—Keele 大學（Centre for Technology and Social Theory—Keele University）

http://www.keele.ac.uk/depts/stt/home.htm

此爲一個科際整合研究中心，由管理學系與社會學及社會人類學學系所發起，此中心的終極目標是爲了促進第一流水準的研究，以及教導科技與組織的社會理論，是一篇設計良好且資訊豐富的網頁。

工作瀏覽（Jobserve）

http://www.demon.co.uk/jobserve/index.html

一項爲徵募計算性質工作人員的英國服務。

Price Jamieson 團體—招募員工諮詢人員（Price Jamieson Group—Recruitment Consultants）

http://www.gold.net/pricejam/

一份由英國重要徵募人員諮商人員發展而成的完善網頁；詳見「電子履歷表」（electronic resume）。

網站搜尋者（Cyberseeker）

http://www.gold.net/cbl/Jobs.html

提供劍橋地區的工作機會，並且也連線到其他英國及世界各地工作機會的網站。

人力銀行（People Bank）

http://www.micromedia.co.uk/ten/default.htm

一個為工作尋找者所設立的資料庫，能讓求職者登記，並讓求才者到網際網路上搜尋。

工作仲介人事公司（Matchmaker Personnel Ltd.）

http://www.matchmaker.co.uk/

一家職業諮詢機構，開業範圍廣及英國的 Fareham、Hants 等地。

蘆葦工作網（Reed Jobnet）

http://www.reed.co.uk/

蘆葦人事服務機構（Reed Personnel Services）是英國首屈一指的職業介紹所。

工作網（Worknet）

http://www.worknet.co.uk/

「這個網站設計的宗旨，是以一種簡單又有效率的方式，將全英國的雇主及雇員們結合在一起。」

歐洲工作網（EuroJobs）

http://www.demon.co.uk/Eurojobs/

此有用的網站宣稱擁有「歐洲數目最多非資訊工業的工作機會」。

布魯克街（Brook Street）

http://www.brookstreet.co.uk/

布魯克街專門為公司及輕工業部門徵募職員。

網路上的頂尖工作（Top Jobs on the Net）

http://www.torres.co.uk/topjobs/

提供英國與歐洲地區的合約與永久工作機會，工作性質含括資訊科技
（即電腦）、行銷、金融、推廣與諮詢。

履歷表網（CVWeb）

http://cvweb.aston.ac.uk/

履歷表網是一種實驗性的網際網路服務，目的在幫助學生以創造網路
上「互動性」（interactive）的履歷表（curricula vitae）來找到工作。
此網站位於英國，是 Aston 大學的一項創舉。

失業者資源網站（The Unemployed Worker Resources Page）

http://www.rmplc.co.uk/eduweb/sites/chittock/ub40page.html

此英國網站為失業者提供正面而實際的支持。

來自資訊提供者公司的英國招募員工與訓練方面等資訊（UK Recruitment and Training Information from Information Providers Limited）

http://www.ipl.co.uk/recruit.html

一系列有用的英國網站，上網者可有多重機會提出本身的履歷表。

求職應試部門（The Appointments Section）

http://taps.com/

可在此網站應徵英國地區上百個工作職位，為一項徵募員工之服務
（遍及世界各地）。

美國工作銀行（JobBank USA）

http://www.jobbankusa.com/

美國工作銀行專門為求職求才者和徵募人員公司提供工作上的網路

作業與資訊服務。雇主與招募人員者可以向美國工作銀行的搜尋工作資料庫提出需要條件，或是訂購此銀行的履歷表資料庫。

Adia 公司主頁（Adia-Main Page）

http://www.adia.com/Adia/default2.html

1957 年創立於瑞士的 Adia 公司（Adia SA），是世界上最大的臨時與全職人員供應機構。此網頁將會為你帶來豐富的人力資源來源，以及更多的工作資訊。

Ian Martin 公司資源網頁（Ian Martin Ltd-Resource Page）

http://www.iml.com/html/tools.html

Ian Martin 公司為求職者與潛在雇主們提供了頗具價值的「工具箱」（Tool-Kit），目的在幫助雙方發展出最佳的工作關係。

徵才者之連線網路（Recruiters OnLine Network）

http://www.cityscape.co.uk/cgi-bin/dat2html?file=2214）

美國募才專業人員的連線組織。

人力資源連線（Human Resources Online）

http://www.glue.umd.edu/~vernita/

此網站列出由幾家電腦公司之人力資源部門所提供的工作空缺。

人力資源網（HR.Net）

http://www.monster.com/hrnethome.html

由 Monster 協會（Monster Board）所提供的完整徵才服務網頁。

美國求職週刊（American Employment Weekly）

http://branch.com/aew/aew.html

刊登工作機會的週刊，必須訂閱方能使用。

互動性求職求才網（Interactive Employment Network）

http://gnn.digital.com/gnn/wic/employ.03.html

由 E-Span 公司所設立的求職資源網站，互動性求職求才網（IEN）的特色為有一個職業經理區，提供撰寫履歷表的訣竅，並指導工作面試。稍後並會為人力資源經理們增加一個求才徵人廣告區。IEN 唯一的大缺點就是沒有清楚說明網際網路可以是求職及傳播資料的一種工具。此有趣的網站極具前瞻性。

Yahoo：職業服務（Yahoo: Employment Services）

http://www.yahoo.com/Business/Corporations/Employment_Services/

從著名的 Yahoo 網路指南而來的網站表，成長快速。其重心放在北美洲，但來自其它各地的提供者正陸續出現中。

Career Mosaic 公司

http://www.careermosaic.com/cm/home.html

這是一家世界上最大的人力資源與職業傳播機構。

Intellimach 職業仲介機構

http://www.intellimatch.com/intellimatch/

這是一個求職者的資料庫，另有可將其背景簡介與尋才者的條件相配對的軟體。

網際網路求職網站（Job Hunting on the Internet）

http://www.wpi.edu/~mfriley/jobguide.html

雖然大部分與美國和加拿大有關，還是有國際性的工作機會展示其上，另外對利用網際網路求職的人也提供了許多有用的建議。

尋才站（SkillSearch）

http://www.internet-is.com/skillsearch/imall.html

一家美國公司提供資訊傳播及以資料庫徵募人員的服務。

工作連結站（Joblink）

http://www.jobweb.com/

將工作機會提供在網路上，並有連線至提供求職者與求才者相互條件配合時的仲介服務網站。

網際網路的連線職業服務（The Internet's Online Career Service）

http://www.occ.com/occ/

這是一個非營利的組織，由一群成就卓越的公司所發起，目的在幫助求才者與求職者，是一個完善的美國網站。

全球商業連結網站。尋職／人力資源（Global Commerce Link. Job Search/Human Resourcea）

http://www.commerce.com/net2/business/jobs/html

網路上職業仲介服務的完整一覽表，雖然是以美國為主，但也提供了許多國際網站。

國際工作搜尋網頁（International Job Search Page）

http://hosea.atc.ll.mit.edu:8000/jobs/html

由 Jeff Allen 所設立的網頁，提供了一連串絕佳的國際網站，很可能對求職者或求才者具有極高的價值。

Stephen D. Shore 主管人才搜尋站（Stephen D. Shore Retained Executive Search）

http://www.cris.com/~Sdshore/

一位美國的顧問藉著對合格求職者的研究，來提供各企業徵募員工問題的解決之道，這類方法不是經由履歷表銀行或在報紙上刊登求才廣告。

中心職業連結站（Heart Career Connections）

http://www.career.com/

美國的職業介紹所，提供國際與當地之求才求職者的連結。

E-Span 公司

http://www.espan.com/

此網頁提供了全方位的求職求才服務。

人力資源宣傳（Human Resources Advertising）

http://www.hrconnection.com/hr.html

此網頁是由北加州人力資源連結公司（Northern California HR Connection）與人力資源論壇（HR Forum）的贊助者所提供，內有完整的徵才服務與有用的連結網點。

網路工作資訊服務（NetJobs Information Service）

http://www.netjobs.com:8000/

「網路工作資訊服務」是一個爲加拿大人力市場而設立的職業中心，它提供了一個有關職業資訊的發表場所。

二十一世紀事業與履歷表之管理（Career and Resume Management for

the 21st Century）

http://crm21.com/

為求職求才者、徵募員工者和相關人員所提供的專業職業與履歷表服
務。

正 20，網際網路履歷表登錄系統（PLUS 20, The Internet Resume
Registry System）

http://amsquare.com/cgi-bin/poo?order_resload.html

提供你經由電子傳輸來郵寄履歷表的機會。

國際員工交流（International Employee Exchange）

http://www.intlex.com/

一個非營利性質的公司，旨在幫助國際間各企業的員工相互交流。

人力資源協會（HR Associates）

http://www.netaxs.com/ying1

獨立作業的合約商，專門協助公司尋找資訊科技業與資料處理類人
才，在 New Jersey 州南部與 Pennsylvania 州運作。

IBN 排名前二十五之電子徵募人才網站（IBN's Top 25 Electronic
Recruitment Sites on the Web）

http://www.interbiznet.com/ibn/top25.html

美國主要的有用網站集。

東太平洋區世紀徵才服務（Orient Pacific Century Recruitment
Service）

http://www.mcb.co.uk/apmforum/opc/goldrec.htm

針對中上管理階層與專業職位的徵才服務。

R. Michael's & Associates 公司

http://wyp.net/US/20004277

為一家尋找主管人才的公司,專門為美國中西部的製造業、建築業,
以及其相關行業服務。

太平洋橋樑公司(Pacific Bridge Inc.)

http://www.pacificbridge.com/

太平洋橋樑公司是一家徵募人才與人力資源的諮詢公司,專門協助國
際公司在亞洲地區進行招募員工的工作。

MacQueen Taggert 資源公司(MacQueen Taggert Resources
Incorporated)

**http://www.pie.vancouver.bc.ca/pie/business/educate/pangaea/html1.
htm**

此一加拿大公司致力於提供必要的工具,來預防並消除工作場合的歧
視與騷擾事件。

Reid Moomaugh & Associates 公司

http://www.wp.com/rma/home.html

對任何對組織發展有興趣的人來說,這個網站提供了豐富的資料,很
值得探索。

OD 專業人員資源站(Resources for the OD Professional)

http://www.wp.com/rma/od.html

一連串持續成長的著名網站,十分具有價值。

Mancom 團隊公司（The Mancom Team Inc.）

http://www.tocnet.com/~mancom/Home.html

這是一家諮詢公司，位於肯塔基州（Kentucky）中南部，有龐大的人力資源網站連結點。

人力資源諮詢協會（Human Resource Consultants Association）

http://www.hrca.com/

這是一家獨立人力資源專業諮詢人員所組成的最大組織，此網站為使用此公司服務之指南。

人力資源測定（Measurement for Human Resources）

http://wpg-01.escape.ca/~schaeffr/

「人力資源測定」是一家將行為測度法應用在人力資源上的公司。

RPG 人力資源管理服務（RPG Human Resource Management Services）

http://www.electriciti.com/~rcgi/hr.htm

這是一家大型顧問團體的分支機構，此網頁提供了一些該公司正在進行的有趣計畫。

國際發展次元空間（Development Dimensions International）

http://ddiworld.com/ddi

此一加拿大的諮詢公司提供了一系列的服務，包括組織性的改變、評估與篩選過程，以及訓練及發展。

Adams, Nash & Haskell 公司

http://www.cin.ix.net/anh/

此為一家美國的管理諮詢專家公司，特長在於提供有關工會的資訊以

及勞資關係與人力資源管理的諮詢服務。

Praxis 諮商團體（Praxis Consulting Group）

http://www.tiac.net/users/praxis/index.html

為一家美國的管理諮詢、訓練和出版公司，專長於協助經理們更有效
率地統率其員工與團體。

朝聖者公司（Palmer and Associates）

http://ad.wwmedia.com/php/HRM/main.html

一家芝加哥的諮詢公司，提供全面性的人力資源管理服務。

Covey 領導力中心（Covey Leadership Center）

http://www.ozemail.com.au/~covey/whatcovey.html

位於澳洲，此組織成立的目的在「強化個人與組織的力量，以大幅度
地增加他們的工作表現能力。為了達到這個有價值的目的，必須瞭解
並執行領導原則」。

人力資源 COMM…人力資源專業人員的連線網路（HRCOMM…The
Online Network for Human Resource Professionals）

http://ccnet.ccent.com/hrcomm/

本網頁為人力資源相關人員提供了一連串的免費網上服務，這是一種
具有想像力的方法，來使用網路上之人事活動。

創意領導力公司（Creative Leadership Inc.）

http://www.cts.com/~clc/

此一加拿大的諮詢公司提供了「選擇贏家系統」（Choosing Winners
System）、「發展贏家系統」（Developing Winners System）、「建

立勝利隊伍系統」（Building a Winning Team System），並給予其客
戶資訊，使他們能夠作出有意義的個人或團體改變。

J.P. 資源（J.P. Resource）

http://www.webscope.com/jp/homepage.html

一家美國諮詢公司所作的宣傳，對其提供的服務有深入的分析。

管理諮詢的檔案傳輸協定伺服器（Management Consulting FTP
Server）

ftp://www.hypermedia.com/

此綜合性的軟體，也許對管理方面的諮詢人員有些價值。

人事服務團體（The Personnel Services Group）

http://www.ctn.on.ca/psg/

此一加拿大公司提供全面性的人力資源管理諮詢，並有徵募主管人
才、招募員工、培訓課程、人力資源政策與策略之研發、組織性改變，
與重新設定實施諮詢計劃區等服務。

Andersen 諮詢公司（Andersen Consulting）

http://www.ac.com/

此管理諮詢公司幫助其客戶將政策、人、過程，以及科技等因素加以
連結。

射手網站（Marksman）

http://os2.iafrica.com/marksman/index.htm

「射手網站是企業在聯合行動、團隊合作、生產力、效率、業績成長、
工作表現、管理政策改變、學習，以及其他各方面的實用解決方案。」

Clayton Wallis-薪資規劃軟體（Clayton Wallis-Compensation Software）

http://www.claytonwallis.com/

針對管理階層與個人的薪資規劃軟體供應商。

有效組織系統（Effective Organizational Systems）

http://www.leonardo.net/eos/

一家位於加州 Malibu 的組織性與架構性諮詢公司。

CMI－整合性人力資源解決方案（CMI－Integrated Human Resource Solutions）

http://www.surf-ici.net/cmi/default.htm

一家人力資源與年金規劃軟體的供應商，此網站同時也有一個網頁，
附有更多一般性人力資源的連結點。

L-P 人事諮詢公司（L-P Personnel Consultants Ltd.）

http://resudox.net/~lfucile/

「L-J 人事諮詢公司是一家專業的諮詢公司，專門協助管理階層與員
工們，在能夠促進工作素質的環境中，找到共同合作的最有效且最具
生產力的方式。」

Landon Miles 公司

http://www.netside.com/~lmi/home.html

Landon Miles 公司是一家專門處理員工安全與健康、人事管理，以及
監督訓練服務的管理諮詢公司。

Cyborg 系統公司（Cyborg Systems）

http://www.cyborg.com/

Cyborg 系統公司是一家頂尖的國際人力資源管理軟體發展公司，專門發展有關人力資源、薪資結算表、利益行政與計算出勤時數的系統。

職業動態公司（Career Dynamics Inc.）

http://careerdynamics.com/cdi/

職業動態公司為一家一流的勞資問題諮詢公司，與全球性的職業轉換公司共同合作。

附錄 B 摘錄自人力潮（Human Waves）網站的文章

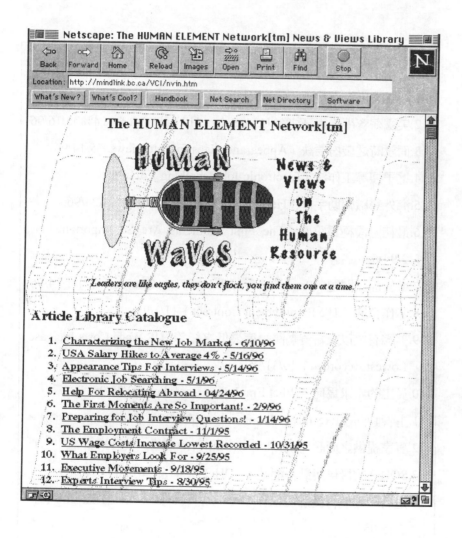

Netscape: The HUMAN ELEMENT Network[tm] News & Views Library

Back Forward Home Reload Images Open Print Find Stop

Location : http://mindlink.bc.ca/VCI/nvin.htm

What's New? What's Cool? Handbook Net Search Net Directory Software

The HUMAN ELEMENT Network[tm]

HuMaN WaVeS — News & Views on The Human Resource

"Leaders are like eagles, they don't flock, you find them one at a time."

Article Library Catalogue

1. Characterizing the New Job Market - 6/10/96
2. USA Salary Hikes to Average 4% - 5/16/96
3. Appearance Tips For Interviews - 5/14/96
4. Electronic Job Searching - 5/1/96
5. Help For Relocating Abroad - 04/24/96
6. The First Moments Are So Important! - 2/9/96
7. Preparing for Job Interview Questions! - 1/14/96
8. The Employment Contract - 11/1/95
9. US Wage Costs Increase Lowest Recorded - 10/31/95
10. What Employers Look For - 9/25/95
11. Executive Movements - 9/18/95
12. Experts Interview Tips - 8/30/95

附錄 C 建議閱讀之書籍表

文章圖書館目錄

1. 新就業市場之特色（Characterizing the New Job Market）6/10/96

2. 美國薪資平均提高 4%（USA Salary Hikes to Average 4%）5/16/96

3. 面試時之裝扮要訣（Appearance Tips for Interviews）5/14/96

4. 電子搜尋工作法（Electronic Job Searching）5/1/96

5. 海外尋職輔助手冊（Help for Relocating Abroad）04/24/96

6. 最初階段極為重要（The First Moments Are So Important！）2/9/96

7. 準備面試問題（Preparing for Job Interview Questions！）1/14/96

8. 工作合約（The Employment Contract）11/1/95

9. 美國有史以來薪資調漲幅度最低之紀錄（US Wage Costs Increase Lowest Recorded）10/31/95

10. 員工的希求為何（What Employers Look For）9/25/95

11. 主管動向（Executive Movements）9/18/95

12. 專家提供之面試祕訣（Experts Interview Tips）8/30/95

13. SOHO 的最佳與最劣網站（SOHO Best ＆ Worst）7/17/95

14. 是的，你能得到那份工作！（Yes, You Can Get That Job！）5/15/95

附錄 D　物競天擇適者生存

為巔峰表現而努力
在強烈的競爭中，為求得生存，公司需要完全的轉型

一位年幼的孩子在將一本書歸還給圖書館時，抱怨書中談論到企鵝的部分太多，而她對此並不是那麼的感興趣。大部分的人對於重新改變公司政策也有同樣的感覺。近幾年來，為數不少的管理方面書籍，對公司改變政策方向的某些層面有所著墨，他們在書中提出必要的改變，來「討顧客的歡心」（delight the customer）。

　　但常出現的情形是，這些書籍將改變公司政策的情形描述得太像手術中的某些形式——裝入這個新的輔助式活瓣或臀部關節，你就可以再度充滿競爭力了。重新調整你的脊椎骨，你就又能夠更加有彈性與活力了！不太令人驚訝的是，許多主管都對這些書中改變公司運作方向的建議感到失望，並且希望能將公司回復原貌。問題是，企業的生命並無法回復到原貌，科技、社會、政治與經濟方面的改變持續地加重著，光是要趕上其他的公司，大部分的公司就需要大幅度地改變了。老式的概念是——六個星期是正常的誕生期，五年則是合理的產品生命期，或者可以說年收入百分之十是一個具有野心的目標——確保適度改變的結果不至於太極端。

　　在這些變遷之後，各種學派的思想及各種改變組織的方法充斥著整個大環境。在一系列的改變計畫中，「改弦易轍」（Reengineering）這個能夠吸引大家注意力的字眼，已被分解成一連串被過度使用的格言。舉例來說，消費者注意力的焦點，已經有成為陳腔濫調的危險了。

為了要真正討好消費者而被強調的消費者注意力焦點與因此而作出的公司改變程度，在被視為一段孤立的改變過程時，已經有越來越狹隘的危險。

同樣地，裁員、保障權益、更為諂媚上司或是更為平等待人、強化力量、全球化、訂定基準、核心能力發展……在這無止境的單子上，這些語句都已成為重新建立公司架構的一部分，並不需要完整地說明全體的情形。這些管理格言中的一部分或全部，都具有建設性，並且能夠對改善工作表現有所貢獻。它們也許是有必要的，但是有了它們就夠了嗎？如果要實現理想中的結果，就必須採取一個較為整合性的觀點。

如同 Gary Hamel 與 C.K. Prahalad 等學者所說，重新改變公司方向「與其說是建立明日的工業，還比較接近於支持今日的企業」，這並不是一個完整的整合性答案。

Michael Hammer 是改變公司政策之構想的捍衛者之一，他曾說道：「藉由大幅度改善一家公司的營運能力，這個技巧使公司能夠實施新策略，更重要的一點是，它能引領公司想像全新的策略性選擇。」也許他是對的，但有證據顯示，因公司改變而產生的新策略性方向，在大多數的例子中，並不是那麼顯而易見的。公司常專注於它們的改變計畫，以至於無法再見到林子中的樹木。

實際的情況是，重大的改變意味著在許多方面的持續挑戰。在科技方面，改變的腳步急遽，掃遍所有生產的方式、產品本身以及將產品運送給顧客的過程中。

改變的力量並不只限於科技而已，雖然許多其他的改變已經在科技中生根。改變不分區別地同樣在包括變幻莫測的外幣匯率、政府欲加以規範或是取消管制貿易的企圖中產生影響。社會價值觀的大規模的改變，也引起政府對環境立法的介入，以及對消費者的期待與權益的重視。

消費者對產品的期待，和股東們對產品回收利益的期待都有增加。這些改變的力量意味著公司的表現在未來改進的需求上，不只是會遭遇到資金、員工才能與市場等方面的競爭，也同樣會順應各界期望與科技上的改變。

負責公司成敗的領導者，在面對持續的改變時，需要將各方相關意見和因素納入考量。他們必須平衡各方面的利益，同時將公司的目標謹記於心。這項成就需要在顧客服務模式上、生產線上作出重大改變，或是經過一連串策略性的變化始能達成。有時可能整件事的外表會看起來不可置信地簡單。

考慮一下作出下列改變所需變動的程度：透過電話或電訊畫面將零售公司的銀行業務轉移至電子化的銀行中；或是從建構電腦的主機到提供電腦的軟體；或是從經營一家國營的公共服務機構，轉型為一家商業公司。這些改變都非常巨大，每個計畫都需要公司的人全體動員。

工作表現上的重大躍進可能最需要一個組織中各個方面的改變。舉例來說，根據觀察者估計，Toyota 公司能夠在僅十個人員一小時中製造出一輛汽車，而它在北美或歐洲的競爭對手，卻只能努力地在二十或三十個人員－小時裡製造出一輛汽車。光是為了迎頭趕上，Toyota 的競爭者就必須要在企業架構與文化上作出徹底的改變，這個改變所涉及的層面之廣，就如同這些公司決定要改為製造服飾一樣。

防衛性使得公司必須與顧客和市場維持密切的關係，與政府間也必須維持夥伴般的關係。公司股東們將他們的期望建立在這些關係上。公司要從政府各部門中獲得重大合約，向來都需要公司核心具有絕對的能力。但是預算的削減與新競爭對手的產生，往往會腐蝕這些關係。對防衛性的合約簽訂者來說，他們需要在對事物的看法與期望上作出重大的改變，才有可能獲得轉型，不只是經理與職員需要新的技巧與新的事業途徑，而是所有公司的組成份子：包括股份持有者、

顧客與供應商。

在現實中，所需要的不只是改變、重新架構，或將公司動個手術而已，而是要一個連根帶枝地全面轉型。為了獲得持續的成功，所有的公司都必須準備——大多數公司則必須經歷——這個層次的改變。一個改變會牽動另一個改變，就像連鎖反應一樣。不過從長期的角度來看，除非新的公司形體已經具體化也作好了準備，否則就算是劇烈的轉變都不夠好。經理必須期待公司不斷地改變，而且必須適應並調整以達到最佳表現。

成功的轉型將會不斷地需要對股東們呈現日益精進的成果，這些成果也許會以一個充滿希望的高額股息形式在股東面前出現，也許會以更優良的產品與服務等形式在消費者面前出現，或者會以一個更為光明的長遠未來在公司成員面前出現。「表現優良公司」的概念，要求在以上各方面或是其他的標準上都獲得高度的評分。然而，每一家公司的改變都不盡相同，因各組織需要在他們所處的動態的環境或行業中進行變遷，所以其所強調的重心將會不同。

只有公司在所處的「環境」（community）中滿足了其所有組成份子與股東的需求時，它才能達到高度表現。如同近來我們所見到的石油公司與跨國企業，這個環境實際上可以是非常大的。全球的企業評論家，包括 Peter Drucker 與 Charles Handy，都宣稱企業組織想要在下個世紀中生存，僅僅注重於立即的經濟表現已不再足夠。他們辯稱，一項全盤性的方案需要公司為員工們提供額外的機會，以回報他們的忠誠、創造力、貢獻與學習潛力。

一份來自倫敦的皇家藝術、製造與商業社（Royal Society of Arts, Manufactures and Commerce）的報告指出，公司需要維持公眾對其運作能力和經營企業的信心——換句話說，就是對其經營的執照有信心。這篇名為「明日公司」（Tomorrow's Company）的報導中說：「未來能夠維持成功競爭力的公司，就是那些不完全將注意力的焦點放在

股東與成功的商業手段上的公司——而是與所有股東建立關係，並在想法與談論其目標與表現上更為多元化。」

　　未來表現優異的公司必然會以更寬闊的角度來看待本身。身為維持其公司所在體系的一份子，公司將不會僅以經濟上的成功而自滿，它將會體認到互惠關係、平衡需求與互助合作的重要性。

　　無論一家公司的情況有多麼特殊，只要它的關鍵元素能互相融合並共鳴——也就是說，只有在這些組成元素都互相整合時——它都能夠達到良好的表現。這需要人們能夠瞭解並運用這項策略；而也符合公司的科技能力；同時這個過程對實踐這項策略和提供這項方法的人員來說，都很適當才行。這個整合能夠使得一個組織達到更高的表現。

　　達到更高層次的表現——如同本文開頭的小女孩對企鵝的發現——實際上是個非常大的主題。

本文作者 Keith Burgess 是 Andersen 企業整合諮詢與能力實踐公司（ Andersen Consulting's Business Integration and Competency Practice）的一位（處理合夥事務的）全權合夥人。

資料來源：**http://www.ac.com/**

名詞索引

ability　能力　129, 132

ability inventory　能力清單　136

ability requirements approach　必備能力取向　141

absorb　吸收　300

Academy of Management　管理學會　692

accident-prone　意外的代名詞　615

achieving legal compliance　達到法律規定的標準　176

acquire　獲得　144

action learning　行動學習法　320

action plan　行動計畫　309

action steps　行動指導　361

adequate　中等　352

affirmative action　肯定行動　52

affirmative action programs　肯定行動計畫　53, 74

Age Discrimination and Employment Act　年齡與工作歧視法案　74

Age Discrimination Employment Act　年齡歧視工作法案　236

age discrimination guidelines　年齡歧視指導原則　234

Age Discrimination in Employment Act　反年齡歧視條款　516

Age Discrimination in Employment Act of 1967　一九六七年工作年齡

歧視法案　44

agreeableness　親和力　252

American Compensation Association　美國薪資協會　692

American Federation of Labor and Congress of Industrial Organizations
　全美勞工聯盟及工業組織協會　558

American Society for Training and Development　美國訓練發展學會
　692

Americans with Disabilities Act　美國身心障礙者法案　44, 74, 126,
　144, 237, 611

anemia　貧血　144

appearance　表象　485

application-initiated recruitment　毛遂自荐者的招募　192

arbitration　仲裁　575

artifacts　人文表現　652

assessment center　評估中心　254

assumptions　假設　652

attention of detail　注意細節　346

attitude problem　態度有問題　230

authorization card　授權卡　565, 587

average　普通　352

background investigaions　背景調查　245

bad faith　背信　573

bag of selection devices　甄選人才錦囊　251

bargaining order　協商命令　568

bargaining unit　協商單位　566

basics　基本概念　39

beat the system　打垮系統　190

behavior consistency model 行為一致性模式 224

behavior description interviews 面試法 149

behavior modeling 行為示範 304

behavior observation scale 行為觀察量表 149, 357, 376

behaviorally anchored rating scale 定錨式行為評估量表 149, 354, 376

benefits 利益 9

best 最佳 352

biodata inventory 個人資料清單 243

biographical information blank 自傳資料表 244

bona fide occupational qualifications 真實工作資格 235

bona fide occupational qualification defense 真實工作資格辯詞 50

business factors 業務因素 96

cafeteria plan 自助餐方案 104

campus recruiting 校園徵才 199

candidate order effect 候選人次序效應 263

captures the essence 捕捉住故事精髓 147

cardiovascular disease 心臟血管疾病 144

career development systems 生涯發展系統 190, 191

career resource centers 生涯資源中心 318

carpal tunnel syndrome 腕骨隧道症候群 619

case method 個案研究 303

cause 起因成立 267, 273

central tendency error 集中趨勢的錯誤 347

certification 認證 692

certification election 認可選舉 562, 586

change-related training 變革型訓練 291

Civil Rights Acts　公民權利法案　74

Civil Rights Act of 1991　一九九一年公民權利法案　41

Civil Rights Act of 1964　一九六四年公民權利法案　40

closed-shops　封閉店家　562

credentials　學經歷　132

criterion contamination　效標模糊　345

criterion deficiency　效標缺乏　344

criterion-related strategy　相關效標策略　225, 227, 268

critical incident　關鍵事件　162

critical incident technique　關鍵事件技巧　147, 161

color-conscious　（有色意識的）膚色意識　52, 74

collective bargaining　團體協商　568

collective bargaining agreement　團體協商協約　569

concurrent validation study　同時效度研究　228

condition　狀況　230

conscientious person　認真的人　348

conscientiousness　認真性　252

Consolidated Omnibus Budget Reconciliation Act　統一公車預算調解法案　414

content-oriented strategy　內容取向策略　225, 226, 268

contingency personnel　臨時人員　181

conversational currency　通俗會話　660

combination plans　混合計畫　463

comparable worth　比較價值　411

compensable factors　報酬參考因素　395

compensation　薪酬　9, 27, 388

competence　能力　25

competitive advantage　競爭優勢　15

computer simulations　電腦虛擬情境　306

computer-based instruction　以電腦輔助的教學方法　305

computerized career progression systems　電腦化職位升遷系統　186

core personnel　核心人員　181

corporate culture　公司文化　110

cost leadership strategy　成本領導策略　16

culture　文化　652

de minimis　最低限度　236

decertification　反認可　578

decertification election　反認可選舉　562, 587

defamation　誹謗　240

deferred plans　延遞計畫　462

deficient　不足　344

defined benefit plan　固定退休金制　416

defined contribution plans　固定繳額制　416

demand　需求　95

demand forecasting　需求預測　95

dependability　可靠性　265

development　發展　7, 290

dictate　命令　231

discrimination　歧視　46

disparate impact　差別影響　47

disparate treatment　差別待遇　46

distributed practice　分段練習　299

distribution plans　分配計畫　463

do the company's bidding　服從公司　172

downsizing　裁員　68

drug tests　毒癮測試　255

due process　正當程序　514

effectiveness　有效性　220

election phase　選舉階段　566

environmental　環境　9

emotional disabled　情緒受傷　413

Employee assistance programs　員工輔助計畫　627

employee contributions　員工貢獻　402

employee comparison system　員工比較系統　351, 376

employee empowerment programs　增進員工使能方案　443

Employee Polygraph Protection Act　員工測謊保護法案　256

employee referrals　員工薦舉法　192

Employee Retirement Income Security Act　員工退休收入安全法案　416

Employee Right-to-Know Law　員工有權利知道的法律　611

employee wellness　員工福祉　627

Employee wellness programs　員工福祉方案　628

employment agencies　職業介紹所　195

employment-at-will　任意聘僱條款　526

employment interests　就業利益　566

empty-nest　空巢期　116

equal employment opportunity　公平就業機會　39

Equal Employment Opportunity Commission　公平就業機會委員會　231

Equal Pay Act　薪資平等法案　410

equal pay for equal work　同工同酬　431

equal pay for equal worth　同價值的工作同酬　431

equity　平等　390

equity theory　平等理論　391

ergonomics　人體工學　621

executive search firms　獵人公司　195, 196

exempt employee　豁免的員工　408

expatriate　海外派遣人員　656

expectancy theory　期待理論　441

expected　預期中　459

external competitiveness　外部競爭力　397

extrinsic rewards　外部獎勵　441

Fair Credit Reporting Act　公平信用調查法案　246

Fair Labor Standards Act　公平勞工基準法案　408

fairness　公平　390

Family and Medical Act　家庭暨醫療相關休假法案　509

fast-track　晉升快速　191

favorites　鍾愛的　187

feedback　回饋　300

fetal protection policies　胎兒保護政策　510

field behavior　臨場行爲　364

Fifth Amendments　第五修正案　239

first-line supervisors　第一線督導　220

flexible benefit plans　彈性利潤方案　418

flextime　彈性上班　64

forced distribution　強迫分佈法　352

four-fifths rule　五分之四法則　49

Fourteenth Amendments　第十四修正案　239

Fourth Amendment　美國憲法第四修正案　238, 525

freedom not to believe　不信仰的自由　236

Freedom of Information Act　資訊自由法案　519

fully　完整的　703

function　功能　162

functional job analysis　功能性工作分析　141, 161

gainsharing plans　利潤分享計畫　455, 486

gamesmanship　攪亂戰術　190

General Duty Clause of the Occupational Safety and Health Act　職業安全與健康法案的義務條款　632

general labor pool　勞工群　122

glass ceiling　玻璃天花板效應　62, 75

good faith and fair dealing　誠信與公平交易原則　528

good faith bargaining　互信的協商　572

gradual-onset work-related illness　與工作有關逐漸發生的疾病　620

graphic rating scale　圖解式評估量表　352, 376

grievance　訴怨　574

grievance system　申訴制度　573

group brainstorming　團體腦力激盪法　98

grouping　分組　137

groom　儲備　87

guided discovery　教導成果　303

halo effect　月暈效應　348

happy sheets　開心報表　312

headhunters　獵頭者　196

help wanted advertisements　徵人廣告　194

host organization　原聘任公司　182

hostile environment　敵意環境　505

HRM generalist　人力資源管理通才　687

HRM specialist　人力資源管理專才　688

Human Resource Certification Institute　人力資源認證協會　692

Human Resource Development　人力資源發展部　323

human resource information system　人力資源資訊系統　104

human resource management　人力資源管理　4

human resource planning　人力資源規劃　5, 88

hypertension　高血壓　144

Immigration and Control Act　移民控制法案　74

Immigration Reform and Control Act of 1986　一九八六年移民改革及
　　控制法案　44

implicit personality theory　盲目的性格理論　348

implied contract　隱式合約　528

in action　行動　134

inappropriate　不適當　294

independent contractors　獨立契約包商　181

influencing job acceptance decisions　影響接受工作的決定　174

informal participative decision-making programs　非正式參與決策計畫
　　方案　484, 467, 487

innocent victims　無辜的受害者　257

input　付出　391

insider-outsider culture　局內人—局外人的文化　472

interactive video training　互動式影帶訓練　307

interested parties　利害關係人　267

internal consistency　內部一致性　393

internal versus external recruiting　內部招募對外部招募　182

International Personnel Management Association　國際人事管理協會 692

intrinsic rewards　內部獎勵（內部報償）　441, 468

intrusion upon seclusion　隔離侵犯條款　520

invalid　不合理　342

job action　工作行動　586

job analysis　工作分析　6

job analysis inventory　工作分析清單　136

job content　工作內容　128, 129

job context　工作情境　128, 129

job description　工作說明書　137

job enrichment　工作豐富化　468, 487

job evaluation　工作評鑑　393

job evaluation committee　工作評鑑委員會　394

job instruction training　工作教導訓練　301

job posting　公佈職缺　187

job rotation　工作輪調　319

job satisfaction　工作滿足　25

job sharing　工作分享　64

joint venture　合資公司　650

judgement　判斷力　217

jumping ship　跳槽　190

just cause　正當理由　514

knowledge　知識　129, 132

labor leasors　契約勞工機構　181

Labor-Management Relations Act　勞資關係法案　562

Labor-Management Reporting and Disclosure Act　勞資關係報告與揭

　發法案　563

Leadership Through Quality　品質領導　288

lecture　講述　302

legal　法令　9

legal situations　法律情形　230

legal tightrope　法律的繩索上　240

legitimate and nondiscri-minatory　合法且無工作歧視　220

leniency error　仁慈的錯誤　345

local trade union council　區域貿易工會評議會　590

local union　地方工會　557

Lower Back Disorders　下背疾病　622

make a difference　產生影響　486

management-by-objectives　目標管理法　359, 376

massed practice　集中練習　299

master list　專長表　221

McClelland's need-achievement theory　McClelland 之需求―成就理論

　482

McDonnell-Douglas test　McDonnell-Douglas 考試　48

meets standards　符合標準　353

mental ability tests　心智能力測驗　251

mental alertness　警戒心　227

mentors　導師　320

memory decay　記憶衰退　349

merger mania　企業購併熱　67

merit pay guidechart　功績報償指向表　447

merit pay plans　依功績報償計畫　447, 486

Methods of Internal Recruitment　內部招募人員法　186

mind　心智　653

mission statement　使命聲明　92

mixed-motives cases　混合動機案　43

more than minimal　超過最低限度　236

motivation　動機　25

multiphase training program　多階段訓練計畫　309

National Institute for Occupational Safety and Health　國家職業安全健
　康組織　608

National Labor Relations Act　國家勞工關係法案　561

National Labor Relations Board　國家勞工關係委員會　562, 586

national origin discrimination guidelines　國籍歧視指導原則　232

national unions　全國工會　557

negligent hiring　雇用失當　239

no cause　沒有成立原因　267

no-fault　無過失　267

nonexempt employee　非豁免的員工　408

notification of job openings　工作空缺通知　173

on-the-job training　工作崗位訓練　300

Occupational Safety and Health Act　職業安全與健康法　608

Occupational Safety and Health Administration　職業安全健康協會
　608

Occupational Safety and Health Review Commission　職業安全健康審
　查委員會　608

old boy's network　傳統男性組織網　178

Old Workers Benefit Protection Act　老年員工權益保障法案　516

open shops　開放店家　562

optimistic bargaining objective　最佳協商目標　571

orientation training　職前訓練　290

organizational citizenship　組織榮譽感　27

organizational commitment　組織承諾　27

organizational restructuring　公司重整　68

outcomes　收穫　391

overlearning　過度學習　309

oversell　傾銷　175

package handler　包裹工　176

paired comparison　配對比較法　352

paper-and-pencil honesty tests　紙筆誠實度測試　256

part method　分段練習　299

pay　薪資　9

pay-for-performance programs　依績效給付薪資方案　443, 486

pay grades　薪資等級　396

pay policy　薪資政策　398

pay policy line　薪資政策線　399

pay range　薪資幅度　402

people file　人員檔案　87

people management　人的管理　103

people skills　待人的技巧　109

performance aids　績效輔助工具　310

performance analysis　績效分析　295, 324

performance appraisal　工作績效評估　27, 340

performance appraisal process　績效評估程序　9

performance standards　績效標準　345

personal characteristics　個人特質　129

personality tests　性格測驗　252

Personnel Selection Inventory　人事甄選測驗　616

Personnel Testing Council　人事測驗評議會　692

pessimistic bargaining objective　最差的協商目標　572

petition phase　訴願階段　565

piece rate plans　論件計酬計畫　452, 486

point-factor method　點數法（點數評估法）　395, 430, 431, 432

polygraph tests　測謊器測試　256

position analysis questionnaire　職位分析問卷　145, 161

position file　職位檔案　87

post-selection practices　人才甄選後之步驟　7

practice makes perfect　熟能生巧　300

predictor score and criterion score　預測分數和效標分數　227

preditive validation study　預測效度研究　228

preferential treatment　優惠待遇　55

Pregnancy Discrimination Act of 1978　一九七八年懷孕歧視法案　44, 74, 507

pregnancy discrimination guidelines　懷孕歧視指導原則　234

pre-selection practices　人才甄選前之步驟　5

prima facie case　第一審案件　48, 74

prima facie evidence　充分表面證據　185

Privacy Act　隱私權法案　519

Private employment agencies　私立職業介紹所　196

product differentiation　產品差異化　17

productivity improvement programs　生產力提升計畫　9, 28, 440

profit-sharing plans　分紅計畫　462, 486

programs　形成　653

progressive discipline system　漸進式懲處系統　514

proper　適當　258

protected classification　被保護類別　39

protected groups　被保護族群　39

prototype　原型　569

Public employment agencies　公立職業介紹所　195

public policy　公共政策　527

Quality Action Teams　品質行動小組　73

quality circles　品質圈　470, 487

quid pro quo　利益交換　503

Railway Labor Act　鐵路勞工法案　561

rankings　等第　351

rater effectiveness training　評分者有效性訓練　370

ratings　打分數　351

ratio analysis　比率分析　96

realistic bargaining objective　實際的協商目標　571

realistic job previews　實際工作預覽　176

reasonable accommodation　合理權宜措施　236

recency error　近期記憶的錯誤　349

recruitment / selection　人才招募／甄選　27

recruitment　招募人員　7

reference checking　推薦函查證　246

regression analysis　迴歸分析　97

relevance　關聯性　344

reliability　信度　222

religious discrimination guidelines　宗教歧視指導原則　236

reinforcement substitution　強化活動的替換能力　659

reinforcement theory　增強理論　480

reinforcing　強化　659

remedial training　補救訓練　291

repatriates　撤回人員　664, 675

repetitive motion disorders　反覆性情緒疾病　618

replacement charts　更替表　316

representative sample　代表性範例　227

reverse sexual harassment　逆向性騷擾　506

right to sue　起訴權利書　268

role playing　角色扮演　303

Rucker plan　Rucker 計畫　457

safety audits　安全審查團　617

safety committee　安全委員會　618

safety incentive program　安全獎勵方案　617

salary　薪水　9

salary survey　薪資調查　398

sales force estimates　銷售人員預估法　99

satisfactory　令人滿意　352

Scanlon plan　Scanlon 計畫　456

selection　人才甄選　7, 28, 218

self-directed work team　自我指揮工作團隊　472

self-managed problem-solving teams　自我管理的問題解決小組　73

self-managed work teams　自我管理工作團隊（小組）　73, 472, 487

sell　推銷　205

severity error　嚴厲的錯誤　345

sexual harassment　性騷擾　502

sexual harassment guidelines　性騷擾指導原則　233

shock effect　震驚效應　555

short-termers　短期任職者　245

show their stuff　秀出實力　320

significant　足夠顯著　228

simple rankings　簡單等第　351

skated by　不花太多力氣　461

skill　技巧　129, 132

skill-based pay　以技能爲基準之薪資（按技術付酬勞）　404, 701

small talk　閒聊　264

smart learning　智慧學習　98

social credits　社會信用　585

Social Security Act　社會安全法案　414

Society for Industrial and Organizational Psychology　工業與組織心理
　學會　692

Society for Human Resource Management　人力資源管理學會　692

sophisticated　複雜　338

special duty of care　特殊看管職務　239

specifying worker requirements　列舉員工必備條件　184

staffing rules　人員編制　571

standard package　標準套裝　701

straight piecework plan　直接論件工作計畫　452

strategic goals　策略性目標　93

strategic plan　策略性計畫　94

structured interview　結構性面談　261

subjective judgmental call　主觀的判斷　354

subtask　次任務步驟　162

successive hurdles　連續門檻　266

succession planning　人員繼承計畫　315

supply　供給　95

supply forecasting　供給預估　99

surveillance / monitoring　監視　521

symptoms　跡象　366

takeover artists　接收藝術家　67

task　任務　162

task analysis work-sheet　任務分析作業記錄表　141

task force　特別工作小組　320

task inventory　任務清單　136

teamwork　團隊精神　217

telecommuting　電訊通勤　63

telegraph　提示　262

temporary employment agencies　臨時僱員機構　181

Tort law　侵權法　239

total quality management　全面品質管理　72

Total Customer Satisfaction Teams　完全滿意顧客小組　73

training　訓練　7, 27, 290

training evaluation　訓練評鑑　310

training need　訓練需求　295

training objectives　訓練目標　297

trend analysis　趨勢分析　96

turnover　離職率　12

unattractive　不具吸引力　101

uncomfortable　不自在　63

under-utilized　低聘用率族群　53

underperforming　表現不佳　292

undue hardship　過度負擔　236

undue hardship　難以負擔的苦惱　614

unemployment compensation　失業補助　413

uniform guidelines　統一指導原則　231

unions　工會　10, 554

Union Commitment　工會承諾　577

Uniform Guidelines on Employee Selection Procedures　員工甄選程序
　的統一指導原則　231

union instrumentality　工會助力　564

utilization analysis　聘用率分析　53

utilization review programs　使用度審核計畫　420

validity　效度　221, 271

validity coefficient　效度係數　228

validity generalization strategy　效度類推策略　226, 228, 268

value added by labor　由勞力所增加的價值　457

values　價值觀　652

verbal comprehension　語文理解能力　143

Versatile Job Analysis　多元化工作分析　149, 161, 275

vision　願景　573

wage　報酬　9

weighted application blank　加重計分申請表　244

wholly owned subsidiaries　專屬分公司　650

work behavior　工作行為　162

work sample tests　工作實務考試　253

work-related attitudes　工作態度　25

worker function scales　員工功能量表　141

worker requirement　員工必備條件　128, 129

workers' compensation　工作補助法　412

workplace justice　工作場所法規　10

workplace justice laws　工作場所公平法　499

worst　最差　352

wrongful termination　非法解僱　526

yellow-dog contract　黃狗契約　560

企管叢書　3

人力資源管理
——取得競爭優勢之利器

原　　　　著／Lawrence S. Kleiman
譯　　　　者／劉秀娟、湯志安
校　　　　閱／張火燦博士
出　　版　者／揚智文化事業股份有限公司
發　　行　人／葉忠賢
總　　編　輯／孟樊
執　行　編　輯／閻富萍
登　　記　證／局版北市業字第 1117 號
地　　　　址／台北市新生南路三段 88 號 5 樓之 6
電　　　　話／(02)2366-0309　2366-0313
傳　　　　真／886-2-23660310
印　　　　刷／偉勵彩色印刷股份有限公司
法　律　顧　問／北辰著作權事務所　蕭雄淋律師
定　　　　價／新臺幣 750 元
初　版　一　刷／1998 年 10 月
初　版　二　刷／1999 年 3 月

ISBN：957-8446-96-9
✆E-mail：ufx0309@ms13.hinet.net
📖本書如有缺頁、破損，請寄回更換。
☞版權所有　翻印必究

國家圖書館出版品預行編目資料

人力資源管理：取得競爭優勢之利器／
　　Lawrence S. Kleiman 著；劉秀娟、湯志安譯.
　-- 初版. -- 臺北市：揚智文化, 1998 [民 87]
　　面；　公分. -- （企管叢書；3）
　譯自：Human resource management：a tool for
competitive advantage
　　ISBN 957-8446-96-9（精裝）

　　1.人事管理　2.人力資源－管理

494.3　　　　　　　　　　　　　　87012025